제 4 판

Fluid Mechanics

유체역학

엄기찬 · 이용화 공저

B.C.Info

머 리 말

유체역학은 액체 및 기체의 정역학(靜力學)과 동역학(動力學)적인 측면에서 힘과 에너지를 해석하는 학문으로서, 복잡한 흐름을 1차원 흐름으로 근사시켜 취급하는 수력학(水力學)과 2차원 및 3차원 흐름에 대하여 이론적으로 취급하는 유체역학(流體力學)으로 분류하기도 한다. 이들은 서로 관련이 깊으므로 분리하여 취급하지 않고 일괄적으로 유체역학으로서 취급하는 경우가 많다.

이 학문은 펌프, 유압기기, 송풍기, 압축기, 수차 등 유체기계의 설계에 필요할 뿐 아니라 기계공학, 토목공학, 건축설비공학, 화학공학, 항공공학 등에 이용되고 있으며, 따라서 그 분야를 전공하는 대학과 전문대학의 기초과목으로서, 그리고 그 분야의 기술자가 필요로 하는 참고서로 사용할 수 있도록 배려하였다.

본서의 구성은 연속체로서의 유체에 관한 개념, 유체의 정역학, 유체 유동의 기본법칙, 운동량의 원리, 점성유체의 관내 유동에 관련된 에너지 해석, 차원해석, 개수로 유동, 경계층 이론, 압축성 유체의 유동, 유체의 계측의 각 분야에 대하여 서술하고 충분한 예제와 연습문제를 수록하여 본 내용을 이해하기 쉽도록 노력하였다. 특히 복잡한 해석은 부록에 그 내용을 수록하여 본문의 내용에서 복잡성을 피하였다.

본 서에 사용한 국제공용단위인 S.I단위를 사용하였으며, 현재에도 산업체에서는 중력단위계인 공학단위를 사용하는 경우가 있으므로 S.I단위와 공학단위의 상호관계를 제1장에서 설명하였다.

저자들의 역량부족으로 인하여 설명이 불충분하거나 오류 및 미비한 점들이 많을 것으로 사료되며, 향후 독자들의 지적을 받아 내용을 지속적으로 검토, 보완할 예정이다. 아낌없는 지도편달을 바라면서 이 책을 집필하는데 있어서 많은 명저서 및 문헌을 참고하였는바 그 저자들에 감사드린다. 또 이 책의 출판을 위해 지대한 힘을 기울여 주신 복두출판사의 송광헌 사장님께 깊은 감사를 드리는 바이다.

저자 씀

차 례

제 1 장 유체의 개념 및 기본 성질 / 9

제 2 장 유체 정역학 / 39

제 3 장 유체유동의 기초이론 및 응용 / 91

제 4 장 운동량 이론 및 응용 / 137

제 5 장 점성유체의 폐수로 유동 / 177

제 6 장 관로 내의 마찰손실 및 제손실 / 215

제 7 장 차원해석과 상사칙 / 289

제 8 장 개수로 유동 / 315

제 9 장 경계층과 항력 / 345

제 10 장 압축성 유체의 유동 / 407

제 11 장 유체의 계측 / 455

부록 / 487

1 유체의 개념 및 기본 성질

- 1.1 유체의 개념
- 1.2 차원과 단위
- 1.3 유체의 성질과 물성치

1.1 유체의 개념

우리들 주위에 존재하는 물질은 보통의 상태에서는 고체(solid), 액체(liquid), 기체(gas)의 세 가지 상(phase, 相) 중의 어느 하나에 해당된다. 나무나 철과 같은 고체는 그것을 변형시키려면 큰 외력이 필요한데 반하여 공기나 물과 같은 유체는 변형이 용이하다는 공통된 성질을 갖고 있다. 따라서 액체와 기체를 총칭하여 **유체**(liquid, 流體)라 하며 유동성을 갖는다.

그런데 액체와 기체의 차이점은, 기체는 압력을 가하거나 제거하면 체적이 용이하게 줄거나 팽창하는데 반하여 액체는 그러한 현상이 용이하지 않다는 점과, 기체는 임의의 용기 내에 충만하여 자유표면을 갖지 않는데 반하여 액체는 유한한 체적을 차지하며 자유표면을 가질 수 있다는 점이다.

유체는 물리적으로는 분자로 구성되어, 그 분자는 불규칙하게 운동을 하고 있으므로 유체의 상태는 시간적, 공간적으로 불연속이다. 그러나 일반적인 공학적 응용에서는 분자의 평균적인 상태에서 밀도나 속도 등을 정의하여 시간적, 공간적으로 연속인 성질을 갖는 매체로서, 즉 **연속체**(Continum, 連續體)로 취급한다.

유체가 임의의 물체의 벽면을 따라 흐를 때 표면 근처에서는 속도가 작아지며, 표면에서는 유체가 그곳에 접착하려는 성질이 있다. 이것이 유체의 **점성**(viscosity, 粘性)이며 이로 인하여 물체 표면에는 마찰력이 발생한다.

또 유체는 압력에 의하여 체적이 변화하는 성질이 있다. 예를 들면 흐름의 속도변화가 커지면 그에 따라 압력도 크게 변화하게 되어 결국 유체의 체적변화 및 밀도변화가 생기는데, 이것을 유체의 **압축성**(compressibility, 壓縮性)이라 한다. 그런데 기체의 경우는 압력과 온도변화에 따라 체적 및 밀도의 변화가 용이하여 **압축성 유체**(compressible fluid, 壓縮性 流體)라 하며, 액체는 기체에 비하여 체적변화가 극히 미소하므로 **비압축성 유체**(incompressible fluid)로 취급할 수 있다. 그러나 액체도 고압의 경우는 압축성을 고려해야 하는 경우도 있다.

1.2 차원과 단위

유체의 물리적 성질이나 유체의 현상을 적절히 설명하기 위하여 단위로 표시하는 것이 편리하다. 우리 나라에서는 중력 단위계인 공학단위와 1960년에 국제적으로 채택된 SI단위(international system of units)가 사용되고 있으며, 전자는 산업체에서, 후자는 학계에서 사용되고 있는 실정으로서 산업체에서도 SI단위로 변환 중에 있다.

유체역학에서 사용되는 기본 차원들은 길이 L(length), 질량 M(mass), 시간 T(time), 힘 F(force), 온도 θ(temperature)이다.

뉴턴의 운동 제2법칙을 만족하기 위해서는 다음 관계가 성립해야 한다.

$$F = ma \ [\mathrm{MLT}^{-2}] \qquad \cdots\cdots (1.1)$$

여기서 가속도 a는 기본 차원으로서 L/T^2으로 표시된다. 따라서 힘(지구 중력권 내에서는 중량과 동일)과 질량과의 관계가 식(1.1)과 같이 정립되며, 중량 개념에서의 F는 가속도 a를 중력가속도 g로 대치하여 계산한다. 유체역학에서 사용하는 차원과 공학단위 및 SI단위의 관계는 표 1.1과 같다.

[표 1.1] 차원과 단위

차원	중력(공학)단위	SI단위
길이(L)	m	m
질량(M)	kgf · s²/m	kg
시간(T)	second(s)	second(s)
힘(F)	kgf	Newton(N)(=kg · m/s²)
온도(θ)		
절대온도	Kelvin(K)	Kelvin(K)
보통온도	Celcius(℃)	Kelvin(K)

단위계에는 물리학 분야에서 사용하고 있는 단위계(절대 단위계)를 포함하면 전술한 두 단위계와 아울러 다음과 같이 분류할 수 있다.

(1) 중력(공학) 단위계

기본 차원으로서 F, L, T, θ의 차원으로 이루어지며, 현재에도 공업계에서 널리 사용되고 있다. 힘(F) 또는 중량으로는 kgf, 길이(L)는 m, 시간(T)은 sec, 온도(θ)는 ℃를 채용하여 중량 kgf는 질량 kg과 중력가속도 g (=9.80665[m/s^2])의 관계에서 다음과 같이 정의한다.

$$1[\text{kgf}] = 1[\text{kg}] \times 9.80665[\text{m/s}^2]$$

(2) 절대 단위계

물리학 분야에서 사용되는 단위계로서 M, L, T, θ의 기본차원으로 이루어지며, 질량(M)은 kg, 길이(L)는 m, 시간(T)은 sec, 온도(θ)는 ℃로서, 질량 kg과 중량 kgf 사이에는 다음과 같은 관계가 있다.

$$1[\text{kg}] = \frac{1}{9.80665}[\text{kgf} \cdot \text{s}^2/\text{m}]$$

(3) SI 단위계

전술한 바와 같이 1960년에 제11차 국제계량회의에서 제정한 단위계로서 국제적 통용단위이다. 기본 차원으로서는 질량(M)은 kg, 길이(L)는 m, 시간(T)은 sec, 온도(θ)는 Kelvin(K) 또는 ℃이며 힘(F)의 단위로서 Newton(N) 또는 dyn을 사용한다.

$$1[\text{N}] = 1[\text{kg}] \times 1[\text{m/s}^2] \quad \cdots\cdots (1.2)$$

$$1[\text{dyn}] = 1[\text{g}] \times 1[\text{cm/s}^2] \quad \cdots\cdots (1.3)$$

중력 단위계에서 사용하는 힘의 단위 kgf(kg중)의 1[kgf]의 개념은 질량 1[kg]인 물체가 지구 중력에 의해서 생기는 힘이다. 그런데 중력가속도는 엄밀하게는 지역에 따라 약간의 차이가 있으며, 중력가속도가 g=9.80665[m/s^2]로 일정하다면 1[kgf]는 다음과 같이 정의한다.

$$1\ [\text{kgf}] = 1[\text{kg}] \times 9.80665[\text{m/s}^2] = 9.80665[\text{N}]$$

그러나 극단적으로 무중력 상태($g=0$)라면 중량의 개념은 없어진다. 표 1.2는 고유명칭을 갖는 물리량의 차원과 중력단위 및 SI단위를 나타내고 있다.

[표 1.2] 물리량의 차원과 단위의 관계

물리량	차원	중력단위	SI단위
면적(A)	L^2	m^2	m^2
체적(V)	L^3	m^3	m^3
속도(v)	L/T	m/s	m/s
가속도(a)	L/T^2	m/s^2	m/s^2
유량(Q)	L^3/T	m^3/s	m^3/s
밀도(ρ)	$M/L^3(FT^2/L^4)$	$kgf\cdot s^2/m^4$	kg/m^3
비중량(γ)	$F/L^3(M/L^2T^2)$	kgf/m^3	N/m^3
압력(p)	$F/L^2(M/LT^2)$	kgf/cm^2	N/m^2[Pa]
일, 에너지, 열량	$FL(ML^2/T^2)$	kgf · m	N · m [J]
동력	$FL/T(ML^2/T^3)$	kgf · m/s	N · m/s [W]
점성계수(μ)	$FT/L^2(M/LT)$	$kgf\cdot s/m^2$	$N\cdot s/m^2$
동점성계수(ν)	L^2/T	m^2/s	m^2/s
주파수	T^{-1}	cycle/s	cycle/s

예제 1.1

다음 식은 이상유체의 에너지식인 베르누이식이다.

$$\frac{p}{\gamma}+\frac{u^2}{2g}+z=constant$$

여기서 p : 압력, γ : 비중량, u : 속도, g : 중력가속도, z : 위치이다. 위 식의 각 항을 차원으로 나타내어라.

[풀이] $$\frac{p}{\gamma}=\frac{F/L^2}{F/L^3}=L,\quad \frac{u^2}{2g}=\frac{(L/T)^2}{L/T^2}=L,\quad z=L$$

따라서 3개항 모두 길이의 차원을 갖는다. ■

예제 1.2

다음의 공학단위를 S.I단위로 변환하라.

(1) 압력 : 20[kgf/cm^2], 350[mmHg], 1.3[atm]

(2) 에너지 : 85.2[kgf · m]

(3) 동력 : 5.2[kgf · m/s], 15.7[Ps]

(4) 힘과 질량 : 24.3[kgf], 17.8[kgf · s^2/m]

[풀이] (1) $20[\mathrm{kgf/cm^2}] = 20\times9.8[\mathrm{N}/10^{-4}\mathrm{m^2}] = 1.96\times10^6[\mathrm{N/m^2}] = 1.96[\mathrm{MPa}]$

$$350[\mathrm{mmHg}] = \frac{350[\mathrm{mmHg}]}{760[\mathrm{mmHg}]}\times101325[\mathrm{Pa}] = 46.663\times10^3[\mathrm{Pa}] = 46.663[\mathrm{kPa}]$$

$$1.3[\mathrm{atm}] = \frac{1.3[\mathrm{atm}]}{1[\mathrm{atm}]}\times101325[\mathrm{Pa}] = 1.317\times10^5[\mathrm{Pa}] = 0.1317[\mathrm{MPa}]$$

(2) $85.2[\mathrm{kgf\cdot m}] = 85.2\times9.8[\mathrm{N\cdot m}] = 834.96[\mathrm{N\cdot m}] = 834.96[\mathrm{J}]$

(3) $5.2[\mathrm{kgf\cdot m/s}] = 5.2\times9.8[\mathrm{N\cdot m/s}] = 50.96[\mathrm{J/s}] = 50.96[\mathrm{W}]$

$$15.7[\mathrm{Ps}] = 15.7\times75[\mathrm{kgf\cdot m/s}] = 15.7\times75\times9.8[\mathrm{N\cdot m/s}]$$
$$= 11539.5[\mathrm{J/s}] = 11.54[\mathrm{kW}]$$

(4) $24.3[\mathrm{kgf}] = 24.3\times9.8[\mathrm{N}] = 238.14[\mathrm{N}]$

$17.8[\mathrm{kgf\cdot s^2/m}] = 17.8\times9.8[\mathrm{kg\cdot m/s^2\cdot s^2/m}] = 174.44[\mathrm{kg}]$ ■

1.3 유체의 성질과 물성치

1.3.1 밀도, 비체적, 비중

단위 체적 당 물질의 질량을 **밀도**(density, 密度)라 한다. 질량 m의 유체가 체적 V를 차지한다면 이 유체부분의 평균밀도 $\overline{\rho}$는 다음 식으로 정의된다.

$$\overline{\rho} = \frac{m}{V} \quad \cdots\cdots (1.4)$$

일반적으로 밀도는 유체 속에서 변화하므로 한 점에서의 국소적인 값으로 정의되며, 이 경우 충분히 작은 질량 Δm과 그 체적 ΔV의 비, 또는 그 극한으로 표시된다.

$$\rho = \frac{\Delta m}{\Delta V} = \frac{dm}{dV} \qquad \cdots\cdots (1.5)$$

유체가 균질성이라면 $\overline{\rho} = \rho$ 이며, 그 단위는 [kg/m^3]이다.

물의 밀도는 1기압(1[atm]=101.3[kPa]) 하에서는 4[℃]일 때 최대치를 가지며, 그 값은 ρ=1000[kg/m^3]이다. 표 1.3에는 표준 대기압(1[atm]) 하에서의 각 온도에 대한 물의 밀도를 포함한 여러 물리적 성질을 표시하였다.

[표 1.3] 물의 물리적 성질(SI단위계)

온도	비중량	밀도	점성계수	동점성계수	표면장력	증기압수두	체적탄성계수
℃	γ, [N/m^3]	ρ, [kg/m^3]	μ, [Pa·s]	ν, [m^2/s]	σ, [N/m]	p_v/γ, [m]	K, [N/m^2]
0	9806	999.9	1.792×10^{-3}	1.792×10^{-6}	7.62×10^{-2}	0.06	204×10^{-7}
5	9807	1000.0	1.519×10^{-3}	1.519×10^{-6}	7.54×10^{-2}	0.09	206×10^{-7}
10	9804	999.7	1.308×10^{-3}	1.308×10^{-6}	7.48×10^{-2}	0.12	211×10^{-7}
15	9798	999.1	1.140×10^{-3}	1.141×10^{-6}	7.41×10^{-2}	0.17	214×10^{-7}
20	9789	998.2	1.005×10^{-3}	1.007×10^{-6}	7.36×10^{-2}	0.25	220×10^{-7}
25	9778	997.1	0.894×10^{-3}	0.897×10^{-6}	7.26×10^{-2}	0.33	222×10^{-7}
30	9764	995.7	0.801×10^{-3}	0.804×10^{-6}	7.18×10^{-2}	0.44	223×10^{-7}
35	9749	994.1	0.723×10^{-3}	0.727×10^{-6}	7.10×10^{-2}	0.58	224×10^{-7}
40	9730	992.2	0.656×10^{-3}	0.661×10^{-6}	7.01×10^{-2}	0.76	227×10^{-7}
45	9711	990.2	0.599×10^{-3}	0.605×10^{-6}	6.92×10^{-2}	0.98	229×10^{-7}
50	9690	988.1	0.549×10^{-3}	0.556×10^{-6}	6.82×10^{-2}	1.26	230×10^{-7}
55	9666	985.7	0.506×10^{-3}	0.513×10^{-6}	6.74×10^{-2}	1.61	231×10^{-7}
60	9642	983.2	0.469×10^{-3}	0.477×10^{-6}	6.68×10^{-2}	2.03	228×10^{-7}
65	9616	980.6	0.436×10^{-3}	0.444×10^{-6}	6.58×10^{-2}	2.56	226×10^{-7}
70	9589	977.8	0.406×10^{-3}	0.415×10^{-6}	6.50×10^{-2}	3.20	225×10^{-7}
75	9560	974.9	0.380×10^{-3}	0.390×10^{-6}	6.40×10^{-2}	3.96	223×10^{-7}
80	9530	971.8	0.357×10^{-3}	0.367×10^{-6}	6.30×10^{-2}	4.86	221×10^{-7}
85	9499	968.6	0.336×10^{-3}	0.347×10^{-6}	6.20×10^{-2}	5.93	217×10^{-7}
90	9466	965.3	0.317×10^{-3}	0.328×10^{-6}	6.12×10^{-2}	7.18	216×10^{-7}
95	9433	961.9	0.299×10^{-3}	0.311×10^{-6}	6.02×10^{-2}	8.62	211×10^{-7}
100	9399	958.4	0.284×10^{-3}	0.296×10^{-6}	5.94×10^{-2}	10.33	207×10^{-7}

또한 표 1.4에는 건조공기의 물성치를 표시하였다.

[표 1.4] 건조 공기의 밀도, 점성계수, 동점성계수(101.3[kPa])

온도[℃]	공기		
	밀도 ρ[kg/m³]	점성계수 μ[Pa·s]	동점성계수 ν[m²/s]
0	1.293	1.710×10^{-5}	1.322×10^{-5}
5	1.270	1.734×10^{-5}	1.365×10^{-5}
10	1.247	1.759×10^{-5}	1.411×10^{-5}
15	1.226	1.784×10^{-5}	1.455×10^{-5}
20	1.204	1.808×10^{-5}	1.502×10^{-5}
25	1.185	1.832×10^{-5}	1.546×10^{-5}
30	1.165	1.856×10^{-5}	1.592×10^{-5}
40	1.128	1.904×10^{-5}	1.688×10^{-5}
50	1.092	1.951×10^{-5}	1.785×10^{-5}
60	1.062	1.997×10^{-5}	1.883×10^{-5}
70	1.029	2.043×10^{-5}	1.985×10^{-5}
80	0.999	2.088×10^{-5}	2.090×10^{-5}
90	0.972	2.132×10^{-5}	2.193×10^{-5}
100	0.946	2.175×10^{-5}	2.298×10^{-5}

한편 **비중량**(specific weight, 比重量)은 단위 체적 당 중량을 나타내며 γ로 표기한다. 비중량 γ는 유체의 단위체적에 미치는 중력에 의한 힘을 표시하므로 단위는 [N/m³]가 되며, 밀도 ρ와 비중량 γ 사이에는 다음 관계가 성립한다.

$$\rho = \frac{\gamma}{g} \quad \text{또는} \quad \gamma = \rho g \qquad \cdots\cdots (1.6)$$

물질의 **비중**(specific gravity, 比重) s는 그 물질의 밀도 ρ와 4[℃] 물의 밀도 ρ_w의 비로 표시한다.

$$s = \frac{\rho}{\rho_w} \qquad \cdots\cdots (1.7)$$

표 1.5에는 각종 액체의 비중을 표시하였다.

[표 1.5] 액체의 비중(1[atm])

(a) 압력계용 액체

온도[℃]	0	10	15	20	30
수은	13.5955	13.5708	13.5585	13.5462	13.5216
에틸알콜					
100%	0.8063	0.7978	0.7936	0.7893	0.7808
90%	0.8354	0.8267	0.8224	0.8180	0.8093
80%	0.8606	0.8520	0.8477	0.8434	0.8348
메틸알콜					
100%	0.8102	0.8009	0.7958	0.7919	
90%	0.8374	0.8287	0.8240	0.8202	
80%	0.8634	0.8551	0.8505	0.7469	
4염화탄소	1.6326	1.6135	1.6039	1.5944	1.5754
4크롤에탄	1.6360	1.6200	1.6120	1.6040	1.5880

(b) 각종 액체

물질	온도[℃]	비중
해 수	15	1.01~1.05
10%식염수	20	1.0707
20%식염수	20	1.1478
글리세린	15	1.264
글리세린	20	1.261
벤 졸	15	0.884
벤 졸	15	0.879
가 솔 린	15	0.66~0.75
원 유	15	0.7~1.0
식물성유	15	0.91~0.97
동물성유	15	0.86~0.94
순 硫 酸	20	1.831
순 硝 酸	20	1.513
순 酢 酸	20	1.049

비체적(specific volume, 比體積) v는 단위질량의 유체가 차지하는 체적을 의미한다. 이 비체적은 일반적으로 기체에 적용하며 단위는 [m^3/kg]으로서 밀도 ρ의 역수이다.

$$v = \frac{1}{\rho} \quad \cdots\cdots (1.8)$$

예제 1.3

질량 174[kg]의 기름이 있다. 이 기름의 체적이 200[l]일 때 이 기름의 밀도, 비체적, 비중량, 비중을 각각 구하라.

[풀이]

밀도 $\rho = \dfrac{m}{V} = \dfrac{174}{200 \times 10^{-3}} = 870\,[\mathrm{kg/m^3}]$

비체적 $v = \dfrac{1}{\rho} = \dfrac{1}{870} = 1.149 \times 10^{-3}\,[\mathrm{m^3/kg}]$

비중량 $\gamma = \rho g = 870 \times 9.8 = 8526\,[\mathrm{N/m^3}]$

비중 $s = \dfrac{\rho}{\rho_w} = \dfrac{870}{1000} = 0.87$ ■

1.3.2 압력

압력(pressure, 壓力)은 단위 면적 당 수직방향의 힘으로 정의한다. 일반적으로는 수직응력이라고 불리지만 유체역학에서는 압력이라는 용어로 사용되고 있다. 예를 들면 그림 1.1(a)와 같이 수평면상에 밑면적 A의 물체가 놓여 있을 때 그곳에 물체의 중력 F가 작용하면 면적 A에 작용하는 평균 압력 $\bar{p}$는 다음 식으로 표시된다.

$$\bar{p} = \frac{F}{A} \quad \cdots\cdots (1.9)$$

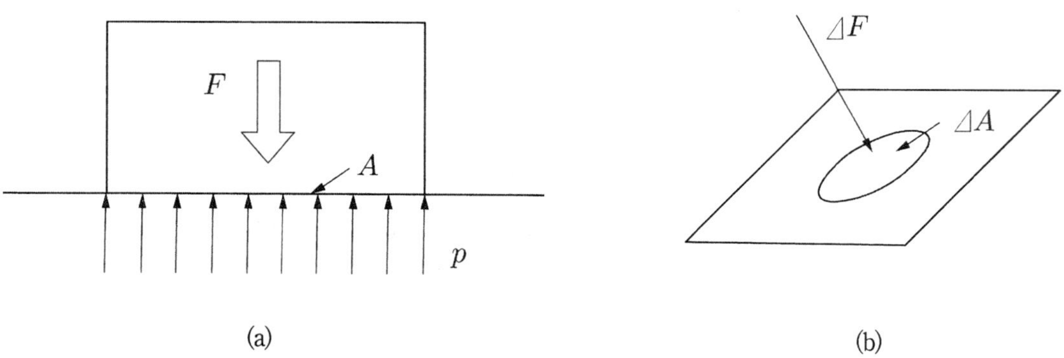

(a) (b)

[그림 1.1] 압력의 정의

유체의 압력은 유체가 접하고 있는 물체 표면이나 유체 내부에서 발생한다. 압력은 일반적으로 장소에 따라 변화하므로 밀도의 정의와 마찬가지로 미소면적에 대하여 표시한다. 그림 1.1(b)와 같이 임의의 방향을 향한 미소면적 ΔA에 대해서 그곳에 작용하는 수직방향의 힘을 ΔF라 할 때 압력은 다음과 같이 나타낸다.

$$p = \frac{\Delta F}{\Delta A} = \frac{dF}{dA} \quad \cdots\cdots (1.10)$$

압력의 단위는 S.I단위로는 [N/m^2]=Pa(Pascal)이며, 공학단위로는 [kgf/cm^2]가 기본단위이다. 표준 대기압은 1[atm](101.3[kPa]), 공학기압에서의 1기압(1[at])과는 다음과 같은 차이가 있다.

(a) 표준 1기압 : 1[atm] = 760[mmHg] = 1.0332[kgf/cm^2] = 10.332[mAq]
= 101325[Pa] = 1.01325[bar]
(b) 공학 1기압 : 1[at] = 735.56[mmHg] = 1[kgf/cm^2] = 10[mAq]
= 98066.5[Pa] = 0.980665[bar]

압력의 표시에는 계기의 구조상, 대기압을 기준으로 하는 방법과 절대진공을 기준으로 하는 방법의 두 가지가 있다. 전자를 **게이지 압력**(gauge pressure), 후자를 **절대압력**(absolute pressure, 絶對壓力)이라 한다. 그림 1.2는 양자의 관계를 표시하며, 게이지 압력을 표시하는 경우 대기압 이상을 정압(正壓), 대기압 이하를 부압(負壓)으로 표시한다. 절대압력과 게이지 압력과의 관계는 다음의 관계가 있다.

절대압력 = 게이지 압력 + 대기압

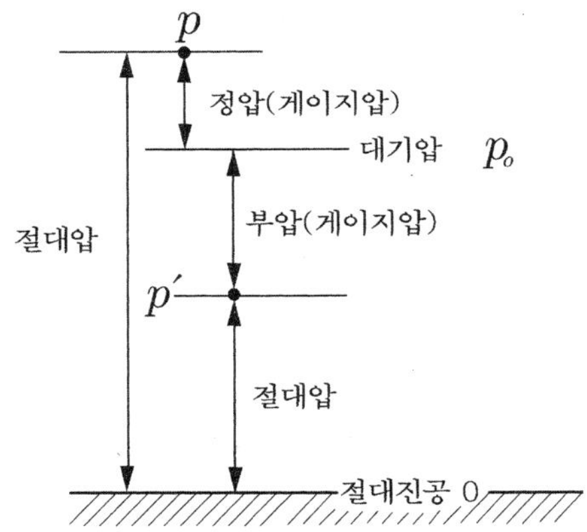

[그림 1.2] 절대압력과 게이지 압력

유체중의 압력발생에 대해서는 2장에서 상세하게 기술한다.

1.3.3 이상기체의 상태식

기체의 상태량으로서 압력 p, 밀도 ρ, 온도 T 등이 있으며, 이들 중 2개를 지정하면 기체의 상태가 결정된다. 이 관계를 나타내는 식을 **이상기체의 상태식**(equation of state, 理想氣體의 狀態式)이라 하며, 이 관계는 보일·샬의 법칙을 의미하기도 한다. 이 때 온도 T[K]는 열역학온도(Kelvin 온도)로서 섭씨 온도 t[℃]와 다음의 관계가 있다.

$$T = t\,℃ + 273.15\ [\mathrm{K}] \qquad \cdots\cdots (1.11)$$

이상기체의 상태 식은

$$pv = RT \quad \text{또는} \quad \frac{p}{\rho} = RT \qquad \cdots\cdots (1.12)$$

여기서 R은 **기체상수**(gas constant, 氣體常數)이고 단위는 [J/kg·K]이며 기체의 종류에 따라 결정되는 상수이다. 초고압이나 극저온을 제외하면 여러 기체는 이상기체로 취급할 수 있다. 주요기체의 가스상수 및 비열(比熱)과 비열비(比熱 比)를 표 1.6에 표시하였다.

[표 1.6] 각종 기체의 물성치(1[atm], 20[℃])

물질명	화학식	분자량 M –	가스정수 R [J/kg·k]	밀도 ρ [kg/m³]	정압비열 c_p [J/kg·K]	정적비열 c_v [J/kg·K]	비열비 k –	점성계수 μ [Pa·s]	동점성계수 ν [m²/s]
공기	–	28.967	287.03	1.204	1007	720	1.40	18.1×10^{-6}	15.0×10^{-6}
이산화탄소	CO_2	44.0098	188.92	1.839	847	658	1.29	14.8×10^{-6}	8.05×10^{-6}
헬륨	He	4.0026	2077.2	0.1664	5197	3120	1.67	19.5×10^{-6}	117×10^{-6}
수소	H_2	2.0158	4124.6	0.0838	14288	10162	1.41	8.80×10^{-6}	105×10^{-6}
질소	N_2	28.0134	296.80	1.165	1041	743	1.40	17.5×10^{-6}	15.0×10^{-6}
산소	O_2	31.9988	259.83	1.331	919	658	1.40	20.3×10^{-6}	15.2×10^{-6}
메탄	CH_4	16.0426	518.27	0.6682	2226	1702	1.31	10.9×10^{-6}	16.3×10^{-6}
물	H_2O	18.0152	461.52	998.20	4182	4154	1.01	1002.6	1.004

기체가 압력의 변화에 의하여 밀도, 체적이 변화하는 경우, 여러 가지 변화과정이 일어날 수 있으며, 그 대표과정은 **폴리트로프 변화**(polytropic change)라 하여 다음 식으로 표현된다.

$$pv^n = const \quad \text{또는} \quad \frac{p}{\rho^n} = const \qquad \cdots\cdots (1.13)$$

여기서 n은 폴리트로프 지수이며, $n=1$의 경우는 **등온변화**(isothermal change, 等溫), $n=k$(비열비)인 경우는 **단열변화**(isentropic change, 斷熱)이다. k는 **정압비열**(specific heat at constant pressure, 定壓比熱) c_p와 **정적비열**(specific heat at constant volume, 定積比熱) c_v의 비로

$$k = \frac{c_p}{c_v} \qquad \cdots\cdots (1.14)$$

이며, **비열비**(ratio of specific heats, 比熱比)라 한다. 공기의 경우는 $k=1.4$이다. **비열**(specific heat, 比熱)은 단위질량의 유체를 온도 1[K]만큼 상승시키는데 필요한 열량 [J/kg·K]이며, 압력이 일정한 경우에는 정압비열, 체적이 일정한 경우에는 정적비열로 칭한다.

예제 1.4

지상(1[atm], 20[℃])과 고도 10,000[m]의 상공(0.25[atm], −50[℃])에서의 공기밀도를 각각 구하라.

[풀이] 지상 : $\rho = \frac{p}{RT} = \frac{101325}{287.03 \times 293.15} = 1.2042\ [\mathrm{kg/m^3}]$

상공 : $\rho = \frac{p}{RT} = \frac{101325 \times 0.25}{287.03 \times 223.15} = 0.3955\ [\mathrm{kg/m^3}]$

따라서 10,000[m] 상공에서 공기의 밀도는 지상의 약 1/3임을 알 수 있다. ■

1.3.4 압축률 및 체적탄성계수

일정한 질량의 유체에 압력을 가하면 체적이 감소하여 밀도가 증가한다. 이 성질을 **압축성**(compressible, 壓縮性)이라 한다. 그림 1.3과 같이 압력 p, 체적 V인 유체를 dp만큼 가압했을 때 체적이 dV 만큼 감소하고, 따라서 밀도 ρ는 $d\rho$만큼 증가했다고 하면 단위 압력변화당 체적 변화의 비율은 다음과 같다.

$$\beta = \frac{-dV/V}{dp} = \frac{d\rho/\rho}{dp} \quad \cdots\cdots (1.15)$$

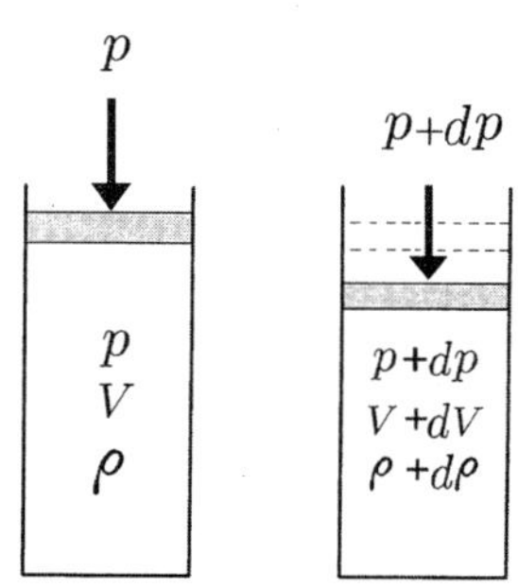

[그림 1.3] 유체의 압축성

β를 **압축률**(compressibility, 壓縮率)이라 하며, 압축성의 난이도를 나타낸다. 액체는 기체에 비해 압축되기 어려우므로 액체의 압축률은 기체보다 대단

히 작다. 물의 압축률을 공학단위로 그림 1.4에 표시하였으며, 압력이 현저히 높아지지 않는 한 각 온도별로 변화가 크지 않다.

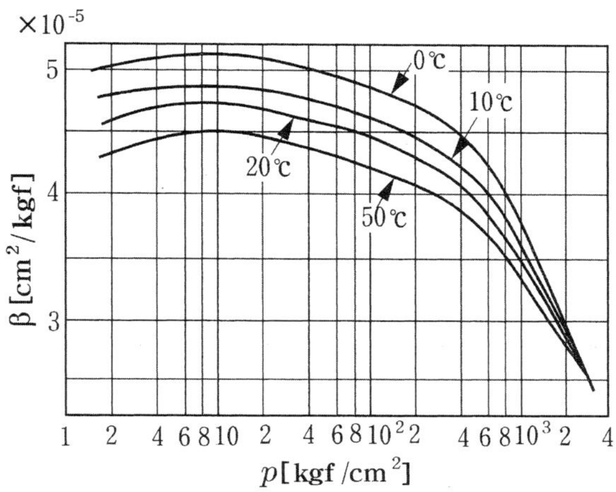

[그림 1.4] 물의 압축률

압축률의 역수를 **체적탄성계수**(bulk modulus, 体積彈性係數) K라 하며 다음 식으로 표시된다. 단위는 압력과 같이 [Pa]이다.

$$K = \frac{1}{\beta} = \frac{dp}{-dV/V} = \frac{dp}{d\rho/\rho} \quad \cdots\cdots (1.16)$$

유체 속을 미소 압력파가 전파하는 속도, 즉 **음속**(sound velocity, 音速)은 압축성과 연관이 있으며 압축되기 어려운 유체일수록 그 음속은 빨라진다. 음속 a는 다음 식으로 계산된다.

$$a = \sqrt{\frac{dp}{d\rho}} = \sqrt{\frac{K}{\rho}} \quad \cdots\cdots (1.17)$$

기체인 경우, 위 식은 $dp/d\rho$의 값을 등엔트로피(단열)변화로 가정하여 계산한다. 액체에서는 체적이 변화하기 어려우므로 일반적으로 압축성이 무시되지만, 고압의 경우나 액체 속을 소리가 전파하는 경우는 압축성이 고려되어야 한다. 예를 들면 긴 송수관의 하류 측에 있는 밸브를 갑자기 잠가서 관내 유속을 Δu만큼 급격히 감소시키는 경우 밸브 부근에 $\Delta p = \rho a \Delta u$의 고압이 발생하고, 그 압력파가 관내를 왕복 전파하는 **수격현상**(water hammer, 水擊現象)이 발생하여 송수관이 파괴되기도 한다. 물의 체적탄성계수를 표 1.7에 표시하였다.

[표 1.7] 물의 체적탄성계수

온도[℃]	압력범위			
	0.1~2.5[MPa]	2.5~5.1[MPa]	5.1~7.6[MPa]	7.6~10.1[MPa]
0	1.930[GPa]	1.965[GPa]	1.989[GPa]	2.018[GPa]
5	1.980[GPa]	2.045[GPa]	2.092[GPa]	2.110[GPa]
10	2.026[GPa]	2.060[GPa]	2.141[GPa]	2.155[GPa]
15	2.049[GPa]	2.110[GPa]	2.179[GPa]	2.217[GPa]
20	2.065[GPa]	2.127[GPa]	2.224[GPa]	2.239[GPa]

이상기체의 체적탄성계수 혹은 압축률은 이론적으로 구할 수 있다. 폴리트로프 변화의 식(1.13), $p=c\rho^n$을 미분하면

$$dp = cn\rho^{n-1}d\rho$$

가 되어, 위 식을 식(1.16)에 대입하면 다음의 결과를 얻는다.

$$K = np \qquad \cdots\cdots (1.18)$$

따라서 등온변화의 경우는 $n=1$이므로 $K=p$, 단열변화의 경우는 $n=k$이므로 $K=kp$가 된다.

예제 1.5

(a) 1atm(101.3[kPa]), 20[℃]인 물의 체적을 1% 감소시키려면 얼마의 압력을 가해야 하는가?

(b) 위 문제에서 공기인 경우는 얼마인가? 단, 압축과정은 등온변화이다.

(c) 1[atm], 15[℃]의 물 1[m^3]가 20[bar]만큼 가압되었을 때의 체적변화량을 구하라.

[풀이] (a) 표 1.7로부터 $K=2.065$[GPa]이므로

$$dp = K(-dV/V) = 2.065\times10^9\times0.01 = 2.065\times10^7\ Pa$$

(b) $K=p \quad \therefore \quad dp = p(-dV/V) = 101.3\times10^3\times0.01 = 1013\ Pa$

(c) $dp = 20bar = 2MPa$, $K = 2.049GPa$

$$\therefore \quad dV = \frac{-Vdp}{K} = -1 \times 20 \times 10^5 / (2.049 \times 10^9) = -0.976 \times 10^{-3}\ m^3 \quad ■$$

1.3.5 점성

(1) Newton의 점성법칙

유체가 물체표면을 따라 흐르는 경우, 벽면으로부터 면에 평행하게 흐르면 벽 근처의 유체요소는 반대방향으로 마찰력, 즉 **전단력**(shear force, 剪斷力)을 받아 연속적인 전단변형이 생긴다. 이와 같이 전단력을 발생시키는 유체의 성질을 **점성**(viscosity, 黏性)이라 한다.

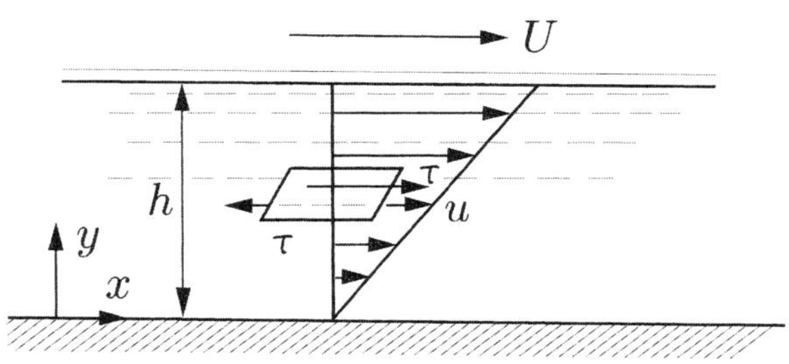

[그림 1.5] 점성의 영향(couette 흐름)

그림 1.5에 표시하는 바와 같이 상하의 평행판 사이에 액체가 차 있다. 밑판은 고정시키고 위 판은 힘 F를 가하여 속도 U로 평행이동시키면 레이놀즈수 Uh/ν가 작은 경우는 층류이며, 그림과 같이 직선형의 속도분포가 얻어진다. 이와 같은 흐름을 Couette 흐름이라 한다. 이 경우 힘 F는 전단력으로서 판의 면적 A와 속도 U에 비례하고 판 사이의 거리 h에 반비례하므로 다음 식으로 표시된다.

$$\frac{F}{A} = \tau \propto \frac{U}{h} \qquad \cdots\cdots (1.19)$$

따라서 위 식에서 비례상수를 μ로 표시할 때, 판에 평행한 면상에서는 다음 식으로 표시되는 일정한 전단응력 τ[Pa]가 작용한다.

$$\tau = \mu \frac{U}{h} \qquad \cdots\cdots (1.20)$$

이 비례상수 μ를 **점도**(viscosity, 粘度) 또는 **점성계수**(coefficient of viscosity, 粘性係數)라 한다.

그림 1.5에 표시한 속도분포는 직선적으로 변화하는 경우이지만, 일반적으로 벽 근처의 속도분포는 그림 1.6과 같은 모양을 갖는다. 이와 같은 흐름에 식(1.20)을 확장시키면, 고정 벽으로부터 y만큼 떨어진 단면상에 작용하는 전단응력 τ는 다음 식으로 표시된다.

$$\tau = \mu \frac{du}{dy} \qquad \cdots\cdots (1.21)$$

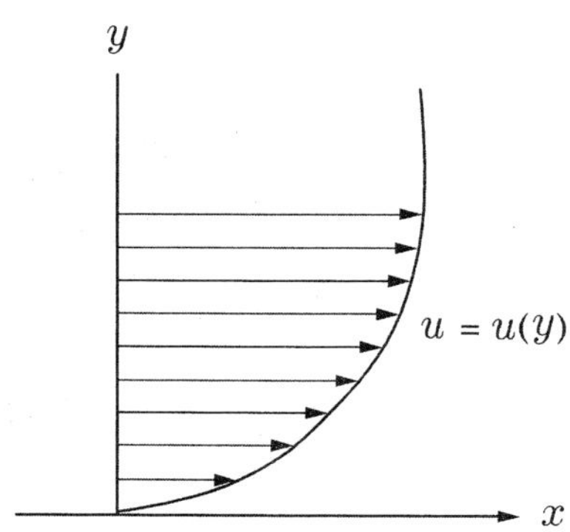

[그림 1.6] 벽 근처의 속도 분포

이 관계식을 **뉴턴(Newton)의 점성법칙**이라 한다. 그림 1.6의 경우, 속도구배는 벽면에서 최대이므로 전단응력 τ는 벽면에서 최대가 되며 벽으로부터 떨어짐에 따라 작아진다.

물, 기름, 공기 등의 유체는 온도, 압력이 정해지면 속도구배와 압력구배 등에 관계없이 점성계수는 일정한 값을 갖는다. 이와 같은 유체를 **뉴턴유체**(Newtonian Fluid)라 한다. 즉, 식(1.21)을 만족하는 유체를 일컬으며 그림 1.6의 속도구배 du/dy와 전단응력 τ의 선도 상에서 원점을 통과하는 직선관계를 갖는 유체이며, 그 외의 곡선으로 나타나는 유체는 **비뉴턴유체**(non−Newtonian Fluid)라 한다. 이 책에서는 뉴턴유체를 다룰 것이다.

(2) 점성계수

점성계수의 값은 유체의 종류에 따라 다르지만, 동일한 유체라 하여도 온도, 압력에 따라 점성계수는 변화한다. 특히 기체에서는 온도의 영향이 크다. 이것은 전단응력 발생의 메커니즘이 분자운동에 관련되기 때문이다.

기체의 경우는 온도상승에 따라 점성계수가 커지는데, 이것은 분자운동이 활발해지기 때문이다. 한편, 액체의 분자운동은 기체에 비해 활발하지 않고 분자간 거리가 작으므로 전단응력은 주로 분자사이의 응집력으로부터 발생한다. 응집력은 온도가 상승하면 약화되므로 액체의 점성계수는 온도상승에 따라 저하한다.

그림 1.7에는 온도변화에 따르는 여러 가지 액체 및 기체에 대한 점성계수의 변화를 나타낸다.

점성계수의 차원은 뉴턴의 점성법칙으로부터

$$\mu = \frac{\tau}{(du/dy)} = \frac{MLT^{-2}/L^2}{L/T/L} = ML^{-1}T^{-1}$$

이 되며, 따라서 점성계수의 단위는 $\frac{\mathrm{kg}}{\mathrm{m \cdot s}}$ (또는 $\frac{\mathrm{g}}{\mathrm{cm \cdot s}}$), $\frac{\mathrm{N \cdot s}}{\mathrm{m^2}}$, Pa · s 등으로 표기할 수 있으며, 일반적으로 poise(P)라는 단위가 사용된다.

$$\begin{aligned} 1\ \mathrm{poise} &= 1\ \mathrm{g/cm \cdot s} = 0.1\ \mathrm{kg/m \cdot s} = 1\ \mathrm{dyn \cdot s/cm^2} \\ &= 0.1\ \mathrm{N \cdot s/m^2} = 0.1\ \mathrm{Pa \cdot s} = \frac{1}{98}\ \mathrm{kgf \cdot s/m^2} \end{aligned}$$

점성을 동반하는 유체의 운동에 대해서는, 점성계수 μ보다도 μ와 그 유체의 밀도 ρ의 비 ν가 중요한 변수로 되며, 그 비를 **동점성계수**(kinematic viscosity, 動粘性係數)라 한다.

$$\nu = \frac{\mu}{\rho} \qquad \cdots\cdots (1.22)$$

동점성계수의 차원은 L^2/T이며, 따라서 단위는 $\mathrm{cm^2/s}$로서 1St.(stokes)= 1[$\mathrm{cm^2/s}$]이다. 표 1.3에는 물의 온도변화에 따른 점성계수 및 동점성계수의 값을, 표 1.4에는 공기의 그 값들을 표시하였다.

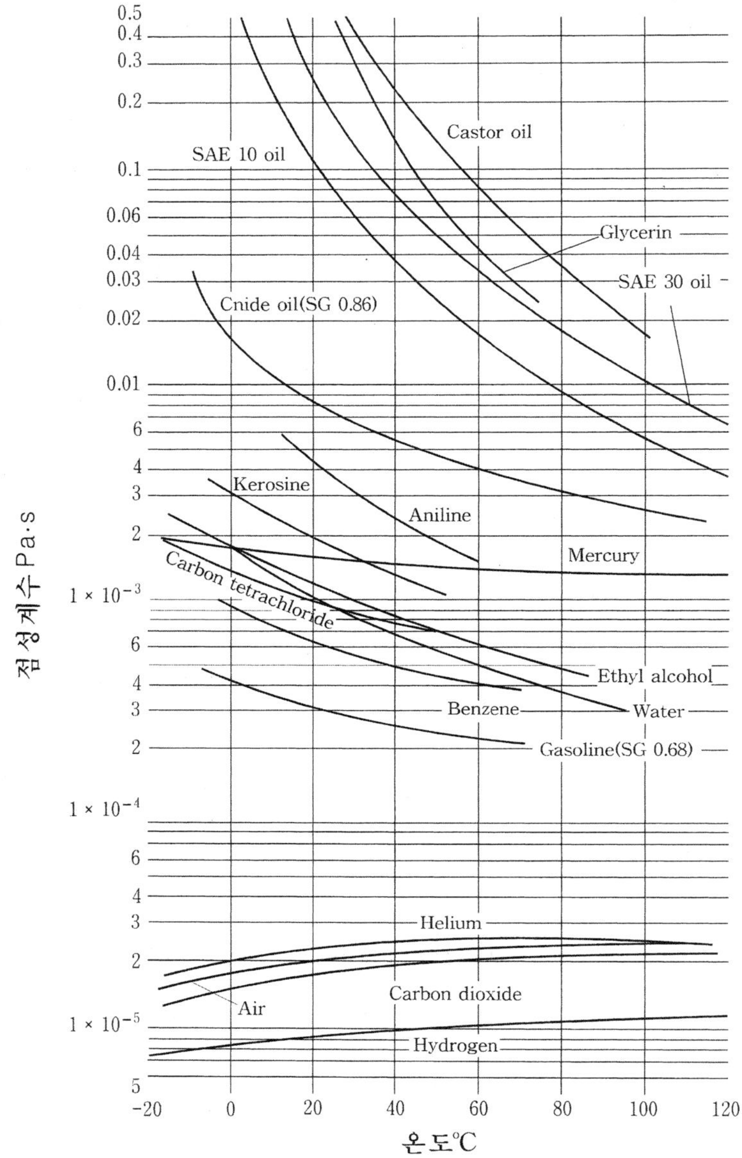

[그림 1.7] 일반 유체의 점성계수(1atm)

동점성계수의 물리적 의미는 다음과 같이 생각할 수 있다. 예를 들면 1기압, 20℃의 물의 점성계수는 공기의 약 55배인데, 물의 밀도는 공기의 약 800배이므로, 물의 동점성계수는 공기의 약 1/15이다. 따라서 물의 흐름은 공기보다 점성의 영향이 작아 잘 흐르게 된다. 이것은 물의 운동에서는 공기에 비해 밀도에 비례하는 관성력이 크고, 점성력의 영향이 상대적으로 작아지기 때문이다.

예제 1.6

두 개의 판이 평행으로 0.5[mm] 간격으로 놓여있고, 그 사이에 20[℃]의 물이 차 있다. 한쪽 판을 2[m/s]의 속도로 평행하게 이동시킬 때 전단응력은 얼마인가? 또, 이 때 필요한 힘(전단력)은 얼마인가? 단, 판의 폭×길이=20×30[cm]이다.

[풀이] 표 1.3으로부터 20[℃] 물의 점성계수는 1.005×10^{-3}[N·s/m²]이므로

$$\tau=\mu\frac{du}{dy}=1.005\times10^{-3}\times\frac{2}{0.5\times10^{-3}}=4.02\ N/m^2$$

$$F=\tau A=4.02\times(0.2\times0.3)=0.2412\ N$$

■

예제 1.7

동심 2중 원관의 내경 및 외경이 각각 42[cm], 40[cm]이며, 길이는 50[cm]이다. 원통 사이에 어느 유체가 채워져 있으며, 안쪽의 통을 각속도 2π[rad/s]로 회전시키는데 요하는 토오크가 2.0[N·m]일 때 이 유체의 점성계수를 구하라.

[풀이] 내·외통에서의 값에 각각 첨자 1, 2로 표시하자. 내·외통의 반경은 각각

$$r_1=0.2m,\quad r_2=0.21m,\ \text{간격은}\ h=r_2-r_1=0.01m$$

내통의 원주속도는

$$u_1=r_1\omega=0.2\times2\pi=1.2566m/s$$

원통 사이의 간격은 작으므로 속도분포가 직선적이라고 가정할 수 있다. 따라서 외통 내면으로부터 안쪽으로 y축을 취하면 속도구배는

$$\frac{du}{dy}=\frac{u_1}{h}=\frac{1.2566}{0.01}=125.66\ s^{-1}$$

가해진 토오크 M은 전단력에 의한 모멘트와 같으므로

$$M=2\pi rl\tau r=2\pi r^2 l\tau\quad (l:\ \text{원통의 길이})$$

r에는 평균치로서 간격의 중심을 반경으로 취하면

$$\therefore \quad \mu = \frac{\tau}{du/dy} = \frac{15.15}{125.66} = 0.1206\ Pa \cdot s$$ ■

1.3.6 표면장력

액체의 자유표면, 즉 액체와 기체의 접촉면에서는 액체분자가 서로 응집하려고 하므로 표면에 장력이 생겨 일종의 막이 형성된다. 이것은 바늘을 정지한 액면에 가만히 놓으면 바늘이 이 막에서 가라앉지 않고 유지되는 것으로부터 알 수 있다.

그런데 동일 종류의 분자간에 작용하는 인력을 응집력(cohesion)이라 하고, 서로 다른 종류의 분자간에 작용하는 인력을 부착력이라 하는데, 위에서 언급한 액체와 기체의 접촉면에서는 공기와 액체 분자간의 응집력보다 액체 분자들 사이의 응집력이 크므로 그 힘의 벡터 합은 액체 쪽을 향해 작용한다. 이 힘을 **표면장력**(surface tension, 表面張力)이라 하고 표면장력계수 σ와 자유표면의 길이의 곱으로 나타낼 수 있다. 이 힘은 표면을 축소시키려는 장력으로 작용한다.

표면장력은 단위 길이 당 장력으로 단위는 N/m 또는 dyn/cm이다.

그림 1.8과 같이 액체 내부와 외부의 압력차가 생기는 경우의 표면을 표시하였다.

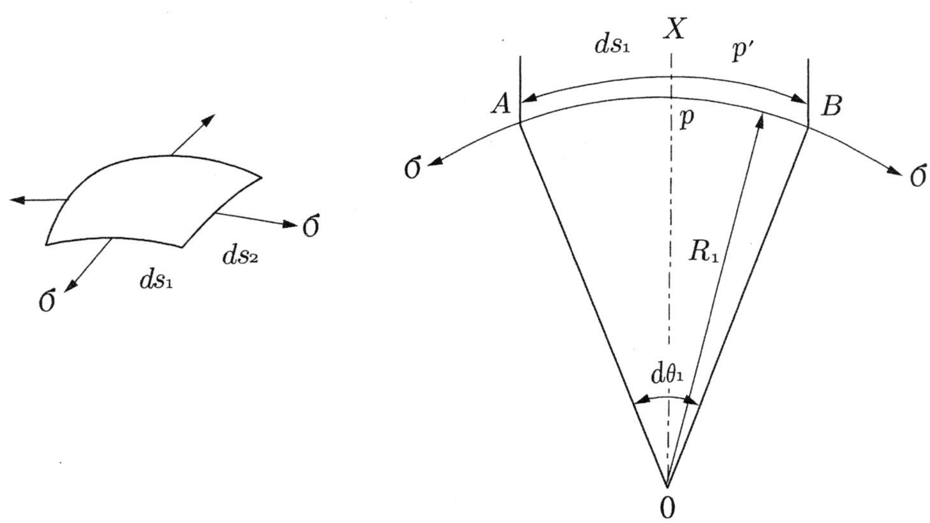

[그림 1.8] 표면장력

ds_1 방향의 곡률반경을 R_1, ds_2 방향의 곡률반경을 R_2라 하고, 표면장력을 σ, 내부 및 외부의 압력을 각각 p, p'라 하면 OX 방향의 힘의 평형으로부터

$$\left(2\sigma\sin\frac{d\theta_1}{2}\right)(ds_2)+\left(2\sigma\sin\frac{d\theta_2}{2}\right)(ds_1) = (p-p')ds_1\,ds_2$$

$$\therefore\ p-p' = \Delta p = \sigma\left(\frac{1}{R_1}+\frac{1}{R_2}\right) \qquad \cdots\cdots (1.23)$$

구면(球面)의 경우는 $R_1 = R_2 = R$이므로 내 외부의 압력차는 다음과 같다.

$$\Delta p = \frac{2\sigma}{R} \qquad \cdots\cdots (1.24)$$

두 판 사이에 유체가 존재하는 경우(ds_1의 방향으로만 곡률이 존재하는 경우)는 $R_2 \rightarrow \infty$이므로

$$\Delta p = \frac{\sigma}{R_1} \qquad \cdots\cdots (1.25)$$

그런데 액체가 고체 면에 접촉하는 경우는 액체의 응집력 뿐 아니라 고체와 액체 사이의 부착력도 고려해야 한다. 예로서 그림 1.9(a)와 같이 유리관 속의 물의 표면형상은 오목 면이 되는데, 이것은 물과 유리 사이의 부착력이 물분자 사이의 응집력보다 크기 때문이며, (b)에는 유리관 속의 수은으로서 볼록면으로 나타난다. 이것은 수은 분자들 사이의 응집력이 수은과 유리 사이의 부착력보다 크기 때문이다. 그런데 (a)도의 경우는 물이 자유표면보다 상승하고, (b)도의 경우는 수은이 자유표면보다 하강하는데 이러한 현상을 **모세관 현상**(capillarity, 毛細管 現象)이라 한다. 이러한 상승 또는 하강 길이를 구하여 보자.

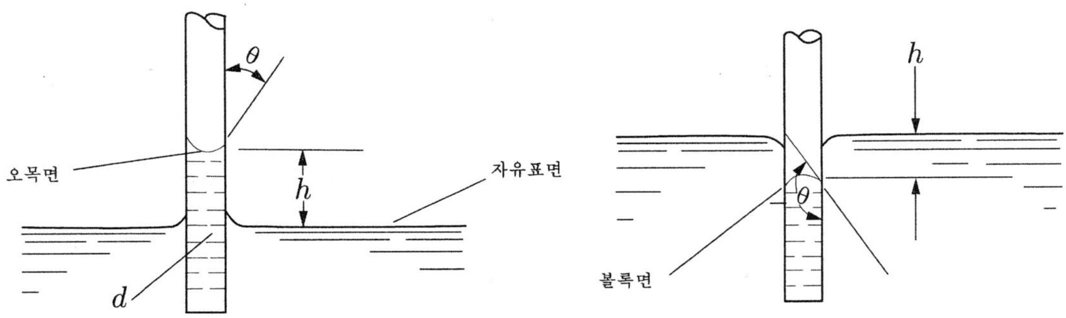

(a) 물과유리 (b) 수은과 유리

[그림 1.9] 부착력과 응집력의 모세관 현상

관의 직경을 d, 액체의 밀도 ρ, 표면유체의 밀도 ρ', 액면과 관의 접촉각을 θ라 하면 표면장력에 의하여 상향으로 작용하는 힘은 $\pi d\sigma\cos\theta$가 되며 액면에서는 다음의 관계가 성립한다.

$$\pi d\sigma\cos\theta - \rho gh\left(\frac{\pi d^2}{4}\right) + \rho' gh\frac{\pi d^2}{4} = 0$$

$$\therefore\ h = \frac{4\sigma\cos\theta}{(\rho-\rho')gd} \quad \cdots\cdots (1.26)$$

접촉각 θ는 고체 벽과 액체 및 자유표면 위의 표면유체의 종류에 따라서 달라지는데, 상온에서 물, 염류수용액, 유기액체 등과 유리벽 및 공기가 접촉할 경우는 $\theta \fallingdotseq 0$, 수은, 유리벽과 공기가 접촉하는 경우는 $\theta = 130 \sim 150°$ 이다. 여러 가지 액체의 표면장력은 표 1.8에, 접촉각은 표 1.9에 표시하였다.

[표 1.8] 각종 액체의 물성치

(101.3[kPa], 20[℃])

액체명	밀도 ρ [kg/m³]	비중 s	점성계수 μ [mPa·s]	체적탄성계수 K[MPa]	증기압력 p_s[kPa]	표면장력 σ [N/m]	압력파속도 a[m/s]
물	998	1.00	10.0	2193	2.37	0.073	1483
수은	13550	13.56	15.5	28570	0.00017	0.476	1451
4염화탄소	1594	1.59	9.7	1405	12.28	0.0268	–
글리세린	1261	1.26	14120.0	4664	0.000038	0.0634	1923
윤활유 SAEIO	918	0.92	820.0	–	–	–	–
벤젠	879	0.90	6.5	1536	10.0	0.029	1324
원유	856	0.86	72.0	–	–	0.03	–
등유	808	0.81	19.2	–	3.20	0.025	–
가솔린	678	0.68	2.9	–	55.0	–	–

[표 1.9] 접촉각

액체	고체	접촉유체	접촉각 θ °
물	보통유리	공기	0~9
수은	보통유리	공기	130~150
수은	보통유리	물	41
수은	유리	공기	52.67
4염화탄소	파이렉스	공기	0
4염화탄소	석영유리	물	25.25

예제 1.8

반경 5[mm]의 물방울 내외의 압력차를 구하라. 단, 물의 표면장력은 73 [mN/m]으로 한다.

[풀이] $$\varDelta P=\frac{2\sigma}{R}=\frac{2\times 73\times 10^{-3}}{5\times 10^{-3}}=29.2\ Pa$$

∴ 내부압력은 외부의 대기압을 가산하면 29.2 + 101325 = 101354.2[Pa] ■

예제 1.9

20[℃]의 물 속에 내경 3[mm]의 유리관을 세웠을 때 상승하는 수주의 높이를 구하라. 단, 물의 표면장력은 72.75[mN/m], $\theta=0°$ 로 한다.

[풀이] $$h=\frac{4\sigma}{\rho gd}=\frac{4\times 72.75\times 10^{-3}}{998\times 9.8\times 0.003}=9.918\times 10^{-3}\ m=9.918\ mm$$ ■

연습문제

[1.1] 어느 기체의 비중량이 어떤 온도, 압력 하에서 16[N/m^3]이다. 이 기체의 밀도, 비체적, 공기의 비중량 12[N/m^3]에 대한 비중을 구하라.

[답] 1.6326kg/m^3, 0.6125m^3/kg, 1.333

[1.2] 25[ℓ]의 용기에 20[kg]의 등유가 들어있다. 이 등유의 밀도와 비체적을 구하라.

[답] 800 kg/m^3, $1.25\times10^{-3}m^3/kg$

[1.3] 원유 5[m^3]의 중량이 42[kN]일 때 원유의 비체적은 얼마인가.

[답] $1.1667\times10^{-3}m^3/kg$

[1.4] 30[ℓ]의 용기 속에 들어있는 기름의 질량은 얼마인가. 단, 기름의 비체적은 0.0012 [m^3/kg]이다.

[답] 25[kg]

[1.5] 압력 250[kPa], 온도 25[℃]의 공기가 채워져 있는 자동차의 타이어에 공기를 보충하여 압력을 300[kPa]로 높이는 경우, 온도가 30[℃]로 되었다. 이 때 보충된 공기의 질량을 구하라. 단, 타이어의 체적은 0.15[m^3]로 일정하다.

[답] 0.07892[kg]

[1.6] 15[℃], 250[kPa]의 공기에 대한 밀도, 비중량, 비체적을 구하라.

[답] 3.02[kg/m^3], 29.596[N/m^3], 0.331[m^3/kg]

[1.7] 어떤 기체의 비체적이, 15[℃], 절대압 2.1[bar]에서 0.7[m^3/kg]일 때, 이 기체의 기체상수 R과 밀도 ρ를 구하라.

[답] 510.15[J/kgK], 1.43[kg/m^3]

[1.8] 어떤 액체에 2[MPa]의 압력을 가했더니 체적이 0.07% 감소하였다. 이 때 압축률과 체적 탄성계수를 구하라.

[답] 3.5×10^{-10}[m^2/N], 2857[MPa]

[1.9] 1[atm], 20[℃]의 상태에서 물 속의 음속을 구하라.

[답] 1438.3[m/s]

[1.10] 압력을 1[atm]으로부터 100[atm]까지 상승시켰을 때, 1[m^3]의 물의 체적은 얼마나 감소하는가? 물의 체적탄성계수는 2×10^3[MPa]이다.

[답] -0.005[m^3]

[1.11] 20[℃], 1기압 하에서 물의 체적을 1.5% 압축하는데 요하는 압력을 구하라. 이 상태의 물의 압축률은 4.56×10^{-10}[m^2/N]이다.

[답] 32.9[MPa]

[1.12] 공기가 4[kPa_{abs}]로부터 2.5[kPa_{abs}]까지 팽창할 때 그 팽창과정이 (1) 등온팽창, (2) 단열팽창, (3) 폴리트로프 팽창일 때, 팽창 후의 체적탄성계수를 각각 구하라. 비열비 $k=1.4$, 폴리트로프 지수 $n=1.2$이다.

[답] 2.5[kPa], 3.5[kPa], 3[kPa]

[1.13] 어떤 액체에 400[kPa]의 압력을 가했을 때 0.02%의 체적이 감소하였다. 이 액체의 압축률을 구하라.

[답] 5×10^{-10}[Pa^{-1}]

[1.14] 체적 0.6[m^3]인 원통용기에 15[℃], 절대압력 250[kPa]의 공기가 들어있고, 이것을 0.1[m^3]로 압축한다. (a) 등온변화의 경우 체적탄성계수, (b) 단열변화의 경우 압력, 온도 및 체적탄성계수를 각각 구하라. 단, 체적탄성계수는 변화종료시의 값으로 한다.

[답] (a) 1.5[MPa], (b) 3.072[MPa], 590.1[K], 4.301[MPa]

[1.15] 점성계수 1.5[cP]를 [mPa·s]의 단위로, 동점성계수 1.2[cSt.]를 [m^2/s]의 단위로 변환하라.

[답] 1.5[mPa·s], 1.2×10^{-6}[m^2/s]

[1.16] 점성계수 0.0015[Pa·s], 밀도 900[kg/m^3]인 액체의 동점성계수는 얼마인가?

[답] 1.667×10^{-6}[m^2/s]

[1.17] 비중 0.965인 액체의 점성계수가 1.20[Pa·s]일 때 동점성계수를 구하라.

[답] 1.24×10^{-3}[m^2/s]

[1.18] 속도분포 곡선의 방정식이 $u=4y^{2/3}$이다. 이 때 벽면으로부터 0.5[m]인 점에서의 속도구배 du/dy를 구하라.

[답] 3.36[s^{-1}]

[1.19] 그림(문제 1.19)와 같이 폭 0.1[m]의 두 평판 사이에 중앙에 있는 얇은 판이 0.5[m/s]의 속도로 움직일 때 1[m^2]당 필요한 힘이 60[N]이다. 이 때 얇은 판 위에는 점성계수 μ인 유체가 있고, 아래 면에는 점성계수가 2μ인 유체가 있다. 점성계수 μ는 몇 [Pa · s]인가?

[답] 2[Pa · s]

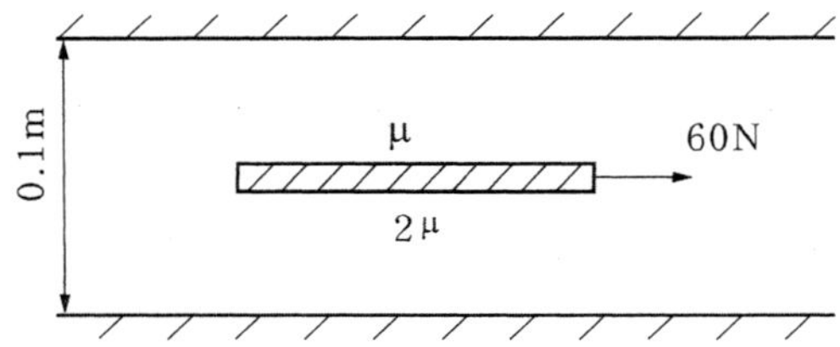

[그림(문제 1.19)]

[1.20] 그림(문제 1.20)과 같은 베어링 내의 지름이 10[cm]인 축이 2[m/s]의 속도로 축 방향으로 운동하려면 얼마의 힘이 필요한가? 베어링과 축 사이에는 점성계수 0.52[Pa · s]인 기름이 들어있다.

[답] 1092.35[N]

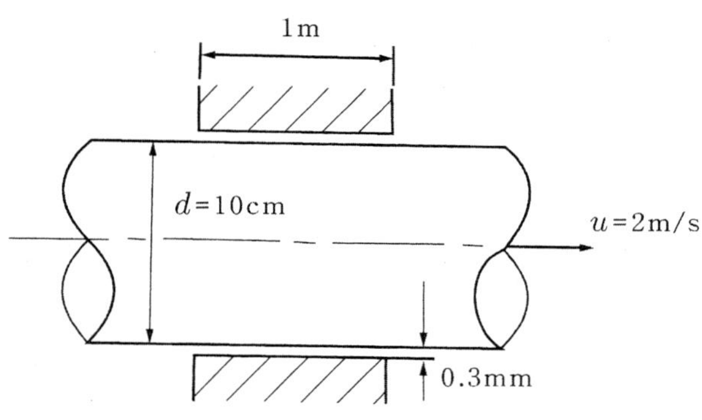

[그림(문제 1.20)]

[1.21] 2매의 판이 거리 0.1[mm]로 평행하게 유지되면서 놓여 있으며, 그 사이를 기름(점성계수 0.029[Pa · s])으로 채워져 있다. 한쪽 판을 속도 20[cm/s]로 움직인다. 판 사이의 기름의 속도가 직선적으로 변화한다면 판을 움직이는데는 단위 면적 당 얼마의 힘이 필요한가?

[답] 58[N]

[1.22] 2개의 평판이 미소간격 h로 평행하게 놓여있고, 그 사이를 점성계수 μ의 유체가 채워져 있다. 1개의 평판은 고정하고($y=0$), 다른 평판($y=h$)을 속도 U로 평행하게 이동시키면 유체는 속도분포 $u=Uy/h$에 따라 흐른다. (1) 평판에 작용하는 전단응력의 식을 표시하라. (2) $h=1$[mm], $U=15$[m/s]일 때 전단응력을 계산하라. 단, $\mu=25\times10^{-3}$[Pa·s]이다.

[답] (1) $\tau=\mu\dfrac{U}{h}$, (2) 375[Pa]

[1.23] 20[ℓ]의 액체에 500[kPa]의 압력을 가했을 때 체적의 감소량은 얼마인가? 이 액체의 압축률은 4.786×10^{-10}[Pa^{-1}]이다.

[답] 4.786×10^{-6}[m^3]

[1.24] 그림(문제 1.24)와 같이 유체가 고체 벽을 따라 흐르고 있을 때, 그 속도분포는 포물선형이고, 최대속도는 2.5[m/s], 액체의 깊이는 75[mm]일 때 $y=0$(벽면상), 25, 50, 75[mm]에 있어서 속도, 속도구배 및 전단응력의 크기를 구하라. 단, 유체의 점성계수는 0.85 [mPa·s]이다.

[답]

$y=0$:	$u=0$,	$\dfrac{du}{dy}=66.67s^{-1}$,	$\tau=0.0567Pa$
$y=25mm$:	$u=1.389m/s$,	$\dfrac{du}{dy}=44.44s^{-1}$,	$\tau=0.0378Pa$
$y=50mm$:	$u=2.222m/s$,	$\dfrac{du}{dy}=22.22s^{-1}$,	$\tau=0.0189Pa$
$y=75mm$:	$u=2.5m/s$,	$\dfrac{du}{dy}=0\ s^{-1}$,	$\tau=0\ Pa$

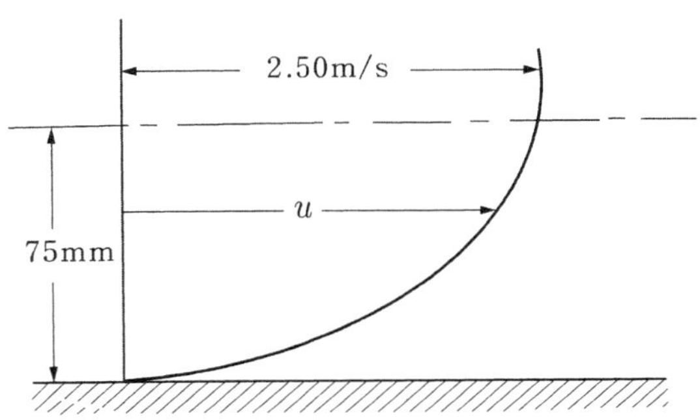

[그림(문제 1.24)]

[1.25] 점성계수가 0.85[mPa·s]인 유체의 속도분포가 $u=y+2y^2$[m/s]로 표시될 때, 벽면상의 전단응력을 구하라. 단, y는 벽면으로부터의 수직좌표이다.

[답] 0.85[mPa]

[1.26] 내경이 15.05[cm]인 베어링 내에서 외경 15[cm]의 축이 1800[rpm]으로 회전하고 있다. 그 베어링의 길이는 30[cm]이며 이들 사이의 공간에 점성계수가 0.018[kg/m · s]인 윤활유가 채워져 있다. 이 베어링에서 점성 저항을 이기기 위한 동력은 얼마인가?

[답] 2.035[kW]

[1.27] 1.5[cm]의 간격을 두고 있는 두 개의 평행평판 사이에 점성계수 0.05[kg/m · s]인 기름이 채워져 있다. 30[cm]×60[cm]의 얇은 사각평판이 한쪽 판으로부터는 0.5[cm], 다른 쪽의 판으로부터는 1[cm] 떨어져 있다. 이 판을 0.4[m/s]의 속도로 밀기 위해서는 얼마의 힘이 필요한가?

[답] 1.08[N]

[1.28] 20[℃]에서 직경 0.1[mm]의 물방울(구형) 내부의 압력을 구하라. 단, 주위 대기는 1기압이다.

[답] 2.92[kPa]

[1.29] 20[℃]의 물 속에 내경 5[mm]인 유리관을 세워 놓았을 때 관내 경계면은 얼마만큼 상승할까? 단, 물과 관과의 접촉각은 0° , 물의 표면장력은 72.77[mN/m], 공기의 밀도는 1.205[kg/m^3]이다.

[답] 5.96mm

2 유체의 정역학

정지상태에 있는 물체가 한 점에 힘이 작용하여 힘의 평형이 깨어지면 뉴턴(Newton)의 운동 제2법칙에 따라 움직이게 된다. 그러나 유체의 경우, 고체와는 달리 한 점에 힘이 작용하여도 분자간 결합이 약하므로 모양만 변화할 뿐 움직이지는 않는다. 유체가 움직이려면 면(surface)이나 체적(volume) 전체에 대하여 생각해야 한다.

유체의 면에 작용하는 힘을 **표면력**(surface force, 表面力), 체적에 작용하는 힘을 **체적력**(body force, 體積力)이라 하며 표면력에는 압력과 전단응력이 있고, 체적력에는 중력이나 원심력, 전자력, 전기력 등이 있다. 표면력의 하나인 전단응력은 흐름의 속도구배에 의존하므로 2장에서는 해당되지 않는다. 따라서 압력과 체적력의 평형에 대하여 기술한다. 그러나 흐름을 취급할 때는 압력, 체적력 외에 전단응력, 그리고 흐름을 나타내는 "질량×가속도=힘" 에 대하여 생각할 필요가 있다.

2.1 압력

2.1.1 유체 정압력

정지상태에 있는 유체중의 압력에 대하여 생각하자.

그림 2.1에 표시하는 바와 같이 유체중의 미소면적 ΔA를 취하면 그 위에 힘 ΔF가 작용할 것이다. 이 힘 ΔF는 면적 ΔA에 수직방향으로 작용하고 있다. 만일 면에 평행한 힘의 성분을 갖는다면 그 방향으로 가속도, 따라서 속도를 갖게 되어 평형상태가 아닌 경우가 된다. 따라서 정지유체에서는 미소면적 ΔA 상에 작용하는 힘 ΔF가 수직으로 작용할 때, 그 힘이 일정하지 않은 경우에는 **평균압력**(mean pressure, 平均壓力) p로 나타내고 다음 식으로 표시한다.

$$p = \lim_{\Delta A \to 0} \frac{\Delta F}{\Delta A} = \frac{dF}{dA} \quad \cdots\cdots (2.1)$$

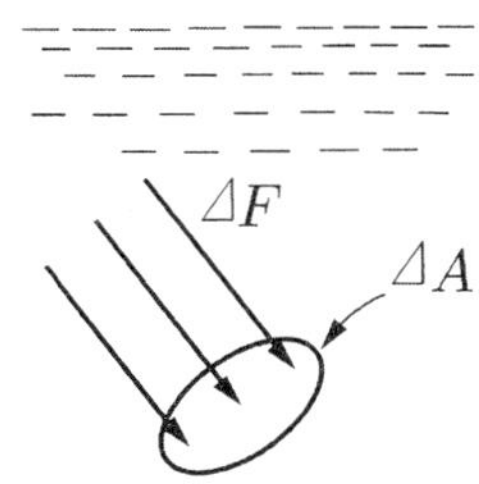

[그림 2.1] 압력

작용면적 A 에 일정하게 압력 p가 작용할 때 **전압력**(total pressure, 全壓力) F는 다음 식과 같다.

$$F = p \cdot A \qquad \cdots\cdots (2.2)$$

압력의 단위는 S.I단위 계에서는 Pascal[Pa]로서 1[Pa]=1[N/m^2]을 나타내며, 그 외에도 수은주 mmHg, 수주 mH_2O 또는 mAq로 표시하는 경우도 있다. 압력단위의 환산표는 표 2.1에 표시하였다.

[표 2.1] 압력 환산

단위	환산
Pa	1[Pa]=1[N/m^2]
bar, b	1[bar]=0.1[MPa]
kgf/m^2	1[kgf/m^2]=9.80665[Pa]
mH_2O, mAq	1[mH_2O]=9806.65[Pa]
atm	1[atm]=101325[Pa]
mHg	1[mHg]=1/0.76[atm]
Torr	1[Torr]=1[mmHg]

2.1.2 압력의 방향성

밀도 ρ인 정지유체 속에 그림 2.2의 미소 삼각프리즘 형태의 유체요소에서 3개의 미소 면에 작용하는 압력을 p_x, p_y, p_N으로 표시하였다. 이들이 수평방향과 수직방향으로 힘의 평형을 이루면서 작용한다고 하면, x방향의 힘의 평형으로부터

$$p_y\, dy \cdot dz = p_N \sin\theta\, dl \cdot dz \qquad \cdots\cdots (2.3)$$

y방향의 힘의 평형 식은 다음과 같다.

$$p_x dx \cdot dz = p_N \cos\theta dl \cdot dz + \frac{1}{2}\rho g dx \cdot dy \cdot dz \quad \cdots\cdots (2.4)$$

여기서 $dy = dl \cdot \sin\theta$의 관계를 식(2.3)에 적용하고, 또 $dx = dl \cdot \cos\theta$의 관계와 미소체적을 한 점으로 수렴하면 $dx = dy = dz = 0$이 되므로 식(2.4)에 적용하면 다음의 관계가 성립한다.

$$p_x = p_y = p_N = p \quad \cdots\cdots (2.5)$$

따라서 평형상태의 유체 속에 있는 한 점에서의 압력은 방향에 관계없이 동일한 값을 갖는다.

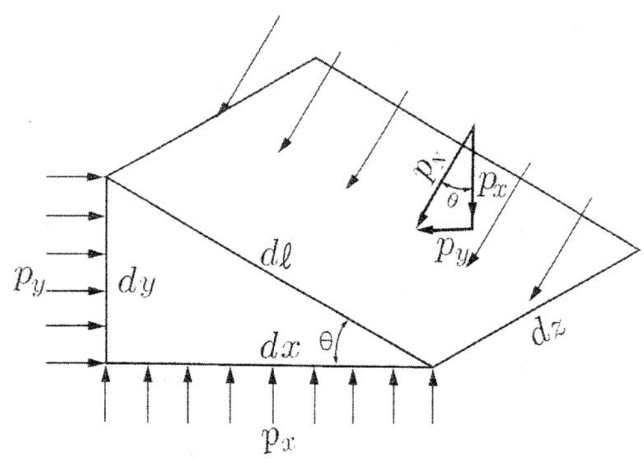

[그림 2.2] 압력의 방향성

2.1.3 압력의 전달성

밀폐된 용기에 액체를 넣고, 그 일부에 압력을 가하면 용기 내의 모든 부분으로 같은 크기의 압력이 전달되어 용기의 벽면에 수직으로 작용한다. 이것을 파스칼의 원리(principle of Pascal)라 한다.

그림 2.3에서 피스톤 ①, ②의 단면적을 각각 A_1, A_2라 한다. 피스톤 ①에 F_1의 힘(하중)을 가하면 피스톤 ①의 밑면에는 $p = F_1/A_1$의 압력이 발생하고 용기 내 액체의 각 부분에 전해지며, 피스톤 ②의 밑면에는 $W = pA_2$의 힘이 작용한다. 이 힘 W는 위로부터의 하중 F_2와 힘의 평형을 이루게 된다. 따라서 다음의 관계가 성립한다.

$$W = pA_2 = \frac{F_1}{A_1} A_2 = F_2 \qquad \cdots\cdots (2.6)$$

$$\therefore F_2 = \frac{A_2}{A_1} F_1 \qquad \cdots\cdots (2.7)$$

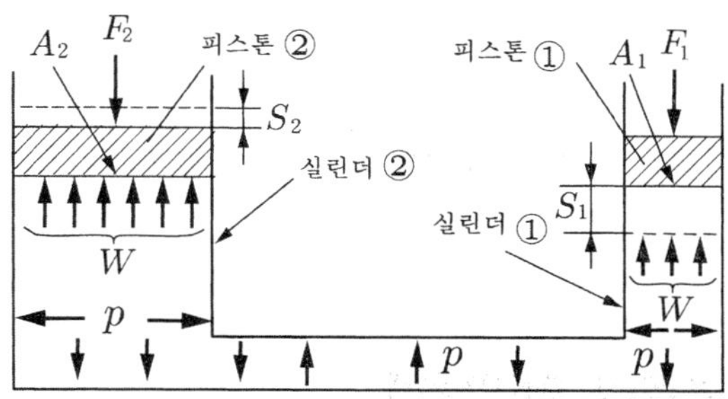

[그림 2.3] 파스칼의 원리

이들 식으로부터 A_1과 F_1이 동일한 경우라도 A_2를 크게 함에 따라 F_1에 비하여 큰 힘 F_2를 얻을 수 있다. 즉 힘은 A_2/A_1배로 증폭되게 된다.

다음에 피스톤 ①을 행정 S_1만큼 밀어 내릴 때 피스톤 ②가 S_2만큼 위로 상승하였다고 하자. 이 때 액체는 비압축성으로서 체적이 감소하지 않는다면 실린더 ①의 액체는 A_1S_1만큼 실린더 ②로 이동하게 된다. 즉

$$A_1S_1 = A_2S_2$$

$$\therefore \ S_2 = \frac{A_1}{A_2} S_1 \qquad \cdots\cdots (2.8)$$

또, 피스톤 ①이 한 일량은 F_1S_1 [N · m=J]이며 피스톤 ②가 한 일량은 F_2S_2 [J]이다. 그런데 다음의 관계가 성립하므로

$$F_2S_2 = \frac{A_2}{A_1} F_1 \cdot \frac{A_1}{A_2} S_1 = F_1S_1$$

결국 피스톤 ①이 한 일량과 같아진다. 이 원리는 수압기에 응용되고 있다.

예제 2.1

그림 2.3에서 A_1=100[cm^2], A_2=300[cm^2], F_1=300[N]일 때 F_2는 얼마일까? 또 피스톤 ②를 1[cm] 올리려면 피스톤 ①을 얼마나 하강시켜야 되는가?

[풀이] $F_2 = \dfrac{A_2}{A_1} F_1 = \dfrac{300}{100} \times 300 = 900N$

$S_1 = \dfrac{A_2}{A_1} S_2 = \dfrac{300}{100} \times 1 = 3\ cm$ ■

2.2 정지유체중의 압력변화

2.2.1 기본 방정식

그림 2.4와 같이 밀도 ρ인 정지유체 속에 각 변의 길이가 dx, dy, dz인 미소 입방체를 취하여 그 전면의 $dy \times dz$ 면적을 갖는 점 A와 후면의 대응점 B에서의 압력은 각각 p, $p+\dfrac{\partial p}{\partial x}dx$으로 표시할 수 있으며, 그 입방체의 단위 질량 당 체적력을 $F(X,\ Y,\ Z)$로 표시하면 x방향의 힘의 평형은 다음과 같다.

$$pdy \cdot dz - \left(p + \frac{\partial p}{\partial x} dx\right) dy \cdot dz + X(\rho\, dx \cdot dy \cdot dz) = 0 \qquad \cdots\cdots (2.9)$$

위 식을 정리하면 다음의 결과를 얻는다.

$$\frac{\partial p}{\partial x} = \rho X \qquad \cdots\cdots (2.10)$$

같은 방법으로 y방향과 z방향의 힘의 평형 식을 적용하여 정리하면 다음 식으로 된다.

$$\frac{\partial p}{\partial y} = \rho Y, \quad \frac{\partial p}{\partial z} = \rho Z \qquad \cdots\cdots (2.11)$$

식(2.10) 및 식(2.11)은 그 방향의 체적력과 압력구배가 평형임을 의미한다.

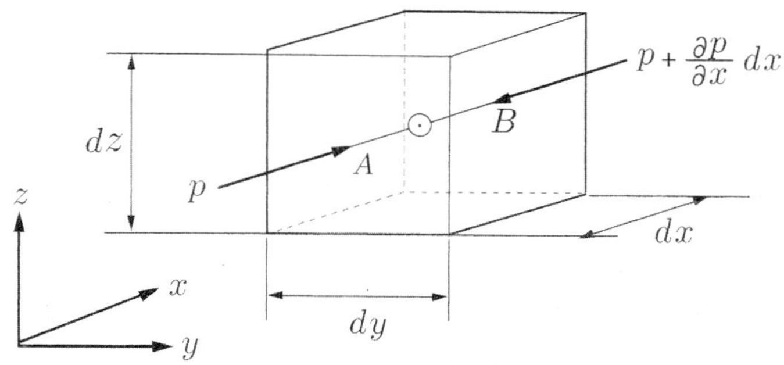

[그림 2.4] 정지유체중의 미소직방체에 작용하는 힘

압력의 미소 변화량 dp는 $p=p(x, y, z)$의 미분에 의하여 다음과 같이 쓸 수 있으므로

$$dp = \frac{\partial p}{\partial x}dx + \frac{\partial p}{\partial y}dy + \frac{\partial p}{\partial z}dz$$

식(2.10)과 식(2.11)을 위 식에 대입하면, 압력변화의 일반식(2.12)를 얻을 수 있다.

$$dp = \rho(Xdx + Ydy + Zdz) \quad \cdots\cdots (2.12)$$

따라서 정지유체중의 점 $1(x_1, y_1, z_1)$과 점 $2(x_2, y_2, z_2)$ 사이의 압력차는 식(2.12)를 적분하여 구할 수 있다.

$$p_2 - p_1 = \int_1^2 dp = \int_1^2 \rho X dx + \int_1^2 \rho Y dy + \int_1^2 \rho Z dz \quad \cdots\cdots (2.13)$$

또, 대기에 접하고 있는 액면 등과 같은 **등압면**(等壓面)은 식(2.12)로부터 $dp=0$을 취하면 다음 식으로 표시된다.

$$Xdx + Ydy + Zdz = 0 \quad \cdots\cdots (2.14)$$

식(2.12)로부터 압력은 위치에 따라 변화하지만 시간의 함수가 아님을 알 수 있다. 따라서 중력장에서 정지유체중의 압력변화는 체적력 중 중력가속도만을 받으므로 $X=0$, $Y=0$, $Z=-g$가 되어 다음 식으로 표시할 수 있다.

$$\frac{dp}{dz}=-\rho g \qquad \cdots\cdots (2.15)$$

이 식을 **유체 정역학의 기본방정식**이라 한다. 따라서 x 및 y 방향, 즉 수평방향의 체적력이 존재하지 않는 경우, 압력의 변화는 z 방향(수직방향)으로만 일어나며 수평방향으로는 압력변화가 일어나지 않으므로 동일 액체중의 동일 수평면상의 모든 점의 압력은 같음을 알 수 있다.

2.2.2 액체의 경우

액체의 경우, 밀도가 일정할 때 수직방향(z 방향)의 압력변화에 대하여 고찰하여 보자.

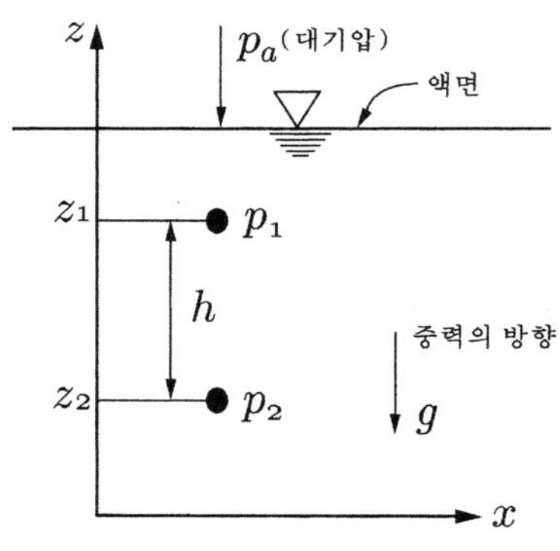

[그림 2.5] 중력장에서의 압력

그림 2.5에 표시하는 바와 같이 높이방향을 z축으로 할 때 하향으로 중력이 작용하고 밀도 ρ가 일정하다고 하면 식(2.15)를 적분하면

$$\int_1^2 dp = p_2 - p_1 = -\int_1^2 \rho g dz = \rho g(z_1 - z_2) = \rho g h = \gamma h \qquad \cdots\cdots (2.16)$$

여기서 h는 점 1과 점 2의 높이 차(깊이)이다. 따라서 수직방향의 압력은 밀도와 깊이에 비례하여 증가한다.

2.2.3 기체의 경우

이상기체의 대표과정을 나타내는 폴리트로프 변화의 식(1.13)에서 압력 p와 밀도 ρ의 관계는 n을 폴리트로프 지수, c를 상수라 할 때

$$p = c\rho^{n} \qquad \cdots\cdots (2.17)$$

이므로 이 식을 식(2.15)에 대입하면

$$\frac{dp}{dz} = -g\left(\frac{p}{c}\right)^{\frac{1}{n}} \qquad \cdots\cdots (2.18)$$

이 되며, $z=0$에서 $p=p_o$(대기압), $\rho=\rho_o$로 취하여 위 식을 적분하면

$$n \neq 1\text{에서는} \quad p = p_o\left(1 - \frac{\rho_o}{p_o}\frac{n-1}{n}gz\right)^{\frac{n}{n-1}} \qquad \cdots\cdots (2.19)$$

$$n = 1\text{에서는} \quad p = p_o \exp\left(-\frac{\rho_o}{p_o}gz\right) \qquad \cdots\cdots (2.20)$$

$n=k$의 경우는 단열변화, $n=1$의 경우는 등온변화에 상당한다. 따라서 두 경우 모두 z가 증가할수록(상방향으로 갈수록) 압력이 저하한다.

예제 2.2

수심 300[m]인 점에서의 압력을 게이지압과 절대압력으로 각각 구하라.

[풀이] 물의 밀도 $\rho=1000[kg/m^3]$, 중력가속도 $g=9.8[m/s^2]$, 수심 $h=300[m]$이므로 식(2.16)으로부터

게이지압 $p_g = \rho gh = 1000 \times 9.8 \times 300 = 2940000Pa = 2.94MPa$

절대압력 $P_a = p_g + p_o = 2.94 + 0.101 = 3.041\ MPa_{abs}$ ■

예제 2.3

밀도 800[kg/m³]인 기름을 저장하고 있는 유조(원주형)가 있다. 유면의 높이는 10[m], 유조의 직경은 30[m]일 때 저면에서의 압력(게이지압)과 전압력을 각각

구하라.

[풀이] 게이지압 $p_g = \rho gh = 800 \times 9.8 \times 10 = 78400\ Pa = 78.4\ kPa$

전압력 $F = Ap = A\rho gh = \frac{\pi}{4} \times 30^2 \times 78400 = 55417694.4\ N$

$\fallingdotseq 55.42\ MN$ ■

예제 2.4

해면으로부터 500[m] 상공의 대기압력을 구하라. 단, 대기는 단열변화를 한다고 보고 비열 비 k=1.4이며, 해면상의 공기 밀도 ρ_o=1.2[kg/m^3]이라 한다.

[풀이] 식(2.19)의 n을 k로 대치하면

$$p = p_o\left(1 - \frac{\rho_o}{p_o}\frac{k-1}{k}gz\right)^{\frac{k}{k-1}}$$

$$= 101325\left(1 - \frac{1.2}{101325} \times \frac{0.4}{1.4} \times 9.8 \times 500\right)^{\frac{1.4}{0.4}}$$

$$= 95565.86\ Pa \fallingdotseq 95.57\ kPa_{abs}$$ ■

2.3 액주계

액체가 들어있는 용기나, 액체가 흐르고 있는 관로 내의 압력을 측정하는 방법으로서, 투명관(유리관 혹은 아크릴관)을 용기나 관로에 수직으로 설치하여 투명관 내 액체의 상승높이로부터 압력을 측정하는 계기를 **액주계**(manometer, 液柱計)라 한다. 이 때 용기 또는 관로 내의 액체높이에 의하여 압력을 측정하는 계기는 **피에조미터**(piezometer), 별도의 액체(마노미터액)를 사용하여 그 액체의 높이 차에 의하여 압력을 측정하는 계기를 **마노미터**(manometer)라 하여 구별하기도 한다.

공기 등의 기체 압력계에는 마노미터액으로서 물이 가장 많이 사용되고 있으며, 정밀도를 높이기 위해서 관내 수면 상에서 표면장력의 영향이 작은 공업용 알콜(비중 0.8)이 이용되기도 한다. 액체용 압력계에는 마노미터액으로서 일반 액체와 혼합되지 않는 수은(비중 13.55)이 가장 많이 사용되고 있으며, 압력차가 작은 경우에는 4염화 탄소(비중 1.59)와 공기 등도 이용되고 있다.

2.3.1 피에조미터

압력이 그다지 높지 않을 때 그림 2.6(a)와 같이 관 벽에 직접 투명한 유리관을 설치하여 압력을 측정할 수 있다. 유리관 내 상승하는 액주 높이를 h, 액체의 밀도를 ρ, 용기 내 A의 압력을 p_A, 유리관내 자유표면 B의 압력을 p_o라 할 때 관내의 압력 p_A는 다음 식과 같이 된다.

$$p_A = p_o + \rho gh \qquad \cdots\cdots (2.21)$$

$$\Delta p = p_A - p_o = \rho gh \qquad \cdots\cdots (2.22)$$

피에조미터는 액주의 자유표면에 대기압 p_o가 작용하고 있으므로 식(2.21)의 p_A는 절대압력을 표시하고, 식(2.22)의 Δp는 게이지압을 나타낸다.

그림 2.6(b)는 유리관을 U자형으로 한 피에조미터로서 관내 압력이 부압(負壓)인 경우에 사용된다. U자관 내 동일 수평면상의 2점 X, X'(기준면)의 압력은 같으므로

$$p_A + \rho gh = p_o$$

$$\therefore \; p_A = p_o - \rho gh \qquad \cdots\cdots (2.23)$$

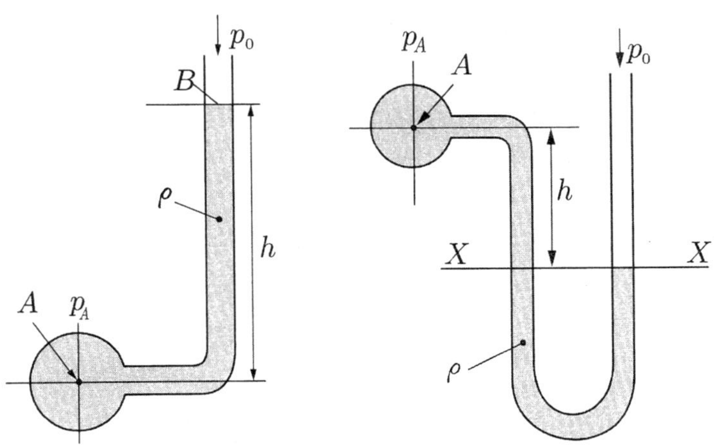

(a) 피에조미터 (b) U자관형 피에조미터

[그림 2.6] 피에조미터

2.3.2 U자관 마노미터

그림 2.7과 같이 용기 또는 관로 내의 압력이 클 경우, 액주의 높이가 높아지므로 U자관 내에 비중이 큰 마노미터액(예로 수은)을 이용하면 그 액주차 h'를 작게 하여 측정이 용이해진다. 이 경우는 마노미터액의 비중이 용기 또는 관로 내 액체의 비중보다 커야 한다.

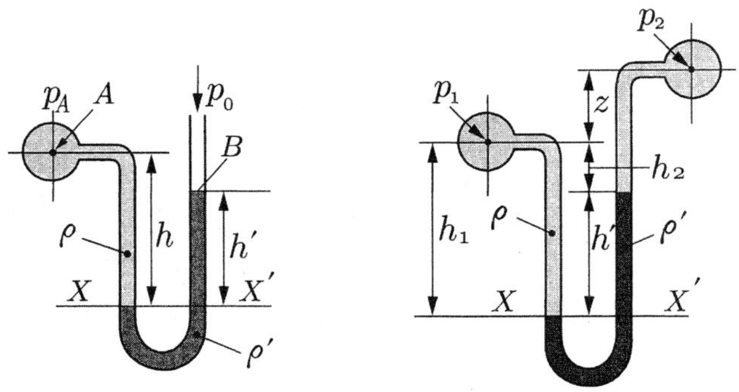

(a) U자관 마노미터　　(b) U자관 차압마노미터

[그림 2.7] U자관 마노미터

이 경우에도 기준면 $X-X'$ 면상의 압력은 같으므로 그림 2.7(a)의 경우,

$$p_A + \rho gh = p_o + \rho' gh'$$

$$\therefore\ p_A = p_o + g(\rho' h' - \rho h) \qquad \cdots\cdots (2.24)$$

그림 2.7(b)의 경우는 두 관로의 압력차를 구하는 시차액주계(differential manometer, 示差液柱計)이며, 마찬가지로 $X-X'$ 면상은 압력이 같으므로

$$p_1 + \rho gh_1 = p_2 + \rho g(z + h_2) + \rho' gh'$$

따라서 두 관로 내의 압력차는 다음과 같다.

$$\begin{aligned} p_1 - p_2 &= \rho g(z + h_2 - h_1) + \rho' gh' \\ &= \rho g(z - h') + \rho' gh' \\ &= (\rho' - \rho)gh' + \rho gz \end{aligned} \qquad \cdots\cdots (2.25)$$

2.3.3 역 U자관 마노미터

이 경우는 두 용기 또는 두 관로의 압력차를 구하는 경우로서, 두 관로 내의 액체보다 비중이 작은 유체($\rho' < \rho$)를 마노미터액으로 선정해야 한다.

그림 2.8에서 기준면 $X-X'$에서의 압력은 같으므로

$$p_1 - \rho g h_1 = p_2 - \rho g h_2 - \rho' g h'$$

따라서 두 관로의 압력차는 다음 식과 같이 표시된다.

$$p_1 - p_2 = \rho g(h_1 - h_2) - \rho' g h' \quad \cdots\cdots (2.26)$$

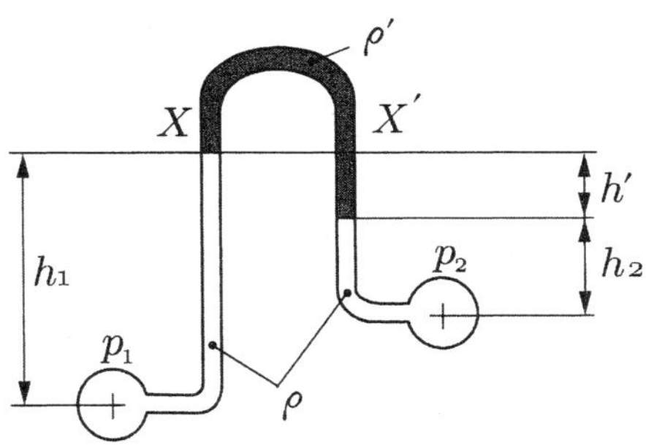

[그림 2.8] 역 U자관 마노미터

예제 2.5

그림 2.7(b)의 U자관 마노미터에서 두 용기 내의 압력차를 구하라. 단, h_1= 0.8[m], h'=500[mmHg](수은 : 비중 13.6), z=0.7[m]이다.

[풀이] 마노미터액인 수은의 밀도 ρ'=13.6×10^3[kg/m^3], 물의 밀도 ρ=1000[kg/m^3]이다. 식 (2.25)로부터

$$\begin{aligned} p_1 - p_2 &= (\rho' - \rho)gh' + \rho g z \\ &= (13.6-1)\times 10^3 \times 9.8 \times 0.5 + 1000 \times 9.8 \times 0.7 \\ &= 68600\ Pa = 68.6\,[\text{kPa}] \end{aligned}$$

■

예제 2.6

그림(ex2.6)과 같이 시차 액주계에서 p_B=207[kPa], B탱크 액체의 비중량 γ_B=12.4[kN/m^3], A탱크 액체의 비중량 γ_A=8.4[kN/m^3]이며, 마노미터액인 수은은 비중 13.56일 때 A탱크 내의 압력 p_A를 구하라.

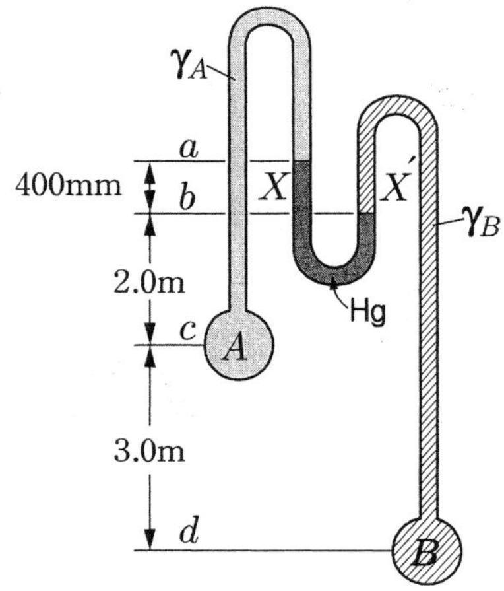

[그림(ex2.6)]

[풀이] 수은의 동일 수평면상 $X-X'$ 면에서는 압력이 같으므로

$$p_A-\gamma_A(0.4+2.0)+\gamma_{Hg}\times 0.4=p_B-\gamma_B(3.0+2.0)$$

$$\therefore p_A-p_B=2.4\gamma_A-5.0\gamma_B-0.4\gamma_{Hg}$$

$$=2.4\times 8.4-5.0\times 12.4-0.4(13.56\times 1000\times 9.8\times 10^{-3})$$

$$\fallingdotseq -95 \text{ kPa}$$

$$\therefore p_A=p_B-95=207-95=112\,\text{kPa}$$ ■

예제 2.7

그림(ex2.7)에 표시한 바와 같은 U자관의 조합 액주계에서, 용기에는 비중 1.5의 액체가 들어 있으며, 점 A에서의 게이지압이 −10[kPa]일 때 액체 B의 비중을 구하라.

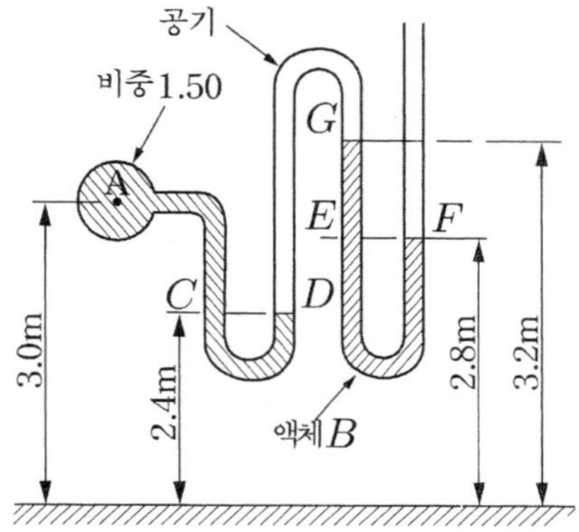

[그림(ex2.7)]

[풀이] $p_D = p_C$로부터

$$p_D = p_A + 1000 \times 1.5 \times 9.81 \times (3.0 - 2.4)$$
$$= -10 \times 10^3 + 8.83 \times 10^3 = -1.17 \times 10^3\ kPa = -1170\ Pa$$

다음에 GD 사이의 공기의 무게는 무시할 수 있으므로

$$p_G = p_D = -1170\ Pa,$$

또 $p_E = p_F = 0$으로부터

$$p_E = p_G + \rho g \times (3.2 - 2.8) = 0$$
$$\therefore \rho = 1170/(9.81 \times 0.4) = 298.2\ kg/m^3$$

따라서 비중은

$$s = \rho/\rho_W = 0.298$$

■

2.3.4 미압계

(1) 2유체 미압계

그림 2.9는 U자관 및 단면적이 같은 2개의 작은 용기로 구성되는 미압계이다. 측정하려고 하는 압력 p_A와 p_B가 같을 때는 작은 용기 내의 액면은 1-1, U자관의 액면은 2-2에서 각각 동일 수평면상에 있게 된다. 작은 용기의 단면적을 A, U자관의 단면적을 a라 할 때, 압력 p_A가 p_B보다 커지면 용기 A 내의 액면은 Δy만큼 하강하고, 용기 B 내의 액면은 Δy만큼 상승하며 U자관

내의 액면차는 h가 되었다고 한다. 이 때 2개의 탱크 내에서 이동한 액체의 체적의 합은 $2A\Delta y$이고, 이것은 U자관 내의 이동한 액체의 체적 ah와 같다. 따라서 $h=(2A/a)\Delta y$의 관계를 얻는다.

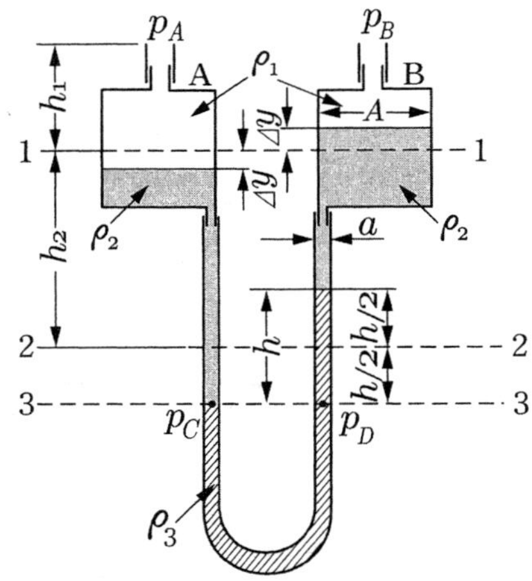

[그림 2.9] 2유체 미압계

그림 2.9로부터 $p_C=p_D$이므로 다음의 식이 성립한다.

$$p_A+\rho_1 g(h_1+\Delta y)+\rho_2 g\left(h_2-\Delta y+\frac{h}{2}\right)$$
$$=p_B+\rho_1 g(h_1-\Delta y)+\rho_2 g\left(\Delta y+h_2-\frac{h}{2}\right)+\rho_3 gh$$

$\Delta y=(\frac{a}{2A})h$의 관계를 이용하여 압력차 p_A-p_B를 구하면 다음과 같다.

$$p_A-p_B=gh\left[\rho_3-\rho_2\left(1-\frac{a}{A}\right)-\rho_1\frac{a}{A}\right] \qquad \cdots\cdots (2.27)$$

(2) 경사 미압계

그림 2.10과 같이 유리관을 각도 θ만큼 경사 시킬 때, θ가 작을수록, 용기 단면적 A에 대한 유리관의 단면적 a의 비 a/A를 작게 할수록 동일한 압력차에 대하여 경사관의 액체의 이동거리 l을 확대시킬 수 있다. 따라서 미압차도 측정이 가능하다. 이것을 **경사 미압계**(傾斜 微壓計)라 한다.

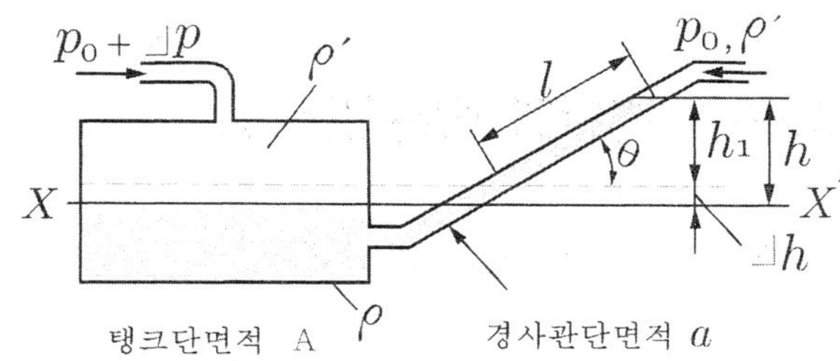

[그림 2.10] 경사 미압계

용기 내의 압력이 p_o로부터 Δp만큼 증가했을 때 액면이 Δh만큼 하강하고 유리관의 액면은 l만큼 이동했다면 그 이동량의 체적은 같으므로 $\Delta h \cdot A = a \cdot l$이므로 $\Delta h = \dfrac{a}{A} l$의 관계가 성립한다. 따라서 $X-X'$면상의 압력은 같으므로

$$p_o + \Delta p + \rho' gh = p_o + \rho gh$$

$h = h_1 + \Delta h, \quad h_1 = l \sin\theta$ 로부터

$$\Delta p = (\rho - \rho')gh = (\rho - \rho')g(h_1 + \Delta h)$$

$$= (\rho - \rho')gl\left(\sin\theta + \frac{a}{A}\right) \qquad \cdots\cdots (2.28)$$

예제 2.8

그림 2.10의 경사 미압계에서 용기 내에는 비중 0.82의 알콜이 들어있다. 양쪽 공기의 압력차가 발생하여 경사관내의 알콜이 80[mm] 이동한 후 평형이 되었다. 용기의 내경 80[mm], 관의 내경 5[mm], 경사각도 30° 일 때 압력의 증가량 Δp를 구하라. 단, 공기의 밀도는 1.293[kg/m^3]이다.

[풀이] ρ=820[kg/m^3], ρ'=1.293[kg/m^3], l=80[mm], θ=30° 이며 식(2.28)을 적용하면

$$\Delta p = (\rho - \rho')\, gl\left(\sin\theta + \frac{a}{A}\right)$$

$$= (820 - 1.293) \times 9.8 \times 80 \times 10^{-3} \times \left[\sin 30^\circ + \left(\frac{5}{80}\right)^2\right]$$

$$= 323.44\,[\text{Pa}]$$

■

2.4 정지액체중의 벽면에 작용하는 힘

정지하고 있는 액체 중에 잠겨있는 물체에 작용하는 힘, 즉 전압력을 구해보자.

예로서 장방형의 평면이 액체 속에 수평으로 잠겨있는 경우, 또는 연직으로 잠겨있는 경우, 수면과 θ의 경사각도로 잠겨있는 경우, 그리고 액체 중에 곡면이 잠겨있는 경우 등에 대하여 그 벽면에 작용하는 힘을 구한다. 어느 경우도 우선 수면으로부터 깊이 h에 미소면적 dA를 취하면 작용하는 힘은 면에 수직방향이며, 그 크기는 $dF=\rho ghdA$의 관계가 있으므로(식(2.15)의 z축과 수면으로부터의 깊이 h는 방향이 반대이므로 음의 부호는 없어짐) dF를 물체의 면 전체에 걸쳐 적분하면 된다.

2.4.1 수평평면의 경우

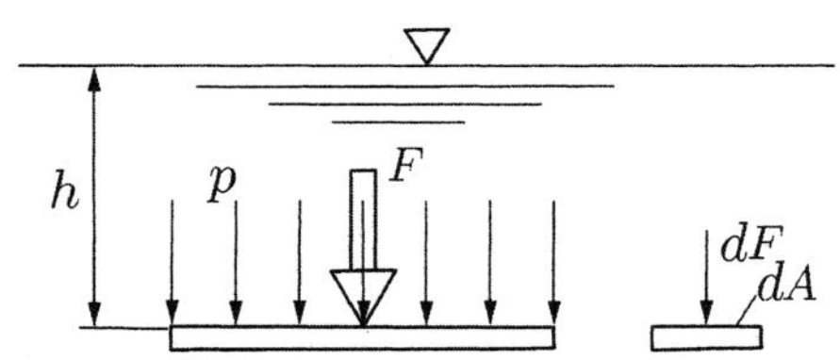

[그림 2.11] 수평 평면에 작용하는 힘

그림 2.11에 표시한 바와 같이 평면이 밀도 ρ인 액체 중에 수면으로부터 h의 깊이에 수평으로 잠겨있는 경우, 깊이가 일정하므로 평면에 작용하는 압력은 $p=\rho gh$이며 미소면적 dA에 작용하는 미소 힘 dF는 다음과 같다.

$$dF = pdA = \rho ghdA$$

따라서 위 식을 전 표면적에 대하여 적분하면 평면에 작용하는 전압력 F를 구할 수 있다.

$$F = \int_A dF = \int \rho ghdA = \rho ghA = \gamma hA \qquad \cdots\cdots (2.29)$$

2.4.2 수직평면의 경우

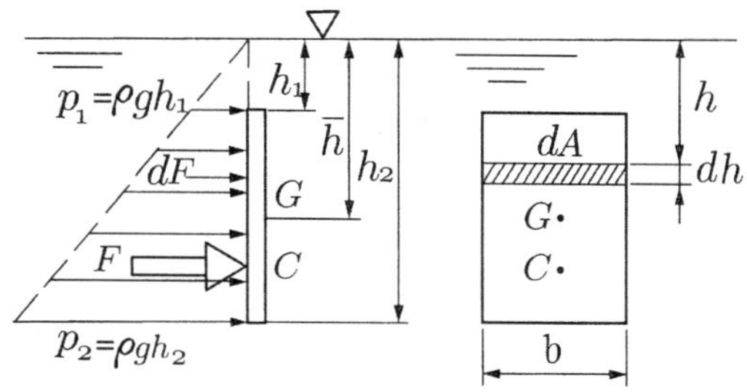

[그림 2.12] 수직 평면에 작용하는 힘

그림 2.12에 표시한 평판이 액체 중에 수직으로 잠겨있는 경우, 평판의 미소면적 $dA = bdh$이며 전 표면적 $A=b(h_2-h_1)$이다. 여기서 수면으로부터 평면의 중심(重心) G까지의 수직깊이 $\bar{h}$는 평판의 중앙 점까지의 깊이이므로 다음과 같이 표시된다.

$$\bar{h} = h_1 + \frac{(h_2 - h_1)}{2} = \frac{h_1 + h_2}{2} \qquad \cdots\cdots (2.30)$$

미소면적 $dA(=bdh)$에 작용하는 압력은 깊이가 h이므로 $p = \rho gh$이며, 따라서 미소면적에 작용하는 미소 힘

$$dF = pdA = \rho ghbdh$$

이므로, 전 표면적에 대하여 적분하면 전압력 F를 구할 수 있다.

$$F = \int_A dF = \int_1^2 \rho ghbdh = \rho gb \int_1^2 hdh$$

$$= \rho gb \frac{{h_2}^2 - {h_1}^2}{2} = \rho g \frac{h_1 + h_2}{2} A = \rho g\bar{h}A \qquad \cdots\cdots (2.31)$$

전압력 F가 작용하는 작용점을 전압력의 중심(中心)이라 하며, 그림 2.12의 C점에 해당한다. 그 점의 위치를 구하는 방법은 다음 절에서 기술한다.

2.4.3 경사평면의 경우

(1) 전압력

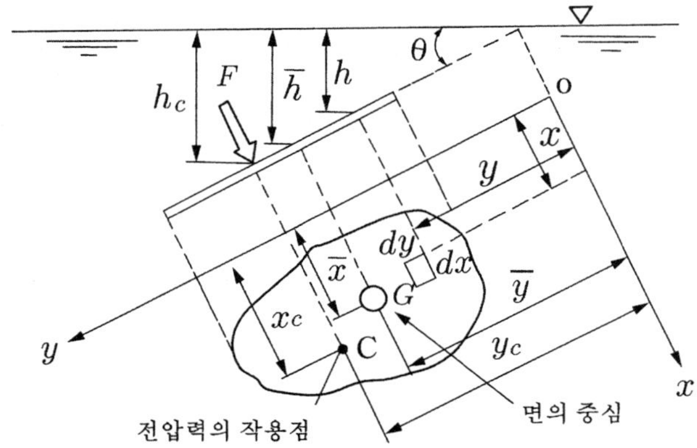

[그림 2.13] 경사면에 작용하는 힘

그림 2.13과 같이 평면이 액면과 θ의 경사를 이루면서 액체 속에 잠겨 있을 때 벽면 상에 좌표의 원점을 액면으로 취한 $x-y$축을 설정하고 깊이 h에 미소 면적 $dA=dx \cdot dy$에서의 압력을 p라 한다. 평면의 전 면적은 A, 중심점(重心点)은 $G(\bar{x},\ \bar{y})$이며 수면으로부터 G까지의 수직깊이는 $\bar{h}$로 표시할 때 미소면적 dA에 작용하는 미소 힘 dF는

$$dF = pdA = \rho ghdA = \rho gy \sin\theta \cdot dA \qquad \cdots\cdots (2.32)$$

따라서 전압력 F는

$$F = \int_A pdA = \rho g \sin\theta \int_A ydA \qquad \cdots\cdots (2.33)$$

가 되며, $\int_A ydA$는 x축에 관한 도형의 단면 1차 모멘트이고, 중심 G의 y좌표를 $\bar{y}$ 라 하면 $\int_A ydA = \bar{y}A$이다. 따라서

$$F = \rho g \bar{y} \sin\theta \cdot A = \rho g \bar{h} A \qquad \cdots\cdots (2.34)$$

가 되어 전압력의 중심(中心)인 C점에 작용한다.

(2) 전압력의 중심

면에 작용하는 전압력의 작용점을 압력중심이라 하며, 그림 2.13에는 $C(x_c, y_c)$로 표시하였다. x, y축에 관한 압력의 모멘트의 총합이 이 점에 작용하는 전압력의 모멘트와 같아지는 점이다. 이것은 일반적으로 중심(重心)의 위치와는 일치하지 않는데, 그 y 좌표인 y_c를 구해보자.

미소면적 dA에 작용하는 힘 dF의 x축에 대한 모멘트는, 식(2.32)를 이용하여 다음과 같이 표시할 수 있다.

$$ydF = \rho g y^2 \sin\theta \cdot dA \qquad \cdots\cdots (2.35)$$

압력중심의 y좌표는 y_c이므로 x축에 관하여 압력에 대한 모멘트의 총합이 이 점에 작용하는 전압력의 모멘트와 같다. 따라서 위 식을 적분하면

$$y_c F = \int ydF = \rho g \sin\theta \int_A y^2 dA \qquad \cdots\cdots (2.36)$$

식(2.34)를 위 식에 대입하여 정리하면 다음과 같다.

$$y_c = \frac{\int_A y^2 dA}{\bar{y} A}$$

$\int_A y^2 dA$는 x축에 대한 도형의 **단면 2차 모멘트**이며, 중심(重心)에 관한 단면 2차모멘트 I_g의 사이에는 다음의 관계가 있다.

$$\int_A y^2 dA = I_g + \bar{y}^2 A \qquad \cdots\cdots (2.37)$$

따라서 식(2.37)을 위 식에 대입하면 압력중심의 y좌표인 y_c가 다음과 같이 얻어진다.

$$y_c = \bar{y} + \frac{I_g}{\bar{y} A} \qquad \cdots\cdots (2.38)$$

여기서 $\bar{y}$: 도형 중심(重心)의 y좌표, I_g : 중심을 통하는 x축에 평행한 축

주위의 단면 2차 모멘트를 나타낸다. I_g의 일반식은 식(2.39)와 같이 표시하며 각 도형에 대한 I_g의 값은 표 2.2에 나타내었다.

$$I_g = \int_A (y - \bar{y})^2 \, dA \qquad \cdots\cdots (2.39)$$

다음에 압력중심의 x좌표인 x_c는, y축 주위의 힘의 모멘트를 고려하여 y좌표의 경우와 마찬가지로

$$x_c F = \int x \, dF = \rho g \sin\theta \int_A x\, y\, dA \qquad \cdots\cdots (2.40)$$

이며, 식(2.34)를 위 식에 대입하여 정리하면 다음과 같이 표시할 수 있다.

$$x_c = \frac{\int_A x\, y\, dA}{\bar{y} A}$$

$\int_A xydA$는 **단면상승모멘트**이며, 중심에 관한 상승모멘트 $I_g{}'$와의 관계는

$$\int_A x\, y\, dA = I_g{}' + \bar{x}\,\bar{y} \cdot A \qquad \cdots\cdots (2.41)$$

이 되며, 이 식을 위 식에 대입하여 x_c가 다음과 같이 구해진다.

$$x_c = \bar{x} + \frac{I_g{}'}{\bar{y}A} \qquad \cdots\cdots (2.42)$$

여기서 $I_g{}'$는 도형의 중심에 관한 단면상승모멘트로서, 일반적으로는

$$I_g{}' = \int_A (x - \bar{x})(y - \bar{y}) dA \qquad \cdots\cdots (2.43)$$

로 표시되며, 주요 도형에 관한 값은 그림 2.14에 표시하였다. y축에 평행으로 중심을 통하는 축에 관하여 좌우대칭인 평면에서는 $I_g{}' = 0$이며 $x_c = \bar{x}$로 된다.

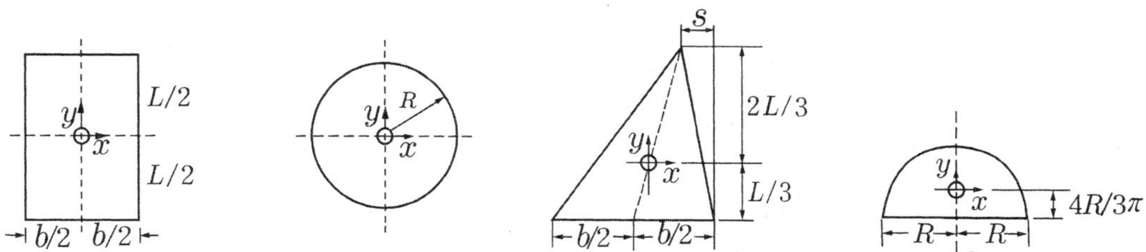

(a) 장방형	(b) 원형	(c) 삼각형	(d) 반원형
$A=bL$	$A=\pi R^2$	$A=bL/2$	$A=\pi R^2/2$
$Ig=bL^3/12$	$Ig=\pi R^4/4$	$Ig=bL^3/36$	$Ig'=010976R^4$
$Ig'=0$	$Ig'=0$	$Ig'=b(b-2s)L^2/72$	$Ig'=0$

[그림 2.14] 대표적 도형의 단면 2차 모멘트 및 단면 상승 모멘트

[표 2.2] 도형의 면적, 체적, 도심, 관성모멘트

도형명	도형	면적 또는 체적	도심의 위치	I 또는 I_g
직사각형	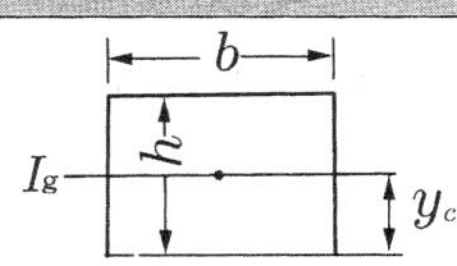	bh	$y_c=\frac{h}{2}$	$I_g=\frac{bh^3}{12}$
삼각형	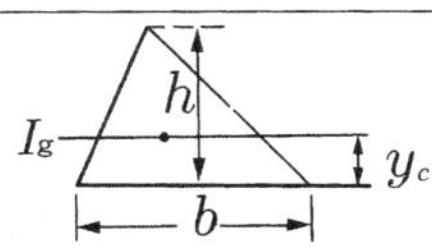	$\frac{bh}{2}$	$y_c=\frac{h}{3}$	$I_g=\frac{bh^3}{36}$
원	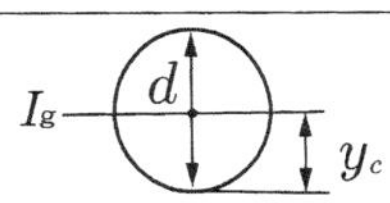	$\frac{\pi d^2}{4}$	$y_c=\frac{d}{2}$	$I_g=\frac{\pi d^4}{64}$
반원	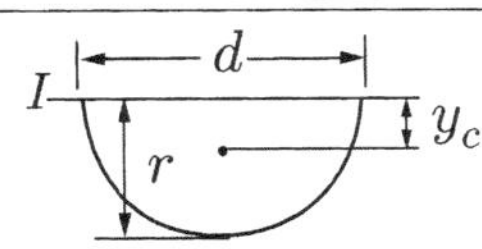	$\frac{\pi d^2}{8}$	$y_c=\frac{4r}{3\pi}$	$I=\frac{\pi d^4}{128}$
타원	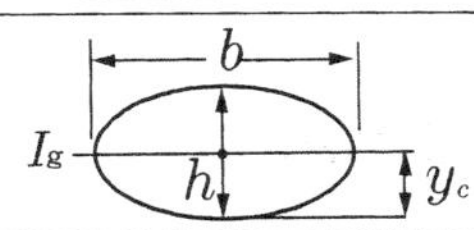	$\frac{\pi bh}{4}$	$y_c=\frac{h}{2}$	$I_g=\frac{\pi bh^3}{64}$
반타원	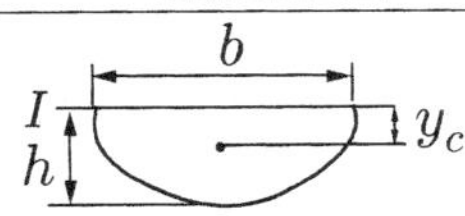	$\frac{\pi bh}{4}$	$y_c=\frac{4h}{3\pi}$	$I=\frac{\pi bh^3}{18}$
포물선	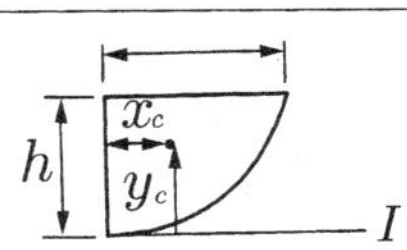	$\frac{2}{3}bh$	$y_c=\frac{3h}{5}$ $x_c=\frac{3b}{8}$	$I=\frac{2bh^3}{7}$
원통	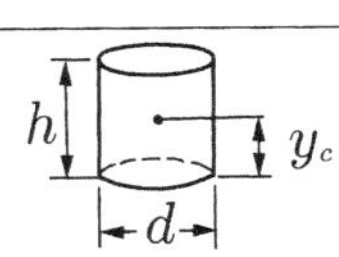	$\frac{\pi d^2 h}{4}$	$y_c=\frac{h}{2}$	

원추	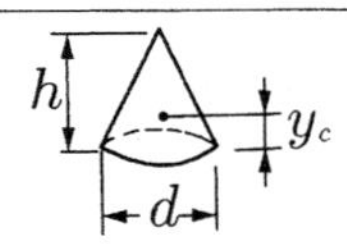	$\frac{1}{3}\left(\frac{\pi d^2 h}{4}\right)$	$y_c=\frac{h}{4}$	
포물선회전체	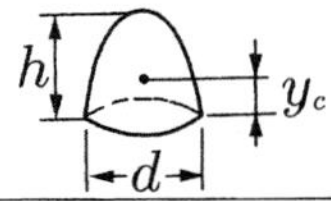	$\frac{1}{2}\left(\frac{\pi d^2 h}{4}\right)$	$y_c=\frac{h}{3}$	
구		$\frac{\pi d^3}{6}$	$y_c=\frac{d}{2}$	
반구	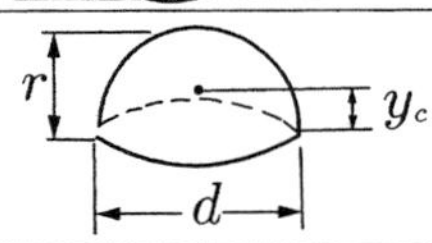	$\frac{\pi d^3}{12}$	$y_c=\frac{3r}{8}$	

예제 2.9

그림(ex2.9)의 (a)장방형 판과 (b)원형 판(직경 D)에서 전압력의 작용점(C점)의 위치 y_c를 각각 구하라.

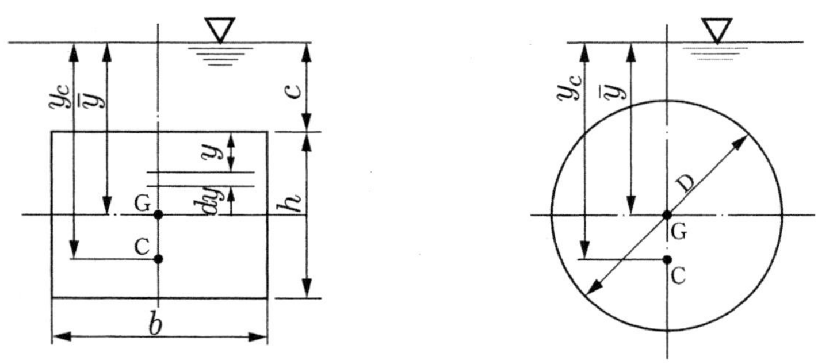

(a) (b)

[그림(ex2.9)]

[풀이] (a) 표 2.2로부터 장방형의 도심 통과 축에 관한 단면 2차모멘트는 $I_g=\frac{bh^3}{12}$ 이므로, 식(2.38)로부터

$$y_c=\bar{y}+\frac{I_g}{\bar{y}A}=\bar{y}+\frac{bh^3/12}{\bar{y}bh}=\bar{y}+\frac{h^2}{12\bar{y}}$$

여기서 $\bar{y}=c+\frac{h}{2}$ 이다.

(b) 표 2.2로부터 직경 D인 원의 $I_g = \dfrac{\pi D^4}{64}$ 이므로

$$y_c = \bar{y} + \frac{I_g}{\bar{y}A} = \bar{y} + \frac{\pi D^4/64}{\bar{y}\,\pi D^2/4} = \bar{y} + \frac{D^2}{16\bar{y}}$$ ■

예제 2.10

그림(ex2.10)과 같은 물 속의 평면에 작용하는 전압력과, 그 작용점을 계산하여라. 단, 물의 밀도는 1000[kg/m³]이다.

(a) 1[m]×2[m]의 장방형 AB

(b) 밑변의 길이 1.2[m], 높이 3[m]의 2등변 삼각형 CD

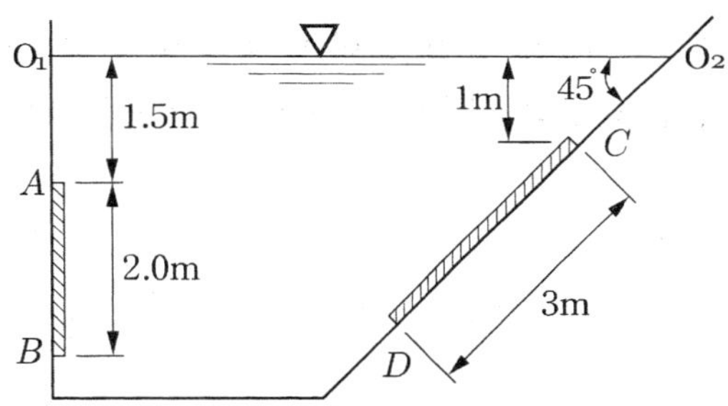

[그림(ex2.10)]

[풀이] (a) 중심의 깊이는 $\bar{h} = 1.5 + 1 = 2.5$[m]

전압력은 $F = \rho g \bar{h} A = 9800 \times 2.5 \times 1 \times 2 = 49\ kN$

그림 2.14를 참조하면 $I_g = \dfrac{1 \times 2^3}{12} = 0.667$[m⁴], 작용점의 위치는

$$h_c = y_c = \bar{y} + \frac{I_g}{\bar{y}A} = 2.5 + \frac{0.667}{2.5 \times 2} = 2.6334\text{m}$$

(b) $O_2C = \sqrt{2} = 1.414$, 그림 2.14로부터 중심의 y좌표는

$$\bar{y} = 1.414 + (2/3) \times 3 = 3.414\text{m}$$

$$\therefore \quad \bar{h} = \frac{3.414}{1.414} = 2.4144\text{m}$$

또, $A = 1.2 \times 3/2 = 1.8$[m²], $I_g = 1.2 \times 3^3/36 = 0.9$[m⁴], $I_g' = 0$이 된다.

이상으로부터 전압력은

$$F = \rho g\bar{h}A = 9800 \times 2.4144 \times 1.8 = 42.59\ kN$$

작용점의 y좌표는

$$y_c = \bar{y} + \frac{I_g}{\bar{y}A} = 3.414 + \frac{0.9}{3.414 \times 1.8} = 3.56[\mathrm{m}]$$

깊이로 표시하면

$$h_c = \frac{y_c}{1.414} = 2.52[\mathrm{m}]$$ ■

예제 2.11

그림(ex2.11)에 표시한 것처럼 폭 B=3[m]의 수로를 수직 수문으로 막았을 때 상류 측의 수심 H_1=4[m], 하류 측의 수심 H_2=2[m]이었다. 이 때 수문에 작용하는 전압력 F와, 저면으로부터 그 작용점까지의 높이 x를 구하라.

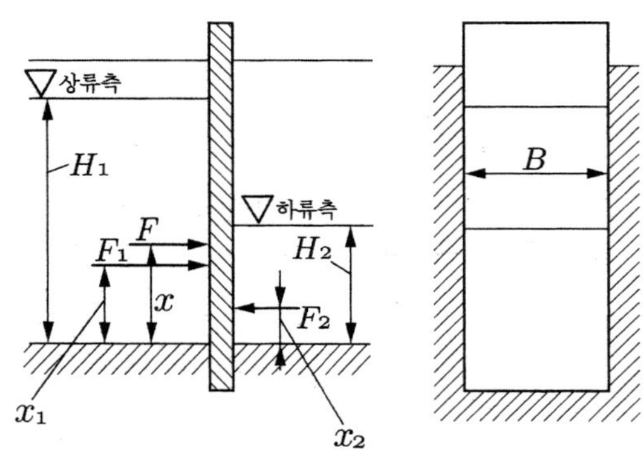

[그림(ex2.11)]

[풀이] 상류 측에 작용하는 전압력을 F_1, 하류 측에 작용하는 전압력을 F_2라 하면

$$F_1 = \rho g\overline{h_1}A_1 = \frac{1}{2}\rho gB H_1^2 = \frac{1}{2} \times 1000 \times 9.8 \times 3 \times 4^2 = 235200\ N$$

$$F_2 = \rho g\overline{h_2}A_2 = \frac{1}{2}\rho gB H_2^2 = \frac{1}{2} \times 1000 \times 9.8 \times 3 \times 2^2 = 58800\ N$$

따라서 F_1과 F_2의 합성 전압력 F는

$$F = F_1 - F_2 = 235200 - 58800 = 176400\ N$$

다음에, 합성 전압력 F의 작용점을 구하기 위해서 수문의 하단점을 중심으로 모멘트의

평형을 다음과 같이 표시할 수 있다.

$$Fx = F_1x_1 - F_2x_2,$$

여기서 $x_1 = \frac{1}{3}H_1$, $x_2 = \frac{1}{3}H_2$이므로

$$x = \frac{F_1 \times (1/3)H_1 - F_2 \times (1/3)H_2}{F} = \frac{253200 \times (4/3) - 58800 \times (2/3)}{176400}$$

$\fallingdotseq 1.556[m]$ ■

예제 2.12

그림(ex2.12)와 같이 장방형 탱크에서 벽면의 폭(b)=2[m], 높이(h)=2[m]이며, 하부 1[m]까지는 물이 차 있고 그 위 상부에 8[kPa]의 공기가 들어있다. 압력분포 선도의 A는 공기, B는 물의 압력분포를 표시한다. 이 때 (a)탱크 밑면의 압력, (b)탱크 벽면에 작용하는 전압력, (c)전압력의 작용점 위치 y_c(수면으로부터의 거리)를 각각 구하라.

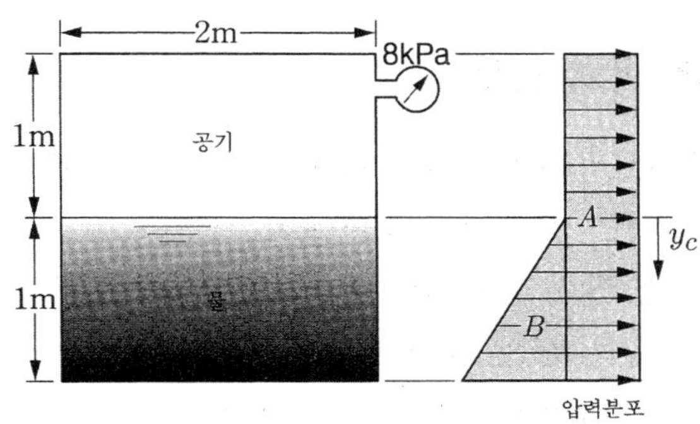

[그림(ex2.12)]

[풀이] (a) $p_{btt} = p_{air} + \rho_w g h_w = 8000 + 1000 \times 9.8 \times 1 = 17800 Pa$

(b) 공기에 의한 전압력

$$F_A = p_{air} A_{air} = 8000 \times (2 \times 2) = 32000\ N$$

수면으로부터 물에 의한 수직면의 $\overline{y} = \overline{h} = 0.5[m]$ (수면으로부터 하향)

$\therefore$ 물에 의한 전압력 $F_B = \rho_w g \overline{h} A_w = 1000 \times 9.8 \times 0.5 \times (1 \times 2) = 9800\ N$

탱크 벽에 작용하는 전체의 전압력은

$$F = F_A + F_B = 32000 + 9800 = 41800\ N$$

(c) 공기에 의한 전압력의 작용점

$$(y_c)_A = 0\ (\text{수면상임})$$

물에 의한 전압력의 작용점

$$(y_c)_B = \frac{2}{3} h_{water} = \frac{2}{3} \times 1 = 0.667\ [\text{m}]$$

$\bar{y} = 0.5[\text{m}]$, $I_g = \frac{bh^3}{12} = \frac{2\times 1^3}{12} = 0.1667 m^4$, $A = bh = 2[\text{m}^2]$이므로 모멘트의 평형으로부터

$$F \times y_c = F_A(y_c)_A + F_B(y_c)_B$$

$$\therefore y_c = \frac{F_A(y_c)_A + F_B(y_c)_B}{F} = \frac{32000\times 0 + 9800 \times 0.667}{41800}$$

$$\fallingdotseq 0.1564[\text{m}]\ (\text{수면으로부터 하향})$$ ■

2.4.4 곡면 벽의 경우

자유표면의 정지 액체 중에 y축을 취하고 단위 폭을 갖는 2차원 곡면 벽 AB에 작용하는 전압력을 구하여 보자.

그림 2.15의 곡면 벽의 미소면적 dA에 수직으로 작용하는 압력 p에 의한 미소 전압력 dF는 수평방향의 분력 dF_x와 수직방향 분력 dF_y로 나눌 수 있다. 먼저 수평방향 미소 전압력 dF_x는

$$dF_x = p\sin\theta \cdot dA = dF \cdot \sin\theta$$
$$= \rho gh \cdot dA\sin\theta = \rho gh \cdot dA_x$$

따라서 곡면 벽 AB에 작용하는 전압력의 수평분력 F_x는 위 식을 AB면적에 대하여 적분하면

$$F_x = \int_A dF_x = \rho g \int_A h dA_x = \rho g \bar{h} A_x \qquad \cdots\cdots (2.44)$$

이 되어, AB면을 x방향에서 투영한 수직평면 A_x에 작용하는 전압력과 같다. $\bar{h}$는 수면으로부터 그 수직평면의 중심까지의 수직깊이이다.

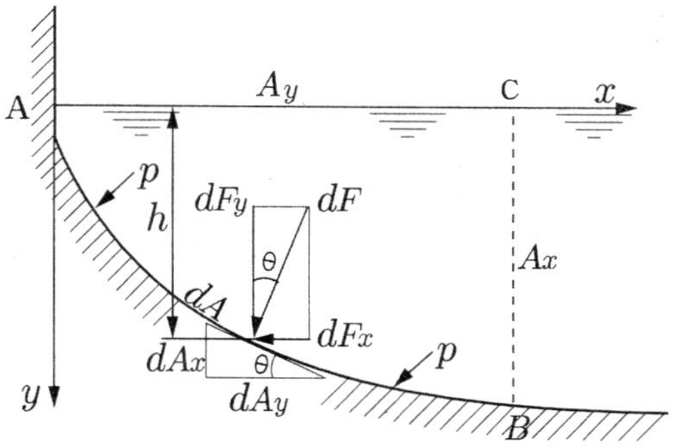

[그림 2.15] 곡면벽의 전압력

또 dA 에 작용하는 수직방향 미소 전압력 dF_y는

$$dF_y = p\cos\theta \cdot dA = dF \cdot \cos\theta$$
$$= \rho gh \cdot dA\cos\theta = \rho gh \cdot dA_y$$

곡면 벽 AB에 작용하는 전압력의 수직분력 F_y는 위 식을 면적 적분하여

$$F_y = \int_A dF_y = \rho g \int_A h dA_y = \rho g \int_A dV$$
$$= \rho g V = W \qquad \cdots\cdots (2.45)$$

가 되며, dV는 미소 밑면적 dA_y에 의한 수면까지 이루는 미소체적, V는 곡면 AB로부터 수면까지의 액주 ABC의 체적이며 그 액체의 중량 W와 같다. F_y는 곡면 AB 위의 액체의 중심(重心)을 통과한다. 즉, 전압력의 수평분력 F_x는 곡면 AB의 연직 투영면 A_x에 작용하는 전압력과 같으며, 전압력의 수직분력 F_y는 곡면 AB의 상부 액주 ABC의 무게와 같다. 따라서 전압력 F는 두 분력의 합력으로서 다음 식으로 구한다.

$$F = \sqrt{F_x^2 + F_y^2} \qquad \cdots\cdots (2.46)$$

작용점은, 수평분력 F_x가 수직평판 A_x에 작용하는 전압력의 작용점으로, 수직분력 F_y는 액주 ABC의 질량중심(質量中心)의 중심(重心)위치로부터 구할 수 있다.

예제 2.13

그림(ex2.13)의 2차원 곡면 AB에 작용하는 전압력의 수평분력 F_x 및 수직분력 F_y를 구하고, 그 분력들의 작용점 위치 x_c와 y_c를 구하라. 그림에서 DA=1[m], AB는 4분원이며 그 반경 R=1[m], 폭 2[m]이다.

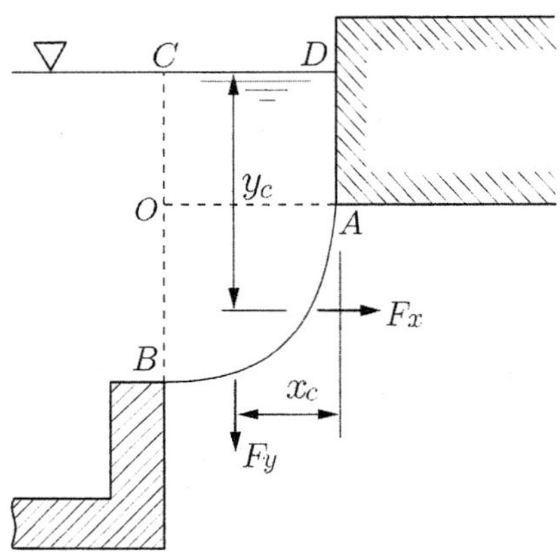

[그림(ex2.13)]

[풀이] 곡면 AB에 작용하는 전압력의 수평분력 F_x는 연직면 BO에 작용하는 전압력과 같으므로

$$F_x = \rho g\bar{h}A = 1000\times 9.8\times(1+0.5)\times(1\times 2) = 29400\ N$$

작용선은 그 연직면의 압력중심(도심)을 통하므로

$$y_c = \bar{y} + \frac{I_g}{\bar{y}A} = 1.5 + \frac{(2\times 1^3)/12}{1.5\times(1\times 2)} = 1.5556[\text{m}]$$

수직분력 F_y는 곡면 AB 위의 물의 무게와 같은데, 직방체 AOCD의 무게를 F_{y1}, 4분원통 ABO의 무게를 F_{y2}라 하면 $F_y=F_{y1}+F_{y2}$이다.
먼저 AOCD의 무게

$$F_{y_1} = \rho g V_1 = 1000\times 9.8\times(2\times 1\times 1) = 19600\ N$$

작용선은 그 체적의 중심(重心)을 통하므로 점 A로부터 수평거리 $x_{c_1} = R/2 = 0.5[\text{m}]$이다. ABO의 무게

$$F_{y_2} = \rho g V_2 = 1000 \times 9.8 \times \left(\frac{\pi \times 1^2}{4} \times 2 \right) = 15393.8\ N$$

작용선은 O점으로부터 수평으로 $4R/3\pi$ 이므로(그림 2.14 참조), A 로부터의 거리는

$$x_{c_2} = R - \frac{4R}{3\pi} = 1 - \frac{4 \times 1}{3\pi} = 0.5756[\mathrm{m}]$$

따라서 전압력의 수직성분

$$F_y = F_{y_1} + F_{y_2} = 19600 + 15393.8 = 34993.8\ N$$

그 작용점의 위치 x_c(A 로부터)라 하면

$$x_c = \frac{F_{y_1} x_{c_1} + F_{y_2} x_{c_2}}{F_y} = \frac{19600 \times 0.5 + 15393.8 \times 0.5756}{34993.8} \fallingdotseq 0.5333[\mathrm{m}]$$ ■

2.5 부력 및 부체의 안정

2.5.1 부력

정지유체 속에 있는 모든 물체는, 유체의 상하의 압력차에 의해서 상방향으로의 **부력**(bouyancy, 浮力)을 받는다. 밀도 ρ인 유체표면으로부터 그림 2.16과 같이 미소 단면적 dA 의 원주를 생각한다.

이 원주로 관통하는 물체의 윗면과 밑면에 작용하는 전압력은 각각 다음과 같다.

$$dF_1 = \rho g h_1 dA, \quad dF_2 = \rho g h_2 dA$$

원주형 물체의 dA 부분의 연직방향으로 작용하는 분력의 차, 즉 부력 B는

$$B = \int_V \rho g (h_2 - h_1) dA = \rho g \int_V dV = \rho g V \qquad \cdots\cdots (2.47)$$

여기서, dV는 원주형 물체를 관통하는 체적이며, V는 물체의 체적이다.

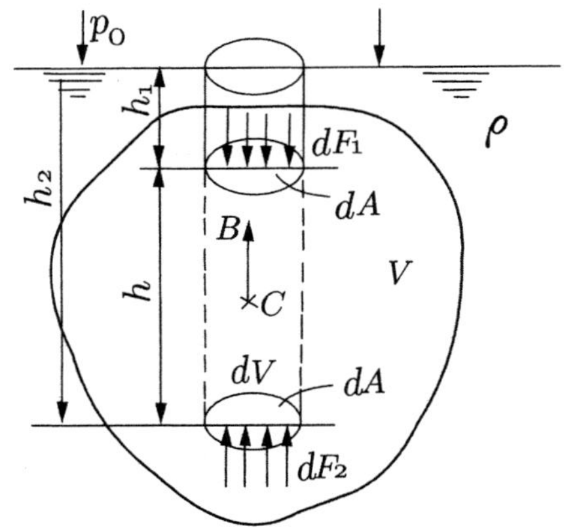

[그림 2.16] 물체의 부력

따라서 위 식은 $h_2>h_1$의 조건으로부터 연직력 F는 상방향의 부력(B)으로서 작용한다. 이 힘의 크기는 물체에 의해서 배제되는 체적 V에 상당하는 유체의 중량과 같다. 이것을 아르키메데스의 원리(Principle of Archimedes)라 한다. 따라서 유체 속에 잠겨있는 모든 물체는 물체 표면에 작용하는 압력차 때문에 전체로서는 ρgV의 힘을 연직 상방향으로 받고 있다. 부력의 작용점은 **부심**(center of bouyancy, 浮心) C이며, 물체에 의해서 배제된 유체의 도심(圖心)과 일치한다.

공기 중에서도 마찬가지로, 모든 물체는 공기에 의한 부력을 받고 있다. 사람의 비중을 1로 가정하면 65[kg]의 질량인 사람의 신체에 의한 배제 공기량은 65[ℓ]가 된다. 공기의 밀도를 1.2[kg/m^3]으로 잡으면 인체에는 대략 0.764[N] ($=mg=0.078\times9.8$)의 부력을 받고 있음을 알 수 있다.

밀도 ρ인 유체 속에 있는 밀도 ρ'의 중량 $W=mg$의 물체에 $\rho>\rho'$의 조건에서 작용하는 유효부력 F는

$$F=B-mg=(\rho-\rho')gV \qquad \cdots\cdots (2.48)$$

$\rho'>\rho$의 물체의 겉보기중량 $m'g$는

$$m'g=W-B=(\rho'-\rho)gV \qquad \cdots\cdots (2.49)$$

여기서 V는 물체가 액체 속에 잠긴 부분의 체적이다.

그림 2.17은 부력과 중량의 크기에 따른 물체의 위치를 표시한다.

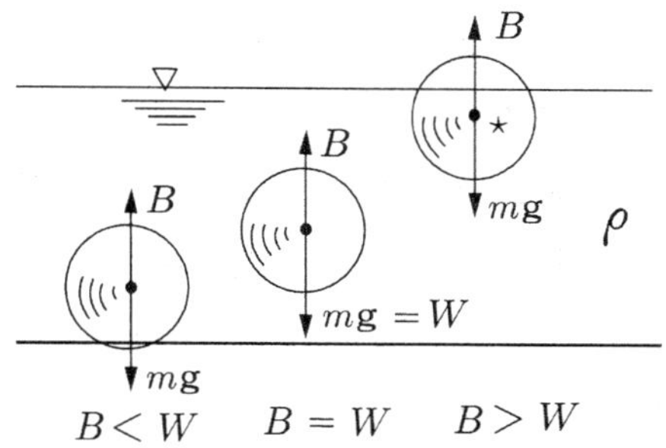

[그림 2.17] 부체의 위치

2.5.2 부체의 안정성

유체 속에서 부력을 받아 떠있는 물체를 **부체**(floating body, 浮體)라 한다. 정지한 부체가 받는 부력은 질량과 중력가속도의 곱과 같으며, 유체 속에서 받는 물체의 중량 W와 부력 B의 방향은 반대방향이다. 그 힘의 차에 의해서 액체 속에 있는 물체의 정지위치는 달라진다.

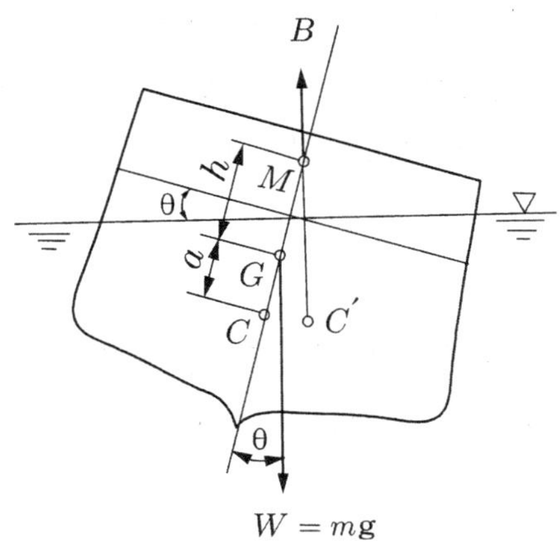

[그림 2.18] 부체의 복원력

선박과 같이 수면 위에 떠있는 물체에 부력으로서 작용하는 힘 B는, 물체에 의해서 배제된 물의 배출량의 중심위치에 작용하므로 부력 B와 물체의 중량 W와는 같으며, 배의 중심점 G와 부력 B의 중심(center of bouyance)과의 위치가 연직선인 **부양축**(axis of floatation, 浮揚軸) 상에 있을 때는 물체가 안정성이 있다. 그러나 그림 2.18과 같이 평형상태로부터 각 θ만큼 오른쪽으로 기울면, 부력의 작용점은 C에서 C′의 위치로 변한다. 이 때 부력선과 물체의 중심선과의 교점 M은 메타센터(metacenter)라 하고, 물체에는 $W \cdot h\sin\theta$의 복원력(strength of stability, 復元力)이 작용한다. M점과 G점과의 거리를 메타센터높이(metercentric height) h라 하며, 메타센터가 배의 중심점보다 위에 있을 때($h>0$)는 모멘트가 반시계 방향(+)이 되므로, 물체에 전의 상태로 되돌아가려는 복원력이 작용하여 물체의 안정성이 높아진다.

θ가 작을 때 작용하는 중력 mg와 부력 B에 의해서 생기는 우력 R은

$$R = \rho gV \cdot h\sin\theta = mgh\sin\theta \fallingdotseq mgh\theta \qquad \cdots\cdots (2.50)$$

그러나 부(−)의 모멘트($h<0$)가 작용하면 경사각 θ는 더욱 증가하기 때문에 물체는 불안정해지며, $h=0$에서는 모멘트가 0이 되므로 중립상태에 있게 된다.

안정성은 h의 정부(正負)로 판단할 수 있음을 알 수 있다.

$$h = \frac{I}{V} - a \qquad \cdots\cdots (2.51)$$

여기서 I는 부양면의 관성주축에 관한 관성모멘트, V는 물체가 배제한 액체의 체적, a는 CG선분의 길이이며 $h>0$인 경우는 안정, $h=0$인 경우는 중립, $h<0$인 경우는 불안정으로 판단한다.

예제 2.14

공기 중에서 무게가 1.2[kN]인 물체를 물 속에서 측정했더니 800[N]이었다. 이 물체의 체적과 비중을 각각 구하라. 단, 이 물체는 물 속에 완전히 잠겨있다.

[풀이] 물체가 배제한 체적의 공기 무게는 무시한다고 하면, 부력 B는

$$B = 1200 - 800 = 400\ N$$

이 부력은 물체가 배제한 체적의 물의 무게와 같으므로, 물체의 체적을 V라 하면

$$B = \rho_w gV, \quad \therefore V = \frac{B}{\rho_w g} = \frac{400}{1000 \times 9.8} = 0.0408 m^3$$

물체의 밀도를 ρ라 하면 $\rho gV = 1200N$으로부터 $\rho = 1200/gV$이므로 비중 S는

$$S=\frac{\rho}{\rho_w}=\frac{1200/(9.8\times0.0408)}{1000}=3.0$$ ■

예제 2.15

그림(ex2.15)와 같이 폭 4[m], 높이 3[m], 길이 12[m]인 상자형의 배가 흘수 2[m]로 수중에 떠 있다. 메타센터의 높이 h를 구하라.

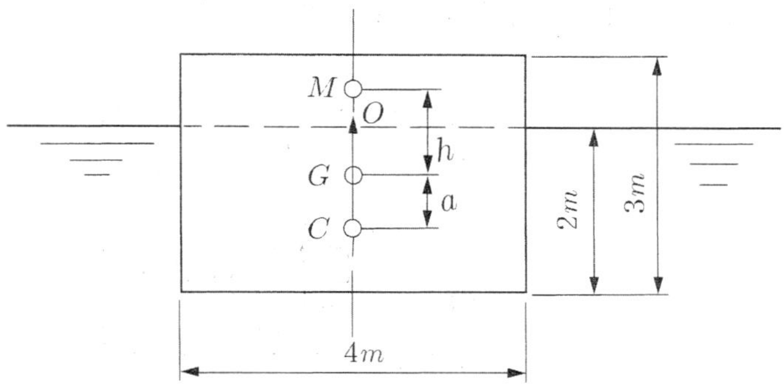

[그림(ex2.15)]

[풀이] 부양면의 관성 주축은 O축(길이 방향)이며, 그 축에 대한 관성모멘트 I는 b=12[m], h=4[m]에 해당하므로

$$I=\frac{bh^3}{12}=\frac{12\times4^3}{12}=64\ m^4$$

잠긴 부분의 체적 $V=4\times2\times12=96m^3$

$$a=\overline{GC}=1.5-1=0.5m$$

∴ 식(2.51)로부터

$$h=\frac{I}{V}-a=\frac{64}{96}-0.5=0.167\ m$$ ■

2.6 상대적 정지상태의 유체

액체가 들어 있는 용기가 직선운동 또는 회전운동을 하여도 용기와 액체가 일체로 되어 운동을 하고 있으면서 액체에 상대적인 흐름이 발생하지 않는 경

우는 정지상태의 역학으로 취급한다. 이와 같이 액체의 서로 인접하는 부분 사이에 상대적인 운동이 생기지 않는 상태를 **상대적 정지상태**(相對的 靜止狀態)라 한다.

2.6.1 수평운동

액체를 직방체의 용기에 일부 채우고 수평방향으로 등가속도 a_x로 운동하고 있을 때 액체의 거동에 대하여 고찰하여 보자.

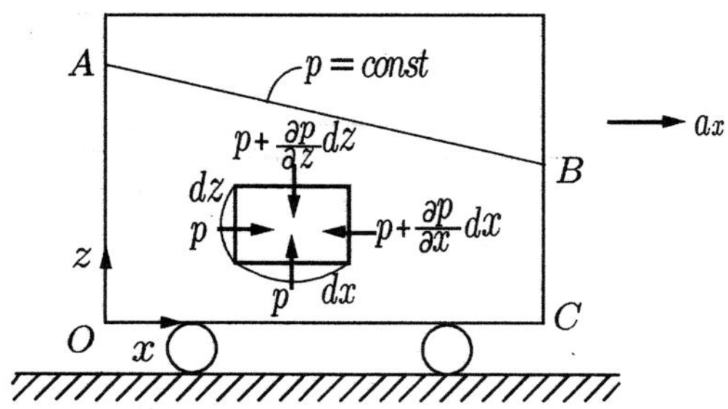

[그림 2.19] 수평 등가속도를 받는 유체

그림 2.19에 표시하는 바와 같이 용기 내의 액체는 수평 등가속도 a_x로 운동하면 수평과 θ의 각도로 수면 AB가 경사지는 상태를 유지하면서 용기와 액체가 일체로 되어 액체는 용기에 대하여 상대적으로 정지상태에 있게 되며, 액체 내부에 미소 직방체(dx, $dy=1$, dz)의 압력변화를 구하여 보자.

(1) x 방향

미소 직방체의 질량 $m=\rho\, dx\, dy\, dz$가 가속도 a_x로 운동하고 있으므로 x방향으로 작용하는 힘 F_x는 다음과 같이 표시된다.

$$F_x = ma_x = \rho\, dxdydz \cdot a_x$$

이 힘은 x방향의 압력변화에 의한 힘과 평형이 되어야 하므로, 그 평형 식은 다음과 같다.

$$pdydz - \left(p + \frac{\partial p}{\partial x}dx\right)dydz = \rho\, dxdydz \cdot a_x$$

$$\therefore \ \frac{\partial p}{\partial x} = -\rho a_x \qquad \cdots\cdots (2.52)$$

따라서 x방향에 대한 압력구배는 감소하는 것으로서, 가속도 a_x가 클수록 감소율이 크다.

수면으로부터의 깊이를 h라 할 때 $p=\rho gh$의 관계를 식(2.52)에 적용하면

$$\frac{\partial h}{\partial x} = -\frac{a_x}{g} = \tan\theta \qquad \cdots\cdots (2.53)$$

이 되며, 이것은 액면의 경사이고, 경사 각도를 측정하면 등가속도 a_x를 구할 수 있다.

(2) z방향

z방향의 가속도 성분은 없으므로 미소 직방체에 작용하는 힘은 그 중량과 압력변화이며, 그 힘의 평형을 식으로 나타내면 다음과 같다.

$$pdxdy - \left(p + \frac{\partial p}{\partial z}dz\right)dxdy = \rho gdxdydz$$

$$\therefore \ \frac{\partial p}{\partial z} = -\rho g \qquad \cdots\cdots (2.54)$$

즉 정지유체의 경우인 식(2.15)와 동일함을 알 수 있다.

2.6.2 수직운동

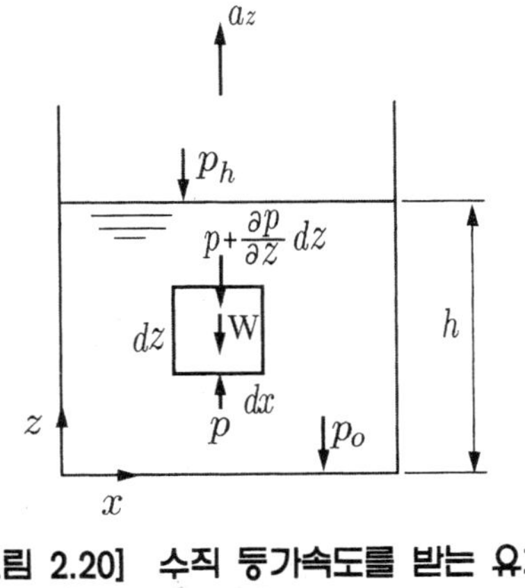

[그림 2.20] 수직 등가속도를 받는 유체

그림 2.20과 같이 직방체의 용기에 액체를 높이 h만큼 채우고 수직방향으로 등가속도 a_z로 운동할 때 미소 직방체(dx, $dy=1$, dz)에 대한 힘의 평형을 생각한다. 수직방향의 가속도 a_z에 의한 미소 직방체의 z방향 힘 F_z는

$$F_z = ma_z = \rho\, dxdydz \cdot a_z$$

이며, 이 힘은 z방향의 압력변화 및 중량 $W(=-\rho g dx dy dz)$에 의한 힘과 평형이 되어야 하므로 다음의 평형식이 성립한다.

$$pdxdy - \left(p + \frac{\partial p}{\partial z}dz\right)dxdy - \rho\, gdxdydz = \rho\, dxdydz \cdot a_z$$

$$\therefore\ \frac{dp}{dz} = -\rho g\left(1 + \frac{a_z}{g}\right) \qquad \cdots\cdots (2.55)$$

이것을 적분하면

$$\int_{z=0}^{z=h} dp = -\int_0^h \rho\, g\left(1 + \frac{a_z}{g}\right) dz$$

로부터

$$p_o - p_h = \rho gh\left(1 + \frac{a_z}{g}\right) \qquad \cdots\cdots (2.56)$$

만일 a_z의 방향을 하향으로 $-g$의 크기로 한다면 식(2.56)으로부터 $p_o = p_h$가 되어, 용기 내 액체중의 압력은 어디에서나 동일하게 된다.

2.6.3 회전운동

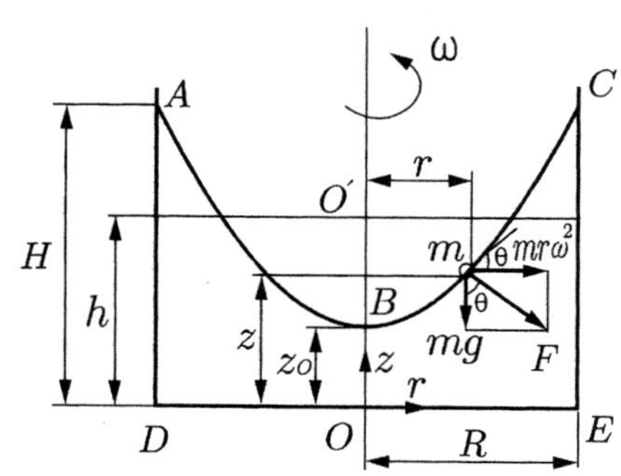

[그림 2.21] 회전운동을 하는 유체

원통 용기에 액체를 넣고 중심 축 주위로 일정한 각속도 ω로 회전시키는 경우를 생각하자.

그림 2.21에 표시하는 바와 같이 최초에 액면의 높이 h였던 상태로부터 각속도 ω로 회전시킴에 따라 액체는 점성으로 인하여 용기 벽 부분의 액체로부터 점차로 가속되어, 결국 자유 표면이 포물면(후술)형태로 용기와 일체가 되어 일정한 각속도로 회전하게 된다. 따라서 액체는 용기에 대하여 상대적으로 정지상태에 있게 된다.

이 때 자유표면은 대기압인 등압면이 되며, 그 등압면상의 유체에 대한 미소요소의 질량 m에 작용하는 힘은 수평방향의 원심 가속도 $r\omega^2$에 의한 힘 $mr\omega^2$과 수직방향의 중력 가속도에 의한 힘 mg가 작용한다. 그 합력 F는 자유표면에 수직으로 작용하므로 자유표면과 수평방향과의 이루는 각 θ를 취하면 다음의 관계가 성립한다.

$$\tan\theta = \frac{mr\omega^2}{mg} = \frac{r\omega^2}{g} = \frac{dz}{dr} \qquad \cdots\cdots (2.57)$$

$$\therefore\ z = \int dz = \int \frac{r\omega^2}{g}\,dr = \frac{\omega^2}{2g}r^2 + c$$

경계조건 $r=0$: $z=z_o$를 위의 식에 적용하면 $c=z_o$가 된다.

$$\therefore\ z - z_o = \frac{\omega^2}{2g}r^2 \qquad \cdots\cdots (2.58)$$

위 식으로부터 회전하는 액체의 자유표면은 **회전 포물면**임을 알 수 있다.

이와 같이 일정한 각속도로 회전하는 흐름을 **강제 와동흐름**(forced vortex flow, 强制 渦動흐름)이라 하며, 반경의 증가에 따라 압력이 현저히 증대하며 원심력은 유체의 압력상승에 큰 효과가 있으므로 펌프나 송풍기 등에서 유체의 압력을 증대시키는데 이용되고 있다.

원통 용기 내의 액체가 정지상태일 때의 액체 높이를 h, 회전할 때의 최대 액면높이를 H라 하면 양 체적은 같으므로

$$\pi R^2 h = \pi R^2 H - \frac{\pi R^2}{2}(H - z_o)$$

$$\therefore \quad h=\frac{H+z_o}{2} \qquad \cdots\cdots (2.59)$$

식(2.58)로부터 최대 액면의 위치 A는 경계조건 $r=R$: $z=H$를 적용하면

$$H-z_o=\frac{\omega^2}{2g}R^2 \qquad \cdots\cdots (2.60)$$

이 되며, 이 식은 액면의 최저 및 최대 높이를 측정함으로써 회전속도를 구할 수 있으므로 **회전계(tachometer)**의 원리에 응용되고 있다.

예제 2.16

그림 2.19와 같은 길이 3[m], 높이 2[m]인 수조에 물을 $\frac{1}{2}$만큼 채운 상태에서 수평 가속도 a_x=5[m/s^2]로 운동한다면 A점 및 B점에 해당하는 밑면의 압력 p_o, p_c를 각각 게이지압으로 구하라.

[풀이] 식(2.53)으로부터

$$\theta=\tan^{-1}\frac{a_x}{g}=\tan^{-1}\frac{5}{9.8}=27.03^\circ$$

정지시 물의 높이는 1[m]이므로

$$\overline{AO}=1+1.5\tan 27.03^\circ=1.765\,[\text{m}],$$

$$\overline{BC}=1-1.5\tan 27.03^\circ=0.235\,[\text{m}]$$

$$\therefore \quad p_o=\rho g\overline{AO}=1000\times 9.8\times 1.765=17297\,[\text{Pa}]=17.297[\text{kPa}]$$

$$p_c=\rho g\overline{BC}=1000\times 9.8\times 0.235=2303\,[\text{Pa}]=2.303[\text{kPa}]$$ ■

예제 2.17

그림 2.21의 원통형 수조(반경 R=0.5[m], 높이 H=2[m])가 있다. 정지시의 수면을 밑면으로부터 높이 h=1.5[m]로 채운 상태이다. (1) 물이 수조로부터 흘러 넘치지 않으려면 회전수는 몇 rpm이어야 하는가? (2) 수조 밑면의 중앙점 O점과 끝점(D 혹은 E점)의 게이지 압력을 각각 구하라.

[풀이] (1) 식(2.59)로부터 $z_o = 2h - H = 2\times 1.5 - 2 = 1\,[\mathrm{m}]$

∴식 (2.60)으로부터

$$\omega = \sqrt{\frac{2g(H-z_o)}{R^2}} = \sqrt{\frac{2\times 9.8\times(2-1)}{0.5^2}} = 8.854\,[\mathrm{rad/s}]$$

$$\omega = \frac{2\pi n}{60} \text{ 이므로 } n = \frac{60\omega}{2\pi} = \frac{60\times 8.854}{2\pi} = 84.55\,[\mathrm{rpm}]$$

(2) O점의 압력

$$p_o = \rho g z_o = 1000\times 9.8\times 1 = 9800\,[\mathrm{Pa}] = 9.8\,[\mathrm{kPa}]$$

D점의 압력

$$p_D = \rho g H = 1000\times 9.8\times 2 = 19600\,[\mathrm{Pa}] = 19.6\,[\mathrm{kPa}]$$ ■

연습문제

[2.1] 밀도 900[kg/m^3]인 기름을 저장하고 있는 유조(원주형)가 있다. 유면의 높이는 5[m], 유조의 직경 30[m]일 때 저면에 작용하는 전압력과 유조저면의 압력을 구하라.

[답] 31.17[MN], 44.1[kPa]

[2.2] 2[m]의 수주와 30[mm]의 수은주의 압력을 각각 구하라.

[답] 19.61[kPa], 3.999[kPa]

[2.3] 비중 0.9인 액체가 2[bar]의 압력(게이지압)이 되기 위해서는 액면으로부터 얼마의 깊이가 되는가?

[답] 22.66[m]

[2.4] 그림(문제 2.4)에 있어서 탱크 B는 공기로서 그 압력 p_B가 대기압과 같다고 할 때, Δh=50[mmHg]라면 탱크 A 내의 공기의 압력 p_A는 게이지압(Pa)으로 얼마인가? 또 대기압이 760[mmHg]라면 절대압(P_{Aa})는 얼마인가?

[답] 6.664[kPa], 107.989[kPa]

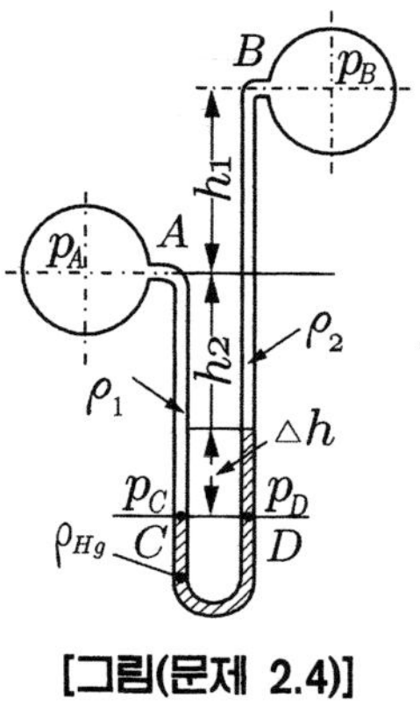

[그림(문제 2.4)]

[2.5] 해면 밑 30[m]인 곳의 절대압력을 구하라. 바닷물의 비중은 1.025이다.

[답] 402.65[kPa]

[2.6] 2[m^3]의 정육방체인 얼음을 바닷물에 띄우면 해면에 나오는 높이는 얼마일까? 단, 얼음과 바닷물의 비중은 각각 0.92, 1.02이다.

[답] 0.1235[m]

[2.7] 얼음의 비중을 0.9라 하면, 비중 1.03의 바닷물에 떠있는 빙산의 해면으로부터 나와 있는 부분은 전체적의 몇 %인가?

[답] 12.62%

[2.8] 비중 0.8인 알콜 속에 질량 5[g]의 비중계를 띄웠을 때 액면 속에 잠겨있는 비중계의 체적은 몇 cm^3인가?

[답] 6.25[cm^3]

[2.9] 물 속에 단면 5[cm]×5[cm], 길이 1[m]인 목재를 수직으로 세워 수면 위로 30[cm]만큼 나오게 하고 싶다. 하단에 납을 얼마나 매달면 될까. 단, 납 및 목재의 비중은 각 11.4, 0.65이다.

[답] 1.341[N]

[2.10] 공기 중에서 무게가 1[kN]인 물체를 물 속에서 측정하면 600[N]이었다. 물체의 체적과 비중을 구하라.

[답] V=0.0408[m^3], s=2.5

[2.11] 101.3[kPa], 20[℃]인 대기 중에 체적 600[m^3]의 기구(氣球)에 헬륨가스를 봉입했을 때 유효부력을 구하라. 단, 기구의 질량은 200[kg], 공기와 헬륨의 기체상수는 각각 287, 2077[J/kgK]이다.

[답] 4146.38[N]

[2.12] 그림(문제 2.12)는 비중계로서 부력의 원리를 이용하여 액체의 비중을 측정한다. 밑 부분에는 안정성을 위하여 추가 들어있고, 이 비중계의 무게는 20×10^{-3}[N], 직경 d는 3.5[mm]의 비중계를 비중 1.1의 액체에 넣었을 때 높이 h를 구하라.

[답] 19.3[mm]

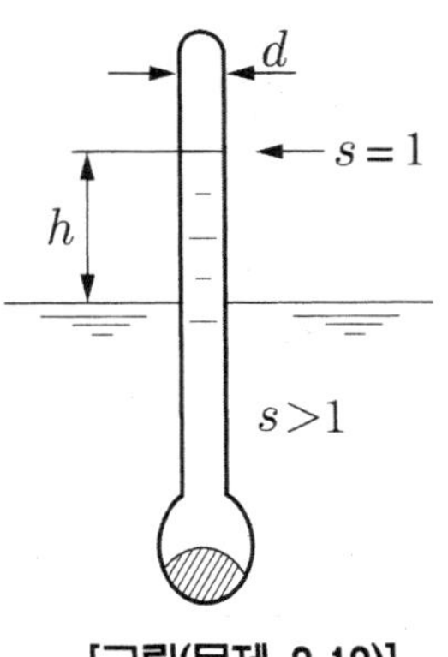

[그림(문제 2.12)]

[2.13] 그림(문제 2.13)에 있어서 플런저 A와 피스턴 B의 면적을 각각 0.01[m^2], 0.5[m^2], B의 중량을 50[kN]이라 한다. 용기와 연결관 내에는 비중 0.8의 기름이 차 있다. A의 중량을 무시할 수 있다고 할 때 평형을 유지하는데 필요한 P의 크기를 구하라.

[답] 686.4[N]

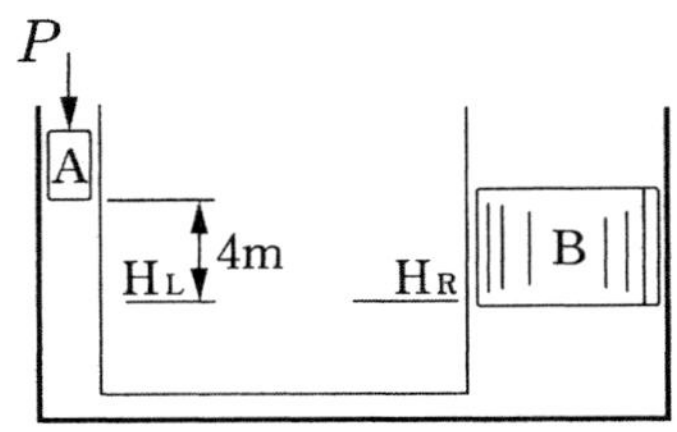

[그림 (문제 2.13)]

[2.14] 램의 직경 1.2[m], 비중 0.8인 스핀들유를 이용한 수압기가 있다. 무부하시에는 램의 하단으로부터 3[m] 높이의 압력계가 2[kPa]이다. 램의 전(全)질량을 구하라.

[답] 2945.15[kg]

[2.15] 그림(문제 2.15)과 같이 공기, 기름(밀도 800[kg/m^3]) 및 물이 담겨있는 압력용기가 있다. 액주계 및 유면의 높이가 그림과 같이 표시되는 경우, 용기 내의 공기압력은 얼마인가?

[답] −6.78[kPa]

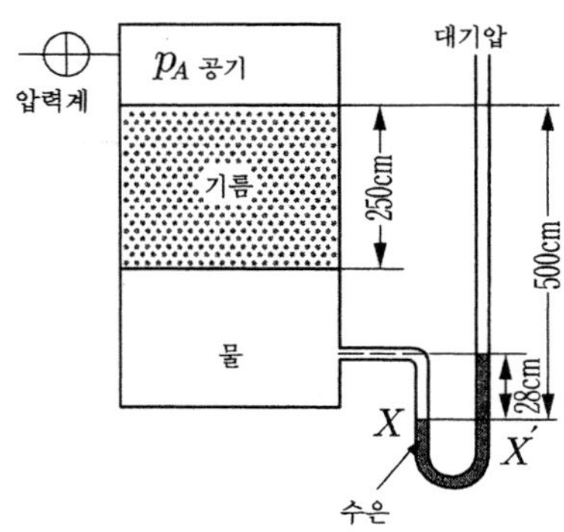

[그림(문제 2.15)]

[2.16] 그림 2.10과 같은 경사 미압계에서 용기의 내경을 100[mm], 유리관의 내경을 5[mm]로 하여 배율 5를 얻고자 한다. 유리관의 경사를 몇 도로 하면 되는가?

[답] 11.39°

[2.17] 그림(문제 2.17)과 같은 액주형 압력계에서 대기압(절대압으로) p_a를 구하라. 단, p_A = 0.1[MPa_{abs}], 물의 비중은 1.0, ccl_4의 비중은 1.6이다.

[답] 102.45[kPa]

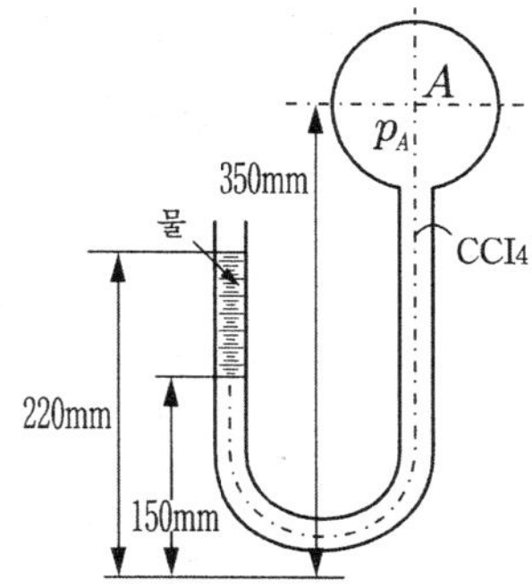

[그림(문제 2.17)]

[2.18] 그림(문제 2.18)에서 A, B 두 점간의 압력차를 구하라. 단, 물, 수은, 테레핀유의 비중을 각각 1.0, 13.6, 0.87이라 한다.

[답] 121.3[kPa]

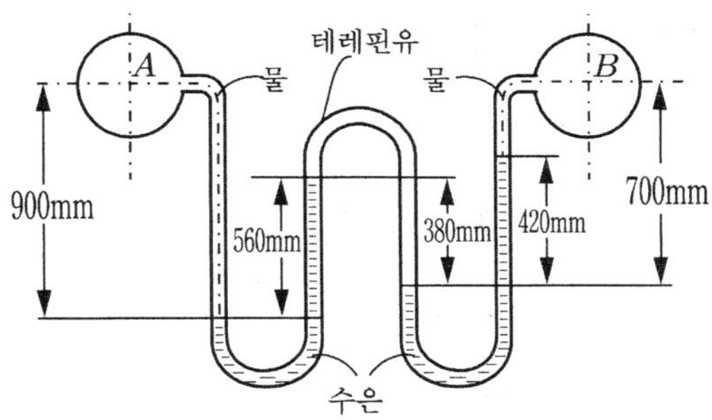

[그림(문제 2.18)]

[2.19] 그림(문제 2.19)의 장치 X가 설치되어 있는 수직 관을 비중 1.25의 액체가 흐르고 있고, 그곳을 통과할 때의 손실을 비중 0.8의 기름을 이용한 차압계로 측정한다. 기름의 변위가 도시한 값일 때 손실을 수두로 구하라.

[답] 0.216[m]

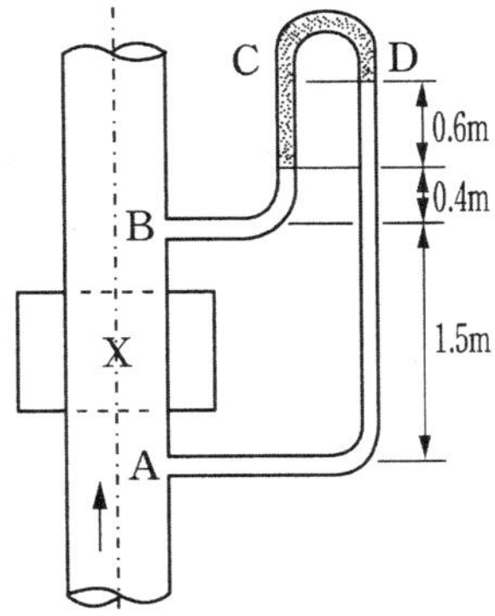

[그림(문제 2.19)]

[2.20] 물이 흐르고 있는 수평 관의 두 단면 A, B에 차압계가 그림(문제 2.20)과 같이 설치되어 있다. U자관 내에는 비중 13.57의 수은이 들어 있을 때 단면 A, B 간의 차압을 구하라.

[답] 69.1[kPa]

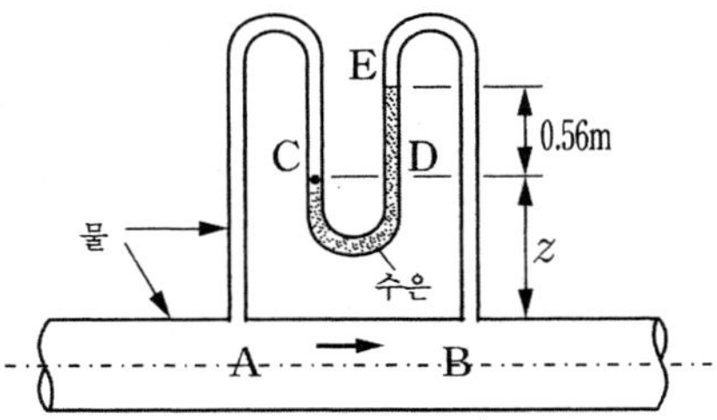

[그림(문제 2.20)]

[2.21] 그림(문제 2.21)과 같이 장방형의 평판(AB=3[m], AA'=2[m])가 수평방향과 $\theta=60°$의 각도를 이루며 깊이 $H=2$[m]인 수중에 놓여 있을 때, 평판에 작용하는 전압력 F를 구하고, 또 전압력의 중심위치 y_c를 구하라.

[답] 193.98[kN], 4.006[m]

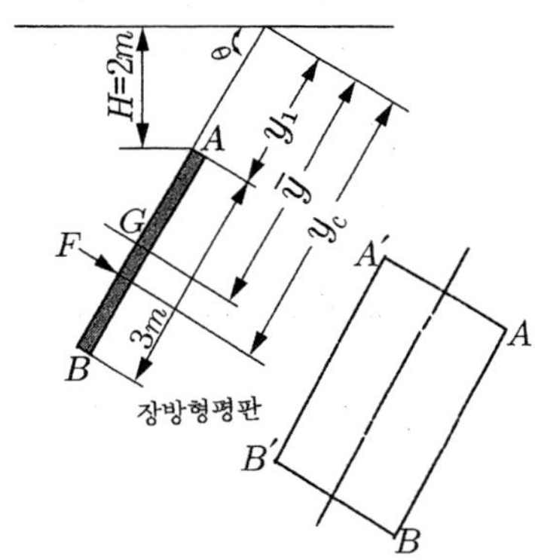

[그림(문제 2.21)]

[2.22] 밀도 ρ인 액체가 그림(문제 2.22)와 같이 폭 W인 수직평판(장방형)의 양쪽에 각각 높이 H_A, H_B로 차 있다. 이 평판의 각 면에 작용하는 전압력 F_A와 F_B를 각각 구하라. 또 양면의 액체에 의한 합성력의 작용점 y(저면으로부터의 거리)를 구하는 식을 표시하라.

[답] $F_A=\frac{1}{2}\rho gW H_A^2$, $F_B=\frac{1}{2}\rho gW H_B^2$, $y=\frac{1}{3}\frac{H_A^2+H_AH_B+H_B^2}{H_A+H_B}$

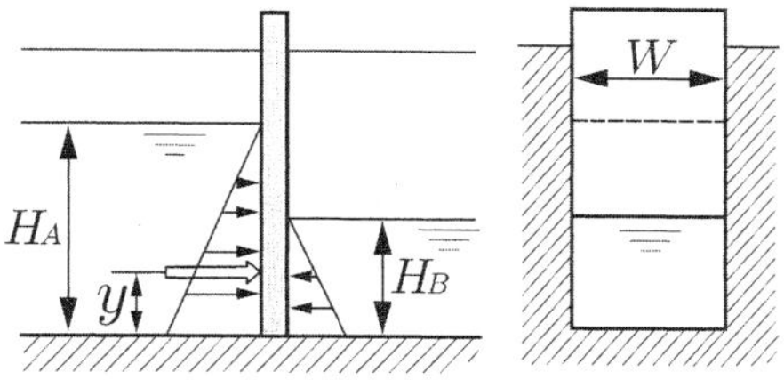

[그림(문제 2.22)]

[2.23] 그림(문제 2.23)과 같은 4분 원통형 측벽 AB에 작용하는 전압력 F_x, F_y 및 그 중심 x_c, y_c를 구하라. 단, 지면에 수직방향 길이는 1[m]이다.

[답] $F_x = 176.4$[kN], $F_y = 187.59$[kN], $x_c = 0.9752$[m], $y_c = 9.037$[m]

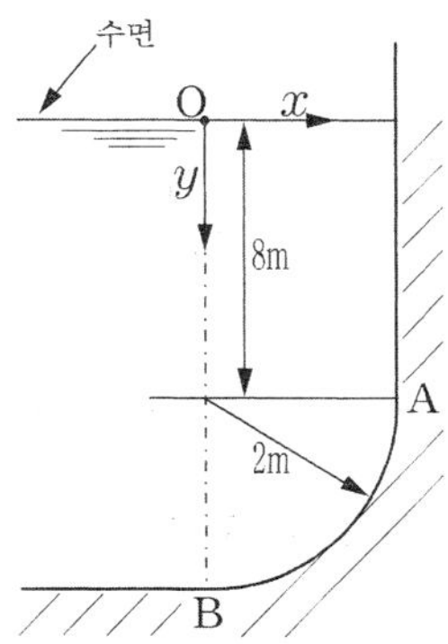

[그림(문제 2.23)]

[2.24] 그림(문제 2.24)와 같은 단면을 갖는 탱크가 있다. BC는 반경 r=6[m]인 4분 원통이며, h=10[m]이다. 만일 탱크에 압력 800[kPa]의 가스가 차 있다면 벽면 ABC(폭 1[m])에 작용하는 수평 및 수직방향의 힘과 그 작용점의 위치를 각각 구하라.

[답] F_x=8[MN/m], F_y=4.8[MN/m], y_c=5[m], x_c=3[m]

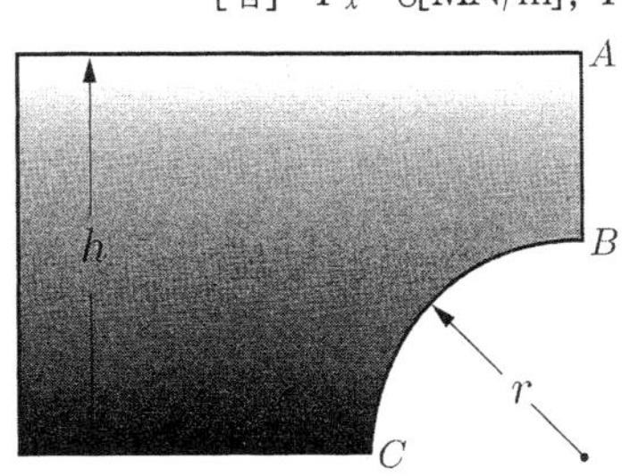

[그림(문제 2.24)]

[2.25] 그림(문제2.25)와 같은 물 속에 수직으로 놓여있는 동심 원판에 작용하는 힘과 작용점을 구하라.

[답] F=46.18[kN], y_c=2.156[m]

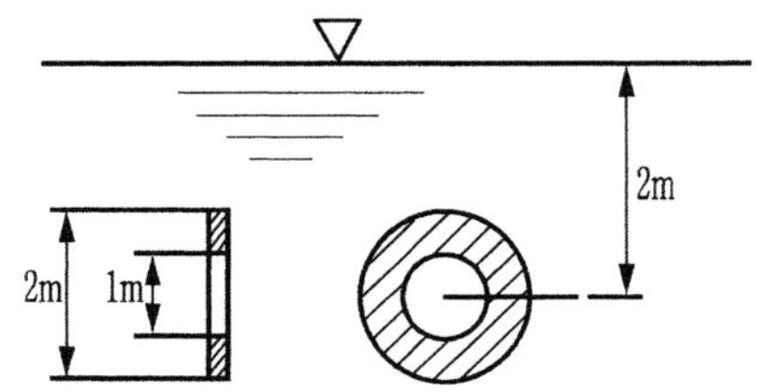

[그림(문제 2.25)]

[2.26] 그림(문제 2.26)과 같이 수문 AB(평판 : 높이 4[m], 폭 : 1[m])가 있다. A점이 힌지로 되어 있을 때 수문 AB가 평형이 되기 위한 공기의 압력을 구하라.

[답] 16.54[kPa]

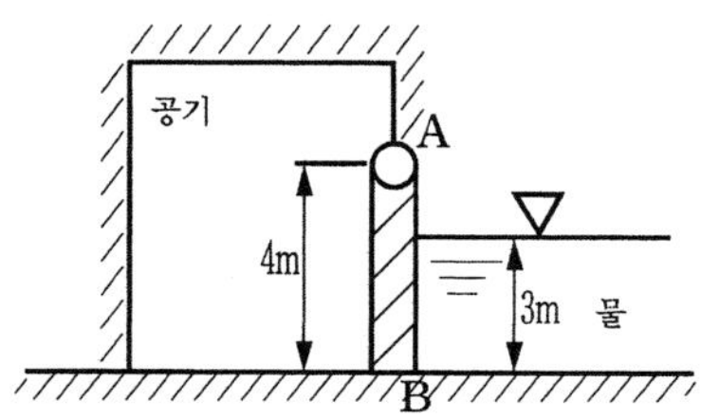

[그림(문제 2.26)]

[2.27] 그림(문제 2.27)과 같이 탱크 ABCD에 파이프가 접속되어 있으며, 물이 E의 위치까지 들어있다.

(a) 지면에 수직으로 폭 2[m]인 면 AB에 작용하는 힘과 그 작용점을 구하라.

(b) 탱크의 밑면에 작용하는 전압력을 구하라.

[답] (a) F=49[kN], E점부터 2.533[m], (b) F=176.4[kN]

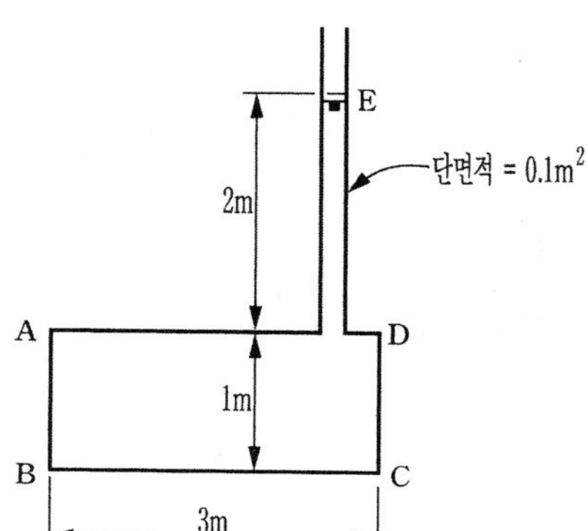

[그림(문제 2.27)]

[2.28] 그림(문제 2.28)과 같이 중앙부를 수평힌지로 지지하고 있는 장방형 수문(폭 2[m])를, 닫혀있는 상태로 유지하려면 F는 얼마인가? 물의 밀도는 1000[kg/m^3]이다.

[답] 82.32[kN]

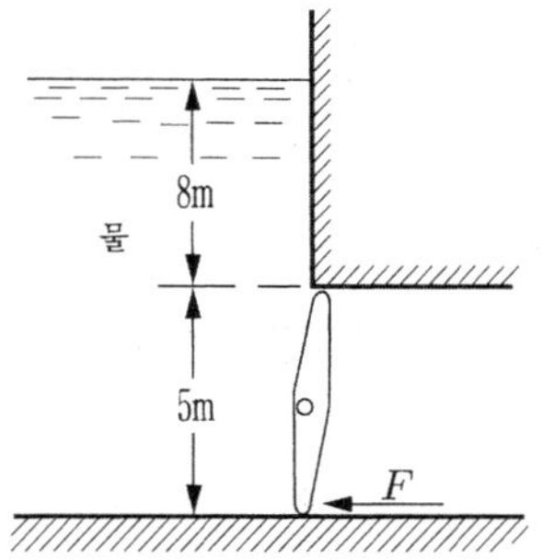

[그림(문제 2.28)]

[2.29] 그림(문제 2.29)에서 수문 ABC는 B점에서 힌지로 연결되며, 폭은 2[m]이다. 수문의 무게는 무시할 수 있다고 할 때 물에 의해 미치는 비평형인 힘의 모멘트를 구하라.

[답] 88.2[kN · m]

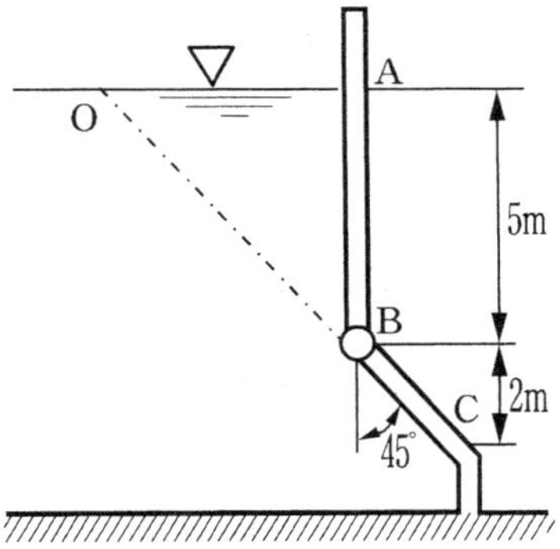

[그림(문제 2.29)]

[2.30] 그림(문제 2.30)과 같은 직경 2[m]의 원형 수문 AB가 있으며, 중심으로부터 10[cm] 밑의 수평축 S 주위에 시계방향으로 회전할 수 있게 되어 있다. S 주위에 시계방향의 비평형 모멘트가 생기지 않게 하기 위한 점 A로부터 수면까지의 높이 h를 구하라.

[답] $h<1.5$[m]

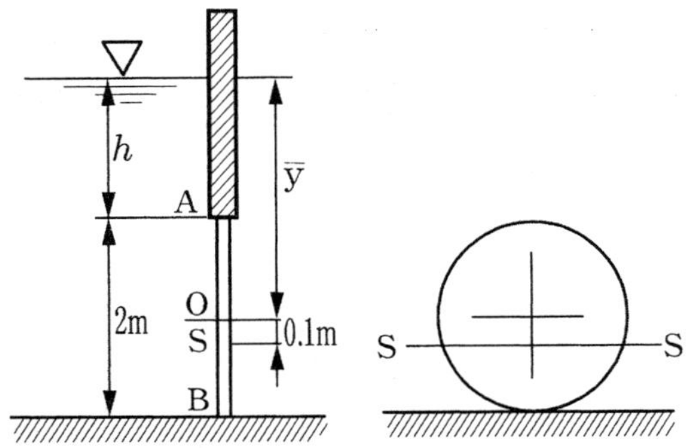

[그림(문제 2.30)]

[2.31] 그림(문제 2.31)의 수문 AB는 폭 2[m]이고 점 A는 힌지이다. 압력계 G의 읽은 값은 −15[kPa](게이지압)이며, 오른쪽 수조에는 비중 0.8의 기름이 들어있다. 수문 AB를 평형상태로 유지하기 위해서는 점 B에 얼마의 수평 힘이 필요한가?

[답] 5.9[kN](왼쪽으로)

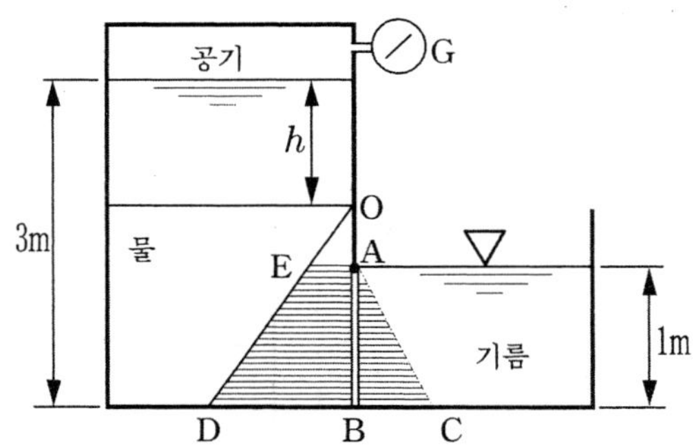

[그림(문제 2.31)]

[2.32] 그림(문제 2.32)와 같이 용기에 물과 기름(비중 0.75)이 층을 이루며 들어있다. 폭 2.4[m]의 측면 ABC에 작용하는 전압력과 작용점을 구하라. 단, 물의 비중량 $\gamma=9810[N/m^3]$이다.

[답] 114.8×10^3[N], 2.37[m](점 A로부터)

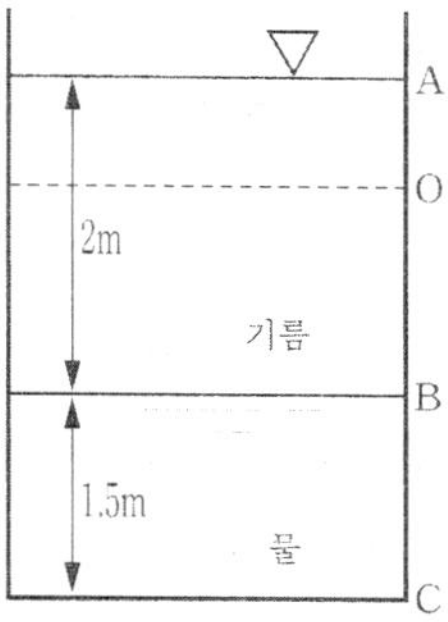

[그림(문제 2.32)]

[2.33] 그림(문제 2.33)과 같은 2차원적인 곡면 AB에 작용하는 단위폭 당 힘의 수평 및 수직성분과 그 각각의 작용점을 구하고, 점 O주의 힘의 모멘트를 구하라.

[답] $F_H = \frac{\gamma R^2}{2}$, $F_v = \frac{\gamma \pi R^2}{4}$, $x_c = \frac{4R}{3\pi}$, $h_c = \frac{2R}{3}$, 모멘트=0

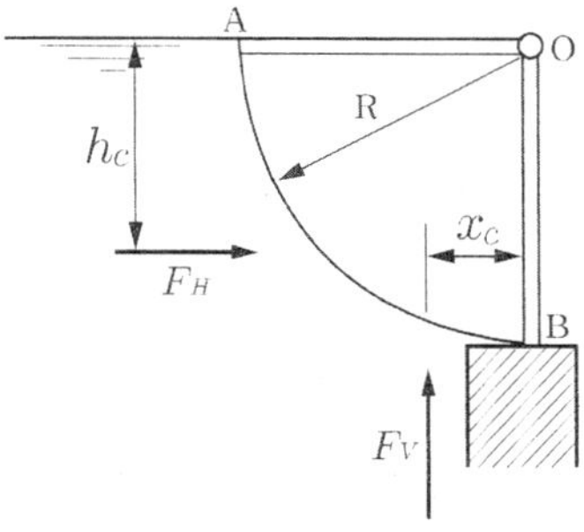

[그림(문제 2.33)]

[2.34] 그림(문제 2.34)와 같이 직경 1[m], 깊이 2[m]인 원통용기에 물이 가득차 있을 때, 수평방향으로 등가속도 a_x로 운동하여 물의 1/3이 넘쳐 흘렀다면 a_x는 얼마인가?

[답] 13.0634[m/s^2]

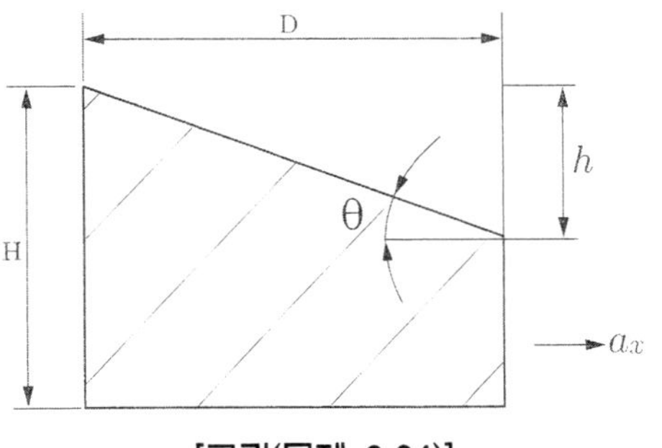

[그림(문제 2.34)]

[2.35] 10° 경사진 길을 차가 5[m/s²]의 가속도로 내려가고 있다. 차내 탱크의 수면의 구배는 얼마인가.

[답] 28.868°

[2.36] 내경 30[cm], 높이 70[cm]인 위가 개방되어 있는 원통형 용기의 1/2의 높이까지 물을 넣고, 중심 축 주위로 회전시킬 때 물이 용기의 밖으로 흘러 넘치지 않도록 하기 위해서는 회전속도를 몇 [rpm] 이하로 해야 하는가?

[답] 235.8[rpm]

[2.37] 직경 1[m], 높이 3[m]인 개방 원통형 탱크에 물을 채우고, 중심 축을 120[rpm]으로 회전시킬 때 중심으로부터 30[cm]인 점의 탱크 밑면에 작용하는 게이지압을 구하라.

[답] 16.76[kPa]

[2.38] 그림(문제 2.38)과 같은 단위길이(1[m])의 상자형 배가 있다. 이 배의 메타센터 높이를 구하라.

[답] 0.975[m]

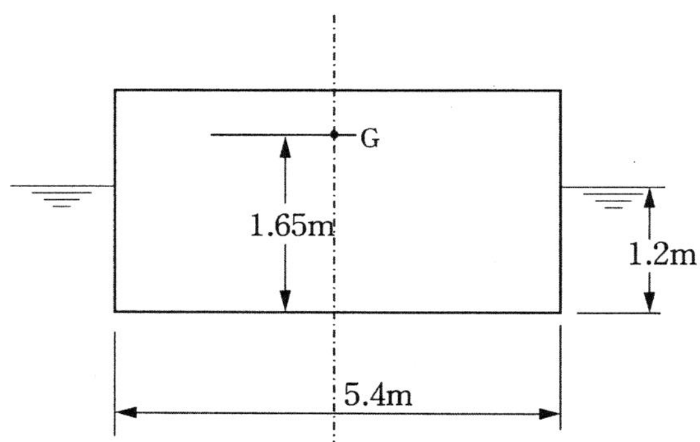

[그림(문제 2.38)]

3 유체유동의 기초이론 및 응용

제2장에서는 정지하고 있는 유체를 다루었으며, 그 경우 유체의 중량(ρg)이 중요한 성질로 작용하였다. 이 장에서는 흐르는 유체의 기초 개념을 고려하여 그 주요원리, 즉 질량 보존의 법칙, 에너지 보존의 법칙 및 운동량 보존의 법칙 중 질량 및 에너지 보존의 법칙에 대한 기초 개념과 응용면을 취급하고, 운동량 보존의 법칙에 관련된 내용은 제4장에서 다루기로 한다. 또 이 장에서는 점성의 영향에 대해서는 고려하지 않는 이상유체(ideal fluid, 理想流體)에 대하여 다루고, 점성유체(viscous fluid, 粘性流體)에 대해서는 제5장에서 다룬다.

3.1 유체의 흐름

유체가 흐르는 형태를 분류하면 (1) 1차원, 2차원, 3차원 흐름, (2) 압축성, 비압축성 유체의 흐름, (3) 정상류, 비정상류, (4) 균일유동, 비균일 유동, (5) 층류, 난류, (6) 회전유동, 비회전유동 등으로 구분할 수 있다.

이 흐름은 유체의 분자가 움직이는 형태를 거시적인 관점에서 분류한 것으로서, 분자의 이동에 관련된 관점에서 본 유선과 유적선에 대하여 먼저 생각하자.

3.1.1 유선과 유적선

물위에 떠있는 나뭇잎 등이 움직이는 형태를 살펴보면 유체입자가 어떻게 운동하는지 알 수 있다. 그림 3.1(a)와 같이 한 개의 유체입자에 주목할 때 그 입자가 움직이는 궤적을 유적선(path line, 流跡線)이라 한다. 그림에서 한 좌표 (x, y, z)에 어떤 유체입자가 속도 $V(x, y, z$방향의 속도성분이 u, v, w임)로 dt 시간 후에 $(x+dx, y+dy, z+dz)$로 이동하였다고 하면, $dx=udt$, $dy=vdt$, $dz=wdt$이므로 유적선에 관한 미분 방정식은 다음과 같이 된다.

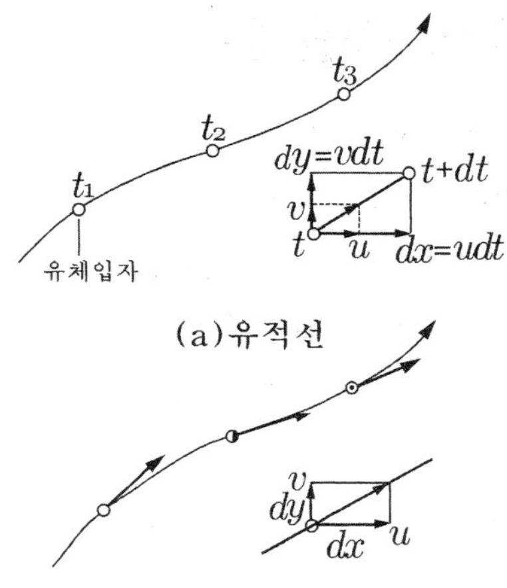

[그림 3.1] 유적선과 유선

$$dt = \frac{dx}{u} = \frac{dy}{v} = \frac{dz}{w} \quad \cdots\cdots (3.1)$$

이 식을 시간에 관하여 적분하면 유적선이 얻어진다.

다음에 그림 3.1(b)에서 보는 것처럼 어느 시각에 있어서 유체입자의 진행방향이 접선방향과 일치하는 선을 **유선**(stream line, 流線)이라 한다.

유선 s는, 유체입자가 속도 $V(u,\ v,\ w)$로 그 선분 $ds(dx,\ dy,\ dz)$의 방향으로 움직이도록 한 곡선이므로 **유선의 미분방정식**은 다음과 같다.

$$\frac{dx}{u} = \frac{dy}{v} = \frac{dz}{w} = \frac{ds}{V} \quad \cdots\cdots (3.2)$$

이 식을 어느 시각에 있어서 공간에 관하여 적분하면 유선을 얻을 수 있다.

유선의 정의에 의하면 유선상의 속도 벡터는 유선에 직각인 성분, 즉 유선을 횡단하는 흐름이 없으므로, 유선은 서로 이웃하는 유선 사이를 단위시간에 통과하는 유량이 같아지도록 그릴 수 있다. 유체 중에 몇 개 유선의 다발이 하나의 폐곡선과 교차하는 유선으로 이루어지는 하나의 관을 형성한다고 하면, 이 관을 **유관**(stream tube, 流管)이라 한다. 유체는 유관을 가로지르는 흐름이 없으므로 유관은 유체를 이송시키는 강관과 마찬가지로 취급하는데 편리하다.

3.1.2 1차원, 2차원, 3차원 흐름

관로 내의 유동에서 벽면 근처에서는 점성으로 인하여 속도가 느리고 관 중심 쪽으로 갈수록 벽면마찰의 영향이 작아지므로 속도가 크다. 따라서 임의의 단면상의 속도는 각 점에서 다른 값을 갖게 된다. 그러나 단면적이 일정한 관로에 점성을 무시할 수 있는 유체가 흐르는 경우와 같이 평균속도와 압력이 관의 중심 축 방향을 따라서만 변화하는 흐름을 **1차원 흐름**(one dimensional flow)이라 한다.

그러나 간격이 아주 좁은 두 평행평판 사이에 유체가 판에 평행하게 흐르는 경우와 같이, 흐름이 하나의 정해진 평면에 평행하게 흐르고 그 평면에 직각 방향으로는 속도 및 압력변화가 일어나지 않는 흐름을 **2차원 흐름**(two dimensional flow)이라 한다.

흐름 중에 x, y, z축을 설정할 때 각 방향의 속도 성분을 u, v, w라 하면 이 값들 각각이 x, y, z 및 시간 t의 함수인 경우로서, 가장 일반적인 흐름이라 할 수 있으며, 이러한 흐름을 **3차원 흐름**(three dimensional flow)이라 한다.

3.1.3 압축성 유체 및 비압축성 유체의 흐름

압축성 유체와 비압축성 유체의 정의는 1장에서 언급한 바와 같이 압력변화에 따라 체적 혹은 밀도의 변화가 일어나는 유체를 압축성 유체, 그 변화가 무시할 수 있을 정도로 작은 유체를 비압축성 유체라 하며, 일반적으로 기체는 압축성 유체, 액체는 비압축성 유체로 취급하고 있다.

그러나 흐름의 과정에서 유체의 밀도 변화율 $\Delta\rho/\rho$가 5% 정도로 큰 경우는 압축성 유체의 흐름으로 분류한다. 또한 공기중의 음속 a[m/s]은 온도에 의한 영향이 크며 t[℃]에서의 음속은 다음 식으로 표시된다.

$$a = 331.5 + 0.6t \text{ [m/s]}$$

따라서 1기압, 15[℃]에서는 음속이 약 340[m/s]인데, 유속이 100[m/s] 이상의 범위에서는 압축성의 영향을 고려해야 한다. 예로서 비행기의 속도 또는 압축기, 가스터빈, 증기터빈 등에서는 음속에 가까운 경우가 많으므로 압축성을 고려해야 한다. 그러나 물의 경우는 보통 상온에서 $a=1400$[m/s] 정도이므로 액체의 흐름에서는 압축성이 문제가 되는 유속을 사용하는 일은 거의 없지만, 관로 끝의 밸브를 급격히 폐쇄하여 급격한 속도변화에 의한 **수격작용**(water hammering. 水擊作用)이 발생하는 경우는 압축성을 고려해야 한다. 그 외의 액체의 일반적인 흐름에서는 비압축성 유체의 흐름으로 취급한다.

3.1.4 정상류와 비정상류

유동장에 있어서 어느 점의 유속 및 상태량(압력 및 온도)으로 표시되는 흐름의 상태가 시간에 따라 변화하지 않는 흐름을 **정상류**(steady flow, 定常流)라 한다. 그러나 일반적으로 흐름의 상태는 장소에 따라 다르며 장소의 함수이다. 따라서 정상류에서는 다음의 관계로 표시할 수 있다.

$$\frac{\partial u}{\partial t}=0, \quad \frac{\partial p}{\partial t}=0, \quad \frac{\partial \rho}{\partial t}=0 \qquad \cdots\cdots (3.3)$$

흐름의 상태가 시간 t에 따라서 변화하는 흐름은 **비정상류**(unsteady flow, 非定常流) 라 하며, 속도 및 상태량은 다음과 같이 표시된다.

$$\frac{\partial u}{\partial t}\neq 0, \quad \frac{\partial p}{\partial t}\neq 0, \quad \frac{\partial \rho}{\partial t}\neq 0 \qquad \cdots\cdots (3.4)$$

3.1.5 균일유동과 비균일 유동

정상류의 속도벡터(크기 및 방향)가 장소에 관계없이 일정한 흐름을 **균일유동**(uniform flow, 均一流動)이라 하며, 속도를 u, 장소의 좌표를 s라 하면

$$\frac{\partial u}{\partial s}=0 \qquad \cdots\cdots (3.5)$$

이 되며, 속도벡터가 장소에 따라 변화하는 흐름을 **비균일 유동**(non−uniform flow, 非均一 流動)이라 하며

$$\frac{\partial u}{\partial s}\neq 0 \qquad \cdots\cdots (3.6)$$

으로 표시된다.

관로의 단면적이 일정한 경우, 단위 시간당 유량이 일정한 흐름은 균일유동의 경우이며, 유량이 일정하더라도 단면적이 변화하는 경우는 비균일 유동이 된다.

3.1.6 층류와 난류

유체의 흐름을 분류하는 양식으로서 가장 잘 알려져 있는 것은 층류와 난류이다. 층류(laminar flow, 層流)유동은 인접하고 있는 유체가 서로 층을 이루면서 정연하게 흐르는 경우이며, 일반적으로 유속이 빠르지 않다. 이에 반하여 난류(turbulent flow, 亂流)유동은 속도, 압력 또는 흐름에 의한 온도, 농도 등의 량이 시간적, 공간적으로 불규칙하게 변동하는 흐름을 말하며 일반적으로 유속이 빠르다. 이러한 두 유동의 구분은 Reynolds에 의하여 원관 내의 유동에서 색소에 의한 계통적인 관찰실험에 의하여 처음으로 소개되었다. 그는 흐름의 상태가 관의 직경 d, 관내 평균속도를 V, 유체의 동점성계수를 ν라 할 때

$$Re = \frac{Vd}{\nu} \qquad \cdots\cdots (3.7)$$

로 표시되는 무차원수에 의하여 결정됨을 밝히고, 이 무차원수를 Reynolds수(Re)라 하였다.

원관 내 유동에서는 층류와 난류의 경계인 값을 $Re \fallingdotseq 2300$이라 하며 그 이하의 경우는 층류, 이상의 값을 갖는 흐름은 난류라 하며, 이 값을 임계 Reynolds수라 한다. 흐름이 층류인가 난류인가에 따라 유동특성은 달라지며 이에 관한 상세한 내용은 5장에서 기술한다.

3.2 연속방정식

3.2.1 1차원 유동의 연속방정식

그림 3.2에 표시하는 바와 같이 유관 내의 흐름에서 입구와 출구 사이의 거리가 ds인 미소 제어체적을 생각하자.

이 흐름은 유관을 가로지르는 속도성분이 없으므로 1차원 유동으로 생각할 수 있다. 단면 ①의 단면적 A에 밀도 ρ인 유체가 평균속도 V로 흐른다면 단위 시간에 단면 ①을 통과하는 질량은 ρAV가 된다. 이 단면으로부터 ds만큼 떨어진 단면 ②에서 단위 시간에 유출하는 질량은 $\rho AV+\frac{\partial}{\partial s}(\rho AV)ds$가 된다. 따라서 이 사이의 질량 변화량은 $\frac{\partial}{\partial s}(\rho AV)ds$가 되며, 이것이 이 유관 내 유체의 질량 ρAds에 대한 단위 시간당 변화량과 같다고 하면 다음과 같이 표시할 수 있다.

$$\rho AV-\left[\rho AV+\frac{\partial}{\partial s}(\rho AV)ds\right]=\frac{\partial}{\partial t}(\rho A)ds \quad \cdots\cdots (3.8)$$

$$\therefore \ \frac{\partial}{\partial s}(\rho AV)+\frac{\partial}{\partial t}(\rho A)=0 \quad \cdots\cdots (3.9)$$

흐름이 정상류인 경우에는 위 식의 제2항이 0이므로 다음과 같이 된다.

$$\frac{d}{ds}(\rho AV)=0 \quad \cdots\cdots (3.10)$$

$$\therefore \ \rho AV=const \quad \cdots\cdots (3.11)$$

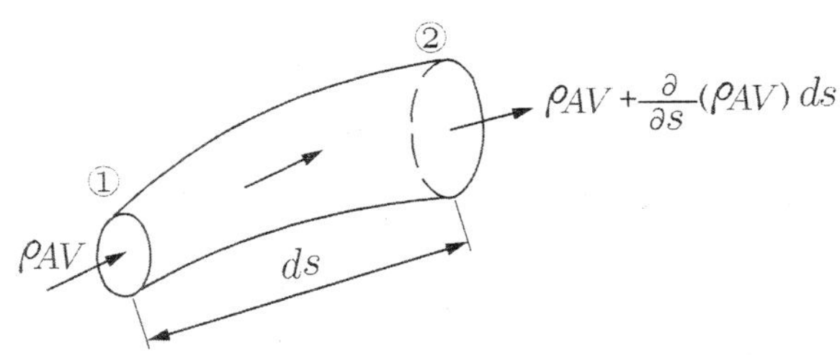

[그림 3.2] 유관 내의 흐름

이 때 단면 ① 및 ②의 밀도 ρ, 단면적 A, 평균속도 V에 각각 첨자 1, 2를 붙여 표시하면 식(3.11)은 **질량유량**(mass flow rate, 質量流量) $\dot{m}$[kg/s]를 나타내는 1차원, 정상류의 연속방정식으로서 다음과 같이 나타낼 수 있다.

$$\rho AV=\dot{m}=const \text{ 또는 } \rho_1A_1V_1=\rho_2A_2V_2=\dot{m} \quad \cdots\cdots (3.12)$$

즉, 단위시간에 임의의 단면을 통과하는 유체의 질량은 일정하다. 또한 이것은 질량보존의 법칙(conservation law of mass, 質量保存의 法則)을 의미한다.

식(3.12)에서 각 항에 중력가속도 g를 곱하여 표시하면

$$\gamma AV = G = const \text{ 또는 } \gamma_1 A_1 V_1 = \gamma_2 A_2 V_2 = G \quad \cdots\cdots (3.13)$$

이 되어, 이것을 **중량유량**(weight flow rate, 重量流量) G[N/s]라 한다.

비압축성 유체에서는 ρ=const이므로 식(3.12)로부터 다음 식으로 표시할 수 있다.

$$AV = Q = const \text{ 또는 } A_1 V_1 = A_2 V_2 = Q \quad \cdots\cdots (3.14)$$

Q[m^3/s]는 **체적유량**(volumetric flow rate, 體積流量)이라 하며, 주로 액체와 밀도변화를 무시할 수 있는 기체유동에서 많이 이용된다.

식(3.12)~(3.14)는 1차원 유동의 **연속방정식**(continuity equation, 連續方程式)이라 한다.

3.2.2 일반적인 연속방정식

전술한 질량보존의 법칙을 압축성 유체, 비정상류, 3차원 흐름에 대하여 표시할 때 일반적인 연속방정식이라 한다.

그림 3.3과 같이 직각 좌표계에서 흐름 중의 유체에 대한 3변의 길이가 dx, dy, dz인 미소 입방체를 검사체적으로 취하여 x, y, z 방향의 속도성분을 각각 u, v, w라 할 때, 우선 x방향에 대하여 단위 시간당 유입, 유출하는 질량의 차, 즉, 참 유입질량은 다음과 같이 표시된다.

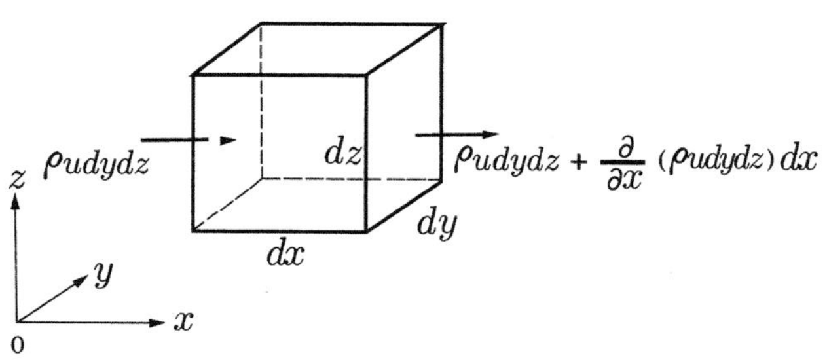

[그림 3.3] 직각 좌표계

$$\rho u dydz - \left[\rho udydz + \frac{\partial}{\partial x}(\rho udydz)dx \right]$$
$$= -\frac{\partial}{\partial x}(\rho udydz)dx = -\frac{\partial(\rho u)}{\partial x}dxdydz$$

같은 방법으로 y방향 및 z방향의 단위 시간당 참 유입질량은 각각 다음과 같다.

$$y\text{방향}: \quad -\frac{\partial(\rho v)}{\partial y}dxdydz$$
$$z\text{방향}: \quad -\frac{\partial(\rho w)}{\partial z}dxdydz$$

따라서 단위 시간당 이 미소 입방체에 유입하는 참 질량은 이들의 합으로 다음과 같이 표시할 수 있다.

$$-\left[\frac{\partial(\rho u)}{\partial x} + \frac{\partial(\rho v)}{\partial y} + \frac{\partial(\rho w)}{\partial z} \right]dxdydz \qquad \cdots\cdots (3.15)$$

다음에, 이 미소 입방체의 단위 시간당 질량의 변화량은

$$\frac{\partial}{\partial t}(\rho dxdydz) = \frac{\partial \rho}{\partial t}dxdydz \qquad \cdots\cdots (3.16)$$

으로 표시할 때, 식(3.15)와 식(3.16)은 같아야 하므로

$$\frac{\partial \rho}{\partial t}dxdydz = -\left[\frac{\partial(\rho u)}{\partial x} + \frac{\partial(\rho v)}{\partial y} + \frac{\partial(\rho w)}{\partial z} \right]dxdydz$$
$$\therefore \quad \frac{\partial \rho}{\partial t} + \frac{\partial(\rho u)}{\partial x} + \frac{\partial(\rho v)}{\partial y} + \frac{\partial(\rho w)}{\partial z} = 0 \qquad \cdots\cdots (3.17)$$

식(3.17)을 **일반적인 연속방정식**(equation of continuity)이라 한다. 즉 비정상류, 압축성 유체, 3차원 흐름에 적용할 수 있다.

흐름이 정상류라면 식(3.17)의 제1항은 0이 되며, 비압축성 유체의 흐름에서는 ρ=const가 되어 다음 식으로 표시된다.

$$\frac{\partial u}{\partial x}+\frac{\partial v}{\partial y}+\frac{\partial w}{\partial z}=0 \qquad \cdots\cdots (3.18)$$

그 조건에 2차원 흐름이라면, 연속의 식은 식(3.19)로 표시된다.

$$\frac{\partial u}{\partial x}+\frac{\partial v}{\partial y}=0 \qquad \cdots\cdots (3.19)$$

예제 3.1

그림(ex3.1)의 관로에서 단면 1의 직경은 20[cm], 속도는 3[m/s]로 물이 흐른다. 단면 2의 직경이 30[cm]라면 단면 2의 유속은 얼마인가? 또 유량을 구하라.

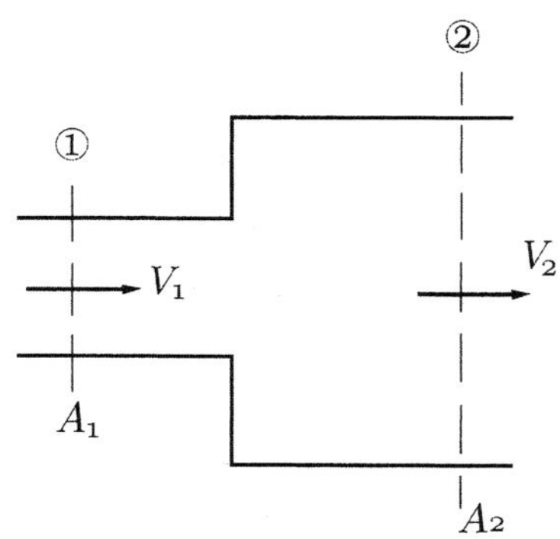

[그림(ex3.1)]

[풀이] 물은 비압축성 유체로 취급할 수 있으므로 체적유량의 관계식 (3.14)를 이용하면

$$V_2=\frac{A_1}{A_2}V_1=\left(\frac{d_1}{d_2}\right)^2 V_1=\left(\frac{20}{30}\right)^2\times 3=1.333\,[\mathrm{m/s}]$$

$$Q=A_1V_1=\frac{\pi}{4}d_1^{\,2}V_1=\frac{\pi}{4}\times 0.2^2\times 3=0.094\,[\mathrm{m^3/s}]$$ ■

예제 3.2

온도 20[℃], 압력 150[kPa]의 공기가 내경 400[mm]의 관로 내를 질량유량 1.5[kg/s]로 흐를 때 관내의 평균유속을 구하라.

[풀이] 공기의 기체상수는 287[J/kgK]이므로 기체의 상태식으로부터

$$\rho = \frac{p}{RT} = \frac{150\times10^3}{287\times293.15} = 1.783kg/m^3$$

∴ 식(3.12)에서

$$V = \frac{\dot{m}}{\rho A} = \frac{1.5}{1.783\times\frac{\pi}{4}\times0.4^2} = 6.695m/s$$ ■

예제 3.3

원관 내의 층류 유동상태가 그림(ex3.3)과 같은 속도분포로 흐르며, 다음 식으로 표시된다. 즉 벽면상에서의 속도는 0, 중심선상에서의 속도가 최대치 U_{max}인 경우 비압축성 유체인 경우의 평균속도를 구하라.

$$u = U_{max}(1-\frac{r}{R})^{\frac{1}{2}}$$

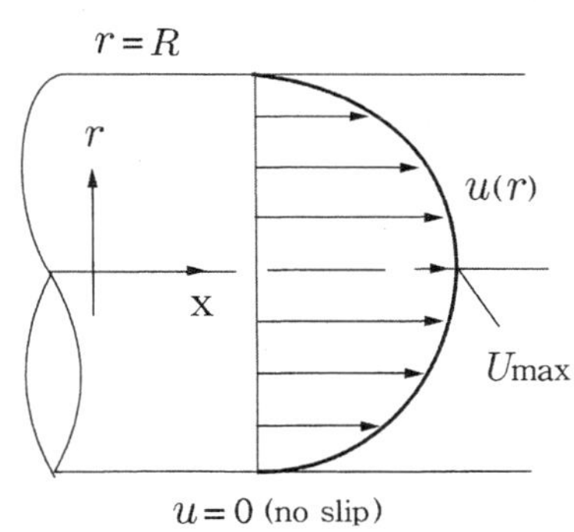

[그림(ex3.3)]

[풀이] r 좌표로부터 dr인 환상 미소 단면적 $dA=2\pi rdr$이며, 이 미소 단면적을 흐르는 미소유량 $dQ=udA$이다. 이것을 적분하면 평균속도를 V라 할 때 $Q=AV$와 같아진다.

$$\therefore\ V = \frac{1}{A}\int_A udA = \frac{1}{\pi R^2}\int_0^R U_{max}(1-\frac{r}{R})^{\frac{1}{2}}2\pi rdr = \frac{8}{15}U_{max}$$ ■

예제 3.4

그림(ex3.4)와 같이 단면적이 A_1과 A_2가 인접한 평행 2차원 덕트로부터 각각 밀도 ρ_1, ρ_2의 서로 다른 비압축성 유체가 유속 V_1, V_2로부터 단면적 (A_1+A_2)의 덕트로 유출하여 하류에서는 혼합되어 균질인 밀도 ρ, 속도 V로 되었다. 이 때 하류의 밀도 ρ 및 속도 V를 구하는 식을 표시하여라.

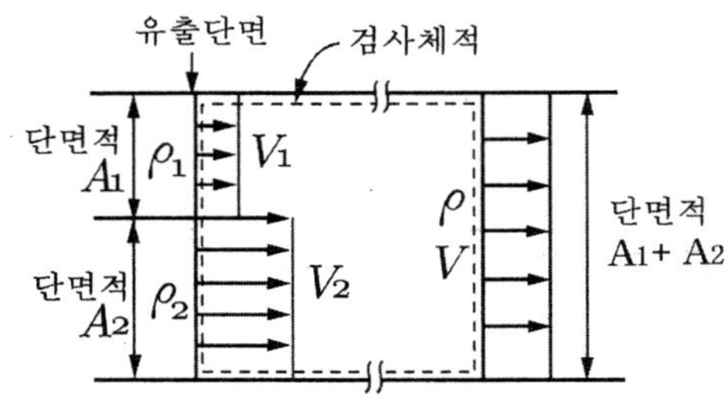

[그림(ex3.4)]

[풀이] 유입한 질량유량의 합이 보존되어 유출하므로

$$\rho_1 A_1 V_1 + \rho_2 A_2 V_2 = \rho (A_1 + A_2) V \qquad \cdots\cdots (1)$$

한편, 어느 쪽 유체도 비압축성 유체이므로 체적유량도 보존되어야 하므로

$$A_1 V_1 + A_2 V_2 = (A_1 + A_2) V \qquad \cdots\cdots (2)$$

∴ 하류의 속도는 식(2)로부터

$$V = \frac{A_1 V_1 + A_2 V_2}{A_1 + A_2} \qquad \cdots\cdots (3)$$

식(3)을 식(1)에 대입하면 하류의 밀도는 다음과 같이 정리할 수 있다.

$$\rho = \frac{\rho_1 A_1 V_1 + \rho_2 A_2 V_2}{A_1 V_1 + A_2 V_2} \qquad \cdots\cdots (4)$$

■

예제 3.5

2차원 비압축성 유체의 속도분포가 다음과 같다.

$$u = 2x^2 + y^2, \quad v = -4xy, \quad w = 0$$

연속방정식이 만족함을 밝혀라.

[풀이] $\dfrac{\partial u}{\partial x} = 4x, \quad \dfrac{\partial v}{\partial y} = -4x$

∴ 식(3.19)인 $\dfrac{\partial u}{\partial x} + \dfrac{\partial v}{\partial y} = 0$ 을 만족한다. ■

3.3 운동방정식

비점성 유체의 3차원 흐름에서 비정상류인 경우, x, y, z 방향의 각 속도성분을 각각 u, v, w라 하면 다음의 함수관계로 표시할 수 있다.

$$u = u(t, x, y, z) \qquad \cdots\cdots (3.20)$$

x 방향의 가속도는

$$a_x = \frac{du}{dt} = \frac{\dfrac{\partial u}{\partial t}dt + \dfrac{\partial u}{\partial x}dx + \dfrac{\partial u}{\partial y}dy + \dfrac{\partial u}{\partial z}dz}{dt}$$

$$= \frac{\partial u}{\partial t} + u\frac{\partial u}{\partial x} + v\frac{\partial u}{\partial y} + w\frac{\partial u}{\partial z} \qquad \cdots\cdots (3.21a)$$

같은 방법으로 y 방향 및 z 방향의 가속도를 각각 표시하면 다음과 같다.

$$a_y = \frac{\partial v}{\partial t} + u\frac{\partial v}{\partial x} + v\frac{\partial v}{\partial y} + w\frac{\partial v}{\partial z} \qquad \cdots\cdots (3.21b)$$

$$a_z = \frac{\partial w}{\partial t} + u\frac{\partial w}{\partial x} + v\frac{\partial w}{\partial y} + w\frac{\partial w}{\partial z} \qquad \cdots\cdots (3.21c)$$

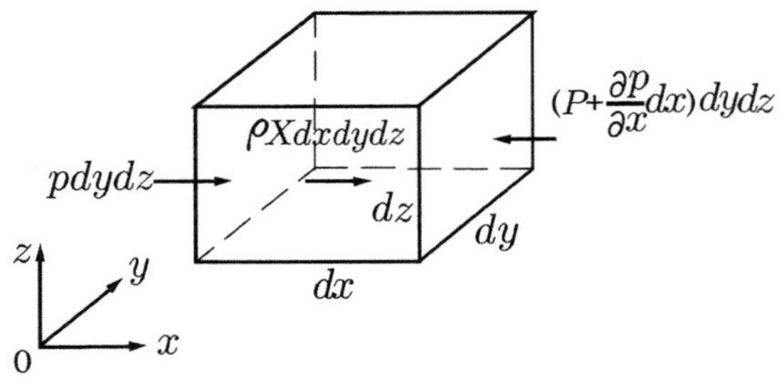

[그림 3.4] 직각 좌표계(압력 및 체적력)

그림 3.4와 같은 흐름중의 직각 좌표계를 생각하여, 미소 입방체가 운동하고 있으므로 뉴턴의 운동 제2법칙을 적용할 수 있다. 유체의 밀도를 ρ라 하면 유체요소의 체적은 $dx \cdot dy \cdot dz$이므로 그 질량은 $\rho\, dxdydz$이다. 따라서 다음 식이 성립한다.

$$\Sigma F_x = ma_x$$
$$= \rho\, dxdydz\left(\frac{\partial u}{\partial t} + u\frac{\partial u}{\partial x} + v\frac{\partial u}{\partial y} + w\frac{\partial u}{\partial z}\right) \cdots\cdots (3.22)$$

x 방향으로 작용하는 힘 ΣF_x는 압력차에 의한 힘과 체적력에 의한 힘의 합이다. 먼저 그림 3.4로부터 x 방향의 압력차에 의한 힘은

$$pdydz - \left(p + \frac{\partial p}{\partial x}dx\right)dydz = -\frac{\partial p}{\partial x}dxdydz$$

이 되며, 단위질량의 유체에 작용하는 체적력을 $K(X,\ Y,\ Z)$라 하면, 체적력에 의한 x방향의 힘은

$$\rho\, Xdxdydz$$

이 되어, 위의 두 식들을 식(3.22)에 적용하면 다음 식으로 표시된다.

$$\frac{Du}{Dt} = -\frac{1}{\rho}\frac{\partial p}{\partial x} + X$$

여기서

$$\frac{D}{Dt}=\frac{\partial}{\partial t}+u\frac{\partial}{\partial x}+v\frac{\partial}{\partial y}+w\frac{\partial}{\partial z}$$

이다. y 방향, z 방향에 대해서도 같은 방법으로 구할 수 있으며, 그 결과를 표시하면 결국 3차원 유동의 운동방정식

$$\frac{\partial u}{\partial t}+u\frac{\partial u}{\partial x}+v\frac{\partial u}{\partial y}+w\frac{\partial u}{\partial z}=-\frac{1}{\rho}\frac{\partial p}{\partial x}+X \quad \cdots\cdots (3.23a)$$

$$\frac{\partial v}{\partial t}+u\frac{\partial v}{\partial x}+v\frac{\partial v}{\partial y}+w\frac{\partial v}{\partial z}=-\frac{1}{\rho}\frac{\partial p}{\partial y}+Y \quad \cdots\cdots (3.23b)$$

$$\frac{\partial w}{\partial t}+u\frac{\partial w}{\partial x}+v\frac{\partial w}{\partial y}+w\frac{\partial w}{\partial z}=-\frac{1}{\rho}\frac{\partial p}{\partial z}+Z \quad \cdots\cdots (3.23c)$$

을 얻는다. 이것이 이상유체(理想流體)의 운동방정식이며 Euler의 **운동방정식**(Euler's equation of motion)이라 한다. 이 식의 좌변 제1항은 국소 가속도의 항이며, 좌변의 나머지 항들은 유체입자의 위치가 변함에 따르는 가속도를 표시하여 대류항(對流項)이라 부른다. 우변은 외력으로서 제1항은 압력에 의한 힘, 제2항은 체적력을 나타낸다. 흐름이 정상류인 경우는 좌변 제1항이 소거된다.

3.4 에너지 방정식

Euler의 운동방정식(3.23)은 비점성 유체, 비정상류, 3차원 흐름에 적용할 수 있다. 그런데 비점성 유체가 정상류로 유선을 따르는 1차원 흐름으로 유동조건을 제한하고 체적력은 중력가속도($-g$)만이 작용하는 경우, 식(3.23)의 좌변 제1항은 정상류이므로 소거되고, 유선 방향의 속도를 v라 하고 $Z=-g$를 적용하면

$$v\frac{dv}{dz}=-\frac{1}{\rho}\frac{dp}{dz}-g$$

가 되며, 이 식을 다시 정리하면

$$\frac{dp}{\rho} + vdv + gdz = \frac{dp}{\rho} + d\left(\frac{v^2}{2}\right) + gdz = 0 \qquad \cdots\cdots (3.24)$$

가 되며, 식(3.24)를 적분하면 다음과 같이 표시할 수 있다.

$$\int \frac{dp}{\rho} + \frac{v^2}{2} + gz = const \qquad \cdots\cdots (3.25)$$

만일 유동유체가 비압축성 유체(ρ=const)라면 위의 식은 다음과 같이 된다.

$$\frac{p}{\rho} + \frac{v^2}{2} + gz = const \qquad \cdots\cdots (3.26)$$

식(3.25) 및 식(3.26)은 유체의 단위질량 당 에너지(比에너지)의 표현이며, 단위는 J/kg이다. 이들 식은 좌변의 제1, 제2, 제3항은 단위 질량에 대하여 각각 압력에너지(pAl), 운동에너지($\frac{1}{2}mv^2$), 위치에너지(mgz)이며, 이들의 합이 1개의 유선을 따라 일정하게 유지됨을 나타낸다.

식(3.26)의 각 항을 중력가속도 g로 나누면 다음 식이 된다.

$$\frac{p}{\gamma} + \frac{v^2}{2g} + z = H = const \qquad \cdots\cdots (3.27)$$

이 식은 각 항이 단위중량당 에너지로서 길이의 차원을 갖는 수두(head, 水頭)의 표현이며, 좌변의 제1항은 **압력수두**(pressure head, 壓力水頭), 제2항은 **속도수두**(velocity head, 速度水頭), 제3항은 **위치수두**(position head, 位置水頭)라 부르며, 우변의 H는 **전수두**(total head, 全水頭)이다.

식(3.26) 또는 식(3.27)을 **베르누이 방정식**(Bernoulli's theorem)이라 한다.

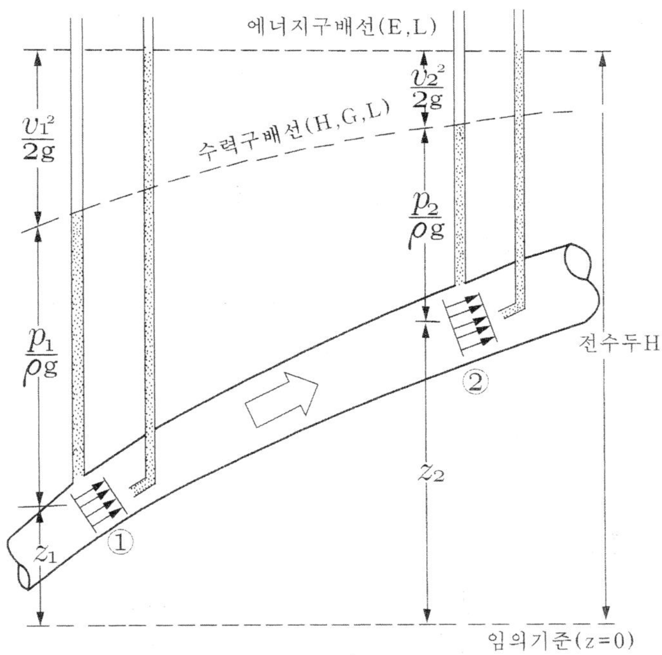

[그림 3.5] 비압축성, 정상류의 수력구배선과 에너지구배선

베르누이의 방정식을 시각적으로 설명하기 위하여 그림 3.5와 같은 관로 내의 유동에서 단면 1및 단면 2에 각각 정압관(靜壓管)과 피토관(pitot tube)을 설치하고, 정압관에서의 물의 높이는 식(3.27)의 좌변 제1항과 제3항의 합으로 위치에너지 및 압력에너지의 합을 수두로서 환산한 량을 의미하며, 그것을 연결한 선을 **수력구배선**(hydraulic line)이라 한다.

한편 피토관에서의 수두는 식(3.27)의 좌변의 모든 항의 합을 의미하며 그 단면에서 유체가 갖는 전에너지의 수두 환산량이다. 그리고 그 점들을 이은 선이 **에너지선**(energy line)으로서 손실이 없는 유동에서는 기준선과 평행하지만, 손실이 일어나는 경우에는 피토관의 수두는 손실에너지의 수두 환산량만큼 덜 올라가므로 기준선과 평행하지 않게 된다. 즉 에너지선은 유동방향으로 서서히 하강곡선을 나타내게 되고, 펌프나 프로펠러와 같이 일을 공급하는 장치가 있는 경우에는 상승하며, 터빈과 같이 일의 추출이 이루어지는 경우에는 급격한 하강이 일어난다.

기체의 베르누이 식은 밀도가 작으므로 위치에너지를 무시할 수 있으며, 식(3.27)의 각 항에 ρg를 곱하여 다음 식으로 표시된다.

$$\frac{\rho v^2}{2} + p = p_t \qquad \cdots\cdots (3.28)$$

위 식의 좌변 제1항은 속도에너지를 압력의 형태로 바꾼 **동압**(dynamic pressure, 動壓), 제2항은 **정압**(static pressure, 靜壓), 우변은 이들의 합으로 **전압**(total head, 全壓)이라 한다.

베르누이의 방정식은 유체공학상 대단히 응용범위가 넓은 중요한 정리이지만, 이것이 성립하기 위한 전제조건은 다음과 같다. 그것은 운동에 있어서 비점성 유체이어야 하고, 한 개의 유선상에서 성립하며, 비압축성 유체의 흐름, 정상류이어야 한다.

예제 3.6

그림(ex3.6)과 같이 단면 (1)에서의 압력 p_1=300[kPa], 내경 d_1=600[mm], 단면 (2)에서는 내경 d_2=300[mm]이며 위치차가 1[m]이고 유량은 700[ℓ /s]로 흐를 때 단면 (2)의 압력 p_2를 구하라.

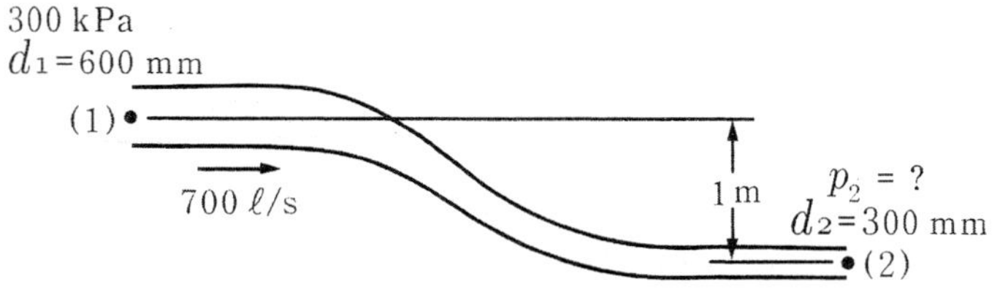

[그림(ex3.6)]

[풀이]

$$v_1 = \frac{Q}{A_1} = \frac{0.7}{(\pi/4)\times 0.6^2} = 2.476 m/s,$$

$$v_2 = \frac{Q}{A_2} = \frac{0.7}{(\pi/4)\times 0.3^2} = 9.903 m/s$$

식(3.27)을 적용하면

$$\frac{p_1}{\gamma} + \frac{v_1^2}{2g} + z_1 = \frac{p_2}{\gamma} + \frac{v_2^2}{2g} + z_2$$

$$\therefore\ p_2 = \gamma\left[\frac{p_1}{\gamma} + \frac{v_1^2 - v_2^2}{2g} + z_1 - z_2\right]$$

$$= 9800\left[\frac{300\times10^3}{9800} + \frac{2.476^2 - 9.903^2}{2\times9.8} + 1\right] = 263830.58\,[\text{Pa}]$$

$$= 263.83\,[\text{kPa}]$$ ■

예제 3.7

내경 200[mm]의 수평 관로를 2.5[m/s]의 평균속도로 물이 흐르는 경우, 그 관로의 어느 단면상에서 측정한 평균압력이 0.15[MPa]이었다. 매초 얼마의 에너지가 그 단면을 통과하는가? 또 이것을 동력으로 환산하면 몇 kW인가?

[풀이] 단면을 2.5[m/s]의 속도로 흐르므로 단위중량 당 속도 에너지인 속도수두는

$$\frac{v^2}{2g} = \frac{2.5^2}{2\times9.8} = 0.319\,[\text{m}] = 0.319[\text{J/N}]$$

단위중량당 압력에너지인 압력수두는

$$\frac{p}{\gamma} = \frac{0.15\times10^6}{9800} = 15.306\,[\text{m}] = 15.306[\text{J/N}]$$

따라서 단면을 통과하는 물의 전수두 H는

$$H = \frac{v^2}{2g} + \frac{p}{\gamma} = 0.319 + 15.306 = 15.625\,[\text{m}] = 15.625[\text{J/N}]$$

중량유량 $G = \gamma Av = 9800\times(\pi/4)\times0.2^2\times2.5 = 769.7\,[\text{N/s}]$

∴ 전 유량에 상당하는 매초 당 에너지(동력)는

$$\gamma QH = 769.7\times15.625 = 12026.56\,[\text{J/s}] = 12.027[\text{kJ/s}] = 12.027[\text{kW}]$$ ■

예제 3.8

수평면과 60° 를 이루는 원관에서 유출하는 물이 경사진 방향으로 상승한다. 중력의 영향에 의해 하향 경사방향으로 방향이 변화하는데, 물이 상승하는 최고 높이는 얼마인가? 또 수분류의 직경이 가장 커졌을 때의 직경을 구하라. 단, 원관의 직경을 10[cm], 관 출구의 유속은 7[m/s]이다.(그림(ex3.8)참조)

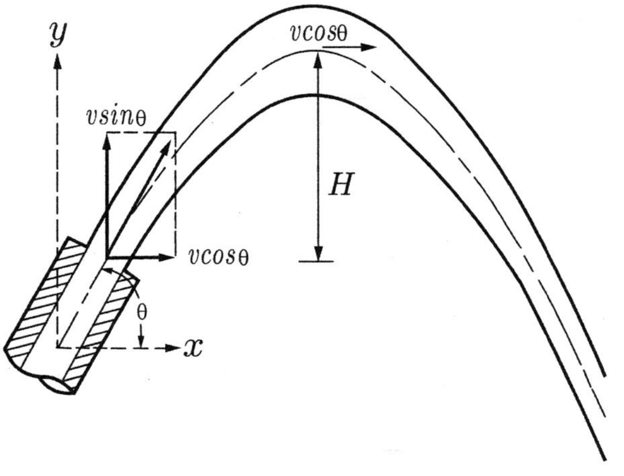

[그림(ex3.8)]

[풀이] 관이 수평면과 이루는 각도를 θ, 관 출구 유속을 v라 하면 그 수평방향 분속도는 $v \cdot \cos\theta$, 연직방향 분속도는 $v \cdot \sin\theta$이다. 연직방향 분속도는 중력의 영향을 받아 점차 감소하여 결국 0으로 되며, 드디어 부(負)로 된다. 연직방향 분속도가 0으로 되는 위치가 최고점이 된다. 그 사이에 수평방향 분속도는 변화하지 않으므로 물이 최고점에 달한 위치에서 속도는 관 출구의 수평방향 분속도와 동일하다. 관 출구에서의 속도수두는 $v^2/2g$, 압력수두는 p_o/γ, 위치수두는 0이다. 베르누이식을 적용하면

$$\frac{v^2}{2g} + \frac{p_o}{\gamma} + 0 = \frac{v^2 \cos^2\theta}{2g} + \frac{p_o}{\gamma} + H$$

H를 구하면

$$H = \frac{v^2}{2g}(1 - \cos^2\theta) = \frac{v^2}{2g}\sin^2\theta$$

다음에, 연속의 식을 적용하면, 관 출구 면적은 $\pi d_1^2/4$, 속도는 v, 최고점에서의 물줄기 단면적은 $\pi d_2^2/4$, 속도의 크기는 $v \cdot \cos\theta$이므로

$$\frac{\pi}{4} d_1^2 v = \frac{\pi}{4} d_2^2 v\cos\theta$$

d_2를 구하면

$$d_2 = d_1\sqrt{\sec\theta}$$

v=7[m/s], d_1=10[cm], θ=60° 를 대입하면

$$H=\frac{7^2}{2\times 9.8}\sin^2 60^o \fallingdotseq 1.9\ m$$

$$d_2=10\sqrt{\sec 60^o}\fallingdotseq 14\ cm$$ ■

예제 3.9

압축성 유체(기체)가 정상류로 흐르는 경우, 다음의 조건에 대한 베르누이식을 각각 유도하라. (1) 등온변화(p/ρ=const), (2) 단열변화(p/ρ^k=const, k : 비열비)

[풀이] 압축성 유체는 밀도 ρ의 변화가 있으므로 기본식은 식(3.25)이다.

$$\int\frac{dp}{\rho}+\frac{v^2}{2}+gz=const \qquad \cdots\cdots (a)$$

(1) 등온변화

$$\frac{p}{\rho}=c \quad \therefore \ \rho=\frac{p}{c}$$

따라서 식(a)의 좌변 1항은

$$\int\frac{dp}{\rho}=c\int\frac{dp}{p}=c\ln p+c'=\frac{p}{\rho}\ln p+c'$$

이므로 식(a)는 다음과 같이 정리할 수 있다.

$$\frac{p}{\rho}\ln p+\frac{v^2}{2}+gz=const \quad (\text{단, } \frac{p}{\rho}=\text{일정}) \qquad \cdots\cdots (3.29)$$

(2) 단열변화

$$\frac{p}{\rho^k}=c^k, \qquad \therefore \ \rho=\frac{p^{1/k}}{c}$$

$$\therefore \ \int\frac{dp}{\rho}=c\int p^{-1/k}dp=c\frac{k}{k-1}p^{(k-1)/k}+c'$$

$$=\frac{p^{1/k}}{\rho}\frac{k}{k-1}p^{(k-1)/k}+c'=\frac{k}{k-1}\frac{p}{\rho}+c'$$

따라서 식(a)는 다음 식으로 표시된다.

$$\frac{k}{k-1}\frac{p}{\rho}+\frac{v^2}{2}+gz=const,\quad (단,\ \frac{p}{\rho^k}=일정) \qquad \cdots\cdots (3.30)$$ ■

3.5 베르누이 방정식의 응용

3.5.1 오리피스

그림 3.6과 같이 수조의 측면 벽에 작은 구멍을 뚫고, 그 구멍으로부터 물을 유출시켜 유량을 측정할 때 이 구멍을 **오리피스(orifice)**라 한다. 유출구멍으로부터 수면까지의 높이를 H, 수면 ①과 오리피스의 중심 ② 사이에 한 개의 유선을 생각하여 베르누이 방정식을 적용하면 다음과 같다.

$$\frac{p_1}{\gamma}+\frac{{v_1}^2}{2g}+z_1=\frac{p_2}{\gamma}+\frac{{v_2}^2}{2g}+z_2 \qquad \cdots\cdots (3.31)$$

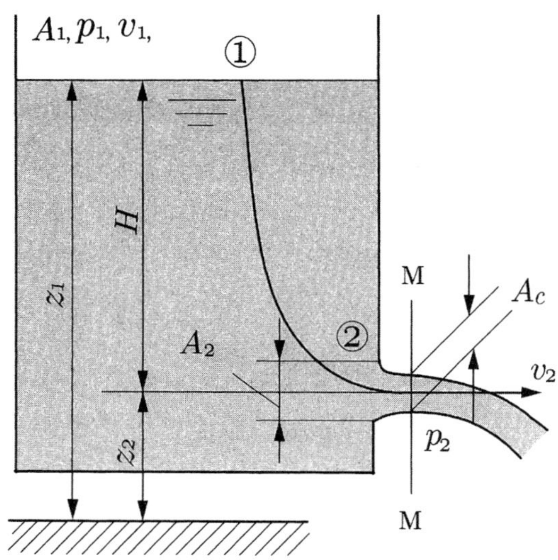

[그림 3.6] 오리피스

유출구멍에서의 정압은 거의 대기압과 같다고 알려져 있으므로 $p_1=p_2$, $z_1-z_2=H$, 또 연속방정식(3.14)의 $A_1v_1=A_2v_2$를 적용하면 식(3.31)에서 유출속도 v_2는 다음과 같이 구해진다.

$$v_2=\sqrt{\frac{2gH}{1-(A_2/A_1)^2}} \qquad \cdots\cdots (3.32)$$

일반적으로 $A_2 \ll A_1$이므로, 위 식은

$$v_2=\sqrt{2gH} \qquad \cdots\cdots (3.33)$$

이 되며, 이 식을 **토리첼리의 정리**(Torricelli's theorem)라 한다.

손실이 없는 경우의 유출속도는, 저항이 없는 경우의 물체의 자유낙하속도와 같으므로 식(3.31)과 연속방정식으로부터 수면의 하강속도 v_1은 다음과 같다.

$$v_1=-\frac{dH}{dt}=\frac{A_2}{A_1}\sqrt{\frac{2gH}{1-(A_2/A_1)^2}}=\sqrt{\frac{2gH}{(A_1/A_2)^2-1}} \qquad \cdots\cdots (3.34)$$

따라서 최초 H_o이었던 수위가 H까지 강하하는데 필요한 시간은

$$t=\int_H^{H_o}\frac{dH}{\sqrt{2gH/[(A_1/A_2)^2-1]}} \qquad \cdots\cdots (3.35)$$

로 구할 수 있다.

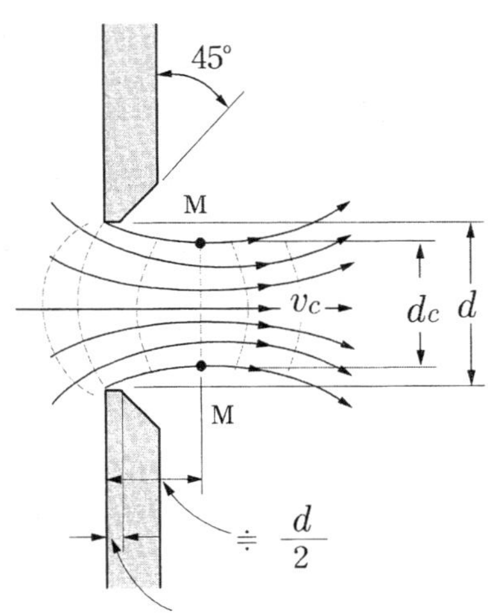

[그림 3.7] 오리피스의 축류

오리피스를 통하는 흐름을 좀 더 확대하여 보면 그림 3.7과 같다. 이와 같은 흐름은, 유체가 갖는 관성으로 인하여 벽면으로부터 떨어진 외측의 유선은 휘어진다. 구멍으로부터 나온 유체는 단면 M−M($x \fallingdotseq d/2$, d : 구멍의 직경)상에서 평행류가 되며, 속도는 거의 일정해지고 분류의 단면적도 최소(축류부)가 된다. 따라서 이 단면에서는 단면적이 $A_c=(\pi/4)d_c^2$이며, 압력은 외부(대기압)와 거의 같아진다. $x>d/2$에서는 분류의 단면적이 다시 확대된다.

(1) 수축계수

오리피스의 단면적 A_2로부터 유출한 분류는 축류부에서 최소 단면적 A_c가 되며, 이 때 축류비율 C_c를 **수축계수**(coefficient of contraction, 收縮係數)라 한다.

$$C_c = \frac{A_c}{A_2} \qquad \cdots\cdots (3.36)$$

수축계수 C_c의 값은 이론적으로는 0.611이지만, 실험에 의하면 원형 오리피스의 경우 0.61~0.66, 구경이 작거나 수면까지의 높이 H가 작은 경우에는 표면장력의 영향으로 0.72 정도가 된다.

(2) 속도계수

비점성 유체에서는 유출속도 v_2가 식(3.32) 또는 식(3.33)으로 주어지지만, 실제 유체의 유출속도 v_c는 점성으로 인하여 $v_c<v_2$가 된다. 이 때 이론속도 v_2에 대한 실제속도 v_c의 비를 **속도계수**(coefficient of velocity, 速度係數)라 한다.

$$C_v = \frac{v_c}{v_2} \qquad \cdots\cdots (3.37)$$

C_v의 값은 이론적으로 구하기 곤란하므로 실험적으로 구해지고 있다. 일반적으로는 C_v=0.93~0.98의 범위이며, 그림 3.7과 같은 오리피스에서 각도가 90° 인 경우에는 C_v=0.97~0.99이다. 오리피스의 구경이 작거나 수면까지의 높이 H가 작은 경우는 약간 작아진다.

(3) 손실수두

오리피스판의 마찰 등에 의한 손실수두(단위 중량의 유체가 잃은 에너지)는 속도수두의 차이므로

$$h_l = \frac{v_2^2}{2g} - \frac{v_c^2}{2g} = (1 - C_v^2)\frac{v_2^2}{2g} \qquad \cdots\cdots (3.38)$$

이 되며, $C_v=0.95$라면 $h_l \fallingdotseq 0.1H$가 된다.

(4) 유량계수

이론유량 Q_{th}와 실제유량 Q의 사이에는 다음의 관계가 있다.

$$Q = A_c v_c = C_c A_2 C_v v_2 = C_c C_v A_2 v_2 = CQ_{th} \qquad \cdots\cdots (3.39)$$

단, $Q_{th}=A_2v_2$는 비점성 유체에서 축류부가 없다고 생각한 가상적인 유량이며, 또 $C=C_cC_v$를 **유량계수**(coefficient of discharge, 流量係數)라 한다. 일반적으로 $C=0.59\sim0.68$의 범위이다.

예제 3.10

그림 3.6과 같은 수조에서 직경 3[cm]의 오리피스로부터 유출하는 실제 수량을 구하라. $H=2$[m]이고 축류 부분의 직경은 2.5[cm]이며 속도계수는 0.98이다.

[풀이]

$$v_2 = \sqrt{2gH} = \sqrt{2\times9.8\times2} = 6.26 m/s$$

$$\therefore\ v_c = C_v v_2 = 0.98\times6.26 = 6.135 m/s$$

$$C_c = \frac{A_c}{A_2} = \left(\frac{d_c}{d_2}\right)^2 = \left(\frac{2.5}{3}\right)^2 = 0.6944$$

$$\therefore\ C = C_v C_c = 0.98\times0.6944 = 0.6805$$

$$\therefore\ Q = CQ_{th} = CA_2v_2 = 0.6805\times(\pi/4)\times0.03^2\times6.26 = 0.003 m^3/s$$ ■

예제 3.11

직경 5[cm]의 오리피스를 수조의 수면 밑 5[m]인 곳에 설치하여 물을 분출시키면 10[ℓ/s]의 유량이 유출된다. 축류부의 속도가 9.5[m/s]일 때 수축계수를 구하라.

[풀이] 유량계수

$$C = C_c C_v = \frac{Q}{A_2 v_2} = \frac{Q}{\left(\frac{\pi}{4}\right) d_2^2 \sqrt{2gH}} = \frac{10\times 10^{-3}}{\left(\frac{\pi}{4}\right) 0.05^2 \sqrt{2\times 9.8\times 5}}$$

$$= 0.5145$$

속도계수 $C_v = \frac{v_c}{v_2} = \frac{v_c}{\sqrt{2gH}} = \frac{9.5}{\sqrt{2\times 9.8\times 5}} = 0.9596$

∴ 수축계수 $C_c = \frac{C}{C_v} = \frac{0.5145}{0.9596} = 0.536$ ■

3.5.2 피토관

그림 3.8과 같이 L자형의 2중관(자세한 모양은 그림 3.9 참조)을 사용한 피토관(pitot tube)을 이용하여 관내 유속을 측정할 수 있다.

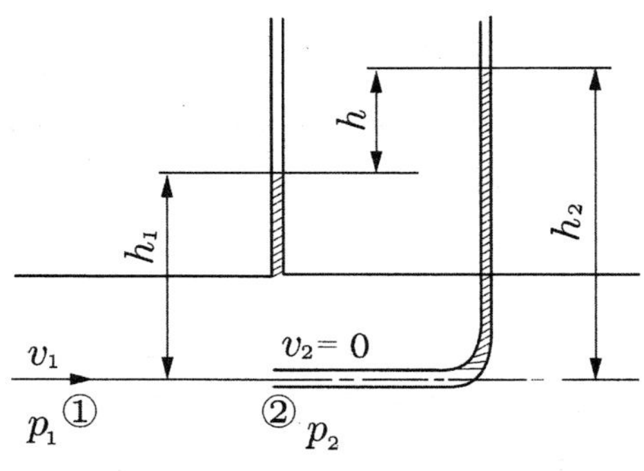

[그림 3.8] 피토관

주류 ①의 흐름은 피토관의 선단부 ②에서 일단 정지한다. 이 점을 **정체점**(stagnation point, 停滯点)이라 하고 이 점에서의 압력을 **정체압**(stagnation pressure, 停滯壓)이라 한다. 흐름은 그 후에 피토관 측면을 따라서 하류 쪽으로 유동하지만, 측벽 표면에 몇 개의 작은 구멍을 내어 그 점의 정압을 측정한다. 그러나 그림 3.8에는 정체점 단면상의 관 벽에 수직관(정압관)을 세워 정압을 측정하고 있고, L자형(측면에 구멍이 없는)관은 전압을 측정하는데, 위에서 언급한 L자형 2중 원관에서 전압 및 정압을 동시에 측정하는 것과 각각 같은 수주높이를 나타낸다.

상류측 ①과 정체점 ② 사이에 베르누이식을 적용하면

$$\frac{p_1}{\rho}+\frac{{v_1}^2}{2}=\frac{p_2}{\rho}+\frac{{v_2}^2}{2} \qquad \cdots\cdots (3.40)$$

이 되며, 정체점에서의 속도 $v_2=0$이므로

$$p_2-p_1=\rho\frac{{v_1}^2}{2}=\rho g(h_2-h_1)=\rho gh \qquad \cdots\cdots (3.41)$$

$$v_1=\sqrt{2(p_2-p_1)/\rho}=\sqrt{2gh} \qquad \cdots\cdots (3.42)$$

여기서 피토관 선단의 정체점 압력은 **전압**(全壓)으로 표시하고 또 관벽 주위의 작은 구멍에서 측정한 **정압**(靜壓)을 빼면 **동압**(動壓)이 된다. 일반적으로 전압만을 측정하는 것을 **피토관**(pitot tube), 전압과 정압을 동시에 측정하는 것을 **피토-정압관**(pitot static tube)이라 한다. 피토관은 모두 실험에 의해서 피토관 계수 c를 정확히 구할 필요가 있다.

$$v_1=c\sqrt{2gh} \qquad \cdots\cdots (3.43)$$

그림 3.9에 실제 유체의 압력측정에 이용되는 3개의 표준형 피토관을 나타낸다. 그림 중의 (a)는 선단이 반구형인 프란틀형 피토관이다. 피토관의 축을 흐름방향과 일치시키고 그 선단의 구멍에 의해 전압 p_o, 피토관 측면에 뚫어져 있는 구멍으로부터 정압 p_s를 측정하여 그 차압으로부터 유속을 구한다. 그 결과는 다음 식으로 표시된다.

$$v=\sqrt{\frac{2g(p_o-p_s)}{\gamma}} \qquad \cdots\cdots (3.44)$$

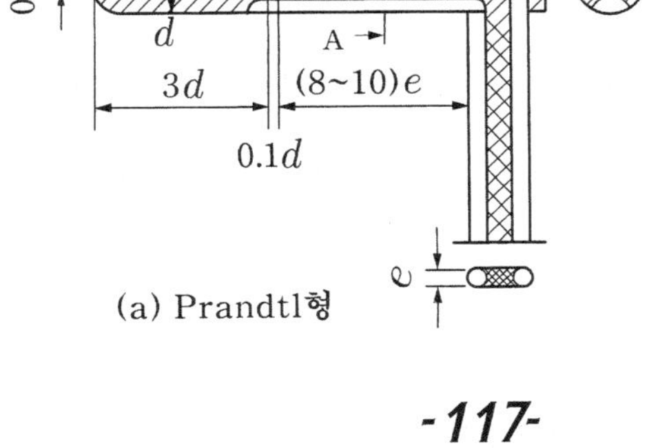

(a) Prandtl형

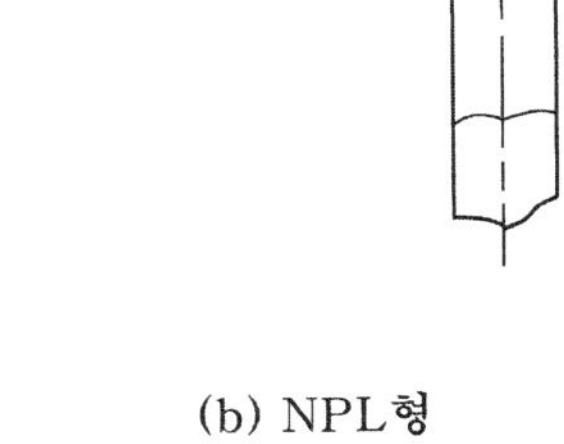
(b) NPL형

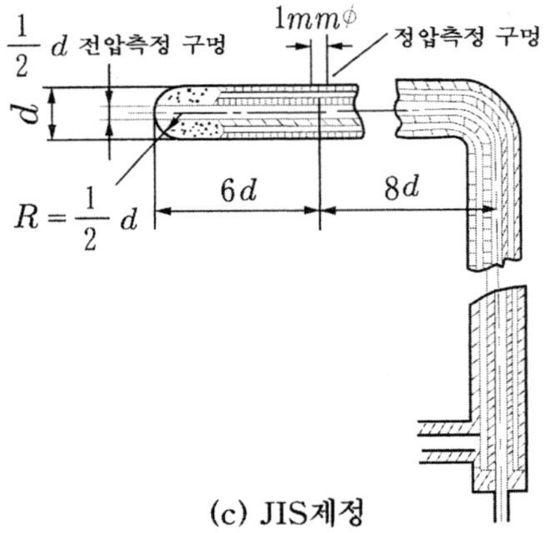

(c) JIS제정

[그림 3.9] 표준형 피토관

(b)는 선단이 원추형인 영국 NPL형 피토관의 형상이며, (c)는 이 NPL형의 선단을 반구형으로 한 JIS형 피토관이다. 어떠한 표준형 피토관도 넓은 유속범위에 걸쳐서 피토관계수 c는 1.00으로 이론치와 거의 같지만 정확한 측정을 하려면 유속범위에 걸쳐서 검정할 필요가 있다.

예제 3.12

그림 3.8과 같은 관로 내의 유속을 피토관에 의해 측정하였더니 동압 h=1[m]이었다. 피토관 계수를 0.985라 하면 유속은 얼마인가?

[풀이] $$v_1 = c\sqrt{2gh} = 0.985\sqrt{2\times 9.8\times 1} = 4.36m/s$$ ■

예제 3.13

피토관으로 풍속을 측정하였다. 이 때 동압이 수주로 30[mm]이었다. 피토관 계수가 0.98, 공기와 물의 밀도를 각각 ρ_a=1.23[kg/m^3], ρ_w=1000[kg/m^3]이라면 풍속은 얼마인가?

[풀이] $$p_2 - p_1 = \rho_w gh = 1000\times 9.8\times 30\times 10^{-3} = 294Pa$$

$$\therefore\ v_1 = c\sqrt{\frac{2(p_2-p_1)}{\rho}} = 0.98\sqrt{\frac{2\times 294}{1.23}} = 21.43m/s$$ ■

3.5.3 벤츄리관

관로를 서서히 교축하여 입구와 교축부(목부) 사이의 압력차로부터 관로를 흐르는 유량을 측정하는 장치를 **벤츄리계(venturi meter)**라 한다. 3.5.1절의 오리피스와는 달리 수축부의 축류(縮流)는 생기지 않으므로 수축계수 $C_c=1$로 생각할 수 있다.

그림 3.10에 있어서 수평으로 설치된 벤츄리계 상류측 ①단면과 목부분의 ② 단면 사이에 베르누이식을 적용하면

$$\frac{p_1}{\rho}+\frac{v_1^2}{2}=\frac{p_2}{\rho}+\frac{v_2^2}{2} \qquad \cdots\cdots (3.45)$$

이 되며, 연속방정식 $v_1=\dfrac{A_2}{A_1}v_2$와 유량계수를 C라 하면 관내의 유량 Q는 다음 식으로 표시할 수 있다.

$$Q=CA_2v_2=\frac{CA_2}{\sqrt{1-(A_2/A_1)^2}}\sqrt{\frac{2(p_1-p_2)}{\rho}} \qquad \cdots\cdots (3.46)$$

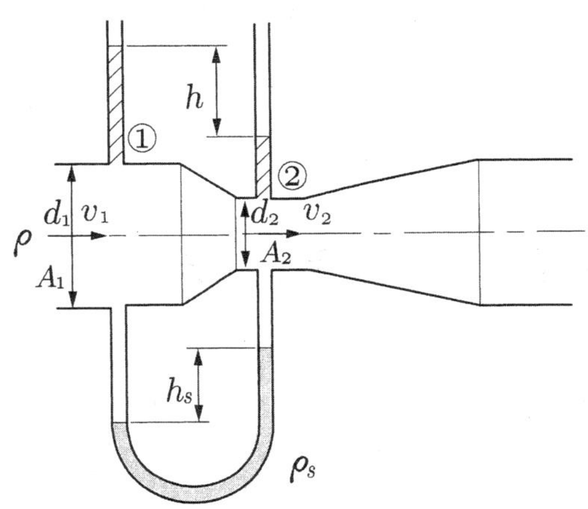

[그림 3.10] 벤츄리관

압력차 p_1-p_2는 벤츄리계 상부에 설치한 두 정압관의 액주차 h와 관련시키면 $p_1-p_2=\rho gh$이므로 식(3.46)은 다음과 같이 된다.

$$Q=\frac{CA_2}{\sqrt{1-(A_2/A_1)^2}}\sqrt{2gh} \qquad \cdots\cdots (3.47)$$

따라서 정압관의 액주차 h를 측정함으로서 관로 내의 유량을 구할 수 있다.

만일 그림 3.10에서 ①, ②의 정압관 대신에 하부에 표시한 U자관 마노미터를 설치하여 그 액주차(밀도 ρ_s)가 h_s만큼으로 나타난다면 식(3.46)의 $p_1-p_2=gh_s(\rho_s-\rho)$이므로 다음 식으로 정리된다.

$$Q=\frac{CA_2}{\sqrt{1-(A_2/A_1)^2}}\sqrt{2gh_s\left(\frac{\rho_s}{\rho}-1\right)} \qquad \cdots\cdots (3.48)$$

예제 3.14

그림 3.10과 같은 벤츄리관에서 d_1=100[cm], d_2=30[cm], h_s=300[mmHg], 유량계수 C=0.98일 때 실제 유량을 구하라. 단, 수은의 비중은 13.6이다.

[풀이] 식(3.48)을 이용하면

$$Q=\frac{CA_2}{\sqrt{1-(A_2/A_1)^2}}\sqrt{2gh_s\left(\frac{\rho_s}{\rho}-1\right)}$$

$$=\frac{0.98\times\frac{\pi}{4}0.3^2}{\sqrt{1-(30/100)^4}}\sqrt{2\times9.8\times0.3\left(\frac{13.6}{1}-1\right)}=0.5987m^3/s$$ ■

3.5.4 관내 오리피스 및 관내 노즐

관로 내에 오리피스 혹은 노즐을 설치하여 그 전후의 압력차를 측정함으로서 관내 유량을 측정할 수 있다. 오리피스의 구조는 그림 3.12(a), 노즐의 구조는 그림 3.13(a)와 같으며, 그림 3.11에는 관로 내에 오리피스를 설치하고 그 전후의 압력차를 측정하기 위하여 U자관 마노미터를 설치한 경우이다.

오리피스 구멍의 하류 쪽에는 흐름의 축류부가 생기며, 비압축성 유체의 흐름에 대하여 점 1과 점 2사이에 베르누이식을 적용하면

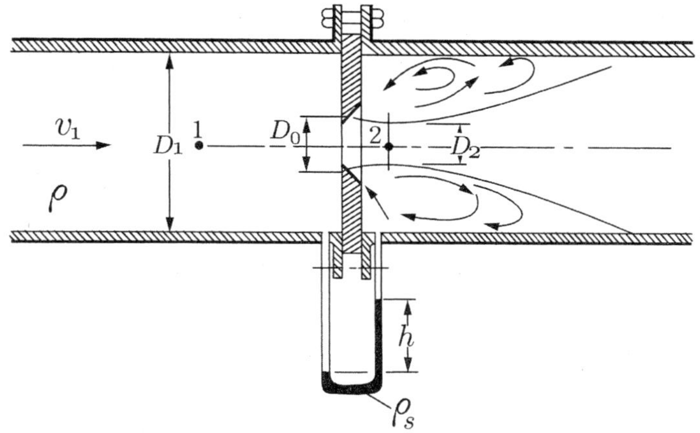

[그림 3.11] 관내의 오리피스

$$\frac{p_1}{\rho} + \frac{{v_1}^2}{2} = \frac{p_2}{\rho} + \frac{{v_2}^2}{2} \qquad \cdots\cdots (3.49)$$

수축계수 $C_c = A_2/A_o$이므로 $A_2 = C_c A_o$가 되며, 따라서 관로 내의 유량 Q는

$$Q = A_1 v_1 = A_2 v_2 = C_c A_o v_2 \qquad \cdots\cdots (3.50)$$

이 된다. 위 식에서 $v_1 = C_c \dfrac{A_o}{A_1} v_2$를 이용하여 식(3.49)에 대입하면

$$v_2 = \frac{1}{\sqrt{1 - {C_c}^2 (A_o/A_1)^2}} \sqrt{\frac{2}{\rho}(p_1 - p_2)} \qquad \cdots\cdots (3.51)$$

이 되며, 실제 속도는 위 식에 속도계수 C_v를 곱하여 구할 수 있다. 따라서 실제유량은 식(3.50)의 v_2 대신에 $C_v v_2$(v_2는 식(3.51))를 적용하면

$$\begin{aligned} Q &= \frac{CA_o}{\sqrt{1 - {C_c}^2 (A_o/A_1)^2}} \sqrt{\frac{2}{\rho}(p_1 - p_2)} \\ &= \frac{CA_o}{\sqrt{1 - {C_c}^2 (A_o/A_1)^2}} \sqrt{2gh\left(\frac{\rho_s}{\rho} - 1\right)} \\ &\fallingdotseq CA_o \sqrt{2gh\left(\frac{\rho_s}{\rho} - 1\right)} \qquad \cdots\cdots (3.52) \end{aligned}$$

이 되며, 여기서 유량계수 $C = C_c C_v$이다. 이 때 유량계수 C의 값은, 오리피스의 경우는 그림 3.12(b)에, 노즐의 경우는 그림 3.13(b)에서 구할 수 있다.

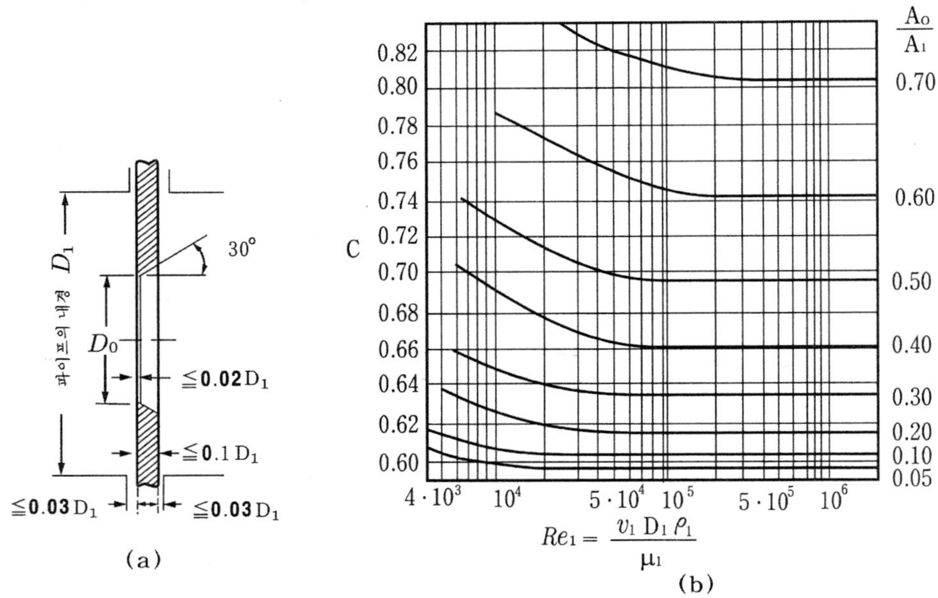

[그림 3.12] 오리피스와 유량 계수

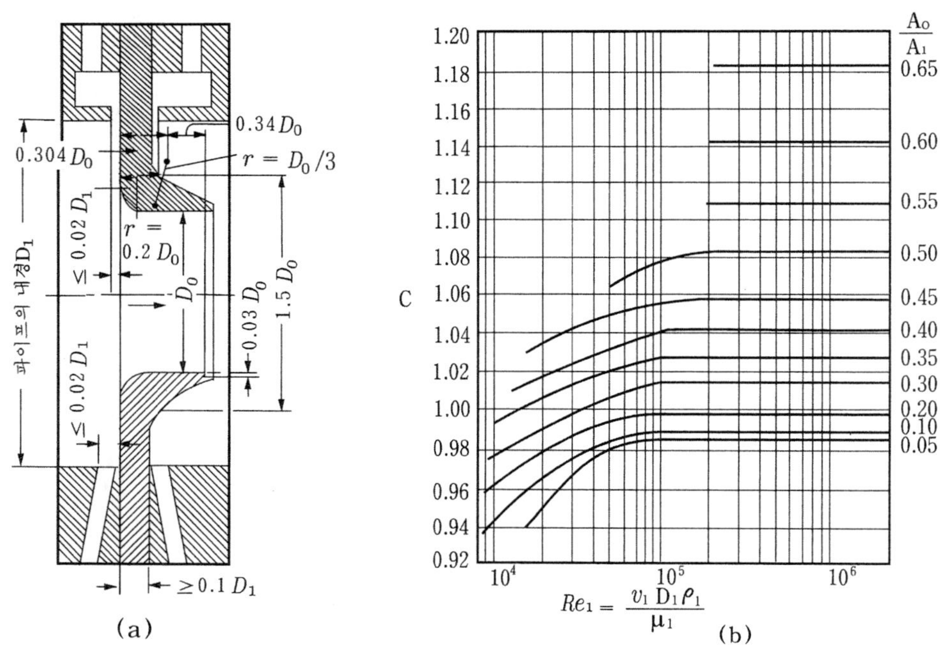

[그림 3.13] ISA 유량 노즐과 유량 계수

예제 3.15

그림 3.11에 표시한 관내 오리피스에서 물이 흐를 때 D_1=15[cm], D_o=10[cm]이며, 수은 마노미터의 액주차 h=25[cmHg]이다. 유량 Q를 구하라. 단, 수은의 비중은 13.6, 물의 동점성계수 $\nu=1.141\times10^{-6}$[m²/s]이다.

[풀이] 그림 3.12(b)로부터 $A_o/A_1=(D_o/D_1)^2=(10/15)^2=0.4444$에 대하여 곡선의 수평부분이 적용된다고 가정한다. 따라서 $C≒0.678$이다.
식(3.52)로부터

$$\therefore\ Q=CA_o\sqrt{2gh\left(\frac{\rho_s}{\rho}-1\right)}=0.678\times\left(\frac{\pi}{4}\right)0.1^2\sqrt{2\times9.8\times0.25\times\left(\frac{13.6}{1}-1\right)}$$
$$=0.04184m^3/s$$

$$v_1=\frac{Q}{A_1}=\frac{0.04184}{\left(\frac{\pi}{4}\right)\times0.15^2}=2.368\,[\text{m/s}]$$

$$\therefore\ Re=\frac{v_1D_1}{\nu}=\frac{2.368\times0.15}{1.141\times10^{-6}}=311305.87$$

따라서 그래프로부터 C의 값이 옳았으며, 송출유량은 0.04184[m³/s]이다. ■

3.5.5 위어

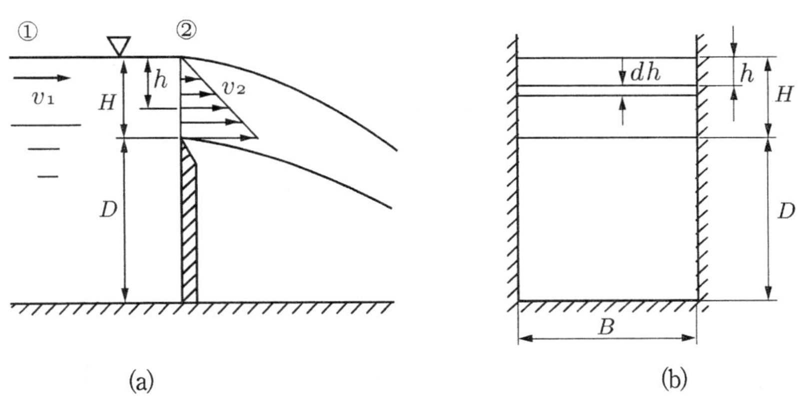

[그림 3.14] 위어

수로의 도중이나 끝 부분에 수로를 차단할 수 있도록 흐름 중에 수직으로 위어판을 설치하여 그 판을 넘쳐 흐르는 액체의 높이, 즉 위어판 끝에서 액체의 자유표면까지의 높이를 측정함으로서 수로의 유량을 측정할 수 있는데, 이것을 위어(weir)라 하고, 그림 3.14에는 전폭위어의 경우를 도시하였다.

그림 3.14에서 상류측의 수면 ①과 위어판을 조금 지난 하류점 ② (h의 깊이) 사이에 유선을 생각하여 베르누이 식을 적용하면

$$\frac{{v_1}^2}{2g} = \frac{{v_2}^2}{2g} - h \qquad \cdots\cdots (3.53)$$

이 되는데, 위 식의 좌변 ${v_1}^2/2g$은 ${v_2}^2/2g$이나 h에 비하여 아주 작으므로 무시하면 다음의 식을 얻는다.

$$v_2 = \sqrt{2gh} \qquad \cdots\cdots (3.54)$$

위어의 폭 B, 두께 dh의 미소면적을 통과하는 미소유량 dQ는, 유량계수를 C라 하면

$$dQ = CB \cdot dh \cdot v_2 = CB\sqrt{2gh}\,dh \qquad \cdots\cdots (3.55)$$

이므로 적분하면 다음과 같다.

$$Q = \int dQ = CB\sqrt{2g}\int_0^H h^{1/2}dh = C\frac{2}{3}B\sqrt{2g}\cdot H^{3/2}\ [\mathrm{m^3/s}] \qquad \cdots\cdots (3.56)$$

위어의 대표적인 종류를 들면 그림 3.15와 같이 전폭위어(suppressed weir, 全幅위어), 4각위어(rectangular weir), 3각위어(triangular weir) 등이 있다.

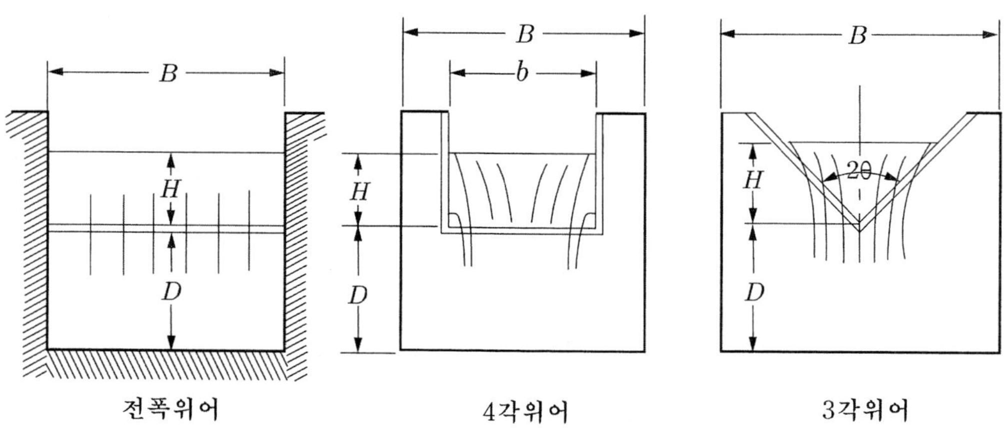

[그림 3.15] 위어의 종류

(1) 전폭위어

전폭위어는 측면 축류가 없으며 많은 유량의 측정에 주로 이용된다. 위어폭 B가 일정하므로 식(3.55)를 적분하면 식(3.56)과 같은 식

$$Q = C\frac{2}{3}B\sqrt{2g}\cdot H^{3/2}\ [\mathrm{m^3/s}] \qquad \cdots\cdots (3.57)$$

이 되며, 유량계수 C는 수로 및 위어판의 형상, 헤드 H, 레이놀즈수, 표면장력 등의 함수이다. 물에 대해서는 Rehbock의 공식을 확장한 다음의 실험식이 이용되고 있다.

$$Q = KBH^{3/2}\ [\mathrm{m^3/min}] \qquad \cdots\cdots (3.58)$$

$$K = 107.1 + \left(\frac{0.177}{H} + 14.2\frac{H}{D}\right)[1 + 0.55(D-1)] \qquad \cdots\cdots (3.59)$$

단, $D<1$[m]에서는 [ ]내의 값은 1로 하며, 적용범위는 $B \geq 0.5$[m], $D=(0.3\sim2.5)$[m], $H=(0.03\sim D)$[m]<0.8[m] 및 $H \leq B/4$이다.

(2) 4각위어

보통 정도의 유량 측정에는 전폭위어에서 양측 벽면의 영향을 없애기 위하여 그림 3.15에서 보는 것처럼 수로의 폭 B보다 좁은 폭 b로 한 4각위어가 사용된다. 이 경우는 위어폭 b가 일정하므로 식(3.57)의 B를 b로 대치하면 다음 식으로 표시된다,

$$Q = C\frac{2}{3}b\sqrt{2g}\cdot H^{3/2} = KbH^{3/2}\ [\mathrm{m^3/min}] \qquad \cdots\cdots (3.60)$$

$$K = 107.1 + \frac{0.177}{H} + 14.2\frac{H}{D} - 25.7\sqrt{\frac{(B-b)H}{BD}} + 2.04\sqrt{\frac{B}{D}} \qquad \cdots\cdots (3.61)$$

적용범위는 $B=(0.5\sim6.3)$[m], $b=(0.15\sim5)$[m], $D=(0.15\sim3.5)$[m], $bD/B^2 \geq 0.06$, $H=(0.03\sim0.45\sqrt{b})$[m]이다.

(3) 3각위어

그림 3.16과 같이 노치각도 2θ의 3각위어는 작은 유량의 측정에 널리 사용되고 있다.

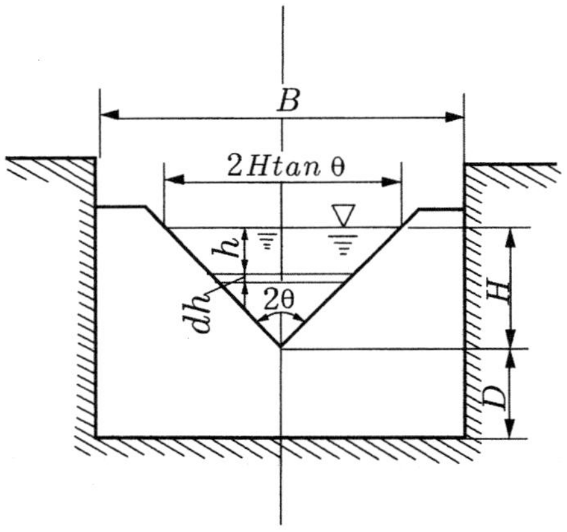

[그림 3.16] 3각 위어

그림 3.16으로부터 수심 h에서의 폭$=2(H-h)\tan\theta$이며 미소두께 dh와의 이루는 미소면적으로부터 미소유량 dQ는

$$dQ = C\cdot 2(H-h)\tan\theta \cdot dh\cdot\sqrt{2gh} \qquad \cdots\cdots (3.62)$$

전 유량은 위 식을 적분하여

$$Q = C\cdot 2\sqrt{2g}\tan\theta \int_0^H (H-h)h^{1/2}\,dh$$
$$= \frac{8}{15}C\sqrt{2g}\tan\theta\cdot H^{5/2} = KH^{5/2}\ [\mathrm{m^3/min}] \qquad \cdots\cdots (3.63)$$

$C=0.6$, $\theta=45^\circ$ 의 직각 3각위어가 널리 이용되고 있다.

$$K = 81.2 + \frac{0.24}{H} + \left(8.4 + \frac{12}{\sqrt{D}}\right)\left(\frac{H}{B} - 0.09\right)^2 \qquad \cdots\cdots (3.64)$$

적용범위는 $B=(0.5\sim1.2)$[m], $D=(0.1\sim0.75)$[m], $H=(0.07\sim0.26)[\mathrm{m}]\le(B/3)$이다.

예제 3.16

직각 3각위어($\theta=45°$)(그림 3.16)에서 수면의 헤드가 $H=15$[cm]일 때 유량을 구하라. 수로의 폭은 $B=60$[cm], 수로의 저면으로부터 위어판의 하단점까지의 높이 $D=12$[cm]이다.

[풀이] 식(3.64)에서

$$K=81.2+\frac{0.24}{0.15}+\left(8.4+\frac{12}{\sqrt{0.12}}\right)\left(\frac{0.15}{0.6}-0.09\right)^2=83.9$$

∴ 식(3.63)을 이용하면 유량은 다음과 같다.

$$Q=KH^{5/2}=83.9\times(0.15)^{5/2}=0.731\,[\mathrm{m^3/min}]$$ ■

연습문제

[3.1] 직경 30[cm]인 원통형 수조에 물을 넣고, 그 수조에 설치한 직경 2[cm]의 원관을 통해 평균속도 3[m/s]로 물이 유출하려면, 수조 내의 수면은 몇 m/s의 속도로 하강하는가?

[답] 1.333[cm/s]

[3.2] 내경 30[mm]의 파이프에 공기가 0.015[kg/s]의 유량으로 흐른다. 공기의 압력이 200[kPa], 온도 20[℃]일 때 평균속도는 얼마인가?

[답] 8.93[m/s]

[3.3] 오리피스로부터 물이 매분 0.5[m^3] 유출하고 있다. 오리피스의 헤드는 2[m], 오리피스 직경은 5[cm]일 때 유량계수를 구하라.

[답] 0.678

[3.4] 그림(문제 3.4)와 같이 물이 담겨있는 실린더에는 피스톤에 하중 W=5000[N]이 가해지고 있다. 이 때 하부에 있는 오리피스로부터 유출하는 물의 유량을 구하라. 이 때 실린더 직경 D=20[cm], 오리피스 직경 d=3[cm], 물의 높이 H=1[m], 유량계수 C=0.6이다.

[답] 0.0078[m^3/s]

[3.5] 비중 0.8인 알콜을 넣은 밀폐용기의 상부에 200[kPa]의 공기압을 작용시키고 있다. 이 액면으로부터 1[m] 하부의 측벽에 3[cm]의 작은 구멍을 통해 유출하는 유량을 구하라. 단, 마찰 등의 손실은 무시한다.

[답] 0.016[m^3/s]

[3.6] 탱크 내에 물이 6[m] 높이로 차있다. 그 탱크 밑면에 직경 5[cm]의 오리피스로부터 15[ℓ /s]의 물이 유출할 때 그 축류부의 속도가 10[m/s]이었다. 속도계수, 유량계수, 수축계수를 각각 구하라.

[답] 0.922, 0.7045, 0.764

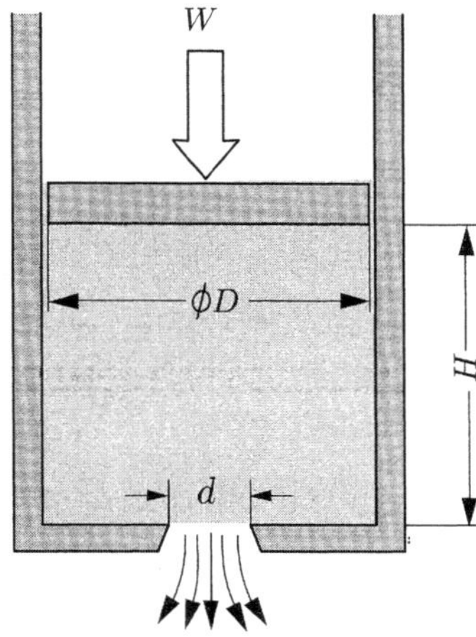

[그림(문제 3.4)]

[3.7] 위치수두 2[m] 하에 매분 1000[ℓ]의 물을 유출시키는 관 오리피스의 직경을 구하라. 단, 유량계수는 0.6이다.

[답] 75[mm]

[3.8] 그림(문제 3.8)에서 유속 v를 구하라.

[답] 13.28[m/s]

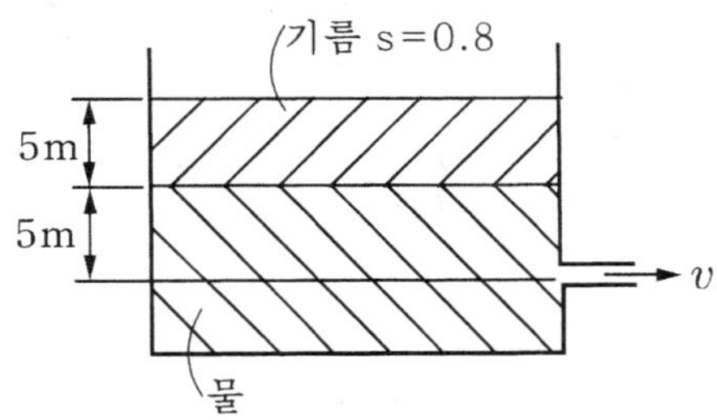

[그림(문제 3.8)]

[3.9] 가압 탱크의 수면으로부터 5[m] 깊이의 단면에 있는 작은 구멍으로부터 물이 23[m/s]로 유출하고 있다. 수면상에는 얼마의 압력이 작용하고 있는가?

[답] 215.5[kPa]

[3.10] 직경 90[cm]의 탱크 속에 비중 0.9인 기름이 2[m^3] 들어있다. 유면에 20[kPa]의 압력을 가하여 탱크 밑면에 있는 60[mm]의 오리피스로부터 유출하는 동력을 구하라. 단, 유량계수는 0.6이고 속도계수는 0.95이다.

[답] 81.46[W]

[3.11] 직경 1[m]의 큰 원형수조에 높이 4[m]까지 물을 채우고, 밑면에 직경 50[mm]의 작은 구멍(유량계수 0.6)에서 전부 배수시키는데 필요한 시간을 구하라.

[답] 602.34[sec]

[3.12] 높이 30[m]의 건물 옥상으로 소방용 노즐로부터 수직방향으로 물을 방출하여 도달하게 하자면 물의 분출속도는 얼마로 해야 하는가? 단, 공기의 마찰은 무시한다.

[답] 24.25[m/s]

[3.13] 그림 3.10의 벤츄리관에서 d_1=1000[mm], d_2=330[mm], h_s=350[mmHg], C=0.98인 경우, 실제유량을 구하라. 단, 수은의 비중은 13.6이다.

[답] 0.784[m^3/s]

[3.14] 그림(문제 3.14)에서 교축부 ①의 d_1=50[mm], 출구부 ②의 d_2=150[mm]인 경우, 아래 용기중의 물을 흡상시키는 높이 H_s는 얼마인가? 유량은 20[ℓ /s]이다.

[답] 5.23[m]

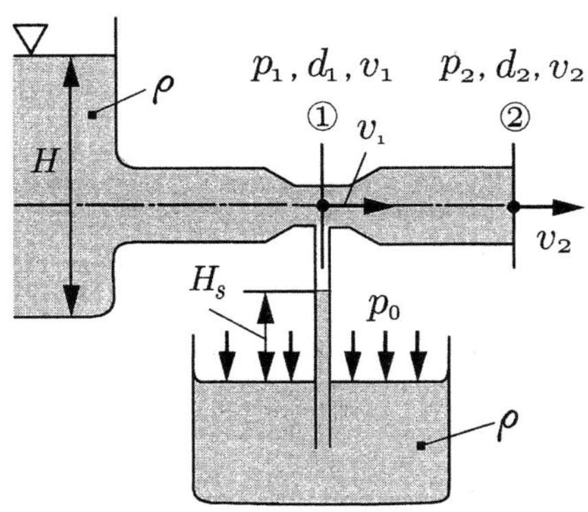

[그림(문제 3.14)]

[3.15] 그림(문제 3.15)와 같은 관내를 물이 흐르고 있다. 유량이 10[ℓ /s]일 때 액주형 압력계의 액주차 ΔH를 구하라. 단, 손실은 무시한다.

[답] 1.566[m]

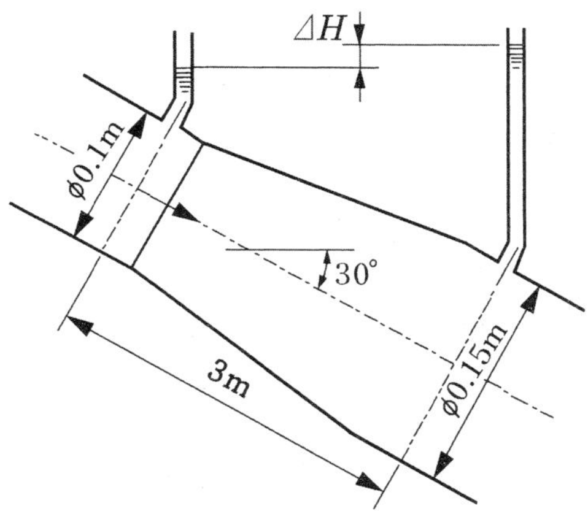

[그림(문제 3.15)]

[3.16] 그림(문제 3.16)과 같이 2차원 흐름에 대하여 단위폭당 유량을 구하라. 단, 손실은 없는 것으로 한다.

[답] 5.112[m³/s]

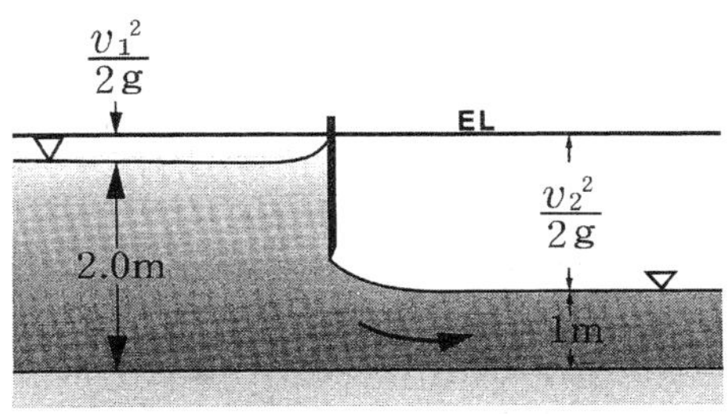

[그림(문제 3.16)]

[3.17] 그림(문제 3.17)과 같이 노즐로부터 물이 수평과 30° 각도로 분출된다면 수평으로 60[m] 위치에서 수직높이 10[m]에 다다른다면 분출속도 v_o는 얼마인가?

[답] 30.895[m/s]

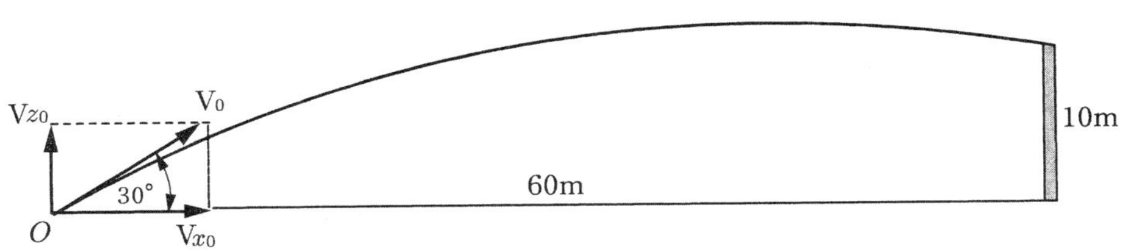

[그림(문제 3.17)]

[3.18] 그림(문제 3.18)과 같이 직경 200[mm]의 관로에 노즐이 부착되어 물이 분출한다. 노즐 출구의 직경은 80[mm]이며, 노즐 출구에 피토관을 설치하여 마노미터에서 수은주의 액주차가 600[mm]이었다. 유량을 구하라. 단, 수은의 비중은 13.6이다.

[답] 0.382[m^3/s]

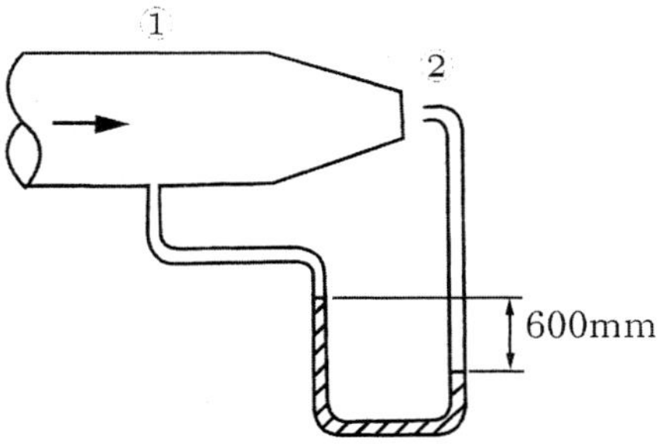

[그림(문제 3.18)]

[3.19] 그림(문제 3.19)와 같이 ①, ②단면의 직경은 각각 20[cm], 15[cm]이다. 이 관에 물이 흐를 때 단면 ①에 세운 관에는 50[cm], 단면 ②에 세운 관에는 30[cm]의 물이 올라갈 경우, 단면 ① 및 ②의 속도를 각각 구하라.

[답] v_1=1.347[m/s], v_2=2.395[m/s]

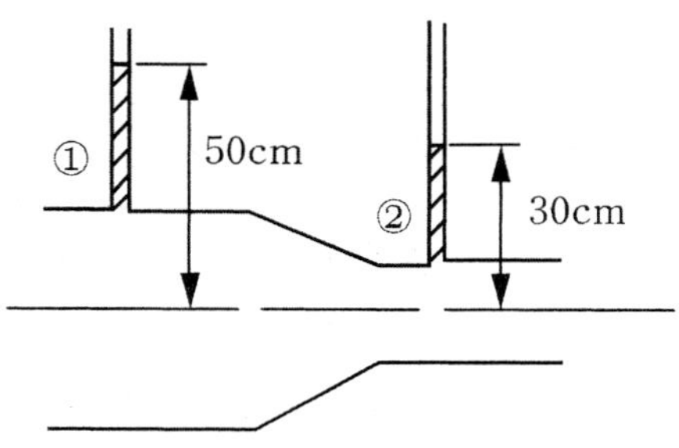

[그림(문제 3.19)]

[3.20] 직경 100[mm]인 흡입노즐 내의 압력이, 알콜(밀도 : 800[kg/m^3])을 넣은 U자관에서 측정한 결과 50[mm]이었다. 풍량을 구하라. 단, 공기의 밀도는 1.2[kg/m^3]이다.

[답] 0.201[m^3/s]

[3.21] 물이 흐르는 관로에 피토정압관을 삽입하여 수은마노미터에서 100[mm]의 액주차가 나타났다. 속도계수가 0.98일 때 물의 속도를 구하라. 단, 수은의 비중은 13.6이다.

[답] 4.87[m/s]

[3.22] 수직관의 상부는 내경이 300[mm]이고 압력은 50[kPa]이다. 그 단면으로부터 1[m] 하부의 목 부분의 내경은 100[mm]이며 이 관로를 비중 0.85인 기름이 흐르고 있다. 목부의 압력이 2000[mm]의 액주일 때 관내의 이론유량을 구하라.

[답] 0.0783[m^3/s]

[3.23] 탄산가스가 흐르고 있는 관로에 피토관을 삽입하여 25[m/s]의 속도를 구하였다. 정압이 100[kPa], 온도가 15[℃]일 때 전압을 구하라.

[답] 100.57[kPa]

[3.24] 내경 300[mm]인 원관에 비중 0.83, 동점성계수 4[mm^2/s]인 기름이 50[ℓ /s]로 흐르고 있다. 관내에 구경 80[mm]의 노즐을 삽입하여 노즐 전후 압력차를 비중 13.55인 수은 U자관 마노미터에서 측정하면 얼마가 되는가?

[답] 0.3416[m]

[3.25] 내경 80[mm]인 파이프에 0.7[m^3/min]의 물이 흐르고 있다. 이 파이프 목 부분의 내경 60[mm]인 벤츄리관을 설치하면 수은마노미터에서 구한 압력차는 얼마가 되겠는가?

[답] 0.0473[m]

[3.26] 20[℃]의 물이 내경 300[mm]인 관내를 흐르고 있다. 구경 80[mm]의 오리피스를 관내에 설치하여 비중 13.55인 수은을 사용한 U자형 마노미터에서 300[mm]의 차압을 구했다. 관로를 흐르는 유량은 얼마인가?

[답] 0.026[m^3/s]

[3.27] 유량 2[m^3/s]의 물이 흐르고 있는 단면적 A_o=1[m^2]인 관의 일부를 축소시켜 그림(문제 3.27)과 같이 가는 관(단면적 a=0.5[cm^2])으로부터 약액은 200[cc/s]만큼 주입하고 싶다. 관 축류부의 단면적 A를 구하라. 손실은 없다고 보고 약액의 비중량은 물과 같다.

[답] 0.318[m^2]

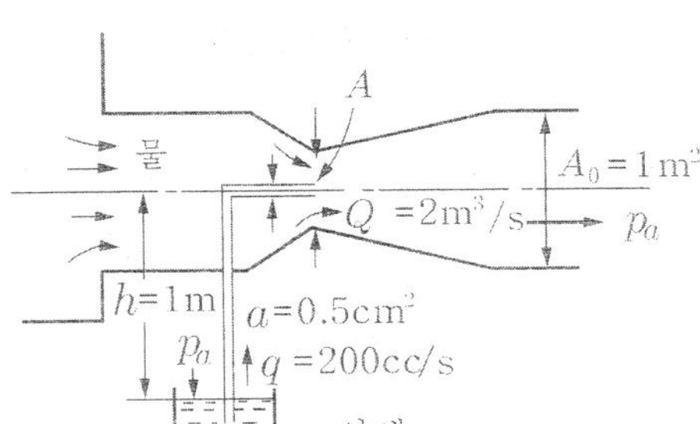

[그림(문제 3.27)]

[3.28] 그림(문제 3.28)과 같은 사이폰에서 이론적인 최대유량을 구하라. 관의 직경은 500[mm]이다.

[답] 1.739[m^3/s]

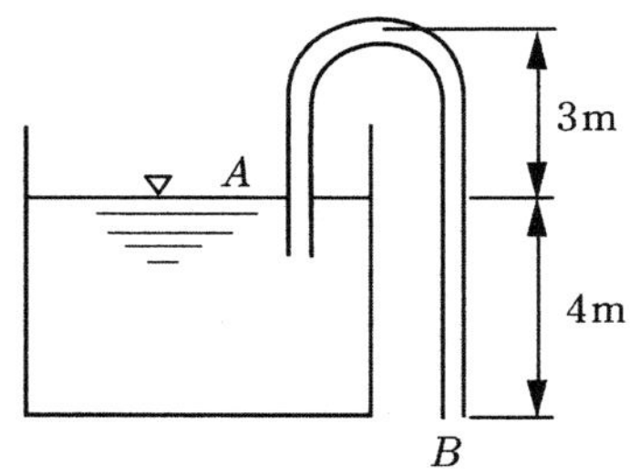

[그림(문제 3.28)]

[3.29] 물이 수조의 수면보다 2[m] 높은 사이폰관을 통해서 수면보다 4[m] 하단에서 유출한다. 이 때 유출속도와 사이폰관의 상부에서의 절대압력을 구하라. 마찰은 무시한다.

[답] 8.854[m/s], 42.53[kPa]

[3.30] 그림(문제 3.30)과 같은 사이폰에 물이 흐르고 있다. 물의 포화증기압이 3.2[kPa](절대압), 대기압이 101.3[kPa]일 때 물이 흐르기 위한 S점의 최대높이를 구하라.

[답] 8.01[m]

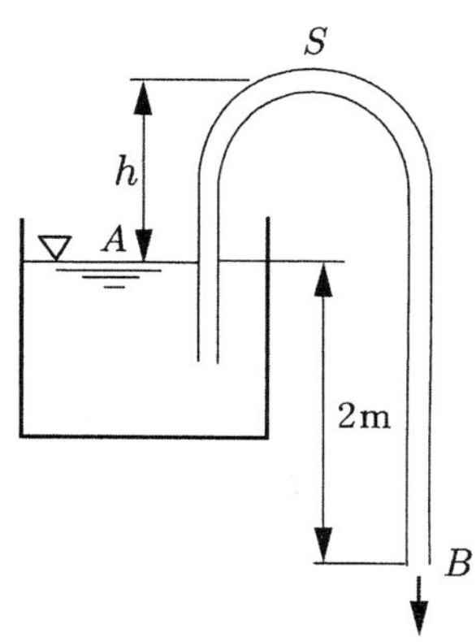

[그림(문제 3.30)]

[3.31] 직각 3각위어에 있어서(그림 3.16 참조) H=30[cm]일 때의 유량을 구하라. 유량계수 C=0.592이다.

[답] 4.134[m^3/min]

[3.32] 폭 4[m]인 수로에 4각위어(폭 : 2.6[m], 높이 : 0.7[m])를 설치하여 측정한 수두가 0.375[m]이었다. 수로를 흐르는 유량을 구하라.

[답] 65.04[m^3/min]

[3.33] 유량계수 0.6, 꼭지각 60° 인 3각위어에서 측정한 수량이 25[ℓ /s]이다. 이 위어의 수두를 구하라.

[답] 0.248[m]

[3.34] 상향으로 분출하는 분수를 설계하려 한다. 분출높이를 10[m]로 하고자 할 때 속도계수 0.9의 노즐을 사용하면 필요한 압력은 얼마인가?

[답] 120.99[kPa]

[3.35] 그림(문제 3.35)와 같이 수평으로 놓여진 2매의 원판 사이를, 물이 중심으로부터 외측을 향해 흐르고 있다. 유량 Q, 유입관 직경 $2r_1$, 원판의 직경 $2r_2$, 원판 사이의 거리 s, 원판 외부의 압력을 p_a라 할 때, 원판 사이를 흘러 중심으로부터 반경 r에서의 압력 p를 구하라. 단, 에너지 손실은 없다고 한다.

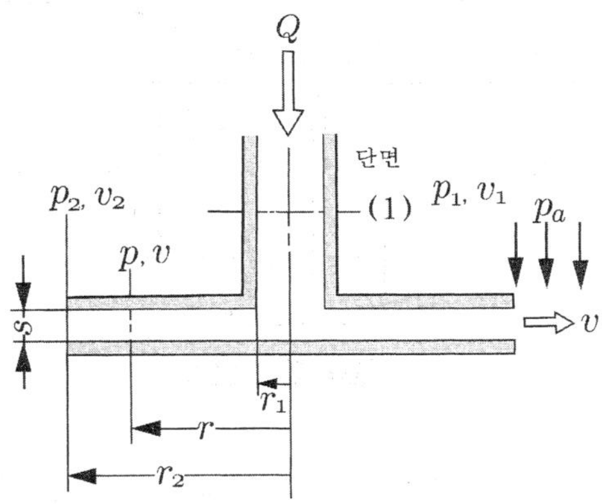

[그림(문제 3.35)]

[답] $\dfrac{p_a - p}{\gamma} = \dfrac{1}{2g}\left(\dfrac{Q}{2\pi r_2 s}\right)^2\left[\left(\dfrac{r_2}{r}\right)^2 - 1\right]$

[3.36] 내경 20[cm]의 수평관로에 3[m/s]의 평균속도로 물이 흐르고 있다. 그 관로의 어느 단면에서 측정한 평균압력이 0.15[MPa]였다. 매초 얼마의 에너지가 그 단면을 통과하는가?

[답] 14.561[kJ/s]

[3.37] 그림(문제 3.37)과 같이 양 수조 사이에 펌프를 설치하였을 때 펌프의 송출유량은 0.05[m^3/s]이다. 이 펌프의 축동력을 구하라. 단, 펌프의 효율은 80%이고 H는 10[m]이다.

관로의 내경은 20[cm]이다.

[답] 6.125[kW]

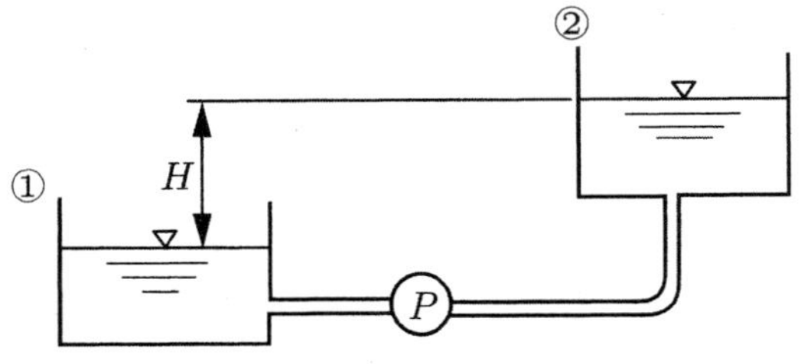

[그림(문제 3.37)]

[3.38] 그림(문제 3.38)과 같은 벤츄리관에 $\gamma=12[N/m^3]$의 공기가 $1.5[m^3/s]$로 흐른다. 물을 피에조미터로 관로단면까지 흡상시키기 위한 최대 단면적 A_2를 구하라. 단, 단면 ①의 압력은 3[kPa], 단면적 $A_1=0.1[m^2]$, 공기의 압축성은 무시한다.

[답] $0.0164[m^2]$

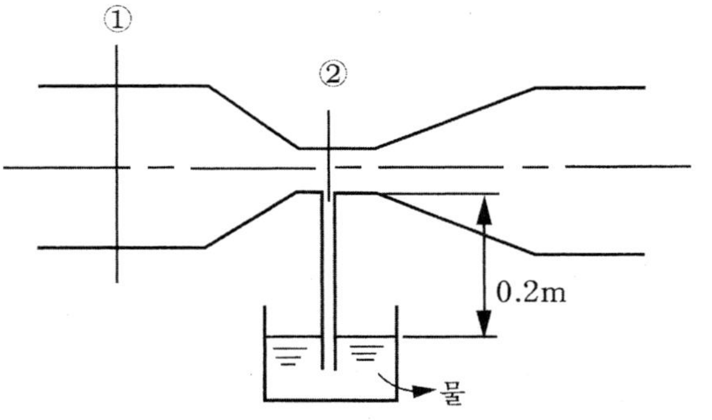

[그림(문제 3.38)]

[3.39] 3차원 비압축성 흐름의 속도성분은 다음과 같다. 연속방정식을 만족하는가?

$u=2x^2-xy+z^2, \quad v=x^2-4xy+y^2, \quad w=-2xy-yz+y^2$

[답] 만족

[3.40] 다음과 같은 속도성분을 갖는 비압축성 흐름이 가능한가를 연속의 식에 의하여 조사하라.

(a) $u=2x^2+y^2, \quad v=-4xy, \quad w=0$

(b) $u=4xy+y^2, \quad v=6xy+3x, \quad w=0$

(c) $u=(2x-3y)t, \quad v=(x-2y)t, \quad w=0$

(d) $u=2x^2-xy+z^2, \quad v=x^2-4xy+y^2, \quad w=-2xy-yz+y^2$

[답] (a) 가능, (b) 불가능, (c) 가능, (d) 가능

4 운동량 이론 및 응용

3.3절에서는 뉴턴의 운동 제2법칙을 유체에 적용하여 Euler의 운동방정식을 유도하였다. 이 방정식은 일반적으로, 유체에 작용하는 힘(압력에 의한 힘, 중력 등)을 알고 있는 경우, 유속을 구할 때 이용된다. 이 장에서는 유속을 아는 경우, 유체에 작용하는 힘과 그의 반력으로서 경계벽에 작용하는 힘을 구하기 위해 뉴턴의 법칙을 이용한다.

4.1 운동량의 원리

흐름 중에 있는 물체는 힘을 받게 된다. 이 힘을 구하는 것이 공학적으로 필요한 경우가 많으며, 예를 들면 분류가 고정 벽에 충돌하는 경우나 노즐로부터 유체가 분출하는 경우에 벽 또는 노즐이 받는 힘을 구할 필요가 있다.

또 비행기는 공기저항에 이겨서 이동하고, 풍차는 공기류에 의하여 힘을 받는데, 이와 같은 힘들은 유체마찰과 물체 주위의 압력분포에 의해서 정해지지만 이들도 결국 물체 주위의 흐름이 갖는 운동량을 변화시키므로 운동량의 변화를 계산하면 힘을 구할 수 있다.

뉴턴의 운동 제2법칙은 다음과 같이 쓸 수 있다.

$$\Sigma F = \frac{d(mV)_s}{dt} \quad \cdots\cdots (4.1)$$

이 식은 계 S 혹은 유체에 작용하는 외력의 총합은 그 계의 운동량(momentum, 運動量) $m \cdot V$의 시간적 변화율과 같다는 의미이다. 여기서 m은 유체의 질량, 힘 F와 속도 V는 벡터량이며 운동량의 변화는 힘의 방향과 같다. 식 (4.1)은 다음과 같이 다시 쓸 수 있으며

$$\Sigma F \cdot dt = d(mV)_s \quad \cdots\cdots (4.2)$$

$F \cdot dt$는 역적(impulse, 力積)이라 하고, 운동량의 변화량은 역적과 같다. 이것을 역적-운동량의 원리(impulse－momentum principle)라 한다.

그림 4.1과 같은 유동계(S)에서 검사체적(control volume)을 단면 ①과 ②사이의 체적으로 정하자. 그 계는 시간 t에서 ①~② 사이에 있는 질량은 dt 시

간 후에 유체가 단면 ①로부터 ΔS_1, 단면 ②로부터 ΔS_2만큼 각각 흐를 때 식 (4.1)을 적용하면, 정상류라 할 때 다음과 같이 표시할 수 있다.

$$\Sigma F = \frac{d(mV)_{out}}{dt} - \frac{d(mV)_{in}}{dt} \quad \cdots\cdots (4.3)$$

위 식의 우변 제1항, 제2항은 각각 검사체적으로부터 나가는 운동량의 시간 변화율, 들어가는 운동량의 시간 변화율로서 그 차가 유체에 작용하는 외력의 총합이 된다.

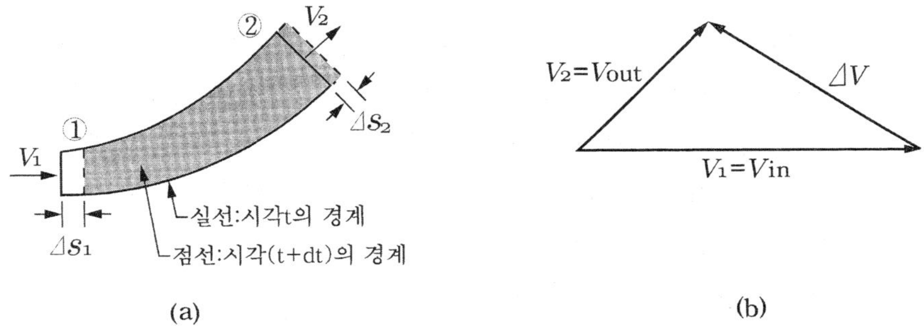

[그림 4.1] (a) 정상류의 검사 체적의 경계, (b) 속도의 관계

단면 ① 및 ②의 속도가 각각 일정하다면 식(4.3)의 우변 제2항은 단면 ①에 대하여 표시한 것이므로

$$\frac{d(mV)_1}{dt} = \frac{dm_1}{dt} V_1 = \dot{m}_1 V_1 = \rho_1 Q_1 V_1$$

로 표시할 수 있으며, 우변 제1항은 같은 방법으로 표시하면 식(4.3)은 다음 식이 된다.

$$\Sigma F = \dot{m}_2 V_2 - \dot{m}_1 V_1 = \rho_2 Q_2 V_2 - \rho_1 Q_1 V_1 \quad \cdots\cdots (4.4)$$

흐름이 정상류이므로 다음의 연속방정식

$$\dot{m}_1 = \dot{m}_2 = \rho_1 Q_1 = \rho_2 Q_2 = \rho Q$$

의 관계를 식(4.4)에 적용하면 다음과 같이 표시할 수 있다.

$$\Sigma F = \dot{m}(V_2 - V_1) = \rho Q(V_2 - V_1) \quad \cdots\cdots (4.5)$$

위 식을 x, y, z방향에 대하여 각각 표시하면 다음과 같다.

$$\Sigma F_x = \rho Q(V_{2x} - V_{1x}) \quad \cdots\cdots (4.6a)$$

$$\Sigma F_y = \rho Q(V_{2y} - V_{1y}) \quad \cdots\cdots (4.6b)$$

$$\Sigma F_z = \rho Q(V_{2z} - V_{1z}) \quad \cdots\cdots (4.6c)$$

식(4.5)에서 힘의 합력 F는 경계면에 작용하는 압력 F_p, 점성에 의한 전단력 F_s, 체적력 F_g, 물체가 유체에 미치는 힘, 즉 항력 F_b 등을 들 수 있다.

일반적으로 유체가 운동량의 변화에 의하여 발생하는 힘으로서 충격력(衝擊力)과 반동력(反動力)이 있다. 충격력은 분류(噴流)가 고체 표면에 충돌하여 그 방향이 변했을 때 고체 표면이 분류로부터 받는 반력이다.

반동력은 유체가 노즐 등에 의하여 가속된 결과, 노즐이 분류로부터 받는 반력이다. 따라서 유동하고 있는 유체에 대한 운동량의 변화는 그 유체(분류)에 작용한 힘 및 크기가 같으며, 방향이 반대인 반력을 물체에 미치게 된다. 그러므로 분류가 물체에 주는 힘(반력)은 식(4.5)의 부호가 반대인 식으로 표시된다.

4.2 운동량원리의 응용

4.2.1 직관 벽면에 미치는 힘

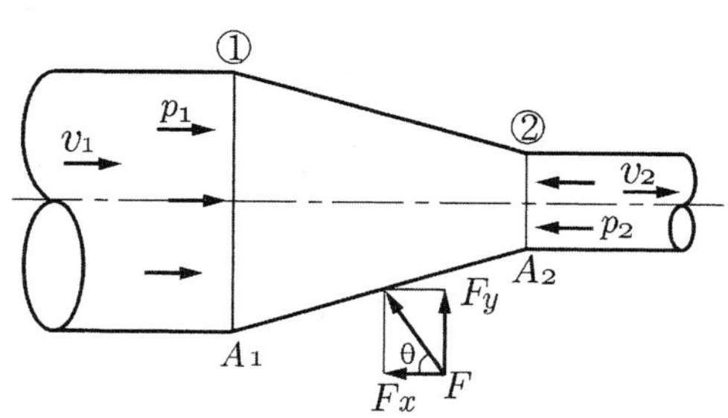

[그림 4.2] 점차 축소관

정상류, 비압축성 유체가 그림 4.2와 같이 직관인 점차 축소관 내를 흐를 때 유체가 벽면에 미치는 힘(그림에서는 그 반력으로 표시)을 구해보자.

단면 ①의 압력 p_1, 평균속도 v_1, 단면적 A_1, 단면 ②의 경우는 각각 p_2, v_2, A_2라 하고, 벽면에 미치는 힘 F의 x방향 성분 F_x, y방향 성분을 F_y라 하자.

식(4.6)을 적용하면

$$\Sigma F_x = -F_x + p_1A_1 - p_2A_2 = \rho Q(v_2 - v_1)$$

$$\therefore \ F_x = p_1A_1 - p_2A_2 - \rho Q(v_2 - v_1) \qquad \cdots\cdots (4.7)$$

이 때 F_y는 ①, ②단면 사이의 체적 내에 있는 유체의 무게와 같다. 따라서 합력 F는

$$F = \sqrt{F_x^2 + F_y^2} \qquad \cdots\cdots (4.8)$$

이 되며, 그 방향 θ는 다음 식에서 구할 수 있다.

$$\theta = \tan^{-1}\frac{F_y}{F_x} \qquad \cdots\cdots (4.9)$$

점차 축소관의 꼭지각을 α라 하면, 합력 F는 다음과 같이 구할 수도 있다.

$$F = F_x \operatorname{cosec}\frac{\alpha}{2} \qquad \cdots\cdots (4.10)$$

만일 유체가 ②단면으로부터 대기 중으로 분출하는 노즐인 경우에는 p_2가 대기압이므로, 식(4.7)로부터 다음과 같이 된다.

$$F_x = p_1A_1 - \rho Q(v_2 - v_1) \qquad \cdots\cdots (4.7)'$$

위 식의 p_1은 게이지 압력이며, 이 힘 F_x는 유체가 노즐을 오른쪽으로 미는 힘과 같게 된다.

예제 4.1

그림 4.2와 같은 관로에 물이 0.2[m^3/s]로 흐르고 있다. 단면 ① 및 ②의 직경은 각각 30[cm], 10[cm]이고 단면 ①의 압력 p_1=500[kPa]일 때 F_x를 구하라.

[풀이] 연속방정식으로부터

$$v_1=\frac{Q}{A_1}=\frac{4Q}{\pi\ d_1^{\ 2}}=\frac{4\times0.2}{\pi\times0.3^2}=2.83\,[\mathrm{m/s}]$$

$$v_2=\frac{Q}{A_2}=\frac{4Q}{\pi\ d_2^{\ 2}}=\frac{4\times0.2}{\pi\times0.1^2}=25.465\,[\mathrm{m/s}]$$

단면 ①, ② 사이에 베르누이식을 적용하면

$$\frac{p_1}{\gamma}+\frac{v_1^{\ 2}}{2g}=\frac{p_2}{\gamma}+\frac{v_2^{\ 2}}{2g}$$

$$\therefore\ p_2=p_1+\frac{\gamma}{2g}(\ v_1^{\ 2}-\ v_2^{\ 2})=500\times10^3+\frac{9800}{2\times9.8}(2.83^2-25.465^2)$$

$$=179771.34\,[\mathrm{Pa}]$$

∴ 식(4.7)로부터

$$F_x=p_1A_1-p_2A_2-\rho\,Q(v_2-v_1)$$

$$=500\times10^3\times\left(\frac{\pi}{4}\right)0.3^2-179771.34\times\left(\frac{\pi}{4}\right)0.1^2-1000\times0.2(25.465-2.83)$$

$$=29404\,[\mathrm{N}]=29.404[\mathrm{kN}]$$

■

4.2.2 곡관 벽면에 미치는 힘

직관의 경우와 같이 정상류, 비압축성 유체가 그림 4.3과 같은 곡관 내를 흐를 때 유체가 곡관 벽면에 미치는 힘(그림 4.3에서는 그 반력으로 표시)을 구해보자. 단면 ①과 ②에 각각 첨자 1, 2를 사용하였다.

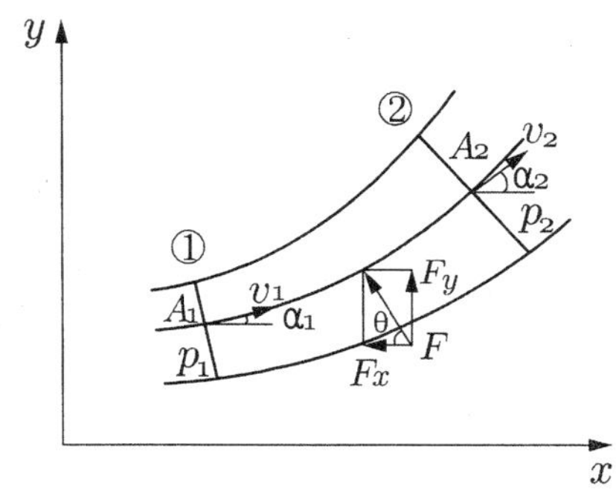

[그림 4.3] 곡관 내 유동의 힘

곡관의 입구단면 ①에서 유체에 작용하는 외력은, 압력 p_1에 의한 x 방향 성분 $p_1A_1\cos\alpha_1$과 y 방향 성분 $p_1A_1\sin\alpha_1$이며, 출구단면 ②에서는 압력 p_2에 의한 x 방향 성분 $-p_2A_2\cos\alpha_2$ 및 y 방향 성분 $-p_2A_2\sin\alpha_2$이다. 따라서 운동량의 식(4.6)을 적용하면

$$\Sigma F_x = p_1A_1\cos\alpha_1 - p_2A_2\cos\alpha_2 - F_x = \rho Q(v_2\cos\alpha_2 - v_1\cos\alpha_1) \quad \cdots\cdots (4.11)$$

$$\Sigma F_y = p_1A_1\sin\alpha_1 - p_2A_2\sin\alpha_2 + F_y = \rho Q(v_2\sin\alpha_2 - v_1\sin\alpha_1) \quad \cdots\cdots (4.12)$$

따라서 유체가 곡관에 미치는 힘의 x 방향 분력 F_x 및 y 방향 분력 F_y는 다음 식으로 된다.

$$F_x = p_1A_1\cos\alpha_1 - p_2A_2\cos\alpha_2 + \rho Q(v_1\cos\alpha_1 - v_2\cos\alpha_2) \quad \cdots\cdots (4.13)$$

$$F_y = p_2A_2\sin\alpha_2 - p_1A_1\sin\alpha_1 + \rho Q(v_2\sin\alpha_2 - v_1\sin\alpha_1) \quad \cdots\cdots (4.14)$$

그 합력 F 및 방향 θ는 각각 식(4.8)과 식(4.9)와 같은 방법으로 구할 수 있다.

예제 4.2

그림 4.3과 같은 곡관에 0.3[m^3/s]의 물이 흐르고 있다. 단면 ①, ②의 직경은 각각 30[cm], 20[cm]이며 α_1=0°, α_2=60°, p_1=300[kPa]이다. 단면 ①과 ②의 수직높이는 1.5[m]일 때 이 관에 작용하는 힘 F를 구하라.

[풀이] 연속방정식에서

$$v_1 = \frac{Q}{A_1} = \frac{Q}{(\pi/4)\ d_1^2} = \frac{0.3}{(\pi/4)0.3^2} = 4.244m/s$$

$$v_2 = \frac{Q}{A_2} = \frac{Q}{(\pi/4)\ d_2^2} = \frac{0.3}{(\pi/4)0.2^2} = 9.549m/s$$

①, ② 사이에 베르누이식을 적용하면

$$\frac{p_1}{\gamma} + \frac{v_1^2}{2g} + z_1 = \frac{p_2}{\gamma} + \frac{v_2^2}{2g} + z_2$$

$$\therefore \quad \frac{300\times10^3}{9800} + \frac{4.244^2}{2\times9.8} + 0 = \frac{p_2}{9800} + \frac{9.549^2}{2\times9.8} + 1.5$$

$$\therefore \quad p_2 = 248714.07Pa$$

식(4.13)에서

$$\begin{aligned} F_x &= p_1A_1 - p_2A_2\cos60^\circ + \rho Q(v_1 - v_2\cos60^\circ) \\ &= 300\times10^3\times(\pi/4)0.3^2 - 248714.07\times(\pi/4)0.2^2\cos60^\circ \\ &\quad + 1000\times0.3(4.244 - 9.549\cos60^\circ) = 17139.81N \end{aligned}$$

식(4.14)를 적용하면

$$\begin{aligned} F_y &= p_2A_2\sin60^\circ + \rho Qv_2\sin60^\circ \\ &= 248714.07\times(\pi/4)0.2^2\sin60^\circ + 1000\times0.3\times9.549\sin60^\circ \\ &= 9247.66N \end{aligned}$$

$$\therefore F = \sqrt{F_x^2 + F_y^2} = \sqrt{17139.81^2 + 9247.66^2} = 19475.43N = 19.48\,[\text{kN}]$$

■

4.2.3 고정평판에 미치는 힘

(1) 경사분류에 의한 힘

노즐로부터 2차원 자유분류가 정지하고 있는 고정평판에 각도 θ로 충돌하여 두 방향으로 흐르는 경우, 유체가 고체벽면에 거의 평행으로 흐르는 상태에서 충돌에 의한 에너지 손실 및 표면마찰의 영향을 무시한다. 이 때 분류 내부의 압력은 외부(대기)와 같다.

먼저 그림 4.4(a)의 평판에 분류가 각도 θ로 충돌하는 경우, 그 분류의 속도

v, 밀도 ρ로서 유량 Q가 Q_1, Q_2의 비율로 흐를 때 평판에 직각방향의 속도 성분은 $v\sin\theta$, 평판에 평행한 방향의 성분은 $v\cos\theta$이다. 그런데 평판에 분류가 충돌하는 순간에 평판의 직각방향의 속도는 0이며, 평판에 평행한 방향으로는 손실이 없으므로 에너지식으로부터 알 수 있듯이 속도는 변하지 않는다. 분류가 평판에 수직방향으로 미치는 힘에 대한 반력 F는 식(4.5)를 적용하면

$$\Sigma F = -F = \rho Q(0 - v\sin\theta)$$

$$\therefore\ F = \rho Qv\sin\theta \qquad \cdots\cdots (4.15)$$

힘 F의 분류방향 분력 F_x와, 분류와 수직방향의 분력 F_y는 각각 식(4.16), 식(4.17)과 같이 된다.

$$F_x = F\sin\theta = \rho Qv\sin^2\theta \qquad \cdots\cdots (4.16)$$

$$F_y = F\cos\theta = \rho Qv\sin\theta \cdot \cos\theta = \frac{1}{2}\rho Qv\sin 2\theta \qquad \cdots\cdots (4.17)$$

주분류에 의한 힘 중에서 판에 평행한 방향의 운동량은 충돌 후 양방향의 운동량의 차와 같으므로 다음과 같이 쓸 수 있다.

$$\rho Qv\cos\theta = \rho Q_1 v - \rho Q_2 v \qquad \cdots\cdots (4.18)$$

$Q = Q_1 + Q_2$이므로 양 방향으로 흐르는 유량은

$$Q_1 = \frac{Q}{2}(1 + \cos\theta) \qquad \cdots\cdots (4.19)$$

$$Q_2 = \frac{Q}{2}(1 - \cos\theta) \qquad \cdots\cdots (4.20)$$

이 된다.

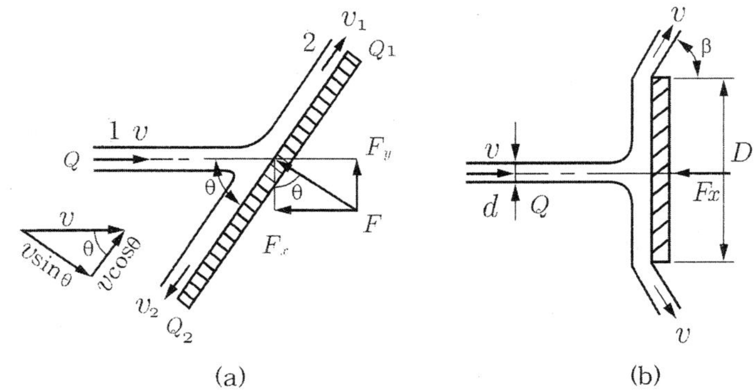

[그림 4.4] 경사 및 수직평판의 힘

(2) 수직분류에 의한 힘

수직평판이 작은 경우, 즉 직경 $D<6d$인 조건에서는 평판에 수직으로 분류가 충돌할 때 그림 4.4(b)와 같이 수평과 β각을 갖는 속도로 방향변환이 되어 분류방향의 분속도는 $v\cos\beta$가 된다. 따라서

$$\Sigma F_x = -F_x = \rho Q(v\cos\beta - v)$$

$$\therefore \; F_x = \rho Qv(1-\cos\beta) \qquad \cdots\cdots (4.21)$$

이 된다.

그러나 평판이 큰 경우, 즉 $D>6d$의 경우는 분류가 평판을 넘지 못하므로 분류방향의 분속도는 0이며, $n=l/d$(l : 노즐과 평판간 거리, d : 노즐 직경)로 할 때 $D=5d\sqrt{n}$의 조건에서 F_x는 다음 식으로 구할 수 있다.

$$\Sigma F_x = -F_x = \rho Q(0-v)$$

$$\therefore \; F_x = \rho Qv \qquad \cdots\cdots (4.22)$$

예제 4.3

그림 4.4(b)와 같이 직경 D=20[cm]의 고정평판에 직경 d=2.5[cm]의 노즐로부터 14[ℓ/s]의 물이 충돌할 때 판이 받는 힘을 구하라. 단, 물의 밀도는 1000[kg/m^3]이다.

[풀이] 분류속도 $v=\frac{Q}{A}=\frac{14\times10^{-3}}{(\pi/4)\times0.025^2}=28.52m/s$, $D>6d$이므로 식(4.22)로부터

$$F_x=\rho Qv=1000\times14\times10^{-3}\times28.52=399.28N$$ ■

예제 4.4

직경 40[mm]의 수분류가 30[m/s]의 속도로 고정평판과 60°의 각도로 충돌할 때 평판의 반력에 대한 분류방향의 분력 F_x 및 그 수직방향 분력 F_y를 각각 구하라.

[풀이] $$Q=Av=\frac{\pi}{4}d^2v=\frac{\pi}{4}0.04^2\times30=0.0377m^3/s$$

식(4.15)에서

$$F=\rho Qv\sin\theta=1000\times0.0377\times30\times\sin60^\circ=979.5N$$

∴식(4.16) 및 식(4.17)로부터

$$F_x=F\sin\theta=979.5\sin60^\circ=848.27N$$
$$F_y=F\cos\theta=979.5\cos60^\circ=489.75N$$ ■

4.2.4 움직이는 평판에 미치는 힘

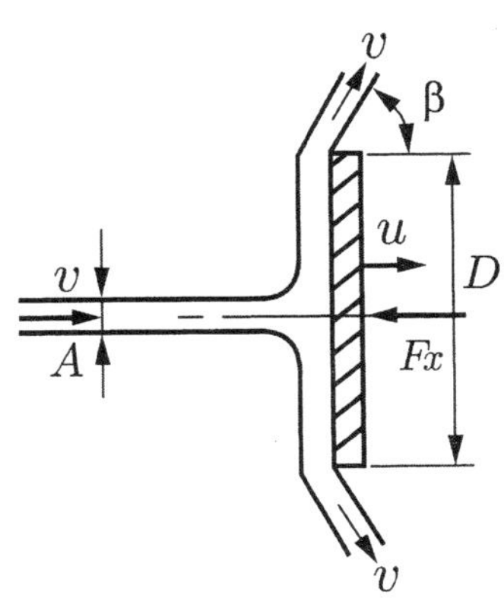

[그림 4.5] 움직이는 수직평판의 힘

그림 4.5와 같이 평판이 속도 u로 운동하고 있는 경우에 분류가 속도 v로 평판에 충돌하면 분류와 판 사이의 상대속도 $w=v-u$가 된다. 이 경우도 분류 및 평판을 따라 흐르는 유체의 손실은 무시하고, 흐름의 내부와 외부가 동일압력이며 분류가 평판에 수직으로 충돌하는 상태라고 하자.

분류의 직경 d, 평판의 직경을 D라 할 때 $D<6d$인 작은 평판의 경우, 평판이 받는 유량은 $Q'=Aw=A(v-u)$이며, 평판 끝에서의 분류방향 분속도는 $w\cos\beta=(v-u)\cos\beta$이므로

$$\Sigma F_x = -F_x = \rho Q'(w\cos\beta - w) = \rho A(v-u)^2(\cos\beta - 1)$$

$$\therefore F_x = \rho A(v-u)^2(1-\cos\beta) \quad \cdots\cdots (4.23)$$

이 된다.

그러나 평판이 $D>6d$로 큰 경우에는 $\beta=\pi/2$이므로 식(4.23)에 대입하면 다음 식으로 표시할 수 있다.

$$F_x = \rho A(v-u)^2 \quad \cdots\cdots (4.24)$$

이 경우, 다수의 평판이 차례로 연속하여 분류 앞에 나타나는 장치라면, 이들 판에 충돌하는 유량은 분류의 유량이 전부 유효하게 이용되므로 $Q'=Av$로 되어 다수의 평판에 미치는 힘 F_N은

$$F_N = \rho Av(v-u) \quad \cdots\cdots (4.25)$$

가 된다.

예제 4.5

직경 25[mm]의 노즐로부터 분출속도 35[m/s]의 분류수가 같은 방향으로 10[m/s]의 속도로 운동하고 있는 큰 평판에 수직으로 충돌할 때, 평판에 미치는 힘과 동력을 각각 구하라.

[풀이] 식(4.24)에서

$$F_x = \rho A(v-u)^2 = 1000\times(\frac{\pi}{4})0.025^2\times(35-10)^2 = 306.8N$$
$$\therefore\ P = F_x\cdot u = 306.8\times10 = 3068\,[\mathrm{W}] = 3.068\,[\mathrm{kW}]$$ ■

4.2.5 고정 곡면판에 미치는 힘

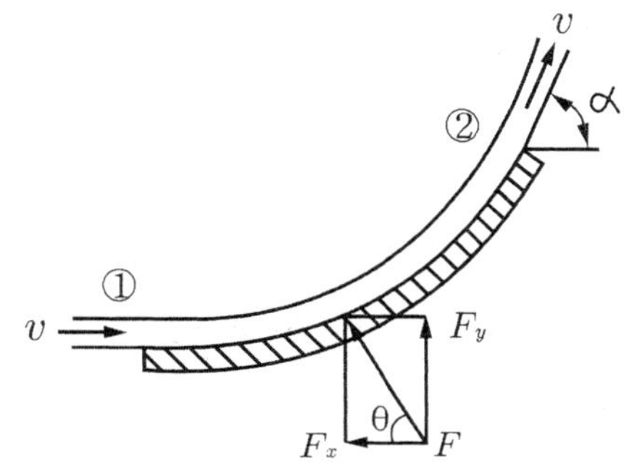

[그림 4.6] 고정곡면판의 힘

그림 4.6과 같이 고정곡면의 입구 ①에서는 수평방향으로 분류속도 v로 유입하고, 출구 ②에서는 α의 각도로 유출하는 경우, 분류방향의 분속도는 $v\cos\alpha$가 된다. 정상류, 비압축성 유체가 마찰력 및 중력이 작용하지 않으며 분류 내부의 압력은 외부압력과 같다고 할 때, 분류에 의하여 곡면에 미치는 힘(반력 F)을 구해 보자.

우선, x방향의 분력 F_x는

$$\Sigma F_x = -F_x = \rho Q(v\cos\alpha - v)$$
$$\therefore\ F_x = \rho Qv(1-\cos\alpha) \qquad \cdots\cdots (4.26)$$

y 방향의 분력 F_y는

$$\Sigma F_y = F_y = \rho Q(v\sin\alpha - 0)$$
$$\therefore\ F_y = \rho Qv\sin\alpha \qquad \cdots\cdots (4.27)$$

따라서 반력의 합력 F 및 작용방향은 각각 다음과 같다.

$$F=\sqrt{F_x^{\,2}+F_y^{\,2}}=\rho Qv\sqrt{(1-\cos\alpha)^2+\sin^2\alpha}$$
$$=\rho Qv\sqrt{2(1-\cos\alpha)} \qquad \cdots\cdots (4.28)$$
$$\theta=\tan^{-1}\frac{F_y}{F_x}$$

여기서 힘 F가 최대인 조건은 $\alpha=180^\circ$ 인 경우이며, 그 값은 $F=2\rho Qv$가 되어 수직분류의 2배 값이 됨을 알 수 있다.

예제 4.6

(1) 그림 4.6과 같은 고정 곡면판에 수분류의 직경 50[mm], 유량 5[m^3/min]로 충돌시킬 때 $\alpha=60^\circ$ 인 경우의 곡면판에 미치는 힘 F를 구하라.
(2) 위와 동일한 조건에서 그림(ex4.6)과 같이 $\alpha=180^\circ$ 인 경우의 F를 구하라.

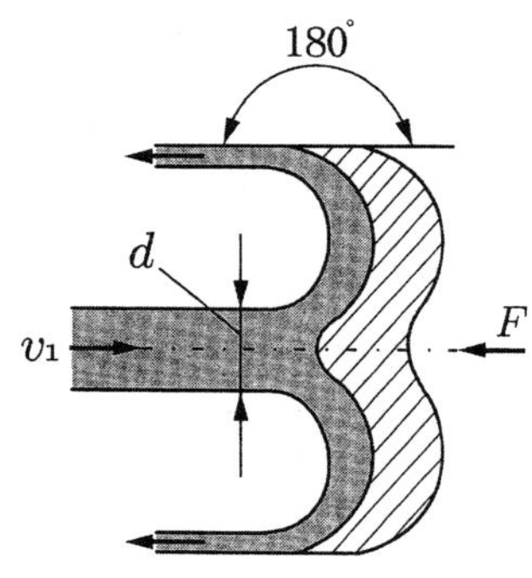

[그림(ex4.6)]

[풀이] 분류속도 $v=\dfrac{Q}{A}=\dfrac{5/60}{\left(\frac{\pi}{4}\right)0.05^2}=42.44\,[\mathrm{m/s}]$

(1) 식(4.26)에서

$$F_x=\rho Qv(1-\cos\alpha)=1000\times(5/60)\times42.44\times(1-\cos60^\circ)=1768.33N$$

식(4.27)로부터

$$F_y=\rho Qv\sin\alpha=1000\times(5/60)\times42.44\times\sin60^\circ=3062.84N$$
$$\therefore\ F=\sqrt{F_x^{\,2}+F_y^{\,2}}=\sqrt{1768.33^2+3062.84^2}=3536.66N$$

(2) 식(4.28)에서 $\alpha=180°$ 인 경우이므로

$$F=2\rho Qv=2\times1000\times(5/60)\times42.44=7073.33N$$ ■

4.2.6 움직이는 곡면판에 미치는 힘

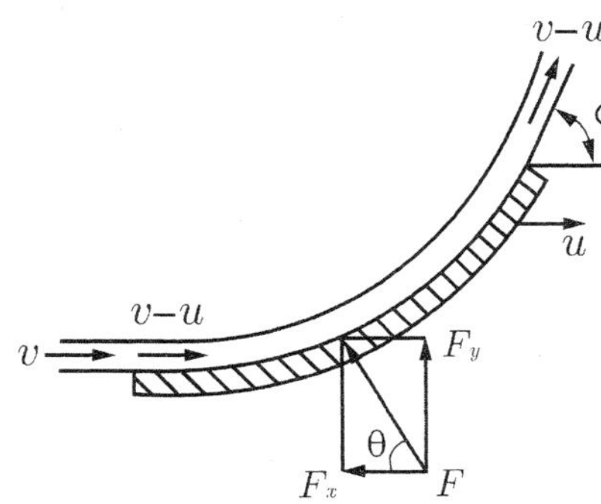

[그림 4.7] 움직이는 곡면판의 힘

그림 4.7과 같이 분류속도 v, 곡면판이 분류의 유입방향으로 u의 속도로 운동하는 경우, 분류는 상대속도 $w=v-u$로 충돌하게 되므로 곡면판에 충돌하는 분류유량 $Q'=Aw=A(v-u)$이며, 유출 상대속도의 분류방향 성분은 $w\cos\alpha=(v-u)\cos\alpha$이다. 따라서 x방향의 힘은

$$\Sigma F_x=-F_x=\rho Q'w(w\cos\alpha-w)=\rho A(v-u)^2(\cos\alpha-1)$$

$$\therefore F_x=\rho A(v-u)^2(1-\cos\alpha) \quad \cdots\cdots (4.29)$$

y 방향의 힘은

$$\Sigma F_y=F_y=\rho Q'w(w\sin\alpha-0)$$

$$\therefore F_y=\rho A(v-u)^2\sin\alpha \quad \cdots\cdots (4.30)$$

이 되며, 다수의 곡면판에 연속적으로 충돌하는 경우는 $Q'=Av$이므로

$$F_N=\rho Av(v-u)(1-\cos\alpha) \quad \cdots\cdots (4.31)$$

이 된다.

1개의 곡면판에서 얻어지는 동력 P는 다음 식으로부터 구할 수 있다.

$$P = F_x \cdot u = \rho A(v-u)^2 u\,(1-\cos\alpha) \qquad \cdots\cdots (4.32)$$

예제 4.7

직경 60[mm], 속도 50[m/s]의 수분류가, 같은 방향으로 18[m/s]의 속도로 운동하는 버킷에 충돌할 때 분류가 버킷에 미치는 힘은 얼마인가? 단, $\theta = 150°$ 이다.

[풀이] $A = \frac{\pi}{4}d^2 = \frac{\pi}{4} \times 0.06^2 = 0.002827 m^2$

∴ 식(4.29)에서

$$F_x = \rho A(v-u)^2(1-\cos\alpha) = 1000 \times 0.002827 \times (50-18)^2(1-\cos 150°)$$
$$= 5401.86N$$

식(4.30)으로부터

$$F_y = \rho A(v-u)^2 \sin\alpha = 1000 \times 0.002827 \times (50-18)^2 \sin 150°$$
$$= 1447.424N$$
$$\therefore\ F = \sqrt{F_x^2 + F_y^2} = \sqrt{5401.86^2 + 1447.424^2} = 5592.42N$$

그러나 분류방향으로 미치는 힘은 F_x의 값이다. ■

4.2.7 충동수차의 동력

고낙차 수두를 이용하여 동력을 얻는 펠톤수차는 충동수차의 일종으로서 운동량의 원리를 응용한 예이다. 이것은 물의 위치에너지를 수차에서 기계적 에너지(속도에너지 또는 압력에너지)로 변환하여 동력을 발생하게 한다.

그림 4.8과 같이 펠톤수차에서는 u의 속도로 회전하고 있는 다수의 버킷(bucket)에 단면적 A의 노즐로부터 분출한 분류가 v의 속도로 모두 충돌하여 유효하게 작용하므로, 충돌하는 분류유량은 $Q = Av$가 되어 상대속도 $w = v - u$일 때 버킷에 미치는 분류방향의 힘은 식(4.31)과 같아진다.

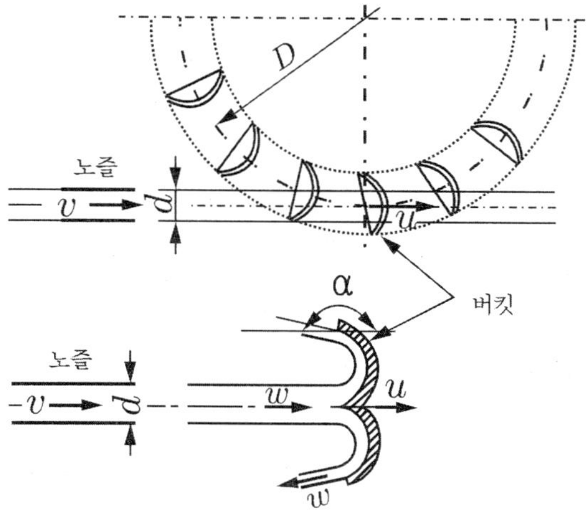

[그림 4.8] 충동수차

$$F_x = \rho Av(v-u)(1-\cos\alpha) = \rho Q(v-u)(1-\cos\alpha) \quad \cdots\cdots (4.33)$$

따라서 분류가 버킷에 하는 단위시간당 일량, 즉 동력은 식(4.33)의 힘에 원주속도 u를 곱하여 구할 수 있으므로

$$P = F_x \cdot u = \rho Q(v-u)\, u\, (1-\cos\alpha) \quad \cdots\cdots (4.34)$$

가 된다. 여기서 동력이 최대인 조건은 $\dfrac{\partial P}{\partial u} = 0$로부터 구할 수 있으며, $u = \dfrac{v}{2}$가 된다. 따라서 최대동력은 다음과 같다.

$$P_{max} = \rho Q\frac{v^2}{4}(1-\cos\alpha) \quad \cdots\cdots (4.35)$$

특히 $\alpha=180°$ 인 경우는 위 식에서 알 수 있듯이 중량유량 γQ의 분류가 갖는 전 속도수두 $\gamma Qv^2/2g$이 전부 동력으로서 버킷에 작용한다.

예제 4.8

그림(ex4.8)과 같은 버킷이 펠톤수차의 원주상에 연속적으로 설치되어 있다고 할 때 버킷에 미치는 힘 및 동력을 구하라. 단, 분류유체는 물이다.

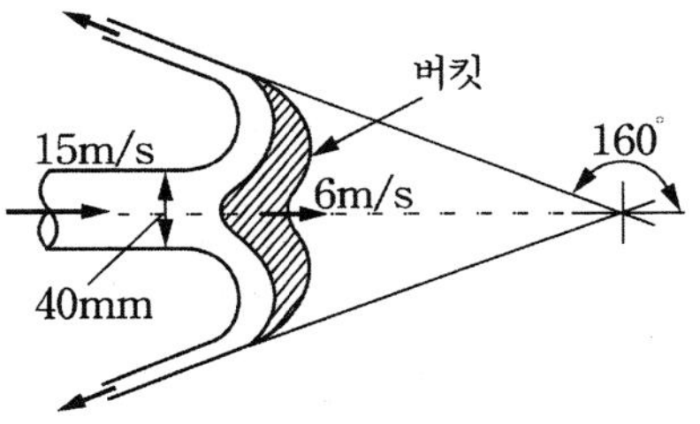

[그림(ex4.8)]

[풀이] 버킷에 연속적으로 충돌하는 유량은

$$Q = Av = \frac{\pi}{4} d^2 v = \frac{\pi}{4} \times 0.04^2 \times 15 = 0.019 m^3/s$$

∴ 식(4.33)의 버킷에 미치는 힘은

$$F_x = \rho Q(v-u)(1-\cos\alpha)$$
$$= 1000 \times 0.019 \times (15-6)(1-\cos 160°) = 331.69 N$$

동력은 식(4.34)로부터

$$P = F_x \cdot u = 331.69 \times 15 = 4975.35 W = 4.975 [\mathrm{kW}]$$ ■

4.2.8 분사추진

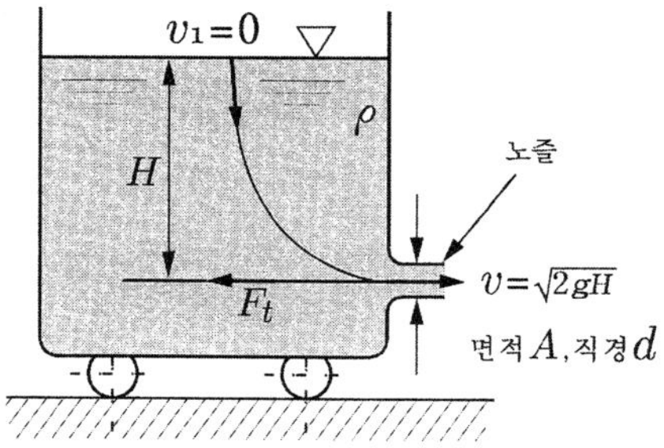

[그림 4.9] 분사 추진

그림 4.9와 같이 체적이 충분히 큰 수조의 측벽 하부(수면으로부터 H 깊이)에 단면적 A(직경 d)의 노즐을 설치하여 물이 유출할 때 $v_1=0$, $v_2=v=\sqrt{2gH}$라 놓으면 분류가 수조에 미치는 힘, 즉 추력은 운동량의 원리를 적용하면

$$\Sigma F_x = -F_t = \rho Q(v_2 - v_1) = \rho Qv$$

$$\therefore \ F_t = -\rho Qv = -\rho Av^2 = -2\rho gHA \qquad \cdots\cdots (4.36)$$

이 되며, 음의 부호는 분류의 방향과 반대방향임을 표시하고 있다. 식 중 ρgH 는 수면으로부터 노즐까지의 깊이에 해당하는 압력이며, 이것이 분류의 단면적 A 에 작용할 때의 ρgHA 는 노즐에 작용하는 전압력[N]이다. 따라서 분류에 의한 추력은 이 전압력의 2배이다.

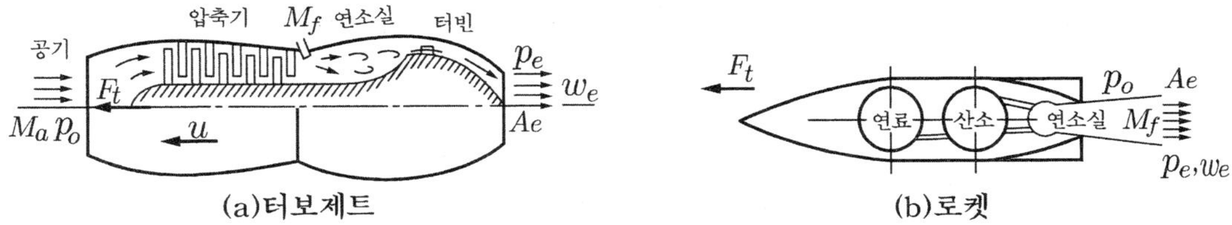

[그림 4.10] 추진기관

다음에는 **제트비행기**의 추력에 대하여 생각하자.

그림 4.10(a)의 터보 제트기에서, 공기가 입구에서 질량유량 $M_a = \rho_a Q_a$를 흡입하여, 압축기에서 압축한 후 연소실에서 질량유량 $M_f = \rho_f Q_f$의 연료를 연소하고, 그 고온 고압의 가스가 압축기 구동용 터빈을 통과한 후 노즐 출구로부터 압력 p_e, 배기속도 w_e로 연소가스를 대기압 p_o에 분출시킨다. 이렇게 하여 분사추진에 의해 비행기 속도 u가 얻어지고 힘의 평형으로부터 추진력 F_t는 다음 식으로 구해진다.

$$F_t = (M_a + M_f)w_e + (p_e - p_o)A_e - M_a u \qquad \cdots\cdots (4.37)$$

그리고 그림 4.10(b)의 **로켓(rocket)**에 대하여 추진력을 구해보자.

로켓은 비행하는 외부 유체에 무관하게 추력을 발생시키기 위해서 연료를 싣고 비행하는데, 이것이 연소하여 고속으로 배출된다. 따라서 로켓은 공기를 흡입하지 않으므로 식(4.37)에서 $M_a = 0$이 되며, 속도에는 관계가 없게 된다. 따라서 다음 식으로 간단해진다.

$$F_t = M_f w_e + (p_e - p_o)A_e \qquad \cdots\cdots (4.38)$$

또, 지상 시험을 하는 경우에는 노즐압력 p_e가 대기압 p_o와 같아지며, 이 때의 추진력은 $F_t = M_f w_e$가 된다.

예제 4.9

그림 4.9와 같은 수조에서 그 하부에 설치한 직경 30[mm]의 노즐로부터 물이 분출될 때 분사추력 F_t를 구하라. 단, 수면으로부터 노즐까지의 깊이는 18[m]이다.

[풀이] 노즐의 단면적 $A = \frac{\pi}{4} d^2 = \frac{\pi}{4} \times 0.03^2 = 7.0686 \times 10^{-4} m^2$

식(4.36)으로부터

$$F_t = -2\rho gHA = -2 \times 1000 \times 9.8 \times 18 \times 7.0686 \times 10^{-4} = -249.38N$$

방향은 왼쪽이다. ■

예제 4.10

노즐 출구의 단면적 800[cm²], 분류속도 1000[m/s], 절대압력 35[kPa]의 터보제트기가 절대압력 20[kPa]의 성층권을 매초 4[kg]의 공기를 흡입하면서 150[m/s]의 속도로 비행하고 있다. 연료의 질량을 무시하고 비행시의 추력을 구하라.

[풀이] 식(4.37)을 이용하면

$$F_t = (M_a + M_f)w_e + (p_e - p_o)A_e - M_a u$$
$$= (4+0) \times 1000 + (35-20) \times 10^3 \times 0.08 - 4 \times 150 = 4600N = 4.6\,[\mathrm{kN}]$$

■

4.2.9 프로펠러와 풍차

(1) 프로펠러

프로펠러(propeller)는 어느 유체 속에서 회전시키면 그 유체가 갖는 운동량을 변화시켜 추진에 필요한 추력을 발생시키는 작용을 한다. 그림 4.11(a)와 같이 프로펠러가 속도 v_1으로 유동하는 유체 속에 정지하고 있거나, 정지유체 속을 프로펠러가 속도 v_1으로 왼쪽방향으로 운동한다고 생각한다.

프로펠러의 목적은 프로펠러에 기계적 에너지를 가하여 회전시킴으로써 유체의 속도를 v_1으로부터 v_4까지 증가시켜 추력을 얻는 것이다. 유체는 마찰이 없고 비압축성이라 할 때 유체가 입구단면 ①로부터 프로펠러의 상류 ②로 접근하면서 가속되고 압력 p_2는 감소한다. 유체가 프로펠러를 통과하면서 에너지를 받으므로 압력이 증가하여 $p_3>p_2$가 되며, 이 압력은 다시 팽창하면서 속도에너지로 변하여 출구인 단면 ④에서 속도 v_4까지 가속된다. 단면 ④에서는 압력이 단면 ①의 압력 p_1까지 회복된다. 이 때 유체에 가해지는 힘은 프로펠러에 의해 오른쪽으로 작용하여 F라 하고, $p_3>p_2$이므로 프로펠러는 왼쪽 방향으로 추력 F_t를 발생시키게 되며, 그 크기는 같다.

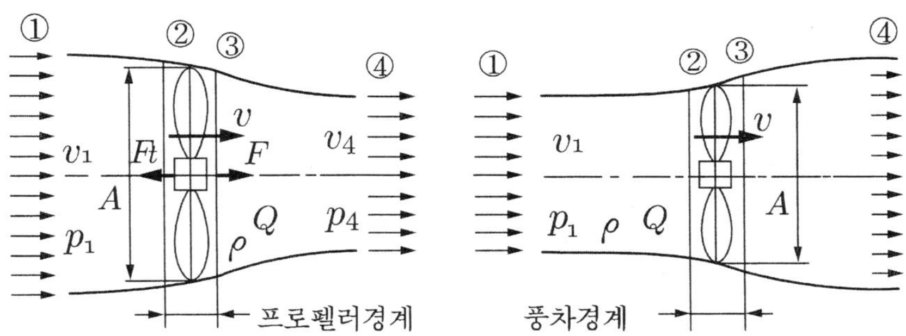

(a) 프로펠러 (b) 풍차

[그림 4.11] 프로펠러와 풍차

따라서 운동량의 원리를 적용하면

$$\Sigma F_x = F = \rho Q(v_4 - v_1) \quad \cdots\cdots (4.39)$$

이 되며, 이 힘은 추력

$$F_t = (p_3 - p_2)A \quad \cdots\cdots (4.40)$$

와 같으므로, $Q=Av$를 위 두 식에 적용하면 다음의 관계가 얻어진다.

$$\rho v(v_4 - v_1) = p_3 - p_2 \quad \cdots\cdots (4.41)$$

단면 1과 2, 단면 3과 4 사이에 베르누이식을 각각 적용하면

$$p_1 + \frac{1}{2}\rho v_1{}^2 = p_2 + \frac{1}{2}\rho v^2$$
$$p_3 + \frac{1}{2}\rho v^2 = p_4 + \frac{1}{2}\rho v_4{}^2$$

이며, $p_1=p_4$를 고려하여 p_3-p_2에 대하여 정리하면 다음과 같다.

$$p_3 - p_2 = \frac{1}{2}\rho(v_4{}^2 - v_1{}^2) \qquad \cdots\cdots (4.42)$$

식(4.41)과 식(4.42)를 이용하여, 프로펠러를 통과하는 유체의 속도는

$$v = \frac{v_1 + v_4}{2} \qquad \cdots\cdots (4.43)$$

를 얻으며, 이는 상류와 하류 속도의 평균치임을 의미한다.

프로펠러를 구동시킬 입력동력 P_i는 유체의 속도를 v_1으로부터 v_4로 증가시키는데 필요한 동력이므로

$$P_i = \frac{1}{2}\rho Q(v_4{}^2 - v_1{}^2) \qquad \cdots\cdots (4.44)$$

이며, 프로펠러는 입력 P_i를 가하면 정지상태의 유체를 v_1 속도로 유입하게 되는데, 상대적으로 보면 프로펠러가 v_1의 속도로 왼쪽으로 전진하는 것과 같으므로, 그 출력 P_O는 추력과 속도 v_1을 곱하여 다음과 같이 표시할 수 있다.

$$P_O = F_t \cdot v_1 = (p_3 - p_2)Av_1 = \rho Q(v_4 - v_1)v_1 \qquad \cdots\cdots (4.45)$$

따라서 프로펠러의 이론 효율은 다음의 식으로 나타낼 수 있다.

$$\eta_p = \frac{P_O}{P_i} = \frac{2v_1}{v_1 + v_4} = \frac{v_1}{v} \qquad \cdots\cdots (4.46)$$

(2) 풍차

풍차(wind mill, 風車)의 경우도 운동량의 원리를 적용할 수 있으며, 풍차에서는 그림 4.11(b)에서 보는 바와 같이 v_1의 속도로 흐르는 유체(공기)속에 풍차를 설치하여 그 공기의 속도에너지를 받아 동력을 얻으므로, 앞서 언급한 프로펠러와는 에너지 수수 면에서 반대인 셈이다. 따라서 공기는 속도에너지를 풍차에 주므로 p_3는 p_2보다 작아지며, 또한 출구속도 v_4도 v_1보다 감소한다.

밀도 ρ인 공기가 속도 v_1으로 풍차를 통과하여 하류 측에서 속도 v_4로 될 때, 유체가 풍차에 힘 F를 주는 것은, 유체 쪽에서 볼 때는 힘 F를 뺏기므로 운동량의 식은

$$\Sigma F_x = -F = \rho Q(v_4 - v_1)$$

이 되며, 식(4.43)을 이용하면 $Q = Av = A\dfrac{v_1 + v_4}{2}$를 위 식에 대입하면 다음과 같다.

$$F = \rho Q(v_1 - v_4) = \rho A\frac{v_1 + v_4}{2}(v_1 - v_4)$$
$$= \frac{1}{2}\rho A(v_1^2 - v_4^2) \qquad \cdots\cdots (4.47)$$

풍차가 얻는 동력 P는, 위 식에 풍차를 통과하는 공기의 속도 $v = \dfrac{v_1 + v_4}{2}$를 곱한 값과 같다.

$$P = F \cdot v = \frac{1}{4}\rho A(v_1^2 - v_4^2)(v_1 + v_4) \qquad \cdots\cdots (4.48)$$

주어진 풍속 v_1으로부터 풍차가 얻을 수 있는 최대동력은 $\dfrac{\partial P}{\partial v_4} = 0$로부터 구할 수 있으며, 그 조건은 $v_4 = \dfrac{1}{3}v_1$이므로 식(4.48)에 대입하면

$$P_{\max} = \frac{8}{27}\rho A v_1^3 \qquad \cdots\cdots (4.49)$$

풍차의 효율은 풍차의 정면적 A에 대하여 풍속 v_1으로 이용할 수 있는 전동력 $P_i = \rho A v_1 v_1^2/2$에 대한 풍차가 얻는 동력의 비로서, 다음 식으로 표시할 수 있다.

$$\eta = \frac{P}{P_i} = \frac{(v_1^2 - v_4^2)(v_1 + v_4)}{2v_1^3} \qquad \cdots\cdots (4.50)$$

예제 4.11

$\gamma = 12[\mathrm{N/m^3}]$인 공기 중을 항공기가 350[km/h]로 비행하고 있다. 항공기의 앞쪽에는 직경 2[m]의 프로펠러 2개가 부착되어 있으며 이를 통과하는 풍량이 800[m³/s]일 때 다음을 구하라. (a)추진력, (b)프로펠러 전후의 압력 차, (c)이론효율, (d)이론 소요동력.

[풀이] (a) $v_1 = \frac{350 \times 10^3}{3600} = 97.22m/s, \quad v = \frac{Q}{A} = \frac{800}{2 \times \frac{\pi}{4} \times 2^2} = 127.32m/s$

식(4.43)으로부터

$$v_4 = 2v - v_1 = 2 \times 127.32 - 97.22 = 157.42m/s$$

$$\therefore \text{ 추진력 } F_t = \rho Q(v_4 - v_1) = \frac{12}{9.8} \times 800 \times (157.42 - 97.22)$$
$$= 58971.43N \fallingdotseq 58.97\,[\mathrm{kN}]$$

(b) 식(4.42)로부터

$$p_3 - p_2 = \frac{1}{2}\rho(v_4^2 - v_1^2) = \frac{1}{2} \times \frac{12}{9.8} \times (157.42^2 - 97.22^2) = 9385.3Pa$$

(c) 식(4.46)으로부터

$$\eta_p = \frac{v_1}{v} = \frac{97.22}{127.32} = 0.7636$$

(d) 식 (4.46)으로부터

$$P_i = \frac{P_O}{\eta_p} = \frac{F_t \cdot v_1}{\eta_p} = \frac{58.97 \times 97.22}{0.7636} = 7507.94\,[\mathrm{kW}]$$ ■

예제 4.12

15[m/s]의 계절풍 속에 직경 8[m]의 풍차를 설치하고, 하류 쪽의 속도를 측정한 결과 7.5[m/s]이었다. 공기의 밀도를 1.2[kg/m³]라 할 때 이상적인 풍차의 동력을 구하라.

[풀이] 식(4.47)에서

$$F=\frac{1}{2}\rho A(v_1^2-v_4^2)=\frac{1}{2}\times1.2\times\frac{\pi}{4}\times8^2\times(15^2-7.5^2)=5089.4N$$

식(4.48)로부터

$$P=F\cdot v=F\frac{1}{2}(v_1+v_4)=5089.4\times\frac{1}{2}\times(15+7.5)$$
$$=57255.75W\fallingdotseq 57.26\,[\mathrm{kW}]$$ ■

4.3 각운동량의 원리 및 응용

4.3.1 각운동량의 원리

질량 m의 물질이 반경 r, 회전속도 v로 회전운동하고 있을 때의 각운동량(angular momentum, 角運動量)은 관성모멘트와 각속도의 곱인 $mr^2\times(v/r)=mvr$로, 즉 운동량 모멘트로 표시되며 이 물질이 갖는 각운동량의 변화는 물질에 가해지는 토크와 같다. 따라서 각운동량의 시간 변화율은 회전력과 같다. 이것을 각운동량의 원리라 한다.

그림 4.12와 같이 유체가 고정 유로 내를 흐르는 경우에 대하여 생각하자.

검사면을 ABCD로 취하면, 중심 O 주위의 각운동량의 변화는 검사면 내의 유체에 작용하는 토크 T와 같으므로 다음과 같이 표시할 수 있다.

$$T=\int_{CD}\rho(r_2\times V_2)dq-\int_{AB}\rho(r_1\times V_1)dq \qquad \cdots\cdots (4.51)$$

우변의 값이 0보다 큰 경우는, 그림 4.12에 있어서 시계방향의 토크 T가 작용함을 의미한다.

검사면의 입구 및 출구의 속도가 각각 일정하다고 하여 스칼라량으로 $|V_1|=v_1$, $|V_2|=v_2$와 같이 표시하고, 유량을 Q로 표시하면 식(4.51)은 다음과 같이 표시할 수 있다.

$$T=\rho Q(r_2v_2\cos\alpha_2-r_1v_1\cos\alpha_1) \qquad \cdots\cdots (4.52)$$

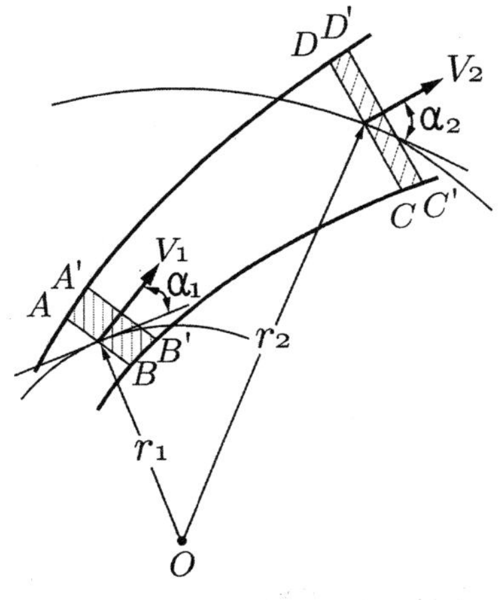

[그림 4.12] 중심 O를 회전하는 흐름

4.3.2 원심펌프의 경우

그림 4.13은 원심펌프의 회전차 입구와 출구에서의 유동에 대한 속도 삼각형이다. 회전차 입구와 출구의 원주속도를 각각 u_1, u_2, 물의 절대속도를 각각 v_1, v_2, 상대속도를 각각 w_1, w_2, 반경을 각각 r_1, r_2, 물의 회전차 입구 유입각도 α_1, 회전차 출구 유출각도 α_2, 회전차의 입구 및 출구의 각도를 각각 β_1, β_2라 하면, 회전차의 유입전과 유입후의 단위 시간당 유체의 각운동량의 차는 토크로서 식(4.52)와 같으며, 동력 P는 토크에 회전 각속도 ω를 곱하면 다음과 같다.

$$P = T\omega = \rho Q(u_2 v_2 \cos\alpha_2 - u_1 v_1 \cos\alpha_1) \qquad \cdots\cdots (4.53)$$

단, $u_1 = r_1\omega$, $u_2 = r_2\omega$이다.

식(4.53)에서 $P>0$인 경우는 펌프, $P<0$인 경우는 수차의 흐름에 해당되며, 펌프의 경우는 유체가 r_1에서 회전유로로 유입하여 r_2로 유출하는데, 수차의 경우는 그 역이 된다.

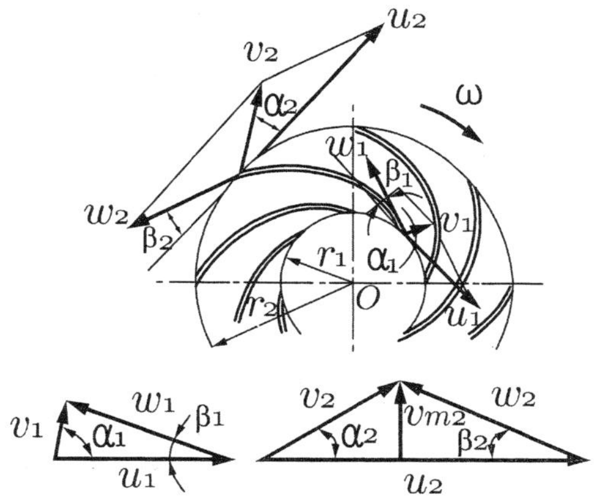

[그림 4.13] 회전차 입구와 출구의 속도 3각형

손실을 고려하지 않는 이상적인 펌프의 전양정(全揚程), 즉 이론양정을 H_{th} 라 하면, 발생동력 $P=\rho gQH_{th}$이므로, 이것을 식(4.53)과 같다고 놓으면 이론양정의 식이 다음과 같이 얻어진다.

$$H_{th}=\frac{1}{g}(u_2v_2\cos\alpha_2-u_1v_1\cos\alpha_1) \qquad \cdots\cdots (4.54)$$

일반적으로 회전차로 유입하는 액체는 선회운동을 하지 않으므로 $\alpha_1=90°$ 를 식(4.54)에 대입하면 최대 이론양정이 된다.

$$H_{th\infty}=\frac{1}{g}u_2v_2\cos\alpha_2 \qquad \cdots\cdots (4.55)$$

그림 4.13의 속도 삼각형에서 $v_2\cos\alpha_2=u_2-w_2\cos\beta_2$이므로, 위 식은 다음과 같이 상대속도를 포함하는 다음의 식으로 표시할 수 있다.

$$H_{th\infty}=\frac{1}{g}u_2(u_2-w_2\cos\beta_2) \qquad \cdots\cdots (4.56)$$

4.3.3 살수기의 경우

살수기(sprinkler)는 그림 4.14와 같이 O축 하부 쪽(지면과 수직)으로부터 공급되는 유량 Q가 살수기의 아암(arm)에 유입하여 양쪽으로 흘러, 아암의 끝에 있는 노즐로부터 속도 v로 분출된다. 그 결과 분류의 각운동량의 변화로 인하여 아암이 O축을 중심으로 각속도 ω로 회전(반시계 방향)하며 토크는 반대 방향으로 작용한다.

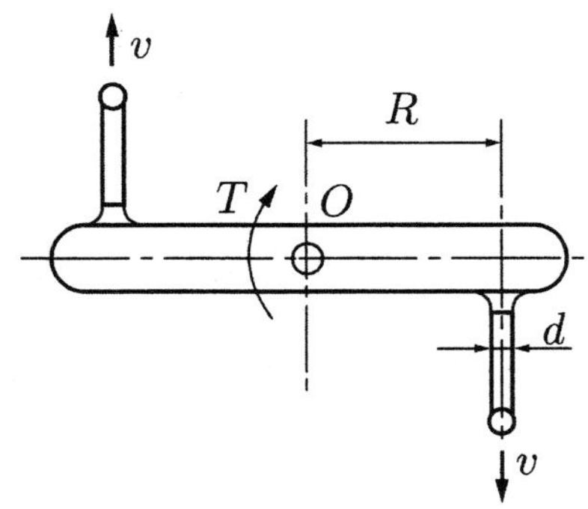

[그림 4.14] 살수기(스프링 쿨러)

살수기 아암의 길이를 R, 노즐의 직경 d, 단면적을 A라 할 때 노즐로부터의 분출속도는 $v=\dfrac{Q}{2A}=\dfrac{Q}{(\pi/2)d^2}$이며, 식(4.51)에서 $r_1=0$이므로 우변 제2항은 0이 된다. 따라서 $r_2=R$, $V_2=v$로 대치하면 토크는

$$T=\int \rho Rv dq-0=\rho RvQ=\rho Q^2\frac{R}{\pi d^2/2} \quad \cdots\cdots (4.57)$$

이며, 이 토크는 물이 노즐을 통하여 방출될 때 살수기가 정지상태를 유지하는데 필요한 토크를 나타낸다.

이 때 노즐의 분출속도 $v=R\omega=\dfrac{Q}{\pi d^2/2}$이므로 살수기의 각속도 ω [rad/s]는 다음 식에서 구할 수 있다.

$$\omega=\frac{Q}{\frac{\pi}{2}d^2R} \quad \cdots\cdots (4.58)$$

예제 4.13

그림 4.13과 같은 원심펌프에서 회전차의 출구경 D_2=420[mm], 회전차의 출구각도 $\beta_2=25°$ 이다. 이 회전차가 각속도 ω=180[rad/s], 회전차 출구의 상

대속도 w_2=12[m/s], Q=8.4[m^3/min]의 물을 토출하고 있다. 물의 유입각도 α_1=90° 일 때 펌프의 동력 P와 최대 이론양정 $H_{th\infty}$를 구하라.

[풀이] 회전속도 n[rpm]은

$$n = \frac{60\omega}{2\pi} = \frac{60\times180}{2\pi} = 1718.9rpm$$

회전차 출구의 원주속도 u_2는

$$u_2 = \frac{\pi D_2 n}{60} = \frac{\pi\times0.42\times1718.9}{60} = 37.8m/s$$

α_1=90° 이므로 $v_2\cos\alpha_2 = u_2 - w_2\cos\beta_2$를 식(4.53)에 적용하면 동력 P는

$$\begin{aligned} P &= \rho Q u_2(u_2 - w_2\cos\beta_2) \\ &= 1000\times(8.4/60)\times37.8\times(37.8-12\cos25^\circ) \\ &= 142483.4W \fallingdotseq 142.5\,[\mathrm{kW}] \end{aligned}$$

식(4.56)의 이론양정은

$$\begin{aligned} H_{th\infty} &= \frac{1}{g}u_2(u_2 - w_2\cos\beta_2) \\ &= \frac{1}{9.8}\times37.8\times(37.8-12\cos25^\circ) = 103.85m \end{aligned}$$

■

예제 4.14

그림 4.14와 같은 살수기에서 아암의 길이 R=10[cm], 노즐직경 d=1[cm], 분류속도 v=30[m/s]의 물이 분출한다. 이 살수기의 회전수 n[rpm]과, 토크를 각각 구하라.

[풀이] $$Q = 2Av = 2\times\left(\frac{\pi}{4}\right)d^2v = 2\times\left(\frac{\pi}{4}\right)\times0.01^2\times30 = 4.71\times10^{-3}\,[\mathrm{m^3/s}]$$

식(4.58)에서

$$\omega = \frac{Q}{\frac{\pi}{2}d^2R} = \frac{4.71\times10^{-3}}{\frac{\pi}{2}\times0.01^2\times0.1} = 299.85rad/s$$

$$\therefore\ n=\frac{60\,\omega}{2\,\pi}=\frac{60\times 299.85}{2\,\pi}=2863.36\,rpm$$

식(4.57)로부터

$$T=\rho Q^2\frac{R}{\pi d^2/2}=1000\times(4.71\times 10^{-3})^2\times\frac{0.1}{\pi\times 0.01^2/2}=14.123\,[\mathrm{N}\cdot\mathrm{m}]$$

■

4.4 운동에너지와 운동량의 수정계수

유체의 흐름이 관로 흐름이나 또는 개수로 흐름 일 때 보통 1차원 흐름으로 가정하여 해석하는 경우가 많다. 그러나 단위중량당 운동에너지 $V^2/2g$은 전 단면에 걸쳐서 국소적으로 구하여 얻어지는 평균치가 아니고, 속도 V만이 그 단면상에서의 평균속도를 취한 것이다. 그러므로 한 단면을 흐르는 유체의 단위 중량당의 평균 운동에너지를 $V^2/2g$의 항으로 나타내기 위해서는 수정계수 α를 도입하여 $\alpha V^2/2g$으로 나타냄으로써 그 단면상을 흐르는 단위중량당 운동에너지와 같게 만들 필요가 있다.

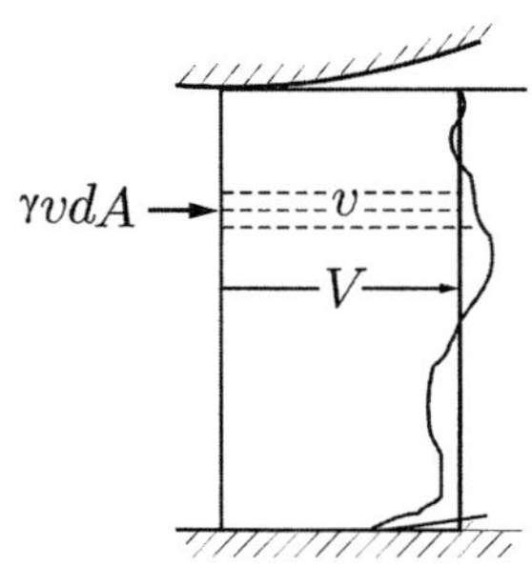

[그림 4.15] 속도 분포와 평균 속도

그림 4.15에서 단위시간당 단면을 통과하는 운동에너지는 $\gamma\int_A\frac{v^2}{2g}\,vdA$이다. 여기서 $\gamma\,vdA$는 단위 시간당 면적 dA 통과하는 중량유량이고, $v^2/2g$은 단위 중량당의 운동에너지이다. 이것을 그 단면에서의 단위시간당 운동에너지와 같다고 놓으면 다음과 같다.

$$\alpha \frac{V^2}{2g} \gamma VA = \gamma \int_A \frac{v^3}{2g} dA$$

이 식에서 α에 대하여 정리하면 **운동에너지의 수정계수**(kinetic-energy correction factor)는 다음과 같이 된다.

$$\alpha = \frac{1}{A} \int_A \left(\frac{v}{V} \right)^3 dA \qquad \cdots\cdots (4.59)$$

따라서 에너지 방정식은 다음과 같이 된다.

$$\frac{p_1}{\gamma} + \alpha_1 \frac{V_1^{\ 2}}{2g} + z_1 = \frac{p_2}{\gamma} + \alpha_2 \frac{V_2^{\ 2}}{2g} + z_2 + h_l \qquad \cdots\cdots (4.60)$$

원관 내의 유동에서 층류일 경우 $\alpha = 2$이고, 난류유동에서는 $\alpha = 1.01 \sim 1.10$ 정도이다. 따라서 정밀계산을 요하는 경우를 제외하고 일반적으로는 $\alpha = 1$로 간주한다.

다음에는 운동량의 수정계수에 대하여 생각하자. 그림 4.15와 같이 한 단면상에서 속도가 국소적으로 다른 경우, 운동량을 표시할 때 **운동량의 수정계수**(momentum correction factor) β를 도입하여 평균속도를 사용하여 표시할 수 있다.

$$\int_A \rho v^2 dA = \beta \rho V^2 A$$

위 식에서 β에 대하여 정리하면 다음과 같다.

$$\beta = \frac{1}{A} \int_A \left(\frac{v}{V} \right)^2 dA \qquad \cdots\cdots (4.61)$$

이것은 운동에너지의 수정계수와 유사한 개념으로서, 원관 내 층류에서는 $\beta = 4/3$이며 어느 경우에도 1보다 큰 값이 된다.

예제 4.15

관내유동이 난류일 때 속도분포가 $\dfrac{v}{v_{\max}} = \left(\dfrac{y}{r_o}\right)^{1/7}$과 같이 표시된다. 여기서 y는 관벽으로부터의 거리, r_o는 관의 반경이다. 운동에너지의 수정계수를 구하라.

[풀이] 평균속도 V는 다음 식에서 구할 수 있다.

$$\pi r_o^2 V = 2\pi \int_0^{r_o} rv\, dr$$

여기서 $r = r_o - y$ 이다. r과 v의 값을 y의 함수로 변화시켜 대입하면

$$\pi r_o^2 V = 2\pi v_{\max} \int_0^{r_o} (r_o - y)\left(\frac{y}{r_o}\right)^{1/7} dy = \pi r_o^2 v_{\max} \frac{98}{120}$$

혹은 $\quad V = \dfrac{98}{120} v_{\max}, \quad \dfrac{v}{V} = \dfrac{120}{98}\left(\dfrac{y}{r_o}\right)^{1/7}$

이다. 따라서 식(4.59)에 대입하면

$$\alpha = \frac{1}{\pi r_o^2} \int_0^{r_o} 2\pi r \left(\frac{120}{98}\right)^3 \left(\frac{y}{r_o}\right)^{3/7} dr$$

$$= 2\left(\frac{120}{98}\right)^3 \frac{1}{r_o^2} \int_o^{r_o} (r_o - y)\left(\frac{y}{r_o}\right)^{3/7} dy = 1.06$$

■

연습문제

[4.1] 정지평판에 60도의 위치로부터 내경 30[mm]의 노즐의 수분류를 속도 40[m/s]로 충돌시킨다. 이 때 평판에 수직으로 작용하는 힘을 구하라.

[답] 979.45[N]

[4.2] 직경 40[mm]의 2차원 분류가 60° 의 각도로 설치되어 있는 평판에 속도 10[m/s]로 충돌한 후 상하로 분리된다. 이 상하의 분류량의 비율 및 평판이 흐름 방향으로 주는 힘을 구하라. 단, 마찰저항은 무시한다.

[답] $Q_1/Q_2=3$, 94.25[N]

[4.3] 그림(문제 4.3)과 같이 수조에서 분류가 수직으로 놓여진 판에 충돌할 때, 판이 받는 힘은 얼마인가. 또, $L=0$인 경우의 몇 배인가? 손실은 무시한다.

[답] $L=0$인 경우 : $F_o=\gamma Ha$, $L\neq 0$인 경우 : $F_L=\rho Qv=2\gamma Ha=1960$[N] ∴ 2배

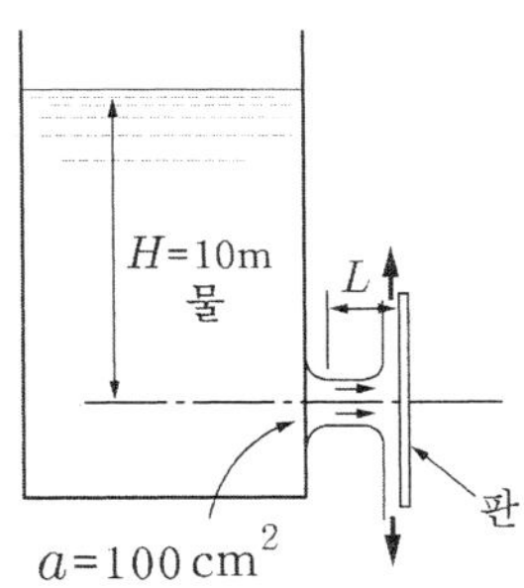

[그림(문제 4.3)]

[4.4] 그림(문제 4.4)와 같은 90° 곡관을 통하여 물이 흐를 때 곡관이 받는 힘의 크기와 방향을 구하라. 단, 관의 직경 30[cm], 유량 15[m³/min], 물의 밀도 1000[kg/m³], 곡관의 입구와 출구에서 유체의 게이지압은 1[kPa]이다.

[답] 1350.48[N], 45°

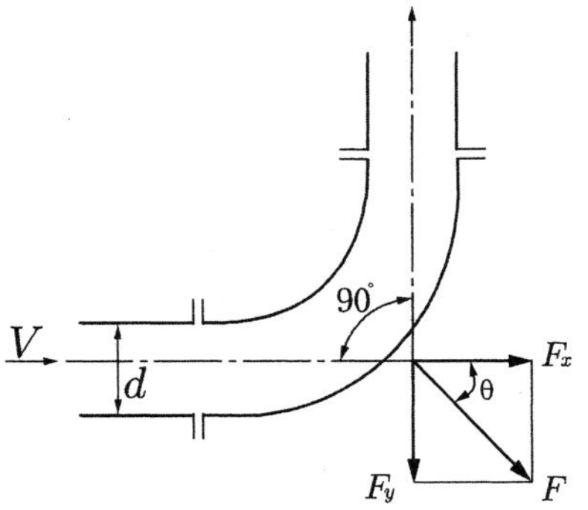

[그림(문제 4.4)]

[4.5] 그림(문제 4.5)와 같은 곡면판에 속도 v=30[m/s], 질량유량 $\dot{m}$=3[kg/s]의 물이 α=45° 의 방향으로 유출한다.

(a) 곡면판이 정지하는 경우, 분류가 곡면판에 미치는 힘을 구하라.

(b) 곡면판이 분류와 같은 방향으로 속도 u=10[m/s]로 움직일 때 분류가 곡면판에 미치는 힘을 구하라. 또 이 때 곡면판에 미치는 동력을 계산하라. 단, 곡면판으로부터 유출속도는 유입속도와 같다고 한다.

[답] (a) 68.88[N], (b) 30.615[N], 117.16[W]

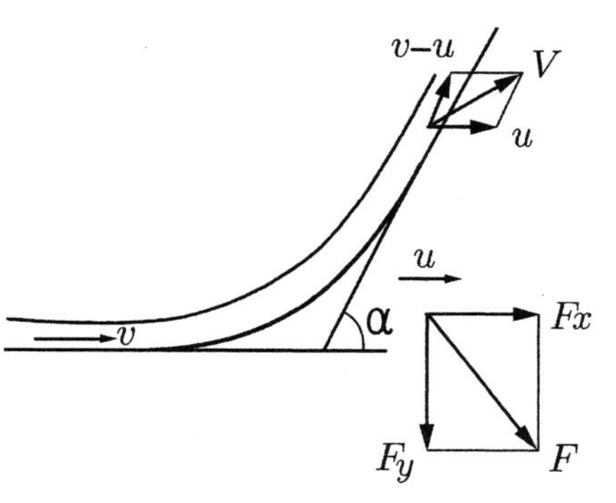

[그림(문제 4.5)]

[4.6] 고정 곡면판을 따라서 직경 50[mm], 속도 25[m/s]의 분류수가 유입하여, 160° 방향으로 방향이 바뀌어 유출하고 있다. 곡면판의 마찰은 무시하고 곡면판에 걸리는 힘 및 방향을 구하라.

[답] 2.417[kN], −10°

[4.7] 구경 40[mm]의 노즐로부터 물이 40[m/s]의 속도로 분출하여 분류방향으로 20[m/s]의 속도로 움직이는 큰 평판에 충돌할 때 동력을 구하라.

[답] 10.053[kW]

[4.8] 내경 1[m]인 90° 엘보우 속을 밀도 1000[kg/m³]인 물이 2[m/s]로 흐르고 있을 때, 물이 방향을 변화함에 따라 엘보우가 받는 힘을 구하라.

[답] 4442.9[N]

[4.9] 그림(문제 4.9)과 같이 물이 노즐에서 분출하여, 속도 u로 분류와 같은 방향으로 움직이고 있는 반구형의 버킷에 충돌하고 있다. 버킷이 받는 힘을 구하라. 단, 물의 점성 및 노즐 내 상류의 유속은 무시하고 노즐의 유량계수는 1로 하며, p_o는 게이지압이다.

[답] 17.87[kN]

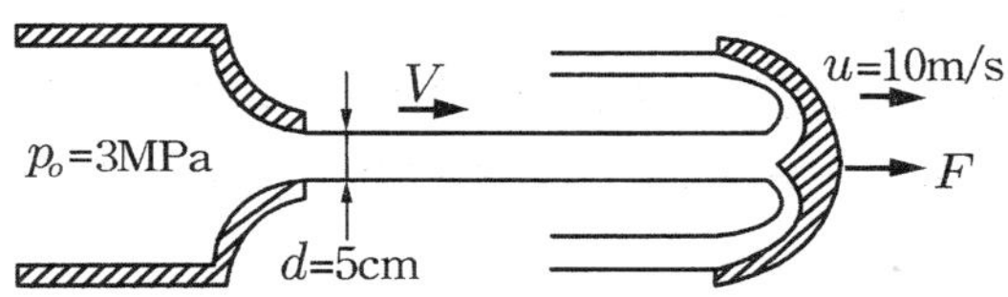

[그림(문제 4.9)]

[4.10] 그림(문제 4.10)과 같이 직경 2[cm]의 수분류가 속도 15[m/s]로 원추에 충돌하여 각도 30° 의 방향으로 흘러 나갈 때 원추가 받는 힘을 구하라. 마찰력은 무시한다.

[답] 9.47[N]

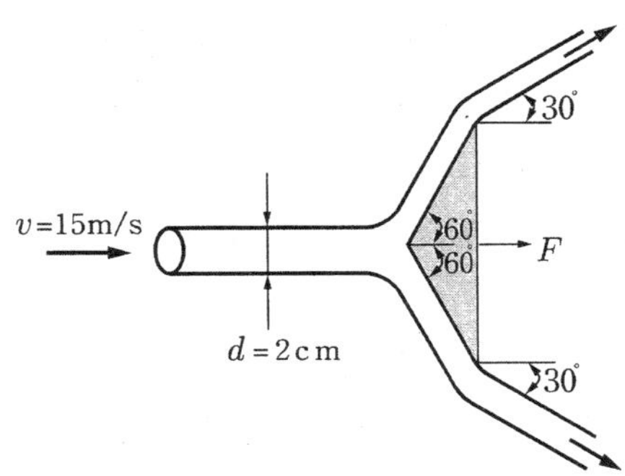

[그림(문제 4.10)]

[4.11] 그림(문제 4.11)과 같은 반구내면에 15° 의 각을 이루면서 직경 2[cm]의 수분류가 속도 20[m/s]로 충돌할 때 반구가 받는 힘과 방향을 구하라. 단, 물의 마찰력과 중력은 무시한다.

[답] 249.13[N], −7.5°

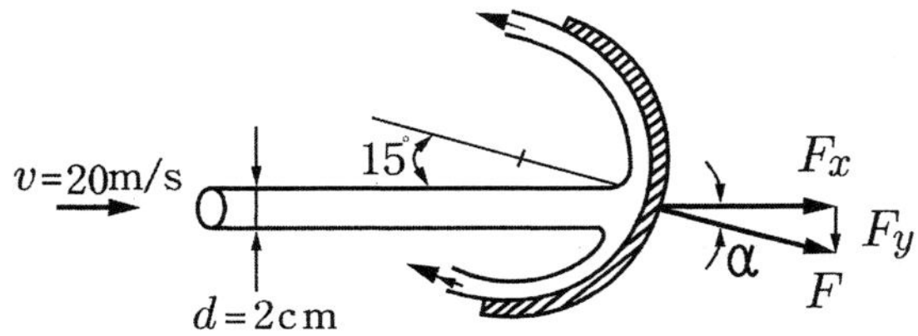

[그림(문제 4.11)]

[4.12] 유량 100[ℓ /s], 유속 10[m/s]의 분류가 분류방향으로 8[m/s]의 속도로 움직이고 있는 곡면판을 따라서 유입하고, 60° 전향 후에 유출시킬 때의 곡면판에 미치는 힘과 방향을 구하라.

[답] 40[N], −60°

[4.13] 배의 뒷면에 직경 50[mm]의 노즐로부터 수분류가 500[N]의 추력을 발생시키고 있다. 분류의 손실을 무시하면 분류의 비(比)속도에너지는 얼마인가?

[답] 127.36[J/kg]

[4.14] 배의 뒤편에 직경 50[mm]의 노즐로부터 수분류가 500[N]의 추력을 발생시킬 때, 이 노즐의 분출속도를 구하라.

[답] 15.96[m/s]

[4.15] 정지상태의 물 위를 보트가 50[km/h]의 속도로 항해하고 있다. 보트에 부착된 프로펠러의 직경이 50[cm], 프로펠러를 지나는 유량은 5[m^3/s]일 때 (1)추력, (2)이론효율, (3)이론소요동력, (4)프로펠러의 출력을 각각 구하라.

[답] (1) 115.76[kN], (2) 54.54[%], (3) 2.948[MW], (4) 1.608[MW]

[4.16] 제트추진식 보트가 유량 2.5[m^3/s], 상대속도 20[m/s]의 분류를 분출하면서 2[m/s]의 속도로 흐르는 강을 거슬러 올라간다. 보트의 절대속도가 8[m/s]일 때 추력은 얼마인가?

[답] 25[kN]

[4.17] 수평비행하고 있는 질량 2ton의 우주선이 10초 동안에 8[kg]의 연료를 3.5[km/s]의 속도로 역분사(逆噴射)하고 있을 때의 감가속도(減加速度)를 구하라. 단, 공기저항은 무시한다.

[답] −14.583[m/s^2]

[4.18] 터보 제트기가 지상에서 2[kg/s]의 공기를 흡입하고 500[m/s]의 배기가스를 배출하여 200[m/s]의 속도로 날고 있을 때의 추력을 구하라. 단, 공기－연료 질량비를 20 : 1로 한다.

[답] 650[N]

[4.19] 시속 600[km/h]로 비행하는 제트기가 질량유량 30[kg/s]의 공기를 흡입하여 상대속도 350[m/s]로 연소가스를 분출한다. 이 제트기의 추진력과 동력을 구하라. 단, 연료에 의한 질량유량의 변화는 무시한다.

[답] 5500[N], 916.67[kW]

[4.20] 문제[4.19]에서 공연비(空燃比) 50(=공기의 질량유량/연료의 질량유량)으로 연료가 공급된다면 추진력은 얼마인가?

[답] 5710[N]

[4.21] 그림 4.13과 같은 임펠러에서 $r_1=10$[cm], $r_2=15$[cm], $\alpha_1=90^\circ$, $v_2\cos\alpha_2=4$[m/s], $Q=0.3$[m^3/s]일 때 임펠러가 받는 토크는 얼마인가? 사용유체는 물이다.

[답] 180[N · m]

[4.22] 그림(문제 4.22)와 같은 수조에서 수심 h인 곳에 서로 반대쪽의 위치에 출구면적 A_1, A_2의 노즐이 있다. 이 노즐의 단면적은 수조의 단면적에 비하여 무시할 수 있을 정도로 작다고 하면 수조가 수평방향으로 받는 힘 F를 구하라. 단, 유량계수는 1로 한다.

[답] $F=-2(A_2-A_1)\gamma h$ ($A_2>A_1$인 경우 왼쪽으로)

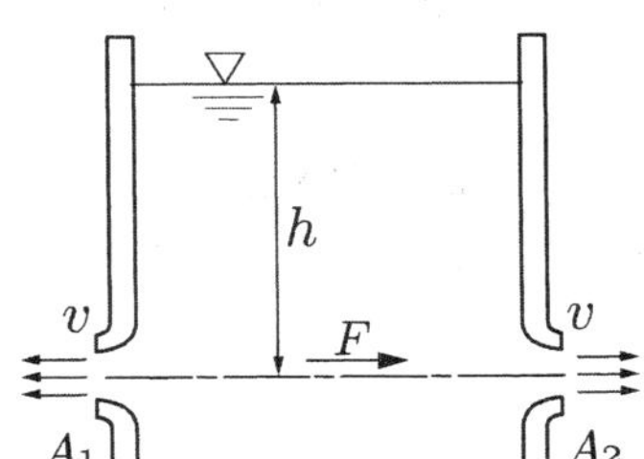

[그림(문제 4.22)]

[4.23] 내경 700[mm]의 대형 환풍기의 공기가 20[m/s]의 속도로 흐르고 있다. 이 환풍기의 효율을 75%로 하여 이 모터의 동력을 구하라. 단, 공기밀도는 1.2[kg/m^3]으로 한다.

[답] 2.463[kW]

[4.24] 그림(문제 4.24)와 같이 살수기의 노즐에서 분출속도가 10[m/s]이다. 노즐의 직경이 10[mm]일 때 토크와 회전속도를 구하라. 단, 마찰손실은 무시한다.

[답] 2.04[N · m], 57.735[rad/s]

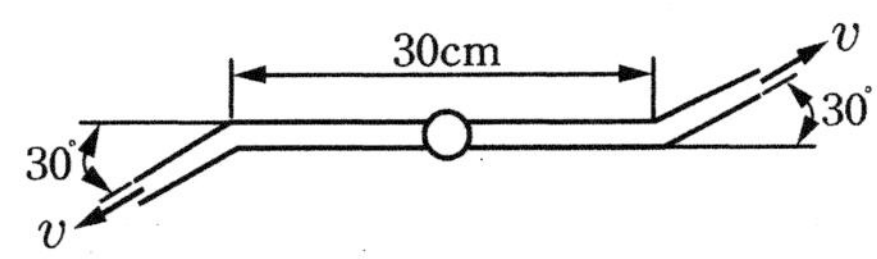

[그림(문제 4.24)]

[4.25] 그림(문제 4.25)와 같이 수조의 저면에 설치한 90° 곡관을 1200[rpm]으로 회전시켜 물을 대기중으로 유출시키면 유출유량 $Q[m^3/s]$는 얼마가 되는가? 또 회전에 요하는 동력은 몇 kW인가? 단, 곡관 입구의 압력 $p_o=107.88[kPa_{abs}]$, 위치수두 및 입구 속도수두는 무시하며 또, 손실은 무시한다.

[답] 0.076[m^3/s], 108[kW]

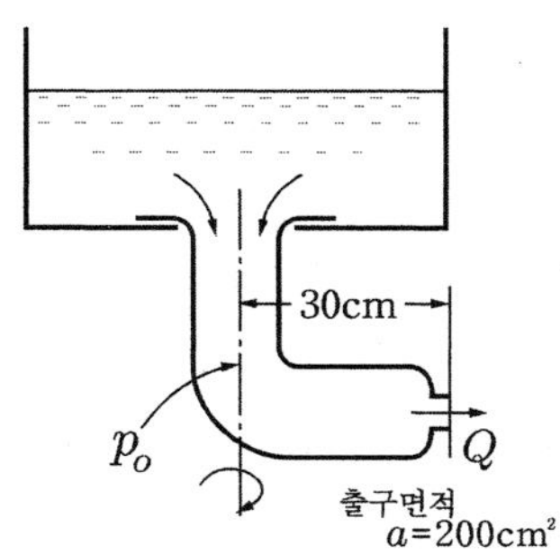

[그림(문제 4.25)]

[4.26] 40[℃]의 물을 수조로부터 펌프로 흡상시킬 때 펌프의 흡입관내의 평균유속을 2[m/s]라 하면, 펌프설치의 최대높이는 얼마인가. 단, 대기압은 101.3[kPa], 마찰손실은 속도수두의 3배로 한다.

[답] 9.16[m]

[4.27] 그림(문제 4.27)과 같이 탱크 A로부터 탱크 D로 기름(비중 0.75)를 펌프에 의해서 0.3 [m^3/s]의 비율로 수송하려 한다. 손실수두는 AB간은 2.0[m], CD간은 6.0[m]이면 펌프의 동력은 얼마인가.

[답] 83.79[kW]

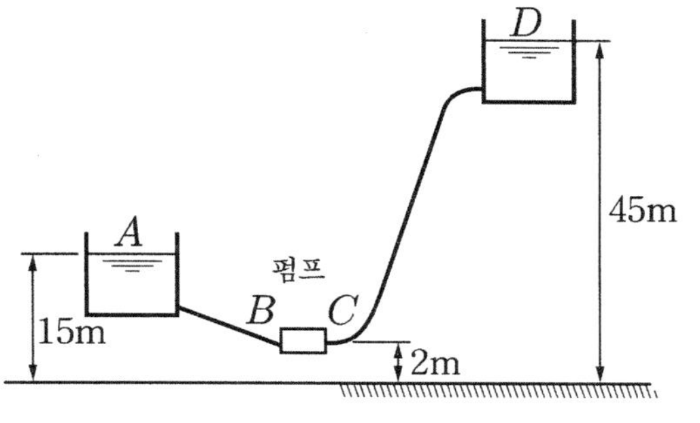

[그림(문제 4.27)]

[4.28] 그림(문제 4.28)에 표시하는 스프링쿨러의 수압이 500[kPa](게이지압)일 때, 스프링쿨러가 회전하지 않고 정지하도록 하기 위해서 필요한 토크는 얼마인가? 단, 스프링쿨러의 반경은 10[cm], 노즐직경은 1[cm]로 하고, 노즐의 유량계수는 1로 한다.

[답] 15.705[N · m]

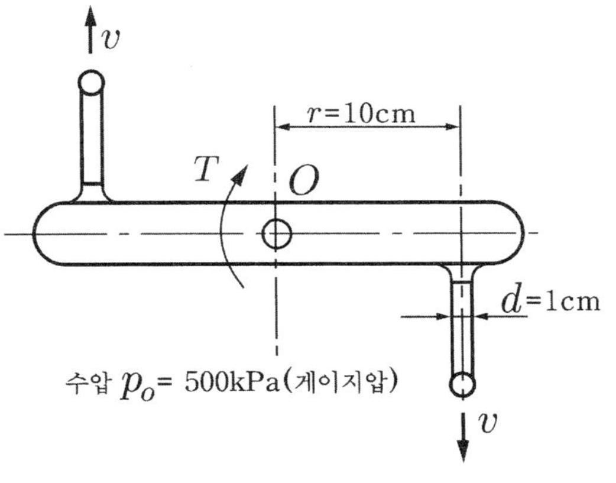

[그림(문제 4.28)]

5 점성유체의 폐수로 유동

수도 물이나 도시가스 등과 같이 유체의 수송에는 관로가 이용되고 있다. 유체가 관속을 흐르는 경우를 폐수로 유동(閉水路 流動) 또는 관내 유동(pipe flow, duct flow, 管內 流動)이라 한다. 물이나 공기 등이 실제로 관내를 흐르는 경우에 유체가 갖는 점성으로 인하여 마찰에 의한 전단응력이 발생하고, 단면상에서는 일정한 균일 유동의 속도분포가 아니라 일반적으로 단면 중앙에서 속도가 빠르고 관 벽에 가까울수록 느려지는 유속분포를 이루고 있다.

이 장에서 기술하는 여러 관로계에서는 각 부분에서 와류가 발생·혼합하는 복잡한 유동현상이 나타난다. 이와 같은 점성의 작용이 관로 내의 유동에서 에너지 손실을 수반하므로 유체를 원하는 양만큼 수송시키기 위해서는 관로에 있어서의 손실이 얼마인가를 구하여 그만큼의 에너지를 유체에 가해 주어야 한다.

이 장에서는 관로 내의 흐름이 층류인 경우와 난류인 경우, 유동특성을 기술하고 그에 따르는 손실 에너지를 구하며, 관로의 기하학적 형상의 변화와 관로의 접합에 따르는 제 손실에 대하여 기술한다.

5.1 층류와 난류

5.1.1 레이놀즈의 실험

자연계에 있어서 흐름의 상태를 층류와 난류로 대별할 수 있다. 일반적으로 이러한 구분은 1880년경 O.Reynolds(영국)에 의해서 행해진 실험결과에 따른다.

Reynolds는 그림 5.1과 같이 직경 1/4"~1"의 유리관을 수평으로 설치하여 수조내의 물을 흘리면서, 그 입구에는 착색액인 아닐린용액을 주입하였다. 그리고 유리관의 직경과 유량, 또는 수온을 변화시켜 물의 점성계수를 변화시키는 등 흐름의 조건을 변화시키고, 유리관내에서 흐르는 착색액의 모양을 조사하였다. 그 결과에 의하면, 유리관이 가늘고 유량이 작은 경우에는 주입한 착색액은 유리관의 전 길이에 걸쳐서 관의 축 방향으로 직선을 이루며 흐르는 것을 관찰하였다. 그러나 유속을 증대시켜 가면 착색액은 점차로 파형(波形)으로 흐트러지게 되며, 또한 유리관의 직경을 크게 하고 유속을 증대시키며 동점성계수를 감소시키면 착색액은 불규칙한 파상(波狀)으로 되어 관 단면 전체로 확대되는 것을 관찰하였다.

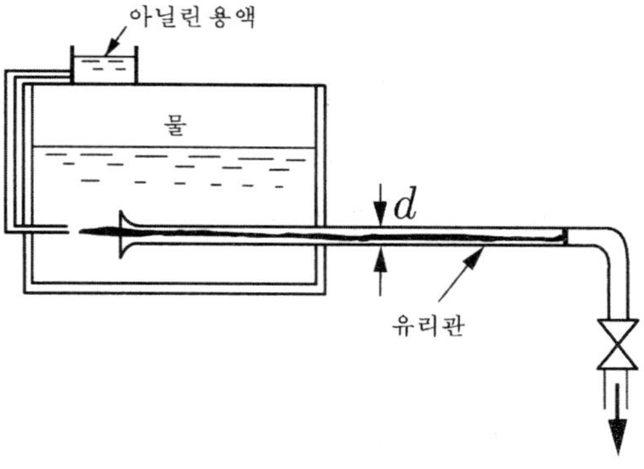

[그림 5.1] 레이놀즈의 실험

이것은 유속과 관경이 작을수록, 물의 입자와 착색액의 입자는 서로 혼합하지 않고 일정하게 축방향으로 이동하는데, 유속과 관경이 증대되고 동점성계수를 감소시키면 유체는 관축에 수직한 방향으로도 속도성분을 갖게 되어 혼합상태로 됨을 나타낸다. 이 두 가지 흐름의 상태는 그의 이름을 따서 **레이놀즈수**(Reynolds number)라 불리는 무차원수 Re로 정해진다는 것을 발견하였으며, 다음과 같이 표시하였다.

$$Re = \frac{\rho v d}{\mu} = \frac{vd}{\nu} \qquad \cdots\cdots \ (5.1)$$

위 식의 v, d는 각각 흐름을 나타내는 대표속도, 대표길이이며, 관내 유동에서는 각각 평균속도, 내경이 된다. $\nu(=\mu/\rho)$는 동점성계수, ρ는 밀도, μ는 점성계수이다.

원관이 아닌 경우의 대표길이는 **수력직경**(hydraulic diameter) $D_h=4R_h$로 하며, R_h는 수력반경으로 다음과 같이 표시된다.

$$R_h = \frac{A}{S} \qquad \cdots\cdots \ (5.2)$$

여기서 A는 단면적, S는 접수(接水)길이이다. 예로서 4각 덕트의 두 변의 길이가 각각 a, b이면 $D_h=4R_h=4ab/2(a+b)=2ab/(a+b)$가 되며, 환상원관(외경 D, 내경 d)에서는 $D_h=4R_h=4(\pi/4)(D^2-d^2)/\pi(D+d)=(D-d)$가 대

표길이가 된다.

레이놀즈수의 물리적 의미는, 유체가 갖는 관성력에 의한 힘과 점성력과의 비이다. Re가 어떤 값 Re_c보다 작은 흐름은 **층류**(laminar flow, 層流)이고, Re_c보다 큰 흐름은 **난류**(turbulent flow, 亂流)가 된다. 이 Re_c를 **임계**(臨界) **레이놀즈수**(critical Reynolds number)라고 한다.

원관 내 유동에서의 임계 레이놀즈수 Re_c는 Schiller에 의하면

$$Re_c = 2320$$

으로 나타내고 있다. 그런데 난류 상태의 흐름으로부터 속도가 감소하여 층류로 바뀌는 한계의 레이놀즈수를 하임계 레이놀즈수, 층류 상태의 흐름으로부터 속도가 증가하여 난류로 바뀌는 한계의 레이놀즈수를 상임계 레이놀즈수라 하며, 보통 상임계 레이놀즈수는 5000이 상한이지만, $Re_c=10000$까지도 층류 상태를 유지하는 경우가 있다.

원관이 아닌 경우의 흐름에 대한 임계 레이놀즈수는 다음과 같이 정하고 있다.

평행평판 사이의 흐름 : $Re_c \fallingdotseq 1000$ (평균속도 : v, 대표길이 : 판 사이 간격)

개수로(開水路)의 흐름 : $Re_c \fallingdotseq 500$ (평균속도 : v, 대표길이 : 수심)

구(sphere, 球) 주위의 흐름 : $Re_c \fallingdotseq 1$ (근접속도 : v, 대표길이 : 구의 직경)

5.1.2 층류유동

층류유동(laminar flow, 層流流動)은 유체입자가 얇은 층을 이루며 유적선을 따라 운동하는데, 이 때 서로 다른 유선을 가로지르지 않고 자기 유선을 따라 운동하므로 이웃하는 층과 층은 매끄럽게 미끄러지면서 흐른다. 난류로 전향하려는 경향은 인접층간의 상대운동을 저지시키는 점성 전단력에 의하여 억제된다.

이와 같은 층류유동은 주로 낮은 유속에서 나타나며 유체의 점성이 유동의 성질에 중요한 역할을 한다. 일반적으로 관내 유동에서는 $Re \leq 2320$의 경우를 층류로 취급한다.

이러한 층류에서는 흐름을 가로지르는 속도성분이 없으므로, 즉 불규칙적인 와동현상이 없으므로 흐름을 방해하는 요소는 유체의 점성계수 μ와 유동방향에 대한 속도구배 du/dy(u : 유동방향의 속도성분, y : 유동방향에 대한 직각좌표)로서 표시되는 뉴턴의 점성법칙에 의한 전단응력이 작용한다.

$$\tau_l = \mu \frac{du}{dy} \qquad \cdots\cdots (5.3)$$

이 전단응력 τ_l은 인접하는 층 사이에서 일어나는 전단응력이다.

5.1.3 난류유동

공학상 실제로 일어나는 대부분의 흐름, 예를 들면 플랜트에서의 유체 수송관, 터보기계의 회전차 등의 내부 흐름은 속도, 압력, 온도 등이 시간적으로 불규칙하게 변하고 있다. 이와 같이 속도 등이 시간적으로 불규칙한 변동 성분을 갖는 흐름을 **난류유동**(turbulent flow, 亂流流動)이라 한다. 유동장내의 어느 한 점에서 순간 순간의 속도를 열선 풍속계를 이용하여 측정한 예를 그림 5.2에 표시하였으며, 유속 u는 시간의 경과와 더불어 계속 변동하고 있다. 이 변동속도 성분 u'은 보통의 흐름에서는 시간 평균속도 $\bar{u}$에 대하여 1~3% 정도이다.

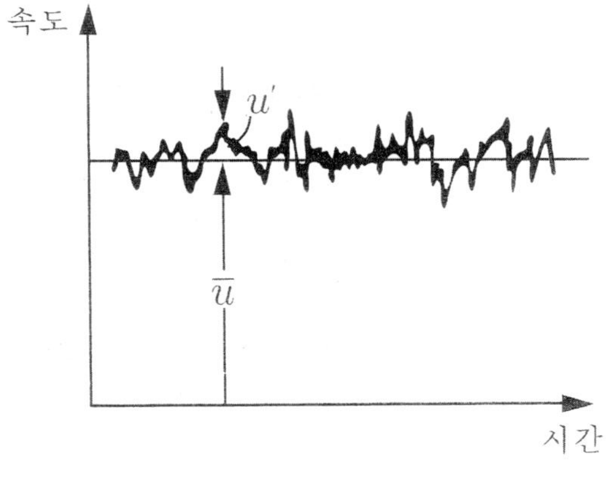

[그림 5.2] 난류

또한, 난류에서는 공간적인 관점에서 유체의 속도성분이 변동한다. 그 모양을 층류의 경우와 더불어 유체 입자의 거동에 대하여 그림 5.3에 표시하였다.

레이놀즈수가 작은 층류에서는 속도가 빠른 유체 입자와 느린 유체 입자가 점성에 의해 서로 맞당기면서 그림 5.3(a)와 같이 정연하게 흐른다. 그러나 레이놀즈수가 커져 난류가 되면 이와 같은 흐름은 불안정하고, 그림 5.3(b)와 같은 와동이 발생한다. 이 와동의 방향은 3차원적이며 와동의 크기나 세기도 가지각색이다. 또 그 발생 장소나 주기도 대단히 불규칙하다.

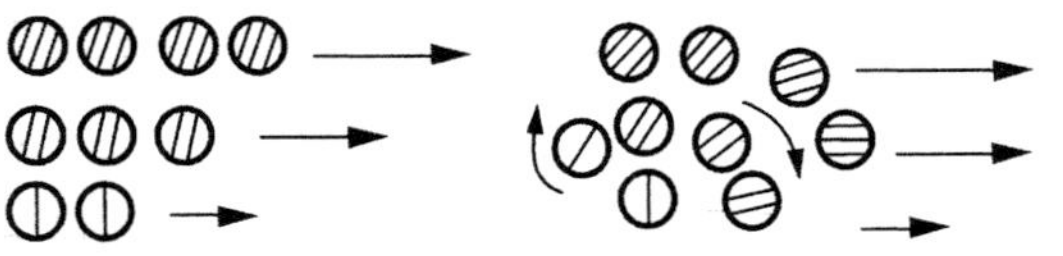

(a) 층류 (b) 난류

[그림 5.3] 층류 및 난류에서 유체 입자의 운동

전단류에 있어서 이러한 난류의 와동현상은 속도 또는 온도가 높은 유체와 낮은 유체를 혼합시키는 작용을 하므로, 층류에 비하여 운동량이나 열량의 전달능력이 대단히 크고, 그 결과 층류의 경우와는 속도분포나 온도분포가 달라진다.

그림 5.4에는 관내의 속도분포를 층류와 난류의 경우에 대하여 정성적으로 비교하였다.

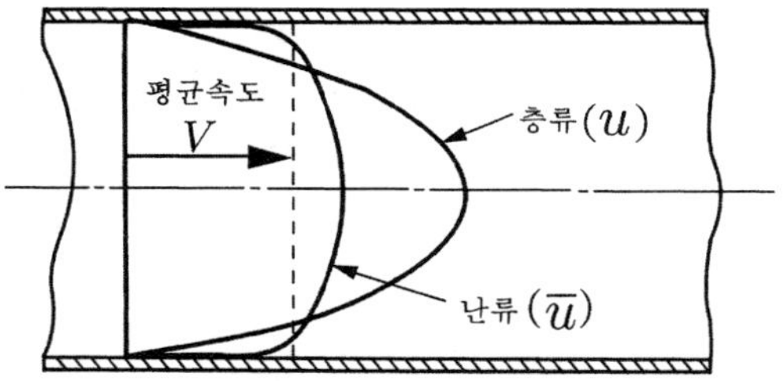

[그림 5.4] 관내 유동의 속도 분포

그림 5.4에서 층류의 경우는 후술하는 바와 같이 포물선 형태의 속도분포를 이룬다. 그러나 난류의 경우, 벽면으로부터 떨어진 단면상에서는 와동에 의하여 속도가 일정해지는 경향을 볼 수 있다. 한편, 벽면 근처에서는 흐름이 벽면

에 막히므로 벽면에 수직방향 속도성분이 없어지며 와동입자가 존재하지 않게 된다. 이와 같이 벽면에 극히 가까운 얇은 층을 **점성저층**(viscous layer, 粘性底層)이라 한다.

점성저층이 형성됨에 따라 벽면에서의 전단응력은 층류의 경우와 마찬가지로

$$\tau_o = \mu \left(\frac{d\overline{u}}{dy} \right)_{y=0}, \quad (\overline{u} : \text{시간 평균속도})$$

로 주어진다. 벽면에서 어느 정도 떨어진 위치에서부터 속도가 거의 일정해짐에 따라 점성저층에 있어서의 속도구배 $d\overline{u}/dy$가 증가하므로 벽면에 작용하는 전단응력은 층류에 비하여 훨씬 크다. 그 전단응력에 대하여 기술한다.

(1) 레이놀즈 응력

그림 5.2에서 관내유동이 난류인 경우, x 방향의 속도를 u, y 방향의 속도를 v라 하면

$$u = \overline{u} + u' \qquad \cdots\cdots (5.4a)$$

$$v = \overline{v} + v' \qquad \cdots\cdots (5.4b)$$

로 표시되며, $\overline{u}$, $\overline{v}$는 각각 x 방향 및 y 방향의 속도에 대한 시간적 평균속도로서 정상류에서는 일정치가 된다.

$$\overline{u} = \frac{1}{T} \int_0^T u dt \qquad \cdots\cdots (5.5a)$$

$$\overline{v} = \frac{1}{T} \int_0^T v dt \qquad \cdots\cdots (5.5b)$$

u' 및 v'은 각각 x 방향 및 y 방향에 대한 속도의 변동성분으로서 **난류속도**(turbulent velocity, 亂流速度)라 하며, 시간 평균치는 0이 된다.

$$\frac{1}{T} \int_0^T u' dt = \overline{u'} = 0 \qquad \cdots\cdots (5.6a)$$

$$\frac{1}{T} \int_0^T v' dt = \overline{v'} = 0 \qquad \cdots\cdots (5.6b)$$

x 방향으로 유체가 $u(=\bar{u}+u')$의 속도로 난류유동을 할 때 y 방향으로의 속도성분은 v'이며 이로 인한 y 방향으로의 질량유량은 $\rho v' dA$(그림 5.5 참조)이며, 이 흐름은 결국 x 방향으로 유동하므로 x 방향의 운동량 $\rho v' udA$를 갖게 된다. 이 때 $\rho v' u=\rho v'(\bar{u}+u')$의 시간 평균치는 전단응력이므로

$$\rho\ \overline{v'(\bar{u}+u')}=\rho\ \overline{v'\bar{u}}+\rho\ \overline{u'v'}=0+\rho\ \overline{u'v'} \quad \cdots\cdots (5.7)$$

여기서, $\rho\ \overline{u'v'}$는 x축에 평행한 면에 작용하는 전단응력이며, 정(正)방향의 x축에 작용하는 속도변동에 의한 전단응력, 즉 **레이놀즈 응력**(Reynolds stress) τ_t이다.

$$\tau_t=-\rho\ \overline{u'v'} \quad \cdots\cdots (5.8)$$

위 식에서 음(−)의 부호는, $d\bar{u}/dy>0$일 때는 u'와 v'의 부호가 상반되는 확률이 높아지므로 $\overline{u'v'}$는 음의 부호가 되어, 양의 값으로 하기 위함이다.

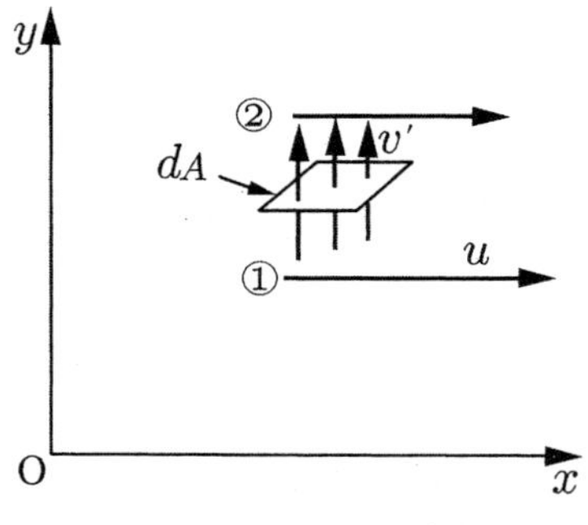

[그림 5.5] 난류에 의한 운동량 수송

따라서 난류 유동장에서의 전단응력 τ는, 점성에 의한 층류 마찰응력 τ_l과 난류 전단응력 τ_t의 합으로서 다음과 같다.

$$\tau=\tau_l+\tau_t=\mu\frac{d\bar{u}}{dy}+(-\rho\ \overline{u'v'}) \quad \cdots\cdots (5.9)$$

(2) Boussinesq의 식

레이놀즈 응력은 아직도 충분히 이론해석이 되어있지 않으며, 1887년에 Boussinesq는 레이놀즈 응력 τ_t에 대해서도 층류의 전단응력의 경우와 마찬가지로 다음 식으로 구하였다.

$$\tau_t = -\rho \overline{u'v'} = \tau A \frac{d\bar{u}}{dy} \quad \cdots\cdots (5.10)$$

따라서 난류 유동장의 전단응력 τ는

$$\tau = \tau_l + \tau_t = (\mu + \tau A)\frac{d\bar{u}}{dy} = \rho(\nu + \varepsilon)\frac{d\bar{u}}{dy} \quad \cdots\cdots (5.11)$$

이 된다. $\tau A = \rho\,\varepsilon$은 **난류점성계수**(turbulent viscosity, 亂流粘性係數), ε은 **와점성계수**(eddy viscosity, 渦粘性係數)라 한다.

(3) 운동량 수송이론

1925년 Prandtl은 기체 분자 운동론으로부터 유체입자의 운동량이 어느 거리(l)만큼 수송되어 주위의 유체와 혼합한다고 가정하였으며, 다음의 식으로 표현하였다.

$$|\overline{u'}| \approx l \left| \frac{d\bar{u}}{dy} \right|, \quad |\overline{u'}| \approx |\overline{v'}| \quad \cdots\cdots (5.12)$$

$|\overline{u'}|$는 속도 변동성분 u'의 절대치에 대한 시간 평균치이다. 따라서 레이놀즈 응력 τ_t는 다음 식으로 나타낼 수 있다.

$$\tau_t = -\rho\overline{u'v'} = \rho l^2 \left| \frac{d\bar{u}}{dy} \right| \frac{d\bar{u}}{dy} = \rho\varepsilon\frac{d\bar{u}}{dy} \quad \cdots\cdots (5.13)$$

여기서 l을 Prandtl의 **혼합거리**(mixing length)라 한다.

혼합거리 내에서는 운동량이 보존되면서 운반되므로 **운동량 수송이론**(momentum transfer theory, 運動量 輸送理論)이라 한다. Prandtl의 가정에서는 혼합거리 l은 벽으로부터의 거리 y에 비례하며, 벽 근처에서는 $l=ky(k$:

상수)의 관계가 있다.

5.2 점성유체의 운동방정식

점성이 없는 이상유체(理想流體)에 대해서는 Euler의 운동방정식(3.23)이 얻어지고 있지만, 점성유체에 대해서는 우변의 압력 항과 체적력의 항 외에 유체의 점성에 의한 변형에 따르는 점성력(부록 A참조)을 부가하여 운동방정식을 얻을 수 있다. 단, 식(3.23)은 단위 질량에 대한 항들로 구성되어 있으므로 부록 A의 식(A−5a), (A−5b), (A−5c)을 질량 $\rho\, dx\, dy\, dz$로 나누어 우변에 부가한다.

따라서 비압축성, 점성유체에 대한 x, y, z 방향의 운동방정식은 각각

$$\frac{\partial u}{\partial t}+u\frac{\partial u}{\partial x}+v\frac{\partial u}{\partial y}+w\frac{\partial u}{\partial z}=-\frac{1}{\rho}\frac{\partial p}{\partial x}+X+\nu\left(\frac{\partial^2 u}{\partial x^2}+\frac{\partial^2 u}{\partial y^2}+\frac{\partial^2 u}{\partial z^2}\right) \quad \cdots\cdots (5.14a)$$

$$\frac{\partial v}{\partial t}+u\frac{\partial v}{\partial x}+v\frac{\partial v}{\partial y}+w\frac{\partial v}{\partial z}=-\frac{1}{\rho}\frac{\partial p}{\partial y}+Y+\nu\left(\frac{\partial^2 v}{\partial x^2}+\frac{\partial^2 v}{\partial y^2}+\frac{\partial^2 v}{\partial z^2}\right) \quad \cdots\cdots (5.14b)$$

$$\frac{\partial w}{\partial t}+u\frac{\partial w}{\partial x}+v\frac{\partial w}{\partial y}+w\frac{\partial w}{\partial z}=-\frac{1}{\rho}\frac{\partial p}{\partial z}+Z+\nu\left(\frac{\partial^2 w}{\partial x^2}+\frac{\partial^2 w}{\partial y^2}+\frac{\partial^2 w}{\partial z^2}\right) \quad \cdots\cdots (5.14c)$$

가 되며, 이 식을 Navier-Stokes의 운동방정식(Navier−Stokes equation)이라 한다. 이들 좌변 제1항은 비정상류의 항, 제2~4항은 대류항, 우변 제1항은 압력항, 제2항은 체적력의 항, 제3항은 점성력의 항이다.

Navier−Stokes의 식은, 연속 방정식(점성의 유무에 관계없이 성립함)

$$\frac{\partial u}{\partial x}+\frac{\partial v}{\partial y}+\frac{\partial w}{\partial z}=0$$

과 연립하여 주어진 경계조건 및 초기조건에 대하여 풀어야 하는데, 특수한 경우를 제외하고는 일반적으로 엄밀해를 얻는 것이 불가능하여 근사적 또는 수치

적으로 해를 얻는 경우가 대부분이다. 그 예로서는 레이놀즈수가 작은 흐름으로서 유체의 점성계수가 대단히 큰 경우, 또는 유동장에서 그 대표치수가 극히 작은 경우 등에서는 관성력을 무시하고 압력에 의한 힘과 점성력의 평형식을 고려하여 해를 얻는다.

5.3 원관내의 유동

5.3.1 원관내의 층류

원관 내의 흐름에서 평균속도를 u_m으로 표시할 때, 레이놀즈수 $Re = u_m d / \nu$ <2320의 범위에서는 유체의 점성효과가 크므로 층류유동이 된다. 그림 5.6에서 반경 r_o의 단면적이 일정한 수평 원관 내를 비압축성, 점성유체가 정상류, 층류로 흐를 때, 관축 x의 수직 단면상의 압력은 일정하며 유체는 관의 축 방향으로 흐르고 반경방향의 속도성분은 없다고 하자.

그림 5.6과 같이 흐름 속에 길이 dx, 반경 r의 원주부분을 취하여, 이 내부의 유체에 대하여 힘의 평형 식을 표시하면 다음과 같다.

$$p\pi r^2 - \left(p + \frac{dp}{dx}dx\right)\pi r^2 - \tau \cdot 2\pi r dx = 0$$

$$\therefore \quad \tau = -\frac{r}{2}\frac{dp}{dx} \qquad \cdots\cdots (5.15)$$

층류에서의 전단응력은 뉴턴의 점성법칙에서 $r>0$에서는 r의 증가에 따라 속도가 감소하여 속도구배 du/dr의 부호는 음(−)으로 되어

$$\tau = -\mu\frac{du}{dr} \qquad \cdots\cdots (5.16)$$

이 되며, 식(5.15)와 식(5.16)을 등식으로 놓으면 다음과 같이 된다.

$$\frac{du}{dr} = \frac{r}{2\mu}\frac{dp}{dx} \qquad \cdots\cdots (5.17)$$

압력 p는 x만의 함수이므로 dp/dx는 r에 대하여 상수가 됨에 따라 우변의 적분이 가능하다. 따라서 식(5.17)을 적분하면

$$u = \frac{r^2}{4\mu}\frac{dp}{dx} + c \qquad \cdots\cdots (5.18)$$

경계조건 $r=r_o$에서 $u=0$을 위 식에 적용하여 정리하면 다음과 같은 속도분포의 식이 얻어진다.

$$u = -\frac{1}{4\mu}\frac{dp}{dx}({r_o}^2 - r^2) \qquad \cdots\cdots (5.19)$$

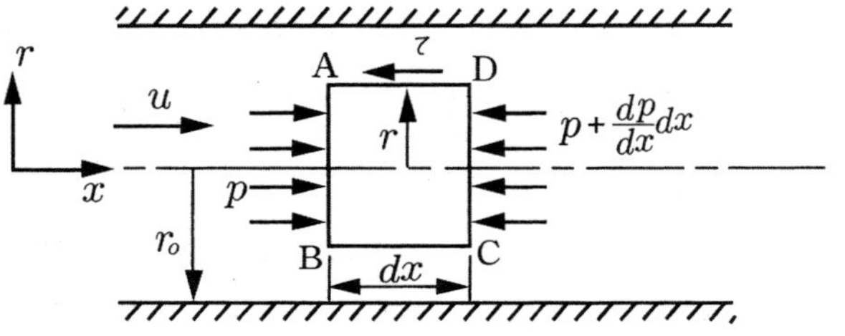

[그림 5.6] 유체의 원주요소에 작용하는 힘

위 식으로부터 원관 내의 층류 속도분포는 $r=0$를 정점으로 하는 회전 포물면임을 알 수 있다. $u>0$이 되기 위해서는 $dp/dx<0$이므로 압력은 흐름의 방향으로 감소한다.

중심선상에서 속도가 최대이므로 식(5.19)에 $r=0$를 대입하면 최대속도는 다음과 같다.

$$u_{max} = -\frac{{r_o}^2}{4\mu}\frac{dp}{dx} \qquad \cdots\cdots (5.20)$$

또 마찰응력 τ의 크기는

$$\tau = \mu\frac{du}{dr} = \frac{r}{2}\frac{dp}{dx} \qquad \cdots\cdots (5.21)$$

로 표시되며, 관 중심으로부터 반경방향으로 증가하여 벽면에서 최대가 된다.

속도분포 및 전단응력(마찰응력) 분포는 그림 5.7에 나타내었다.

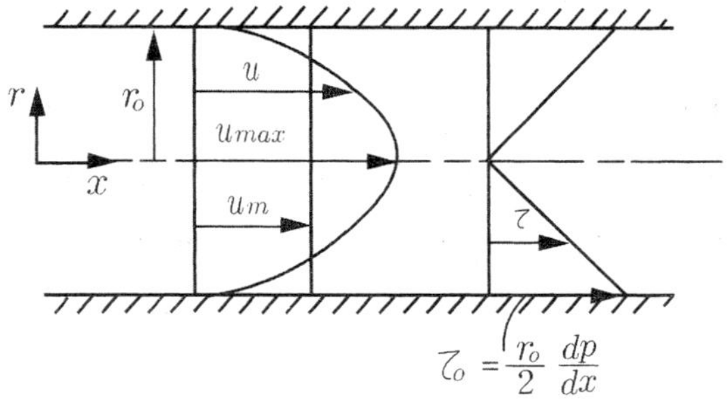

[그림 5.7] 원관내 유동의 속도 및 전단응력분포

한편, 원관 내를 흐르는 유량은 속도분포의 식(5.19)를 이용하면

$$Q = \int_0^{r_o} 2\pi r u dr = -\frac{2\pi}{4\mu}\frac{dp}{dx}\int_0^{r_o}(r_o^2 - r^2) r dr$$

$$= -\frac{\pi r_o^4}{8\mu}\frac{dp}{dx} \qquad \cdots\cdots (5.22)$$

평균속도 u_m은

$$u_m = \frac{Q}{\pi r_o^2} = -\frac{r_o^2}{8\mu}\frac{dp}{dx} = \frac{1}{2}u_{\max} \qquad \cdots\cdots (5.23)$$

이 되어, 식(5.20)과 비교하면 중심선상의 최대속도의 1/2임을 알 수 있다.

식(5.22)에서 $-dp/dx$를 길이 l만큼 흐르는 사이의 압력강하 $\Delta p/l$로 표시하면

$$Q = \frac{\pi r_o^4}{8\mu l}\Delta p = \frac{\pi d^4}{128\mu l}\Delta p \qquad \cdots\cdots (5.24a)$$

$$\therefore \Delta p = \frac{128\mu l Q}{\pi d^4} \qquad \cdots\cdots (5.24b)$$

이 되며, 여기서 d는 관의 직경이다. 식(5.24)를 Hagen-Poiseuille의 식이라 한다.

경사 원관의 경우에는 식(5.15)~(5.23)에서 $\dfrac{dp}{dx}$를 $\dfrac{d(p+\gamma z)}{dx}$로 대치시켜 구할 수 있다.

예제 5.1

밀도 850[kg/m³], 점성계수 2.5×10^{-3}[Pa·s]인 기름이 내경 20[mm], 길이 1[m]인 수평관내를 100[cm³/s]의 유량이 흐르고 있다. 이 때 압력 강하량을 구하라.

[풀이] 유속 $v=\dfrac{Q}{A}=\dfrac{100\times10^{-6}}{(\pi/4)\times0.02^2}=0.3183m/s$

$$\therefore\ Re=\frac{\rho vd}{\mu}=\frac{850\times0.3183\times0.02}{2.5\times10^{-3}}=2164.4<2320$$

따라서 층류이므로, 식(5.24b)로부터

$$\Delta p=\frac{128\mu lQ}{\pi d^4}=\frac{128\times2.5\times10^{-3}\times1\times100\times10^{-6}}{\pi\times0.02^4}=63.66Pa$$ ■

예제 5.2

동점성계수 2.4×10^{-4}[m²/s], 비중 0.8인 기름을 1[km] 떨어진 곳으로 수평 원관을 통하여 송유한다. 관직경 80[mm], 유량 0.015[m³/s]일 때, 1[km] 거리에서의 손실수두를 구하라. 또 송유하는데 필요한 펌프의 동력은 몇 kW인가?

[풀이] $Re=\dfrac{uD}{\nu}=\dfrac{4QD}{\pi D^2\nu}=\dfrac{4\times0.015\times0.08}{\pi\times0.08^2\times2.4\times10^{-4}}=994.7<2320$

∴ 층류, 따라서 Hagen-Poiseuille의 식을 적용할 수 있다.

$$\Delta p=\gamma H_l=\frac{128\mu lQ}{\pi D^4}=\frac{128\rho\nu lQ}{\pi D^4}$$

$$\therefore\ \text{손실수두}\ H_l=\frac{128\nu lQ}{\pi D^4 g}=\frac{128\times2.4\times10^{-4}\times1000\times0.015}{\pi\times0.08^4\times9.8}=365.4m$$

펌프동력 $P=\gamma H_lQ=9800\times0.8\times365.4\times0.015=42971W=42.971$ [kW]

■

예제 5.3

그림(ex5.3)과 같은 경사 원관에 밀도 815[kg/m^3], 점성계수 0.04[Pa · s]인 유체가 흐르고 있다. 유동방향을 결정하고 유량과 레이놀즈수를 각각 구하라.

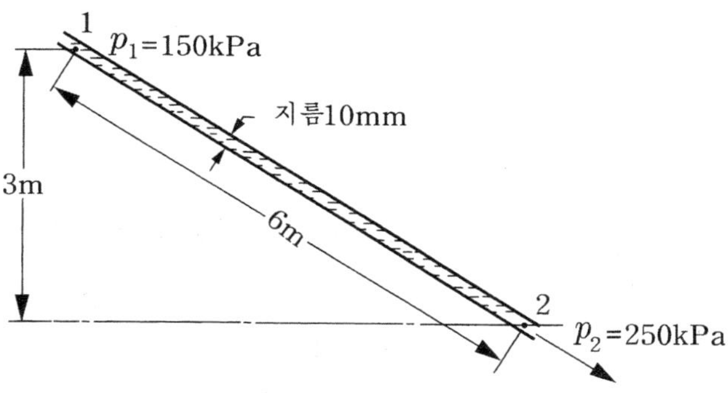

[그림(ex5.3)]

[풀이]

$$p_1 + \rho g z_1 = 150\times10^3 + 815\times9.8\times3 = 173961Pa$$

$$p_2 + \rho g z_2 = 250000Pa$$

∴ 단면 2의 에너지가 단면 1보다 크므로 유동방향은 2에서 1로 흐른다. 유량은 식(5.22)의 $\frac{dp}{dx}$ 대신에 $\frac{d}{dx}(p+\gamma z)$로 대치하면 되므로

$$\frac{d}{dx}(p+\gamma z) = \frac{250000-173961}{6} = 12673\ N/m^3$$

따라서 유량 Q는 식(5.24a)에서 $\Delta p/l = 12673\ N/m^3$이므로

$$Q = \frac{\pi r_o^{\ 4}}{8\mu}\frac{\Delta p}{l} = \frac{\pi\times0.005^4}{8\times0.04}\times12673 = 7.776\times10^{-5}m^3/s$$

평균속도 $u_m = \frac{Q}{A} = \frac{7.776\times10^{-5}}{(\pi/4)\times0.01^2} = 0.99m/s$

레이놀즈수 $Re = \frac{\rho u_m d}{\mu} = \frac{815\times0.99\times0.01}{0.04} = 201.7$

$Re < 2320$이므로 층류유동이 확인되어, 위에서 구한 유량과 속도의 값은 타당하다.■

5.3.2 원관 내의 난류

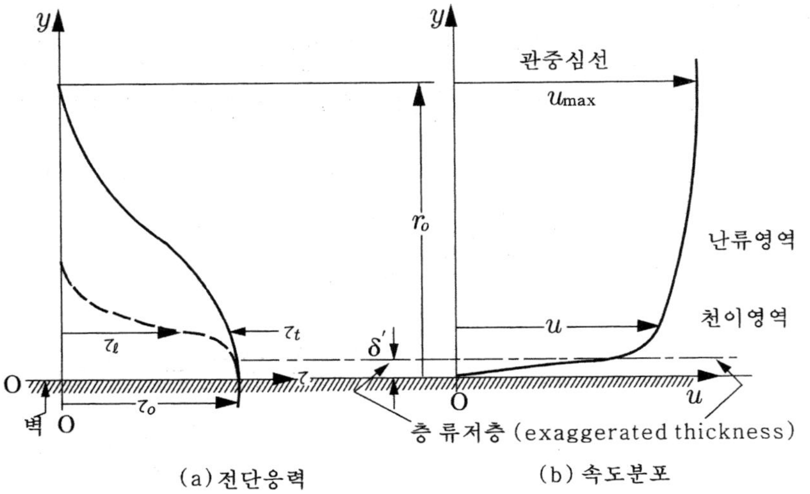

[그림 5.8] 원관의 난류 흐름

원관 내의 난류유동은 층류에 비해서 훨씬 복잡하며 벽 근처의 난류흐름은 그림 5.8과 같이 3개의 층으로 구분하기도 한다. 즉 **층류저층**(laminar sublayer, 層流底層) 또는 **점성저층**(viscous sublayer, 粘性底層)이라고 불리는 벽면 근처의 얇은 층은 전체 흐름이 난류라 하더라도 층류의 성질을 가지므로 뉴턴의 점성법칙을 만족하며, 그 두께를 δ'라 표시하였다. $y > \delta'$ 영역에서는 난류의 성질을 갖는 영역이 된다.

(1) $\frac{1}{7}$승 법칙의 속도분포

원관 내의 난류 속도분포는 Prandtl에 의하여 다음과 같은 지수공식으로 제안되었다.

$$\frac{u}{u_{max}} = \left(\frac{y}{r_o}\right)^{\frac{1}{n}}, \qquad (0 \le y \le r_o) \qquad \cdots\cdots (5.25)$$

여기서 r_o는 원관의 반경, u_{max}은 최대속도이다. 이 식에서 표시한 지수 n은 레이놀즈수에 따라 변화하여 $Re = 4\times10^3$, 10^5, 10^6, ……에 대응하여 $n = 6$, 7, 9, ……의 값을 갖는다.

또 식(5.25)를 이용하여 다음의 연속의 식

$$Q = \int_0^{r_o} u 2\pi (r_o - y)\, dy = \pi r_o^2 u_m$$

으로부터, 평균속도 u_m을 다음과 같이 얻을 수 있다.

$$\frac{u_m}{u_{\max}} = \frac{2n^2}{(n+1)(2n+1)} \qquad \cdots\cdots (5.26)$$

이와 같이 지수공식을 이용하여 속도분포를 표시하는 것은 이론적 근거가 결핍되어 있지만, 표시가 간단하므로 난류 유속 분포식으로 널리 사용되고 있다. 단, 실제의 흐름은 관 축에 대하여 대칭이 되어 $(du/dy)_{y=ro}=0$을 만족해야 하지만 식(5.25)는 이 조건을 만족하지 못한다. 따라서 관 중심부근에서는 실제와 일치하지 않는 경우가 많다. 또 $y=0$(벽면)에서도 $du/dy=\infty$가 되는 결점이 있으므로, 직접 유속분포를 기초로 하여 벽면상의 전단응력을 구할 수 없다.

특히 관 마찰계수 f에 대한 Blausius의 공식(6장 참조)과 연관하여 $u_{\max} \propto r_o^{1/7}$의 관계가 얻어져 $n=7$이 되는 경우에 대응하여

$$\frac{u}{u_{\max}} = \left(\frac{y}{r_o}\right)^{\frac{1}{7}} \qquad \cdots\cdots (5.27)$$

이 되며, 이 식을 **$\frac{1}{7}$승 법칙의 속도분포**라 한다.(부록 E 참조)

실험에 의하면 평균속도 u_m은 다음의 관계식으로 표시된다.

$$u_m = \left(\frac{1}{1.22} \sim \frac{1}{1.25}\right) u_{\max} \qquad \cdots\cdots (5.28)$$

(2) 대수법칙의 속도분포

전술한 바와 같이 그림 5.8의 층류저층($y \leq \delta'$)에서는 층류의 성질을 가지므로 속도분포가 직선적이며, 벽면 전단응력 τ_o는 층류의 점성계수와 관련하여 다음과 같이 표시할 수 있다.

$$\frac{\tau_o}{\rho} = \frac{\mu}{\rho}\frac{u}{y} = \nu\frac{u}{y}, \quad (y \le \delta') \qquad \cdots\cdots (5.29)$$

. 여기서 **마찰속도**(friction velocity, 摩擦速度) u_*를 다음과 같이 정의한다.

$$u_* = \sqrt{\frac{\tau_o}{\rho}} \qquad \cdots\cdots (5.30)$$

식(5.30)을 식(5.29)에 적용하면 층류저층 내의 속도분포는 다음과 같다.

$$\frac{u}{u_*} = \frac{u_* y}{\nu}, \quad (y \le \delta', \quad \delta' = 5\frac{\nu}{u_*}) \qquad \cdots\cdots (5.31)$$

난류영역에서는, Prandtl에 의하면 $\overline{u}$ 를 u로 표기할 때 식(5.13)은

$$\tau = \rho l^2 \left(\frac{du}{dy}\right)^2 = \rho k^2 y^2 \left(\frac{du}{dy}\right)^2 \qquad \cdots\cdots (5.32)$$

으로 표시되며, 여기서 혼합거리 $l=ky$(k는 상수)로 표시한 것이다.

또 실험에 의하면 관벽 근처에서는 τ가 거의 일정하며 벽면상의 전단응력 τ_o와 거의 같다. 즉

$$\tau \fallingdotseq \tau_o = const$$

로 보아도 된다. 따라서 식(5.30)과 식(5.32)로부터 다음의 관계가 얻어진다.

$$\frac{du}{dy} = \frac{u_*}{ky} \qquad \cdots\cdots (5.33)$$

위 식을 적분하면

$$u = \frac{u_*}{k}(\ln y + c) \qquad \cdots\cdots (5.34)$$

벽면 근처의 흐름을 생각하여 이 식이 유도되었지만, $y \to 0$에서는 $u \to -\infty$가 되는데, 당연히 $(u)_{y=0}=0$이 되어야 함과 모순이 생긴다. 이것은, 벽면과 아주

가까운 근처에서는 난류혼합이 제한되어 점성이 크게 영향을 미침에도 불구하고 이것을 무시하고 레이놀즈 응력만을 고려했기 때문으로 생각된다.

층류저층에서는

$$\tau = \mu \frac{du}{dy} \doteqdot \tau_o = const$$

로 볼 수 있으므로

$$\frac{du}{dy} = \frac{\tau_o}{\mu} = \frac{\rho u_*^2}{\mu} = \frac{u_*^2}{\nu}$$

위 식을 적분하여 경계조건 $y=0$: $u=0$을 적용하면 다음 식이 얻어진다.

$$u = \frac{u_*^2}{\nu} y \qquad \cdots\cdots (5.35)$$

식(5.35)에 있어서 $u=\beta u_*$(β는 미정계수)의 속도를 경계로 하여 이보다 큰 속도에서는 난류혼합이 행해지는 경계위치 $y=\delta'$를 식(5.35)에 적용하면 $\delta'=\beta\nu/u_*$이 되며, $y=\delta'$를 경계로 하여 $y \geq \delta'$의 난류영역의 속도분포를 구하기 위하여 경계조건 $y=\delta'$: $u=0$를 식(5.34)에 적용하면

$$c = -\ln\delta' = -\ln\left(\frac{\beta\nu}{u_*}\right)$$

이 얻어져, 식(5.34)에 대입하여 정리하면 다음과 같이 된다.

$$\frac{u}{u_*} = \frac{1}{k}\left(\ln\frac{u_* y}{\nu} - \ln\beta\right) \qquad \cdots\cdots (5.36)$$

실험결과에 의하면 $k=0.4$, $-\frac{\ln\beta}{k}=5.5$이므로 식(5.36)은

$$\frac{u}{u_*} = 2.5\ln\frac{u_* y}{\nu} + 5.5$$

또는 $$\frac{u}{u_*} = 5.75 \log \frac{u_* y}{\nu} + 5.5 \qquad \cdots\cdots (5.37)$$

이 되어, 이 식을 난류 속도분포식으로서 Prandtl의 **벽법칙**이라 한다.

한편, 평균속도 u_m은 식(5.33)을 적분하고, 경계조건 $y = r_o$: $u = u_{max}$을 적용하여 속도 u를 구하고, 연속방정식

$$Q = \pi \ r_o^2 u_m = \int_0^{r_o - \delta'} u \, 2\pi(r_o - y) dr$$

로부터 구하면 다음 식을 얻을 수 있다.

$$u_m = u_{max} - \frac{3}{2} \frac{u_*}{k} \qquad \cdots\cdots (5.38)$$

각 영역은 다음과 같이 분류한다.

$$\frac{u_* y}{\nu} < 5 \quad : \text{층류저층}$$

$$5 < \frac{u_* y}{\nu} < 70 \quad : \text{천이영역}$$

$$\frac{u_* y}{\nu} > 70 \quad : \text{난류영역}$$

또한 매끈한 관이나 거친 관에 모두 적용할 수 있는 무차원 속도의 식은 다음과 같이 표시되며

$$\frac{u_{max} - u}{u_*} = 2.5 \ln \frac{r_o}{y} \qquad \cdots\cdots (5.39)$$

Nikuradse는 모래를 부착시킨 거친 원관에서 실험을 통하여 ε'를 모래입자의 입경(粒徑)으로 표시할 때 다음 식으로 속도분포를 표시하였다.

$$\frac{u}{u_*} = 2.5 \ln \frac{y}{\varepsilon'} + 8.48 \qquad \cdots\cdots (5.40)$$

예제 5.4

1[atm], 20[℃]의 공기가 직경 20[cm]의 원관 내를 완전히 발달한 상태로 흐르고 있다. 중심 축에서의 최대속도 u_{max}=5[m/s], 벽면 전단응력 τ_o=0.08 [N/m²]이다. (a) 마찰속도, (b) 평균속도, (c) 유량을 각각 구하라.

[풀이] (a) 완전기체의 상태 식

$$\rho = \frac{p}{RT} = \frac{101325}{287 \times 293.15} = 1.204 kg/m^3$$

$$\therefore \ u_* = \sqrt{\frac{\tau_o}{\rho}} = \sqrt{\frac{0.08}{1.204}} = 0.258 m/s$$

(b) 식(5.38)로부터

$$u_m = u_{max} - \frac{3}{2}\frac{u_*}{k} = 5 - \frac{3}{2} \times \frac{0.258}{0.4} = 4.0325 m/s$$

(c) $Q = Au_m = \frac{\pi}{4} d^2 u_m = \frac{\pi}{4} \times 0.2^2 \times 4.0325 = 0.1267 m^3/s$

위의 결과들은 난류에 적용한 경우이므로 Re를 구하면

$$Re = \frac{u_m d}{\nu} = \frac{4.0325 \times 0.2}{1.512 \times 10^{-5}} = 53340 > 2320$$

따라서 난류이므로 위의 결과는 타당하다. ■

예제 5.5

예제 5.4에서 $\frac{1}{7}$승법칙의 속도분포를 이룬다고 할 때, 평균속도 u_m과 유량 Q를 구하라.

[풀이] 식(5.26)으로부터

$$\frac{u_m}{u_{max}} = \frac{2n^2}{(n+1)(2n+1)} = \frac{2 \times 7^2}{8 \times 15} = 0.8167$$

$\therefore$ 평균속도 $u_m = 5 \times 0.8167 = 4.0835 m/s$

유량 $Q = \frac{\pi}{4} d^2 u_m = \frac{\pi}{4} \times 0.2^2 \times 4.0835 = 0.1283 m^3/s$ ■

예제 5.6

식(5.33)을 적분하여 원관 내 유동이 난류일 때 평균속도 u_m과 최대속도 u_{max} 사이의 관계식을 구하라.

[풀이] $y = r_o$에서 $u = u_{max}$이므로

$$\frac{u}{u_*} = \frac{u_{max}}{u_*} + \frac{1}{k}\ln\frac{y}{r_o}$$

유량 $u_m \pi r_o^2$은 속도를 전면적에 걸쳐 적분하여 얻을 수 있다.

$$u_m \pi r_o^2 = 2\pi\int_0^{r_o-\delta'} urdr = 2\pi\int_{\delta'}^{r_o}\left(u_{max} + \frac{u_*}{k}\ln\frac{y}{r_o}\right)(r_o - y)dy$$

방정식이 적용되는 범위는 난류영역에 한하므로 $y=0$에서는 적분을 수행할 수 없다. 또 층류영역을 흐르는 유량은 매우 적으므로 무시한다. 따라서

$$u_m = 2\int_{\delta'/r_o}^{1}\left(u_{max} + \frac{u_*}{k}\ln\frac{y}{r_o}\right)\left(1 - \frac{y}{r_o}\right)d\left(\frac{y}{r_o}\right)$$

여기서 적분변수는 y/r_o이다. 적분하면

$$u_m = 2u_{max}\left[\frac{y}{r_o} - \frac{1}{2}\left(\frac{y}{r_o}\right)^2\right]_{\delta'/r_o}^{1}$$
$$+ \frac{2u_*}{k}\left[\frac{y}{r_o}\ln\frac{y}{r_o} - \frac{y}{r_o} - \frac{1}{2}\left(\frac{y}{r_o}\right)^2\ln\frac{y}{r_o} + \frac{1}{4}\left(\frac{y}{r_o}\right)^2\right]_{\delta'/r_o}^{1}$$

δ'/r_o가 매우 작으므로 δ'/r_o와 $(\delta'/r_o)\ln(\delta'/r_o)$의 항들은 무시할 수 있다. 따라서

$$u_m = u_{max} - \frac{3}{2}\frac{u_*}{k} \quad \text{또는} \quad \frac{u_{max} - u_m}{u_*} = \frac{3}{2k}$$ ■

5.4 평행평판 사이의 층류유동

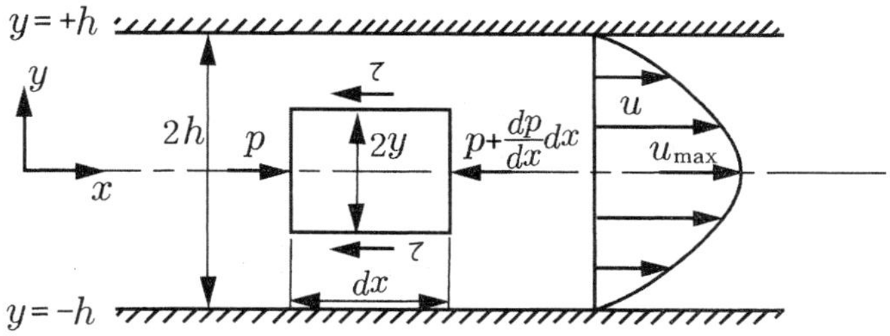

[그림 5.9] 평행평판 사이의 흐름

그림 5.9와 같이 판사이의 간격이 $2h$인 평행평판 사이의 층류흐름($Re = u_m(2h)/\nu < 1000$))을 생각하자.

그림에서 유체는 x 방향으로만 흐르며, y, z 방향의 속도성분은 없다고 한다. 흐름은 점성으로 인하여 벽면에서는 속도가 0, 중앙에서 속도가 최대이며, 속도분포는 중심선에 대하여 대칭이다. 따라서 중심선으로부터 y 방향으로 동일한 거리의 위치에서는 속도 및 전단응력이 같다. 또 흐름이 x 방향으로만 이루어지므로 압력이 x 방향으로는 변화하지만 횡단면내에서는 일정하다.

그림 5.9에서 단위폭($b=1$)을 갖는 직방체(가로 dx, 세로 $2y$)를 취하여, 힘의 평형은

$$p \cdot 2y - \left(p + \frac{dp}{dx}dx\right) \cdot 2y - 2\tau\, dx = 0$$

가 되며, 이로부터 전단응력은 다음의 식으로 표시할 수 있다.

$$\tau = -y\frac{dp}{dx} \qquad \cdots\cdots (5.41)$$

그림 5.9에서 좌표가 $y>0$의 경우, y의 증가와 더불어 속도는 감소하여 속도구배 du/dy의 부호는 음(−)의 값을 갖게 된다. 따라서 전단응력이 정(+)의 값을 갖도록 (−)부호를 붙여, 뉴턴의 점성법칙은

$$\tau = -\mu \frac{du}{dy} \qquad \cdots\cdots (5.42)$$

로 표시된다. 따라서 식(5.41)과 식(5.42)로부터

$$\frac{du}{dy} = \frac{1}{\mu}\frac{dp}{dx}y$$

를 얻는다. 압력구배는 y에 대하여 일정하므로, 위 식을 적분하면

$$u = \frac{1}{2\mu}\frac{dp}{dx}y^2 + c \qquad \cdots\cdots (5.43)$$

이며, 경계조건 $y = \pm h : u = 0$를 적용하여 위 식의 해를 구하면, 다음과 같은 속도분포의 식을 얻을 수 있다.

$$u = -\frac{1}{2\mu}\frac{dp}{dx}(h^2 - y^2) \qquad \cdots\cdots (5.44)$$

따라서 속도분포는 포물선의 형상임을 알 수 있다.

최대속도는 중심선상, 즉 $y=0$에서 얻어지므로, 식(5.44)에 적용하면 다음과 같다.

$$u_{\max} = -\frac{h^2}{2\mu}\frac{dp}{dx} \qquad \cdots\cdots (5.45)$$

단면적$(2h \times b)$를 통하는 유량 Q는 속도분포의 식(5.44)를 단면상에 걸쳐 적분하면

$$Q = \int_{-h}^{h} u(dy \times b) = -\frac{1}{2\mu}\frac{dp}{dx}\int_{-h}^{h}(h^2 - y^2)b\,dy$$

$$= -\frac{2bh^3}{3\mu}\frac{dp}{dx} \qquad \cdots\cdots (5.46)$$

이 되며, 평균속도 $u_m = \dfrac{Q}{2bh}$ 이므로 다음의 식으로 표시된다.

$$u_m = -\frac{h^2}{3\mu}\frac{dp}{dx} = \frac{2}{3}u_{\max} \qquad \cdots\cdots (5.47)$$

만일 평행평판이 경사져 있는 경우는 식(5.44)~(5.47)에서 $-\dfrac{dp}{dx}$를 $-\dfrac{d(p+\gamma z)}{dx}$로 대치하면 된다. 여기서 z는 경사평판의 축 방향을 x, 그 축의 수직방향을 y축이라 하면 절대 수직 축을 의미한다.

길이 l, 판 간격 $2h$의 수평으로 설치된 평행평판 사이의 흐름에 생기는 압력 강하(압력손실) Δp는 식(5.46)에서 $-\dfrac{dp}{dx}$를 $\dfrac{\Delta p}{l}$로 대치하여 표시하면 다음과 같다.

$$\Delta p = \frac{3}{2}\frac{\mu l Q}{bh^3} \qquad \cdots\cdots (5.48)$$

예제 5.7

폭이 10[cm]인 두 평행평판 사이의 간격이 2[mm]이고, 점성계수가 1.0[Pa·s]인 물이 흐르고 있다. 이 흐름이 1[m] 흐르는 사이에 120[kPa]의 압력이 강하하였다. 물의 유량과 평균유속을 구하라. 단, 물의 밀도는 1000[kg/m^3]이다.

[풀이] 식(5.48)에서 유량 Q는

$$Q = \frac{2bh^3\Delta p}{3\mu l} = \frac{2\times0.1\times(1\times10^{-3})^3\times120\times10^3}{3\times1.0\times1} = 8\times10^{-6}m^3/s$$

$$\text{평균유속} \quad u_m = \frac{Q}{A} = \frac{Q}{2bh} = \frac{8\times10^{-6}}{2\times0.1\times1\times10^{-3}} = 0.04m/s$$

레이놀즈수를 구하면

$$Re = \frac{\rho(2h)u_m}{\mu} = \frac{1000\times2\times10^{-3}\times0.04}{1.0} = 0.08$$

따라서 층류($Re<1000$)이므로 위에서 구한 유량 및 평균유속은 타당하다. ■

예제 5.8

평행평판 사이의 층류에서 속도분포의 식(5.44)를 Navier-Stokes의 식에 의하여 유도하라.

[풀이] 식(5.14a)에서 유동방향이 x방향이므로 $v=w=0$, 따라서 연속방정식

$$\frac{\partial u}{\partial x}+\frac{\partial v}{\partial y}+\frac{\partial w}{\partial z}$$

에서 $\frac{\partial u}{\partial x}=0$, $\frac{\partial^2 u}{\partial x^2}=0$이다. 또 흐름이 정상류이면 $\frac{\partial u}{\partial t}=0$, 2차원 흐름이므로 $\frac{\partial^2 u}{\partial z^2}=0$이 된다. 따라서 식(5.14a)는

$$\frac{dp}{dx}=\mu\frac{d^2u}{dy^2} \quad \text{또는} \quad \frac{d^2u}{dy^2}=\frac{1}{\mu}\frac{dp}{dx}$$

이 되며, 위 식을 2회 적분하면

$$u=\frac{y^2}{2\mu}\frac{dp}{dx}+c_1y+c_2$$

경계조건 $y=0$: $\frac{du}{dy}=0$으로부터 $c_1=0$,
경계조건 $y=\pm h$: $u=0$로부터 $c_2=-\frac{h^2}{2\mu}\frac{dp}{dx}$이므로 속도분포의 식은 다음과 같이 정리할 수 있다.

$$u=-\frac{1}{2\mu}\frac{dp}{dx}(h^2-y^2)$$ ■

5.5 Couette 흐름

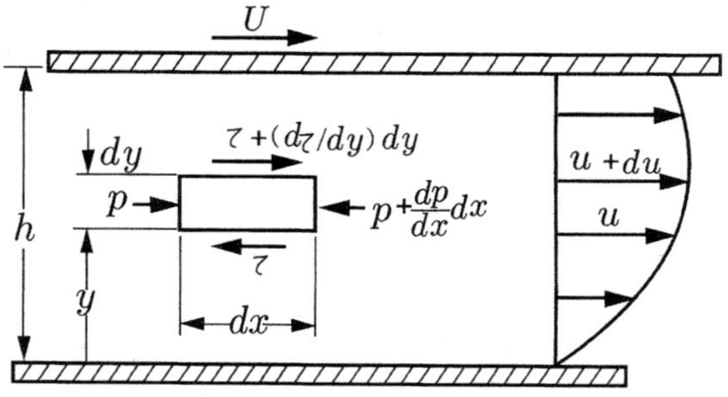

[그림 5.10] Couette 흐름

그림 5.10과 같이 평행평판 사이에 점성유체가 들어 있을 때, 한쪽 평판(아래쪽)을 고정하고 다른 한쪽 평판(위쪽)을 속도 U로 움직이면 내부유체의 흐름

이 생기는데, 이 흐름을 Couette흐름이라 한다.

그림과 같이 유체 중에 길이 dx, dy의 2변을 갖는 미소체적(단위 폭 $b=1$)에 작용하는 힘의 평형을 고려하면

$$pdy-\left(p+\frac{dp}{dx}dx\right)dy+\left(\tau+\frac{d\tau}{dy}dy\right)dx-\tau dx=0$$

$$\therefore\ \frac{dp}{dx}=\frac{d\tau}{dy} \qquad \cdots\cdots (5.49)$$

위 식에 뉴턴의 점성법칙인 $\tau=\mu\dfrac{du}{dy}$를 대입하면

$$\frac{d^2u}{dy^2}=\frac{1}{\mu}\frac{dp}{dx}=const \qquad \cdots\cdots (5.50)$$

식(5.50)을 y에 대하여 2회 적분하고, 경계조건

$$y=0:\ u=0$$
$$y=h:\ u=U$$

를 이용하여 정리하면 다음과 같이 속도분포의 식을 얻을 수 있다.

$$u=U\frac{y}{h}-\frac{1}{2\mu}\frac{dp}{dx}(hy-y^2) \qquad \cdots\cdots (5.51)$$

유량 Q는 식(5.51)을 적분하여 다음의 관계식으로 표시된다.

$$Q=\int_0^h udy=U\frac{h}{2}-\frac{h^3}{12\mu}\frac{dp}{dx} \qquad \cdots\cdots (5.52)$$

예제 5.9

그림(ex5.9)에서 경사벽면과 평행으로 다른 평판이 상대운동을 하고 있다. 그 사이에 들어있는 액체의 점성계수는 0.8[Poise], 밀도는 850[kg/m^3]이다. (1)속도분포, (2)유량, (3)위 판에서의 전단응력을 각각 구하라.

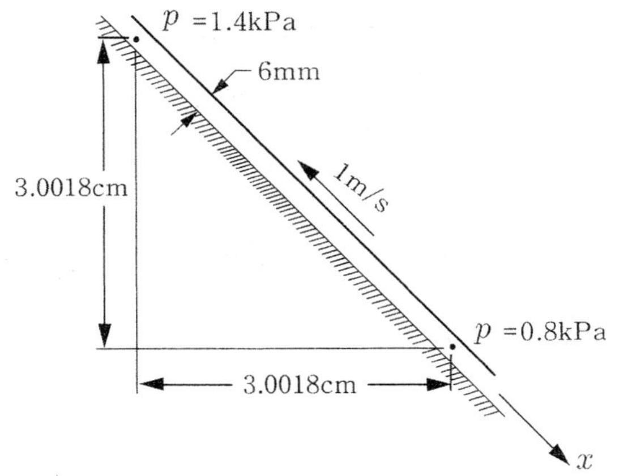

[그림(ex5.9)]

[풀이] (1) 위쪽의 점을 단면 1로 하고 아래쪽의 점을 단면 2로 칭할 때, 단면 1에서의 압력에너지와 위치에너지의 합은

$$p+\gamma z = 1400 + 850\times 9.8\times 3.0018 = 26405 Pa$$

단면 2에서는

$$p+\gamma z = 800 + 0 = 800 Pa$$

따라서

$$\frac{d}{dx}(p+\gamma z) = \frac{800-26405}{3\sqrt{2}} = -6035\, N/m^3$$

그림에서 h=0.006[m], U=−1[m/s]이므로 식(5.51)에서 $-\frac{dp}{dx}$를 $-\frac{d}{dx}(p+\gamma z)$로 대치시키면

$$u = \frac{Uy}{h} - \frac{1}{2\mu}\frac{d}{dx}(p+\gamma z)(hy-y^2)$$
$$= \frac{-y}{0.006} + \frac{6035}{2\times 0.08}(0.006y-y^2) = 59.646y - 37718y^2 m/s$$

(2) 최대속도는 du/dy=0를 만족하는 위치에서 일어나므로 y=0.00079[m]일 때 u_{max}= 0.0236[m/s]이다. 단위 폭당 유량은

$$Q = \int_0^{0.006} u dy = [29.823y^2 - 12573y^3]_0^{0.006} = -0.00164\, m^2/s$$

유동방향은 상향이다.

(3) 위 판에서의 전단응력은

$$\frac{du}{dy}\Big|_{y=0.006} = 59.646 - 75436y\Big|_{y=0.006} = -392.97\,s^{-1}$$

따라서

$$\tau = \mu\frac{du}{dy} = 0.08 \times (-392.97) = -31.44\,Pa$$

이것은 위 평판에서 유체에 가해지는 전단응력이다. 따라서 운동에 저항하는 방향이다.■

5.6 동심 2중 원관 내의 층류유동

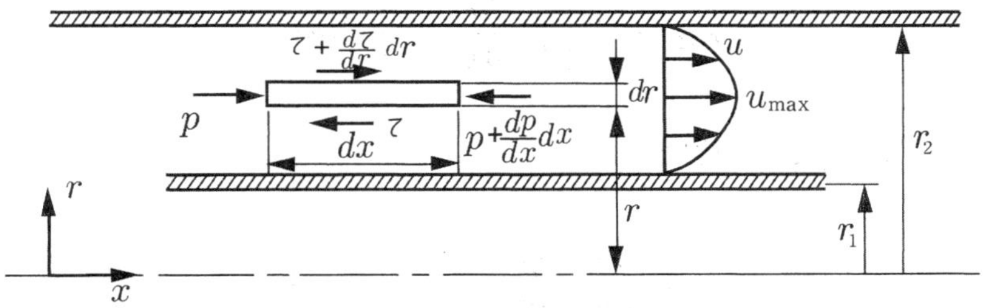

[그림 5.11] 2중 원관 내의 흐름

그림 5.11과 같이 동심 2중 원관의 중심선으로부터 반경 r의 위치에 두께 dr, 길이 dx의 환상공간에서 미소 유체요소를 취하여, 이것에 작용하는 힘의 평형 식을 생각하자.

흐름은 정상류, 비압축성, 층류유동일 때 내측 관의 반경은 r_1, 외측 관의 반경을 r_2로 표시하면 미소 유체요소의 단면적은 $2\pi rdr$, 내측 표면적은 $2\pi rdx$, 외측 표면적은 $2\pi(r+dr)dx$이므로, 힘의 평형은

$$p2\pi rdr - \left(p + \frac{dp}{dx}dx\right)2\pi rdr - \tau 2\pi rdx + 2\pi(r+dr)\left(\tau + \frac{d\tau}{dr}dr\right)dx = 0$$

이며, 정리하면

$$\frac{dp}{dx} = \frac{d\tau}{dr} + \frac{\tau}{r} = \frac{1}{r}\frac{d(\tau r)}{dr}$$

$$\therefore \ \frac{dp}{dx} r - \frac{d(\tau r)}{dr} = 0 \qquad \cdots\cdots (5.53)$$

$\frac{dp}{dx}$는 일정하므로, 위 식을 적분하면

$$\frac{dp}{dx}\frac{r^2}{2} - \tau r = c_1$$

$$\therefore \ \tau = \frac{r}{2}\frac{dp}{dx} - \frac{c_1}{r} \qquad \cdots\cdots (5.54)$$

그런데 이 흐름은 층류이므로 뉴턴의 점성법칙 $\tau = \mu\frac{du}{dr}$이 성립하여 식(5.54)와 관련시키면

$$du = \frac{1}{\mu}\left[\frac{r}{2}\frac{dp}{dx} - \frac{c_1}{r}\right]dr \qquad \cdots\cdots (5.55)$$

위 식을 적분하면

$$u = \frac{r^2}{4\mu}\frac{dp}{dx} - \frac{1}{\mu}c_1 \ln r + c_2 \qquad \cdots\cdots (5.56)$$

이 되며, 이 식에 경계조건 $r=r_2$: $u=0$을 적용하여 c_2를 구한 후, 경계조건 $r=r_1$: $u=0$을 적용하여 c_1을 구해서 정리하면 다음과 같은 속도분포의 식이 얻어진다.

$$u = -\frac{1}{4\mu}\frac{dp}{dx}\left[(r_2{}^2 - r^2) - (r_2{}^2 - r_1{}^2)\frac{\ln\frac{r_2}{r}}{\ln\frac{r_2}{r_1}}\right] \qquad \cdots\cdots (5.57)$$

유량은 식(5.57)을 반경 r_1에서 r_2까지의 환상공간에서 적분하면

$$Q = \int_{r_1}^{r_2} 2\pi u r dr = -\frac{\pi}{8\mu}\frac{dp}{dx}\left[(r_2{}^4 - r_1{}^4) - \frac{(r_2{}^2 - r_1{}^2)^2}{\ln r_2/r_1}\right] \qquad \cdots\cdots (5.58)$$

이 된다. 평균속도 u_m은

$$u_m = \frac{Q}{\pi({r_2}^2 - {r_1}^2)} = -\frac{1}{8\mu}\frac{dp}{dx}\left[({r_2}^2 + {r_1}^2) - \frac{{r_2}^2 - {r_1}^2}{\ln r_2/r_1}\right] \quad \cdots\cdots (5.59)$$

으로 구할 수 있다.

연습문제

[5.1] 직경 1[cm]의 원관 내를 0[℃]의 물이 흐른다. 평균유속이 1.2[m/s]라면 레이놀즈수는 얼마인가? 또 이 흐름은 층류인가 난류인가?

[답] 6690, 난류

[5.2] 원관 내의 흐름에서 임계 레이놀즈수가 2320이라 하면, 내경 20[mm]의 원관 내를 10[℃]의 물이 흐를 때 임계속도를 구하라.

[답] 0.1517[m/s]

[5.3] 동심 2중 원관의 흐름에서 v는 평균유속, r_1 및 r_2는 그림 5.11과 같이 내관 및 외관의 반경, ν는 동점성계수로 표시할 때 Re를 표시하라.

[답] $Re = \dfrac{vD_h}{\nu} = \dfrac{2v(r_2 - r_1)}{\nu}$

[5.4] 내경 10[mm], 길이 10[m]의 수평 원관에 물을 유량 1×10^{-3}[m^3/min]로 수송시키려 한다. 이 때 원관의 양단에 얼마의 압력차를 주면 되는가? 단, 물의 점성계수는 1×10^{-3}[Pa · s]이다.

[답] 679.06[Pa]

[5.5] 원유를 탱크의 펌프에 1000[kPa]을 걸어 1[km] 거리의 정제소까지 내경 150[mm]의 강관을 통해 수송한다. 정제소 출구에서의 압력이 50[kPa]일 때 유량을 구하라. 단, 원유의 비중 0.912, 동점성계수 420[mm^2/s]이다.

[답] 0.0308[m^3/s]

[5.6] 5[m^3/min]의 유량으로 직경 30[cm]인 관로에 기름(비중 0.92, 점성계수 9.8[poise])을 10[km]까지 수송하려면 필요한 동력을 구하라.

[답] 342.325[kW]

[5.7] 직경 5[cm], 길이 100[m]의 관로에 기름(비중 0.85, 점성계수 0.56[poise])이 0.15[m^3/min]의 유량으로 흐른다. 이 기름을 수송하는데 필요한 펌프의 압력을 구하라.

[답] 91.266[kPa]

[5.8] 7[m] 높이의 기름저장 탱크의 하단으로부터 300[m] 떨어진 곳까지 20[ℓ /s]의 중유를 수평으로 수송시키려 한다. 관경을 얼마로 해야 하는가? 단, 중유의 비중은 0.92, 동점성계수는 200[mm^2/s]이다.

[답] 16.34[cm]

[5.9] 수평으로 매설된 길이 100[m]의 강관 내를 물이 흐르는데 50[kPa]의 압력손실이 생겼다. 관벽의 전단응력이 40[Pa]이라 하면 이 강관의 내경은 얼마인가?

[답] 0.32[m]

[5.10] 10[m] 높이의 기름저장탱크의 하단으로부터 500[m] 떨어진 스탠드까지 매초 30[ℓ]의 중유를 수평 수송하고자 한다. 관경이 얼마까지 가능한가? 단, 중유의 비중은 0.92, 동점성계수는 200[mm^2/s]이다.

[답] 0.188[m]

[5.11] 내경 20[mm]인 원관 내를 온도 20[℃]의 물이 층류로 흐르고 있다. 압력구배는 1[m]당 4[Pa]일 때 평균유속과 Re를 구하라.

[답] 0.04975[m/s], 988.08

[5.12] 원관 흐름에서 층류로 흐르는 조건에서 최대 전단응력 $\tau_{max} = \dfrac{18560\mu^2}{\rho d^2}$ 임을 유도하라. 단, d는 관로의 직경, ρ는 밀도, μ는 점성계수이다.

[답] 생략

[5.13] 점성계수 0.48[N · s/m^2], 비중 0.9인 기름이 평균유속 2[m/s]로 직경 0.4[m]의 원관 내를 흐른다. 관의 중심으로부터 150[mm] 떨어진 곳의 전단응력과 유속을 구하라.

[답] 14.4[N/m^2], 1.75[m/s]

[5.14] 직경 100[mm]의 실린더 내에 직경 99.9[mm], 길이 50[mm]의 피스톤이 있다. 피스톤의 양측에는 기름이 차 있고 압력차는 10[MPa]이다. 기름의 점성계수는 0.15[Pa · s], 실린더와 피스톤의 틈새는 일정할 때 압력차에 의하여 생기는 유량을 구하라.

[답] 4.361×10^{-6}[m^3/s]

[5.15] 반경 R의 원관 내에 층류유동에서 평균유속과 같은 유속인 지점의 반경은 얼마인가?

[답] $r = \dfrac{R}{\sqrt{2}}$

[5.16] 밀도 $900[kg/m^3]$의 기름에 30[kPa]의 압력을 가하여 내경 2[mm], 길이 1[m]인 수평관내에서 유동할 때 매분 $300[cm^3]$의 유량이 흐른다. 이 기름의 점성계수를 구하라.

[답] 2.356×10^{-3}[Pa · s]

[5.17] 무한히 넓은 2매의 평행평판 사이(간격 0.04[mm])를, 수온 10[℃]의 물이 층류로 흐르고 있다. 흐름은 2차원 흐름이며, 흐름의 방향을 따라 거리 200[mm]에 대하여 압력차 1[MPa]이 생겼다. 유속의 최대치를 구하라. 또 단위 폭당 유량을 구하라.

[답] 0.7645[m/s], $2.04 \times 10^{-5}[m^3/s]$

[5.18] 평행한 2매의 평판 사이(간격 1[mm])에 기름(ν=10[cSt.] 밀도 $800[kg/m^3]$)이 차 있다. 1매의 평판을 속도 7[m/s]로 이동시키는데는 단위면적에 대하여 얼마의 힘이 필요한가? 단, 평판사이의 흐름은 층류이다.

[답] 56[N]

[5.19] 길이 50[cm]인 두 매의 2차원적인 평판을 간격 1[mm]로 평행하게 설치하여 그 내부에 기름(점성계수 25×10^{-3}[Pa · s])이 양단의 압력차 10^5[Pa]을 유지하며 흐르고 있을 때 단위 폭당 유량을 구하라.

[답] $0.667 \times 10^{-3}[m^3/s]$

[5.20] 간극 1[mm]로 서로 마주보는 평행 2평판 사이에 30[℃]의 물이 채워져 있다. 그중 한 평판은 정지하고 다른 평판이 2[m/s]의 속도로 그 면상을 직선운동한다. 각각의 평판은 얼마의 전단응력을 받는가. 운동하는 평판의 면적은 $1[m^2]$, 정지한 평판은 무한히 넓다고 한다. 또 평판과 물의 접촉면에서 평판의 속도는 물의 속도와 같고, 두 평판 사이에 속도분포는 직선적이다.

[답] 1.608[N]

[5.21] 정지한 평행평판사이의 흐름에서 속도분포가 $u = U\dfrac{y(\delta - y)}{\delta^2}$ 이다.
(1) 평판간의 간격, (2) 최대속도, (3) 전단응력 분포, (4) 최대 전단응력이 발생하는 위치 및 크기를 각각 구하라.

[답] (1) δ, (2) $U/4$, (3) $\dfrac{\mu U}{\delta^2}(\delta - 2y)$, (4) $y=0$과 $y=\delta$, $\tau = \dfrac{\mu U}{\delta}$

[5.22] 평행평판 사이의 간격이 1[mm]이며 물이 들어있다. 위 판을 밑판에 대해서 3[m/s]의 속도로 이동시킬 때 판에 얼마의 전단응력이 생기는가? 단, 물의 점성계수는 1.002[mPa · s], 속도구배는 직선분포를 이룬다.

[답] 3[Pa]

[5.23] 그림(문제 5.23)과 같이 평행한 두 평판 사이에 비압축성 유체가 유동할 때 유체의 속도 분포를 구하라.

[답] $u = -\dfrac{hy}{2\mu}\left(\dfrac{dp}{dx} - \gamma \sin\theta\right)\left(1 - \dfrac{y}{h}\right) + \dfrac{Uy}{h}$

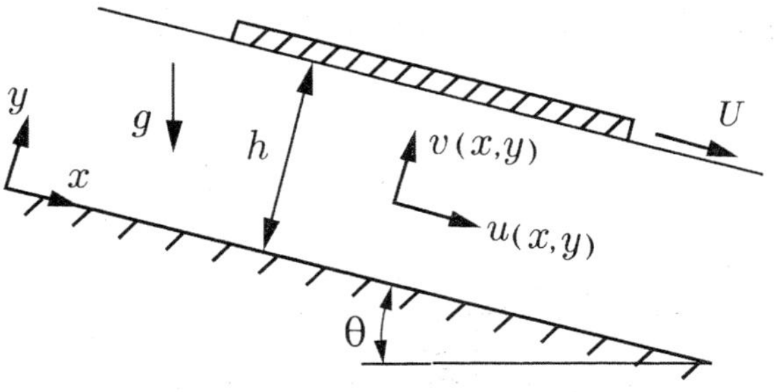

[그림(문제 5.23)]

[5.24] Couette 흐름에서 면의 이동속도, 압력구배 및 점성계수가 일정할 때, 유량을 최대로 하는 두 평판간의 거리를 구하라.

[답] $h = \sqrt{2\mu U/(dp/dx)}$

[5.25] 그림(문제 5.25)에 표시한 바와 같이 수평면에 α만큼 경사진 면을 기름이 일정한 두께 δ로 흐르고 있다. 기름의 점성계수를 μ라 할 때 층 내의 속도분포와 폭 1[m]당 유량을 구하라.

[답] $u = \dfrac{\rho g}{2\mu}(2\delta y - y^2)\sin\alpha$, $Q = \int_0^{\delta} u dy = \dfrac{\rho g \delta^3}{3\mu}\sin\alpha$

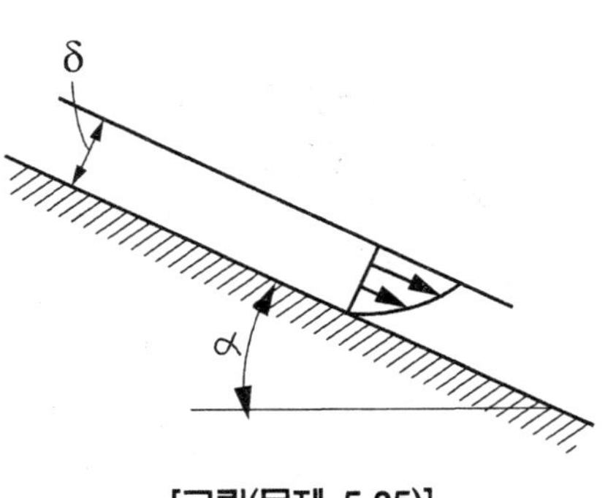

[그림(문제 5.25)]

[5.26] 실린더 내에 틈새 1[mm]로 피스톤이 10[m/s]의 속도로 움직이고 있다. 윤활유의 비중이 0.8, 동점성계수 0.7[mm^2/s]일 때 피스톤에 걸리는 전단응력을 구하라.

[답] 5.6[Pa]

[5.27] 길이 100[m]의 수평으로 설치된 강관 내를 물이 흐를 때 50[kPa]의 압력손실이 생겼다. 관 벽의 전단응력이 30[Pa]이라면 이 강관의 내경은 얼마인가?

[답] 0.24[m]

[5.28] 그림(문제 5.28)과 같이 외경 $2a$, 내경 $2b$인 동심 2중원관내의 층류의 속도분포를 구하라.

[답] $u=-\frac{1}{4\mu}\frac{dp}{dx}\left[b^2-r^2+(a^2-b^2)\frac{\ln(r/b)}{\ln(a/b)}\right]$

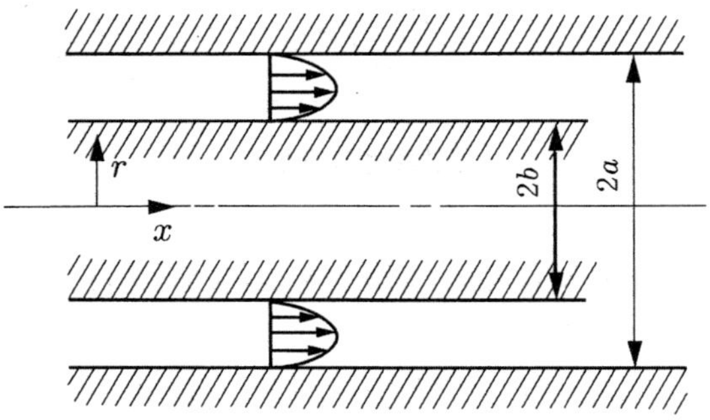

[그림(문제 5.28)]

[5.29] 그림(문제 5.29)과 같이 외경 $2a$, 내경 $2b$인 동심 2중 원관이 각각 각속도 ω_a, ω_b로 회전하고 있을 때 원통 사이의 속도분포를 구하라.

[답] $u=\frac{1}{a^2-b^2}\left[r(\omega_a a^2-\omega_b b^2)-\frac{a^2b^2}{r}(\omega_a-\omega_b)\right]$

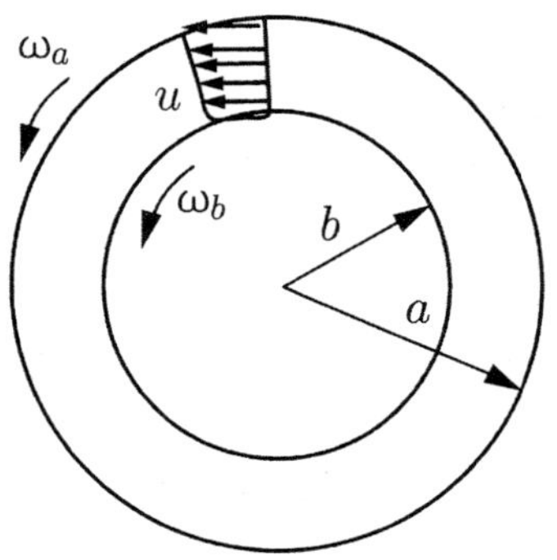

[그림(문제 5.29)]

[5.30] 직경 6[cm]의 축이 평 베어링 속에서 회전수 1000[rpm]으로 회전하고 있다. 윤활유의 동점성계수는 0.9[stokes], 비중이 0.9이다. 축과 베어링의 틈은 0.05[mm]이다. 이 축을 회전시키는데 필요한 모멘트와 동력은 각각 얼마인가. 단, 축의 길이는 6[cm]이다.

[답] 1.727[N · m], 180.85[W]

[5.31] 직경 50[mm], 길이 150[mm]인 베어링으로 지지되고 있는 축이 매분 600회전으로 운전될 때의 손실동력을 구하라. 단, 베어링과는 2[mm]의 틈새가 있으며 0.7[Poise]의 기름이 충만되어 있다.

[답] 2.036[W]

[5.32] 그림(문제 5.32)에 표시한 실린더 내에 점성계수 μ인 기름이 차 있다. 이 내부에서 피스톤을 일정한 속도 U로 움직일 때 피스톤에 걸리는 힘을 구하라. 피스톤에 의해서 가압되는 기름은 모두 피스톤 외주의 틈새로부터 반대측의 방으로 유입하는 것으로 하고, 그 틈새 h 및 피스톤의 축경 d는 원통의 반경 r_o에 비해서 아주 작다.

[답] $6\pi\mu U l\,(r_o/h)^3$

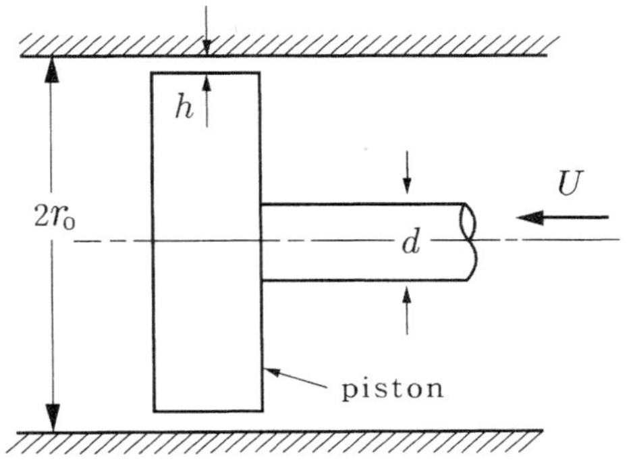

[그림(문제 5.32)]

[5.33] 원관 내의 유속분포가 Prandtl의 1/7승 법칙에 따른다고 할 때, 관내의 평균유속 u_m과 최대유속 u_{max}의 비를 구하라.

[답] $\frac{49}{60}$

[5.34] 20[℃]의 물이 내경 300[mm]의 원관 내를 흐른다. 원관의 중심선으로부터 반경 70[mm]의 위치에서 실험한 결과 혼합거리 l=19.8[mm], 속도구배 du/dy=6.0[s^{-1}]이었다. 그 위치에서 (a) 총 전단응력, (b) 와점성계수, (c) 전단응력, (d) 난류전단응력을 각각 구하라.

[답] (a) $14.096 N/m^2$, (b) $2.348 N \cdot s/m^2$, (c) $6.03 \times 10^{-3} N/m^2$, (d) $14.09 N/m^2$

[5.35] 물이 직경 50[cm]인 관로를 난류로 흐른다. 속도분포가 $u=10+0.8\ln y$[m/s]이고, 벽으로부터 0.1[m]인 곳의 전단응력이 80[Pa]이라면, 이 위치에서의 와점성계수 $\rho\varepsilon(=\eta)$, 혼합거리 l을 각각 구하라.

[답] 10[N · s/m^2], 0.03536[m]

[5.36] 비중 0.9인 유체가 직경 0.2[m], 거칠기 $\varepsilon'=0.3$[mm]인 원관을 흐를 때 흐름은 난류이다. 이 때 벽으로부터 $y=30$[mm]인 점의 속도가 2[m/s]이면, 마찰속도 및 중심에서의 속도는 얼마인가? 또 벽면 전단응력 τ_o는 얼마인가?

[답] 0.1[m/s], 2.3[m/s], 9[Pa]

6 관로내의 마찰손실 및 제손실

5장에서는 점성유체의 폐수로 유동에 대한 유동성질을 다루었으며, 이 장에서는 그 결과에 기초하여 비압축성, 점성유체의 관내유동에서 발생하는 마찰손실과 단일 관로의 기하학적 형상변화(단면적의 변화, 방향의 변화 등)에 의한 손실, 그리고 병렬관, 분기 및 합류관, 관로망 등 관로계에서 생기는 손실 등을 구하여 원하는 유속과 유량을 수송하기 위한 에너지 산출의 기초를 다룬다.

6.1 관 마찰의 기초식

그림 6.1과 같이 점성유체가 발달된 흐름의 영역에서 단면적 A가 일정한 직관내의 정상류를 생각하자.

관로 내의 검사체적을 단면적 A, 길이 dx로 취하여 ABCD 부분에 대하여 힘의 평형식은 다음과 같다.

$$pA - \left(p + \frac{dp}{dx}\,dx\right)A - \tau_o S dx = 0$$

$$\therefore \quad -A dp = \tau_o S dx \qquad \cdots\cdots (6.1)$$

위 식에서 S는 흐름에 수직한 단면상에서 유체와 벽이 접하고 있는 부분의 길이로서 **접수길이**(接水길이)라 하고, τ_o는 벽면 전단응력이다.

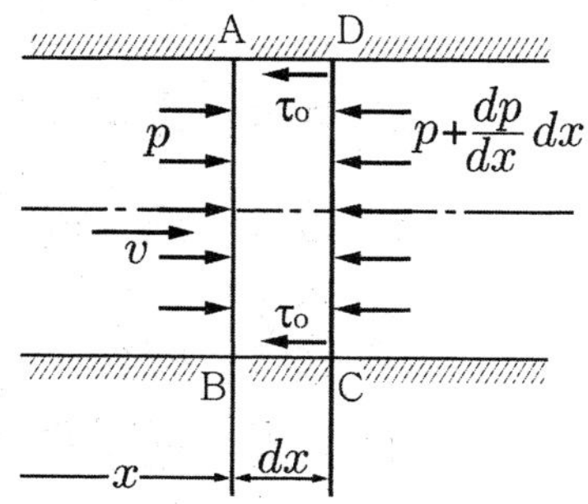

[그림 6.1] 유체에 작용하는 힘

여기서 **수력반경**(hydraulic radius, 水力半徑) R_h를, 다음과 같이 접수길이에 대한 단면적의 비로 정의한다.

$$R_h = \frac{A}{S} \qquad \cdots\cdots (6.2)$$

벽면 전단응력 τ_o는 물성치와 다음의 함수관계가 있으며

$$\tau_o = f(\rho,\ \mu,\ v,\ R_h)$$

차원해석에 의하면(7장 참조), $\pi_1 = \frac{\rho v R_h}{\mu} = Re$, $\pi_2 = \frac{\tau_o}{\rho v^2/2}$ 의 두 무차원수가 얻어지므로 다음 식으로 표시할 수 있다.

$$\tau_o = c_f(Re)\frac{\rho v^2}{2} \qquad \cdots\cdots (6.3)$$

식(6.2) 및 식(6.3)을 식(6.1)에 적용하면

$$-A\,dp = \tau_o S dx = c_f(Re)\,S dx \frac{\rho v^2}{2}$$

이 되며, γA 로 나누면 다음 식으로 정리된다.

$$-\frac{dp}{\gamma} = c_f(Re)\frac{dx}{R_h}\frac{v^2}{2g} \qquad \cdots\cdots (6.4)$$

위 식을 기초로 원관의 경우와, 원관이 아닌 경우의 마찰손실을 구하여 보자.

(1) 원관의 경우

직경 d인 원관의 경우는 $R_h = d/4$이므로 $4c_f = f$ 라 놓으면 식(6.4)는

$$-\frac{dp}{\gamma} = f\frac{dx}{d}\frac{v^2}{2g} \qquad \cdots\cdots (6.5)$$

로서 f를 **관 마찰계수**(friction coefficient of circular pipe, 管摩擦係數)라 한다. 이 f는 흐름의 상사칙(相似則)으로부터 Re와 벽면조도의 함수로 표시되며, 실험이나 이론해석으로 구해지고 있다.

식(6.5)에서 관의 미소길이 dx를 임의의 관 길이 l로, 미소 압력강하$(-dp)$를 Δp로 나타내면, $\Delta p/\gamma$는 그 사이에서의 **마찰 손실수두**(friction head loss, 摩擦 損失水頭) h_f를 나타내는 다음 식이 된다.

$$h_f = \frac{\Delta p}{\gamma} = f\frac{l}{d}\frac{v^2}{2g} \qquad \cdots\cdots (6.6)$$

이 식을 Darcy-Weisbach의 식이라 한다.

식(6.3)에서 $c_f = f/4$이므로 관 벽에서의 전단응력은 다음과 같이 표시할 수 있다.

$$\tau_o = \frac{f}{4}\cdot\frac{\rho v^2}{2} = f\frac{\rho v^2}{8} \qquad \cdots\cdots (6.7)$$

(2) 원관이 아닌 경우

직경 대신에 등가직경(또는 수력직경) $d_e = 4R_h$, $c_f = f/4$를 식(6.4)에 적용하면 비원관의 흐름에서 발생하는 마찰 손실수두는

$$h_f = \frac{\Delta p}{\gamma} = f\frac{l}{d_e}\frac{v^2}{2g} \qquad \cdots\cdots (6.8)$$

이 되며, **등가직경**(equivalent diameter, 等價直徑) 또는 **수력직경**(hydraulic diameter, 水力直徑) d_e의 값은 예로서. 2변의 길이가 a, b인 장방형 관의 경우는 $d_e = 4R_h = 4\frac{ab}{2(a+b)} = \frac{2ab}{a+b}$가 된다.

예제 6.1

직경 10[cm]인 원관 내를 기름(비중 0.85, $\nu = 1.8\times10^{-5}$[m²/s])이 유량 0.8 [ℓ/s]로 흐르고 있다. 이 관의 마찰계수 f=0.18이다. 벽면 전단응력과 관 길이 1[m]당 마찰 손실수두를 각각 구하라.

[풀이]　　관내 속도 $v = \frac{Q}{A} = \frac{0.8\times10^{-3}}{(\pi/4)\times0.1^2} = 0.102 m/s$

식(6.7)의 벽면 전단응력은

$$\tau_o = f\frac{\rho v^2}{8} = 0.18\times\frac{850\times 0.102^2}{8} = 0.199\,[\mathrm{N/m^2}]$$

식(6.6)으로부터 마찰 손실수두는

$$h_f = f\frac{l}{d}\frac{v^2}{2g} = 0.18\times\frac{1}{0.1}\times\frac{0.102^2}{2\times 9.8} = 9.55\times 10^{-4}m$$ ■

예제 6.2

각 변의 길이가 5[cm]×3[cm]인 장방형 단면의 매끄러운 관로를 평균속도 2[m/s]로 물이 흐른다. 관의 길이 5[m]일 때 관 마찰계수 f=0.03이라면 마찰 손실수두는 얼마인가?

[풀이] 등가직경 $d_e = 4R_h = 4\frac{A}{S} = 4\times\frac{3\times 5}{2\times(3+5)} = 3.75cm$

$$\therefore\ h_f = f\frac{l}{d_e}\frac{v^2}{2g} = 0.03\times\frac{5}{0.0375}\times\frac{2^2}{2\times 9.8} = 0.8163m$$ ■

6.2 관내 층류유동의 관 마찰계수

6.2.1 원관 내의 층류

원관 내의 평균유속 v가 작아 레이놀즈수가 낮은 경우는, 관성력에 비하여 점성력이 큰 유동상태로서 층류($Re<2320$)이다.

원관의 직경을 d라 할 때 압력 강하량 Δp는 이미 5장에서 표시한 식(5.24b)로서

$$\Delta p = \frac{128\mu lQ}{\pi d^4} \qquad \cdots\cdots (5.24b)$$

이며, 이 식을 Hagen-Poiseuille의 식이라 한다. 이 식을 이용하면 압력강하 Δp로부터 유체의 점성계수 μ를 구할 수 있는데, d의 오차가 큰 영향을 미치므로 주의해야 한다.

식(5.24b)로부터 마찰 손실수두 h_f는

$$h_f = \frac{\Delta p}{\gamma} = \frac{64\nu}{vd} \cdot \frac{l}{d} \cdot \frac{v^2}{2g} = \frac{64}{Re}\frac{l}{d}\frac{v^2}{2g} \qquad \cdots\cdots (6.9)$$

를 얻을 수 있다. 식(6.6)과 비교하면 관 마찰계수 f는

$$f = \frac{64}{Re}, \quad \left(Re = \frac{vd}{\nu} \right) \qquad \cdots\cdots (6.10)$$

에 의하여 구할 수 있다. 이 f는 층류 범위에서 실험결과와 잘 일치하며 벽면의 거칠기와는 무관하다.

6.2.2 원관이 아닌 관내의 층류

원관이 아닌 관로의 경우에는 마찰 손실수두를 나타내는 Darcy−Weisbach의 식(6.6)에서 직경 대신에 등가직경 $d_e=4R_h=4A/S$로 대치시킨 식(6.8)을 사용하면 된다. 이 경우에 레이놀즈수의 대표길이도 등가직경 d_e로서 사용한 다음 식으로 계산한다.

$$Re = \frac{v\, d_e}{\nu} \qquad \cdots\cdots (6.11)$$

(1) 장방형 관내의 층류

그림 6.2와 같은 가로×세로$=2a \times 2b$인 장방형 관로의 층류에서는 레이놀즈수를

$$Re = \frac{Q}{\nu\,(a+b)} \qquad \cdots\cdots (6.12)$$

로 표시할 때 b/a값에 따른 원관 층류의 $f=64/Re$에 대한 비율을 표 6.1에 표시하였다. 이 표에서 $b/a \to 0$인 경우는 간격이 아주 좁은 평행평판 사이의 층류에 해당하며, 관 마찰계수는 다음과 같다.

$$f = \frac{96}{Re} \qquad \cdots\cdots (6.13)$$

또한 $b/a = 1.0$인 경우는 정사각형 단면의 경우로서 다음 값을 갖는다.

$$f = \frac{57}{Re} \qquad \cdots\cdots (6.14)$$

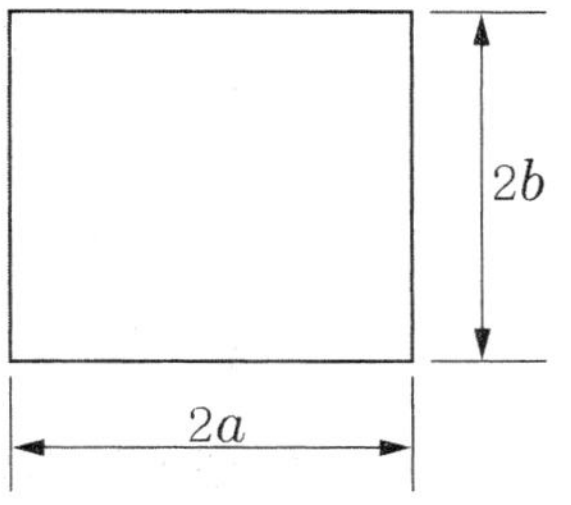

[그림 6.2] 장방형 관

[표 6.1] 장방형 관의 관마찰계수

b/a	0	0.1	0.2	0.3	0.4	0.5	0.6	0.7	0.8	0.9	1.0
$f/(64/Re)$	1.500	1.323	1.192	1.094	1,023	0.972	0.936	0.913	0.898	0.891	0.889

$Re = \frac{Q}{\nu(a+b)}$

(2) 2등변 삼각형 관내의 층류

그림 6.3과 같이 꼭지각이 2θ인 2등변 삼각형 관로의 층류에서는 레이놀즈 수를

$$Re = \frac{2Q}{\nu\, a(n + \sqrt{1+n^2})}, \quad (n = \tan\theta) \qquad \cdots\cdots (6.15)$$

로 표시할 때, θ의 값에 따라 원관 층류의 $f=64/Re$에 대한 비율을 표 6.2에 표시하였으며, $\theta=30^\circ$ 인 경우는 정삼각형 관로로서 층류에 대해서는

$$f = \frac{53.3}{Re} \qquad \cdots\cdots (6.16)$$

이다. $\theta=45°$ 인 경우는 직각 2등변삼각형 단면의 경우로서 관 마찰계수는 다음과 같으며, 정삼각형 관로의 경우와 거의 같다.

$$f=\frac{53}{Re} \quad \cdots\cdots (6.17)$$

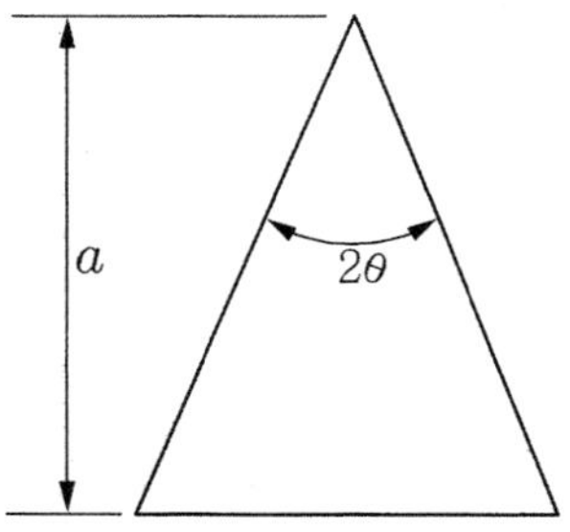

[그림 6.3] 이등변 삼각형관

[표 6.2] 2등변 3각형관의 관마찰 계수

$\theta°$	0	10	20	30	40	45	50	60	70	80	90
$f/(64/Re)$	0.964	0.821	0.827	0.833	0.830	0.827	0.825	0.821	0.819	0.819	0.819

$Re=\frac{2Q}{\nu a(n+\sqrt{1+n^2})}$, $n=\tan\theta$

(3) 동심 2중원관내의 층류

그림 6.4와 같이 외관의 반경 r_2, 내관의 반경 r_1인 동심 2중 원관의 환상유로의 층류 흐름에서 레이놀즈수는

$$Re=\frac{2Q}{\nu\pi(r_1+r_2)} \quad \cdots\cdots (6.18)$$

로 표시한다. 표 6.3에는 r_1/r_2의 비에 따라 원관 층류유동의 $f=64/Re$에 대한 비율을 표시하였다.

$r_1/r_2=0$의 경우는 원관의 경우로서 $f=64/Re$이며, $r_1/r_2 \to 1$의 경우는 간격이 극히 좁은 2중 원관으로서 관 마찰계수 f는 평행평판 사이의 층류의 식 (6.13)과 동일하다.

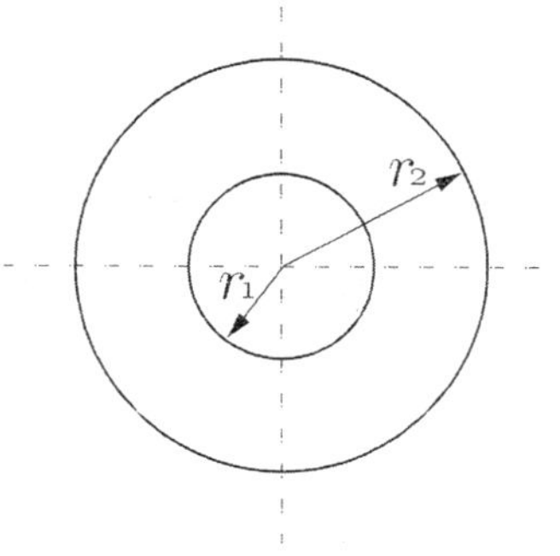

[그림 6.4] 동심 2중원관

[표 6.3] 동심 2중원관의 관 마찰 계수

r_1/r_2	0	0.1	0.2	0.3	0.4	0.5	0.6	0.7	0.8	0.9	1.0
$f/(64/Re)$	1.000	1.396	1.443	1.466	1.480	1.488	1.494	1.497	1.499	1.500	1.500

$$Re = \frac{2Q}{\pi\nu(r_1 + r_2)}$$

예제 6.3

직경 20[mm]의 원관에 10[℃]의 물이 2.0[ℓ /min]의 유량으로 흐르고 있다. 관 길이 1[m]당 마찰 손실수두를 구하라. 단, 10[℃] 물의 동점성계수는 1.308 $\times 10^{-6}$[m²/s]이다.

[풀이] 유속 $v = \frac{Q}{A} = \frac{2.0\times10^{-3}/60}{(\pi/4)\times0.02^2} = 0.106m/s$

$$Re = \frac{vd}{\nu} = \frac{0.106\times0.02}{1.308\times10^{-6}} = 1620.8 < 2320 \quad \therefore 층류$$

식(6.10)의 관 마찰계수는

$$f = \frac{64}{Re} = \frac{64}{1620.8} = 0.0395$$

∴ 식(6.9)로부터

$$h_f = f\frac{l}{d}\frac{v^2}{2g} = 0.0395\times\frac{1}{0.02}\times\frac{0.106^2}{2\times9.8} = 1.132\times10^{-3}m = 0.113cm$$

■

예제 6.4

가로 7.5[cm], 세로 3[cm]인 장방형 관로에 20×10^{-6}[m^2/s]의 동점성계수를 갖는 기름이 50[ℓ /min]로 흐를 때, 3[m]만큼 흐르는 동안에 마찰 손실수두를 구하라.

[풀이] $a=3.75cm$, $b=1.5cm$인 장방형이므로 식(6.12)로부터

$$Re=\frac{Q}{\nu(a+b)}=\frac{50\times10^{-3}/60}{20\times10^{-6}\times(0.0375+0.015)}=793.65<2320 \quad \therefore \text{층류}$$

$b/a=1.5/3.75=0.4$이므로 표 6.1을 이용하면 관 마찰계수는

$$f=\frac{64}{Re}\times1.023=\frac{64}{793.65}\times1.023=0.0825$$

등가직경 $d_e=4\frac{A}{S}=4\times\frac{7.5\times3}{2(7.5+3)}=4.286cm$

유속 $v=\frac{Q}{A}=\frac{50\times10^{-3}/60}{0.075\times0.03}=0.37m/s$

∴ 식(6.8)로부터

$$h_f=f\frac{l}{d_e}\frac{v^2}{2g}=0.0825\times\frac{3}{4.286\times10^{-2}}\times\frac{0.37^2}{2\times9.8}\fallingdotseq0.04m$$ ■

예제 6.5

동심 2중 원관(r_2=40[mm], r_1=20[mm]) 내에 동점성계수 50×10^{-6}[m^2/s]인 유체가 3500[cm^3/s]의 유량으로 흐르고 있다. 길이 1[m]당 마찰 손실수두를 구하라.

[풀이] 식(6.18)로부터

$$Re=\frac{2Q}{\nu\pi(r_1+r_2)}=\frac{2\times3500\times10^{-6}}{50\times10^{-6}\times\pi(0.02+0.04)}=742.7<2320 \quad \therefore \text{층류}$$

$r_1/r_2=0.5$이므로 표 6.3을 이용하면 관 마찰계수는

$$f=1.488\times\frac{64}{Re}=1.488\times\frac{64}{742.7}=0.1282$$

$$\text{유속}\ v = \frac{Q}{A} = \frac{3500\times10^{-6}}{\pi(0.04^2-0.02^2)} = 0.9284m/s$$

$$\text{등가직경}\ d_e = 4\frac{A}{S} = 4\times\frac{\pi(r_2^{\ 2}-r_1^{\ 2})}{2\pi(r_2+r_1)} = 2(r_2-r_1) = 2\times0.02 = 0.04m$$

$$\therefore\ h_f = f\frac{l}{d_e}\frac{v^2}{2g} = 0.1282\times\frac{1}{0.04}\times\frac{0.9284^2}{2\times9.8} = 0.141m$$ ■

6.3 관내 난류유동의 관 마찰계수

6.3.1 매끈한 원관 내의 난류

난류의 경우는 흐름이 불규칙하므로 해석적으로 관 마찰계수를 구하는 것이 용이하지 않다. 따라서 많은 실험식들이 알려져 있으며, 그 중 벽면이 매끈한 원관(smooth pipe)의 난류($Re>2320$)에 대하여 대표적인 관 마찰계수의 실험식을 소개한다.

먼저 Blasius는 흐름의 상사칙으로부터 매끄러운 관 벽의 경우, f는 Re만의 함수로서 $Re=3\times10^3\sim10^5$ 범위에서 적용할 수 있는 실험식을 다음과 같이 표시하였다.

$$f = 0.3164\ Re^{-1/4},\quad (Re = 3\times10^3\sim10^5) \qquad \cdots\cdots (6.19)$$

이 식을 Blasius의 식이라 하며, 마찰 손실수두는 $h_f\propto v^{7/4}$의 관계가 있다.

이 범위에서 Blasius의 식을 식(6.7)에 대입하면 벽면 전단응력은 다음 식으로 표시할 수 있다.

$$\tau_o = f\frac{\rho v^2}{8} = 0.03955\rho v^2 Re^{-1/4} \qquad \cdots\cdots (6.20)$$

또 식(6.19)가 성립하는 Re 범위에서는 관 중심선상의 최대속도 $v_{\max}\fallingdotseq\frac{v}{0.8}$, $d=2r_o$이므로 위 식은

$$\tau_o = 0.0225\rho\ v_{\max}^{\ 2}\left(\frac{v_{\max}r_o}{\nu}\right)^{-1/4} \qquad \cdots\cdots (6.20)'$$

로 표시할 수 있다.

Re가 보다 큰 범위, 즉 $Re=10^5 \sim 3\times10^6$에서 적용할 수 있는 실험식으로는 Nikuradse에 의하여 발표된 다음 식이 있다.

$$f=0.0032+0.221Re^{-0.237},\ (Re=10^5\sim3\times10^6) \qquad \cdots\cdots (6.21)$$

그 후 Prandtl 및 Karman에 의하여 발표된 다음의 식은 비교적 넓은 범위의 Re에서 사용할 수 있다.

$$\frac{1}{\sqrt{f}}=2.0\log(Re\sqrt{f})-0.8,\ (Re=3\times10^3\sim3.4\times10^6) \qquad \cdots\cdots (6.22)$$

그러나 식(6.22)는 Re가 주어져도 f를 쉽게 구하기 어렵다. Re가 넓은 범위에서 적용할 수 있는 Colobrook의 식은 $Re=4\times10^3\sim10^8$ 범위에서 다음과 같다.

$$\frac{1}{\sqrt{f}}=1.8\log\left(\frac{Re}{6.9}\right),\ (Re=4\times10^3\sim10^8) \qquad \cdots\cdots (6.23)$$

예제 6.6

내경 250[mm], 길이 100[m]인 매끄러운 수평 강관에 비중 0.8, 점성계수 0.1 [Pa · s]인 기름을 수송한다. 유량이 매초 50l일 때와 2배인 100l일 때 관 마찰 손실수두는 몇 배가 되는가?

[풀이]

$$v_1=\frac{Q}{(\pi/4)d^2}=\frac{50\times10^{-3}}{(\pi/4)\times0.25^2}=1.019m/s,\quad v_2=2.037m/s$$

$$Re_1=\frac{\rho v_1 d}{\mu}=\frac{800\times1.019\times0.25}{0.1}=2038<2320 \quad \therefore \text{층류}$$

$$Re_2=4076>2320 \quad \therefore \text{난류}$$

$$f_1=\frac{64}{Re_1}=\frac{64}{2038}=0.0314$$

$$f_2=0.3164Re^{-1/4}=0.3164\times4076^{-1/4}=0.0396$$

$$h_{f1}=f_1\frac{l}{d}\frac{{v_1}^2}{2g}=0.0314\times\frac{100}{0.25}\times\frac{1.019^2}{2\times9.8}=0.6654m,$$

$$h_{f2} = f_2 \frac{l}{d}\frac{v_2^2}{2g} = 0.0396 \times \frac{100}{0.25} \times \frac{2.037^2}{2 \times 9.8} = 3.353m$$

$$\therefore \ \frac{h_{f2}}{h_{f1}} = \frac{3.353}{0.6654} = 5.04\text{배}$$ ■

6.3.2 거친 원관 내의 난류

거친 내벽을 갖는 원관의 마찰저항은 이론적, 실험적으로 연구되어 오고 있지만 아직도 확실치 않은 점이 많다. 층류의 경우($Re < 2320$)에는 내벽의 거칠기가 마찰저항과 무관하다는 것은 전술한 바와 같다. 난류의 경우에도 상세히 관찰하면 5장의 그림 5.8에서 이미 제시한 벽면에 아주 가까운 층류저층(층류저층의 두께 : δ')내에서는 층류의 성질을 갖는 층이 존재한다.

거친 관의 층류저층 두께 δ'와 거칠기 또는 **절대조도**(absolute roughness, 絶對粗度) ε을 그림 6.5에 표시하였으며, 아울러 원관의 층류 속도분포, 매끈한 원관의 난류 속도분포와 거친 원관의 난류 속도분포를 비교하여 나타내었다.

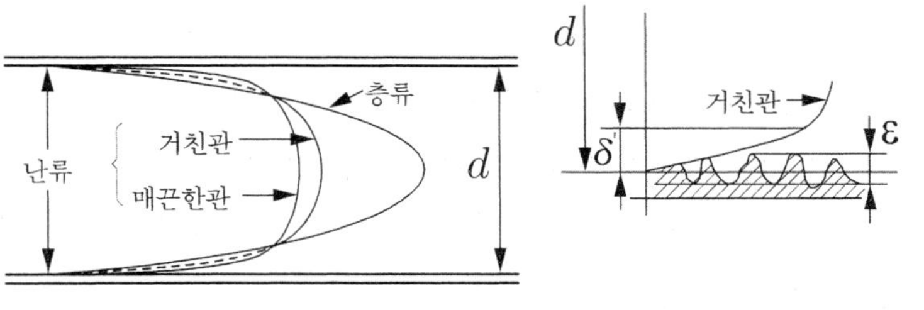

[그림 6.5] 관내 유동의 속도 분포

층류저층의 두께를 δ'라 할 때, 거친 원관의 경우에는 마찰저항이 거칠기 ε과 δ'의 크기에 따라서 크게 다르다.

(i) $\varepsilon < \dfrac{\delta'}{1.7}$, $\left(\dfrac{u_* \varepsilon}{\nu} < 5\right)$ 의 경우 : 매끈한 관으로 간주할 수 있다.

(ii) $\varepsilon > \dfrac{\delta'}{0.08}$, $\left(\dfrac{u_* \varepsilon}{\nu} > 70\right)$ 의 경우 : 완전히 거친 관의 완전 난류영역

(무디선도 참조)에 해당하며, 관 마찰계수 f는 ε만에 의하여 결정된다. 이 영역에 대해서는 다음과 같은 Karman의 식이 이용되고 있다.

$$\frac{1}{\sqrt{f}} = 2.0\log\left(\frac{3.7}{\varepsilon/d}\right) \quad \cdots\cdots (6.24)$$

이 식에서 ε/d를 **상대조도**(relative roughness, 相對粗度)라 한다.

(iii) $\frac{\delta'}{1.7} < \varepsilon < \frac{\delta'}{0.08}$, $(5 < \frac{u_* \varepsilon}{\nu} < 70)$의 경우 : 무디선도의 천이영역에 해당하며, 관 마찰계수 f는 Re와 ε의 두 변수에 의존하며, Colebrook의 식은 다음과 같다.

$$\frac{1}{\sqrt{f}} = -2.0\log\left(\frac{\varepsilon/d}{3.7} + \frac{2.51}{Re\sqrt{f}}\right) \quad \cdots\cdots (6.25)$$

Haaland가 제안한 식은 다음과 같다.

$$\frac{1}{\sqrt{f}} = -1.8\log\left[\left(\frac{\varepsilon/d}{3.7}\right)^{1.11} + \frac{6.9}{Re}\right] \quad \cdots\cdots (6.26)$$

그림 6.6은 Nikuradse 등이 여러 가지 크기의 모래입자를 원관에 부착한 거친 원관의 관 마찰계수를 실험적으로 구한 데이터이다. 이 그림은 관 마찰계수 f와 Re의 관계를 표시하며, 관의 반경 r_0와 거칠기 ε의 비를 파라미터로 하고 있다. 관경이 변하여도 조도 ε/r_0가 일정하면 관 마찰계수는 동일한 곡선 상에 있게 된다. 층류영역에서는 거칠기에 관계없이 곡선 ①로서 식(6.10)인 $f=64/Re$와 일치하며, 난류영역에서는 ε/r_0의 값에 따라 다른 곡선 ②, ③선 상에 있게 되고, 그보다 큰 Re에서는 천이영역을 거쳐 거의 일정한 f의 값을 갖게 되는데, 거칠기가 크면 f는 층류영역을 지나면 천이영역을 거쳐 완전히 거친, 완전 난류영역에서는 Re에 관계없이 일정치가 됨을 확인할 수 있다.

그림 6.6에서 ①곡선은 식 (6.10), ②곡선은 식 (6.19), ③곡선은 식 (6.22)를 나타내는 곡선이다. 그러나 이 선도 상에는 조도의 종류가 7가지밖에 제시되지 않았다. 따라서 그림 6.7에 거친 관에 대한 **무디선도**(Moody diagram)를 나타내었다.

무디는 시판되고 있는 여러 가지 재질의 원관의 상대조도 ε/d에 대한 실험치를 층류영역($Re<2320$)에서는 식(6.10), 천이영역에서는 Colebrook의 식 (6.25), 완전히 거친 $Re\sqrt{f}(\varepsilon/d)>200$의 난류영역에서는 Karman의 식

(6.24)를 이용하여 관 마찰계수를 구하기 위한 선도로서 작성하였으며, 널리 사용되고 있다.

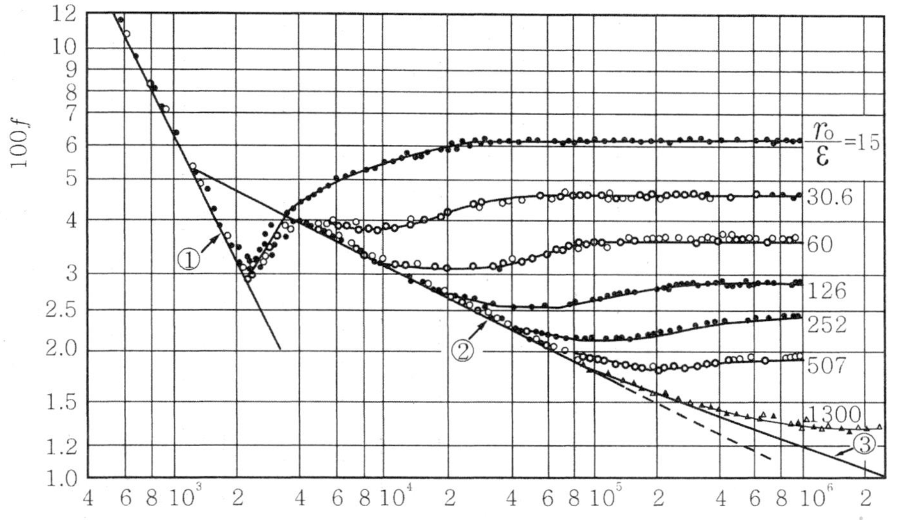

①: 식(6.10) ②: 식(6.19) ③: 식(6.22) $Re = \frac{umd}{\nu}$

[그림 6.6] 모래입자에 의한 거친원관의 관 마찰계수
(Nikuradse 등의 실험에 의함)

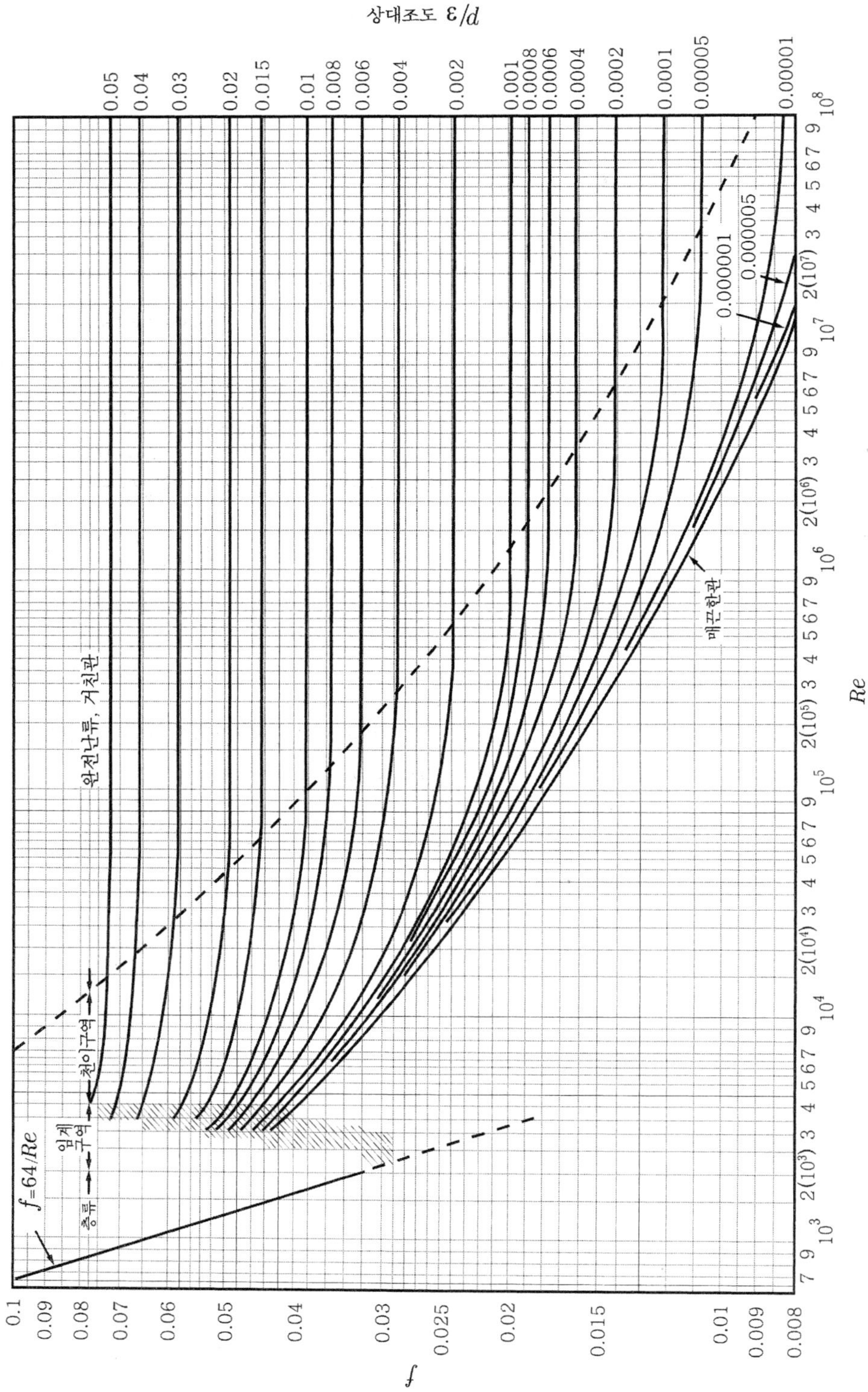

[그림 6.7] 무디선도

시판되고 있는 여러 실용 관로의 관 직경 d에 대한 상대조도 ε/d의 선도를 그림 6.8에 제시하였으며, 이 선도로부터 상대조도를 구할 수 있다.

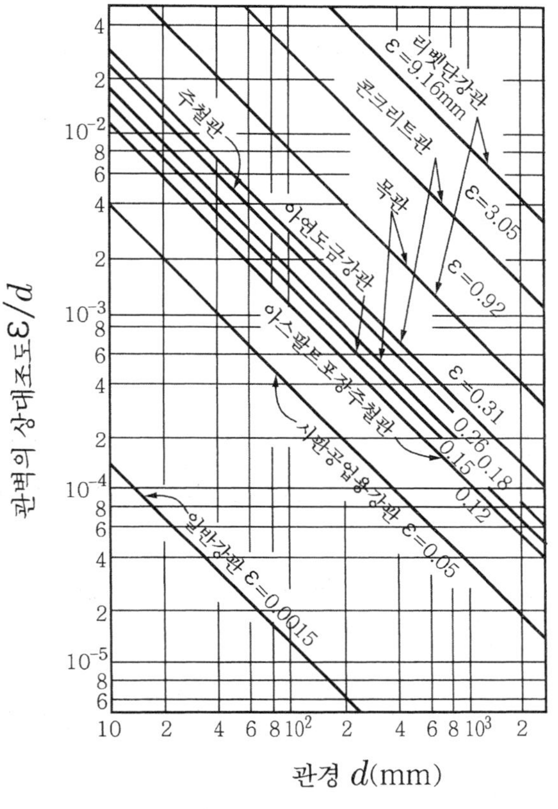

[그림 6.8] 실용관의 상대조도

예제 6.7

관 직경 $d=100$[mm]인 원관 내를 유량 $Q=0.025[m^3/s]$로 20[℃]의 물이 흐를 때 관의 재질이 다음과 같은 경우에 관 길이 100[m]당 마찰 손실수두를 구하라.

(1) 황동관, (2) $\varepsilon=1$[mm]의 콘크리트관

[풀이] 평균속도 $v=\dfrac{Q}{(\pi/4)d^2}=\dfrac{0.025}{(\pi/4)\times 0.1^2}=3.183m/s$

따라서

$$Re = \frac{vd}{\nu} = \frac{3.183 \times 0.1}{1.007 \times 10^{-6}} = 3.161 \times 10^5$$

(1) 황동관의 경우는 매끈한 관이므로 식(6.21)로부터

$$f = 0.0032 + 0.221 Re^{-0.237} = 0.0032 + 0.221 \times (3.161 \times 10^5)^{-0.237} = 0.0142$$

$$\therefore\ h_f = f \frac{l}{d} \frac{v^2}{2g} = 0.0142 \times \frac{100}{0.1} \times \frac{3.183^2}{2 \times 9.8} = 7.34m$$

(2) $\varepsilon / d = 0.01$이므로 무디선도로부터 $f = 0.038$이다.

$$\therefore\ h_f = f \frac{l}{d} \frac{v^2}{2g} = 0.038 \times \frac{100}{0.1} \times \frac{3.183^2}{2 \times 9.8} = 19.64m$$

예제 6.8

예제 6.7의 조건에서 주철관이 유동방향에서 아래로 5° 기울어져 있을 때 (1) 마찰 손실수두, (2) 압력 강하량을 구하라. 단, 물의 밀도는 1000[kg/m^3]이다.

[풀이] (1) 주철관의 ε=0.26[mm]이므로 ε / d=0.26/100=0.0026이다.
무디선도로부터 f=0.0255이다.

$$\therefore\ h_f = f \frac{l}{d} \frac{v^2}{2g} = 0.0255 \times \frac{100}{0.1} \times \frac{3.183^2}{2 \times 9.8} = 13.18m$$

(2) 관의 상부를 ①단면, 하부를 ②단면이라 할 때 관의 직경이 일정하므로 속도는 같다. 따라서 베르누이식으로부터

$$\frac{p_1}{\gamma} + z_1 = \frac{p_2}{\gamma} + z_2 + h_f$$

$$\therefore\ h_f = \frac{\Delta p}{\gamma} + (z_1 - z_2) = \frac{\Delta p}{\gamma} + l \sin 5^\circ$$

$$\therefore\ \Delta p = \gamma (h_f - l \sin 5^\circ) = 9800 \times (13.18 - 100 \sin 5^\circ)$$

$$= 43751.4 Pa \fallingdotseq 43.75 kPa$$

■

예제 6.9

일정한 길이의 매끈한 원관을 통하여 일정한 유량의 물을 수송하는데, 직경을 2배로 하면 마찰 손실수두는 몇 배가 되는가? 단, 흐름은 난류이고 관 마찰계수는 Blasius의 식으로부터 구할 수 있다고 한다.

[풀이] $Q = const$, $l = const$이다.

평균유속 $v = \frac{Q}{A} = \frac{4Q}{\pi d^2} \propto d^{-2}$, Re는 $Re = \frac{vd}{\nu} \propto d^{-1}$

관 마찰계수 $f = 0.3164 Re^{-0.25} \propto d^{0.25}$

$h_f = f \frac{l}{d} \frac{v^2}{2g}$ 이므로

$$\frac{h_{f2}}{h_{f1}} = \frac{f_2}{f_1} \frac{d_1}{d_2} \frac{{v_2}^2}{{v_1}^2} \propto \left(\frac{d_2}{d_1}\right)^{0.25} \cdot \left(\frac{d_2}{d_1}\right)^{-1} \cdot \left(\frac{d_2}{d_1}\right)^{-4} = 2^{-4.75}$$

$= 0.037$ 배 ■

6.3.3 원관이 아닌 관내의 난류

원관이 아닌 관로의 흐름이 난류인 경우($Re = \frac{vd_e}{\nu} > 2320$)의 관 마찰손실은 수력반경 R_h 또는 등가직경 d_e를 관 단면에 대하여 구한 후 식(6.8)을 이용하여 계산할 수 있다. 이 때 Re의 대표길이는 등가직경 $d_e(=4R_h)$로 취해야 한다. 관로가 매끈한 경우, 관 마찰계수 f는 Re의 범위에 따라 매끈한 원관에 상당하는 식들을 이용하고, 거친 관의 경우는 거친 원관의 난류유동의 경우와 같은 방법으로 무디선도를 이용할 수 있다. 이 때 상대조도는 ε / d_e의 값을 취한다.

예로서, 장방형 단면의 관에서는 두 변의 길이를 각각 a, b라 할 때 유체가 충만하여 흐르는 경우에는 $R_h = ab/2(a+b)$, $d_e = 2ab/(a+b)$이다. 또. 이 경우 $a \gg b$인 조건은 평행평판 사이의 흐름에 상당하며 $R_h = b/2$, $d_e = 2b$이다.

반경 r_1, $r_2(r_2 > r_1)$인 동심 2중 원관의 환상유로를 축 방향으로 흐르는 경우에는 $R_h = (r_2 - r_1)/2$, $d_e = 2(r_2 - r_1)$이 된다.

그러나 원형 이외의 단면형상을 갖는 관내의 속도분포는 원형의 경우와 달리 구석 부근에서 속도가 현저히 감소하고 또 2차류가 발생한다. 이로 인하여 앞에서 기술한 흐름의 상사성을 가정한 간단한 방법에 의해서 원관의 관 마찰계수 f를 이용하여 계산하는 것은 정밀도가 높은 결과를 얻을 수는 없다. 따라서 정확한 마찰손실을 구해야 할 필요가 있을 때는 실험을 해야 한다.

예제 6.10

동심 2중 원관(r_2=5[cm], r_1=3[cm])의 환상유로를 통하여 0.01[m^3/s]의 물이 흐르고 있다. 관의 길이는 50[m]이고, 재질은 시판되는 공업용 강관이다. 물의 ρ=1000[kg/m^3], ν=1.02×10^{-6}[m^2/s]이다. 이 때의 마찰 손실수두를 구하라.

[풀이] 평균유속 $v=\dfrac{Q}{\pi(r_2^2-r_1^2)}=\dfrac{0.01}{\pi(0.05^2-0.03^2)}=1.99m/s$

등가직경 $d_e=2(r_2-r_1)=2\times(0.05-0.03)=0.04m$

$\therefore\ Re=\dfrac{v\,d_e}{\nu}=\dfrac{1.99\times0.04}{1.02\times10^{-6}}=78039.2$

상대조도 $\dfrac{\varepsilon}{d_e}=\dfrac{0.05}{40}=0.00125$

따라서 무디선도로부터 $f=0.0235$이다.

$$\therefore\ h_f=f\frac{l}{d_e}\frac{v^2}{2g}=0.0235\times\frac{50}{0.04}\times\frac{1.99^2}{2\times9.8}=5.935m$$ ■

6.4 관로의 제손실

지금까지는 주로 관로의 단면적 또는 흐름의 방향이 일정한 경우의 마찰손실에 대하여 검토하였다. 그러나 실제의 흐름은 관로의 단면적의 변화, 방향의 변화에 영향을 받음과 아울러 관로의 접속 및 밸브 등을 포함하는 경우가 많으므로, 이러한 부분에서 마찰손실 이외의 소위 **부차적 손실**(minor loss, 副次的損失) 또는 부분적 손실이라 불리는 손실이 발생한다.

먼저 단일 관로에서는

① **단면적이 변화하는 관내 흐름**

내경이 다른 관의 접속부에서 생기는 흐름, 용기와 관의 접속부, 밸브 등과 관의 접속부에서 손실이 발생한다.

② 방향이 변화하는 관내 흐름

곡관이나 엘보우 및 T자관에서 손실이 발생한다.

관로계에서는

③ 합류 혹은 분기의 흐름

2개 이상의 관이 한 곳에서 접속하여 합류하거나 분기하여 흐를 때 손실이 발생한다.

④ 배관계의 흐름

병렬관, 다지관, 관로망 등의 복잡한 배관계에서는 위의 ①~③항이 조합되어 손실을 합산해야 한다.

이러한 각부의 부차적 손실수두 h_l의 크기는 손실계수(loss coefficient, 損失係數) k를 이용하여 다음과 같이 표시된다.

$$h_l = k\frac{v^2}{2g} \qquad \cdots\cdots (6.27)$$

여기서 속도 v는 일반적으로 각 요소에서 단면 평균속도의 가장 큰 값이 이용된다.

6.4.1 돌연 확대손실

직경이 작은 관으로부터 큰 관으로 단면적이 급확대하는 경우를 **돌연확대**(sudden enlargement, 突然擴大)라 한다. 이 때에는 분류(噴流)가 생기고 주위 유체에 와동이 발생한다. 일반적으로 유로가 하류로 감에 따라 넓어지는 경우에는 연속의 원리로부터 유속이 감소하고, 그에 따라 베르누이식으로부터 압력이 증가하는 경향이 있다. 이것은 유체가 저압부로부터 고압부를 향해 흘러야 함을 의미한다. 그런데 큰 관으로 유입한 흐름이 관 입구로부터 관 전체로 채워지기까지의 거리는, 큰 관 직경의 약 8배 정도라고 알려져 있다. 이 사이에 상당한 손실이 생긴다.

그림 6.9와 같이 단면적이 A_1으로부터 A_2로 돌연 확대되는 경우에 운동량의 원리를 적용하면 다음과 같다.

$$\Sigma F_x = p_1 A_1 + p_o(A_2 - A_1) - p_2 A_2 = \rho Q(v_2 - v_1)$$
$$= \rho (A_2 v_2^2 - A_1 v_1^2)$$

실험에 의하면 $p_o \fallingdotseq p_1$이고, $Q = A_1 v_1 = A_2 v_2$이므로 위 식은

$$A_2(p_2 - p_1) = \rho A_2(v_1 v_2 - v_2^2)$$

양변을 $\rho g A_2$로 나누면 다음 식으로 된다.

$$\frac{p_2 - p_1}{\rho g} = \frac{v_1 v_2 - v_2^2}{g} \quad \cdots\cdots (6.28)$$

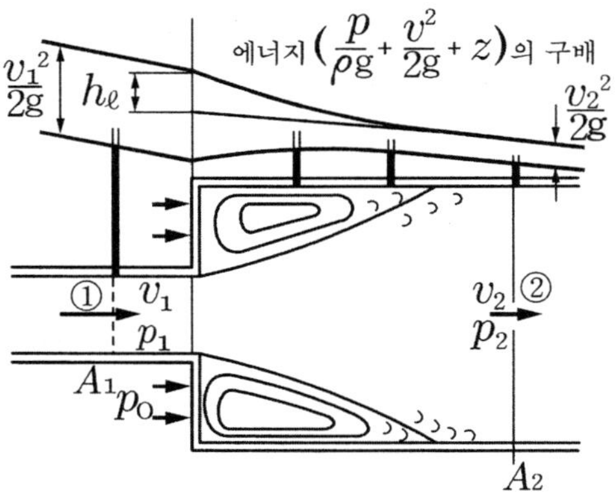

[그림 6.9] 돌연확대관

①, ②단면 사이에 베르누이식을 적용하면

$$\frac{p_1}{\rho g} + \frac{v_1^2}{2g} = \frac{p_2}{\rho g} + \frac{v_2^2}{2g} + h_l$$
$$\therefore \frac{p_2 - p_1}{\rho g} = \frac{v_1^2 - v_2^2}{2g} - h_l \quad \cdots\cdots (6.29)$$

식(6.28)과 (6.29)를 등식으로 놓아 손실수두 h_l에 대하여 정리하면

$$h_l = \frac{{v_1}^2}{2g} - \frac{2v_1v_2}{2g} + \frac{{v_2}^2}{2g} = \frac{(v_1 - v_2)^2}{2g} = k_{se}\frac{{v_1}^2}{2g} \quad \cdots\cdots (6.30)$$

이 되며, 이것을 돌연확대 손실수두라 한다. 여기서 돌연확대 손실계수 k_{se}는

$$k_{se} = \left(1 - \frac{A_1}{A_2}\right)^2 \quad \cdots\cdots (6.31)$$

으로 표시할 수 있다.

하류측이 무한대($A_2=\infty$)인 큰 공간으로 방출할 때는 $A_1/A_2 \fallingdotseq 0$이 되며, 예로서 관로가 큰 용기에 접속되는 경우에 $A_1/A_2 \ll 1$이므로 $k_{se}=1$이 되어 다음과 같이 된다.

$$h_l \fallingdotseq \frac{{v_1}^2}{2g} \quad \cdots\cdots (6.32)$$

따라서 큰 용기로 유입하는 경우에는 유입 속도수두는 피할 수 없는 손실로서, 유입에 따라 용기내의 유체는 교란되어 열을 발생한다.

6.4.2 점차 확대관의 손실

관의 확대가 완만한 경우, 만일 손실이 없다고 하면 연속의 식과 베르누이식으로부터 흐름방향으로 압력이 상승하고, 유속은 감소하게 된다.

그림 6.10과 같이 확대각 θ인 **점차 확대관**(divergent tube)내의 흐름을 생각하자.

θ가 비교적 작은 경우에는 유체가 벽을 따라서 흐르지만, 각이 큰 경우에는 흐름이 벽으로부터 떨어져 분류(噴流)가 되어 벽과 분류와의 사이에 와류가 발생한다. 이로 인하여 손실이 발생하게 되는데 돌연확대에 의한 손실보다는 작다.

점차 확대관의 손실수두도 돌연확대의 경우와 같은 형태로 다음 식과 같이 표시한다.

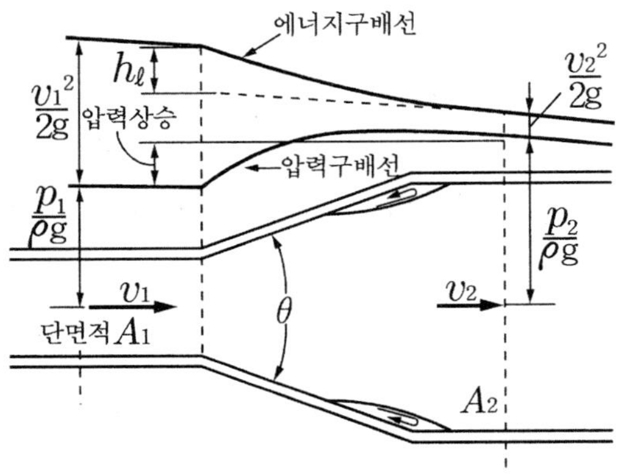

[그림 6.10] 점차 확대관

$$h_l = \zeta \frac{(v_1 - v_2)^2}{2g} = k_d \frac{{v_1}^2}{2g} \qquad \cdots\cdots (6.33)$$

원형 확대관의 계수 ζ는 그림 6.11에서 보는바와 같이 $\theta = 5° \ 30'$ 에서 최소가 되어 $\zeta = 0.135$가 된다. 정방형 단면의 확대관은 $\theta \fallingdotseq 6°$ 에서 $\zeta = 0.145$, 장방형 단면의 확대관은 $\theta = 11°$ 에서 $\zeta = 0.175$로 각각 최소 값을 갖는다. 이 값은 흐름이 벽으로부터 떨어지지 않는 극한치를 나타낸다.

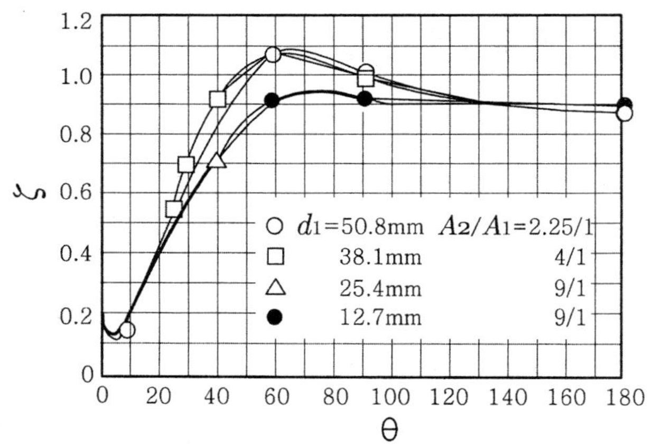

[그림 6.11] 점차 확대관의 손실계수 ζ

확대각이 점차 커지면 전술한 바와 같이 하류측으로 흐름의 충돌이나 와류가 발생하므로 내부마찰이 증대하여 손실은 커지며, $\theta = 60 \sim 70°$ 에서 충돌손실과 관 마찰손실과의 합이 최대가 되는데, $\theta = 180°$ 에서는 오히려 작아서 돌연 확대관($\zeta=1$)과 같게 된다.

원형 확대관의 경우는 $\theta=7.5\sim35°$ 범위에서 다음과 같은 Gribson의 식이 사용되고 있다.

$$\zeta \fallingdotseq 0.011\,\theta^{1.22} = 3.50\left[\tan\frac{\theta}{2}\right]^{1.22} \qquad \cdots\cdots (6.34)$$

확대관은 유속을 감소시켜 압력을 증가시키기 위하여 사용할 때 **디퓨저**(diffuser)라 한다. 압력상승을 나타내는 성능으로서 압력계수 c_p가 사용된다.

$$c_p = \frac{(p_2 - p_1)/\gamma}{v_1^{\,2}/2g} \qquad \cdots\cdots (6.35)$$

확대관내의 손실을 무시한 경우의 c_p를 c_{pi}라 하면

$$c_{pi} = \frac{(p_{2th} - p_1)/\gamma}{v_1^{\,2}/2g} = \frac{(v_1^{\,2} - v_2^{\,2})/2g}{v_1^{\,2}/2g}$$

$$= 1 - \left(\frac{v_2}{v_1}\right)^2 = 1 - \left(\frac{A_1}{A_2}\right)^2 \qquad \cdots\cdots (6.36)$$

이 되며, 여기서 p_{2th}는 손실이 없는 경우, 그 단면의 압력이다.

디퓨저의 압력회복효율 η는 c_p와 c_{pi}의 비로서 다음과 같이 표시된다.

$$\eta = \frac{c_p}{c_{pi}} = \frac{c_p}{1 - \left(\dfrac{A_1}{A_2}\right)^2} \qquad \cdots\cdots (6.37)$$

손실계수 k_d, 압력계수 c_p, 압력회복효율 η간의 관계는 다음과 같다.

$$k_d = c_{pi} - c_p = 1 - \left(\frac{A_1}{A_2}\right)^2 - c_p \qquad \cdots\cdots (6.38)$$

$$\eta = 1 - \frac{k_d}{1 - \left(\dfrac{A_1}{A_2}\right)^2} \qquad \cdots\cdots (6.39)$$

예제 6.11

내경 1[m]인 관내를 v_1=3[m/s]로 물이 흐르고 있다. 지금 이 관의 내경을 2[m]로 확대하고자 한다. 다음과 같은 확대방법에 따라 각각 손실수두를 구하라.

(1) 한 번에 돌연확대하는 경우

(2) 도중에 내경 1.5[m]의 관을 접속하여 2회로 나누어 돌연확대 하는 경우

(3) 확대각 20° 로 점차 확대하는 경우

[풀이] (1) $Q=A_1v_1=A_2v_2$로부터

$$v_2=\frac{A_1}{A_2}v_1=\left(\frac{d_1}{d_2}\right)^2 v_1=\left(\frac{1}{2}\right)^2\times 3=0.75\,[\mathrm{m/s}]$$

돌연확대 손실계수 $k_{se}=\left(1-\frac{A_1}{A_2}\right)^2=\left(1-\frac{1}{4}\right)^2=0.5625$

$$\therefore\ h_l=k_{se}\frac{{v_1}^2}{2g}=0.5625\times\frac{3^2}{2\times 9.8}=0.2583m$$

(2) $Q=A_1v_1=A_{12}v_{12}$로부터

$$v_{12}=\frac{A_1}{A_{12}}v_1=\left(\frac{d_1}{d_{12}}\right)^2 v_1=\left(\frac{1}{1.5}\right)^2\times 3=1.333\,[\mathrm{m/s}]$$

$$\therefore\ h_l=\frac{(v_1-v_{12})^2}{2g}+\frac{(v_{12}-v_2)^2}{2g}$$

$$=\frac{(3-1.333)^2}{2\times 9.8}+\frac{(1.333-0.75)^2}{2\times 9.8}=0.159\,[\mathrm{m}]$$

(3) 식(6.34)로부터

$$\zeta=0.011\theta^{1.22}=0.011\times 20^{1.22}=0.425$$

$$\therefore\ h_l=\zeta\frac{(v_1-v_2)^2}{2g}=0.425\times\frac{(3-0.75)^2}{2\times 9.8}=0.1098m$$

■

6.4.3 돌연 축소관의 손실

직경이 큰 관으로부터 작은 관으로 단면적의 변화가 돌연 변화하는 경우를 돌연축소(sudden contraction, 突然縮小)라 한다. 그림 6.12와 같이 관로가 돌연 축소하는 경우, 작은 관의 입구에서 흐름은 벽으로부터 떨어져 수축하게 되

고, 그로부터 작은 관 단면 전체에 확대·충만하여 흐른다. 이 때문에 작은 관 입구로부터 수축부 단면 ⓒ 사이에는 수축손실이 생기고 압력이 저하하며, 흐름이 다시 확대·충만하는 ⓒ~② 사이에는 압력이 점차 회복된다. 이 ⓒ~② 사이의 흐름은 6.4.2절의 돌연확대의 흐름과 성질이 같아져 손실이 크다.

일반적으로 압력이 저하하는 수축부분에서의 손실은 무시할 수 있을 정도로 작고, 압력이 증가하는 부분의 손실이 지배적이다. 따라서 ①~②단면 사이의 돌연축소 손실은 결국 ⓒ~②단면 사이의 돌연확대 손실로 계산할 수 있다.

수축계수(coefficient of contraction, 收縮係數) C_c는 다음과 같이 정의한다.

$$C_c = \frac{A_c}{A_2} \qquad \cdots\cdots (6.40)$$

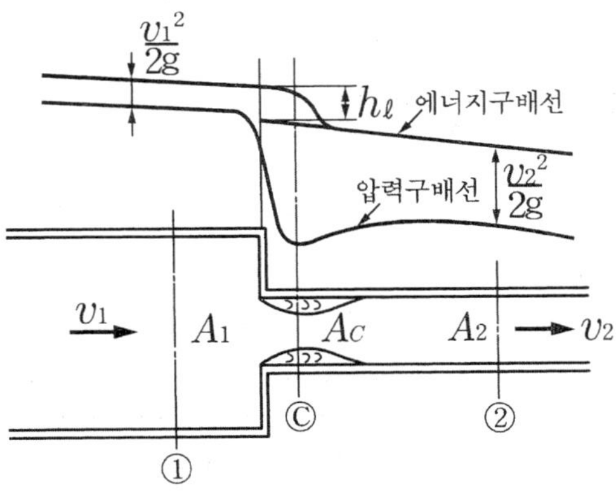

[그림 6.12] 돌연 축소관

연속의 식 $Q = A_2 v_2 = A_c v_c = C_c A_2 v_c$이므로 수축부의 유속 v_c는 다음과 같다.

$$v_c = \frac{v_2}{C_c} \qquad \cdots\cdots (6.41)$$

돌연 확대관의 경우에 대한 식(6.30)을 적용하면 돌연 축소관의 손실수두 h_l은

$$h_l = \frac{(v_c - v_2)^2}{2g} = \left(\frac{1}{C_c} - 1\right)^2 \frac{v_2^2}{2g} = k_{sc}\frac{v_2^2}{2g} \qquad \cdots\cdots (6.42)$$

으로서, 손실계수 k_{sc}는 수축계수의 함수관계에 있다.

수축계수 C_c에 대해서는 다음과 같은 Merriman의 공식이 이용되고 있다.

$$C_c = 0.582 + \frac{0.0418}{1.1 - (d_2/d_1)} \qquad \cdots\cdots (6.43)$$

관의 단면적비 A_2/A_1에 대한 수축계수 C_c와 손실계수 k_{sc}는 표 6.4에 수록하였다.

[표 6.4] 돌연축소관의 수축계수 및 손실계수

A_2/A_1	0	0.1	0.2	0.3	0.4	0.5	0.6	0.7	0.8	0.9	1.0
C_c	0.617	0.624	0.632	0.643	0.659	0.681	0.712	0.755	0.813	0.892	1.00
k_{sc}	0.50	0.46	0.41	0.36	0.30	0.24	0.18	0.12	0.06	0.02	0

6.4.4 관 오리피스의 손실

관로 도중에 설치한 오리피스, 즉 관 오리피스에서의 손실은 돌연 축소관의 손실과 거의 같은 방법으로 적용할 수 있다.

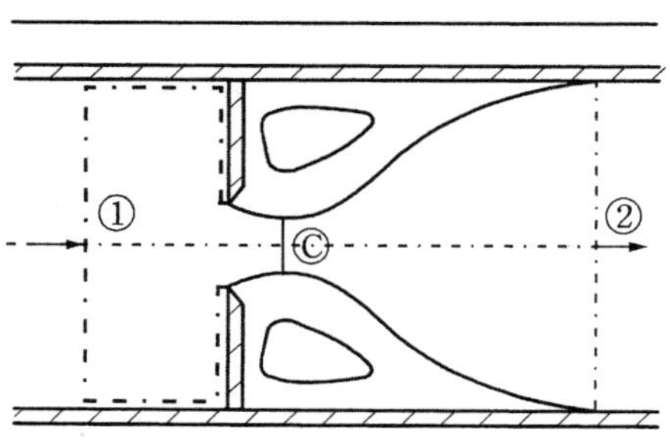

[그림 6.13] 관 오리피스

그림 6.13에서 오리피스 구멍의 면적을 A_o라 하고, $m = A_o/A_1$를 오리피스의 개구비(開口比)라 할 때 손실수두는 다음과 같다.

$$h_l = k_o \frac{v_1^2}{2g} \qquad \cdots\cdots (6.44)$$

여기서 손실계수 k_o는, 원형 오리피스에 대해서는 다음의 실험식이 있다.

$$k_o = \left(\frac{1}{m} - 1\right)\left(\frac{2.75}{m} - 1.56\right) \qquad \cdots\cdots (6.45)$$

6.4.5 점차 축소관의 손실

축소각이 작은 관로의 흐름에서는 서서히 축소하는 **축소흐름(converging flow)**이 된다. 흐름의 속도분포는 일정하게 흐르고 단면변화로 인한 내부마찰은 거의 없다. 마찰손실은 관 내벽에서의 손실이 주를 이루므로 와류 등의 손실은 무시할 수 있다.

단면이 서서히 변화하는 것으로 소방수용의 원추형 노즐이 있다. 이 손실은 ζ=0.03~0.05로서 극히 작은 것이 특징이다. 또, 축소흐름은 속도분포를 일정하게 하는 실험풍동 등으로 이용되고 있다. 이것은 축 대칭 2차원 흐름이 되는 수축노즐이다.

예제 6.12

(1) 직경 4[cm]인 원관에 직경 2[cm]의 원관을 접속하여 큰 관으로부터 작은 관을 향해 물이 흐를 때, 큰 관에서의 유속이 2[m/s]라면 돌연축소 손실수두는 얼마인가?

(2) 만일 직경 4[cm]인 원관에 직경 2[cm]의 관 오리피스를 설치했다면 오리피스에서의 손실수두는 얼마인가?

[풀이] (1) $Q = A_1 v_1 = A_2 v_2$로부터

$$v_2 = v_1 \frac{A_1}{A_2} = v_1 \left(\frac{d_1}{d_2}\right)^2 = 2 \times \left(\frac{4}{2}\right)^2 = 8\,[\mathrm{m/s}]$$

$$\frac{A_2}{A_1} = \left(\frac{d_2}{d_1}\right)^2 = \left(\frac{2}{4}\right)^2 = 0.25$$

$\therefore$ 표 6.4에서 손실계수 $k_{sc} = \dfrac{0.41 + 0.36}{2} = 0.385$

$$\therefore\ h_l = k_{sc} \frac{{v_2}^2}{2g} = 0.385 \times \frac{8^2}{2 \times 9.8} = 1.257m$$

(2) $m = \dfrac{A_o}{A_1} = \left(\dfrac{d_o}{d_1}\right)^2 = \left(\dfrac{2}{4}\right)^2 = 0.25$

식(6.45)에 의하여 손실계수를 구하면

$$k_o = \left(\frac{1}{m} - 1\right)\left(\frac{2.75}{m} - 1.56\right) = \left(\frac{1}{0.25} - 1\right)\left(\frac{2.75}{0.25} - 1.56\right) = 28.32$$

식(6.44)로부터

$$h_l = k_o \frac{{v_1}^2}{2g} = 28.32 \times \frac{2^2}{2 \times 9.8} = 5.78m$$

■

6.4.6 관로의 입구손실 및 출구손실

(1) 입구손실

수조 또는 큰 용기에 관로를 설치하여 유체가 관로에 유입할 때는 흐름이 돌연 축소하므로 관 입구에서 손실이 생긴다. 그 손실의 크기는 관로 입구의 형상에 따라 다르다.

그림 6.14에 관로의 각 입구형상에 대하여 손실계수를 표시하였다. 입구형상이 약간 달라져도 손실계수는 크게 달라지므로 입구형상에 대해서는 충분히 주의를 해야 한다. 그림에서 보듯이 (a)도의 경우와 같이 매끄러운 라운딩의 입구형상이 손실계수가 가장 작다.

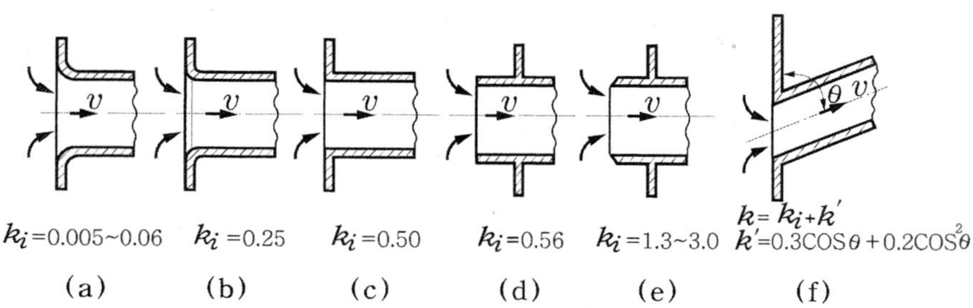

[그림 6.14] 관 입구의 형상과 손실 계수

손실수두는 입구 관내의 유속을 v라 할 때 다음 식으로 표시한다.

$$h_l = k_i \frac{v^2}{2g} \qquad \cdots\cdots (6.46)$$

여기서 k_i는 입구 손실계수, v는 관 단면의 평균속도이다.

(2) 출구손실

관로로부터 큰 수조로 유체를 토출하는 경우에도 손실이 생긴다. 이것을 출구손실이라 하며, 6.4.1절의 관로가 돌연 확대하는 경우를 기초로 하여 $A_2 \to \infty$를 취하여 얻을 수 있다. 즉 식(6.31)에서 $k_{se}=1$이 되어 식(6.30)으로부터 관로 내의 유체가 갖는 동압(動壓)이 그대로 손실이 된다.

관로 내의 유속을 v라 할 때 출구 손실수두는 다음과 같다.

$$h_l = \frac{v^2}{2g} \qquad \cdots\cdots (6.47)$$

이것은 관로를 나온 유체가 와동을 일으켜 유체의 운동에너지가 점차 확산되어 점성에 의하여 소실되는 것을 의미한다.

6.4.7 조주구간에서의 손실

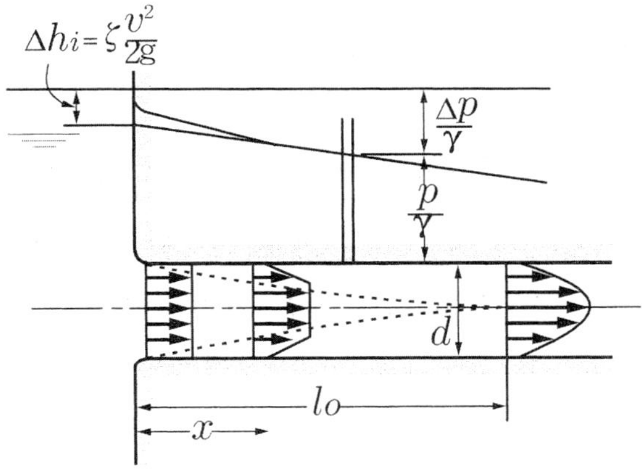

[그림 6.15] 조주구간의 흐름

그림 6.15와 같이 수조로부터 관으로 유체가 유입하는 경우를 생각하자.

입구에서는 거의 일정한 속도분포를 가지며, 압력수두는 수조내보다 $v^2/2g$만큼 낮아진다(v는 평균유속). 점성유체는 벽면상에서 속도가 0이 되는 성질이 있으므로 벽면상에서의 저항력이 작용하는 관 벽 부근의 유체에는 큰 전단응력이 작용한다. 따라서 일정속도의 범위는 관 중심부근으로 한정되며, 벽면 근처에서는 경계층이 발달하게 된다. 하류로 감에 따라 벽면저항으로 인한 감속의 범위는 증대하며, 드디어는 관 중심까지 그 영향이 미쳐서 단면상의 속도분포가 일정한 범위는 없어진다.

그림 6.15에 표시한 바와 같이 관 입구로부터 이와 같은 상태로 되기까지의 범위를 **조주구간**(entrace region, 助走區間) 또는 **입구구간**(inlet region, 入口區間)이라 하고, 그 길이 l_o를 **조주거리**(entrance length or inlet length, 助走距離)라 한다. $x > l_o$의 범위에서는 속도분포가 x에 관계없이 일정하다. 또 압력도 관 축에 수직한 단면상에서는 일정하며, x방향으로는 직선적으로 강하한다. 조주구간에서는 속도분포의 변화와 관 벽에서의 저항 때문에 압력강하는 $x > l_o$의 범위보다 크다.

조주거리 l_o에 대해서는 여러 사람에 의해서 이론적, 실험적 연구가 행해지고 있다. 임계 레이놀즈수보다 낮은 Re 범위의 층류영역에서는, 후술하는 바와 같이 $x \geq l_o$의 일정한 흐름의 영역에 있어서, 관 중심부에서 최대속도를 갖는 회전 포물면 형태의 속도분포가 되며 조주구간에서의 속도변화는 크다. 한편 난류영역에서는 유체의 난동으로 인한 혼합 때문에 속도분포는 층류의 경우보다 일정해지므로 층류만큼 속도분포의 변화가 크지는 않다.

층류와 난류에 대하여 대표적인 조주거리는 각각 다음과 같다.

층류 : Boussinesq의 이론(1891년) 및 Nikuradse의 실험(1922년) 결과

$$l_o = 0.065\ d \cdot Re \quad (Re = vd/\nu)$$

난류 : Latzko(1921년) $l_o = 20d$

Nikuradse의 실험(1927년) $l_o = (25 \sim 40)d$

조주구간에서의 손실에 의한 압력강하는, 입구손실 및 속도분포의 변화에 의한 손실(손실계수 ζ로 표시)과 마찰손실(fl_o/d로 표시)의 합으로서 다음과 같이 표시할 수 있다.

$$\frac{\Delta p}{\gamma} = \left(\zeta + f\frac{l_o}{d}\right)\frac{v^2}{2g} \qquad \cdots\cdots (6.48)$$

여기서 ζ의 값에 대해서는

층류 :	Boussinesq의 이론	$\zeta=2.24$
	Schiller의 이론	$\zeta=2.16$
	Hagen의 실험	$\zeta=2.7$
난류 :	Hagen의 실험	$\zeta=1.4$

가 알려지고 있다.

6.4.8 방향이 변하는 관로의 손실

(1) 곡관

관로의 내경이나 폭에 대한 곡률반경이 크고 완만하게 휘어져 있는 관을 **곡관**(bent pipe, 曲管) 또는 **벤드**(bend)라 한다. 관로 내에는 곡관이 포함되어 있는 경우가 많다.

휘어진 관로에서는 유체에 원심력이 작용하여 곡관의 외측에서 압력이 높아진다. 이로 인하여 휨 부분에 다가오는 흐름은 점차 압력이 상승하게 되어 입구에서는 흐름이 벽으로부터 떨어지는 박리현상이 일어난다.

한편 휨 부분의 내측에서는 압력이 떨어진다. 휨이 끝나면 원심력이 없어지고 다시 압력이 높아져 결국 휨 부분의 후류에서 박리가 생긴다.(그림 6.16 참조).

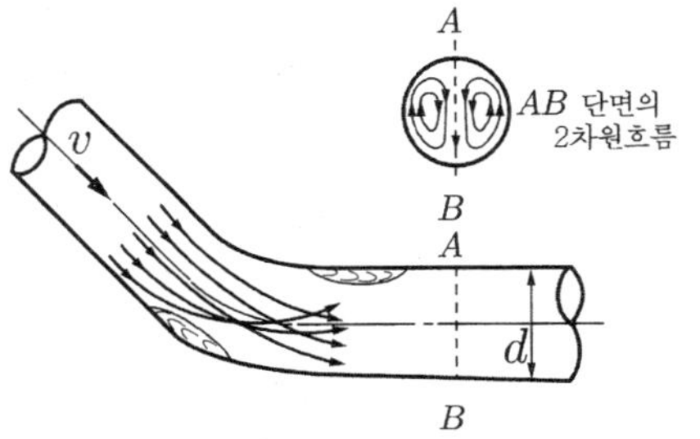

[그림 6.16] 곡관의 박리와 2차원 흐름

또, 관 단면내의 속도분포는 단면의 중앙에서 빠르고, 관 벽 가까이에서는 느리므로 단면 중앙의 빠른 유체에 큰 원심력이 작용한다. 그로 인하여 유체가 휨 부분의 외측으로 향하게 된다. 한편 외측의 유속이 느린 유체는 원심력의 영향이 작아 내측으로 밀려가게 된다. 이와 같이 관 축 방향에 수직한 단면에서 순환하는 흐름이 생기며, 이것을 2차 흐름(secondary flow)이라 하며, 이 2차 흐름에 의하여 곡관에서 손실이 발생한다.

곡관의 형상을 그림 6.17에 표시하듯이 곡률반경 R, 휨 부분의 각도 θ, 관의 직경 d, 유속을 v라 할 때 손실수두는

$$h_l = k_b \frac{v^2}{2g} \quad \cdots\cdots (6.49)$$

이며, 손실계수 k_b는 매끄러운 관 벽의 경우에 대하여 다음의 식이 이용된다.

$$k_b = 0.00515\alpha\theta Re^{-0.2}\left(\frac{R}{d}\right)^{0.9}, \quad \left[Re\left(\frac{d}{R}\right)^2 < 364\right] \quad \cdots\cdots (6.50a)$$

$$k_b = 0.00431\alpha\theta Re^{-0.17}\left(\frac{R}{d}\right)^{0.84}, \quad \left[Re\left(\frac{d}{R}\right)^2 > 364\right] \cdots\cdots (6.50b)$$

여기서 α는 표 6.5에 의한다.

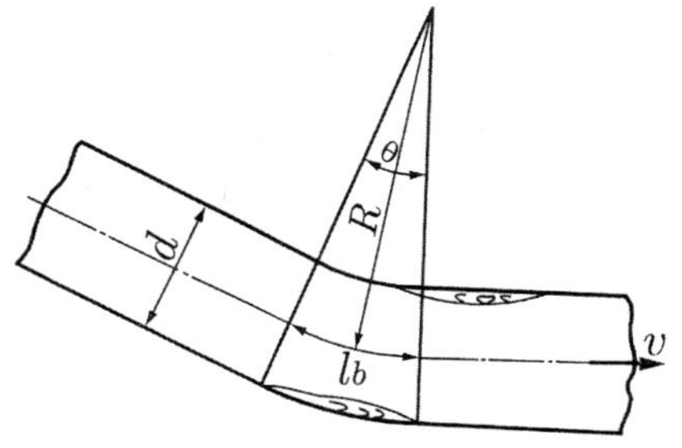

[그림 6.17] 곡관내의 흐름

[표 6.5] 식(6.50)의 α값

θ	45°	90°	180°
α	$1+5.13(R/d)^{-1.47}$	$R/d<9.85$의 경우 $0.95+4.42\,(R/d)^{-1.96}$ $R/d>9.85$의 경우 1.0	$1+5.06\,(R/d)^{-4.52}$

(2) 엘보우

그림 6.18과 같이 2개의 관을 접합하여 굴절각을 갖는 관을 엘보우(elbow)라 한다. 엘보우의 굴절각 부근에 와류가 발생하여 손실이 생기며, 곡관에 비하여 손실이 크다. 손실수두를

$$h_l = k_e \frac{v^2}{2g} \quad \cdots\cdots (6.51)$$

로 표시할 때, 손실계수 k_e는 Weisbach에 의하여 다음 식으로 표시된다.

$$k_e = 0.946 \sin^2\left(\frac{\theta}{2}\right) + 2.05 \sin^4\left(\frac{\theta}{2}\right) \quad \cdots\cdots (6.52)$$

또, 내면이 매끄러운 경우와 거친 경우의 k_e의 값은 다르며, 실험에 의해서도 그림 6.19와 같이 주어지고 있다.

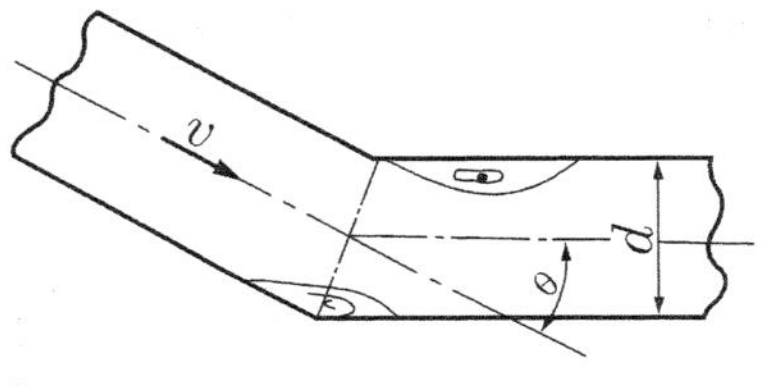

[그림 6.18] 엘보우

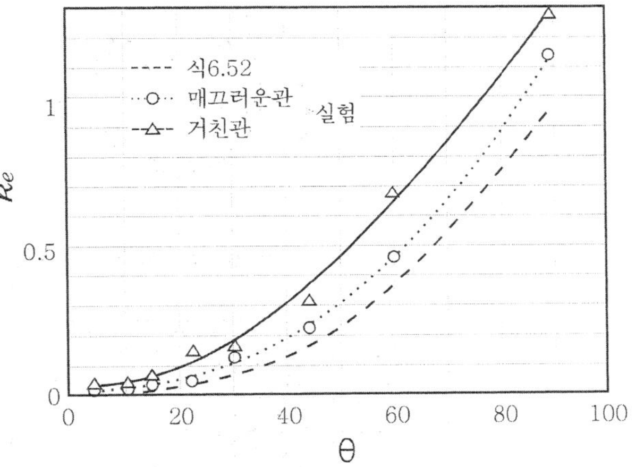

[그림 6.19] 곡관의 각도와 손실 계수

6.4.9 밸브 및 콕크의 손실

관로의 유량을 조절하는 목적으로 밸브나 콕크가 이용된다. 이때 밸브나 콕크의 열림을 조절하면 흐름에 축류현상이나 돌연확대에 의한 손실이 발생한다. 이들의 구조는 일반적으로 복잡하여 계통적으로 손실계수를 구하기 어렵다.

손실수두는 다음과 같이 표시될 때, 손실계수 k_v의 값은 밸브나 콕크의 종류에 따라, 또 열림율에 따라 달라진다.

$$h_l = k_v \frac{v^2}{2g} \qquad \cdots\cdots (6.53)$$

(1) 슬루우스 밸브

그림 6.20과 같이 슬루우스 밸브(sluice valve)는 유로를 판에 의해 상하로 이동시켜 열림 높이 h를 조절하여 유량을 변화시킬 수 있다. 손실계수는 열림율(h/d)이 클수록 작아지며, 열림율에 따라 손실계수의 값이 크게 변화한다.

그림 6.21에는 h/d에 따른 손실계수 k_v의 값을 몇 가지 직경에 대하여 나타내었다.

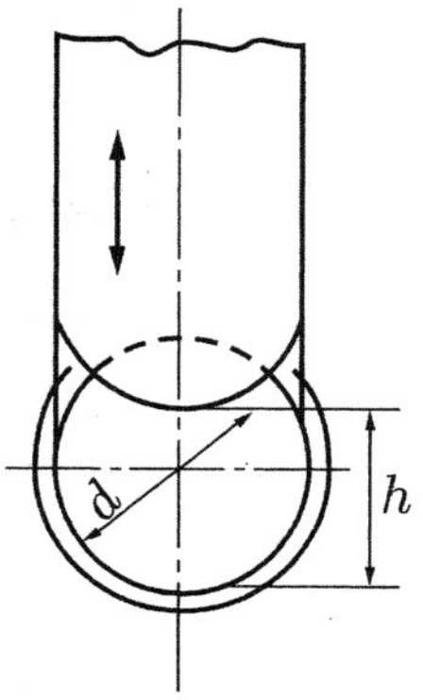

[그림 6.20] 슬루우스 밸브

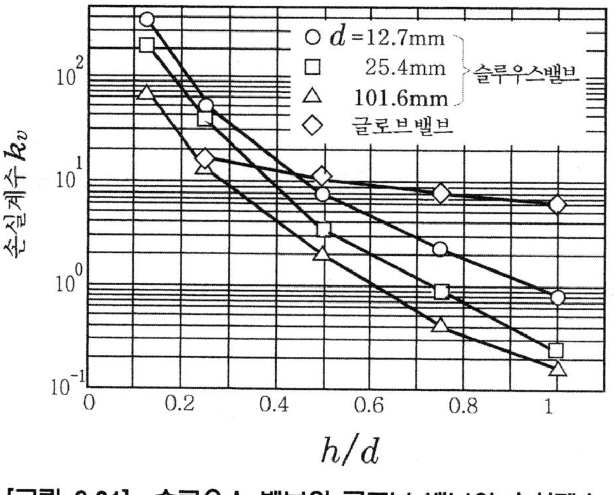

[그림 6.21] 슬루우스 밸브와 글로브 밸브의 손실계수

(2) 글로브 밸브

글로브 밸브(globe valve)는 수도용 밸브로 흔히 이용되는 밸브이다. 그림 6.22와 같이 원추형의 접촉부를 갖는 밸브자리와 밸브의 높이 h를 핸들로 상하 조절할 수 있다. 이것은 구조상 흐름이 크게 변화하므로 손실계수가 크다.

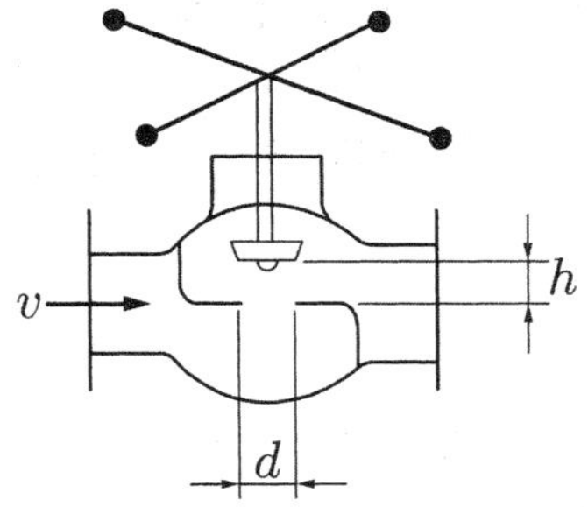

[그림 6.22] 글로브 밸브

그림 6.21에는 대표적인 글로브 밸브에 대하여 열림율과 손실계수의 관계를 함께 표시하였다. 글로브 밸브에서는 열림율이 변하여도 슬루우스 밸브만큼 손실계수의 변화가 크지 않다.

(3) 나비너트 밸브

나비너트 밸브(butterfly valve)는 그림 6.23과 같이 구조가 간단하며, 유로 중에 설치한 밸브의 각도를 변화시킴으로써 유량을 조절한다. 밸브의 경사각 θ가 클수록 손실계수도 급격히 커진다.

경사각 θ에 따르는 손실계수 k_v의 실험치를 그림 6.24에 표시하였다.

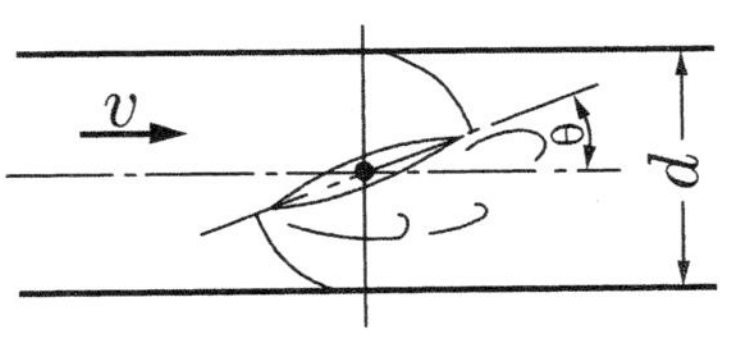

[그림 6.23] 나비너트 밸브

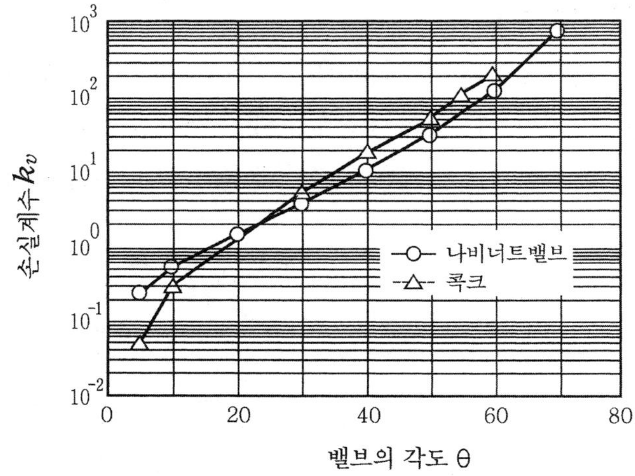

[그림 6.24] 나비너트 밸브와 콕크의 손실 계수

(4) 콕크

콕크(Cock)는 나비너트 밸브와 마찬가지로 그림 6.25와 같이 경사각도 θ를 변화시켜 유량조절을 하며, 콕크는 개폐를 수시로 할 필요가 있을 때 이용한다. 경사각 θ와 손실계수 k_v의 관계를 그림 6.24에 병기하였다.

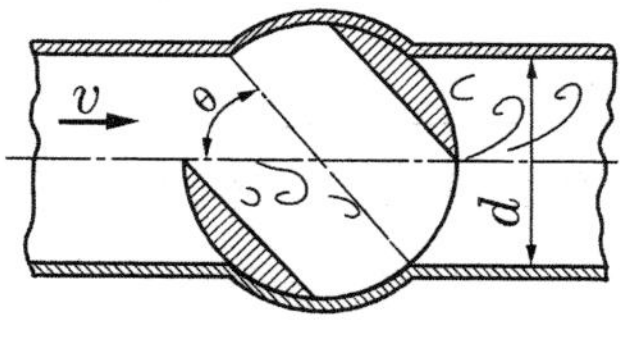

[그림 6.25] 콕크

6.4.10 교축 유량계의 손실

관로 내의 유량을 측정하기 위하여 관로 중에 설치한 벤츄리관, 오리피스(6.4.4절), 노즐 등의 교축 유량계의 손실수두 h_l은

$$h_l = k_t \frac{v^2}{2g} \qquad \cdots\cdots (6.54)$$

로 표시할 때 손실계수 k_t의 값은 그림 6.26에 의하여 구할 수 있다. 개구면적비(開口面積比) $m = (d_c/d)^2 = A_c/A$는 교축부의 직경 d_c와 관로의 직경 d와의

면적비로 구한다. 오리피스에 비하여 벤츄리관은 손실계수가 아주 작음을 알 수 있다.

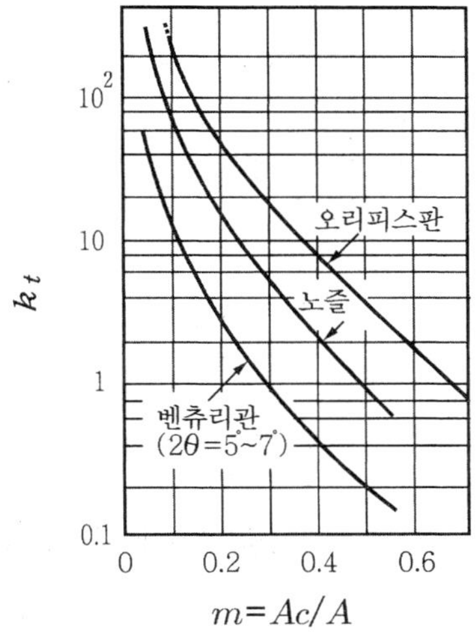

[그림 6.26] 교축유량계의 손실계수

6.5 단일 관로계의 전 손실

그림 6.27과 같이 큰 수조로부터 단일 관로를 설치하여 수조의 물을 유출시키는 경우, 수조의 수면과 유출구의 수위차는 H이며, 관로 중에는 단면적의 변화 및 방향 변화의 요소와 밸브가 있는 일반적인 관로계이다. 이 경우, 이 관로를 흐르는 유량을 구해보자.

수조의 수면과 관 출구 사이에 베르누이식을 적용하면

$$\left(\frac{p_1}{\gamma} + \frac{{v_1}^2}{2g} + z_1\right) - \left(\frac{p_2}{\gamma} + \frac{{v_2}^2}{2g} + z_2\right) = h_{lt} \quad \cdots\cdots (6.55)$$

여기서 $p_1 = p_2 =$대기압, $v_1 = 0$으로 취하고 $z_1 - z_2 = H$이므로 v_2를 v로 표기하면

$$H = h_{lt} + \frac{v^2}{2g} \quad \cdots\cdots (6.56)$$

이 되며, 위 식에서 h_{lt}는 관로의 전 손실수두이다.

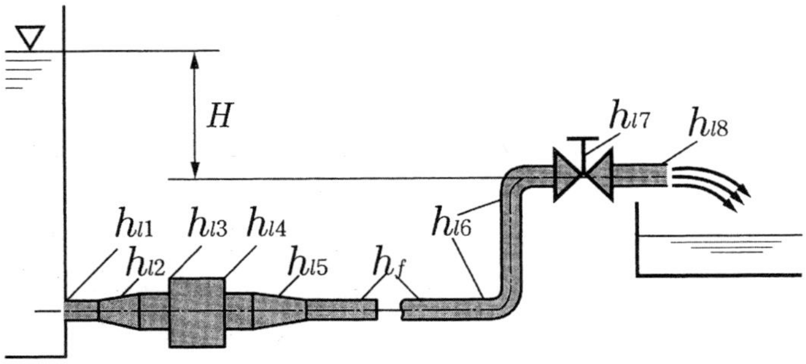

h_{l1} : 관입구 손실　　h_f : 직관의마찰 손실
h_{l2} : 점차확대 손실　　h_{l6} : 90°곡관의 손실
h_{l3} : 돌연확대 손실　　h_{l7} : 밸브 손실
h_{l4} : 돌연축소 손실　　h_{l8} : 관출구 손실
h_{l5} : 점차축소 손실

[그림 6.27] 단일관로의 제손실

관로를 통하여 유체를 유출시키는 경우, 관 마찰계수 f와 그 이외의 부차적 손실을 고려하여 유체에 에너지를 공급하지 않으면 안 된다. 지금, 내경 d, 길이 l의 관을 수조에 설치하여 유속 v로 유출시킬 때 각종 에너지 손실계수를 k_1, k_2, … 라 하면 관로의 전 손실수두 h_{lt}는 다음과 같다.

$$h_{lt} = h_f + h_{l1} + h_{l2} + \cdots = \left(f\frac{l}{d} + k_1 + k_2 + \cdots + k_n\right)\frac{v^2}{2g}$$
$$= \left(f\frac{l}{d} + \Sigma k_i\right)\frac{v^2}{2g} \qquad \cdots\cdots (6.57)$$

따라서 식(6.57)을 식(6.56)에 대입하면

$$H = h_{lt} + \frac{v^2}{2g} = \left(f\frac{l}{d} + \Sigma k_i + 1\right)\frac{v^2}{2g} \qquad \cdots\cdots (6.58)$$

이 된다. 만일 관로 도중에 단면적이 다른 관으로 접속된 경우에는 마찰손실수두 $f\frac{l}{d}\frac{v^2}{2g}$의 항은 $\Sigma f_j\frac{l_j}{d_j}\frac{{v_j}^2}{2g}$으로 여러 개의 항이 된다.

따라서 관로를 흐르는 유량 Q는 다음과 같이 표시된다.

$$Q = \frac{\pi}{4}d^2 v = \frac{\pi}{4}d^2\sqrt{\frac{2gH}{(f\frac{l}{d} + \Sigma k_i + 1)}} \qquad \cdots\cdots (6.59)$$

식(6.57)로부터 알 수 있듯이 관로의 유속이 크면 손실이 커지므로, 손실을 작게 하려면 관로의 직경을 크게 해야 한다. 일반 관로에서는 유속을 2.5[m/s] 정도, 상수도의 관로에서는 장거리의 경우 1~1.5[m/s], 수력발전소의 수압철관에서는 2~5[m/s]로 하고 있다.

만일 밸브의 상류쪽 관로에 펌프를 설치하여 H_p 만큼의 수두를 증가시킬 경우에는 식(6.58)의 좌변을 $(H+H_p)$로 치환해야 한다. 이 때 펌프의 동력 P는 펌프의 효율을 η_p라 할 때

$$P=\frac{\gamma H_p Q}{\eta_p} \qquad \cdots\cdots (6.60)$$

로 주어진다.

또 터빈을 설치하여 H_t 만큼의 수두에 상당하는 동력을 얻는 경우에는 식(6.58)의 좌변은 $(H-H_t)$가 되며, 터빈으로부터 얻는 동력 P_t는 터빈의 효율을 η_t라 하면 다음과 같다.

$$P_t=\eta_t \gamma H_t Q \qquad \cdots\cdots (6.61)$$

예제 6.13

그림(ex6.13)과 같은 내경 80[mm]의 관로를 흐르는 유량을 구하라. 관 마찰계수 f는 0.03, 관 입구손실계수 k_1=0.5, 90° 곡관의 손실계수 k_2=1.0, 밸브의 손실계수 k_3=2.2로 한다.

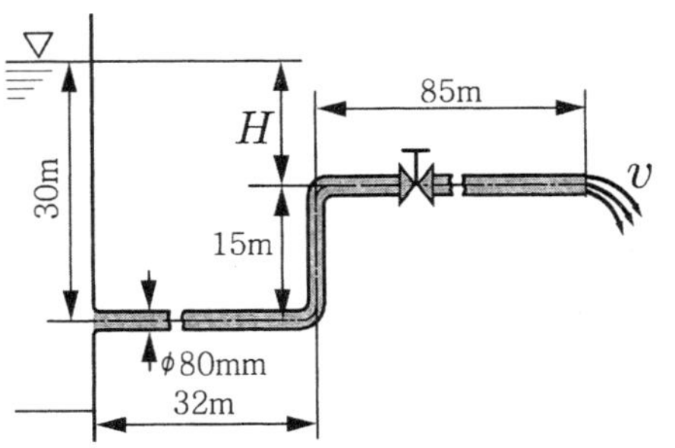

[그림(ex6.13)]

[풀이] $H=\left(f\frac{l}{d}+\Sigma k_i+1\right)\frac{v^2}{2g}=\left[f\frac{l}{d}+(k_1+k_2+k_3)+1\right]\frac{v^2}{2g}$

$$=\left[0.03\times\frac{32+15+85}{0.08}+(0.5+2\times1.0+2.2)+1\right]\frac{v^2}{2g}=55.2\frac{v^2}{2g}$$

$$\therefore\ v=\sqrt{\frac{2gH}{55.2}}=\sqrt{\frac{2\times9.8\times15}{55.2}}=2.308m/s$$

$$\therefore\ Q=Av=\frac{\pi}{4}d^2v=\frac{\pi}{4}\times0.08^2\times2.308=0.0116m^3/s$$

■

예제 6.14

그림(ex6.14)와 같이 좌측의 큰 수조로부터 우측의 큰 수조로 직경 200[mm]의 관로를 통하여 15[℃]의 물이 펌프에 의하여 수송되고 있다. 유량이 140[ℓ/s]이면 펌프의 소요동력은 얼마인가? 관로의 거칠기는 $\varepsilon=0.046$[mm]이다.

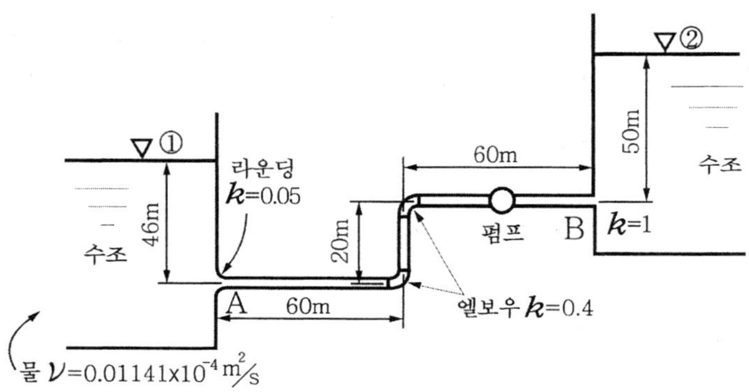

[그림(ex6.14)]

[풀이] 두 수조의 수면 ①과 ② 사이에 베르누이식을 적용하면

$$\frac{p_1}{\gamma}+\frac{{v_1}^2}{2g}+z_1+H_p=\frac{p_2}{\gamma}+\frac{{v_2}^2}{2g}+z_2+h_f+\Sigma h_l$$

그런데 $p_1=p_2$, $v_1=v_2\fallingdotseq0$이므로, 관로 내의 속도를 v라 하면

$$H_p=z_2-z_1+h_f+\Sigma h_l=(70-46)+(f\frac{l}{d}+\Sigma k_i)\frac{v^2}{2g} \quad \cdots\cdots \text{(a)}$$

유속 $v=\frac{Q}{A}=\frac{140\times10^{-3}}{\frac{\pi}{4}\times0.2^2}=4.456m/s$

레이놀즈수 $Re=\frac{vd}{\nu}=\frac{4.456\times0.2}{0.01141\times10^{-4}}=781069.2$, $\varepsilon/d=0.046/200=0.00023$이

므로 무디선도로부터 $f=0.0152$이다.

∴ 식(a)는

$$H_p = 24 + [0.0152 \times \frac{140}{0.2} + (0.05 + 2 \times 0.4 + 1)] \times \frac{4.456^2}{2 \times 9.8} = 36.653m$$

$$\therefore \text{동력 } P = \gamma H_p Q = 9800 \times 36.653 \times 140 \times 10^{-3} = 50287.9W ≒ 50.3\,[\text{kW}]$$

■

6.6 관로계의 손실

6.6.1 분기관 및 합류관

(1) 분기관

유체가 하나의 관으로부터 두 개 이상의 관으로 나누어 흐르는 관로를 **분기관** (dividing junction, 分岐管)이라 하며, 그림 6.28은 분기관의 한 모델을 나타낸 것이다. 이 그림에서 ①, ③관로를 본관(本管), ②관로를 지관(支管)이라 한다.

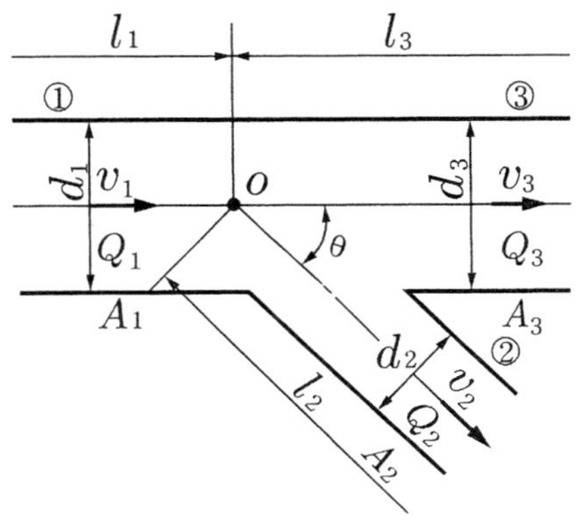

[그림 6.28] 분기관

①에서 ②로 분기하는 흐름에서, 흐름이 휘어지면서 와류가 발생하며 또한 ①에서 ③으로의 흐름은 분기점 근처에서 작은 와류가 발생하여 손실이 생기는데 이 손실은 유량, 면적비, 분기관의 각도 등에 따라 달라진다.

각 관의 내경을 d, 단면적 A, 관내 평균속도 v, 유량을 Q로 나타내고 분기점 O로부터 각 단면까지의 거리를 l, 압력을 p로 표시한다.

(a) 본류(本流) ①로부터 ③을 향하는 흐름에 대하여 본류 분기손실 h_{l13}을 구한다. ①~③ 사이에 베르누이식을 적용하면

$$\frac{p_1}{\gamma}+\frac{{v_1}^2}{2g}=\frac{p_3}{\gamma}+\frac{{v_3}^2}{2g}+f_1\frac{l_1}{d_1}\frac{{v_1}^2}{2g}+f_3\frac{l_3}{d_3}\frac{{v_3}^2}{2g}+h_{l13} \qquad \cdots\cdots (6.62)$$

이 되며, 따라서 본류 분기 손실수두 h_{l13}는 다음 식으로 정리할 수 있다.

$$h_{l13}=\left(\frac{p_1}{\gamma}-f_1\frac{l_1}{d_1}\frac{{v_1}^2}{2g}\right)-\left(\frac{p_3}{\gamma}+f_3\frac{l_3}{d_3}\frac{{v_3}^2}{2g}\right)+\left(\frac{{v_1}^2}{2g}-\frac{{v_3}^2}{2g}\right)$$

$$=h_{13}+\left(\frac{{v_1}^2}{2g}-\frac{{v_3}^2}{2g}\right)=k_{13}\frac{{v_1}^2}{2g} \qquad \cdots\cdots (6.63)$$

(b) 본류 ①로부터 지류 ②로 향하는 흐름에 대한 지류 분기 손실수두 h_{l12}를 구한다. ①~② 사이에 베르누이식을 위와 같이 적용하여 정리하면 다음과 같다.

$$h_{l12}=\left(\frac{p_1}{\gamma}-f_1\frac{l_1}{d_1}\frac{{v_1}^2}{2g}\right)-\left(\frac{p_2}{\gamma}+f_2\frac{l_2}{d_2}\frac{{v_2}^2}{2g}\right)+\left(\frac{{v_1}^2}{2g}-\frac{{v_2}^2}{2g}\right)$$

$$=h_{12}+\left(\frac{{v_1}^2}{2g}-\frac{{v_2}^2}{2g}\right)=k_{12}\frac{{v_1}^2}{2g} \qquad \cdots\cdots (6.64)$$

(c) 유량은 다음과 같다.

$$Q_1=Q_2+Q_3 \qquad \cdots\cdots (6.65)$$

(2) 합류관

2개의 관로를 통해 흐르는 유체가 하나의 관로로 합류하는 관로를 **합류관**(combining junction, 合流管)이라 한다. 그 모델을 그림 6.29에 나타내었으며, 역시 관로 ①, ③을 본관, 관로 ②를 지관이라 한다.

관로 ①과 ②로부터 흐름이 합류하면 흐름의 단면적이 좁아지면서 하류의 관로 ③으로 흐르게 되며, 이 때 ①로부터의 흐름은 합류점 O까지 중앙부로 휘면

서 도달하는데, 여기서 손실이 생긴다. 이 경우에도 손실의 크기는 각 관로의 유량, 단면적, 합류관의 각도 및 접속부의 형상에 따라 달라진다.

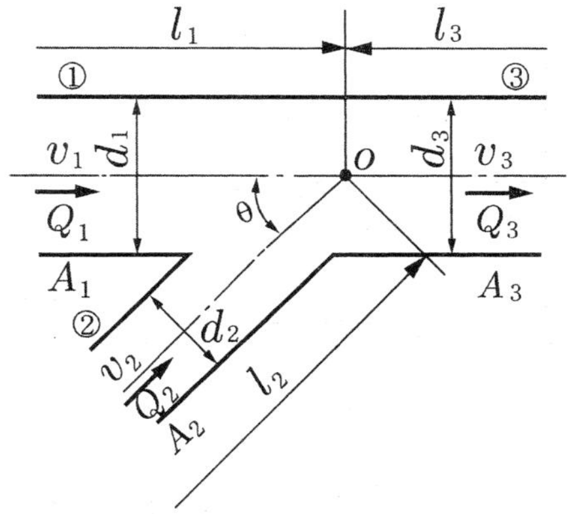

[그림 6.29] 합류관

(a) 본류 ①로부터 ③으로 향하는 흐름에 대하여 합류 손실수두 h_{l13}를 구한다. ①~③ 사이에 베르누이식은 식(6.63)과 같으며, 합류 손실수두 h_{l13}는 다음과 같이 표시한다.

$$h_{l13} = k_{13}\frac{v_3^{\ 2}}{2g} \qquad \cdots\cdots (6.66)$$

(b) 지류 ②로부터 ③으로 향하는 흐름에 대한 합류 손실수두 h_{l23}를 구한다. ②~③ 사이에 베르누이식을 적용하면

$$h_{l23} = \left(\frac{p_2}{\gamma} - f_2\frac{l_2}{d_2}\frac{v_2^{\ 2}}{2g}\right) - \left(\frac{p_3}{\gamma} + f_3\frac{l_3}{d_3}\frac{v_3^{\ 2}}{2g}\right) + \left(\frac{v_2^{\ 2}}{2g} - \frac{v_3^{\ 2}}{2g}\right)$$

$$= h_{23} + \left(\frac{v_2^{\ 2}}{2g} - \frac{v_3^{\ 2}}{2g}\right) = k_{23}\frac{v_3^{\ 2}}{2g} \qquad \cdots\cdots (6.67)$$

(c) 유량의 관계식은 다음과 같다.

$$Q_1 + Q_2 = Q_3 \qquad \cdots\cdots (6.68)$$

그림 6.30의 (a)도는 45° 분기관, (b)도는 90° 분기관의 손실계수를 유량비에

대하여 표시한 것이며, 그림 6.31의 (a)도는 45° 합류관, (b)도는 90° 합류관의 손실계수를 표시한 선도이다.

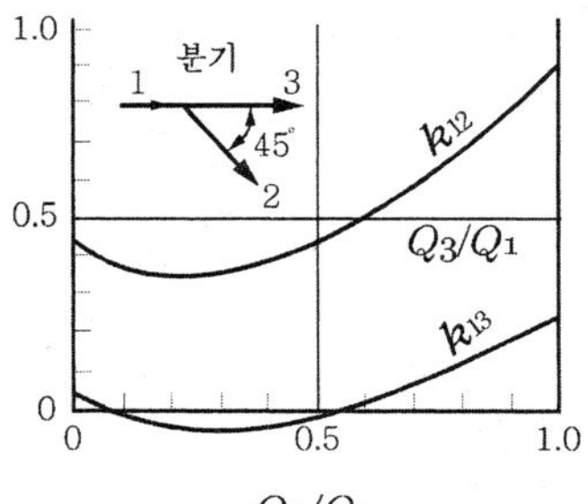

(a) 45°분기관의 손실계수

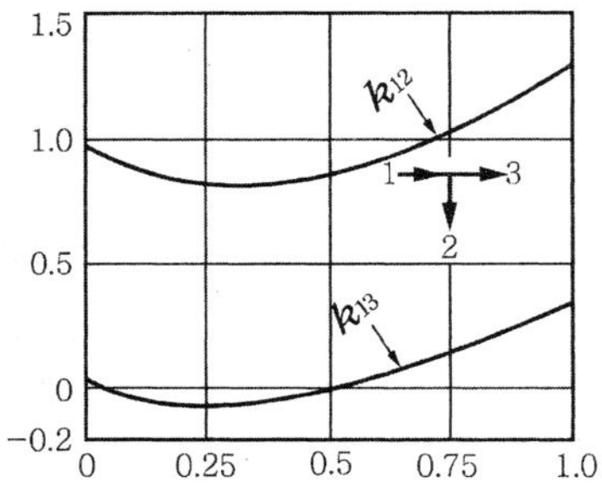

(b) 90°분기관의 손실계수

[그림 6.30] 45° 및 90° 분기관의 손실계수

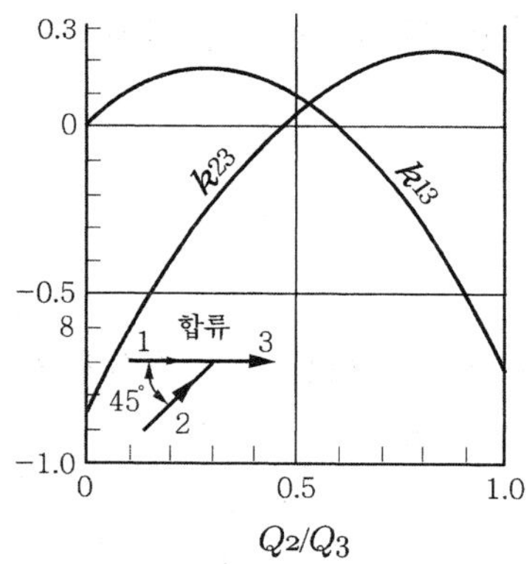

(a)45°합류관의 여손실계수

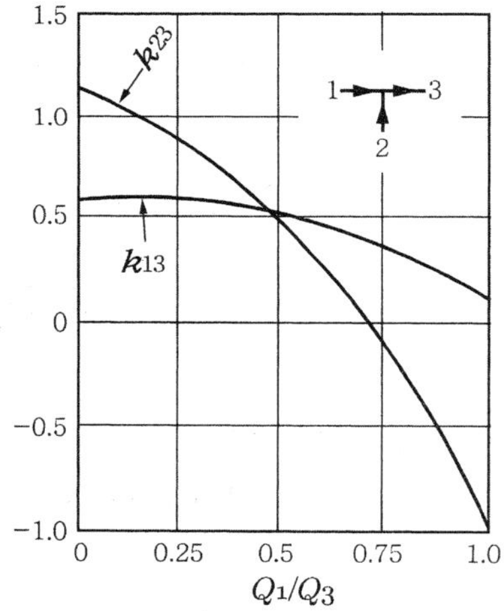

(b)90°합류관의 손실계수

[그림 6.31] 45° 및 90° 합류관의 손실계수

예제 6.15

그림 6.28과 같은 분기관에서 $\theta=90°$ 인 분기관이라면 다음의 각 경우에 압력수두의 변화량 $(p_1-p_2)/\gamma$, $(p_1-p_3)/\gamma$를 각각 구하라. 단, 3개의 관은 내경이 모두 같으며 각각의 관 마찰손실은 무시한다. 분기관의 손실계수는 그림 6.30(b)도를 이용한다.

(1) $v_1 = 4m/s,\ v_2 = v_3 = 2m/s,$

(2) $v_1 = 4m/s,\ v_2 = 3m/s,\ v_3 = 1m/s$

[풀이] $f_1 = f_2 = f_3 = 0$이므로 ①~③ 관로에서

$$h_{l13} = \left(\frac{p_1}{\gamma} + \frac{v_1^{\ 2}}{2g}\right) - \left(\frac{p_3}{\gamma} + \frac{v_3^{\ 2}}{2g}\right) = k_{13}\frac{v_1^{\ 2}}{2g}$$

$$\therefore\ \frac{p_1 - p_3}{\gamma} = k_{13}\frac{v_1^{\ 2}}{2g} + \frac{v_3^{\ 2} - v_1^{\ 2}}{2g} \qquad \cdots\cdots \text{(a)}$$

①~② 관로에서

$$h_{l12} = \left(\frac{p_1}{\gamma} + \frac{v_1^{\ 2}}{2g}\right) - \left(\frac{p_2}{\gamma} + \frac{v_2^{\ 2}}{2g}\right) = k_{12}\frac{v_1^{\ 2}}{2g}$$

$$\therefore\ \frac{p_1 - p_2}{\gamma} = k_{12}\frac{v_1^{\ 2}}{2g} + \frac{v_2^{\ 2} - v_1^{\ 2}}{2g} \qquad \cdots\cdots \text{(b)}$$

(1) $A_1 = A_2 = A_3$이므로 $Q_2/Q_1 = v_2/v_1 = 0.5$이다. 따라서 그림 6.30(b)로부터 $k_{13} = 0$, $k_{12} = 0.9$이다. 식 (a)로부터

$$\frac{p_1 - p_3}{\gamma} = \frac{v_3^{\ 2} - v_1^{\ 2}}{2g} = \frac{2^2 - 4^2}{2\times 9.8} = -0.612\,m$$

식(b)로부터

$$\frac{p_1 - p_2}{\gamma} = 0.9 \times \frac{4^2}{2\times 9.8} + \frac{2^2 - 4^2}{2\times 9.8} = 0.122m$$

(2) $Q_2/Q_1 = v_2/v_1 = 0.75 \quad \therefore\ k_{13} = 0.2,\ k_{12} = 1.05$이다.

식(a)로부터

$$\frac{p_1 - p_3}{\gamma} = 0.2 \times \frac{4^2}{2\times 9.8} + \frac{1^2 - 4^2}{2\times 9.8} = -0.602\,m$$

식(b)로부터

$$\frac{p_1 - p_2}{\gamma} = 1.05 \times \frac{4^2}{2\times 9.8} + \frac{3^2 - 4^2}{2\times 9.8} = 0.5m$$ ■

예제 6.16

그림(ex6.16)과 같이 수조 A의 물이 수조 B로 Q_1=10[ℓ/s]로 수송된다. 이때 관로 도중의 C에서 Q_2=4[ℓ/s]의 물이 합류하여 총 14[ℓ/s]의 물이 펌프에 의하여 수조 B로 수송될 때 펌프의 실제 양정 및 축동력을 구하라. 단, 합류부의 손실계수 k_c=0.7, 밸브의 손실계수 k_v=0.2, 곡관의 손실계수 k_b=0.3이며 관의 마찰계수는 각 관 모두 f=0.03, 펌프의 효율은 70%이다. 또 d_1=100[mm], d_2=100[mm], d_3=150[mm]이다.

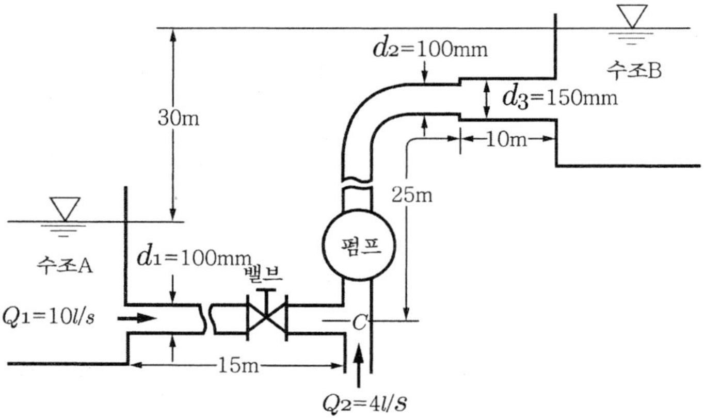

[그림(ex6.16)]

[풀이] 관경 d_1, d_2, d_3에서의 유속을 각각 v_1, v_2, v_3라 하면

$$v_1 = \frac{Q_1}{(\pi/4)\ d_1^{\ 2}} = \frac{10\times10^{-3}}{(\pi/4)\times0.1^2} = 1.273m/s,$$

$$v_2 = \frac{Q_1+Q_2}{(\pi/4)\ d_2^{\ 2}} = \frac{14\times10^{-3}}{(\pi/4)\times0.1^2} = 1.783m/s$$

$$v_3 = \frac{Q_1+Q_2}{(\pi/4)\ d_3^{\ 2}} = \frac{14\times10^{-3}}{(\pi/4)\times0.15^2} = 0.792m/s$$

입구 손실계수 $k_i = 0.5$, 출구 손실계수 $k_O = 1$이라 할 때 전 손실수두는

$$h_{lt} = \left[k_i + f\frac{l_1}{d_1} + k_v\right]\frac{v_1^{\ 2}}{2g} + \left[k_c + k_b + f\frac{l_2}{d_2}\right]\frac{v_2^{\ 2}}{2g} + \frac{(v_2-v_3)^2}{2g} + \left[f\frac{l_3}{d_3} + k_O\right]\frac{v_3^{\ 2}}{2g}$$

$$=\left[0.5+0.03\times\frac{15}{0.1}+0.2\right]\times\frac{1.273^2}{2\times9.8}+\left[0.7+0.3+0.03\times\frac{25}{0.1}\right]$$

$$\times\frac{1.783^2}{2\times9.8}+\frac{(1.783-0.792)^2}{2\times9.8}+\left[0.03\times\frac{10}{0.15}+1\right]\times\frac{0.792^2}{2\times9.8}$$

$$=1.955m$$

∴ 펌프의 실양정

$$H=30+h_{lt}=30+1.955=31.955m$$

펌프의 축동력

$$P=\frac{\gamma HQ}{\eta}=\frac{9800\times31.955\times14\times10^{-3}}{0.7}=6263.18W\fallingdotseq 6.263\,[\mathrm{kW}]$$ ■

6.6.2 평행 병렬관

그림 6.32와 같이 한 관로로부터 여러 개의 관로로 분기하였다가 다시 하나의 관로로 합류하는 관로를 평행하게 설치한 경우를 **평행 병렬관**(pipes in parallel)이라 한다.

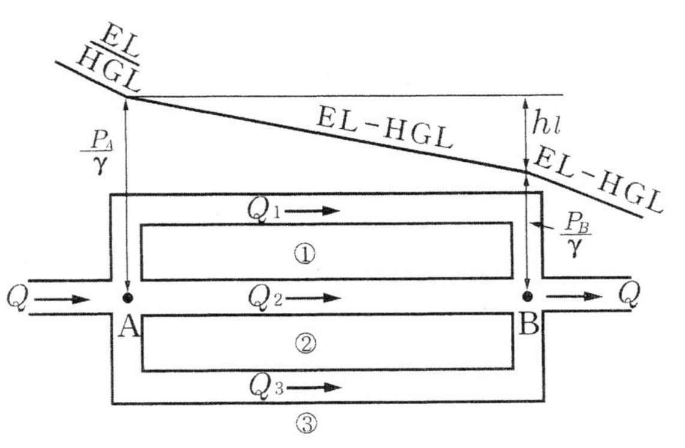

[그림 6.32] 병렬관

이 경우에 일반적인 경우로서 2개의 절점과 n개의 지관을 갖게 되는데, 각 지관의 단면은 각각 균일 단면이라 하자. 점 A와 점 B의 높이차는 z_A-z_B로 할 때 베르누이식으로부터 다음의 식이 성립한다.

$$h_l=h_{l1}=h_{l2}=h_{l3}=\left(\frac{p_A-p_B}{\gamma}\right)+(z_A-z_B) \quad \cdots\cdots (6.69)$$

전체 유량은 각 지관을 흐르는 유량의 합이므로

$$Q = Q_1 + Q_2 + Q_3 \qquad \cdots\cdots (6.70)$$

마찰 손실수두는 Darcy−Weisbach의 식으로부터

$$h_f = f\frac{l}{d}\frac{v^2}{2g} = \left(\frac{8fl}{\pi^2 gd^5}\right)Q^2 = KQ^2 \qquad \cdots\cdots (6.71)$$

2절점 평행 병행류의 문제는 두 가지 유형을 생각할 수 있다.

(1) 점 A 및 점 B의 압력과 관의 거칠기, 관의 기하학적 형상이 주어질 때 유량 Q를 구하는 경우

① 부차적 손실을 무시하는 경우 (관로의 길이가 직경의 1000배 이상)
식(6.71)로부터 전체 유량은

$$\begin{aligned} Q &= \left(\frac{h_{f1}}{K_1}\right)^{1/2} + \left(\frac{h_{f2}}{K_2}\right)^{1/2} + \left(\frac{h_{f3}}{K_3}\right)^{1/2} + \cdots \\ &= (h_f)^{1/2}\left[\left(\frac{1}{K_1}\right)^{1/2} + \left(\frac{1}{K_2}\right)^{1/2} + \left(\frac{1}{K_3}\right)^{1/2} + \cdots\right] \\ &= (h_f)^{1/2}\Sigma\left(\frac{1}{K}\right)^{1/2} \qquad \cdots\cdots (6.72) \end{aligned}$$

가 되며. 각 지관의 유량은 다음 식으로부터 구한다.

$$Q_i = \left(\frac{h_{fi}}{K_i}\right)^{1/2} \qquad \cdots\cdots (6.73)$$

여기서 h_f는 부차적 손실을 무시하므로 식(6.69)로부터 구할 수 있으며($h_l = h_f$), K는 식(6.71)로부터 구한다.

② 부차적 손실을 무시하지 않는 경우(관로의 길이가 직경의 1000배 미만)
손실수두는

$$h_l = \left(f\frac{l}{d} + \Sigma k\right)\frac{v^2}{2g} \quad \cdots\cdots (6.74)$$

이므로 관로 1의 유량은

$$Q_1 = A_1 v_1 = A_1\sqrt{\frac{2gh_l}{f_1(l_1/d_1) + \Sigma k_1}} = C_1\sqrt{h_l} \quad \cdots\cdots (6.75)$$

이 되며, 전체 유량은

$$Q = C_1\sqrt{h_l} + C_2\sqrt{h_l} + C_3\sqrt{h_l} = (C_1 + C_2 + C_3)\sqrt{h_l} \quad \cdots\cdots (6.76)$$

여기서 h_l은 식(6.69)에서 구한다.

(2) 유량 Q와 관의 거칠기, 유체의 물성치, 배관의 기하학적 형상이 주어질 때 손실수두 및 유량 분포를 구하는 경우.

각 지관의 유량을 모르므로 다음의 과정을 따라 구한다.

ⓐ 관로 ①의 유량 $Q_1^{(1)}$을 가정한다.

ⓑ 관로 ①의 $Q_1^{(1)}$을 이용하여 손실수두 $h_{l1}^{(1)}$을 계산한다.

ⓒ $h_{l1}^{(1)}=h_{l2}^{(1)}=h_{l3}^{(1)}$로부터 관로 ②의 $v_2^{(1)}$, $Q_2^{(1)}$, 관로 ③의 $v_3^{(1)}$, $Q_3^{(1)}$을 계산한다.

ⓓ 유량 $Q_1^{(1)}$, $Q_2^{(1)}$, $Q_3^{(1)}$을 이용하여 전 유량 Q를 비례 배분하여

$$Q_1^{(2)} = \frac{Q}{Q_1^{(1)} + Q_2^{(1)} + Q_3^{(1)}} Q_1^{(1)},$$

$$Q_2^{(2)} = \frac{Q}{Q_1^{(1)} + Q_2^{(1)} + Q_3^{(1)}} Q_2^{(1)},$$

$$Q_3^{(2)} = \frac{Q}{Q_1^{(1)} + Q_2^{(1)} + Q_3^{(1)}} Q_3^{(1)}$$

을 계산한다.

ⓔ ⓓ항의 결과에 따라 $h_{l1}^{(2)}$, $h_{l2}^{(2)}$, $h_{l3}^{(2)}$를 계산한다.

이와 같은 계산을 반복하여 $Q_1^{(i+1)}=Q_1^{(i)}$, $Q_2^{(i+1)}=Q_2^{(i)}$, $Q_3^{(i+1)}=Q_3^{(i)}$가 될 때까지 계산한다. 여기서 (i)는 반복회수를 표시한다.

다음에 점 A, B의 압력차 $p_A - p_B + \gamma(z_A - z_B)$가 주어지고 유량을 구하는 과정은 다음과 같다.

식(6.69)의 우변의 값이 주어지므로 식(6.74)로부터 v_1, v_2, v_3가 간단한 반복에 의하여 계산으로 구할 수 있다. 이리하여 Q_1, Q_2, Q_3가 구해지고, 식(6.70)으로부터 Q가 구해진다.

예제 6.17

그림 6.32와 같은 병렬관에서 전 손실수두가 20[m]이며, 각 관로의 관 마찰계수는 각각 f_1=0.0267, f_2=0.0246, f_3=0.0313이며, 각 관로의 치수는 l_1=80[m], l_2=120[m], l_3=100[m], d_1=8[cm], d_2=6[cm], d_3=4[cm]일 때 각 관로의 유량 및 총 유량 Q를 구하라. 단, 부차적 손실은 무시한다.

[풀이] $h_f = f\dfrac{l}{d}\dfrac{v^2}{2g}$ 에서 $h_{f1} = h_{f2} = h_{f3} = h_f$이므로

$$f_1\frac{l_1}{d_1}\frac{{v_1}^2}{2g} = f_2\frac{l_2}{d_2}\frac{{v_2}^2}{2g} = f_3\frac{l_3}{d_3}\frac{{v_3}^2}{2g} = 20$$

으로부터

제1관로 $0.0267 \times \dfrac{80}{0.08} \times \dfrac{{v_1}^2}{2\times 9.8} = 20 \quad \therefore\ v_1 = 3.83m/s$

$\therefore\ Q_1 = A_1 v_1 = \dfrac{\pi}{4} \times 0.08^2 \times 3.83 = 0.01925m^3/s = 69.3m^3/h$

제2관로 $0.0246 \times \dfrac{120}{0.06} \times \dfrac{{v_2}^2}{2\times 9.8} = 20 \quad \therefore\ v_2 = 2.823m/s$

$\therefore\ Q_2 = A_2 v_2 = \dfrac{\pi}{4} \times 0.06^2 \times 2.823 = 0.008m^3/s = 28.8m^3/h$

제3관로 $0.0313 \times \dfrac{100}{0.04} \times \dfrac{{v_3}^2}{2\times 9.8} = 20 \quad \therefore\ v_3 = 2.238m/s$

$\therefore\ Q_3 = A_3 v_3 = \dfrac{\pi}{4} \times 0.04^2 \times 2.238 = 0.0028m^3/s = 10.08m^3/h$

∴ 총 유량 $Q = Q_1 + Q_2 + Q_3$

$= 0.01925 + 0.008 + 0.0028 = 0.03005m^3/s = 108.18m^3/h$

■

6.6.3 다지관

여러 개의 수조를 관로에 의하여 연결함으로서 유체가 흐르게 하는 관로계를 다지관(branching pipes, 多支管)이라 한다. 그림 6.33에는 3개의 수조가 서로 다른 위치에 서로 다른 압력이 작용하는 상태에서 3개의 관로가 접점 J에서 만나게 한다. 이러한 경우, 각 수조에 유체가 유입하는지, 수조로부터 유체가 유출하는지를, 즉 유동방향과 그 유량을 구해 보자.

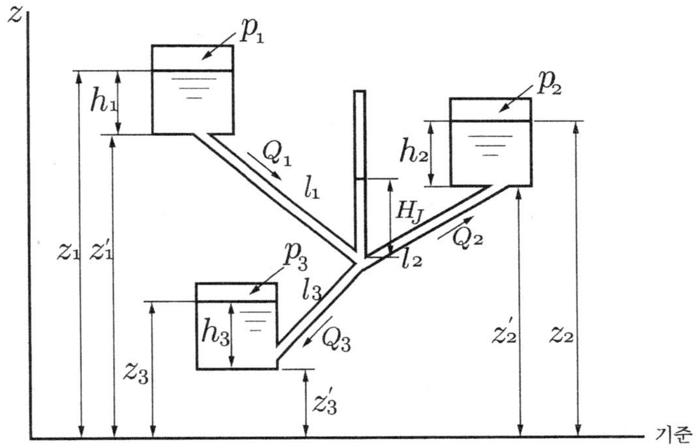

[그림 6.33] 다지관

먼저 각 수조의 수면상에서의 전 수두를 H_1, H_2, H_3로 표시하고, 접점에서의 전 수두는 H_J로 표시하면 다음과 같다. 단, 수조에서 수면의 하강 또는 상승속도는 무시한다.

$$H_1 = \frac{p_1}{\gamma} + z_1, \quad H_2 = \frac{p_2}{\gamma} + z_2, \quad H_3 = \frac{p_3}{\gamma} + z_3 \quad \cdots\cdots (6.77)$$

$$H_J = \frac{p_J}{\gamma} + z_J \quad \cdots\cdots (6.78)$$

식(6.77)의 값은 측정이 가능하지만, 식(6.78)의 H_J는 실제로는 접점에 피에조미터를 세우지 않으므로 가정하여 계산한다. 3개의 수조에서 전 수두의 크기에 따라 유체의 유동방향이 달라지며 다음과 같은 세 가지 경우를 생각할 수 있다.

(a) 수조 ①로부터 수조 ②와 ③으로 흐른다.($H_1>H_J$, $H_2<H_J$, $H_3<H_J$)

$$\therefore \ Q_1 = Q_2 + Q_3 \qquad \cdots\cdots (6.79)$$

(b) 수조 ①로부터 수조 ③으로 흐르고, ②로는 흐르지 않는다.($H_1>H_J$, $H_2=H_J$, $H_3<H_J$)

$$\therefore \ Q_1 = Q_3 \qquad \cdots\cdots (6.80)$$

(c) 수조 ①과 ②로부터 수조 ③으로 흐른다.($H_1>H_J$, $H_2>H_J$, $H_3<H_J$)

$$\therefore \ Q_1 + Q_2 = Q_3 \qquad \cdots\cdots (6.81)$$

이중에서 (a)의 경우를 생각하면, 수면의 전 수두와 접점의 전 수두의 차는 손실수두이므로 부차적 손실을 무시하면

$$H_1 - H_J = h_{l1} = f_1 \frac{l_1}{d_1} \frac{v_1^2}{2g} \qquad \cdots\cdots (6.82\ a)$$

$$H_J - H_2 = h_{l2} = f_2 \frac{l_2}{d_2} \frac{v_2^2}{2g} \qquad \cdots\cdots (6.82\ b)$$

$$H_J - H_3 = h_{l3} = f_3 \frac{l_3}{d_3} \frac{v_3^2}{2g} \qquad \cdots\cdots (6.82\ c)$$

먼저 H_J를 가정하여 식(6.82)로부터 유속과 유량을 계산한다. 이 때 $Q_1>(Q_2+Q_3)$이면 접점으로 흐르는 유량이 너무 많은 것이므로 처음에 가정한 H_J보다 H_J를 더 크게 다시 가정해야 한다. 만일 $Q_1<(Q_2+Q_3)$이면 H_J를 처음보다 낮게 잡는다.

식(6.79)~(6.81) 중 어느 식을 계산할 것인가를 알기 위해서는 가정한 H_J의 값을 항상 H_2 및 H_3와 비교해야 한다. 그 식들 중 어느 하나를 만족할 때까지 위의 과정을 계속해야 한다. 다음의 예제를 통하여 계산하여 보자.

예제 6.18

그림 6.33에서 다음의 값이 주어질 때 유동상태를 구하라.

$$l_1 = 200m,\quad d_1 = 300mm,\quad \varepsilon_1/d_1 = 0.0002,\quad z_1 = 700m,\quad p_1 = 7atm$$
$$l_2 = 300m,\quad d_2 = 350mm,\quad \varepsilon_2/d_2 = 0.00015,\quad z_2 = 400m,\quad p_2 = 2atm$$
$$l_3 = 400m,\quad d_3 = 400mm,\quad \varepsilon_3/d_3 = 0.0001,\quad z_3 = 100m,\quad p_3 = 3atm$$

물의 동점성계수 $\nu = 0.113 \times 10^{-5}$[m²/s]이다.

[풀이] 먼저 H_1, H_2, H_3를 구한다.

$$H_1 = \frac{p_1}{\gamma} + z_1 = \frac{7 \times 101325}{9800} + 700 = 772.4m$$
$$H_2 = \frac{p_2}{\gamma} + z_2 = \frac{2 \times 101325}{9800} + 400 = 420.7m$$
$$H_3 = \frac{p_3}{\gamma} + z_3 = \frac{3 \times 101325}{9800} + 100 = 131.0m$$

(1) H_J=380[m]로 가정한다. 따라서 위의 결과는 (c)의 경우에 해당된다. 이 때 관 마찰계수는 완전 난류영역으로 가정하면 f_1=0.014, f_2=0.013, f_3=0.012이다.

$$H_1 - H_J = f_1 \frac{l_1}{d_1} \frac{v_1^2}{2g} \qquad \therefore\ 772.4 - 380 = 0.014 \times \frac{200}{0.3} \times \frac{v_1^2}{2 \times 9.8}$$
$$\therefore\ v_1 = 28.71m/s, \qquad \therefore\ Q_1 = \frac{\pi}{4} \times 0.3^2 \times 28.71 = 2.03m^3/s$$
$$H_2 - H_J = f_2 \frac{l_2}{d_2} \frac{v_2^2}{2g} \qquad \therefore\ 420.7 - 380 = 0.013 \times \frac{300}{0.35} \times \frac{v_2^2}{2 \times 9.8}$$
$$\therefore\ v_2 = 8.46m/s, \qquad \therefore\ Q_2 = \frac{\pi}{4} \times 0.35^2 \times 8.46 = 0.814m^3/s$$
$$H_J - H_3 = f_3 \frac{l_3}{d_3} \frac{v_3^2}{2g} \qquad \therefore\ 380 - 131 = 0.012 \times \frac{400}{0.4} \times \frac{v_3^2}{2 \times 9.8}$$
$$\therefore\ v_3 = 20.17m/s \qquad \therefore\ Q_3 = \frac{\pi}{4} \times 0.4^2 \times 20.17 = 2.535m^3/s$$

$\therefore\ (Q_1 + Q_2) > Q_3$임을 알 수 있다.

(2) 따라서 H_J=400[m]로 다시 가정한다. 그리고 앞에서 구한 속도를 이용하여 두 번째의 관 마찰계수를 구한다.(무디선도 이용)

$$Re_1 = \frac{v_1 d_1}{\nu} = \frac{28.71 \times 0.3}{0.0113 \times 10^{-4}} = 7.622 \times 10^6 \qquad \therefore\ f_1 = 0.014$$
$$Re_2 = \frac{v_2 d_2}{\nu} = \frac{8.46 \times 0.35}{0.0113 \times 10^{-4}} = 2.62 \times 10^6 \qquad \therefore\ f_2 = 0.0134$$
$$Re_3 = \frac{v_3 d_3}{\nu} = \frac{20.17 \times 0.4}{0.0113 \times 10^{-4}} = 7.14 \times 10^6 \qquad \therefore\ f_3 = 0.012$$

(1)의 경우와 같은 방법으로 유속과 유량을 각각 구하면

$$v_1 = 27.98m/s, \quad Q_1 = 1.977m^3/s$$
$$v_2 = 5.95m/s, \quad Q_2 = 0.5721m^3/s$$
$$v_3 = 20.97m/s, \quad Q_3 = 2.635m^3/s$$

$\therefore \ (Q_1 + Q_2) < Q_3$가 된다.

(3) $H_J = 396m$로 다시 가정하여 구하면

$$Q_1 = 1.988m^3/s, \quad Q_2 = 0.6249m^3/s, \quad Q_3 = 2.616m^3/s$$

$\therefore \ Q_1 + Q_2 \fallingdotseq Q_3$이므로 이 유량의 값이 실제 값이다. ■

6.6.4 관로망

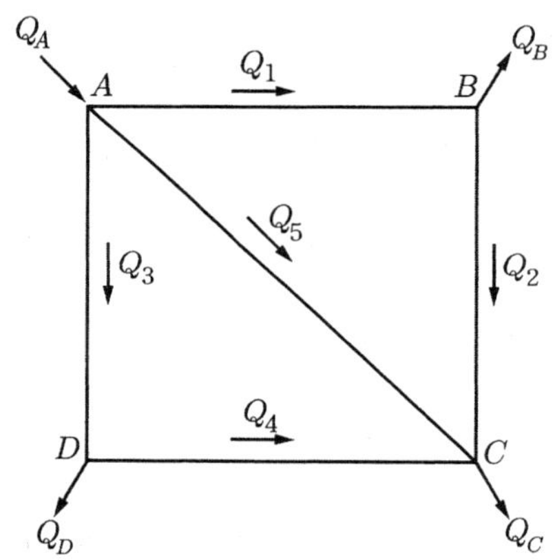

[그림 6.34] 관로망

실제의 관로계에서는 직렬 및 병렬의 관이 복잡하게 조합되어 흐름이 여러 통로로 상호 연결되어 회로를 이루면서 흐르는 경우가 있으며, 이것을 **관로망**(network of pipes)이라고 한다.

그림 6.34와 같은 관로망을 예로 하여 계산방법을 설명한다.

관로 결합부의 손실을 무시하고, 관 마찰계수가 레이놀즈수에 의하지 않고 일정하다고 가정하면 각 관로의 손실수두는 다음과 같이 표시할 수 있다.

$$h_{fi} = f_i \frac{l_i}{d_i} \frac{v_i^2}{2g} = K_i Q_i^2 \qquad (i = 1, 2, \cdots) \qquad \cdots\cdots (6.83)$$

여기서 K_i 및 Q_i는 각각 유로 i에 있어서의 상수 및 유량이다.

관로망에 있어서는 다음의 2가지 조건이 만족되어야 한다.

(1) 각 접합점의 유입 및 유출량은 같다.

(2) 임의의 폐회로를 따라서 얻어진 손실수두의 총합은 0 이다.

관로망의 계산에서는, 우선 처음에 조건 (1)을 만족하도록 각 지관의 유량 Q_i를 가정한다. 즉, Q_A, Q_B, Q_C, Q_D가 주어진다면

$$\begin{cases} Q_A = Q_1 + Q_3 + Q_5 \\ Q_B = Q_1 - Q_2 \\ Q_C = Q_2 + Q_4 + Q_5 \\ Q_D = Q_3 - Q_4 \end{cases} \quad \cdots\cdots (6.84)$$

를 만족하는 Q_1, Q_2, …, Q_5를 적당히 가정한다. 다음에 두 개의 폐회로 ABCA와 ACDA에 대하여, 조건 (2)가 성립하는가를 확인한다. 여기서는 폐회로의 시계방향을 정(正)으로 하고, 그 반대방향의 흐름에 대해서는 손실수두 h_{fi}를 부(負)로 취한다. 따라서 두 회로에 대한 손실수두는 다음과 같다.

$$\begin{cases} K_1 Q_1^2 + K_2 Q_2^2 - K_5 Q_5^2 = h_{f1} \\ K_5 Q_5^2 - K_4 Q_4^2 - K_3 Q_3^2 = h_{f2} \end{cases} \quad \cdots\cdots (6.85)$$

지금, h_{f1}, h_{f2}가 바로 0이 되면 최초의 값 $Q_i (i=1 \sim 5)$가 올바른 값이 되지만, 일반적으로는 그렇게 되지 않기 때문에 유량을 보정하지 않으면 안 된다. 지금 2개의 폐회로에 대하여 유량을 각각 ΔQ_1, ΔQ_2만큼 보정한다면 정확한 유량이 얻어진다고 할 때 식(6.85)는 다음과 같이 된다.

$$\begin{cases} K_1(Q_1 + \Delta Q_1)^2 + K_2(Q_2 + \Delta Q_1)^2 - K_5(Q_5 - \Delta Q_1)^2 = 0 \\ K_5(Q_5 + \Delta Q_2)^2 - K_4(Q_4 - \Delta Q_2)^2 - K_3(Q_3 - \Delta Q_2)^2 = 0 \end{cases} \quad \cdots\cdots (6.86)$$

ΔQ_1, ΔQ_2가 작으므로 $(\Delta Q_1)^2$, $(\Delta Q_2)^2$은 생략해도 된다고 생각할 수 있다. 따라서 위 식에서 ΔQ_1, ΔQ_2를 각각 구하면

$$\begin{cases} \Delta Q_1 = -\dfrac{K_1 Q_1^{\,2} + K_2 Q_2^{\,2} - K_5 Q_5^{\,2}}{2(K_1 Q_1 + K_2 Q_2 + K_5 Q_5)} \\ \Delta Q_2 = -\dfrac{K_5 Q_5^{\,2} - K_4 Q_4^{\,2} - K_3 Q_3^{\,2}}{2(K_5 Q_5 + K_4 Q_4 + K_3 Q_3)} \end{cases} \quad \cdots\cdots (6.87)$$

가 얻어진다. 이러한 유량보정을 반복하면 각 지관을 흐르는 유량은 정확한 값에 가까워지고, ΔQ_1, ΔQ_2는 0에 가까워진다. 식(6.87)의 보정량은 흐름의 방향으로 합하여 K_i의 부호를 변화시킨다고 하면 각 폐회로 j에 대하여 일반적으로 다음 식에 의해서 주어진다.

$$\Delta Q_j = -\frac{\Sigma K_i Q_i^{\,2}}{2\Sigma \mid K_i Q_i \mid} \quad \cdots\cdots (6.88)$$

계산과정은 다음과 같다.

① 연속의 원리를 만족하도록 관로망의 각부 유량 Q_i(방향도 포함)를 가정한다.

② 관로망을 몇 개의 폐회로로 나누고, 하나의 폐회로에 대하여 식(6.88)을 계산한다.

③ 다음의 폐회로에 대하여 식(6.88)을 계산하며, 모든 폐회로에 대하여 순차적으로 계산한다.

④ 각 폐회로의 ΔQ가 어느 정해진 값보다 작으면 계산을 종료하여 그 값을 참값으로 한다.

예제 6.19

그림(ex6.19)와 같은 관로망에 있어서 0.1[m^3/s]의 물이 A로 들어와서 B로부터 0.05[m^3/s], C로부터 0.03[m^3/s], D로부터 0.02[m^3/s]로 유출할 때 각 관을 흐르는 유량을 구하라. 각 관의 길이는 ①관 : 15[m], ②관 : 10[m], ③관 : 12[m], ④관 : 8[m]이며 관의 직경은 d=240[mm], 관 마찰계수 f=0.02로 동일하다. 단, 각 관에서는 관 마찰손실 이외의 손실은 무시한다.

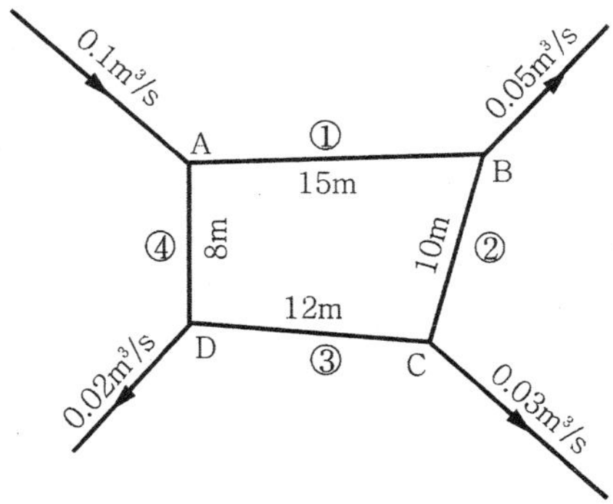

[그림(ex6.19)]

[풀이] 식(6.83)에서

$$K = f\frac{l}{d}\frac{1}{2g}\left(\frac{4}{\pi d^2}\right)^2$$

이므로

$$K_1 = 0.02\times\frac{15}{0.24}\times\frac{1}{2\times9.8}\left(\frac{4}{\pi\times0.24^2}\right)^2 = 31.2$$

같은 방법으로 K_2=20.8, K_3=24.9, K_4=16.6이다.

제1회째의 근사 계산은, 우선 각 관로에 흐르는 유량 Q_i를 가정한다. 그 후 각 관로 요소에서의 손실수두를 계산한다. 이 때 시계방향을 정(正), 반시계 방향으로 흐르는 관로의 손실은 부(負)로 취한다. 보정유량 ΔQ를 계산하여 각 관로 요소의 유량을 보정한다. 이상과 같은 과정을 $\Delta Q\to0$이 될 때까지 반복한다.

그 계산과정을 표(ex6.19)에 나타내었다.

[표 (ex6.19)] 근사계산 결과

1회째의 계산

관로요소	계수 K	Q_i	$\Sigma K_iQ_i^2$	$\Sigma\lvert K_iQ_i\rvert$	ΔQ
AB관로1	31.2	0.05	0.0780	1.560	
BC관로2	20.8	0	0	0	
CD관로3	24.9	−0.03	−0.0224	0.747	
DA관로4	16.6	−0.05	−0.0415	0.830	
합 계			0.0141	3.137	
보정유량 ΔQ					−0.0023

2회째의 계산

관로요소	계수 K	Q_i	$\Sigma K_i Q_i^2$	$\Sigma\lvert K_i Q_i\rvert$	$\varDelta Q$
AB관로1	31.2	0.0477	0.0710	1.490	
BC관로2	20.8	−0.0023	−0.0001	0.048	
CD관로3	24.9	−0.0323	−0.0260	0.804	
DA관로4	16.6	−0.0523	−0.0454	0.868	
합 계			0.0005	3.210	
보정유량 $\varDelta Q$					-7.8×10^{-5}

손실수두 $\Sigma K_i Q_i^2$의 값도 작아지고, 보정유량 $\varDelta Q$도 0에 접근하고 있다. 따라서 이 유량이 각 관로를 흐르는 유량이다. 즉 Q_1=0.0477, Q_2=−0.0023, Q_3=−0.0323, Q_4=−0.0523[m³/s]이다. ■

6.7 2상류의 손실

6.7.1 공동현상

밀폐된 진공용기 속에 액체를 조금 넣은 후 전부 증발시켰을 때 나타나는 압력을 증기압이라 한다. 그곳에 액체를 더 주입하면 드디어 증발이 멈추고 평형 상태가 된다. 이 때의 증기압을 **포화증기압**(saturated vapor pressure, 飽和蒸氣壓)이라 하며, 이 포화증기압은 온도가 증가하면 상승한다(표 6.6 참조). 또 어떤 액체의 절대압력이 그 액체의 온도에 대한 포화증기압 이하로 낮아지면 비등한다. 따라서 그 부분에 기포가 발생하는데, 이 현상을 **공동현상**(cavitation, 空洞現象)이라 한다. 이 기포는 가시적으로 작으며, 다음과 같이 설명할 수 있다.

[표 6.6] 물의 포화증기압

온도[℃]	p_v[kPa]	온도[℃]	p_v[kPa]
0	0.6108	40	7.375
5	0.8718	50	12.335
10	1.2270	60	19.920
15	1.7039	70	31.16
20	2.337	80	47.36
25	3.166	90	70.11
30	4.241	100	101.33

물 속에는 용해되어 있는 공기와 용해되지 않은 채로 작은 공기포가 존재한다. 압력의 저하에 따라 우선 작은 기포(공기)가 발생하고 드디어는 수증기가 발생하게 된다. 따라서 물 속에 함유된 공기가 공동현상의 발생에 영향을 준다. 즉 함유된 공기의 상태가 미소 공기포로 존재하는지, 물에 용해되어 있는지에 따라 공동현상의 발생 조건이 달라진다. 물론 물은 공기를 함유하고 있지 않아도 정압(靜壓)이 저하하여 그때의 수온에 대한 포화증기압과 같아지면 증기포가 발생하여 공동현상이 발생하지만, 일반적으로 물은 공기를 용해하고 있으므로 정압이 물의 포화증기압까지 저하하기 전에 공동현상이 발생하게 된다.

유체의 흐름 속에 물체가 놓여 있을 때 물체의 표면 또는 그 근처의 압력이 저하하면 전술한 바와 같이 공동현상이 발생한다. 이 발생한 공기포는 압력이 더욱 저하하면 성장한다. 그러나 하류측에서 압력이 회복되면 공기포가 소멸하면서 충격압력(초음파)이 발생한다. 이 현상이 반복되면 물체 표면에 부식(erosion)이 생기며, 소음 및 진동이 발생한다. 장기간에 걸쳐 부식이 생기면 관로가 피로파괴에 이르게 되고, 수력기계에서는 성능의 저하와 운전의 불안정을 일으켜 사고의 원인이 된다.

공동현상의 발생에 대하여 그 기준으로 사용되는 것으로 **캐비테이션 계수**(cavitation number)가 있다.

일정한 물의 흐름 속에 물체가 놓여 있다고 하자. 지금 물체의 표면 또는 그 근처의 일부분의 압력을 p, 물체의 영향을 받지 않는 상류측의 압력을 p_∞, 그 유속을 v_∞라 하고, 물의 포화증기압을 p_v라 하자. 임의의 국소점의 압력 p가 물의 포화증기압 p_v가 되었을 때 공동현상이 발생하므로 $(p_\infty - p_v)$와 동압의 비로 표시되는 다음의 무차원수 C를 캐비테이션 계수라 한다,

$$C = \frac{p_\infty - p_v}{\rho v_\infty{}^2/2} \qquad \cdots\cdots (6.89)$$

이 계수는 공동현상의 시작 상태, 즉 공동현상의 처음 생김 또는 발생의 상태를 표시하는데 사용된다.

Thoma의 캐비테이션 계수 C_t는 다음과 같이 표시되며, 펌프 및 수차 등의 유체기계에 널리 이용되고 있다.

$$C_t = \frac{H_{sv}}{H} \quad \cdots\cdots (6.90)$$

원심펌프에서는

$$H_{sv} = \left(\frac{n\sqrt{Q}}{s} \right)^{4/3} \quad \cdots\cdots (6.91)$$

여기서 H_{sv} : 유효 흡입수두[m], H : 전 수두(양정, 낙차)[m], n : 유체기계의 회전수[rpm], Q : 유량[m^3/min], s : 흡입 비속도(편 흡입 펌프 : 1200, 양 흡입 펌프 : 1740)이다.

6.7.2 2상류

전술한 공동현상에 의하여 관로 내의 유체가 기체와 액체의 2상(二相)을 이루면서 흐를 때 **기 · 액 2상류**(gas · liquid two phase flow, 氣 · 液 二相流)라 한다. 이러한 흐름에서는 기체와 액체의 유량 비율에 따라 흐름의 상태가 달라진다. 기체의 체적유량이 액체의 체적유량에 비하여 상당히 작은 경우에는 액체 속에 약간의 기포가 섞여 흐르는 상태가 된다. 기체의 유량이 많아지면 기포는 하나로 합쳐져 큰 유로면적을 차지하게 된다. 기체의 유량이 좀 더 많아지면 액체는 관 벽에 액막을 이루면서 흐르며, 관의 중앙부분에서는 기체가 액적을 동반하면서 흐른다. 이 현상을 대표하여 표시하면 그림 6.35와 같이 기체의 유량이 증가함에 따라 기포류, 슬러그류, 환상류로 흐름의 상태가 달라진다.

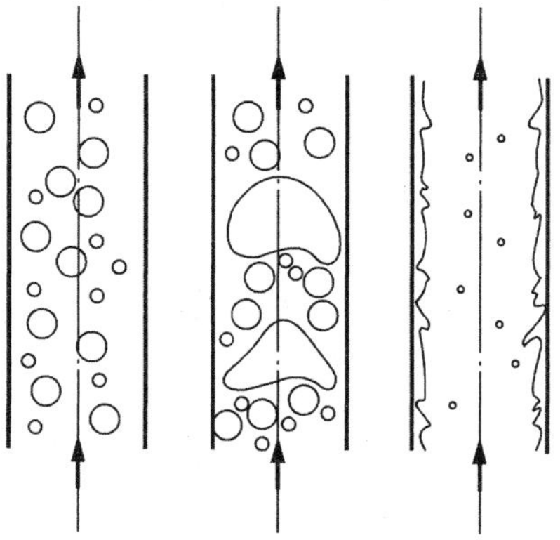

[그림 6.35] 기 · 액 2상류

이와 같이 액체와 기체가 관로 단면에 있어서 점유율을 표시하는 량으로서, **보이드율**(void fraction)이 사용된다. 보이드율 α는 유로면적 A 중에 기체부분이 차지하는 단면적 A_g의 비율로 정의된다.

$$\alpha = \frac{A_g}{A} \qquad \cdots\cdots (6.92)$$

또한 관로를 흐르는 전 질량유량 $\dot{m}$ 중에 기체의 질량유량 $\dot{m}_g$가 차지하는 비율을 **건도**(dryness, 乾度) 또는 **질**(quality, 質)이라 한다.

$$x = \frac{\dot{m}_g}{\dot{m}} \qquad \cdots\cdots (6.93)$$

기・액 2상류의 관로 내 유동에서는 주로 액체부분의 흐름에 대한 마찰이 압력손실의 대부분을 차지한다. 따라서 마찰에 의한 압력손실 $\varDelta p$의 크기는, 액체만이 **단상류**(single phase flow, 單相流)로서 흐를 때 생기는 압력손실 $\varDelta p_l$로부터 다음과 같이 된다.

$$\varDelta p = (1-\alpha)^2 \varDelta p_l \qquad \cdots\cdots (6.94)$$

일반적으로는 기・액 2상류에서는 액체만의 흐름에서보다 압력손실이 크지 않은 경향이 있다.

연습문제

[6.1] 직경 30[mm]의 원관을 10[℃]의 물이 3[ℓ /min]로 흐를 때 관 길이 50[m]를 흐르는 사이에 손실수두를 구하라.

[답] 0.0168[m]

[6.2] 비중량 40[N/m^3]인 증기가 유속 30[m/s]로 원관 내를 흐른다. 관 마찰계수가 0.0154이면 관 벽에서의 전단응력은 얼마인가?

[답] 7.071[N/m^2]

[6.3] 직경 10[cm], 길이 15[m]의 원관내를 물이 흐르고 있다. 관 출구와 입구의 압력차를 0.15기압이라고 하면 유량은 얼마인가? 흐름은 난류라 하고 관 마찰계수는 0.03이다.

[답] 0.02[m^3/s]

[6.4] 수평으로 놓여진 길이 1[m], 내경 2[mm]인 가는 관의 양단에 있어서 압력 수두차가 60[cm]일 때 유량이 10[cm^3/min]이었다. 이 관로를 흐르는 유체의 동점성계수는 얼마인가?

[답] 0.138[cm^2/s]

[6.5] 직경 25[mm]의 매끈한 원관 내를 동점성계수 1[cSt.]의 기름이 70[ℓ /min]로 흐른다. 관의 관 마찰계수 f 및 관 길이 1[m]당 손실수두를 구하라.

[답] 0.0203, 0.234[m]

[6.6] 내경 20[cm]인 주철관의 길이 100[m]에 대하여 손실수두가 7[m] 수주일 때 관내를 흐르는 유량을 구하라. 단, 물의 온도는 10℃이다.

[답] 0.111[m^3/s]

[6.7] 유량을 일정하게 하여 관 내경을 2배로 하면 관 마찰계수는 몇 배로 되는가? Blausius의 식을 이용하여 구하라.

[답] 0.0372배

[6.8] Blausius의 관 마찰계수의 식 $f=0.3164\,Re^{-1/4}$을 적용할 수 있는 관로 유동에서는 압력구배가 평균유속의 7/4승에 비례함을 증명하라.

[답] 생략

[6.9] 20[℃]의 물이 내경 25[mm]인 관내를 흐른다. $Re=5\times10^4$일 때, 관 마찰에 의한 압력구배를 구하라.(Blausius의 식을 이용하라.)

[답] 1701.7[Pa/m]

[6.10] 길이 1000[m], 관의 양단의 수위차 20[m]의 직관으로 유량 500[ℓ /s]의 물을 송수시킬 때, 관경과 유속은 각각 얼마인가? 관 마찰계수 $f=0.02$이다.

[답] 460.4[mm], 3.003[m/s]

[6.11] 댐의 유효낙차가 50[m]이다. 댐의 물을 2[km] 하류의 발전소까지 2개의 관로로 설치하여 10^4[kW]의 발전을 할 계획이다. 수차와 발전기의 전 효율을 80%라 할 때 다음을 구하라. (1) 매초 당 물의 유량, (2) 관로의 마찰손실을 유효낙차의 1% 이하로 하기 위한 관의 직경, 단, 관 마찰계수 $f=0.006$이다.

[답] (1) 25.51[m^3/s], (2) 3.176[m]

[6.12] 비중 0.9, 점성계수 1.24[Poise]인 기름을 내경 100[mm], 길이 100[m]의 매끄러운 관으로 저유탱크로부터 3[m] 높은 곳으로 매분 0.5[m^3]의 비율로 퍼 올리는데 필요한 펌프의 축동력을 구하라.

[답] 575.06[W]

[6.13] 펌프의 출구에서 1[km] 앞에 있는 수조 수면하 4[m]까지 내경 200[mm]의 매끄러운 원관으로 매분 3[m^3]의 물이 수송되고 있다. 이 펌프의 출구압력을 구하라. 단, 관 마찰계수는 0.025이다.

[답] 197.2[kPa]

[6.14] 수면의 높이차가 일정한 2개의 수조를 직경 d의 관과 $d/2$의 관으로 연결했을 때의 유량비를 구하라. 단, 관 마찰 손실만을 고려하는 것으로 하고, 층류의 경우와 난류의 경우(Blasius의 공식 이용)에 대하여 각각 구하라.

[답] 층류 : $Q_d/Q_{d/2}=16$, 난류 : $Q_d/Q_{d/2}=6.56$

[6.15] 내경 250[mm]와 350[mm]의 2개의 관로 사이에 내경 300[mm]인 수평 관로로 10[m]에 걸쳐서 접속하여 유량 8[m^3/min]의 물을 흐르게 할 때 압력변화량을 구하라. 단, 접속관의 마찰계수는 0.025이다.

[답] −777.63[Pa]

[6.16] 그림(문제 6.16)와 같이 내경 7.5[cm], 길이 450[m]인 관로의 끝에 노즐을 장착하여, 높이 35[m]까지 상승하는 분수를 만들려고 한다. 이 노즐 출구 직경을 구하라. 노즐의 높이는 펌프출구로부터 3[m]만큼 높고, 관로 입구의 정압은 1.4×10^3[kPa], 관의 마찰계수 f=0.01, 노즐의 속도 계수 C_v=0.95로 하고, 그 외의 손실은 무시한다. 또, 물을 펌프보다 5[m] 밑의 수조로부터 펌프로(효율 70[%]) 퍼 올릴 때 필요한 축동력을 구하라.

[답] d_2=3.56[cm], P=54.6[kW]

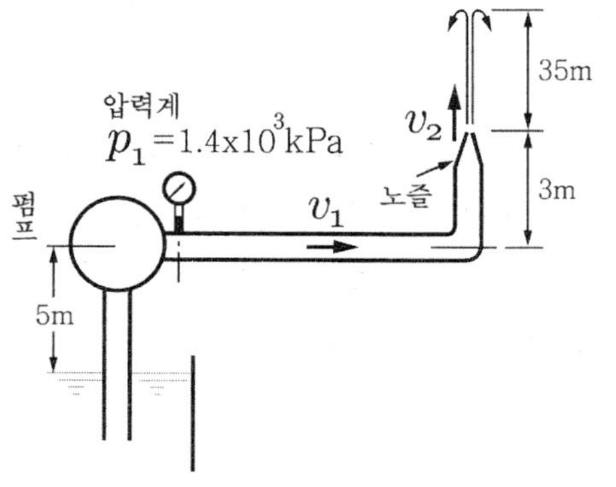

[그림(문제 6.16)]

[6.17] 300[m] 떨어진 높이 30[m]의 빌딩 옥상의 압력탱크로, 내경 300[mm]의 강관을 이용하여 20[℃]의 물을 10[m^3/min]로 수송시킨다. 압력탱크 내의 압력이 100[kPa]일 때 펌프의 압력을 구하라. 단, f=0.019, ν=1.004[mm^2/s]이다.

[답] 446.822[kPa]

[6.18] 그림(문제 6.18)과 같이 수조를 이용하여 분수를 만들려고 한다. 원관의 내경 d=2[cm], 수조로부터 원관의 출구까지의 길이 L=10[m]로 할 때 분수가 올라가는 높이를 구하라. 단, 물이 밀도 ρ=1000[kg/m^3], 점성계수 $\mu=1.1\times10^{-3}$[Pa·s]이며 관 마찰계수 f=0.02이다.

[답] 1[m]

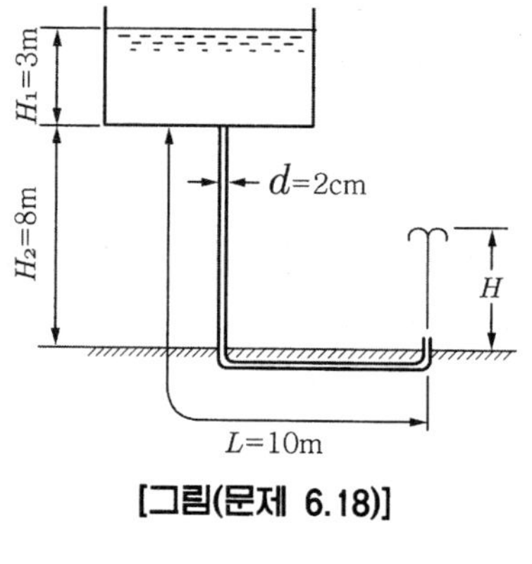

[그림(문제 6.18)]

[6.19] 유량 15×10^{-3}[m^3/s], 토출압력 3×10^5[Pa](대기압 기준)의 펌프를 이용하여 수직으로 물을 양수시키고자 한다. 토출관은 직경 5[cm]의 원관일 때 몇 [m] 높이까지 물을 양수시킬 수 있는가? 단, 관 출구는 대기개방이며 손실은 관 마찰에 의한 것으로 하여 Blasius의 식을 이용하라. 물의 밀도는 1000[kg/m^3], 동점성계수는 1×10^{-6}[m^2/s]이다.

[답] 17.43[m]

[6.20] 직사각형 단면(7.5[cm]×3[cm])의 관내를 20[cSt]의 기름이 50[ℓ/min]로 흐른다. 관 길이 50[m]를 흐르는 사이에 생기는 손실수두를 구하라.

[답] 0.69[m]

[6.21] 단면 500[mm]×300[mm]의 장방형 관로를 150[m]에 걸쳐서 공기가 4[m/s]의 속도로 흐르고 있다. 공기의 밀도는 1.2[kg/m^3], 동점성계수는 15.2[m^2/s], 관 마찰계수가 0.03일 때 압력손실을 구하라.

[답] $\Delta p=115.2$[Pa]

[6.22] 그림(문제 6.22)와 같이 길이 l, 폭 b인 좁은 환상유로의 양측 압력이 각각 p_1, p_2일 때 유량을 구하라. 관 마찰계수는 f로 표시한다.

[답] $Q=Av=2\pi rb\sqrt{\frac{2g}{\gamma}(p_1-p_2)/\left(\frac{fl}{2b}+1.5\right)}$

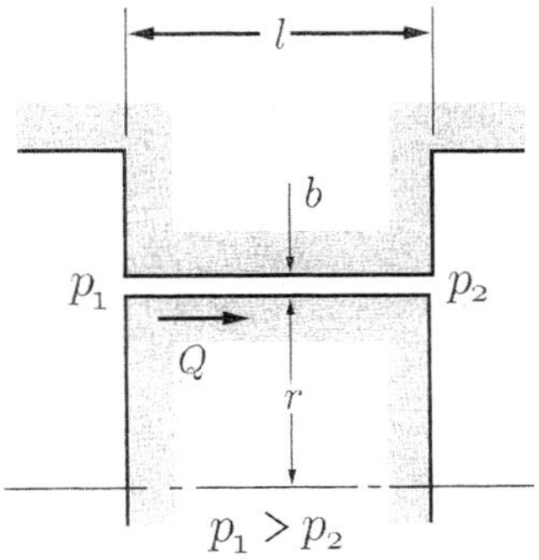

[그림(문제 6.22)]

[6.23] 외 직경 200[mm], 내 직경 100[mm]인 동심 2중 원관의 내 외관 사이를 2[m/s]의 속도로 물이 흐른다. 길이 100[m] 사이에 생기는 관 마찰손실을 구하라. 단, f=0.03이다.

[답] 6.12[m]

[6.24] d_1=5[cm]로부터 d_2=9[cm]로 돌연 확대하는 관에 물의 유량 0.2[m^3/min]가 흐를 때 돌연확대 손실수두를 구하라.

[답] 0.0703[m]

[6.25] 직경 7.5[cm]의 관내를 6[ℓ /s]의 물이 흐른다. 이 관을 직경 5[cm]의 관으로 접속시킬 때 돌연축소 손실수두를 구하라.

[답] 0.1286[m]

[6.26] 그림(문제 6.26)과 같은 관로에 압력탱크로부터 밸브를 거쳐 물이 유출한다. 밸브의 손실계수 k_v=3.5, 90° 곡관의 손실계수 k_b=0.4, 관 마찰계수 f=0.03일 때 유량을 구하라.

[답] 0.0377[m^3/s]

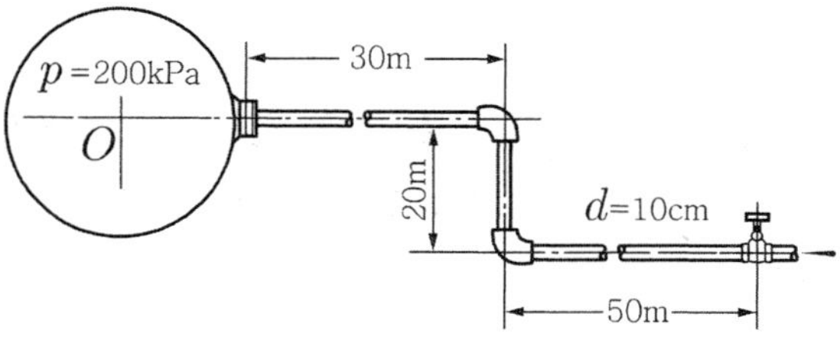

[그림(문제 6.26)]

[6.27] 내경 250[mm]와 350[mm]의 2개 관로 사이에 내경 300[mm]의 수평 관로로 10[m]에 걸쳐 접속하여 유량 8[m^3/min]의 물을 유동시킬 때 압력 손실을 구하라. 단, 접속관의 마찰계수는 0.03으로 한다.

[답] 2.248[kPa]

[6.28] 두 개의 탱크가 100[m]의 거리로 떨어져 있다. 이 두 탱크를 관경 150[mm]와 200[mm]의 관로로 중앙에서 돌연확대로 접속시켰다. 관 입구의 손실계수 k_i=0.5, 각 관로의 관 마찰계수는 각각 f_1=0.028, f_2=0.024일 때 2[m^3/min]의 유량이 흐른다면 두 탱크의 수면차는 얼마인가?

[답] 2.221[m]

[6.29] 그림(문제 6.29)와 같은 관로를 흐르는 유량을 구하라. 관 마찰계수는 0.03, 관내경 80[mm], 밸브의 손실계수는 2.2이다.

[답] 0.00968[m^3/s]

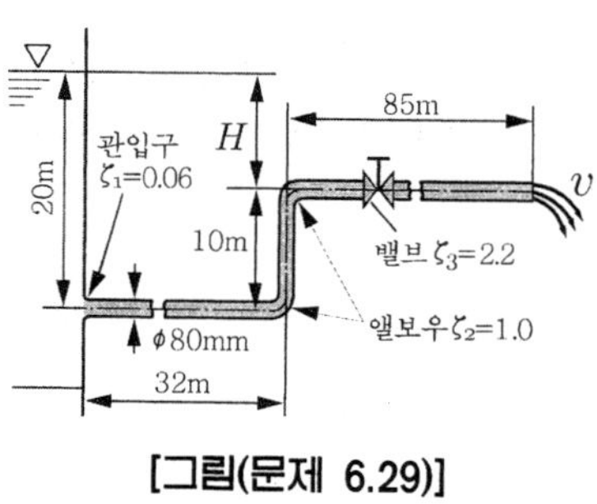

[그림(문제 6.29)]

[6.30] 그림(문제 6.30)과 같은 내경 50[mm]의 관로를 흐르는 물의 유속, 유량, 송수동력은 각각 얼마인가? $f=0.03$이다.

[답] 1.773[m/s], 0.0035[m^3/s], 274.4[W]

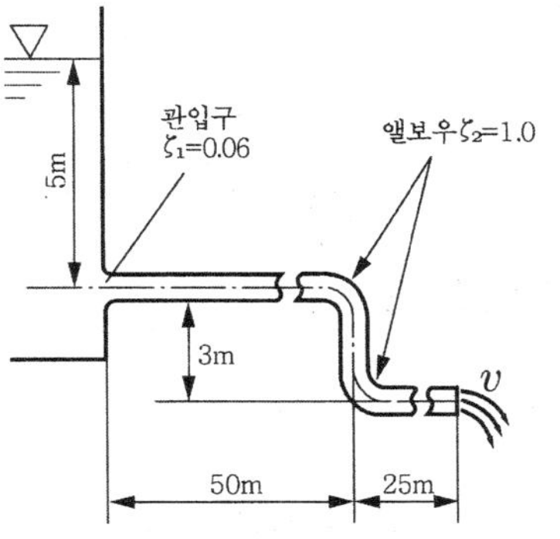

[그림(문제 6.30)]

[6.31] 지상의 수조 수면으로부터 30[m] 높이의 빌딩 옥상의 수조까지 수직으로 설치된 내경 100[mm]의 강관으로 25[ℓ/s]의 유량이 펌프에 의해 송수될 때 펌프의 축동력을 구하라. 단, 송수관의 $f=0.026$, 입구손실계수 $k_i=0.5$, 펌프효율 80[%]이다.

[답] 10.66[kW]

[6.32] 그림(문제 6.32)와 같이 노즐, 측정부, 디퓨서, 순환유로 및 송풍기로 구성되는 풍동이 있다. 측정부의 직경은 3[m], 상류(上流)의 직경은 6[m]이다. 노즐의 속도계수를 $c_v=0.98$, 노즐 이외의 전 유로에 있어서 생기는 마찰손실수두가 측정부의 속도수두의 20[%]이다. 측정부 입구의 유속이 $v=70$[m/s]일 때, 다음의 값을 구하라.

(1) 노즐을 통과할 때 생기는 압력강하 Δp

(2) 송풍기의 효율을 85[%]라 할 때 송풍기의 소요 축동력

단, 공기는 비압축성으로 보고 밀도 $\rho=1.25$[kg/m^3]이다.

[답] (1) 2.99[kPa], (2) 426[kW]

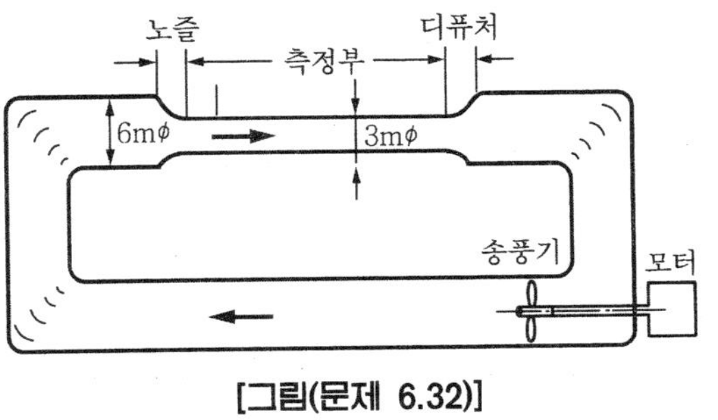

[그림(문제 6.32)]

[6.33] 그림(문제 6.33)에서 $H=10$[m]일 때 관로를 흐르는 유량을 구하라. 또 $Q=60$[ℓ /s]일 때 손실수두를 구하라. 단, 엘보우의 손실계수 및 글로브 밸브의 손실계수는 각각 0.9 및 10으로 하고 관 마찰계수는 0.023으로 한다.

[답] 16.48[m]

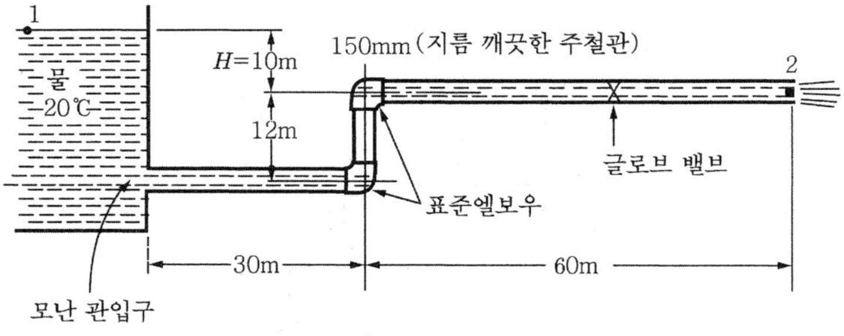

[그림(문제 6.33)]

[6.34] 수위차(H)가 일정한 두 개의 수조를 n개의 같은 관으로 직렬 연결할 때의 유량 Q_s와 병렬로 연결할 때 유량 Q_p의 유량비 Q_p/Q_s는 얼마인가? 단, 관 마찰계수 f는 속도에 따라 변하지 않으며 관 마찰손실 이외의 손실은 없는 것로 한다.

[답] $\dfrac{Q_p}{Q_s} = \dfrac{n}{n^{-1/2}} = n^{3/2}$

[6.35] 그림(문제 6.35)와 같이 탱크로부터 파이프 A, B가 병렬 연결되고, 파이프 C로부터 유량이 유출될 때 각 관로를 흐르는 유량을 구하라. 각 관의 제원은 표와 같다.

[답] $Q_A=0.0137$[m³/s], $Q_B=0.0032$[m³/s], $Q_C=0.0169$[m³/s]

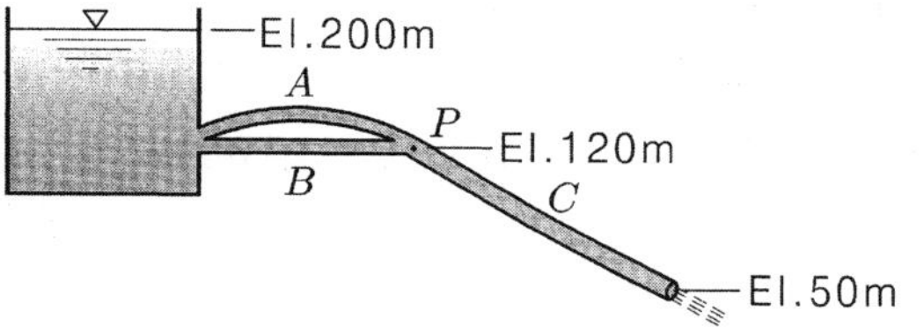

[그림(문제 6.35)]

pipe	D[cm]	L[m]	f
A	6	200	0.02
B	4	160	0.032
C	8	400	0.024

[6.36] 그림(문제 6.36)과 같은 병렬 관로계에서 물이 총 유량 0.02[m^3/s]로 흐를 때 ①관 및 ②관의 유량을 각각 구하라. 단, ①관의 관 마찰계수 f_1=0.02, ②관의 관 마찰계수 f_2=0.03이며 모든 부차적 손실은 무시한다. l_1=200[m], l_2=150[m], d_1=30[cm], d_2=40[cm]이다.

[답] $Q_1 = 6.813\times10^{-3} m^3/s$, $Q_2 = 0.0132 m^3/s$

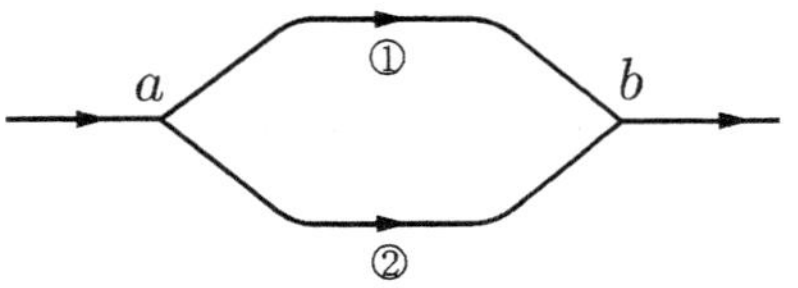

[그림(문제 6.36)]

[6.37] 그림(문제 6.37)과 같이 1개의 관이 도중에 2개로 분기했다가 다시 합류한다. 그 한 개는 직경 25[cm], 길이 250[m], 다른 하나는 직경 20[cm], 길이 300[m]이다. 합계유량은 100[ℓ/s]라면 각 관에는 얼만큼의 유량으로 배분되는가. 관 마찰 이외의 손실은 무시한다.

[답] $Q_1 = 65.6\ l/s$, $Q_2 = 34.4\ l/s$

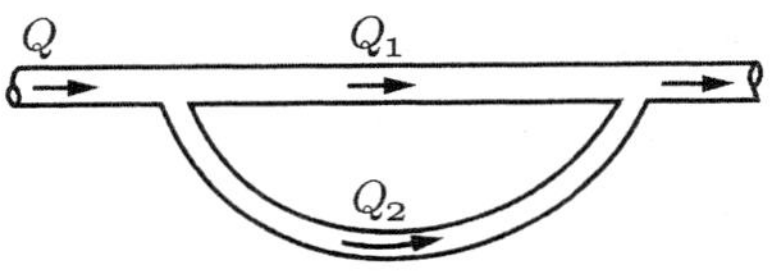

[그림(문제 6.37)]

[6.38] 그림(문제 6.38)과 같이 50×50[cm^2]의 정방형 탱크 내에 정류(整流)를 위해서 10×10[cm^2]의 격자를 1[m]에 걸쳐서 설치하였다. 손실수두는 얼마나 증가하는가? 격자에 의한 면적의 감소는 무시하고 상당하는 관 마찰계수는 0.02, 유속은 20[m/s]이다.

[답] 3.265[m]

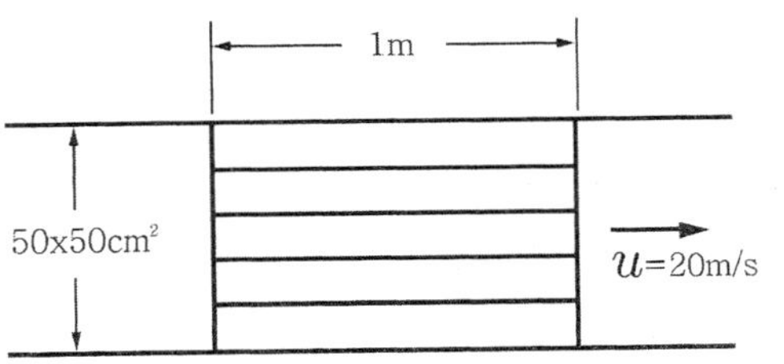

[그림(문제 6.38)]

[6.39] 그림(문제 6.39)와 같이 병렬로 놓여진 2개의 냉각기에 냉각수를 보내고 있다. 냉각기의 내부는 관군으로 구성되어 있으며, 물은 그 관내를 흐른다. 지금 냉각기 1은 관 내경 d_1=2.5[mm], 관 길이 l_1=1.5[m]인 관 n_1=20개, 또 냉각기 2는 d_2=4.0[mm], l_2=2.4

[m], n_2=30개로 만들어져 있다. 관의 상대조도는 냉각기 모두 ε/d=0.01이다. 펌프로부터 20[℃]의 물(ν=0.01[cm^2/s], $\rho=10^3$[kg/m^3])이 Q=50[ℓ /s]로 보내질 때 각각의 냉각기에서의 유량 Q_1, Q_2를 구하라. 단, 냉각기 내에서 생기는 손실은 관의 마찰손실뿐으로 한다.

[답] $Q_1 = 10.3$ l/s, $Q_2 = 39.7$ l/s

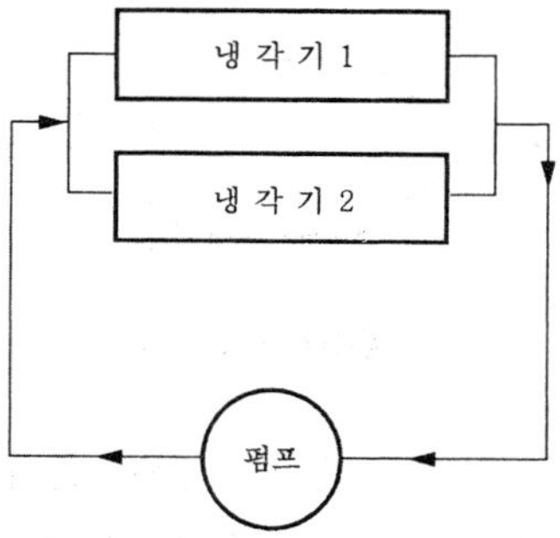

[그림(문제 6.39)]

[6.40] 그림 6.34에 표시한 관로망에 있어서 물이 점 A로부터 2[m^3/s]로 공급되고, 점 C와 D로부터 각각 1.4[m^3/s] 및 0.6[m^3/s]의 비율로 배출되고 있다. 각 관을 흐르는 유량을 구하라. 단, 관로 1, 2, 3, 4는 모두 길이가 300[m], 관 내경 0.3[m], 또 관로 5는 길이 600[m], 관 내경 0.45[m]이고 관 마찰계수는 모두 f=0.04이다.

[답] $Q_1 = Q_2 = 0.39$[m^3/s], $Q_3 = 0.54$[m^3/s], $Q_4 = -0.06$[m^3/s], $Q_5 = 1.07$[m^3/s]

[6.41] 그림(문제 6.41)의 관로에 있어서 관로 C의 도중에 펌프가 설치되어 있으며, 이 펌프는 관로 C의 유속이 1.35[m/s]일 때 6.5[m]의 수두를 발생시키면 관로 B의 출구로부터의 유출량, 출구 끝에서 수면까지의 높이 z를 구하라. 단, 관의 입구와 합류부에서의 손실은 무시한다.

관로 A는 d=60[cm], l=1200[m], f=0.03

관로 B는 d=30[cm], l=1200[m], f=0.03

관로 C는 d=60[cm], l=1200[m], f=0.02이다.

[답] 0.11[m^3/s], 12.24[m]

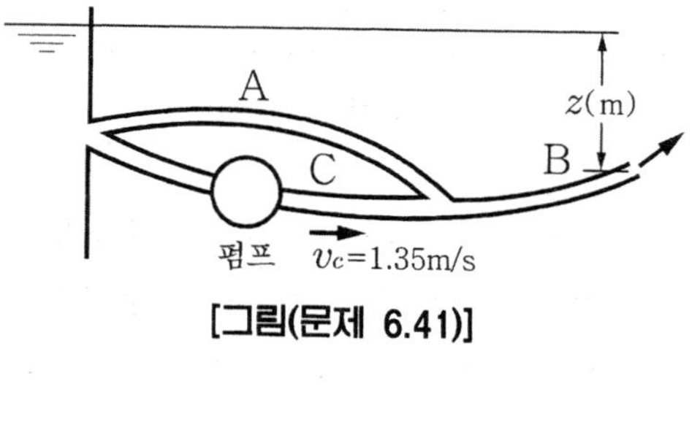

[그림(문제 6.41)]

[6.42] 그림(문제 6.42)의 관로 A, B를 흐르는 유량비 Q_A/Q_B를 구하라. 단, 관 내경은 분기관 d_A=300[mm], d_B=100[mm], 본관 d=325[mm], 관 마찰계수 f_A=0.015, f_B=0.02, 점 ①의 분기손실계수는 k_{1A}=0.3, k_{1B}=0.7, 점 ④의 합류손실계수는 k_{4A}=0.2, k_{4B}=0.4, 곡관의 손실계수는 $k_2=k_3$=1.0으로 한다.

[답] $Q_A/Q_B = 17.42$

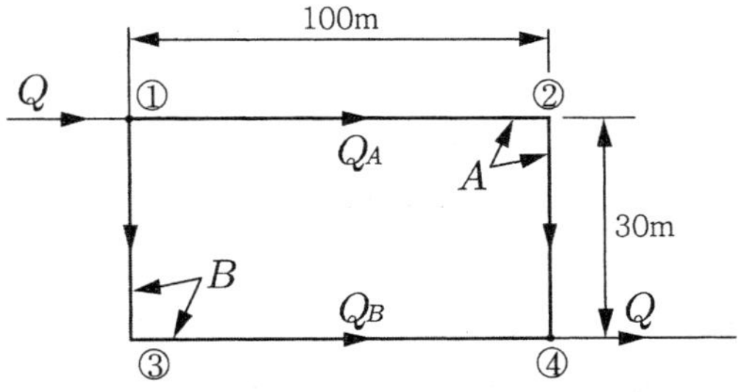

[그림(문제 6.42)]

[6.43] 내경 200[mm]의 강관에 물이 80[ℓ/s]로 흐르고, 도중에 동일한 내경 200[mm] 강관으로 45°로 분기하여 30[ℓ/s]의 유량이 흐르는 관로가 있다. 분기점 상류 2[m]의 단면 ①의 압력이 100[kPa]이라 하면, 분기점으로부터 하류측 3[m]의 지관단면 ② 및 분기측의 분기점 ③으로부터 하류 2.5[m]의 분기관 단면 ③의 압력을 구하라. 단, ①에서 ② 및 ①에서 ③으로의 분기손실계수 k_{b2}=0.5, k_{b3}=0.09, 관 마찰계수는 모두 f=0.028로 한다.

[답] p_2=98.92[kPa], p_3=101.43[kPa]

[6.44] 그림 6.29에 표시한 합류관에 있어서 θ=90°, 3개의 지관의 내경이 모두 같을 때, 아래의 경우의 압력변화 (p_3-p_1) 및 (p_3-p_2)를 구하라. 단, 합류관의 손실계수는 그림 6.31의 90° 합류관에 대한 그림에서 구하고 관 벽의 마찰손실은 무시한다.

(1) $v_1 = v_2 = 3.0$ m/s, $v_3 = 6.0$ m/s

(2) $v_1 = 4.5$ m/s, $v_2 = 1.5$ m/s, $v_3 = 6.0$ m/s

[답] (1) $p_3 - p_1 = -22.5$ [kPa], $p_3 - p_2 = -21.6$ [kPa],
(2) $p_3 - p_1 = -14$ [kPa], $p_3 - p_2 = -15$ [kPa]

[6.45] 그림(문제 6.45)에서 A, B 두 개의 수조로부터 수조 C로 물이 흐르고 있다. 관로 ①, ②, ③의 내경은 각각 100[mm], 75[mm], 125[mm], 관 길이는 각각 20[m], 15[m], 30[m], 관 마찰계수는 각각 0.025, 0.03, 0.02일 때, 관 마찰 이외의 손실은 무시하고 각 관로의 유량을 구하라.

[답] $Q_1 = 0.027[m^3/s]$, $Q_2 = 0.008[m^3/s]$, $Q_3 = 0.351[m^3/s]$

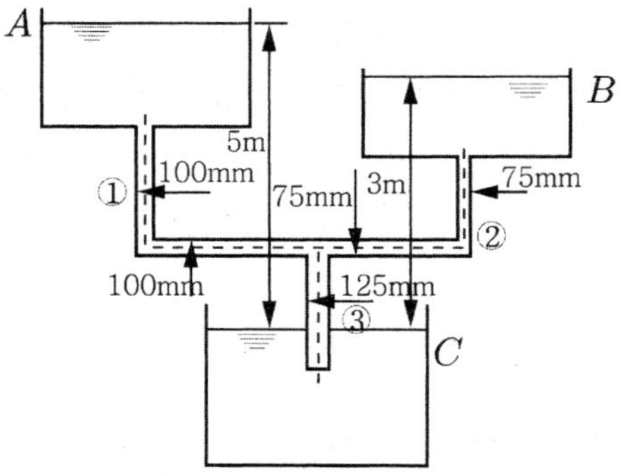

[그림(문제 6.45)]

[6.46] 그림(문제 6.46)의 A, B, C 3개의 저수지에서 나오는 a, b, c 3개의 관로가 있다. 저수지 A, B의 물은 관로 a, b를 통해 점 P에서 합류하여 저수지 C로 유입한다. 어떤 기준면으로부터 저수지 A, B 및 점 P의 높이는 각각 70[m], 60[m], 45[m]이다. 점 P에서 정압을 측정한 결과 106[kPa]이었다. 이 때 저수지 C의 수면의 높이 z_3를 구하라. 단, 관로의 마찰계수는 모두 $f=0.005$로 하고 합류점 P에서 혼합에 의한 손실 및 속도수두의 변화에 따르는 압력변화는 무시한다. 관로 a는 $d_1=0.3$[m], $l_1=2400$[m], 관로 b는 $d_2=0.45$[m], $l_2=2700$[m], 관로 c는 $d_3=0.6$[m], $l_3=3000$[m]이다.

[답] 52.6[m]

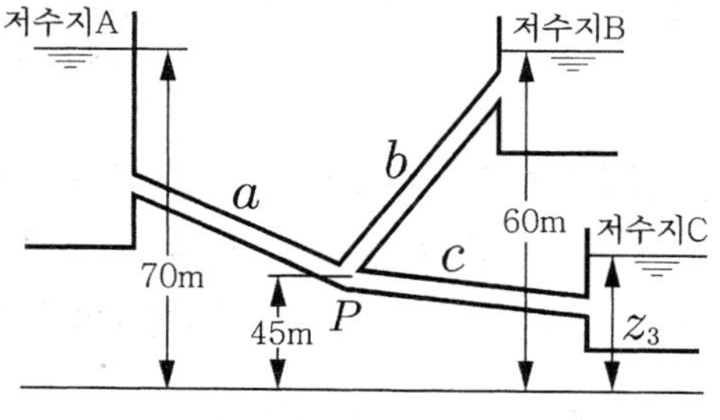

[그림(문제 6.46)]

[6.47] 내경 150[mm], 길이 1[m]의 역 U자관을 사이폰으로서 탱크수면에 세우고, 수면으로부터 50[cm] 하단출구에서 유출량을 재었더니 매초 42.6[ℓ /s]이었다. 사이폰의 최상부에서의 압력을 구하라. 단, f는 0.03으로 계산한다.

[답] −8.094[kPa]

7 차원해석과 상사칙

7.1 개요

흐름의 물리적 현상을 해석하거나 유체기기의 개발을 할 때, 관련되는 흐름을 이론적 또는 실험적인 방법에 의하여 조사할 필요가 있다. 이 때 중요하게 나타나는 변수들을 무차원수로 조합하면 문제에서 제기되는 변수의 수를 줄일 수 있으며, 이 흐름과 상사(相似)인 모든 문제에 적용할 수 있는 결과를 얻을 수 있다.

이러한 문제는 일반적으로 유체역학적 이론에 기초하여 흐름의 지배방정식을 풀어서 해결한다. 그러나 공학적으로 요구되는 흐름은 대부분의 경우, 이론해를 얻기가 용이하지 않다. 따라서 모형시험(model test, 模型試驗)에 의한 실험적 방법이 이용되어 왔다.

모형실험에서는 **원형**(proto type, 原型)보다 작은 치수의 **모형**(model, 模型)이 이용되며, 유속이나 유체의 물성치 등의 실험조건도 다른 것이 보통이다. 따라서 모형시험에서 얻어진 결과로부터 원형의 유동현상을 올바로 추정하기 위해서는 물리적인 고찰이 필요하다. 이때 중요한 역할을 하는 것이 유동현상을 지배하는 무차원 변수(dimensionless parameter, 無次元 變數)이다. 또 무차원 변수와 같은 의미로 무차원수, 무차원량이 이용되는 경우도 있다. 이러한 무차원수를 이용하면 실험회수를 줄일 수 있으며 실험이 효율적이다. 또 지배방정식의 물리적 해석이 보다 명확해진다. 이 무차원수는 일반적으로 **차원해석**(dimensional analysis, 次元解析)에 의하여 얻어지는데, 흐름을 지배하는 운동방정식을 알고 있는 경우에는 그 식을 무차원화하여 바로 얻을 수 있다.

이 장에서는 차원해석법 중 대표적인 Buckingham의 π정리, 유동현상에 관련한 주요 무차원수에 대하여 기술하고, 다음에 모형시험과 그 응용에 필요한 상사칙(相似則)에 대하여 설명한다.

7.2 차원의 동차성

차원해석은 복잡한 공학문제를 해석할 때 유용하며, 물리적 현상은 물리적 차원의 함수로 표시하여 방정식을 무차원 함수로 나타낼 수 있다. 이 때 필요한 물리량은 정의 또는 물리법칙에 의하여 기본량(역학계에 있어서는 질량 M, 길이 L, 시간 T의 3개)을 조합함으로서 표시할 수 있다.

그런데 중력 단위계에서는 기본량을 힘 F, 길이 L, 시간 T의 3개를 사용하므로 힘 F와 질량 M의 상호관계를 이용하여 변환할 수 있다. 그 상호관계는 뉴턴의 운동 제2법칙으로부터, 즉 $F=ma$로부터

$$[\mathrm{F}] = [\mathrm{M}][\mathrm{L/T^2}] = [\mathrm{MLT^{-2}}] \qquad \cdots\cdots (7.1)$$

의 관계가 있다.

지금 어떤 물리량 Q가

$$Q = kM^{\alpha} L^{\beta} T^{\gamma} \qquad \cdots\cdots (7.2)$$

로 표시될 때, k, α, β, γ는 단위를 갖지 않는 상수이다. 이 때 위 식은 Q의 차원이 $M^{\alpha} L^{\beta} T^{\gamma}$이며, $[Q]=[\mathrm{M^{\alpha} L^{\beta} T^{\gamma}}]$라고 표기한다. 여기서 α, β, γ의 값은 전술한 바와 같이 그 물리량의 정의나 물리법칙에 의하여 결정된다. 그리고 식(7.2)의 좌변과 우변은 같은 차원을 가져야 한다. 이것을 차원의 **동차성**(同次性)이라 한다.

예로서, 2장의 유체정역학에서 식(2.16)으로부터 $p=\rho gh$임을 알았으며, 우변의 값들을 기본량의 차원으로 표시하면 $[\rho]=[\mathrm{ML^{-3}}]$, $[g]=[\mathrm{LT^{-2}}]$, $[h]=[\mathrm{L}]$이므로 압력 p의 차원은

$$[p] = [\mathrm{M^{\alpha} L^{\beta} T^{\gamma}}] = [\mathrm{ML^{-3}}][\mathrm{LT^{-2}}][\mathrm{L}] = [\mathrm{ML^{-1}T^{-2}}]$$

이 된다. 그런데 압력의 물리적 정의는 "단위면적당 작용하는 힘"이므로 식(7.1)을 적용하면

$$[p] = [\mathrm{F/L^2}] = [\mathrm{MLT^{-2}/L^2}] = [\mathrm{ML^{-1}T^{-2}}]$$

으로서, 두 경우 모두 같은 차원이 됨을 알 수 있다.

7.3 차원해석과 π 정리

유체의 흐름에 관련된 현상은 보통 여러 변수에 의하여 지배되며, 이것이 운동방정식을 이용하여 해석될 수 없는 경우에 이들 변수 각각의 영향을 조사하기 위해서는 많은 시간과 노력이 필요하다.

전 절에서 언급한 물리법칙을 기술하는 관계식에 대하여 차원의 동차성에 대한 고찰, 즉 차원해석에 의하여 이들이 몇 개의 변수의 조합인 무차원수들 사이의 관계로서 나타내어 문제에 대한 예측을 할 수 있다.

이러한 차원해석의 방법 중에서 Buckingham의 π정리(Buckingham pi theorem)에 대하여 고찰한다.

Buckingham의 π정리는 n개의 물리량을 포함하고, m(유체역학에서는 보통 M, L, T의 3개)개의 기본량을 갖는 물리적 문제에 있어서, 이들 n개의 물리량은 $n-m$개의 독립 무차원수로 대치할 수 있으며 이들 무차원수로 기술할 수 있다는 것을 말한다.

임의의 문제에 있어서 압력, 점성계수, 속도 등과 같이 물리량을 A_1, A_2, …, A_n이라 할 때 해를 구하기 위해 해의 본질이 되는 물리량을 알아야 하며, 이들 물리량 사이에 어떤 함수관계가 다음 식으로 표시된다고 하자.

$$f(A_1,\ A_2,\ \cdots A_n) = 0 \qquad \cdots\cdots\ (7.3)$$

만일 물리량 A_1, A_2, …, A_n의 무차원군을 π_1, π_2, …, π_{n-m}이라 하면, 다음 식으로 놓을 수 있다.

$$f(\pi_1,\ \pi_2,\ \cdots,\ \pi_{n-m}) = 0 \qquad \cdots\cdots\ (7.4)$$

무차원수 π를 만드는 방법은 다음과 같다.

(1) 물리량 A중에서 서로 다른 차원을 갖는 m(3개)개의 물리량을 선택하여 반복변수로 사용한다. 제1물리량은 기하학적 상사(L 포함)를 고려하여 길이나 직경, 제2물리량은 운동학적 상사(T 포함)를 고려하여 속도나 가속도, 제3물리량은 역학적 상사(M 포함)를 고려하여 밀도나 비중량을 선택한다.

(2) 반복변수와 나머지 물리량 중 1개를 결합하여 하나의 무차원수를 구한다. 따라서 물리량 중 반복변수를 뺀 숫자만큼의 무차원수가 얻어진다. 즉 $(n-m)$개이다.

이렇게 하여 얻은 무차원수 π는 필요에 따라 적당한 상수를 곱하기도 하고, 서로 곱하거나 나누기도 하며 평방근이나 역수를 취해도 된다. 또 차원해석에서 특히 주의해야 할 것은, 대상이 되는 흐름에 관련된 물리량을 처음에 모두 조사할 필요가 있으며, 지배 물리량이 누락되거나 명확치 않은 양을 포함시켜서는 안 된다.

예제 7.1

유체유동의 특성이 속도 v, 길이 l, 밀도 ρ, 점성계수 μ의 물리량과 관계가 있다. π정리에 의하여 무차원수를 표시하여라.

[풀이] 기본량이 3개, 물리량이 4개이므로 무차원수는 $n-m=4-3=1$개이다. 제1, 2, 3물리량을 각각 길이, 속도, 밀도로 취하고

$$\pi_1 = \frac{l^\alpha v^\beta \rho^\gamma}{\mu}$$

으로 놓으면

$$\mu = \frac{l^\alpha v^\beta \rho^\gamma}{\pi_1}$$

따라서 차원으로 표시하면

$$[ML^{-1}T^{-1}] = [L]^\alpha [LT^{-1}]^\beta [ML^{-3}]^\gamma = M^\gamma L^{\alpha+\beta-3\gamma} T^{-\beta}$$

$$\gamma = 1, \quad \alpha + \beta - 3\gamma = -1, \quad \beta = 1$$

$$\therefore \ \alpha = 1, \quad \beta = 1, \quad \gamma = 1$$

$$\therefore \ \pi_1 = \rho vl/\mu = Re$$

즉, 레이놀즈수 Re가 된다. ■

예제 7.2

관로의 흐름에서 점성에 의하여 발생하는 벽면 전단응력 τ_o는 다음의 물리량에 관계된다.

$$\tau_o = f(\rho, \ \mu, \ v, \ R_h)$$

즉, 유체의 밀도 ρ, 점성계수 μ, 유속 v, 수력반경 R_h이며 π정리에 의하여 관계식을 구하라.

[풀이] R_h, v, ρ를 반복변수로 선택하면 무차원수는 $5-3=2$개이다.

$$\pi_1 = R_h^{\alpha} v^{\beta} \rho^{\gamma} \mu = L^{\alpha}(L/T)^{\beta}(M/L^3)^{\gamma}(M/LT)$$
$$= M^{\gamma+1} L^{\alpha+\beta-3\gamma-1} T^{-\beta-1}$$
$$\therefore \ \gamma+1=0$$
$$\alpha+\beta-3\gamma-1=0$$
$$-\beta-1=0$$

로부터 $\alpha=-1$, $\beta=-1$. $\gamma=-1$이므로

$$\pi_1 = \frac{\mu}{\rho v R_h} \ \rightarrow \ \frac{\rho v R_h}{\mu} = Re$$

또 $$\pi_2 = R_h^{\alpha} v^{\beta} \rho^{\gamma} \tau_o = L^{\alpha}(L/T)^{\beta}(M/L^3)^{\gamma}(M/LT^2)$$
$$= M^{\gamma+1} L^{\alpha+\beta-3\gamma-1} T^{-\beta-2}$$
$$\therefore \ \gamma+1=0$$
$$\alpha+\beta-3\gamma-1=0$$
$$-\beta-2=0$$

로부터 $\alpha=0$, $\beta=-2$, $\gamma=-1$이므로

$$\pi_2 = \frac{\tau_o}{\rho v^2}$$

따라서 $f\left(Re, \ \frac{\tau_o}{\rho v^2}\right) = 0$에서 $\frac{\tau_o}{\rho v^2}$의 분모는 동압으로 표시하면 $\rho v^2/2$이며, Re에 관계되는 계수를 $c_f(Re)$로 표시하면, 벽면 전단응력은 다음 식으로 표시할 수 있다.

$$\tau_o = c_f(Re)\frac{\rho v^2}{2}$$

■

예제 7.3

매끈한 수평 원관을 흐르는 난류에서의 손실 $\Delta p/l$은 속도 v, 직경 d, 밀도 ρ, 점성계수 μ에 관계된다. 차원해석을 이용하여 다음 방정식의 일반형을 구하라.

$$f(\Delta p/l,\ v,\ d,\ \rho,\ \mu) = 0$$

[풀이] v, d, ρ 를 반복변수로 택하면 무차원수는 $5-3=2$개이다.

$$\pi_1 = v^\alpha d^\beta \rho^\gamma \mu = [LT^{-1}]^\alpha [L]^\beta [ML^{-3}]^\gamma [ML^{-1}T^{-1}]$$

따라서

$$L:\ \alpha+\beta-3\gamma-1=0$$
$$T:\ -\alpha-1=0$$
$$M:\ \gamma+1=0$$

로부터 $\alpha=-1$, $\beta=-1$, $\gamma=-1$을 얻는다.

$$\therefore\ \pi_1 = \frac{\mu}{vd\rho}$$

또, $\pi_2 = v^\alpha d^\beta \rho^\gamma \Delta p/l = [LT^{-1}]^\alpha [L]^\beta [ML^{-3}]^\gamma [ML^{-2}T^{-2}]$

따라서

$$L:\ \alpha+\beta-3\gamma-2=0$$
$$T:\ -\alpha-2=0$$
$$M:\ \gamma+1=0$$

로부터 $\alpha=-2$, $\beta=1$, $\gamma=-1$을 얻는다.

$$\therefore\ \pi_2 = \frac{\Delta p/l}{\rho v^2/d}$$

무차원수 π는 필요시 역수를 취할 수 있으므로

$$f\left(\frac{vd\rho}{\mu}, \frac{\Delta p/l}{\rho v^2/d}\right) = 0$$

가 된다. 첫 번째 무차원수 $\frac{vd\rho}{\mu}$ 는 레이놀즈수 Re로 표기한다. 이것은 흐름의 성질을 결정한다. $\Delta p/l$ 에 대하여 풀면

$$\frac{\Delta p}{l} = f_1\left(Re, \frac{\rho v^2}{d}\right)$$

보다 일반적으로 사용되는 공식형은

$$\frac{\Delta p}{l} = f(Re)\frac{\rho v^2}{2d}$$

이것을 수두손실 항으로 표시하면 다음과 같다($\Delta p = \gamma h_f$).

$$h_f = f(Re)\frac{l}{d}\frac{v^2}{2g}$$ ■

예제 7.4

일정한 흐름 중에 놓여있는 구의 항력을 무차원형으로 구하라. 항력 D는 구의 직경 d, 유속 v, 밀도 ρ, 점성계수 μ에 관련된다.

[풀이] 반복변수를 구의 직경, 유속, 밀도로 선택하면 무차원수는 2개이다.

$$\pi_1 = d^{\alpha} v^{\beta} \rho^{\gamma} D = [L]^{\alpha}[LT^{-1}]^{\beta}[ML^{-3}]^{\gamma}[MLT^{-2}]$$

$$L:\ 1+\alpha+\beta-3\gamma=0$$

$$M:\ 1+\gamma=0$$

$$T:\ -2-\beta=0$$

따라서 $\alpha=-2,\ \beta=-2,\ \gamma=-1$

$$\therefore\ \pi_1 = \frac{D}{\rho d^2 v^2}$$

$$\pi_2 = d^{\alpha} v^{\beta} \rho^{\gamma} \mu^{-1} = [L]^{\alpha}[LT^{-1}]^{\beta}[ML^{-3}]^{\gamma}[M^{-1}LT]$$

$$L:\ 1+\alpha+\beta-3\gamma=0$$

$$M:\ -1+\gamma=0$$

$$T:\ 1-\beta=0$$

따라서 $\alpha=1,\ \beta=1,\ \gamma=1$

$$\therefore\ \pi_2=\frac{\rho vd}{\mu}$$

따라서 $\dfrac{D}{\rho d^2 v^2}=f\left(\dfrac{\rho vd}{\mu}\right)=f(Re)$

실제 구의 항력계수

$$C_D=\frac{D}{(\pi d^2/4)\cdot(\rho v^2/2)},\quad C_D=f(Re)$$

가 된다. ■

7.4 무차원수와 물리적 의미

유체의 흐름은 그 흐름 속에서 일어나는 상호작용 및 경계에서의 흐름의 상호작용에 따라 성질이 달라진다. 그 상호작용은 유체요소에 작용하는 힘의 종류에 따라 특성을 설명할 수 있다. 이들 힘의 비는 무차원수의 형태로 표시할 수 있으며, 그 무차원수들은 각각 물리적 의미를 갖는다. 유체역학에서의 주요 무차원수는 다음과 같이 분류할 수 있다.

① 점성유체의 실제 관내유동 : 기하학적 경계, Reynolds수, Euler수
② 자유표면 유동 : Froude수, Weber수
③ 음속 또는 초음속 유동 : Mach수
④ 공동(空洞)이 포함되는 유동 : Cavitation수
⑤ 고밀도 유동 및 열전도를 기술하는 변수 : Rayleigh수, Richardson수, Froude수
⑥ 주기적 유동 : Strouhal수

7.4.1 기하학적 경계

기하학적 경계(geometric boundary)는 유체유동과 물체 구조 사이의 상호작용에 있어서 중요한 요소가 된다. 이러한 기하학적 경계는 단상류(單相流)에서는 그림 7.1과 같이 관 벽에서 두 가지의 고체경계를 가지며, 2상류(二相流)에

서는 기·액(氣·液)이 공유하는 경우에 두 유체 사이의 경계를 갖는다. 일반적으로는 고·액(固·液)경계를 갖는 기하학적 경계는 다음과 같다.

$$\frac{l}{d}=\frac{\text{길이}}{\text{직경}},\qquad \frac{\varepsilon}{d}=\frac{\text{거칠기}}{\text{직경}}=\text{상대조도}$$

3차원 물체의 경우, 기하학적 경계는 3차원에서의 길이/폭의 비인 형상비를 포함한다.

$$\frac{s}{d}=\frac{\text{스팬}}{\text{폭}}=\text{형상비}$$

두 개의 물체에 있어서 만일 한 물체에서의 경계길이와 다른 물체의 상당하는 경계길이의 비가 어디서나 같다면 기하학적으로 상사(相似)라 하며, 이 경우 그 물체들은 서로 기하학적 모델이 된다.

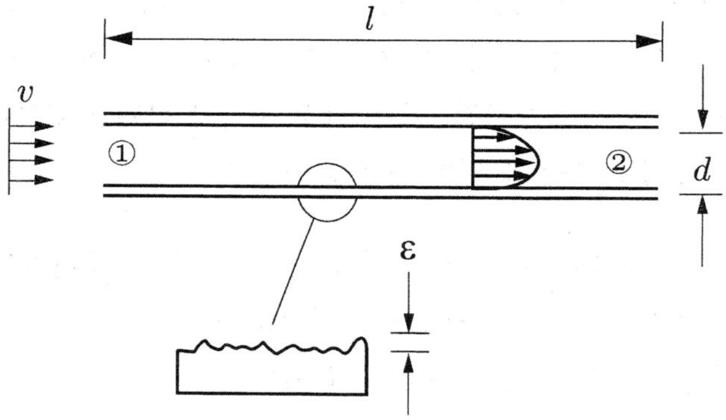

[그림 7.1] 기하학적 경계

7.4.2 Reynolds수

유동에서의 관성력과 점성력의 비를 Reynolds수(Reynolds number)라 한다.

$$Re=\frac{\rho\, v\, l}{\mu}=\frac{v\, l}{\nu}=\frac{\text{관성력}}{\text{점성력}} \qquad \cdots\cdots (7.5)$$

이 Reynolds수는 실제 관내를 점성유체가 흐르는 경우, 경계층 유동, 유체속에 잠긴 물체 주위의 유동 등이 층류인지 혹은 난류인지의 유동상태를 구분하는 척도로 이용된다.

식(7.5)에서 v는 유동장의 유속, l은 유동장에서 구조물의 특성길이, ρ는 유체의 밀도, μ 및 ν는 각각 유체의 점성계수 및 동점성계수이다. 이 때 대표길이 l은 원관 내 흐름에서는 직경, 원관이 아닌 관로의 흐름에서는 등가직경(또는 수력직경), 평행평판 사이의 흐름에서는 판 사이의 간격, 구 주위의 흐름에서는 구의 직경, 개수로 흐름에서는 수심을 취한다.

7.4.3 Euler수

두 점 사이의 정압차를 동압으로 무차원화 할 수 있으며, 이것은 관성력에 대한 압축력의 비로서 Euler수(Euler number)라 한다.

$$Eu = \frac{p_1 - p_2}{\frac{1}{2}\rho v^2} = \frac{\text{정압차}}{\text{동압}} = \frac{\text{압축력}}{\text{관성력}} \qquad \cdots\cdots (7.6)$$

이 Euler수는 두 점 사이의 압력차가 현저한 흐름의 중요한 무차원수이다. 만일 Euler수가 일정하거나 주어진 유동 및 기하학적 경계조건에 대하여 변화를 아는 경우, 압력 강하량을 속도의 함수로 예측할 수 있으며, 그러므로서 유체를 유동시키는데 필요한 힘이나 유동으로부터 얻는 힘, 경계구조에 미치는 압축력 등을 예측할 수 있다.

7.4.4 Froude수

Froude수(Froude number)는 유체요소에 작용하는 중력에 대한 관성력의 비이다.

$$Fr = \frac{v}{\sqrt{gl}} = \frac{\text{관성력}}{\text{중력}} = \frac{\text{유속}}{\text{표면파의 속도}} \qquad \cdots\cdots (7.7)$$

위 식의 l은 선박의 경우는 부양면상의 길이, 개수로 유동의 경우는 유체의 깊이이다. Froude수는 자유표면을 갖는 유동에 중요한 변수로서 수차, 선박의 항력, 항구의 조수 모형실험, 조파현상, 강의 모형시험, 수력도약의 모형시험에 이용되는 무차원수이다.

7.4.5 Weber수

Weber수(Weber number)는 유체요소에 작용하는 표면장력에 대한 관성력의 비이다.

$$We = \frac{v}{\sqrt{\sigma/\rho l}} = \frac{\text{관성력}}{\text{표면장력}} \quad \cdots\cdots (7.8)$$

여기서 σ는 유체의 표면장력, l은 자유표면의 특성길이이다.

Weber수는 표면장력이 중요하게 작용하는 기·액(氣·液)의 경계면이나 비중이 서로 다른 액·액(液·液)의 경계면, 표면장력파(capillary wave), 물방울의 형성, 작은 수두를 갖는 오리피스나 위어의 유동 등에 중요한 무차원수이다. 정지상태의 액체가 교란작용을 받게 되면 중력뿐 아니라 표면장력도 수면을 원래의 수평면으로 되돌아가게 하려는 복원력이 작용하므로 표면장력도 파를 일으키는데, 이것을 표면장력파 또는 잔물결이라 한다. 1.7[cm] 이하의 파장을 갖는 작은 파는 표면장력에 의하여 강하게 영향을 받는 잔물결이며, 긴 파장을 갖는 파는 중력파라 하며 이것은 표면장력과는 무관하다.

7.4.6 Mach수

Mach수(Mach number)는 탄성력에 대한 관성력의 비, 또는 음속에 대한 유속의 비이다.

$$M = \frac{v}{a} = \frac{\text{유속}}{\text{음속}} \quad \cdots\cdots (7.9)$$

유체 속에서 발생하는 압력파의 전파속도(음속)는 식(1.17)의 $a = \sqrt{K/\rho}$ (K : 유체의 체적탄성계수)이므로 식(7.9)의 분모는 탄성력과 관련됨을 알 수 있다.

또 마하수는 운동하는 유체의 내부에너지에 대한 운동에너지의 비를 의미하기도 한다.

유속이 음속에 가깝거나 그 이상의 유동에서 마하수는 중요한 무차원수이다. $M<1$의 유동을 **아음속 유동**(subsonic flow, 亞音速 流動), $M>1$의 유동을 **초**

음속 유동(supersonic flow, 超音速 流動)이라 하며 유동특성이 서로 다르다. 마하수를 제곱하면 Cauchy수(Cauchy number)라 한다.

7.4.7 압력계수

압력계수(pressure coefficient) C_p는 관성력에 대한 압력에 의한 힘의 비이다.

$$C_p = \frac{\Delta p}{\rho v_o^2/2} = \frac{\text{압력차}}{\text{관성력}} \qquad \cdots\cdots (7.10)$$

그림 7.2의 등속류 중에 원주가 놓여있는 경우의 압력분포에서 압력이 x축에 대하여 상하 대칭이므로 y방향의 합력은 0이다. 그러나 y축에 대해서는 압력분포가 비대칭이므로 x방향으로 압력에 의한 항력이 작용한다. 위 식에서 $\Delta p = p - p_o$이며 분모의 $\rho v_o^2/2$은 상류쪽의 동압이다. 만일 분모, 분자를 비중량 γ로 나누면, 분자는 손실수두, 분모는 속도수두로서 "운동에너지에 대한 손실에너지의 비"의 의미를 갖게 된다.

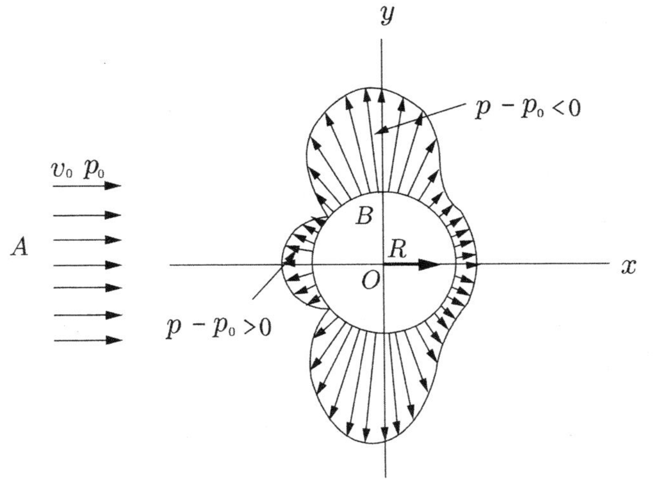

[그림 7.2] 원주 둘레의 압력 분포

7.4.8 Cavitation수

Cavitation수(Cavitation number)는 흐름의 동압에 대한 (유체압력－증기압)의 비이다.

$$C = \frac{p - p_v}{\frac{1}{2}\rho v^2} = \frac{\text{유체압력} - \text{증기압}}{\text{동압}} \quad \cdots\cdots (7.11)$$

여기서 p는 액체의 정압, p_v는 그 액체의 증기압이다.

만일 액체유동의 압력이 국소적으로 그 액체의 온도에 해당하는 증기압 이하로 떨어지면 액체가 국소적으로 비등함에 따라 증기기포가 증기의 공동(空洞)으로 합체한다. 이 현상을 **공동현상**(空洞現像) 또는 **캐비테이션**(cavitation)이라 한다. 만일 증기압에 관련되는 액체의 압력이 cavitation수로서 보통 0과 1 사이의 임계치 이하로 저하되면 공동현상은 계속 일어날 것이다. 이러한 흐름이 되면 기・액 2상류(氣・液二相流)가 되며, 유량이 감소하고 기포가 붕괴하여 관로나 인접 구조물의 표면피로 및 부식의 원인이 된다. 펌프나 선박의 프로펠러와 같은 회전 동력기계의 설계에서 다루어지는 중요한 무차원수이다.

7.4.9 Rayleigh수

Rayleigh수는 부력과, 밀도 구배에 의해 생기는 자연대류에서의 점성력과의 비를 나타낸다.

$$Ra = \frac{g[\rho(T_1) - \rho(T_2)]l^3}{\nu\alpha} = \frac{\text{부력}}{\text{점성력}} \quad \cdots\cdots (7.12)$$

여기서 g는 중력가속도, $\rho(T_1)$과 $\rho(T_2)$는 각각 온도 T_1, T_2에서의 유체밀도, α는 열 확산계수, l은 특성길이, ν는 동점성계수이다.

자연대류유동은 부력만에 의해 일어난다. Rayleigh수가 같은 이들 유동에서는 역학적 상사(다음절 참조)가 성립한다.

Rayleigh수는 Grashof수와 다음과 같은 관련이 있다.

$$Ra = Gr \cdot Pr$$

여기서 Pr는 Prandtl수($=\nu/\alpha$)이고, Gr은 Grashof수($=g\beta\Delta Tl^3/\nu^2$=부력/점성력, β: 체적팽창계수)이다. 대부분 Grashof수와 Rayleigh수는 서로 교환하여 사용되기도 한다.

7.4.10 Richardson수

Richardson수는 밀도층 유동장의 안정성에 대한 척도이다. 밀도층은 소금물 층을 덮고있는 민물층을 갖는 항만에서나, 찬 공기 밑에 햇볕으로 따뜻해진 표면층을 갖는 대기에서 발생할 수 있다. Richardson수는 다음과 같이 정의한다.

$$Ri = \frac{-g\dfrac{\partial \rho}{\partial z}}{\bar{\rho}\left(\dfrac{\partial v}{\partial z}\right)^2} = \frac{\text{부력에너지}}{\text{대류에너지}} \qquad \cdots\cdots (7.13)$$

그 물리적 의미는 부력에 의한 대류에 의해서 소모되는 에너지와 난류 전단류에 의해 소모되는 에너지의 비이다. g는 중력가속도, ρ는 유체의 밀도로 수직축(z)에 따라 변화한다. $\bar{\rho}$는 평균밀도, v는 수평면(x, y)에서의 유속이다.

Richardson수는 부력과 대류의 비를 의미한다. 만일 Richardson수가 1/4보다 크면 유체의 난류혼합이 억제된다. 왜냐하면 유체의 동적(動的) 힘이 안정된 부력을 극복하기에 충분치 못하기 때문이다. 그러면 그 유체는 안정하다고 말한다. 만일 $Ri<1/4$이면 유체의 동적인 힘이 난류혼합을 일으키는데 충분하고, $Ri<0$이면 $\partial\rho/\partial z>0$이며 밀도 층은 저밀도 층을 덮고있는 무거운 층으로서 불안정하다.

7.4.11 Strouhal수

Strouhal수는 특정기간(1/주기)에 흐름이 대류에 의해서 전달되는 거리와 흐름에 노출된 구조물의 특성폭의 비이다.

$$\frac{v}{fl} = \frac{\text{시간당 대류거리}}{\text{폭}} \qquad \cdots\cdots (7.14)$$

여기서 v는 유속으로 보통 자유흐름의 유속이고, f는 초당 사이클에서의 진동주기(heltz), l은 구조물 단면에서의 폭이다.

Strouhal수는 진동유체현상을 비교하는데 이용된다. 유체진동의 주파수는 Strouhal수를 정의하는데 사용한 주파수 f이다. 가끔 Strouhal수는 역으로 정의하기도 한다. 대기과학(大氣科學)에서는 Strouhal수가 Rossby수라고 불린다. 또 해양공학에서는 Keulgan-Carpenter수라고 흔히 부른다.

이 Strouhal수는 바람에 의하여 전선이 울리는 경우의 진동수를 구하는 경우, 또 선박용 프로펠러의 공진(共振)문제 등의 해명에 중요하다.

7.5 상사칙

흐름의 현상이 관계되는 여러 가지 기계를 개발하는 경우, 모형시험이 중요한 역할을 한다. 예를 들면 항공기, 자동차, 선박 등의 설계에서 원형(prototype, 原型)의 치수를 축소시켜 상사형(相似形)인 모형(model, 模型)을 이용하여 풍동(風洞)이나 수조에서 실험하고, 그 결과로부터 원형의 성능을 예측·평가한다. 또 펌프, 수차, 압축기 등의 유체기계에서는 상사칙(相似則)에 의하여 치수나 회전수가 다른 2개의 상사형 기계의 성능환산이 가능하다.

이와 같이 모형시험이나 상사칙은 두 가지 흐름의 현상을 관련시켜, 한쪽으로부터 다른 쪽의 추정을 하는 것이다. 모형시험의 예로서 그림 7.3에 표시한 익렬 주위의 흐름을 생각하면 모형의 흐름과 원형의 흐름을 역학적으로 같게 하는 것이 필수조건이다. 따라서 모형과 원형의 형상이 기하학적으로 상사임과 아울러 유동에 관한 운동학적 상사 및 힘에 관한 역학적 상사의 조건이 필요하며, 이들 3가지 조건이 모두 만족되어야 한다.

위의 3가지 조건이 모두 만족하는 경우, 모형 및 원형의 각 흐름이 물리적으로 같아지며, 대응하는 모든 무차원 변수가 일치하게 된다. 이것을 **상사칙**(similarity law, 相似則)이라 하며, 다음 세 조건에 대하여 상세히 고찰한다.

(1) 기하학적 상사(geometric similarity, 幾何學的 相似)
(2) 운동학적 상사(kinematic similarity, 運動學的 相似)
(3) 역학적 상사(dynamic similarity, 力學的 相似)

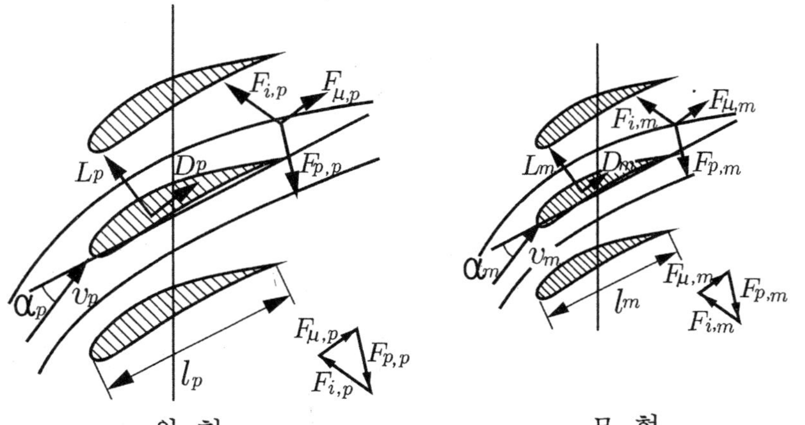

[그림 7.3] 모형시험의 파라미터

7.5.1 기하학적 상사

모형과 원형의 형상이 기하학적으로 상사이어야 한다. 따라서 모형과 원형에서 대응하는 각부의 길이의 비는 모두 같아야 하며 면적비, 체적비에 대해서도 각각 일정해야 한다. 이것을 기하학적 상사의 조건이라 한다.

$$\begin{cases} \text{길이의 비} & l_r = l_m / l_p \\ \text{면적비} & A_r = A_m / A_p = (l_m / l_p)^2 = l_r^2 \\ \text{체적비} & V_r = V_m / V_p = (l_m / l_p)^3 = l_r^3 \end{cases} \quad \cdots\cdots (7.15)$$

여기서 l_m, l_p는 각각 모형 및 원형의 대표길이이며, l_r은 대표길이의 비 또는 모형의 축척이다. 대표길이에는 일반적으로 전체 길이 또는 직경을 택한다. 또 물체의 표면 거칠기는 유체마찰에 영향을 미치므로 필요한 경우에는 거칠기 높이를 ε이라 할 때 상대조도 ε / l도 상사하게 하여 모형을 제작해야 한다.

7.5.2 운동학적 상사

모형과 원형의 주위 흐름이 상사가 되기 위해서는 그림 7.3과 같이 원형과 모형에서 유선의 형상이 상사이어야 한다. 그러기 위해서는 우선 기하학적 상사이어야 함과 아울러 시간의 축척비가 같으면 속도의 축척비도 같게 되는데,

이것을 운동학적 상사조건이라 한다. 따라서 속도비와 함께 유선의 각도가 같으며 이로부터 영각, 속도비, 가속도비, 유량비에 대하여 다음 식이 성립한다.

$$\begin{cases} \text{영각} & \alpha_m = \alpha_p \\ \text{속도비} & v_r = \dfrac{v_m}{v_p} = \left(\dfrac{l_m}{T_m}\right)\Big/\left(\dfrac{l_p}{T_p}\right) = \left(\dfrac{l_m}{l_p}\right)\Big/\left(\dfrac{T_m}{T_p}\right) = \dfrac{l_r}{T_r} \\ \text{가속도비} & a_r = \dfrac{a_m}{a_p} = \left(\dfrac{v_m}{T_m}\right)\Big/\left(\dfrac{v_p}{T_p}\right) = \left(\dfrac{v_m}{v_p}\right)\Big/\left(\dfrac{T_m}{T_p}\right) = \dfrac{l_r}{T_r^2} \\ \text{유량비} & Q_r = \dfrac{Q_m}{Q_p} = \dfrac{A_m v_m}{A_p v_p} = \left(\dfrac{A_m}{A_p}\right)\left(\dfrac{v_m}{v_p}\right) = \dfrac{l_r^3}{T_r} \end{cases} \quad \cdots\cdots (7.16)$$

여기서 v_m, v_p는 각각 모형 및 원형의 대표속도, $T_r = T_m / T_p$는 대표시간의 비이다.

7.5.3 역학적 상사

역학적 상사의 조건은 모형과 원형의 유동장에서 대응하는 점에 대하여 유체에 작용하는 힘의 비가 같은 것이다. 이것은 길이의 축척비, 시간의 축척비 및 힘의 축척비가 같을 때 성립한다. 힘으로서 관성력 F_i, 압력에 의한 힘 F_p, 점성력(전단응력에 의한 힘) F_μ의 세 힘만이 작용하는 경우를 생각하면, 힘의 비는

$$F_r = \frac{F_{im}}{F_{ip}} = \frac{F_{pm}}{F_{pp}} = \frac{F_{\mu m}}{F_{\mu p}} = \frac{(ma)_m}{(ma)_p}$$
$$= \left(\frac{\rho_m\, l_m^3}{\rho_p\, l_p^3}\right) \times \frac{l_r}{T_r^2} = \rho_r\, l_r^2 \left(\frac{l_r}{T_r}\right)^2 \quad \cdots\cdots (7.17)$$

이 성립한다.

뉴턴의 운동 제2법칙으로부터

$$F_i + F_p + F_\mu = 0 \quad \cdots\cdots (7.18)$$

이 성립하므로, 이 세 힘의 벡터가 이루는 2개의 벡터 3각형은 그림 7.3에 표시한 바와 같이 상사형이다.

유동의 종류에 따라 역학적 상사의 조건은 다음의 무차원수가 모형과 원형에서 같아야 한다.

① 압축성 유동 : 모형과 원형의 Reynolds수, Mach수 및 비열비가 같은 경우.

② 비압축성 유동

a. 자유표면이 없는 경우 : 모형과 원형의 Reynolds수가 같은 경우

b. 자유표면이 있는 경우 : 모형과 원형의 Reynolds수, Froude수 및 필요한 경우에는 Weber수가 각각 같은 경우이다.

예제 7.5

내경 200[mm]의 관로에 15[℃]의 물이 유속 0.5[m/s]로 흐른다. 축척 1/2의 모형 관로에 20[℃]의 공기를 유동시키려 한다. 역학적 상사를 유지하기 위해 모형에서의 유속을 구하라.

[풀이] 원형을 첨자 1, 모형을 첨자 2로 표시하면

$$Re=\frac{v_1 d_1}{\nu_1}=\frac{v_2 d_2}{\nu_2}$$

$$\therefore\ v_2=v_1\frac{d_1}{d_2}\frac{\nu_2}{\nu_1}=0.5\times\frac{2}{1}\times\frac{1.502\times10^{-5}}{1.141\times10^{-6}}=13.16\,[\mathrm{m/s}]$$ ■

예제 7.6

70[km/h]의 속도로 항해하는 길이 100[m]의 선박의 성능을 조사하기 위하여 수조에서 1/40 축척의 모형선박을 이용하여 실험하려 한다. 얼마의 속도로 실험하면 되는가?

[풀이] Froude수 $Fr=\frac{v_1}{\sqrt{gl_1}}=\frac{v_2}{\sqrt{gl_2}}$

$$\therefore\ v_2=v_1\sqrt{\frac{l_2}{l_1}}=70\times\sqrt{\frac{1}{40}}=11.07\,[\mathrm{km/h}]=3.074[\mathrm{m/s}]$$ ■

예제 7.7

1기압, 20[℃], 평균속도 8[m/s]인 공기가 직경 30[cm]인 관내를 유동하고 있다. 이 유동에 대한 모형은, 물을 유동유체로 하여 만들려고 한다. 원형과 동역학적으로 상사하려면 직경 5[cm]인 관내에서의 물의 평균속도는 얼마이어야 하는가? 모형에서의 압력강하가 150[kPa]이라면 원형에서의 압력강하는 얼마이겠는가?

[풀이] 레이놀즈수 $Re = \dfrac{v_1 d_1}{\nu_1} = \dfrac{v_2 d_2}{\nu_2}$

$$\therefore \ v_2 = \frac{v_1 d_1 \nu_2}{d_2 \nu_1} = \frac{8 \times 0.3 \times 1 \times 10^{-6}}{0.05 \times 1.51 \times 10^{-5}} = 3.18\,[\mathrm{m/s}]$$

오일러수 $Eu = \dfrac{\Delta p_1}{\frac{1}{2}\rho_1 v_1^2} = \dfrac{\Delta p_2}{\frac{1}{2}\rho_2 v_2^2}$

$$\therefore \ \Delta p_1 = \Delta p_2 \frac{\rho_1}{\rho_2}\left(\frac{v_1}{v_2}\right)^2 = 150 \times \frac{1.204}{998.3} \times \left(\frac{8}{3.18}\right)^2 = 1.145\,[\mathrm{kPa}]$$ ■

예제 7.8

자동차의 속도 100[km/h]에서의 공기저항, 양력 및 횡풍 안정성을 1/10축척의 모형에서 실험하려고 한다. 공기 중에서 또는 수중에서 가능한지를 판단하라.

[풀이] 시속 100[km]는 30[m/s]이므로 비교적 저속으로서 Reynolds수가 동일한 상태에서 상사가 유지되므로, 우선 공기를 이용하여 풍동시험을 한다면 동일한 유체(공기)이므로 $\nu_1 = \nu_2$(첨자 1은 원형, 첨자 2는 모형)이다. 따라서

$$Re = \frac{v_1 l_1}{\nu_1} = \frac{v_2 l_2}{\nu_2} \qquad \cdots\cdots \text{(a)}$$

$$\therefore \ v_2 = v_1 \frac{l_1}{l_2} = 30 \times \frac{10}{1} = 300\,[\mathrm{m/s}]$$

가 된다. 이것은 고속이며 1[atm]. 20[℃]의 음속 a를 이용하면 Mach수는

$$M = \frac{v_2}{a} = \frac{300}{343} \doteqdot 0.9$$

가 되어, 공기의 압축성의 영향이 크다.(비압축성 흐름은 $M<0.2$)

따라서 이 경우는 흐름의 상사성이 성립하지 않는다.

물에서 실험을 하는 경우는 $\frac{\nu_2}{\nu_1} \fallingdotseq \frac{1}{15}$ 이므로 식(a)로부터

$$v_2 = v_1 \frac{\nu_2}{\nu_1} \frac{l_1}{l_2} = 30 \times \frac{1}{15} \times \frac{10}{1} = 20\,[\text{m/s}]$$

이 유속은 수조에서 실현 가능하다. ■

연습문제

[7.1] 유체중의 음파의 속도(음속)를 차원해석에 의하여 구하라. 단, 음속 a는 유체 밀도 ρ, 유체의 체적탄성계수 K에 의하여 지배된다.

[답] $a=\sqrt{\dfrac{K}{\rho}}$

[7.2] 그림(문제 7.2)와 같은 수조로부터의 유출속도 v는 손실을 무시하면 오리피스의 깊이 h와 중력가속도 g의 함수이다. 차원해석에 의하여 그 함수형태를 구하라.

[답] $v=C\sqrt{gh}$

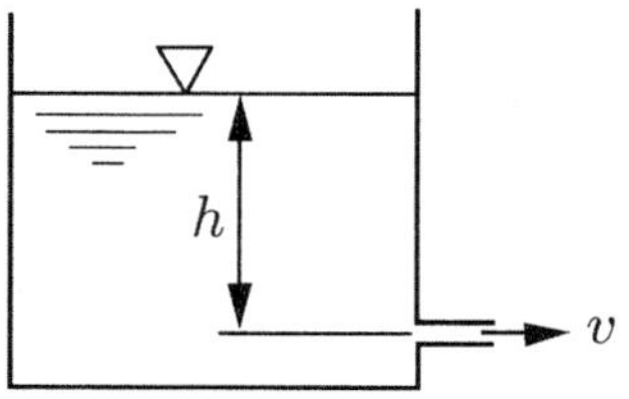

[그림(문제 7.2)]

[7.3] 다음 그룹에 대한 무차원수를 차원해석에 의하여 구하라.

(a) $\tau,\ v,\ \rho$ (b) $v,\ L,\ \rho,\ \sigma$

[답] (a) $\pi_1=\tau/\rho v^2$, (b) $\pi_1=\sigma/\rho v^2 L$

[7.4] 다음 그룹의 차원해석을 통한 무차원수를 구하라.

(a) $\Delta p,\ v,\ \gamma,\ g$ (b) $F,\ \rho,\ L,\ v$

[답] $\pi_1=\Delta pg/\gamma v^2$, $\pi_1=\dfrac{F}{\rho v^2 L^2}$

[7.5] 원심펌프의 동력 P는 유량 Q, 임펠러의 직경 D, 회전각속도 ω, 유체의 밀도 ρ, 점성계수 μ와 관계가 있다. π정리에 의하여 동력 P에 관한 식을 구하라.

[답] $P=\rho\omega^3 D^5 f_1\left(\dfrac{Q}{\omega D^3},\ \dfrac{\rho\,\omega D^2}{\mu}\right)$

[7.6] 수평 원관에 정상류, 비압축성, 점성유동에 대하여 압력손실 Δp는 관 길이 l, 평균유속 v, 점성계수 μ, 관 직경 d, 밀도 ρ, 거칠기 e에 관계된다. 압력손실 Δp를 π정리로 구하라.

[답] $\Delta p = \rho v^2 f\left(\frac{\rho vd}{\mu}, \frac{l}{d}, \frac{e}{d}\right)$

[7.7] 펌프의 동력 P는 유체의 비중량 γ, 유량 Q, 양정 H와 관계가 있다. 차원해석에 의하여 동력 P를 구하라.

[답] $P = K\gamma QH$

[7.8] 액체의 자유표면파의 진행속도 v는 중력가속도 g, 파장 λ, 수심 D, 밀도 ρ 및 표면장력 σ에 의해 지배된다. 이 관계를 무차원형으로 표시하라.

[답] $v/\sqrt{g\lambda} = f(D/\lambda,\ \rho g\lambda^2/\sigma)$

[7.9] 하중 W를 받는 저널 베어링에 있어서, 지배변수는 축경 D, 간극 d, 윤활유의 밀도 ρ 및 점성계수 μ 및 회전수 N이다. 이 관계를 무차원형으로 표시하여라.

[답] $\frac{W}{\rho N^2 d^4} = f(D/d,\ \rho Nd^2/\mu)$

[7.10] 벽면 근처를 흐르는 유체의 속도 U는 벽으로부터의 거리 y, 벽면 전단응력 τ_w 및 유체의 밀도 ρ와 점성계수 μ에 의해서 지배된다. 이 관계를 무차원형으로 표시하라.

[답] $U/u_\tau = f(\rho y u_\tau/\mu) = f(y u_\tau/\nu)$, 단, $(\tau_w/\rho)^{1/2} = u$

[7.11] 두 개의 벤츄리계 A, B가 있다. B는 A와 기하학적 상사로 치수는 1/5이다. 벤츄리계 A는 목부 직경 300[mm]이고, 수온 20[℃], 목부의 평균유속 3[m/s]에서 사용된다. 벤츄리계 B에는 온도 90[℃]의 물을 사용할 때 흐름의 상사를 얻기 위해서는 목부의 평균유속은 얼마로 해야 하는가?

[답] v_B=4.886[m/s]

[7.12] 원유(ν=8.39×10^{-6}[m^2/s])가 1000[mm] 직경의 관로를 유속 3[m/s]로 흐른다. 이것을 50[mm] 직경의 관로에서 물을 이용하여 실험하려면 유속을 얼마로 해야 하는가? 단, 물의 ν=1.141×10^{-6}[m^2/s]이다.

[답] v_m=8.16[m/s]

[7.13] 15[℃]의 물이 직경 150[mm]의 관내를 유속 3.5[m/s]로 흐르고 있다. 한편, 30[℃]의 연료유가 직경 75[mm]의 관속을 흐르게 한다면, 양자의 흐름이 역학적으로 상사하기 위해서는 기름의 유속이 얼마이어야 하는가? 단, 30[℃] 연료유의 동점성계수는 2.96×10^{-6}[m^2/s]이다.

[답] 18.2[m/s]

[7.14] 매시 40[km]로 항해하는 길이 200[m]의 화물선을, 길이 30[cm]의 모형으로 수조실험을 하려고 한다. 얼마의 속도로 하면 되는가?

[답] 0.43[m/s]

[7.15] 길이가 100[m]인 배가 7[m/s]의 속도로 항해한다. 이 배의 설계를 위해 1 : 25의 모형 배로 실험하려 한다면 실험속도 및 실험에 이용할 유체의 동점성계수를 구하라. 단, 바닷물의 동점성계수 $\nu=9.85\times 10^{-7}$[m^2/s]이다.

[답] v_m=1.4[m/s], $\nu_m=7.88\times 10^{-9}$[m^2/s]

[7.16] 바다에서 속도 50[km/h]로 항해하는 길이 100[m]인 선박의 1/50축척인 모형을 이용하여 일반 물에서 시험하는 경우, 시험속도 v_m은 얼마로 해야 하는가? 또 시험에 의하여 모형 선박의 항력이 5[N]이었다면, 바다에서 원형 선박의 항력 D는 얼마인가? 단, 바닷물의 비중은 1.03이다.

[답] v_m=1.571[m/s], $D_p=6.441\times 10^5$[N]

[7.17] 1/50의 축척인 모델 선박이 물에서 1[m/s]로 움직일 때 저항이 0.03[N]이었다. 원형 선박에서의 저항과 필요한 동력을 각각 구하라. 이 실험은 원형에서 얼마의 속도에 해당하는가?

[답] F_p=3750[N], P_p=26.516[kW], v_p=7.071[m/s]

[7.18] 어떤 미사일이 5[km]의 고도의 대기 중을 2500[km/h]로 날고 있다. 모델 미사일을 20[℃], 표준대기압 조건의 풍동에서 실험할 때 원형 미사일과 동력학적 상사를 이루기 위해서 풍동에서의 공기속도를 구하라. 단, 5[km] 고도의 음속은 320.55[m/s], 20[℃] 표준대기압 상태에서의 음속은 340.3[m/s]이다.

[답] v_m=737.23[m/s]

[7.19] 비행기가 15[℃], 1[atm]의 공기 중에서 200[km/h]로 비행할 때의 항력을 구하기 위해 1/50 축척의 모형 비행기를 제작하여 동일한 공기온도의 풍동에서 실험하였다.

(1) 모형을 동일속도 200[km/h]로 실험하기 위해 풍동내의 압력을 구하라.

(2) 모형의 항력이 500[N]이면 원형에서의 항력은 얼마인가?

[답] (1) p_m=50[atm], (2) F_p=25[kN]

[7.20] 직경 30[cm]인 관로에 기름($\nu=1.2\times10^{-5}$[m^2/s], 비중 $s=0.86$)이 흐를 때 길이 100[m]에 대한 압력 강하량을 구하라. 이것을 구하기 위해 20[℃] 물이 기하학적 상사인 직경 3[cm]인 관에서 모형실험을 하여 길이 3[m]에 대하여 압력강하가 3[kPa]이었다. 20[℃] 물의 $\nu=1\times10^{-6}$[m^2/s]이다.

[답] 3.7152[kPa]

[7.21] 1/40 축척의 모형 탱크로부터 수문을 열어 배수시키는데 5분이 소요되었다. 실형에서는 얼마나 걸리는가?

[답] 31.62분

[7.22] 모형 댐의 방수로(spillway)상의 한 점의 속도가 0.5[m/s]이었다. 이 모형은 원형의 1/10 축척이다. 상사칙이 성립하기 위한 원형의 대응점에서의 속도를 구하라.

[답] 1.581[m/s]

[7.23] 그림(문제 7.23)과 같은 원형 벤츄리관에서 공기가 유동할 때 유량과 압력 강하량을 측정하기 위해 1/10 축척의 모형에서 물을 유동시켜 0.1[m^3/s], ①, ②단면 사이의 압력강하는 150[kPa]로 측정되었다. 원형에서의 유량과 압력 강하량을 구하라. 단, 공기의 밀도는 1.2[kg/m^3], 점성계수는 1.8×10^{-5}[Pa·s], 물의 밀도는 1000[kg/m^3], 점성계수는 1.14×10^{-3}[Pa·s]이다.

[답] 13.157[m^3/s], 0.3116[kPa]

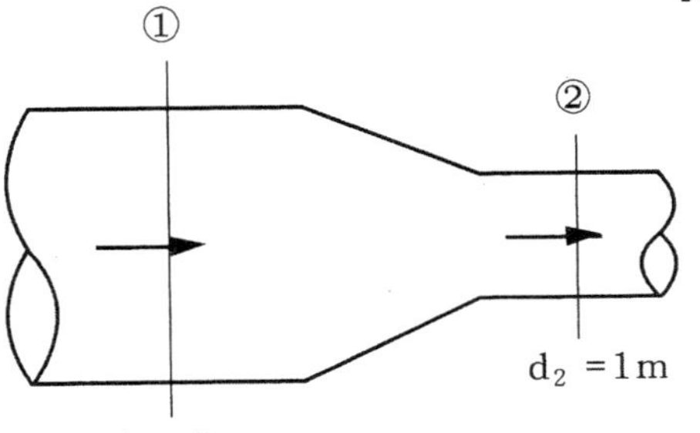

[그림(문제 7.23)]

[7.24] 정수두 4[m]인 수조 하부에 오리피스(직경 20[mm])가 설치되어 물이 4[ℓ/s]로 유출한다. 1/10의 모형에서 비중 1.2인 액체가 상사유동을 한다면 모형의 유량은 얼마인가? 또 모형 유체의 점성계수는 얼마인가? 물의 ρ=1000[kg/m^3], $\mu=1.005\times10^{-3}$[Pa·s]이다.

[답] 0.01265[ℓ/s], 3.814×10^{-5}[Pa · s]

[7.25] 직경 30[cm]의 수평 원관에 20[℃]의 물이 평균속도 5[m/s]로 흐르는 경우, 어느 길이만큼 흐를 때 70[kPa]의 압력강하가 발생했다. 1 : 5의 모형관에 공기를 30[m/s]의 속도로 실험하였더니 대응하는 길이에서 50[kPa]의 압력강하가 생겼다면 실험해야 할 공기의 밀도 및 점성계수는 얼마인가?

[답] ρ_m=19.806[kg/m³], μ_m=2.39×10^{-5}[kg/m · s]

[7.26] 기하학적으로 상사인 두 수조에 부착된 오리피스에서 액체(이상유체로 가정)가 정수압(靜水壓)에 의해 분출된다. 두 수조가 상사가 되기 위한 속도비, 유량비, 분사동력비를 선형비(線型比)로 나타내어라. 단, 액체는 동일한 액체가 분출된다고 가정한다.

[답] $v_r = L_r^{1/2}$, $Q_r = L_r^{5/2}$, $P_r = L_r^{7/2}$

[7.27] 1/80의 크기의 비행기모델이 50[m/s]의 유속(20[℃]의 공기)으로 시험을 하고 있다. (a) 20[℃]의 물 속에 충분히 잠겨 모델실험을 하려 한다면 속도를 얼마로 하여 잠수 비행할 필요가 있는가. (b) 물 속에서 모델이 받는 저항이 6.0[N]이라 하면, 공기 중에서 실제 비행기가 받는 저항은 얼마가 될까?

[답] (a) 3.32[m/s], (b) 1.64[N]

[7.28] 30[℃], 101.3[kPa]의 정지상태인 공기 중을 500[m/s]의 속도로 날고 있는 200[mm] 포탄 주위의 유동을 모형비 1/10의 모형으로 고속풍동 내에서 실험하려 한다. 풍동의 공기가 −18[℃], 70[kPa]이면 속도가 얼마라야 하는가. 또, 모형에 작용하는 항력이 40[N]이면 표면마찰을 무시할 때 실형에 작용하는 항력은 얼마인가?

[답] v_m=458.45[m/s], F_{Dp}=5794.6[N]

[7.29] 1/50 축척인 개수로에서 위어를 물이 넘쳐흐른다. 이 모델에서 어느 점의 속도가 0.3[m/s]로 측정되었을 때 원형에서는 얼마의 속도가 되는가? 또 그 모델의 어느 면적에 작용하는 힘이 0.1[N]이었다면 원형에서 그에 대응하는 면적에 작용하는 힘은 얼마인가?

[답] v_p=2.12[m/s], F_p=12.484[kN]

[7.30] 모델 비행기는 원형 비행기의 1/40 축척이다. 이 모델이 원형과 같은 속도 및 같은 공기 온도인 압력 풍동 내에서 실험하려고 할 때 Re가 같아지려면 풍동 내의 압력은 얼마인가? 단, 원형 비행기의 상태는 1[atm]이다.

[답] 40[atm]

8 개수로 유동

- 8.1 개수로 유동의 분류
- 8.2 정상균일유동의 평균속도
- 8.3 최적 수력단면
- 8.4 비에너지와 상류 및 사류
- 8.5 수력도약

관로 내의 흐름은 양단 간의 압력차에 의하여 이루어지며 자유표면을 갖지 않는다. 즉 유로가 기체나 액체로 충만하여 밀폐되어 있다. 그러나 개수로의 흐름은 액체에 국한되며, 충만하여 흐르지 않고 자유표면을 가지므로 자유표면이 대기에 노출되어 있다. 따라서 자유표면에 대기압이 일정하게 작용하는 경우가 되므로 유동의 수력구배선이 수면과 일치하여 압력구배가 유동에 영향을 주지 않는다.

개수로에서는 중력과 마찰력의 평형이 유지되며, 저면의 기울기와 중력에 의해서 흐르게 된다. 예를 들면 자연적으로는 도랑, 하천, 강 등이 있으며, 인공적으로는 배수로, 운하, 위어 등이 있다.

8.1 개수로 유동의 분류

개수로의 유동은 자유표면이 있으므로 유체의 유동이 폐수로보다 복잡하며, 특히 수로의 바닥 및 측벽의 형상이 복잡한 경우 자유표면의 형상과 위치가 불분명하므로 해석이 용이하지 않다. 수로깊이는 유동조건에 따라 변하게 되며, 비정상 유동에서는 파동운동이 포함된다.

개수로 유동을 간단히 분류하면 다음과 같다.

① 층류와 난류

레이놀즈수(Re)의 대표길이를 수력반경 R_h로 할 때 $Re=vR_h/\nu$로 표시되며, 임계 레이놀즈수는 500~600이다. $Re<500$이면 층류, $Re=500\sim2000$의 경우는 천이영역, $Re>2000$의 영역은 난류로 분류한다. 대부분의 개수로 흐름은 난류 유동이다.

② 정상 균일유동과 정상 비균일유동

정상 균일유동(steady uniform flow, 定常 均一流動)에서는 유량이 일정하고 깊이는 수로의 길이를 따라 어디서나 일정한 경우의 흐름이며, 이 경우의 깊이를 표준깊이라 한다. 이 경우에는 단면적이 일정한 경사수로인 경우가 되며, 수두손실이 수로바닥의 균일한 기울기에 따른 위치에너지의 감소량과 일치한다.

정상 비균일유동(steady nonuniform flow, 定常 非均一流動)은 단면적이 불규칙한 형상을 갖는 수로에서 일어나며, 그러나 유량은 시간에 따라 변하지 않는 경우이다. 단면적이 균일한 형상을 갖는 경우라도 수로깊이나 평균속도가 한 단면으로부터 다른 단면에 걸쳐 변화하면 정상 비균일유동이 된다. 수력도약은 이 유동의 한 예이다.

비정상 균일유동(unsteady uniform flow, 非定常 均一流動)은 개수로 유동에서 거의 일어나지 않으며, 비정상 비균일유동(unsteady nonuniform flow, 非定常 非均一流動)은 파동운동과 같은 경우이다.

③ 아임계 유동 및 초임계 유동

아임계 유동(subcritical flow, 亞臨界 流動)과 초임계 유동(supercritical flow, 超臨界 流動)은 무차원수인 Froude수에 의하여 분류할 수 있다. 이 Froude수는 전 장에서 언급한 바와 같이 직사각형 수로 또는 매우 넓은 수로에서 $Fr = v/\sqrt{gy}$이며, 이 때 y는 유체의 깊이이고, $\sqrt{gy}$는 표면파의 속도를 의미한다.

$Fr < 1.0$: 아임계 유동 또는 **상류**(常流)

$Fr = 1.0$: 임계유동

$Fr > 1.0$: 초임계 유동 또는 **사류**(射流)

유동속도가 표면파의 속도와 꼭 일치하는 경우에 임계유동이라 하며, 유동속도가 표면파의 속도보다 작은가 큰가에 따라 아임계 유동, 초임계 유동으로 분류한다.

우선, 정상 균일유동에서 아임계 유동인 개수로 유동에 대하여 고찰한다.

8.2 정상 균일유동의 평균속도

도랑, 하천, 운하, 하수도 등과 같이 액체의 자유표면이 존재하는 유로를 **개수로**(open channel, 開水路)라 한다. 일반적으로 자유표면상에는 일정한 압력(보통은 대기압)이 작용하고 있으므로 액체의 유동은 수로바닥의 경사에 의하여 이루어진다.

그림 8.1과 같이 단면적이 일정하고 수로바닥의 기울기가 i인 유로를 비압축성 유체가 정상 균일유동, 난류로 흐를 때 전술한 바와 같이 p_1과 p_2는 같다. 유동을 일으키는 힘은 위치의 차 $z_1 - z_2$에 기인한다. 따라서 단면 1과 2에 대하여 베르누이식을 적용하면 다음과 같다.

$$z_1 - z_2 = h_f = iL \qquad \cdots\cdots (8.1)$$

여기서 L은 수로의 길이, i는 수로의 기울기로서 $i = \sin\theta \fallingdotseq \tan\theta$이다. 따라서 손실수두 h_f는 수로의 높이차와 같다.

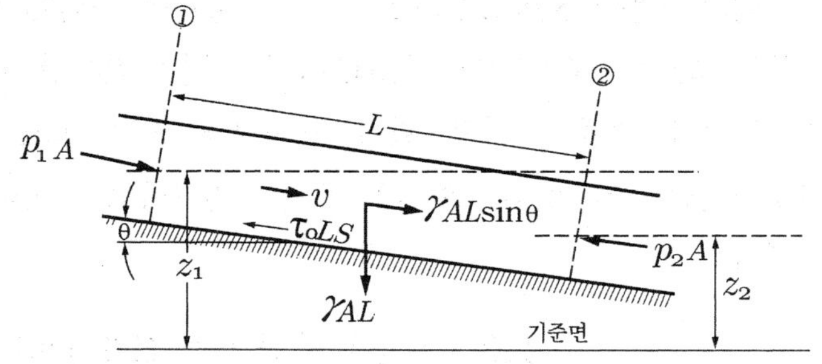

[그림 8.1] 개수로의 균일 유동

한편 수로에서의 손실수두는 Darcy−Weisbach의 식으로 나타내면

$$h_f = f\frac{L}{D_h}\frac{v^2}{2g} = f\frac{L}{4R_h}\frac{v^2}{2g} \qquad \cdots\cdots (8.2)$$

이 되며 수력반경 $R_h = A/S$(단면적/접수길이), 수력직경 $D_h = 4R_h$이다.

벽면 전단응력 τ_o는 식(6.7)로부터

$$\tau_o = f\frac{\rho v^2}{8} \qquad \cdots\cdots (8.3)$$

가 되며, f는 마찰계수이다. 개수로에서는 전단응력이 전 표면에 걸쳐서 일정하지 않으므로 벽에서의 평균치를 사용한다.

균일유동의 개수로 흐름에서 평균속도 v는 식(8.1)과 식(8.2)로부터 다음과 같이 표시할 수 있다.

$$v=\sqrt{\frac{8g}{f}}\sqrt{R_h i} \qquad \cdots\cdots (8.4)$$

수로의 형상과 거칠기가 주어지면 $\sqrt{\frac{8g}{f}}$는 일정하게 되어, 이것을 C로 놓으면

$$C=\sqrt{\frac{8g}{f}} \qquad \cdots\cdots (8.5)$$

로서, C를 Chezy계수라 한다. 이것을 식(8.4)에 적용하면

$$v=C\sqrt{R_h i} \qquad \cdots\cdots (8.6)$$

이 되며, 이 식을 Chezy의 공식이라 한다.

균일유동의 개수로에서는 마찰계수가 완전히 발달된 난류의 거친 관내 유동의 마찰계수와 유사하다. 대부분의 개수로는 레이놀즈수가 10^6보다 크므로 완전히 거칠다고 가정하면 마찰계수는 식(6.24)로부터

$$\frac{1}{\sqrt{f}}=2.0\log\left(\frac{3.7D_h}{\varepsilon}\right) \qquad \cdots\cdots (8.7)$$

로 나타낼 수 있으며, 이 식은 개략적으로 다음과 같이 표시할 수 있다.

$$f\fallingdotseq 0.18\left(\frac{\varepsilon}{D_h}\right)^{1/3}=0.113\left(\frac{\varepsilon}{R_h}\right)^{1/3} \qquad \cdots\cdots (8.8)$$

식(8.8)을 식(8.5)에 대입하면, Chezy계수 C는 수력반경 R_h와 다음의 관계가 성립한다.

$$C\fallingdotseq (8.4\, g^{\frac{1}{2}}\varepsilon^{-\frac{1}{6}})\, R_h^{\frac{1}{6}} \qquad \cdots\cdots (8.9)$$

위 식의 괄호내의 값은 거칠기 ε에 관계가 되므로 $8.4g^{1/2}\varepsilon^{-1/6}=\frac{1}{n}$로 표시하면 Chezy계수는

$$C=\frac{1}{n}R_h^{\frac{1}{6}} \quad \cdots\cdots (8.10)$$

이 되며, n을 Manning의 조도계수라 한다.

따라서 식(8.10)을 식(8.6)에 대입하면, 균일유동의 개수로에서 평균유속은

$$v=\frac{1}{n}R_h^{\frac{2}{3}}\cdot i^{\frac{1}{2}} \quad \cdots\cdots (8.11)$$

로서, 이 식을 Manning의 식이라 한다. 여기서 수력반경 R_h의 단위는 [m], 속도 v의 단위는 [m/s]이다. 만닝계수 n은 표 8.1에 표시한 바와 같이 벽면의 재료에 따라 나타내었다.

이 경우, 개수로를 흐르는 유량은 연속의 식으로부터 다음과 같다.

$$Q=Av=A\cdot\frac{1}{n}R_h^{\frac{2}{3}}\cdot i^{\frac{1}{2}} \quad \cdots\cdots (8.12)$$

[표 8.1] Manning 계수

벽면재료	Manning 계수 n
대패질한 목재	0.012
대패질하지 않은 목재	0.013
손질한 콘크리트	0.012
손질하지 않은 콘크리트	0.014
주철	0.015
벽돌	0.016
리벳강	0.018
주름진 금속	0.022
하원석(河源石)	0.025
흙	0.025
돌과 잡초가 있는 땅	0.035
자갈이 깔린 하천	0.029

예제 8.1

손질한 콘크리트 개수로에서 물이 정상 균일유동을 한다. 수로는 직사각형 단면이며 폭 2[m], 수심 1.2[m], 수로의 기울기는 8[%]일 때 평균유속, 유량, Froude수를 각각 구하라.

[풀이] 식(8.11)로부터 $n=0.012$(표 8.1), $R_h=\frac{A}{S}=\frac{2\times1.2}{2+(2\times1.2)}=0.545m$, $i=0.08$이므로

평균 유속 $v=\frac{1}{n}R_h^{\frac{2}{3}}i^{\frac{1}{2}}=\frac{1}{0.012}\times(0.545)^{2/3}\times(0.08)^{1/2}=15.726m/s$

유량 $Q=Av=(2\times1.2)\times15.726=37.74m^3/s$

$Fr=\frac{v}{\sqrt{gy}}=\frac{15.726}{\sqrt{9.8\times1.2}}=4.586$ ■

8.3 최적 수력단면

개수로에서 유량을 구하는 식(8.12)에 $R_h=\frac{A}{S}$를 대입하여 정리하면 다음과 같다.

$$Q=\frac{1}{n}\cdot\frac{A^{5/3}}{S^{2/3}}\cdot i^{\frac{1}{2}} \qquad \cdots\cdots (8.12)'$$

개수로를 설계할 때 개수로의 재질과 기울기가 정해진 상태라면, 위 식으로부터 주어진 유량을 얻기 위해 최소 단면적의 수로형태를 구하는 경우와, 주어진 수로의 단면적을 통해 최대의 유량을 얻을 수 있는 수로형태를 구하는 경우가 있다. 이 두 경우에 식(8.12)'로부터 접수길이 S가 최소인 조건의 수로형태임을 알 수 있는데, 그 단면을 **최적 수력단면**(hydraulically optimum cross section, 最適 水力斷面)이라 한다. 이러한 단면에서는 접수길이가 가장 작은 상태이므로 수로의 안쪽 벽의 재료가 적게 들어 가장 경제적이라고 할 수 있다.

주어진 면적의 도형 중에서 원의 둘레길이가 가장 작아서 반원형 단면형상(자유표면의 길이가 원의 직경과 동일)이지만 제작의 어려움 때문에 사용빈도가 적다.

일반적으로 인공적인 수로단면으로서는 직사각형 수로와 사다리꼴 수로가 가장 많이 이용되고 있다.

8.3.1 최적 직사각형 수로

그림 8.2와 같이 직사각형 단면의 수로 폭을 b, 수로깊이를 y라 하자.

전술한 바와 같이 단면적 A가 일정한 경우, 유량을 최대로 하는 조건은 접수길이 S가 최소인 단면형상을 구하면 된다.

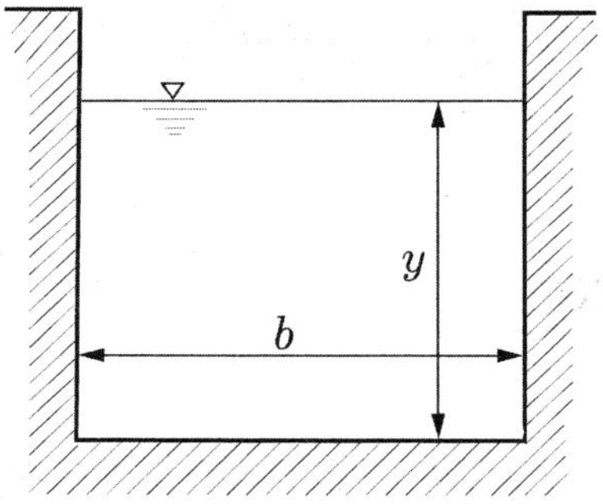

[그림 8.2] 직사각형 수로

직사각형 단면의 접수길이는, $A = by$이므로 $b = \dfrac{A}{y}$를 이용하면

$$S = b + 2y = \frac{A}{y} + 2y \qquad \cdots\cdots (8.13)$$

$A = const$이므로 $\dfrac{dS}{dy} = 0$을 취하여 접수길이의 극소치를 구할 수 있다.

$$\frac{dS}{dy} = -\frac{A}{y^2} + 2 = 0 \text{으로부터} \quad y^2 = \frac{A}{2} = \frac{by}{2}$$

$$\therefore \; y = \frac{b}{2} \qquad \cdots\cdots (8.14)$$

즉, 수로깊이가 폭의 1/2인 직사각형 단면이 가장 효율적이며, 평균유속, 유량이 최대로 된다.

예제 8.2

직사각형 단면의 대패질한 목재수로에서 기울기가 0.002, 유량을 4[m^3/s]로 수송시키려 한다. 경제적인 치수를 결정하라.

[풀이] 식(8.14)로부터 $b=2y$이며, 단면적 $A=by=2y^2$, 접수길이 $S=b+2y=4y$이다.

$$\therefore \text{ 수력반경 } R_h=\frac{A}{S}=\frac{2y^2}{4y}=\frac{y}{2}$$

식(8.12)로부터 유량은

$$Q=A\frac{1}{n}R_h^{2/3}i^{1/2}=2y^2\times\frac{1}{n}\times\left(\frac{y}{2}\right)^{2/3}i^{1/2}$$

$$=2y^2\times\frac{1}{0.012}\times\left(\frac{y}{2}\right)^{2/3}\times 0.002^{1/2}=4.69545y^{8/3}=4$$

∴ 수로깊이 $y=0.9417m$

수로 폭 $b=2y=1.883m$

8.3.2 최적 사다리꼴 단면 수로

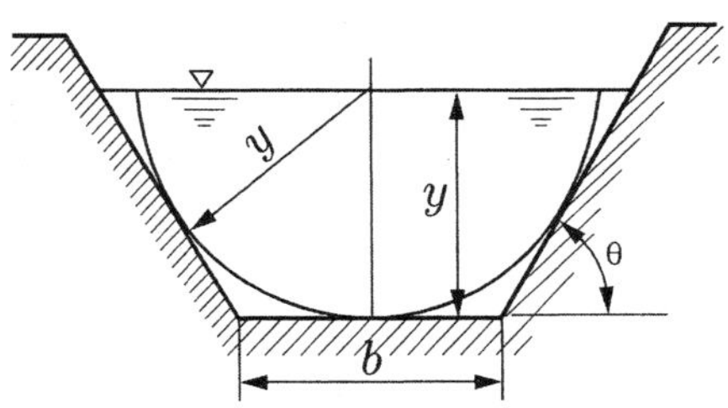

[그림 8.3] 사다리꼴 단면 수로

그림 8.3과 같은 사다리꼴 수로에서 단면적 A가 일정한 경우, 유량을 최대로 하기 위한 조건은, 접수길이 S의 함수를

$$S=S(\theta, y)$$

로 할 때, 먼저 $dS/dy=0$로부터 조건을 구한 후, 그 결과를 다시 θ에 대해서 미분하여 0으로 놓으면 구할 수 있다.

접수길이 S와 단면적 A는 각각 다음 식으로 표시된다.

$$S = b + \frac{2y}{\sin\theta} \qquad \cdots\cdots (8.15)$$

$$A = \left(b + \frac{y}{\tan\theta}\right)y \qquad \cdots\cdots (8.16)$$

위의 두 식으로부터 b를 소거하면 다음과 같다.

$$S = \frac{A}{y} - \frac{y}{\tan\theta} + \frac{2y}{\sin\theta}$$

먼저 $\frac{dS}{dy} = 0$을 취하면

$$\frac{dS}{dy} = -\frac{A}{y^2} - \frac{1}{\tan\theta} + \frac{2}{\sin\theta} = 0$$

$$\therefore\ y^2 = \frac{A\sin\theta}{2 - \cos\theta} \qquad \cdots\cdots (8.17)$$

이 결과를 다시 θ에 대하여 미분하고 0으로 놓으면 다음의 결과를 얻는다.

$$2y\frac{dy}{d\theta} = A\frac{\cos\theta(2 - \cos\theta) - \sin^2\theta}{(2 - \cos\theta)^2} = 0$$

$$\therefore\ 2\cos\theta = 1 \qquad \therefore\ \theta = 60^\circ \qquad \cdots\cdots (8.18)$$

식(8.18)을 식(8.16) 및 식(8.17)에 대입하면

$$y^2 = \frac{A}{\sqrt{3}} = \frac{\left(b + \frac{y}{\sqrt{3}}\right)y}{\sqrt{3}}$$

$$\therefore\ y = \frac{\sqrt{3}}{2}b \qquad \cdots\cdots (8.19)$$

여기서 측벽의 길이를 l이라 하면 $l=y/\sin\theta$이므로

$$l=\frac{y}{\sin 60^\circ}=\frac{(\sqrt{3}/2)b}{\sqrt{3}/2}=b \qquad \cdots\cdots (8.20)$$

가 되어, 밑면의 길이 b와 측벽의 길이가 같고 $\theta=60^\circ$ 이므로 이 사다리꼴은 정 6각형의 절반형태이며 반경 y의 원이 내접하게 된다.

예제 8.3

5°의 경사도를 갖는 사다리꼴 수로를 벽돌로 쌓아 만들려고 한다. 이 수로에서 50[m³/s]의 물을 수송하려면 가정 경제적인 치수를 결정하라.

[풀이] 접수길이 $S=3b=3\times\left(\frac{2}{\sqrt{3}}y\right)=2\sqrt{3}y$, 만닝계수 $n=0.016$ (표 8.1)

단면적 $A=\sqrt{3}y^2$, 기울기 $i=\sin 5^\circ=0.087$

$\therefore$ 수력반경 $R_h=\frac{A}{S}=\frac{\sqrt{3}y^2}{2\sqrt{3}y}=\frac{y}{2}$

$Q=A\frac{1}{n}R_h^{2/3}i^{1/2}=\sqrt{3}y^2\times\frac{1}{0.016}\times\left(\frac{y}{2}\right)^{2/3}\times 0.087^{1/2}=50$

$y^{8/3}=2.48575 \quad \therefore\ y=1.407m,$

$\therefore\ b=\frac{2}{\sqrt{3}}y=\frac{2}{\sqrt{3}}\times 1.407=1.6247m$

8.3.3 최적 원형단면 수로

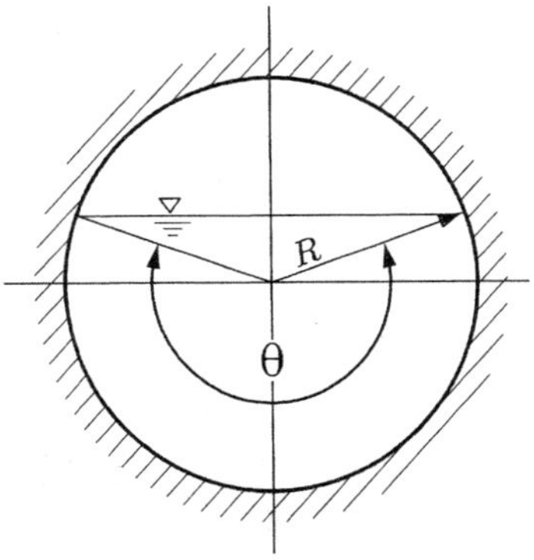

[그림 8.4] 원형단면 수로

원관의 경우도 물이 관속을 완전히 차지 않은 상태의 흐름은 개수로로 취급하며 하수로에 이용되는 경우가 많다. 그림 8.4에서 보는 바와 같이 반경 R의 원관에 물이 흐르는 경우, 우선 최대유량이 되는 조건의 각 θ를 구해보자.

단면적 A와 접수길이 S는 각각 다음과 같다.

$$A = \frac{R^2}{2}(\theta - \sin\theta), \qquad S = R\theta \qquad \cdots\cdots \ (8.21)$$

유량 Q는 식(8.6)을 이용하여 표시하면

$$Q = Av = AC\sqrt{R_h i} = C\sqrt{i}\sqrt{A^3/S} = K\sqrt{A^3/S} \cdots\cdots \ (8.22)$$

이 유량을 θ에 대해서 미분하여 0으로 놓으면

$$\frac{dQ}{d\theta} = \frac{d(\sqrt{A^3/S})}{d\theta} = \left(3A^2S\frac{dA}{d\theta} - A^3\frac{dS}{d\theta}\right)/S^2 = 0$$

$\therefore \ 3S\dfrac{dA}{d\theta} - A\dfrac{dS}{d\theta} = 0$으로부터

$$3 \times R\theta\,[R^2(1 - \cos\theta)/2] - R^2/2 \cdot (\theta - \sin\theta) \times R = 0$$

$$\therefore \ 2\theta - 3\theta\cos\theta + \sin\theta = 0$$

따라서 유량을 최대로 하는 조건의 각도는 $\theta = 308°$ 이다.

다음에는 최대유속의 조건을 구하기 위해서는 수력반경 R_h가 최대인 조건을 구하면 되므로 수력반경을 각도로 미분하여 0이 되는 조건의 각도를 구하면 된다.

수력반경은 다음과 같이 표시된다.

$$R_h = \frac{R}{2}\left(1 - \frac{\sin\theta}{\theta}\right) \qquad \cdots\cdots \ (8.23)$$

$$\frac{dR_h}{d\theta} = \frac{d}{d\theta}\left[\frac{R}{2}\left(1 - \frac{\sin\theta}{\theta}\right)\right] = \frac{R}{2}\left(-\frac{\theta\cos\theta - \sin\theta}{\theta^2}\right) = 0$$

$\therefore \ \theta\cos\theta - \sin\theta = 0$에서 유속이 최대가 되는 조건의 각도는 $\theta = 257.5°$ 이다.

예제 8.4

기울기 0.001의 경사지에 유량 1.5[m^3/s]를 수송하는 반원형 개수로를 설계하려고 한다. 반경은 얼마로 해야 하는가? 단, 재질은 주철관으로 만닝계수 $n=$ 0.015이다.

[풀이] 반경 r의 수로에서 접수길이 $S=\pi r$, 단면적 $A=\dfrac{\pi r^2}{2}$

$\therefore$ 수력반경 $R_h=A/S=r/2$

유량은 만닝의 식을 이용하면

$$Q=A\frac{1}{n}R_h^{2/3}i^{1/2}=\left(\frac{\pi r^2}{2}\right)\frac{1}{n}\left(\frac{r}{2}\right)^{2/3}0.001^{1/2}$$

$$\therefore\ r=\left[\frac{2nQ}{\pi(1/2)^{2/3}i^{1/2}}\right]^{3/8}=\left[\frac{2(0.015)(1.5)}{\pi(1/2)^{2/3}0.001^{1/2}}\right]^{3/8}=0.8841[\mathrm{m}]$$ ■

8.4 비에너지와 상류 및 사류

그림 8.5와 같은 개수로의 어느 단면상에서 수로의 깊이를 y라 할 때 비에너지(specific energy, 比에너지) E는 수로바닥을 기준으로 했을 때의 에너지수두로 정의된다. 그 에너지수두는 수로바닥으로부터 측정한 에너지 구배선(energy grade line, EGL)의 높이이며 다음과 같이 표시된다.

$$E=y+\frac{v^2}{2g} \qquad \cdots\cdots (8.24)$$

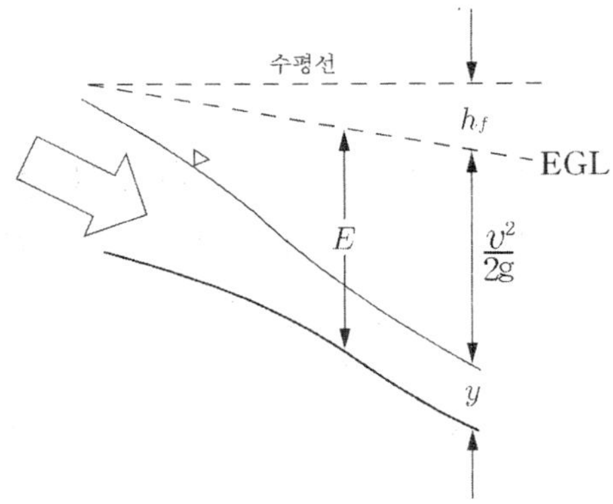

[그림 8.5] 비에너지의 개략도

8.4.1 직사각형 수로

수로의 폭을 b, 수로의 깊이를 y라 할 때, 단위폭당 유량 q는 다음과 같다.

$$q = \frac{Q}{b} = \frac{Av}{b} = \frac{byv}{b} = vy \quad \text{또는} \quad v = \frac{q}{y} \qquad \cdots\cdots (8.25)$$

(1) 단위폭당 유량 q가 일정한 경우

식(8.25)를 식(8.24)에 대입하면 비에너지는 다음 식으로 표시된다.

$$E = y + \frac{q^2}{2gy^2} \qquad \cdots\cdots (8.26)$$

위 식은 q가 일정한 경우, 수심 y의 변화에 따라 비에너지의 변화를 표시하는 식이며, 물리적으로 이 상황은 단면적이 일정한 직사각형 수로에서는 기울기가 변화할 때 일어나는 상황이다. 만닝의 식으로부터 주어진 유량에서 수로의 경사가 급하면 수심은 완만한 경사에서보다 작아질 것이다.

q가 일정한 조건에서 식(8.26)의 수심 y의 변화에 대한 비에너지 E의 변화 곡선을 그림 8.6에 나타내었다.

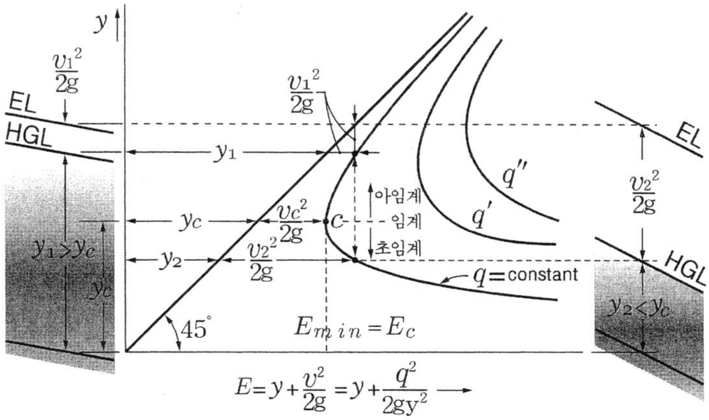

[그림 8.6] 비에너지와 수력 깊이의 관계

이 선도에서 임의의 깊이 y에 대한 비에너지 중 $y=E$ 곡선(45° 직선)의 좌측선분의 길이에 해당하는 에너지는 식(8.24) 혹은 식(8.26)의 우변 제1항의 값으로 물의 깊이에 상당하는 에너지이고, 우측선분의 길이에 해당하는 에너지는 우변 제2항의 속도에너지에 상당한다.

또한 E의 최소치를 갖는 깊이 y가 존재하며, 이 깊이를 **임계깊이**(critical depth, 臨界깊이)라 하고 y_c로 표시한다. 그리고 E가 최소인 상태의 유동(C점의 상태)을 **임계유동**(critical flow, 臨界流動)이라 하며, 이 상태에서의 속도를 **임계속도**(critical velocity, 臨界速度) v_c라 한다.

$q=$const의 상태에서 y_c를 구하기 위해서는 식(8.26)으로부터 $dE/dy=0$인 조건에서 구할 수 있다.

$$\frac{dE}{dy}=1-\frac{q^2}{gy^3}=0$$

$$\therefore\ q^2=g\,y_c^{\,3} \qquad \cdots\cdots (8.27)$$

$q=vy=v_c y_c$의 관계를 위 식에 적용하면 임계속도 v_c는 다음과 같다.

$$v_c^{\,2}=gy_c \quad \text{또는} \quad v_c=\sqrt{gy_c}=\frac{q}{y_c} \qquad \cdots\cdots (8.28)$$

식(8.28)과 식(8.27)로부터 임계깊이 y_c는 다음과 같이 표시할 수 있다.

$$y_c = \frac{v_c^{\ 2}}{g} = \left(\frac{q^2}{g}\right)^{\frac{1}{3}} \qquad \cdots\cdots (8.29)$$

식(8.29)로부터 임계속도수두는

$$\frac{v_c^{\ 2}}{2g} = \frac{1}{2}y_c \qquad \cdots\cdots (8.30)$$

가 되어, 임계상태에서의 최소 비에너지와 임계깊이의 관계는 다음과 같다.

$$E_{\min} = E_c = y_c + \frac{v_c^{\ 2}}{2g} = \frac{3}{2}y_c \qquad \cdots\cdots (8.31)$$

$$\therefore \ y_c = \frac{2}{3}E_{\min} = \frac{2}{3}E_c \qquad \cdots\cdots (8.32)$$

(2) 비에너지 E가 일정한 경우

식(8.26)을 변형하면

$$(E-y)y^2 = \frac{q^2}{2g}$$

에서 위 식은 E=const 조건에서 유동깊이 y의 변화에 대한 q의 변화를 나타내는 식이며, 그림 8.7과 같은 큰 수조에 슬루우스형 수문을 점차 열어감에 따라 토출유량은 증가하며, 임계깊이까지 증가하지만 그 이상으로 열면 유량이 증가하지 않는다.

위 식을 다시 변형하면

$$q = y\sqrt{2g(E-y)} \qquad \cdots\cdots (8.33)$$

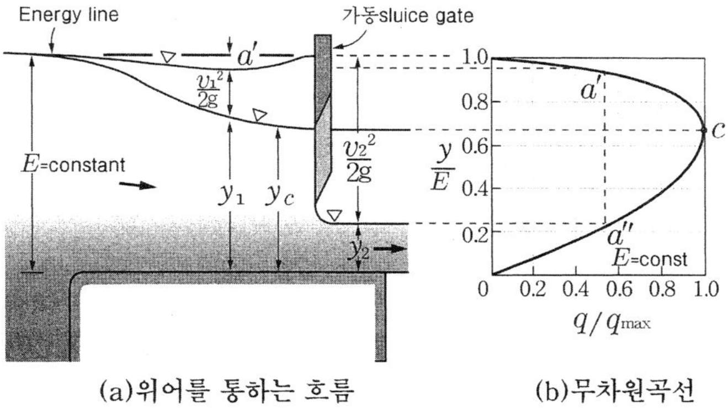

[그림 8.7] E=const일 때 단위폭당 유량과 깊이 y의 변화

그림 8.7(b)에서는 위 식을 무차원 형태로 표시한 곡선이다. 이 곡선에서는 주어진 비에너지에 대하여 최대 토출유량은 (0.6~0.7)E에서의 깊이에서 얻어짐을 볼 수 있다. 보다 정확한 값은 식(8.33)으로부터 $dq/dy=0$의 조건에서 구할 수 있다. 즉

$$\frac{dq}{dy} = \sqrt{2g}\left(\sqrt{E-y} - \frac{1}{2}\frac{y}{\sqrt{E-y}}\right) = 0$$

$$\therefore \; y_c = \frac{2}{3}E \qquad \cdots\cdots (8.34)$$

여기서 y_c는 주어진 비에너지에 대한 임계깊이이며, 이 식은 식(8.32)와 같다.

그림 8.7(b)에서, 주어진 E에 대하여 유량 q가 최대인 조건은 C점의 유동조건으로서 임계유동의 조건임을 알 수 있다. 따라서 $y=y_c$에서 유량이 최대가 되며, 식(8.34)로부터 $E=(3/2)y_c$를 식(8.33)에 대입하면 최대유량 q_{max}은 다음의 값으로 표시된다.

$$q_{max} = \sqrt{g\,y_c^3} \qquad \cdots\cdots (8.35)$$

(3) 아임계 유동과 초임계 유동

그림 8.6에서 C점(임계유동)에 해당하는 경우는 수로깊이가 임계깊이이지만 $E > E_{min}$ 영역의 임의의 비에너지 E를 갖는 수로의 깊이는 두 개가 존재하며, 그 깊이가 임계깊이 y_c보다 큰 흐름과 임계깊이보다 작은 흐름이 가능하다. 그

에 따른 유동의 구분은 다음과 같이 구별한다.

① $y > y_c$에서는 $v < v_c$, 즉 $v < \sqrt{gy}$이며 아임계 유동(subcritical flow) 또는 상류(tranquil flow, 常流)라 하며, Froude수는 1보다 작다.

② $y = y_c$에서는 $v = v_c$, 즉 $v = \sqrt{gy}$이며 임계유동이라 하고, Froude수는 1이다.

③ $y < y_c$에서는 $v > v_c$, 즉 $v > \sqrt{gy}$이며 초임계 유동(supercritical flow) 또는 사류(rapid flow, 射流)라 하며, Froude수는 1보다 크다.

아임계 유동에서는 중력파의 속도가 유속보다 빠르므로 액면이 상류(上流)로 전파되며, 초임계 유동에서는 유속이 파의 속도보다 빠르므로 상류에 파면(波面)이 도달하지 못한다.

예제 8.5

폭 5[m], 수심 2[m]의 개수로에 20[m³/s]의 유량이 흐를 때 비에너지를 구하고, 흐름이 상류인지 사류인지를 판별하여라.

[풀이] 유속 $v = \dfrac{Q}{A} = \dfrac{20}{5 \times 2} = 2m/s$

단위폭당 유량 $q = \dfrac{Q}{b} = \dfrac{20}{5} = 4m^3/(s \cdot m)$

∴ 비에너지 $E = y + \dfrac{v^2}{2g} = 2 + \dfrac{2^2}{2 \times 9.8} = 2.204m$

$\sqrt{gy} = \sqrt{9.8 \times 2} = 4.427$

∴ $v < \sqrt{gy}$이므로 흐름은 상류, 즉 아임계 유동이다. ■

예제 8.6

직사각형 단면의 수로에 물이 수심 1[m], 유속 5[m/s]의 상태로 흐르고 있다. 다음을 구하라. (1) 임계깊이, (2) 최소 비에너지, (3) 단위폭당 최대 가능유량, (4) 상류 또는 사류의 판별.

[풀이] (1) $q = vy = 5\times1 = 5m^3/(s\cdot m)$

식(8.29)로부터

$$y_c = \left(\frac{q^2}{g}\right)^{\frac{1}{3}} = \left(\frac{5^2}{9.8}\right)^{\frac{1}{3}} = 1.366\,[\mathrm{m}]$$

(2) 식(8.31)로부터

$$E_{\min} = \frac{3}{2}y_c = \frac{3}{2}\times1.366 = 2.049m$$

(3) 식(8.35)로부터

$$q_{\max} = \sqrt{g\,y_c^{\,3}} = \sqrt{9.8\times1.366^3} = 4.998m^3/(s\cdot m)$$

(4) $\sqrt{gy} = \sqrt{9.8\times1} = 3.13m/s$

∴ $v > \sqrt{gy}$이므로 사류, 즉 초임계 유동이다. ■

8.4.2 직사각형 단면 외의 수로

그림 8.8과 같이 직사각형 단면형상이 아닌 수로에서는 수로의 폭이 깊이 y에 따라 변하며, 이 경우에 비에너지는 $v=Q/A$를 식(8.24)에 대입하면 다음과 같이 표시된다.

$$E = y + \frac{Q^2}{2gA^2} \qquad \cdots\cdots (8.36)$$

이 때 유량 Q가 일정하면 $dE/dy=0$의 조건에서 임계상태를 구할 수 있으며, 전술한 바와 같이 이 조건에서 비에너지는 최소값이 된다. $A=A(y)$이므로

$$\frac{dE}{dy} = 1 - \frac{Q^2}{gA^3}\frac{dA}{dy} = 0$$

$$\therefore\ \frac{dA}{dy} = \frac{gA^3}{Q^2} \qquad \cdots\cdots (8.37)$$

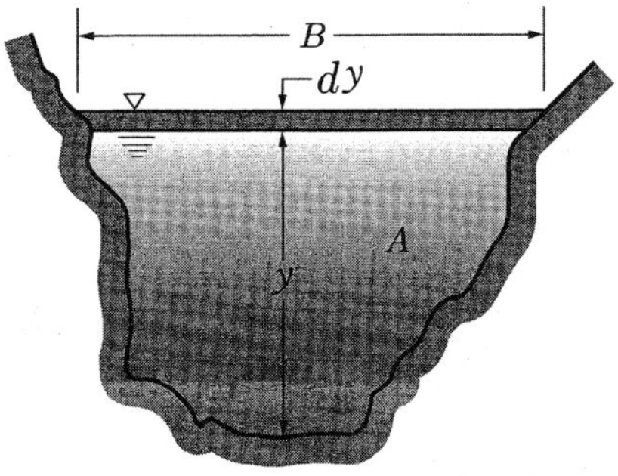

[그림 8.8] 개수로의 단면

그림 8.8에서 보는 바와 같이 자유표면에서의 수로 폭을 B라 하면 미소 단면적 $dA = B\,dy$이므로 위 식은 다음과 같이 된다. 즉 임계상태의 단면적은

$$A_c = \left(\frac{BQ^2}{g}\right)^{\frac{1}{3}} \quad \cdots\cdots (8.38)$$

임계속도는 $Q = A_c v_c$를 위 식에 적용하여 정리하면 다음 식으로 표시할 수 있다.

$$v_c = \frac{Q}{A_c} = \left(\frac{gA_c}{B}\right)^{\frac{1}{2}} \quad \cdots\cdots (8.39)$$

주어진 수로의 형상 $A(y)$와 $B(y)$ 및 주어진 유량 Q에 대하여 식(8.38), (8.39)를 시행오차법이나 도식해법으로 풀어 A_c를 구하고, 그로부터 v_c를 계산한다.

균일유동에서 임계 기울기 i_c는 식(8.38)과 Chezy의 식을 이용하여 다음과 같이 구한다.

$$Q^2 = g\frac{A_c^{\ 3}}{B} = C^2 A_c^{\ 2} R_h\, i_c$$

$$\therefore\ i_c = \frac{f}{8}\frac{S}{B} = \frac{gn^2}{R_h^{\ 1/3}}\frac{S}{B} \quad \cdots\cdots (8.40)$$

여기서 S는 접수길이이며, 넓은 직사각형 수로에서는 S/B를 1.0으로 할 수 있다.

예제 8.7

그림(ex8.7)과 같은 삼각형 수로에서 유량 $Q=10[m^3/s]$일 때, (1) 임계깊이 y_c, (2) 임계속도 v_c를 각각 구하라.

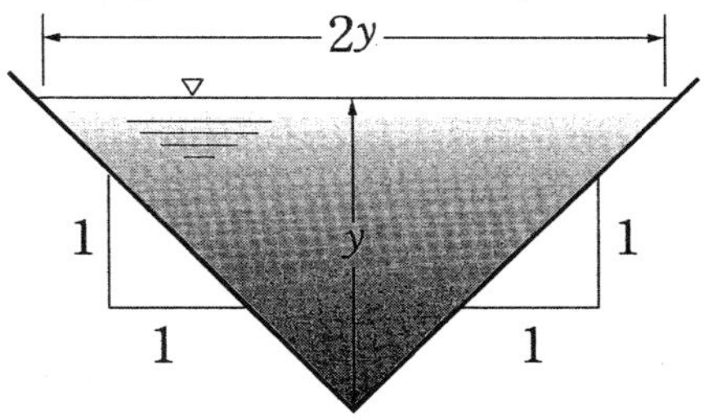

[그림(ex8.7)]

[풀이] (1) $A=\frac{1}{2}\times 2y\times y=y^2, \quad S=2\times\sqrt{2}y=2\sqrt{2}y, \quad B=2y$

식(8.38)로부터

$$g A_c^{\,3}=BQ^2 \quad \therefore\ g(y_c^{\,2})^3=BQ^2=2y_cQ^2$$

$$\therefore\ y_c=\left(\frac{2Q^2}{g}\right)^{\frac{1}{5}}=\left(\frac{2\times 10^2}{9.8}\right)^{\frac{1}{5}}=1.828\,[\mathrm{m}]$$

(2) $$v_c=\frac{Q}{A_c}=\frac{Q}{y_c^{\,2}}=\frac{10}{1.828^2}=2.993\,[\mathrm{m/s}]$$ ■

8.5 수력도약

그림 8.9에서 보는 바와 같이 개수로 유동에서는 초임계 유동이 수력도약을 통하여 갑자기 아임계 유동으로 변할 수 있다. 이 때 상류(上流)의 유동은 깊이가 얕고 유속은 빠르며, 하류의 유동은 깊이가 깊고 유속이 느리다. 이와 같이 초임계 유동(또는 사류)으로부터 아임계 유동(또는 상류)로 갑자기 변하게 되면 물의 깊이가 증가하는데, 이러한 현상을 **수력도약**(hydraulic jump, 水力跳躍)이라 한다.

수력도약은 유동상태가 심한 난류이며 교란상태로 일어나므로 에너지의 소산장치로 이용된다. 또 유체를 효과적으로 혼합하므로 상하수도 등의 물 처리에 이용된다.

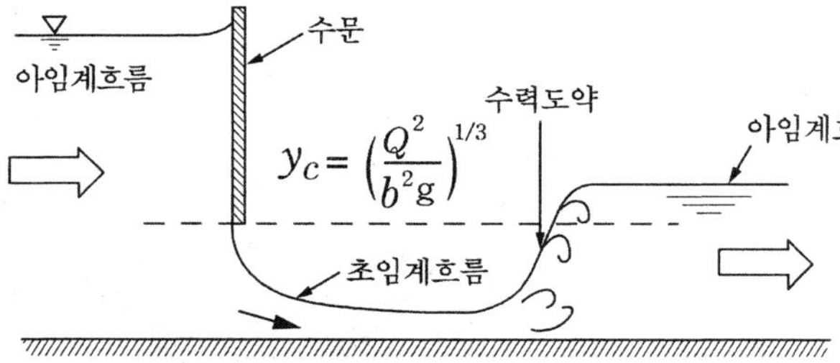

[그림 8.9] 수력 도약

수로의 폭 b, 깊이 y의 직사각형 수로에서 유속이 0인 액면에 미소한 교란을 주면, 그 교란은 $c=\sqrt{gy}$의 속도로 전파되며, 이 c를 **표면파의 속도** 또는 **중력파의 속도**라 한다. 상류(常流)에서는 유속 v가 c보다 작으므로 교란은 상·하류에 모두 전파되지만, 사류(射流)의 경우는 $v>c$이므로 교란이 하류 측으로밖에 전파되지 못한다.

그림 8.10(a)에는 교란에 의한 파가 정지액체 중에 속도 c로서 좌측으로 움직이는 경우와, (b)에는 상대적으로 파가 정지하고 c의 속도로 액체가 우측으로 유동하는 경우를 표시하였다.

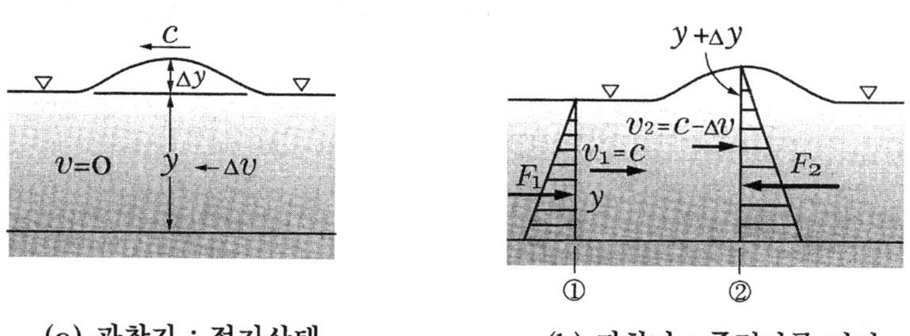

(a) 관찰자 : 정지상태 (b) 관찰자 : 중력파를 따라 움직이는 상태

[그림 8.10] 잔 물결의 중력파

(b)도에서 수로의 폭을 b라 하여, ①, ②단면에서 연속의 식을 적용하면 다음과 같다.

$$\rho ybc = \rho(y+\Delta y)b(c-\Delta v)$$

$$\therefore \quad \Delta v = c\frac{\Delta y}{y+\Delta y} \qquad \cdots\cdots (8.41)$$

이번에는 ①, ②단면 사이에서 수로바닥의 마찰을 무시하는 운동량 법칙으로부터 $\Sigma F = \rho Q(v_2 - v_1)$이므로

$$F_1 - F_2 = \rho g\frac{y}{2}(yb) - \rho g\left(\frac{y+\Delta y}{2}\right)(y+\Delta y)b$$

$$= \rho byc(c-\Delta v - c)$$

$$\therefore \quad g\left(1+\frac{1}{2}\frac{\Delta y}{y}\right)\Delta y = c\Delta v \qquad \cdots\cdots (8.42)$$

식(8.41)과 식(8.42)에서 Δv를 소거하면 다음 식이 얻어진다.

$$c^2 = gy\left(1+\frac{\Delta y}{y}\right)\left(1+\frac{1}{2}\frac{\Delta y}{y}\right) \qquad \cdots\cdots (8.43)$$

이 식으로부터 파의 높이 Δy가 높을수록 파의 속도 c는 빠름을 알 수 있다.

또 $\Delta y \ll y$인 경우의 표면파의 전파속도 c는 다음과 같이 된다.

$$c \fallingdotseq \sqrt{gy} \qquad \cdots\cdots (8.44)$$

이것을 그림 8.11과 같이, 그림 8.10의 ①단면에서 $y \to y_1$, $c \to v_1$, ②단면에서 $(y+\Delta y) \to y_2$로 수력도약 전후의 깊이를 각각 y_1, y_2로 표현하여 식(8.43)을 고쳐 쓰면 다음과 같다.

$$v_1^2 = \frac{1}{2}gy_1\frac{y_2}{y_1}\left(\frac{y_2}{y_1}+1\right) \qquad \cdots\cdots (8.45)$$

위 식을 y_2/y_1에 대한 2차식으로 풀면, 수력도약 전후의 깊이비는 다음과 같이 얻어진다.

$$\frac{y_2}{y_1} = \frac{1}{2}\left(-1+\sqrt{1+8\,Fr_1^2}\right), \quad Fr_1 = \frac{v_1}{\sqrt{gy_1}} \qquad \cdots\cdots (8.46)$$

따라서 수력도약 후의 속도 v_2는 다음과 같다.

$$v_2 = v_1 \frac{y_1}{y_2} \qquad \cdots\cdots (8.47)$$

수력도약에 의한 손실수두 h_l은 정상유동 에너지식으로부터

$$h_l = E_1 - E_2 = \left(y_1 + \frac{{v_1}^2}{2g}\right) - \left(y_2 + \frac{{v_2}^2}{2g}\right)$$

이 되며, 이 식에 식(8.46)과 식(8.47)을 대입하여 정리하면 다음 식을 얻을 수 있다.

$$h_l = \frac{(y_2 - y_1)^3}{4y_1 y_2} \qquad \cdots\cdots (8.48)$$

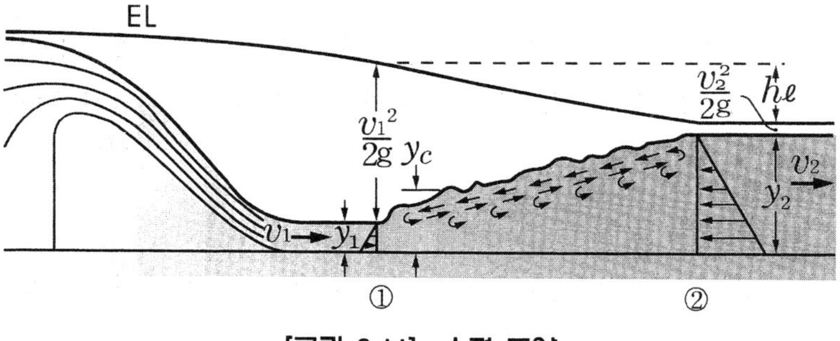

[그림 8.11] 수력 도약

식(8.46)으로부터 수력도약이 일어나는 조건을 고찰하여 보자.

수력도약은 $y_2/y_1 > 1$인 경우이므로 $Fr_1 > 1$인 조건이 된다. 즉 $v_1 > \sqrt{gy_1}$로서 상류(上流)가 초임계 유동(사류)일 때 수력도약이 가능하며, 그 하류에서는 식(8.47)로부터 $v_2 < v_1$으로 하류는 아임계 유동(常流)이 된다. 따라서

$$\begin{cases} Fr > 1 \ : \ \dfrac{y_2}{y_1} > 1 \\ Fr = 1 \ : \ \dfrac{y_2}{y_1} = 1 \\ Fr < 1 \ : \ \dfrac{y_2}{y_1} < 1 \end{cases} \quad \cdots\cdots (8.49)$$

이 된다.

예제 8.8

폭 2[m]의 직사각형 수로에 유량 $Q=15[m^3/s]$, 깊이 $y_1=1.4[m]$로 물이 흐른다. 수력도약이 일어난다면 다음을 계산하라. (1) 수력도약 후의 깊이 y_2, (2) 수력도약 후의 유속 v_2, (3) 도약 후의 Froude수 Fr_2, (4) 손실수두 h_l, (5) 에너지 소산율, (6) 손실동력.

[풀이] (1) $$v_1 = \frac{Q}{A_1} = \frac{Q}{by_1} = \frac{15}{2\times1.4} = 5.357 m/s$$

$$Fr_1 = \frac{v_1}{\sqrt{gy_1}} = \frac{5.357}{\sqrt{9.8\times1.4}} = 1.446$$

∴ 식(8.46)으로부터

$$y_2 = \frac{1}{2}y_1(-1+\sqrt{1+8\ Fr_1^2}) = \frac{1.4}{2}(-1+\sqrt{1+8\times1.446^2}) = 2.247m$$

(2) $$v_2 = v_1\frac{y_1}{y_2} = 5.357\times\frac{1.4}{2.247} = 3.338m/s$$

(3) $$Fr_2 = \frac{v_2}{\sqrt{gy_2}} = \frac{3.338}{\sqrt{9.8\times2.247}} = 0.711$$

(4) $$h_l = \frac{(y_2-y_1)^3}{4y_1y_2} = \frac{(2.247-1.4)^3}{4\times1.4\times2.247} = 0.0483m$$

(5) $$E_1 = y_1 + \frac{v_1^2}{2g} = 1.4 + \frac{5.357^2}{2\times9.8} = 2.864m$$

$$\therefore \text{소산율} = \frac{h_l}{E_1} = \frac{0.0483}{2.864} = 0.017$$

(6) $$\text{손실동력} = \gamma h_l Q = 9800\times0.0483\times15 = 7100.1W = 7.1\,[kW]$$ ■

연습문제

[8.1] 폭 3[m]의 직사각형 수로에 깊이 1[m]로 물이 흐른다. 수로의 기울기는 0.0028, 만닝계수 n=0.014일 때 유량을 구하라.

[답] 8.066[m^3/s]

[8.2] 폭 100[m], 수심 1[m]인 장방형 단면의 하천이 기울기 1/5000일 때 유속을 구하라. 단, 하천바닥은 모래이고 풀이 나 있다.

[답] 0.399[m/s]

[8.3] 폭 4[m]의 직사각형 수로에 깊이 1.5[m]로 물이 Q=10[m^3/s]로 흐른다. 만닝계수 n= 0.018이면 이 수로의 기울기는 얼마인가?

[답] 0.001105

[8.4] 직사각형 수로의 폭 1.5[m], 깊이 0.8[m]로 물이 흐른다. 만닝계수 n=0.013일 때 유속 v=5[m/s]가 되려면 수로의 기울기는 얼마인가?

[답] 0.015

[8.5] 하천의 폭 2[m]인 작은 하천이 2.5/1000의 구배로 흐르고 있다. 수심이 80[cm]일 때 평균유속과 유량을 구하라. 단, 만닝계수 n=0.035이다.

[답] v=0.8314[m/s], Q=1.33[m^3/s]

[8.6] 그림(문제 8.6)과 같은 수로에서 A_1, A_2, A_3의 폭은 각각 20, 10, 40[m]이고 깊이는 각각 0.5, 2.8, 1[m]이다. 기울기가 0.0018이고 각 수로의 만닝계수는 n_1=n_3=0.035, n_2=0.022이다. 유량을 구하라.

[답] 150.86[m^3/s]

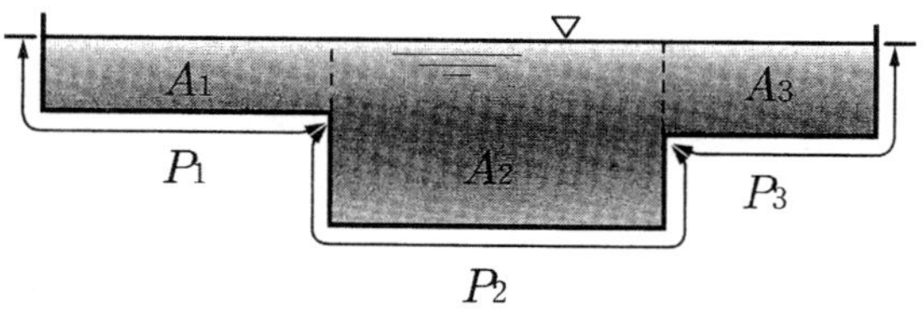

[그림(문제 8.6)]

[8.7] 직경 1[m]인 원관에 물이 반으로 차서 흐를 때, 기울기가 1° 및 3° 인 경우의 유속을 각각 구하라. 단, 원관의 재질은 콘크리트제이며 만닝계수 n =0.012이다.

[답] 1° : 4.37[m/s], 3° : 7.571[m/s]

[8.8] 폭 50[m], 수심 1[m]의 직사각형 단면의 수로가 기울기 1/5000일 때 유속을 구하라. 또 임계깊이를 구하고 흐름이 상류인지 사류인지를 판별하라. 단, 수로는 돌과 잡초가 있는 땅으로서 n =0.035이다.

[답] 0.3936[m/s], 상류

[8.9] 기울기 0.001인 벽돌로 만든 직사각형 수로에 5[m^3/s]의 물이 흐르게 설계하려 한다. 이 수로의 최적 수로단면의 치수를 결정하라.

[답] y=1.299[m], b=2.598[m]

[8.10] 기울기가 0.0008인 사다리꼴 개수로가 그림(문제 8.10)과 같다. 이 개수로가 벽돌로 되어 있는 경우, 유량을 구하라. 단, n =0.016이다.

[답] 15.563[m^3/s]

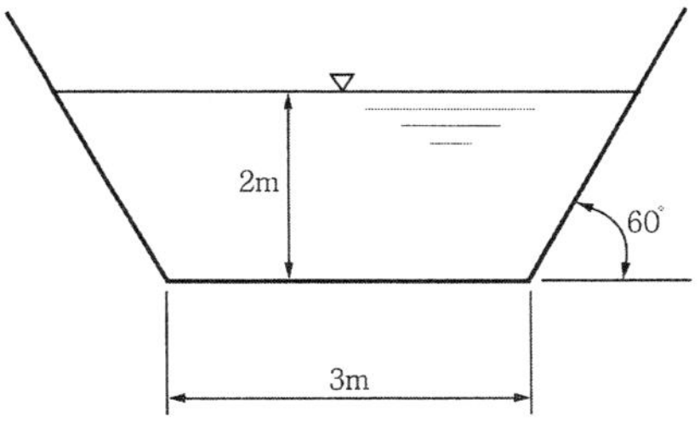

[그림(문제 8.10)]

[8.11] 그림(문제 8.11)과 같은 2등변 삼각형 수로에서 기울기 0.01인 경우 Q =5[m^3/s] 로 유량이 흐르기 위한 깊이는 얼마인가? 단, n =0.013이다.

[답] y=1.219[m]

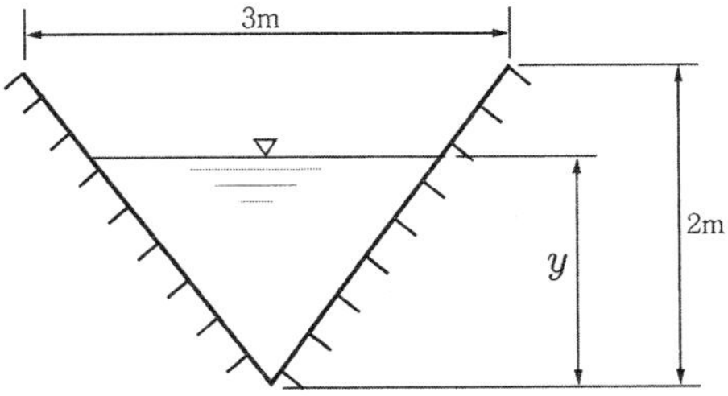

[그림(문제 8.11)]

[8.12] 직사각형 단면의 콘크리트 수로를 설계하려 한다. 평균유속 2[m/s]로 유량 $Q=5[m^3/s]$의 물을 수송시킬 때 효율적인 단면의 치수와 기울기 i를 구하라. 단, $n=0.012$이다.

[답] $b=2.236[m]$, $y=1.118[m]$, $i=1.251\times10^{-3}$

[8.13] 직경 2[m]인 반원형 개수로가 경사도 0.002로 되어있다. $n=0.015$일 때 이 수로에 물이 차서 흐를 때의 유량을 구하라.

[답] $2.95[m^3/s]$

[8.14] 기울기가 0.0004이고 벽돌로 쌓은 사다리꼴 개수로에서 $100[m^3/s]$의 물을 수송시키려 한다. 가장 경제적인 치수를 결정하라.

[답] $y=5[m]$, $b=5.77[m]$

[8.15] 직사각형 수로에 물이 깊이 0.5[m], 유속 5[m/s]로 흐른다.
(a) 비에너지, (b) 임계깊이, (c) 최소 비에너지를 각각 구하라.

[답] (a) 1.7755[m], (b) 0.861[m], (c) 1.2915[m]

[8.16] 폭 2[m]의 직사각형 수로에서 비에너지 $E=1.5[m]$일 때 최대유량은 얼마인가?

[답] $6.26[m^3/s]$

[8.17] 유량이 일정한 경우, 최소 비에너지가 10[m]일 경우 임계깊이를 구하라.

[답] 6.667[m]

[8.18] 비에너지가 1.5[m]이고 폭 2[m]인 직사각형 수로에서 최대유량을 구하라.

[답] $6.26[m^3/s]$

[8.19] 폭 5[m], 수심 2[m]인 직사각형 개수로에 수량 $10[m^3/s]$가 흐르고 있다. 이 수로에서 비에너지를 구하고, 또 흐름의 종류를 판단하라.

[답] $E=2.051[m]$, 상류

[8.20] 폭 6[m], 수심 1.2[m]의 장방형 개수로에 매초 $10[m^3]$의 물이 흐르고 있다. 이 흐름의 상태는 상류, 사류중 어느 것인가?

[답] 상류

[8.21] 폭 500[mm]의 직사각형 수로에 $0.3[m^3/s]$의 물이 흐를 때 임계깊이는 얼마인가?

[답] 0.3324[m]

[8.22] 콘크리트로 만든 폭 5[m]의 직사각형 개수로에 8[m^3/s]의 물이 흐른다. n=0.015일 때 임계속도로 흐를 때의 수로바닥의 기울기를 구하라.

[답] 0.00346

[8.23] 그림(문제 8.23)과 같은 2등변 삼각형의 개수로에서 가장 경제적인 단면의 형상을 구하라.

[답] 직각 2등변 삼각형

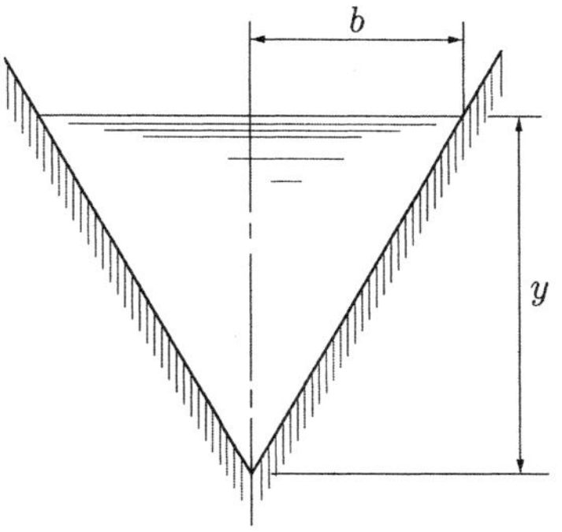

[그림(문제 8.23)]

[8.24] 측벽 경사가 45° 인 V자형 단면수로에 대한 임계깊이를 나타내는 식을 유도하라. 이 수로에 대한 임계깊이와 최소 비에너지의 비는 얼마인가.

[답] $y_c = \left(\dfrac{2Q^2}{g}\right)^{1/5}$, $\dfrac{y_c}{E_{\min}} = 0.8$

[8.25] n=0.013의 콘크리트 개수로에서 물이 등류 유동한다. 이 수로의 기울기는 5[%], 폭 3[m], 수심 0.7[m]일 때 평균속도, 유량, Froude수는 각각 얼마인가?

[답] v=10.5[m/s], Q=22.05[m^3/s], Fr=4.01

[8.26] 그림(문제 8.26)과 같은 삼각형 수로가 있다. Q=16[m^3/s]일 때 다음을 구하라. (a) 임계깊이 y_c, (b) 임계속도 v_c, (c) 임계기울기 i_c 단, 만닝계수 n=0.018이다.

[답] (a) 2.37[m], (b) 3.41[m/s], (c) 0.00542

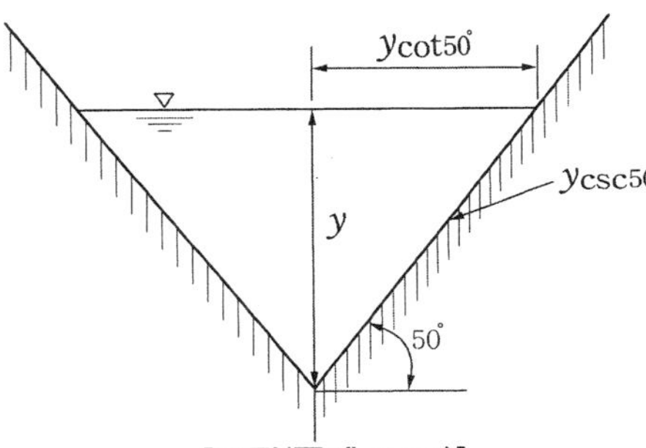

[그림(문제 8.26)]

[8.27] 1[m] 폭의 장방형 개수로에 깊이 80[cm]의 물이 유량 3[m^3/s]로 흐르고 있다. 이 수로에 수력도약이 일어나면 그 후의 수심은 얼마가 되는가?

[답] 1.168[m]

[8.28] 기울기 0.006, 3[m] 너비의 직사각형 수로에 유량 5[m^3/s], 깊이 0.2[m]로 흐른다. (a) 수력도약후의 깊이, (b) 수력도약에 의한 손실수두, (c) 손실동력을 각각 구하라.

[답] (a) 1.586[m], (b) 2.1[m], (c) 102.9[kW]

[8.29] 개수로에서 단위폭 당 유량 q=10[m^3/s], y_1=1.25[m]로 물이 흐른다. 수력도약이 일어난다면 다음을 계산하라. (a) y_2, (b) v_2, (c) Fr_2, (d) h_l, (e) 소산율, (f) 단위폭당 동력손실을 각각 구하라.

[답] (a) 3.46[m], (b) 2.89[m/s], (c) 0.496, (d) 0.625[m], (e) 0.14, (f) 61.25[kW/m]

9 경계층과 항력

지금까지는 주로 내부유동에서의 에너지손실을 다루었다. 그러나 유체 속에 잠겨있는 물체가 운동할 때 발생하는 힘(저항력)은 공학적으로 대단히 중요하다. 이것은 외부유동에 해당하며 내부유동과 마찬가지로 층류와 난류의 구별이 중요할 뿐 아니라 물체의 표면에 나타나는 경계층과 속도분포도 중요하다.

외부유동에서 물체가 받는 힘은 항력과 양력으로 나눌 수 있으며, 이들은 경계층이나 속도분포뿐 아니라 물체의 형상에 따라서 많은 영향을 받는다. 이러한 외부유동의 공학적 응용분야는 비행기, 자동차, 잠수함, 풍력터빈, 건물, 펌프의 임펠러 등이다.

이 장에서는 마찰항력에 관련되는 경계층의 기초적 사항과 압력항력의 개념 및 여러 형상을 갖는 물체의 항력을 소개하고 익형에서의 항력 및 양력을 기술한다.

9.1 물체에 작용하는 저항

비행기 날개, 자동차, 잠수함, 물고기 등과 같이 정지유체 속을 물체가 운동하거나, 정지상태의 물체 주위를 유체가 흐르는 유동을 **외부유동**(external flow, 外部流動)이라 하여 지금까지 다루었던 내부유동(internal flow, 內部流動), 즉 관로 내의 유동과 구별된다.

내부유동에서는 경계층이 관 벽으로부터 성장하여 하류에서 만나고 결국 관 내 전체를 경계층이 채우면서 점성이 지배적인 영향을 주게 된다. 그러나 외부유동은 공간의 제한이 없으므로 점성층(경계층)이 두꺼워지더라도 자유롭게 확장될 수 있으며, 이 외부유동에서는 경계층 이론이 중요하지만 복잡한 형상의 물체에 대해서는 실험에 의존하는 실정이다.

물체에 작용하는 **항력**(drag, 抗力)은 크게 나누어 **압력항력**(pressure drag, 壓力抗力)과 **마찰항력**(friction drag, 摩擦抗力)이 있다. 압력항력은 **형상항력**(form drag, 形狀抗力)이라고도 한다.

압력항력(형상항력)은 물체의 표면에 작용하는 압력에 의한 힘의 흐름방향의 성분으로서 다음의 형태로 표시하고 있다.

$$D_p = C_p \frac{\rho U^2}{2} A \qquad \cdots\cdots (9.1)$$

여기서 A는 흐름에 수직한 방향으로의 투영면적, U는 자유흐름의 유속, C_p는 압력항력계수이다.

마찰항력은 물체의 표면에 작용하는 마찰력의 흐름방향 성분이며, 유체의 점성계수, 유속, 유동유체가 물체와 접하는 접촉면적에 비례한다. 관습적으로 식 (9.1)의 형태와 유사하게 다음 식으로 표시한다.

$$D_f = C_f \frac{\rho U^2}{2} A_f \qquad \cdots\cdots (9.2)$$

여기서 C_f는 마찰항력계수, A_f는 유체와 물체의 접촉면적으로 $(b \times l)$로서 l은 흐름을 따르는 물체 표면의 길이, b는 물체의 폭이다. 복잡한 형상의 경우는 $b \times l$ 대신에 전체 표면적으로 계산하는 경우가 있다.

그림 9.1(a)와 같이 1개의 평판이 유속 U인 유체 속에 놓여있는 경우, 압력에 의한 힘의 방향 성분은 거의 작용하지 않고 마찰저항이 지배적이다. 이에 반하여 그림 9.1(b)와 같이 평판을 흐름에 수직으로 놓으면 마찰력은 거의 작용하지 않고, 압력에 의한 힘 즉 압력항력이 지배적이다. 이것은 판의 뒷면에서 흐름이 **박리**(separation, 剝離)를 일으켜 물체의 표면에서 와류가 발생하므로 압력이 저하하기 때문이다. 따라서 판의 앞면과 뒷면과의 압력차가 생기는 결과에 따라 흐름방향으로 힘이 작용하게 된다. 판 후면의 와류영역을 **후류**(wake, 後流)라 한다. 이와 같은 압력의 저하는 점성으로 인하여 생기며, 만일 점성이 없는 유체의 흐름이라면 그림 9.1(b)의 유선은 좌우대칭이 되어 압력차가 생기지 않는다.

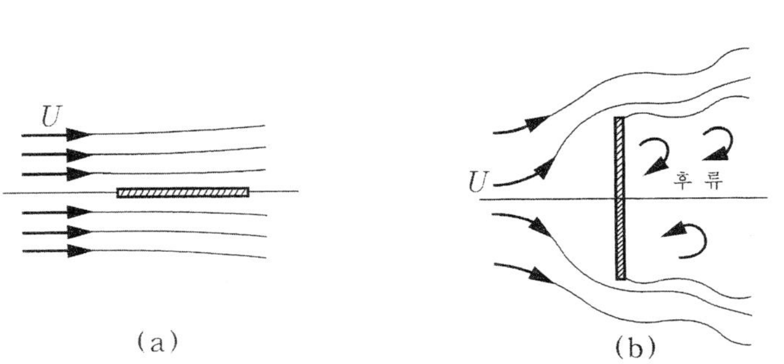

[그림 9.1] 평판 주위의 흐름

9.2 경계층의 개념

흐름 속에 물체가 놓여 있을 때 물체로부터 어느 정도 떨어진 위치에서의 유속은 물체의 영향을 거의 받지 않아 비점성 유동에 가까운 흐름이라고 할 수 있다. 그러나 물체의 아주 가까운 위치에서의 유동을 상세히 관찰하면, 물체 표면상에서는 속도가 0이지만 조금 벗어난 위치에서는 비점성 유동에 가까운 큰 유속이 되므로, 물체의 근처에서는 속도구배가 크다. 이와 같이 속도구배가 큰 영역을 **경계층**(boundary layer, 境界層)이라 하며, 그 외측의 흐름영역을 **주류**(main flow, 主流) 또는 **자유흐름**(free stream)이라 한다.

이와 같이 물체주위의 흐름을 두 영역으로 나누어, 경계층의 흐름에는 점성 유동의 이론을, 경계층 밖의 흐름에는 비점성 유동의 이론을 적용하면 된다.

그림 9.2에 표시한 바와 같이 유속 U의 자유흐름 속에 평판이 흐름방향으로 놓여 있을 때 평판 선단으로부터 경계층이 하류로 갈수록 커지고 있다. 경계층 내의 속도분포 u는, 물체의 벽면상에서 $u=0$이며, 벽면에 수직방향의 거리 y가 증가함에 따라 속도가 증가하여 경계층 외측($y>\delta$)에서는 자유흐름의 속도 U가 된다. 따라서 경계층 내에서는 속도구배 du/dy가 존재하고, 그 외측에는 $du/dy=0$이다.

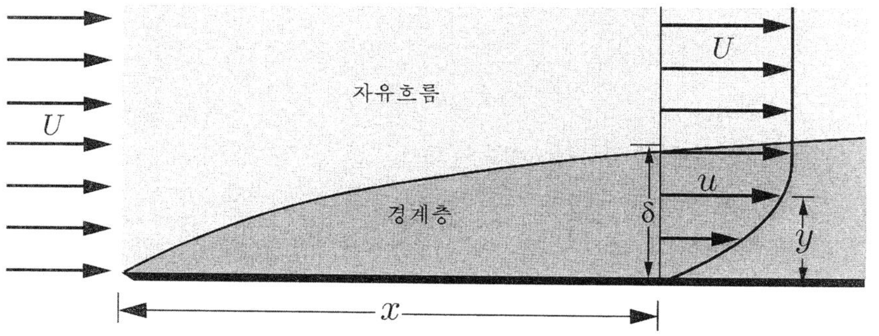

[그림 9.2] 평판상의 유동에서 경계층의 발달

경계층은 일반적으로 얇은 층의 두께이며, 경계층의 두께에는 여러 가지 정의가 있다. 그 종류와 의미에 대하여 고찰하여 보자.

(1) 경계층 두께 δ

경계층 두께라 함은 일반적으로 속도 경계층 두께를 의미하며, 보통 벽면으로부터 유속 u가 주류속도 U의 99[%]가 되는 위치까지의 거리를 **경계층 두께**(boundary layer thickness) δ라 한다.

$$\delta = y_{u=0.99U} \quad \text{혹은} \quad \delta = y_{du/dy=0} \qquad \cdots\cdots (9.3)$$

그런데 실제 실험에 의하여 측정되는 경계층 내의 속도분포로부터 $\delta_{0.99}$를 구하려고 하면 $y=\delta_{0.99}$ 부근의 속도구배 du/dy가 아주 작기 때문에 경계층 두께 $\delta_{0.99}$를 정확하게 구하기는 어렵다.

(2) 배제두께 δ_1

실제유체의 유동장에 물체가 놓여있는 경우, 물체 표면에 경계층이 생성되므로 그 층 내에서는 유속 u가 주류속도 U보다 작다. 따라서 임의의 단면에서 질량유량은 비점성유체의 흐름의 경우보다 작아진다. 그 감소한 유량에 상당하는 두께를 **배제두께**(displacement thickness, 排除두께) δ_1이라 한다(그림 9.3 참조). 그 감소유량을 배제유량이라 하며, 그것은 경계층 두께 및 속도분포와 밀접한 관계가 있다.

자유흐름의 평균속도 U, 경계층 내 임의의 위치에서의 속도를 u라 하면 단위폭(b=1)당 배제유량 $\varDelta q$는

$$\varDelta q = \int_0^{\delta} (U-u)dy = \int_0^{\infty} (U-u)dy \qquad \cdots\cdots (9.4)$$

이며, 비점성유체에서는 속도의 감소가 일어나지 않으므로, 배제유량과 같아지는 두께를 δ_1(배제두께)이라 하면

$$\varDelta q = U\delta_1 \qquad \cdots\cdots (9.5)$$

이 되어, 위의 두 식으로부터 배제두께 δ_1은 다음과 같이 표시된다.

$$\delta_1 = \int_0^{\delta}\left(1-\frac{u}{U}\right)dy = \int_0^{\infty}\left(1-\frac{u}{U}\right)dy \qquad \cdots\cdots (9.6)$$

그림 9.3에서 보는바와 같이 배제두께를 사용하는 것은, 실제 물체에 배제두께를 붙여서 만든 가상의 물체주위를 실제의 질량유량과 동일한 유량으로서 비점성(무마찰)의 이상적인 유동으로 대치할 수 있는 점에서 유용하다.

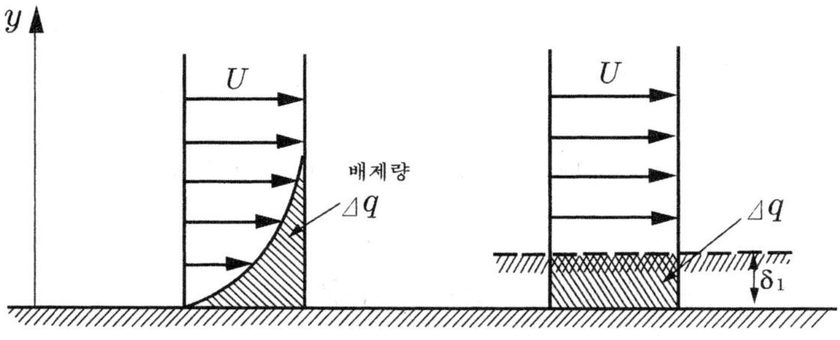

[그림 9.3] 배제 두께

(3) 운동량 두께 δ_2

그림 9.4와 같이, 주류속도 U의 흐름 속에 평판이 놓여있는 경우(그림 9.2 참조), 평판 선단으로부터 x 거리에 경계층 두께 δ의 폭 b를 갖는 제어체적 OABC를 생각하여 유량 및 운동량의 유출입에 대하여 고찰한다.

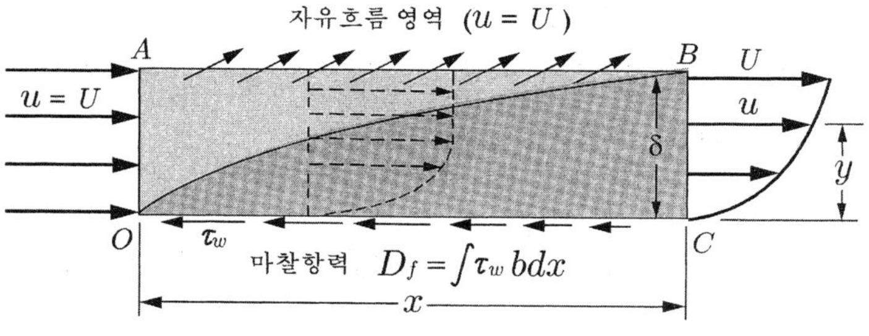

[그림 9.4] 평판상의 유동에 대한 제어체적

OA면, BC면, AB면을 통하는 유량 및 운동량을 정리하면 다음과 같다.

$$\begin{cases} OA\text{면 : 유량 } Ub\delta, & \text{운동량 } \rho(Ub\delta)U \\ BC\text{면 : 유량 } b\int_0^\delta u dy, & \text{운동량 } \rho b\int_0^\delta u^2 dy \\ AB\text{면 : 유량 } Ub\delta - b\int_0^\delta u dy, & \text{운동량 } \rho(Ub\delta - b\int_0^\delta u dy)U \end{cases} \quad \cdots\cdots (9.7)$$

그림 9.4로부터 OA 면을 통하여 유입하는 운동량과 BC 면 및 AB 면을 통하여 유출하는 운동량의 차가 제어체적의 유체에 생기는 운동량 결손이므로

$$\rho(Ub\delta)U - \rho b\int_0^\delta u^2 dy - \rho\left(Ub\delta - b\int_0^\delta u dy\right)U$$
$$= b\int_0^\delta \rho\, u(U-u)dy \qquad \cdots\cdots (9.8)$$

이 흐름이 비점성유체의 흐름이라면 운동량의 결손이 생기지 않을 것이므로 그에 상당하는 비점성 유동의 운동량 두께를 δ_2라 하면, 결손 운동량은 $\rho U^2 \delta_2 b$이므로 식(9.8)과 연관하여

$$\delta_2 = \frac{1}{U^2}\int_0^\delta u(U-u)dy = \int_0^\delta \frac{u}{U}\left(1-\frac{u}{U}\right)dy \qquad \cdots\cdots (9.9)$$

이 되며, 이 δ_2를 **운동량 두께**(momentum thickness, 運動量 두께)라 한다.

운동량 보존의 법칙에 의하면 운동량의 결손은 물체에 작용하는 힘에 상당하므로 물체에 생기는 마찰항력 D_f는 식(9.10)으로 표시할 수 있다.

$$D_f = \int \tau_w b dx = \rho\, b\int_0^\delta u(U-u)dy \qquad \cdots\cdots (9.10)$$

(4) 소산에너지 두께 δ_3

경계층의 단위 시간당 에너지 손실은 $\frac{\rho b}{2}\int_0^\delta u(U^2-u^2)dy$이며, 비점성유체의 흐름에서 그에 상당하는 두께를 δ_3라 할 때 운동에너지는 $\frac{\rho}{2}U^3 b\delta_3$이므로

$$\delta_3 = \frac{1}{U^3}\int_0^\delta u(U^2-u^2)dy = \int_0^\delta \frac{u}{U}\left(1-\frac{u^2}{U^2}\right)dy \cdots\cdots (9.11)$$

로 표시되며, δ_3를 **소산에너지 두께**(dissipation energy thickness, 消散에너지 두께)라 한다.

이상의 경계층 두께 δ_1, δ_2 및 δ_3는 각각 질량보존의 법칙, 운동량 보존의

법칙 및 에너지 보존의 법칙에 관련된 두께이며, 이들을 구하면 경계층이 주류에 미치는 영향, 벽면에 작용하는 마찰항력 및 마찰 손실에너지를 용이하게 구할 수 있다.

또 이들 두께의 비

$$H_{12} = \frac{\delta_1}{\delta_2}, \quad H_{32} = \frac{\delta_3}{\delta_2} \qquad \cdots\cdots (9.12)$$

는 경계층에서 속도분포의 형상을 나타내는 변수이며, 이러한 변수를 **형상계수**(shape factor, 形狀係數)라 한다. H_{12}가 작을수록 경계층의 속도분포는 아래로 볼록한 형상, H_{12}가 클수록 속도분포가 아래로 오목한 형상이 된다.

예로서, 평판상의 층류 경계층에서는 $H_{12}≒2.6$, 충분히 발달한 난류 경계층에서는 $H_{12}≒1.4$이다. 이 값이 층류에서 $H_{12}≒3.5$, 난류에서 $H_{12}≒1.8\sim2.4$에서는 박리현상이 일어난다고 알려져 있다.

예제 9.1

경계층의 속도분포가 다음 식으로 주어져 있다.

$$\frac{u}{U} = 1 - e^{-K(y/\delta)}$$

(1) K의 값, (2) 배제두께(δ_1/δ), (3) 운동량 두께(δ_2/δ), (4) 소산에너지 두께(δ_3/δ)를 각각 구하라. 단, δ는 경계층 두께이다.

[풀이] (1) $y\to\infty$에서 $u=U$이므로 경계층 두께 δ의 정의에서 $u=0.99U$에서의 y값을 쓰면

$$0.99 = 1 - e^{-K} \qquad \therefore\ K=4.61$$

(2) 식(9.6)으로부터

$$\frac{\delta_1}{\delta} = \int_0^\infty \left(1-\frac{u}{U}\right) d\left(\frac{y}{\delta}\right) = \int_0^\infty e^{-K(y/\delta)} d\left(\frac{y}{\delta}\right)$$

$$= \left[-\frac{1}{K} e^{-K(y/\delta)}\right]_0^\infty = \frac{1}{K} = \frac{1}{4.61} = 0.217$$

(3) 식(9.9)로부터

$$\frac{\delta_2}{\delta} = \int_0^{\infty} \frac{u}{U}\left(1-\frac{u}{U}\right)d\left(\frac{y}{\delta}\right) = \int_0^{\infty} e^{-K(y/\delta)}[1-e^{-K(y/\delta)}]d\left(\frac{y}{\delta}\right)$$
$$= \frac{1}{K} - \frac{1}{2K} = \frac{1}{2K} = \frac{1}{2\times 4.61} = 0.108$$

(4) 식(9.11)로부터

$$\frac{\delta_3}{\delta} = \int_0^{\infty} \frac{u}{U}\left(1-\frac{u^2}{U^2}\right)d\left(\frac{y}{\delta}\right) = \int_0^{\infty} \frac{u}{U}\left(1-\frac{u}{U}\right)\left(1+\frac{u}{U}\right)d\left(\frac{y}{\delta}\right)$$
$$= \int_0^{\infty} e^{-K(y/\delta)}[1-e^{-K(y/\delta)}][2-e^{-K(y/\delta)}]d\left(\frac{y}{\delta}\right)$$
$$= \frac{2}{K} - \frac{3}{2K} + \frac{1}{3K} = \frac{5}{6K} = \frac{5}{6\times 4.61} = 0.181$$

■

9.3 평판상의 층류경계층

9.3.1 층류경계층의 두께 및 마찰항력

물체의 벽면 근처에 생성되는 경계층 두께는 그 경계층이 발달하는 단계에서는 물체의 크기에 비하여 아주 얇고, 또 경계층 내의 유체유동에는 관성력과 점성력이 같은 정도로 작용한다고 볼 수 있다. 이들 경계층의 성질을 고려하면 Navier-Stokes방정식(5장의 식(5.14) 참조)으로부터 경계층 내에서는 간단하게 표시되는, 소위 경계층 방정식을 얻을 수 있다.

지금 정상류, 비압축성, 2차원 경계층 유동에서는 Navier-Stokes방정식과 연속의 식은 다음과 같다. 이 때 물체의 표면을 따르는 좌표를 x, 표면에 수직한 방향의 좌표를 y로 하여, 경계층 두께가 극히 얇으므로 체적력(중력 등)은 무시한다.

$$u\frac{\partial u}{\partial x} + v\frac{\partial u}{\partial y} = -\frac{1}{\rho}\frac{\partial p}{\partial x} + \nu\left(\frac{\partial^2 u}{\partial x^2} + \frac{\partial^2 u}{\partial y^2}\right) \quad \cdots\cdots (9.13a)$$

$$u\frac{\partial v}{\partial x} + v\frac{\partial v}{\partial y} = -\frac{1}{\rho}\frac{\partial p}{\partial y} + \nu\left(\frac{\partial^2 v}{\partial x^2} + \frac{\partial^2 v}{\partial y^2}\right) \quad \cdots\cdots (9.13b)$$

$$\frac{\partial u}{\partial x} + \frac{\partial v}{\partial y} = 0 \quad \cdots\cdots (9.13c)$$

위의 식들을 오더(order)해석을 함으로서, 경계층 유동에 끼치는 영향이 미소한 항을 소거하면 위의 식은 다음과 같이 된다(부록 F참조).

$$u\frac{\partial u}{\partial x} + v\frac{\partial u}{\partial y} = -\frac{1}{\rho}\frac{\partial p}{\partial x} + \nu\frac{\partial^2 u}{\partial y^2} \quad \cdots\cdots (9.14a)$$

$$\frac{\partial u}{\partial x} + \frac{\partial v}{\partial y} = 0 \quad \cdots\cdots (9.14b)$$

또한 오더해석을 통하여 경계층 두께는 다음의 관계가 있음이 밝혀졌다(부록 F 참조).

$$\delta = \sqrt{\frac{\nu x}{U}} \quad \cdots\cdots (9.15)$$

이러한 오더해석의 결과는 식(9.13b)의 모든 항이 미소한 결과로서 압력항도 0으로 놓을 수 있다는 의미로서

$$\frac{\partial p}{\partial y} = 0$$

이며, 이것은 벽면에 수직인 단면상에서 경계층 내의 압력이 거의 일정함을 의미한다. 이것은 벽면의 곡률이 크지 않은 물체의 경계층에 대한 중요한 성질의 하나이다. 따라서 경계층 내의 압력은 경계층 밖(비점성 흐름, $u=U$, $\partial U/\partial y=0$)의 주류속도 U에 지배되며, 압력 p와 주류속도 U의 관계식은 식(9.13a)로부터 다음의 관계가 성립한다.

$$U\frac{\partial U}{\partial x} = -\frac{1}{\rho}\frac{\partial p}{\partial x} \quad \cdots\cdots (9.16)$$

지금 속도 U인 흐름 속에 평행하게 놓여있는 평판상에 층류경계층이 생성되는 현상을 그림 9.5에 나타내었다.

이 경우, 경계층 유동이 2차원, 비압축성, 정상류라고 하면 경계층 외측의 주류속도 U는 일정하므로 식(9.16)으로부터 $\partial p/\partial x=0$이 된다. 따라서 평판의 층류경계층 방정식은 식(9.14)로부터 압력구배가 없으므로 다음과 같이 표시할 수 있다.

$$u\frac{\partial u}{\partial x}+v\frac{\partial u}{\partial y}=\nu\frac{\partial^2 u}{\partial y^2} \qquad \cdots\cdots (9.17a)$$

$$\frac{\partial u}{\partial x}+\frac{\partial v}{\partial y}=0 \qquad \cdots\cdots (9.17b)$$

경계조건은 다음과 같다.

(1) $y=0$: $u=v=0$,

(2) $y=\infty$: $u=U$

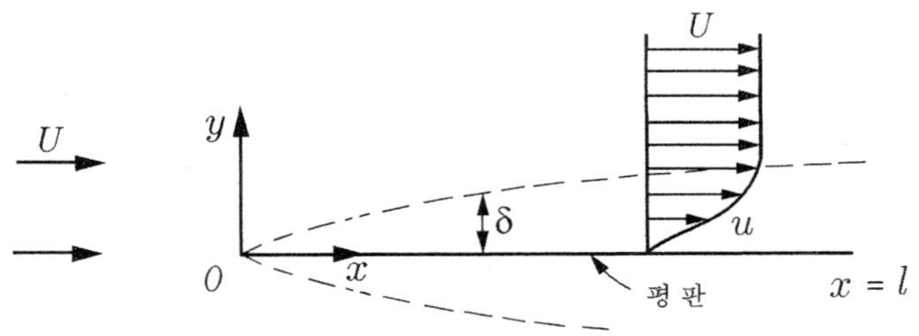

[그림 9.5] 평판에서의 경계층 발달

경계층 내의 속도분포 u는 x와 y의 함수이며, y 좌표를 경계층 두께 δ로 무차원화하고 u를 주류속도 U로 무차원화 하면 속도분포를 일정한 형태로 표시할 수 있다고 가정하여

$$\frac{u}{U}=f(\eta), \quad \eta=\frac{y}{\delta}, \quad \int_0^\eta f(\eta)d\eta=F(\eta)$$

를 이용하여 평판의 층류경계층 방정식(9.17)을 풀면 다음 식을 얻는다(부록 C 참조).

$$FF''+2F'''=0, \quad \eta=y\sqrt{\frac{U}{\nu x}} \qquad \cdots\cdots (9.18)$$

식(9.18)은 비선형 미분방정식으로서 Blasius는 $\eta=0$ 부근의 급수해와 $\eta=\infty$에서의 점근해를 구하여 경계층의 속도분포를 구했으며, 그 결과는 그림 9.6에 표시하였다.

표 9.1에는 Howarth의 수치계산 결과를 표시하였으며, 그래프로 나타내면 그림 9.7과 같다.

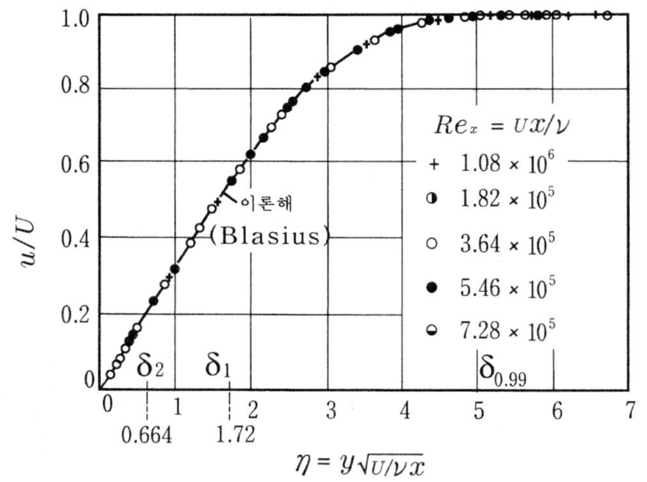

[그림 9.6] 평판 층류 경계층의 x방향 속도 분포

[표 9.1] 평판층류경계층의 함수 F(η)

$\eta = y\sqrt{\frac{U}{\nu x}}$	$F(\eta)$	$F'(\eta) = \frac{u}{U}$	$F''(\eta)$	$\eta = y\sqrt{\frac{U}{\nu x}}$	$F(\eta)$	$F'(\eta) = \frac{u}{U}$	$F''(\eta)$
0	0	0	0.33206	2.4	0.92230	0.72899	0.22809
0.2	0.00664	0.06641	0.33199	2.6	1.07252	0.77246	0.20646
0.4	0.02656	0.13277	0.33147	2.8	1.23099	0.81152	0.18401
0.6	0.05974	0.19894	0.33008	3.0	1.39682	0.84605	0.16136
0.8	0.10611	0.26471	0.32739	3.4	1.74696	0.90177	0.11788
1.0	0.16557	0.32979	0.32301	3.8	2.11605	0.94112	0.08013
1.2	0.23795	0.39378	0.31659	4.2	2.49806	0.96696	0.05052
1.4	0.32298	0.45627	0.30787	4.6	2.88826	0.98269	0.02948
1.6	0.42032	0.51676	0.29667	5.0	3.28329	0.99155	0.01591
1.8	0.52952	0.57477	0.28293	6.0	4.27964	0.99898	0.00240
2.0	0.65003	0.62977	0.26675	7.0	5.27926	0.99992	0.00022
2.2	0.78120	0.68132	0.24835	8.0	6.27923	1.00000	0.00001

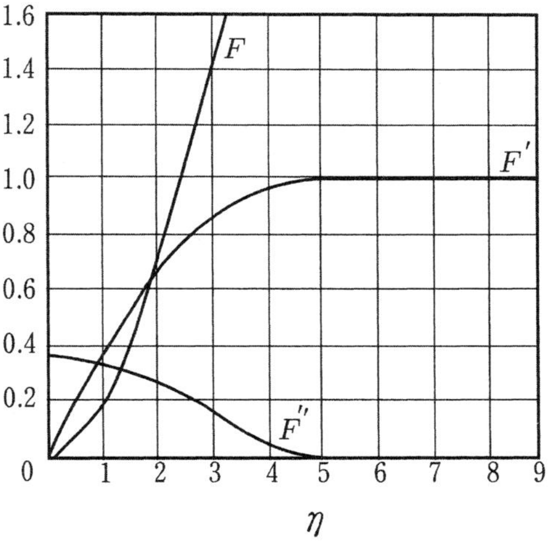

[그림 9.7] 식(9.18)의 수치해

다음에 경계층 두께 및 마찰 항력계수에 대하여 Blasius의 해를 소개한다.

(1) 층류경계층 두께

부록 C의 식(C−5)는 경계층 내의 속도분포를 다음과 같이 표시하였다.

$$\frac{u}{U} = F'(\eta) \qquad \cdots\cdots (9.19)$$

전술한 바와 같이 경계층 두께 $\delta_{0.99}$는 $u=0.99U$가 되는 위치를 말하며, 표 9.1로부터 $F'=u/U \fallingdotseq 0.99$가 되는 η의 값은 약 5.0이 된다. 따라서 $\eta=y/\delta$와 식(9.15)를 이용하면

$$y = \eta\delta = \eta\sqrt{\frac{\nu x}{U}}$$

의 관계가 있으므로 경계층 두께 $\delta_{0.99}$는 다음과 같이 정리할 수 있다.

$$\frac{\delta_{0.99}}{x} = \frac{5.0}{\sqrt{Re_x}}, \qquad \left(Re_x = \frac{Ux}{\nu}\right) \qquad \cdots\cdots (9.20)$$

위의 식으로부터, 경계층 두께는 평판 선단으로부터 하류로 갈수록 증가함을 알 수 있으며, 증가율은 그 거리의 1/2승에 비례한다.

배제두께 δ_1은 식(9.6)에 식(9.19)를 적용하여 표시하면

$$\delta_1 = \int_0^{\delta}\left(1-\frac{u}{U}\right)dy = \sqrt{\frac{\nu x}{U}}\int_0^{\delta}[1-F'(\eta)]d\eta$$

$$= \sqrt{\frac{\nu x}{U}}[\eta - F(\eta)]_0^{\delta} \qquad \cdots\cdots (9.21)$$

이 되며, 적분하한의 결과는 표 9.1로부터 $y=0$에서 $\eta=0$, $F(0)=0$이며, 적분상한은 $y=\delta(u/U=1)$에서의 $\eta=8.0$, $F(8.0)=6.27923$으로 이들을 식(9.21)에 적용하면 배제두께 δ_1은 다음과 같다.

$$\frac{\delta_1}{x} = \frac{1.721}{\sqrt{Re_x}}, \ (Re_x = \frac{Ux}{\nu}) \qquad \cdots\cdots (9.22)$$

이 식으로부터 배제두께는 경계층 두께 $\delta_{0.99}$의 약 1/3임을 알 수 있다.

운동량 두께 δ_2는 식(9.9)에 식(9.19)를 적용하면

$$\delta_2 = \int_0^{\delta}\frac{u}{U}\left(1-\frac{u}{U}\right)dy = \sqrt{\frac{\nu x}{U}}\int_0^{\delta}F'(1-F')d\eta$$

$$= \sqrt{\frac{\nu x}{U}}\left[\{F(1-F')\}_0^{\delta} + \int_0^{\delta}FF''d\eta\right] \qquad \cdots\cdots (9.23)$$

에서, 우변 제1항은 $F(0)=0$, $F'(\delta)=1$이므로 0이다. 우변 제2항은 식(9.18)로부터

$$\int_0^{\delta}FF''d\eta = -2\int_0^{\delta}F'''d\eta = 2[F''(0) - F''(\delta)]$$

$$= 2F''(0) = 2\times 0.33206 \fallingdotseq 0.664$$

따라서 운동량 두께 δ_2는 다음과 같이 표시된다.

$$\frac{\delta_2}{x} = \frac{0.664}{\sqrt{Re_x}}, \qquad (Re_x = \frac{Ux}{\nu}) \qquad \cdots\cdots (9.24)$$

9.2절에서 언급한 바와 같이 평판 층류경계층 유동에서는 속도분포의 형상을

결정짓는 형상계수는

$$H_{12} = \frac{\delta_1}{\delta_2} = \frac{1.721}{0.664} = 2.59$$

가 된다.

(2) 평판 층류경계층의 마찰항력

평판 벽면을 따라 경계층의 속도분포가 구해지면 벽면상의 속도구배로부터 벽면에 작용하는 전단응력을 계산할 수 있다. 그리고 그 평판에 작용하는 마찰항력은 전단응력을 벽면 전체에 걸쳐 적분하여 구할 수 있다.

먼저 벽면에 작용하는 전단응력 τ_w를 구한다.

흐름이 2차원이므로 그림 9.5의 평판의 벽면 전단응력은

$$\tau_w = \mu\left(\frac{\partial u}{\partial y}\right)_{y=0} = \mu U\left(\frac{\partial F'}{\partial y}\right)_{y=0} = \frac{\mu UF''(0)}{\sqrt{\nu x/U}}$$

$$= \frac{0.332\mu U}{\sqrt{\nu x/U}} = \frac{0.332}{\sqrt{Re_x}}\rho U^2 \qquad \cdots\cdots (9.25)$$

이며, 국소 마찰계수(local friction coefficient, 局所 摩擦係數) c_f는 다음과 같다.

$$c_f = \frac{\tau_w}{\frac{1}{2}\rho U^2} = \frac{0.664}{\sqrt{Re_x}} \qquad \cdots\cdots (9.26)$$

평판(폭 : b)의 선단으로부터 하류쪽의 l 위치까지 작용하는 한 쪽면의 마찰항력(friction drag) D_f는 벽면 전단응력 τ_w를 $0\sim l$에 걸쳐 적분하여 구할 수 있다.

$$D_f = b\int_0^l \tau_w dx = 0.332b\int_0^l \rho U^2\sqrt{\frac{\nu}{Ux}}\,dx = 0.664\rho U^2 b\sqrt{\frac{\nu l}{U}} \qquad \cdots\cdots (9.27)$$

그런데 마찰항력을 나타내는 일반식의 형태는 마찰항력계수 C_f를 포함하는 식

(9.2)로 표시하며, 이 경우의 표면적 $A_f=bl$이므로 위의 식과 연관하면

$$D_f=0.664\rho U^2 b\sqrt{\frac{\nu l}{U}}=C_f\cdot\frac{1}{2}\rho U^2 bl \qquad \cdots\cdots (9.28)$$

로부터 마찰항력계수(friction drag coefficient, 摩擦抗力係數) C_f는

$$C_f=\frac{1.328}{\sqrt{Re_l}}, \qquad (Re_l=\frac{Ul}{\nu}) \qquad \cdots\cdots (9.29)$$

이 되며, 이 식을 Blasius의 마찰식이라 한다.

평판의 길이 l이 비교적 큰 경우에는 층류경계층이 도중에 난류경계층으로 천이하기 때문에 적용할 레이놀즈수 Re에는 한계가 있으며, 이것을 임계 레이놀즈수라 하고, 보통 $2\times10^5\sim6\times10^5$ 범위에 있다. 일반적으로 평판의 경계층 유동에서의 층류경계층 흐름은 $Re=5\times10^5$ 이하를 일컫는다.

예제 9.2

길이 150[mm], 폭 100[mm]의 매끄러운 평판이 수면에서 면에 평행하게 1.5 [m/s]의 속도로 움직일 때 평판 후단의 (1) 경계층 두께, (2) 배제두께, (3) 운동량 두께를 구하고 (4) 벽면 전단응력과 (5) 마찰항력을 각각 구하라. (6) 또 이 평판이 물 속에 잠겨있다면 마찰항력은 얼마인가? 단, 물의 밀도 $\rho=1000$ [kg/m^3], 동점성계수 $\nu=1.02\times10^{-6}$[m^2/s]이다.

[풀이] $$Re_l=\frac{Ul}{\nu}=\frac{1.5\times0.15}{1.02\times10^{-6}}=220588.2<5\times10^5 \quad \therefore \text{층류이다.}$$

(1) 식(9.20)으로부터 경계층 두께는

$$\delta_{0.99}=\frac{5.0\times l}{\sqrt{Re_l}}=\frac{5\times0.15}{\sqrt{220588.2}}=0.0016m=1.6mm$$

(2) 식(9.22)로부터 배제두께는

$$\delta_1=\frac{1.721\times l}{\sqrt{Re_l}}=\frac{1.721\times0.15}{\sqrt{220588.2}}=0.00055m=0.55mm$$

(3) 식(9.24)로부터 운동량 두께는

$$\delta_2 = \frac{0.664 \times l}{\sqrt{Re_l}} = \frac{0.664 \times 0.15}{\sqrt{220588.2}} = 0.00021m = 0.21mm$$

(4) 식(9.25)로부터 벽면 전단응력은

$$\tau_w = \frac{0.332}{\sqrt{Re_l}} \rho U^2 = \frac{0.332}{\sqrt{220588.2}} \times 1000 \times 1.5^2 = 1.59N/m^2$$

(5) 식(9.28)로부터 마찰항력계수는

$$C_f = \frac{1.328}{\sqrt{Re_l}} = \frac{1.328}{\sqrt{220588.2}} = 0.00283$$

∴ 식(9.28)로부터

$$D_f = C_f \frac{1}{2} \rho U^2 (b \times l) = 0.00283 \times \frac{1}{2} \times 1000 \times 1.5^2 \times (0.1 \times 0.15) = 0.0478N$$

(6) 유체가 상하면을 모두 스치므로 마찰항력은 양쪽 면에서 계산해야 한다.

$$\therefore \ D_f = 2C_f \frac{1}{2} \rho U^2 (b \times l) = 2 \times 0.0478 = 0.0956N$$

■

예제 9.3

평판의 한 면이 층류경계층으로 덮여있다. 이 평판의 폭 b=1[m], 길이 l=2.5[m]이며, 평판 후단에서의 벽면 전단응력이 0.0005[N/m²]이었다. (1) 평판의 선단과 후단 사이의 중간 점에서의 전단응력 $\tau_{w,l/2}$, (2) 평판의 한 면에 작용하는 마찰항력 D_f, (3) 이 평판의 선단부터 $l/2$까지의 마찰항력 D_{f1}, (4) 평판의 $l/2 \sim l$ 사이의 마찰항력 D_{f2}를 각각 구하라.

[풀이] 식(9.25)로부터

$$\tau_w = \frac{0.332}{\sqrt{Re_x}} \rho U^2 = 0.332 \frac{\sqrt{\nu / U}}{\sqrt{x}} \rho U^2 = \frac{K}{\sqrt{x}}$$

라고 놓으면

$$K = \tau_w \sqrt{x} = 0.0005\sqrt{x} = 0.0005\sqrt{2.5} = 7.9 \times 10^{-4}$$

$$\therefore \quad \tau_w = 7.9 \times 10^{-4} x^{-\frac{1}{2}} \qquad \cdots\cdots \text{(a)}$$

(1) 식(a)로부터 $x = \frac{l}{2}$ 이므로

$$\tau_{w,\,l/2} = 7.9 \times 10^{-4} \times \left(\frac{2.5}{2}\right)^{-\frac{1}{2}} = 7.07 \times 10^{-4} N/m^2$$

(2) $$D_f = \int_0^l \tau_w dx = 7.9 \times 10^{-4} \int_0^{2.5} x^{-\frac{1}{2}} dx = 7.9 \times 10^{-4} \times 2\left[x^{\frac{1}{2}}\right]_0^{2.5}$$
$$= 0.002498N$$

(3) $$D_{f1} = \int_0^{l/2} \tau_w dx = 7.9 \times 10^{-4} \int_0^{1.25} x^{-1/2} dx$$
$$= 7.9 \times 10^{-4} \times 2[x^{1/2}]_0^{1.25} = 0.001766N$$

(4) $$D_{f2} = D_f - D_{f1} = 0.002498 - 0.001766 = 0.000732N$$ ■

9.3.2 Karman의 운동량 적분방정식

9.3.1절에서는 압력구배가 존재하지 않는 2차원 유동에서 평판 층류경계층의 방정식을 식(9.17)로 표시하였다. 그러나 일반적으로 익형이나 원주와 같이 물체 벽면의 곡률이 있는 경우는 벽면을 따라 압력구배가 존재하는 경우가 많다. 그러나 평판과 같이 비교적 흐름이 단순한 경우에도 경계층 방정식의 해석은 복잡하며, 더구나 압력구배가 존재하는 경우의 경계층 방정식의 엄밀해를 구하기는 더욱 복잡하다.

압력구배가 존재하는 경우의 층류경계층 방정식은 식(9.16)을 식(9.14)에 대입하여 다음과 같이 표시할 수 있다.

$$u\frac{\partial u}{\partial x} + v\frac{\partial u}{\partial y} = U\frac{dU}{dx} + \nu\frac{\partial^2 u}{\partial y^2} \qquad \cdots\cdots (9.30\text{a})$$

$$\frac{\partial u}{\partial x} + \frac{\partial v}{\partial y} = 0 \qquad \cdots\cdots (9.30\text{b})$$

이 방정식을 기초로 Karman은 경계층의 속도분포를 미리 가정하여 근사적으로 경계층의 발달상황을 알 수 있는 다음의 방정식을 제안하였다(부록 D참조).

$$\frac{d}{dx}\left[\int_0^\delta u(U-u)dy\right]+\frac{dU}{dx}\int_0^\delta (U-u)dy=\frac{\tau_w}{\rho} \quad \cdots\cdots (9.31)$$

이 식은 경계층의 발달에 동반되는 흐름 방향의 미소 폭 dx에 있어서 운동량의 평형을 표시하고 있으며, Karman의 운동량 적분방정식(Karman momentum integral equation, 運動量 積分方程式)이라 한다. 이 식을 이용하면 압력구배가 없는 경우에도 속도분포를 아는 경우, 쉽게 경계층의 해석을 할 수 있다.

다음의 예를 통해 이용방법을 고찰한다.

예제 9.4

일정한 흐름 속에 평판상의 층류경계층이 생성되고 있다. 이 때 경계층 내의 속도분포가 다음과 같다고 하면

$$u=a+by+cy^2 \quad \cdots\cdots (a)$$

(1) 속도분포 u/U, (2) 경계층 두께 $\delta(=\delta_{0.99})$, (3) 배제두께 δ_1, (4) 마찰항력계수를 각각 구하여 Blasius의 해와 비교하여라.

[풀이] (1) 경계조건을 식(a)에 적용하여 상수를 구한다.

$$y=0: u=0 \rightarrow a=0$$

$$y=\delta: u=U \rightarrow a+b\delta+c\delta^2=U$$

$$y=\delta: \frac{du}{dy}=0 \rightarrow b+2c\delta=0$$

$\therefore$ $a=0$, $b=2U/\delta$, $c=-U/\delta^2$이 되며, 이들을 식(a)에 대입하면 속도분포는 다음과 같이 된다.

$$\frac{u}{U}=2\left(\frac{y}{\delta}\right)-\left(\frac{y}{\delta}\right)^2 \quad \cdots\cdots (b)$$

(2) 평판의 경계층에서는 압력구배가 없으므로 $dp/dx=0$, $\therefore$ 식(9.16)에서 $dU/dx=0$ 이므로, 식(9.31)로부터 벽면 전단응력은

$$\tau_w = \frac{d}{dx}\int_0^\delta \rho u(U-u)dy = \frac{d}{dx}\int_0^\delta \rho U^2 \frac{u}{U}\left(1-\frac{u}{U}\right)dy$$

$$= \frac{d}{dx}\int_0^\delta \rho\, U^2\left[2\left(\frac{y}{\delta}\right)-\left(\frac{y}{\delta}\right)^2\right]\left[1-2\frac{y}{\delta}+\left(\frac{y}{\delta}\right)^2\right]dy$$

$$= \rho U^2 \frac{d}{dx}\left(\frac{2}{15}\,\delta\right) = \frac{2}{15}\,\rho U^2 \frac{d\delta}{dx}$$

한편 $\tau_w = \mu\left(\dfrac{du}{dy}\right)_{y=0} = \dfrac{2\mu U}{\delta}$

$$\therefore\ \delta\frac{d\delta}{dx} = \frac{15}{U}\,\nu \qquad \therefore\ \frac{\delta^2}{2} = \frac{15\nu}{U}x + c$$

경계조건 $x=0$: $\delta=0$을 위 식에 적용하면 $c=0$

$$\therefore\ \delta = \sqrt{\frac{30\nu x}{U}} \quad \text{또는} \quad \frac{\delta}{x} = \frac{5.48}{\sqrt{Re_x}}$$

∴ Blasius의 해인 식(9.20)과 비교하면, 약 10% 정도 높은 값이다.

(3) 배제두께 δ_1은 식(9.6)으로부터

$$\delta_1 = \int_0^\delta\left(1-\frac{u}{U}\right)dy = \int_0^\delta\left[1-2\frac{y}{\delta}+\left(\frac{y}{\delta}\right)^2\right]dy = \frac{\delta}{3}$$

$$\therefore\ \delta_1 = 1.827\sqrt{\frac{\nu}{Ux}} \quad \text{또는} \quad \frac{\delta_1}{x} = \frac{1.827}{\sqrt{Re_x}}$$

∴ Blasius의 해인 식(9.22)와 비교하면 약 6[%] 정도 높은 값이다.

(4) 한쪽 면에 작용하는 마찰항력은

$$D_f = b\int_0^l \tau_w dx = b\int_0^l \frac{2\mu U}{\delta}dx = 2\mu Ub\int_0^l \frac{1}{5.48}\left(\frac{U}{\nu x}\right)^{1/2}dx$$

$$= 0.73\,\mu Ub\left(\frac{Ul}{\nu}\right)^{\frac{1}{2}}$$

$$\therefore\ C_f = \frac{D_f}{\frac{1}{2}\rho U^2(b\times l)} = 1.46\left(\frac{\nu}{Ul}\right)^{\frac{1}{2}} = \frac{1.46}{\sqrt{Re_l}}$$

∴ Blasius의 해인 식(9.29)보다 약 10[%] 정도 높은 값이다. ■

9.4 평판상의 난류경계층

그림 9.8은 평판 선단으로부터 층류경계층이 하류로 감에 따라 발달하다가 어느 위치로부터 난류경계층으로 변화하는 현상을 나타내었다. 그러나 그 경계층이 천이영역을 거치는데, 이 영역에서는 층류상태와 난류상태가 혼재하고 있으며 하류쪽으로 갈수록 난류상태가 점유하는 비율이 많아진다. 평판상의 층류경계층이 천이하기 시작하는 위치($x=x_t$)는 주류에 내재하는 난동성분의 세기와 벽면의 거칠기에 따라 달라진다. 일반적으로 매끄러운 평판 벽면의 천이 레이놀즈수는 다음과 같다.

$$Re_c = \frac{Ux_t}{\nu} \doteqdot 3\times 10^5 \qquad \cdots\cdots (9.32)$$

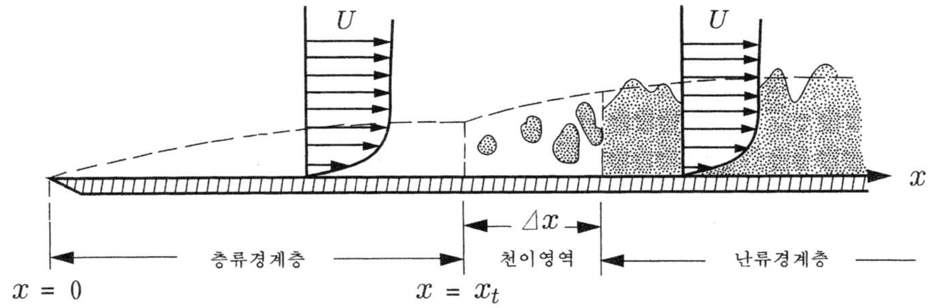

[그림 9.8] 경계층의 천이

평판상의 난류경계층 방정식은 층류경계층 방정식(9.14)와 같은 형태이나 속도 및 압력은 시간 평균치로, 점성항은 레이놀즈응력($-\rho\,\overline{u'v'}$)이 추가되어 다음과 같이 표시된다.

$$\bar{u}\frac{\partial \bar{u}}{\partial x} + \bar{v}\frac{\partial \bar{u}}{\partial y} = -\frac{1}{\rho}\frac{d\bar{p}}{dx} + \frac{1}{\rho}\frac{\partial}{\partial y}\left(\mu\frac{\partial \bar{u}}{\partial y} - \rho\,\overline{u'v'}\right) \qquad \cdots\cdots (9.33a)$$

$$\frac{\partial \bar{u}}{\partial x} + \frac{\partial \bar{v}}{\partial y} = 0 \qquad \cdots\cdots (9.33b)$$

9.4.1 난류경계층 두께 및 벽면 전단응력

난류경계층은 해석적 취급이 어려우므로 실험에 의존하는 경우가 많다. 원관이나 평판의 경우, 난류경계층의 속도분포가 근사하다고 알려져 있으며, 반실험적(半實驗的)인 1/7승법칙(5장의 식(5.25))으로부터 u_{max} 대신에 주류속도 U로, 반경 r_o 대신에 경계층 두께 δ로 치환하여 표시하며, 시간 평균속도 $\bar{u}$를 u로 표시하면 다음과 같다.

$$\frac{u}{U}=\left(\frac{y}{\delta}\right)^{\frac{1}{7}},\ (Re_x=5\times10^5\sim10^7) \quad \cdots\cdots (9.34)$$

그러나 위의 식을 이용하여 벽면 전단응력 τ_w를 구하면 무한대가 되어, 1/7승법칙은 벽면 근처에서는 성립하지 않는다. 따라서 벽면 전단응력은 원관내 난류의 관 마찰계수(Blasius의 식)를 이용한 6장의 식(6.20)'을 식(9.34)와 같은 방법으로 $u_{max}\to U$, $r_o\to\delta$로 치환하여 다음 식으로 이용한다.

$$\tau_w=0.0225\,\rho\,U^2\left(\frac{U\delta}{\nu}\right)^{-\frac{1}{4}} \quad \cdots\cdots (9.35)$$

난류경계층의 경우에도 압력구배가 없다고 할 수 있으므로 Karman의 운동량 적분방정식(9.31)의 좌변 제2항은 무시되어

$$\tau_w=\rho\frac{d}{dx}\left[\int_0^\delta u(U-u)dy\right]=\rho U^2\frac{d}{dx}\left[\int_0^\delta\frac{u}{U}\left(1-\frac{u}{U}\right)dy\right]$$

가 되어, 이 식에 식(9.34)와 식(9.35)를 대입하면

$$\tau_w=\rho U^2\frac{d}{dx}\int_0^\delta\left(\frac{y}{\delta}\right)^{\frac{1}{7}}\left[1-\left(\frac{y}{\delta}\right)^{\frac{1}{7}}\right]dy=\rho U^2\frac{d}{dx}\left(\frac{7}{72}\delta\right)$$

$$\therefore\ \frac{7}{72}\frac{d\delta}{dx}=\frac{\tau_w}{\rho U^2}=0.0225\left(\frac{U\delta}{\nu}\right)^{-\frac{1}{4}} \quad \cdots\cdots (9.36)$$

적분하면

$$\frac{7}{90}\delta^{4/5} = 0.0225\left(\frac{U}{\nu}\right)^{-1/4} \cdot x + c$$

난류경계층이 평판 선단으로부터 생성된다고 할 때, 경계조건 $x=0$: $\delta=0$ 을 위 식에 적용하면 $c=0$이므로, 평판의 난류경계층 두께는 다음과 같이 표시할 수 있다.

$$\frac{\delta}{x} = 0.37\left(\frac{Ux}{\nu}\right)^{-\frac{1}{5}} = \frac{0.37}{(Re_x)^{1/5}} \qquad \cdots\cdots (9.37)$$

평판 층류경계층에서는 $\delta \propto x^{1/2}$인데 비하여 난류경계층에서는 $\delta \propto x^{4/5}$가 되어 하류로 감에 따라 경계층 두께의 증가율이 큼을 알 수 있다.

식(9.37)을 식(9.36)에 대입하면 평판 난류경계층의 벽면 전단응력(마찰응력)은 다음과 같이 얻을 수 있다.

$$\tau_w = \frac{0.0576}{(Re_x)^{1/5}} \cdot \frac{1}{2}\rho U^2, \quad \left(Re_x = \frac{Ux}{\nu}\right) \qquad \cdots\cdots (9.38)$$

따라서 국소점에서의 마찰항력계수 c_f 는 $\tau_w = c_f \cdot \frac{1}{2}\rho U^2$으로부터

$$c_f = \frac{0.0576}{(Re_x)^{1/5}} \qquad \cdots\cdots (9.39)$$

가 된다.

식(9.34)를 이용하여 식(9.6)으로부터 배제두께 δ_1을 구하면 다음과 같다.

$$\delta_1 = \int_0^\delta \left(1 - \frac{u}{U}\right) dy = \int_0^\delta \left[1 - \left(\frac{y}{\delta}\right)^{1/7}\right] dy$$

$$= \left[y - \frac{7}{8}\frac{y^{8/7}}{\delta^{1/7}}\right]_0^\delta = \frac{1}{8}\delta \qquad \cdots\cdots (9.40)$$

또, 식(9.34)를 식(9.9)에 대입하면 운동량 두께 δ_2가 다음과 같이 구해진다.

$$\delta_2 = \int_0^\delta \frac{u}{U}\left(1-\frac{u}{U}\right)dy = \int_0^\delta \left(\frac{y}{\delta}\right)^{1/7}\left[1-\left(\frac{y}{\delta}\right)^{1/7}\right]dy$$

$$= \left[\frac{7}{8}\frac{y^{8/7}}{\delta^{1/7}} - \frac{7}{9}\frac{y^{9/7}}{\delta^{2/7}}\right]_0^\delta = \frac{7}{72}\delta \qquad \cdots\cdots (9.41)$$

예제 9.5

폭 1[m], 길이 3[m]인 매끈한 평판이 20[℃]의 정지된 물 속에서 3[m/s]의 속도로 운동하고 있다. 평판 후단에서의 (1) 경계층 두께, (2) 배제두께, (3) 운동량 두께, (4) 벽면 전단응력을 각각 구하라. 단, 20[℃] 물의 동점성계수는 $1\times 10^{-6}[m^2/s]$이며, 평판 선단으로부터 난류경계층이 생성되고, 속도분포는 1/7승 법칙을 따른다고 가정한다.

[풀이] $Re_l = \dfrac{Ul}{\nu} = \dfrac{3\times 3}{1\times 10^{-6}} = 9\times 10^6 > 5\times 10^5 \quad \therefore$ 난류

(1) 식(9.37)로부터

$$\delta = \frac{0.37l}{(Re_l)^{1/5}} = \frac{0.37\times 3}{(9\times 10^6)^{1/5}} = 0.04513m = 45.13mm$$

(2) 식(9.40)으로부터

$$\delta_1 = \frac{1}{8}\delta = \frac{1}{8}\times 45.13 = 5.64mm$$

(3) 식(9.41)로부터

$$\delta_2 = \frac{7}{72}\delta = \frac{7}{72}\times 45.13 = 4.39mm$$

(4) 식(9.38)로부터

$$\tau_w = \frac{0.0576}{(Re_l)^{1/5}}\cdot\frac{1}{2}\rho U^2 = \frac{0.0576}{(9\times 10^6)^{1/5}}\times\frac{1}{2}\times 1000\times 3^2$$

$$= 10.54N/m^2$$

■

9.4.2 평판 난류경계층의 마찰항력

위에서 구한 평판 난류경계층의 각 두께 및 벽면 전단응력은 경계층 내의 속도분포가 1/7승 법칙에 따르며 마찰계수는 Blasius의 마찰식이 성립하는 범위에서 적용된다. 따라서 이 범위에서 평판상의 난류경계층 유동에서의 마찰항력 D_f는 벽면 전단응력 τ_w(식(9.38))를 적분하여 구할 수 있다.

$$D_f = b\int_0^l \tau_w dx = b\int_0^l 0.0576\left(\frac{Ux}{\nu}\right)^{-\frac{1}{5}} \cdot \frac{1}{2}\rho U^2 dx$$

$$= \frac{0.072}{(Re_l)^{1/5}} \cdot \frac{1}{2}\rho U^2(b\times l),\ \left(Re_l = \frac{Ul}{\nu}\right) \quad \cdots\cdots (9.42)$$

따라서, 마찰항력의 일반식(9.2)와 연관시키면, 마찰항력계수 C_f는 다음 식으로 표시된다.

$$C_f = \frac{D_f}{\frac{1}{2}\rho U^2(b\times l)} = \frac{0.072}{(Re_l)^{1/5}} \quad \cdots\cdots (9.43)$$

층류경계층에서는 식(9.29)에서 보는 바와 같이 $C_f \propto Re_l^{-1/2}$인 것에 비하여 난류경계층에서는 $C_f \propto Re_l^{-1/5}$의 관계가 있다.

실험에 의하면 $Re_l = 5\times10^5 \sim 10^7$ 범위에서 C_f의 값이 식(9.43)의 상수 0.072를 0.074로 수정할 때 잘 일치함에 따라 다음 식이 이용되고 있다.

$$C_f = \frac{0.074}{(Re_l)^{1/5}},\ (5\times10^5 < Re_l < 10^7) \quad \cdots\cdots (9.44)$$

그런데 경계층은 실제로 평판의 상류부분은 층류경계층이다. Prandtl은 평판 선단으로부터 난류경계층이 생성된다는 가정하에 전 평판에 대한 난류경계층의 마찰항력을 계산한 후 평판 선단으로부터 임계 레이놀즈수 $Re_c = 5\times10^5$에 해당하는 위치까지의 상류부분에 대한 난류경계층의 마찰항력을 빼고, 그 부분에 대하여 층류경계층에 의한 마찰항력을 더하여 전 평판에 작용하는 마찰항력계수를 구하는 식을 다음과 같이 제시하였다.

$$C_f = \frac{0.074}{(Re_l)^{1/5}} - \frac{1700}{Re_l}, \quad (5\times10^5 < Re_l < 10^7) \quad \cdots\cdots (9.45)$$

한편, Prandtl은 난류경계층의 속도분포를 대수법칙(5장의 식(5.37) 참조)으로 적용하여 Karman의 운동량 적분방정식(9.31)로부터 수치적 계산을 통하여 넓은 범위의 레이놀즈수 영역에 적용할 수 있는 근사식을 다음과 같이 얻었다.

$$C_f = \frac{0.455}{(\log Re_l)^{2.58}}, \quad (10^6 < Re_l < 10^9) \quad \cdots\cdots (9.46)$$

이 경우, 평판 선단으로부터 층류경계층이 생성되어 천이영역을 거쳐 난류경계층이 생성되는 경우의 마찰항력계수는 다음과 같다.

$$C_f = \frac{0.455}{(\log Re_l)^{2.58}} - \frac{1700}{Re_l} \quad \cdots\cdots (9.47)$$

위의 식은 식(9.45)와 거의 일치하고 있다.

그림 9.9에는 평판 층류경계층의 마찰항력계수 식(9.29)를 포함하여, 천이영역 및 난류경계층에서의 마찰항력계수에 대한 실측치를 표시하였다. 곡선 ①은 식(9.29)로서 층류경계층의 마찰항력계수, 곡선 ②는 식(9.45)의 천이영역, 곡선 (3a)는 난류경계층의 식(9.44), 곡선 (3b)는 난류경계층($Re_l=10^6 \sim 10^9$)의 식(9.46)을 표시하며 실험치와 잘 일치하고 있다.

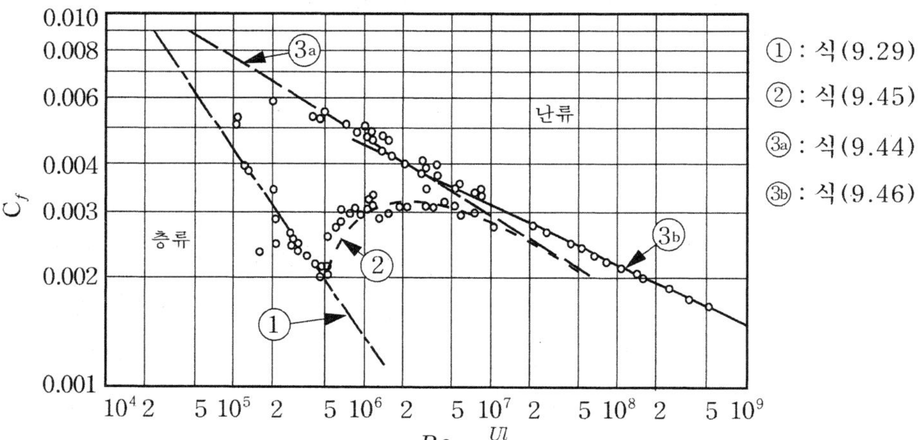

[그림 9.9] 평판유동의 마찰항력계수

지금까지는 벽면이 매끄러운 평판의 난류경계층에 대하여 기술하였다.

벽면이 거친 평판의 난류경계층에 대한 마찰항력계수에 대하여 고찰하여 보자. 벽면이 완전히 거칠다는 한계는 일반적으로 거칠기를 ε, 마찰속도를 $u_* = \sqrt{\dfrac{\tau_w}{\rho}}$ 라 할 때, 다음의 범위에 있는 경우를 말한다.

$$\frac{u_* \varepsilon}{\nu} > 70 \qquad \cdots\cdots (9.48)$$

이 경우의 경계층의 속도분포는 다음의 Nikuradse의 식(5장의 식(5.40))이 적용된다.

$$\frac{\overline{u}}{u_*} = 2.5 \ln \frac{y}{\varepsilon} + 8.48 \qquad \cdots\cdots (9.49)$$

이와 같이 속도분포가 표시되면 평판 벽면이 거칠기 ε의 거친면으로서 평판 선단으로부터 난류경계층이 생성된다고 할 때 마찰항력계수 C_f를 구할 수 있다.

그림 9.10으로부터 C_f는 $Re_l = Ul/\nu$와 조도 ε/l에 의하여 변화하는데, 주어진 임의의 ε/l에 대하여 어느 정도 이상의 레이놀즈수 영역에서는 C_f가 거의 일정한 값이 된다. 이 영역은 벽면이 완전히 거친 경우, 조도 ε/l이 작을수록(l/ε이 클수록) C_f=일정이 되는 레이놀즈수는 증가한다. 그림 중의 파선은 C_f가 일정해져 벽면이 완전히 거칠다는 한계를 표시한다.

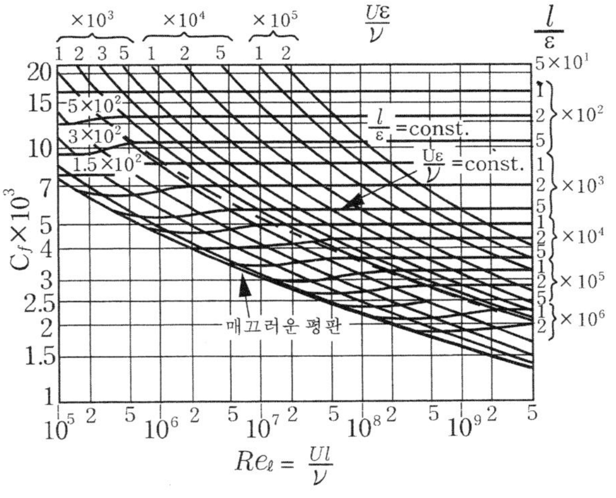

[그림 9.10] 표면이 거친 평판의 마찰항력계수

완전히 거친 면에서의 마찰항력계수 C_f와 조도 ε/l의 관계는 다음 식으로 근사시킬 수 있다.

$$C_f = \left(1.89 + 1.62\log\frac{l}{\varepsilon}\right)^{-2.5} \qquad \cdots\cdots (9.50)$$

이 식은 $10^2 < l/\varepsilon < 10^6$ 범위에서 성립한다.

예제 9.6

물 속에서 폭 1[m], 길이 1.5[m]인 매끄러운 평판이 5[m/s]의 속도로 운동할 때 (1) 평판의 양면에 작용하는 마찰항력, (2) 만일 이 평판의 표면 거칠기를 대표 길이로 하는 레이놀즈수 $U\varepsilon/\nu = 10^4$의 거친 평판의 경우에 작용하는 마찰항력을 각각 구하라. 단, 물의 동점성계수는 1×10^{-6}[m²/s], 밀도는 1000 [kg/m³]이며, 평판 선단으로부터 난류경계층이 생성된다고 본다.

[풀이] $$Re_l = \frac{Ul}{\nu} = \frac{5\times1.5}{1\times10^{-6}} = 7.5\times10^6 > 5\times10^5 \quad \therefore \text{ 난류이다.}$$

(1) 식(9.44)로부터

$$C_f = \frac{0.074}{(Re_l)^{1/5}} = \frac{0.074}{(7.5\times10^6)^{1/5}} = 3.12\times10^{-3}$$

$$\therefore\ D_f = 2\times C_f\frac{1}{2}\rho U^2bl = 2\times3.12\times10^{-3}\times\frac{1}{2}\times1000\times5^2\times1\times1.5 = 117N$$

(2) $$\frac{l}{\varepsilon} = \frac{Ul}{\nu}\times\left(\frac{\nu}{U\varepsilon}\right) = 7.5\times10^6\times10^{-4} = 7.5\times10^2$$

∴ 식(9.50)으로부터

$$C_f = \left(1.89 + 1.62\log\frac{l}{\varepsilon}\right)^{-2.5} = [1.89 + 1.62\log(7.5\times10^2)]^{-2.5} = 9.116\times10^{-3}$$

$$\therefore\ D_f = 2C_f\frac{1}{2}\rho U^2bl = 2\times9.116\times10^{-3}\times\frac{1}{2}\times1000\times5^2\times1\times1.5 = 341.85N$$

■

예제 9.7

폭 3[m], 길이 25[m]인 매끈한 평판이 정지한 물 속에서 7[m/s]의 속도로 움직인다. (1) 평판에 작용하는 항력을 구하라. (2) 평판 선단으로부터 5[m] 구간에 작용하는 항력을 구하라. 단, 물의 $\nu=1\times10^{-6}[m^2/s]$, $\rho=1000[kg/m^3]$이다.

[풀이] (1) 평판 전체에 대하여

$$Re_l=\frac{Ul}{\nu}=\frac{7\times25}{1\times10^{-6}}=1.75\times10^8$$

∴ 식(9.46)으로부터

$$C_f=\frac{0.455}{(\log Re_l)^{2.58}}=\frac{0.455}{[\log(1.75\times10^8)]^{2.58}}=1.97\times10^{-3}$$

$$\therefore\ D_f=2C_f\frac{1}{2}\rho U^2bl=2\times1.97\times10^{-3}\times\frac{1}{2}\times1000\times7^2\times3\times25=7239.75N$$

(2) 임계 레이놀즈수 $Re_c=5\times10^5$이라면 평판 선단으로부터 천이점까지의 거리 l_o는

$$5\times10^5=\frac{Ul_o}{\nu}\qquad\therefore\ l_o=\frac{5\times10^5\times1\times10^{-6}}{7}=0.07m$$

따라서 층류경계층 영역은 거의 무시할 수 있다.
평판 선단으로부터 x=5[m]까지에 대하여

$$Re_x=\frac{Ux}{\nu}=\frac{7\times5}{1\times10^{-6}}=3.5\times10^7$$

$$\therefore\ C_f=\frac{0.455}{(\log Re_x)^{2.58}}=\frac{0.455}{[\log(3.5\times10^7)]^{2.58}}=2.476\times10^{-3}$$

$$\therefore\ D_f=2C_f\frac{1}{2}\rho U^2bx=2\times2.476\times10^{-3}\times\frac{1}{2}\times1000\times7^2\times3\times5=1819.86N$$

■

예제 9.8

20[℃]의 물이 5[m/s]의 속도로 평행 유동하는 유동장에 폭 1[m], 길이 1[m]인 매끈한 평판을 유동방향과 평행하게 놓았을 때, 천이영역이 포함된다면 (1) 표면 마찰항력계수, (2) 평판의 한쪽 면에 작용하는 마찰항력, (3) 임계길이 l_c, (4) 층류경계층으로 야기되는 마찰항력과 난류경계층 영역의 마찰항력을 각각

구하라.

[풀이] 20[℃] 물의 동점성계수 $\nu = 1.007 \times 10^{-6} m^2/s$, 밀도 $\rho = 998 kg/m^3$이다.

$$Re_l = \frac{Ul}{\nu} = \frac{5 \times 1}{1.007 \times 10^{-6}} = 4.965 \times 10^6$$

(1) 식(9.45)로부터

$$C_f = \frac{0.074}{Re_l^{1/5}} - \frac{1700}{Re_l} = \frac{0.074}{(4.965 \times 10^6)^{1/5}} - \frac{1700}{4.965 \times 10^6} = 0.003046$$

(2) $D_f = C_f \frac{1}{2} \rho U^2 A = 0.003046 \times \frac{1}{2} \times 998 \times 5^2 \times (1 \times 1) = 38N$

(3) 임계 레이놀즈수를 5×10^5으로 하면

$$Re_c = 5 \times 10^5 = \frac{Ul_c}{\nu}$$

$$\therefore \ l_c = \frac{5 \times 10^5 \nu}{U} = \frac{5 \times 10^5 \times 1.007 \times 10^{-6}}{5} = 0.1007m$$

(4) 식(9.28)과 (9.29)로부터

$$D_{f,lam} = C_f \frac{1}{2} \rho U^2 b l_c = \frac{1.328}{\sqrt{Re_c}} \frac{1}{2} \rho U^2 b l_c$$

$$= \frac{1.328}{\sqrt{5 \times 10^5}} \times \frac{1}{2} \times 998 \times 5^2 \times 1 \times 0.1007 = 2.359N$$

$$D_{f,turb} = D_f - D_{f,lam} = 38 - 2.359 = 35.641N$$

■

9.5 경계층내의 박리

경계층 내의 흐름은 관성력, 압력구배, 점성력이 평형상태에 있으므로, 보통 관성력은 흐름의 방향으로, 점성력은 흐름의 역방향이지만 압력구배는 주류의 상태에 따라서 방향이 흐름방향 또는 그 역방향으로 변하기 때문에 속도분포는 그림 9.11과 같이 크게 변화한다.

2차원, 비압축성, 정상류의 경계층 방정식은 식(9.14a)와 같이

$$u\frac{\partial u}{\partial x}+v\frac{\partial u}{\partial y}=-\frac{1}{\rho}\frac{\partial p}{\partial x}+\nu\frac{\partial^2 u}{\partial y^2}$$

이며, 물체의 벽면상에는 $y=0$에서 $u=v=0$이므로 위의 식은 다음의 관계가 있다.

$$\left(\frac{\partial^2 u}{\partial y^2}\right)_{y=0}=\frac{1}{\mu}\frac{\partial p}{\partial x} \quad \cdots\cdots (9.51)$$

또 식(9.16)에서는

$$U\frac{\partial U}{\partial x}=-\frac{1}{\rho}\frac{\partial p}{\partial x} \quad \cdots\cdots (9.52)$$

이므로, 위의 두 식으로부터 다음의 사실을 알 수 있다.

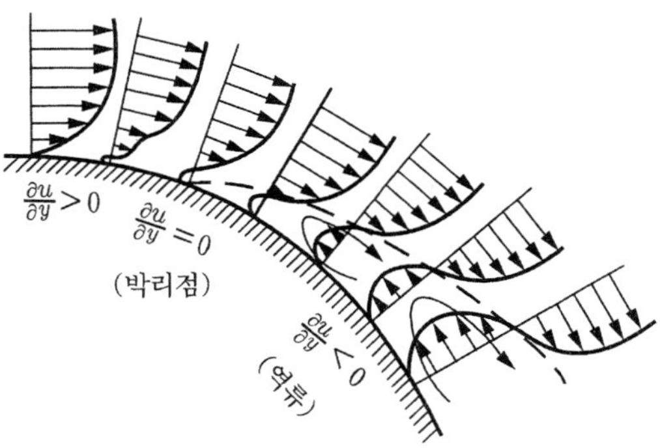

[그림 9.11] 곡면 경계층의 박리

① 주류가 증속류인 경우

식(9.52)로부터 $\partial u/\partial x>0$인 경우로 압력구배는 부(負)로서 하류로 갈수록 압력이 강하하며, $\partial u/\partial y>0$, 식(9.51)로부터는 $\partial^2 u/\partial y^2<0$이 되므로 속도 분포는 아래로 볼록한 형상이 된다.

② 주류가 감속류인 경우

식(9.52)로부터 $\partial u/\partial x<0$인 경우로 압력구배는 정(正)으로서 하류로 갈수록 압력이 증가하며, $\partial u/\partial y<0$, 식(9.51)로부터 $\partial^2 u/\partial y^2>0$이 되므로 속

도분포의 일부가 아래로 오목한 형상이 된다.

압력구배가 정(正)의 값으로 커지면 경계층 내의 흐름은 압력에 의한 힘과 점성력에 대항하여 흐르므로, 물체 표면근처의 유체는 운동에너지를 잃어 정지하며 상류측의 압력이 낮은 쪽으로 역류하므로 경계층의 흐름은 물체 표면으로부터 이탈하여 **박리**(separation, 剝離)현상이 발생한다. 그림 9.11에서는 $\partial u/\partial y=0$ 인 점이 박리점이며, 그 하류에서는 벽면 근처에서 **역류**(back flow, 逆流)가 발생함을 나타내고 있다.

2차원 흐름은 물체 표면의 박리점에서 $\partial u/\partial y=0$, 즉 벽면 전단응력 $\tau_w=0$이 된다. 흐름이 박리하면 와동층이 되는데, 이 와동층은 결국 큰 와류로 성장하며 물체로부터 이탈하여 하류로 방출된다.

물체 주위의 압력분포는 와류의 방출에 의하여 변동하므로 박리점도 계속 변동한다.

박리는 공학적으로 극히 바람직하지 못한 현상이다. 예를 들면 비행기의 익면에서 박리가 발생하면 **양력**(lift force, 揚力)이 현저히 저하하고 **항력**(drag force, 抗力)이 증대하여 심할 경우 **실속**(stall, 失速)상태가 된다. 또 유체기계의 회전차나 디퓨서(diffuser)에서 박리가 발생하면 성능이 저하할 뿐 아니라 **서어징**(surging)현상을 일으켜 기계가 진동하고 파손하는 경우도 있다. 따라서 사전에 경계층의 계산을 하여 박리가 발생하지 않는다는 것을 확인하는 작업은 설계 시 중요하다.

역압력구배($dp/dx>0$)가 있는 흐름에서는 층류경계층보다도 난류경계층의 편이 박리가 일어나기 어렵다. 왜냐하면 난류혼합에 의한 속도분포의 모양이 일정해지므로 벽면근처의 유속이 층류경계층의 경우보다 크고 $(\partial u/\partial y)_{y=0}=0$의 조건에 도달하기 어렵기 때문이다. 즉 벽면근처에서 유체입자의 운동량이 큰 경우에는 큰 압력구배에 대항하여 흐를 수 있다. 또 층류의 상태에서 박리가 발생하는 경우(laminar separation), 흐름에 난동이 생겨 경계층이 난류로 천이하여 벽면에 재부착(reattachment, 再付着)하는 것이 있다. 이때 층류 박리점으로부터 재부착점 사이에 생기는 국소적인 박리영역을 **박리포**(separation bubble, 剝離泡)라 한다. 이 영역에서는 벽면의 압력이 거의 일정해지므로 벽면압력분포의 계측에 의해 박리포의 존재를 확인할 수 있다.

9.6 물체에 작용하는 압력항력

9.6.1 개요

흐름 중에 놓여진 물체 또는 정지유체 중을 운동하는 물체에는 반드시 저항이 작용한다. 그 중 주류 또는 물체의 진행방향에 수직인 힘의 성분을 **양력**(lift, 揚力), 평행한 성분을 **항력**(drag, 抗力) 또는 저항이라 한다. 물체가 유체로부터 받는 힘은 물체의 표면에 작용하는 응력의 적분치이며, 응력은 표면에 수직한 압력과 접선방향의 전단응력으로 나눌 수 있다. 9.1절에서 언급한 바와 같이, 물체표면의 전단응력을 물체표면에 대하여 적분하여 얻는 힘을 **마찰항력** D_f로 나타내었다. 그러나 물체에 발생하는 압력차에 의한 흐름방향의 성분을 물체표면상에서 적분하여 얻은 힘을 **압력항력**(pressure drag, 壓力抗力)이라 하며, 다음 식으로 표시하였다.

$$D_p = C_p \cdot \frac{1}{2} \rho U^2 A \qquad \cdots\cdots (9.53)$$

이 압력항력은 물체의 형상과 전술한 박리에 의하여 달라지므로 **형상항력**(form drag, 形狀抗力)이라고도 한다.

그림 9.12에는 흐름 중에 (a)평판, (b)원주 또는 구, (c)유선형 물체가 각각 놓여있는 경우이다.

이들 모두 유체가 물체표면을 따라 흐르면 경계층이 발달하고, 어느 점(s로 표시)에서 박리가 발생하여 그 하류에는 와동이 생겨 **후류**(wake, 後流)를 형성한다. 이들 물체의 상류에는 정체점(p로 표시)이 있으며, 그 점에서 최대의 국소 압력이 나타난다.

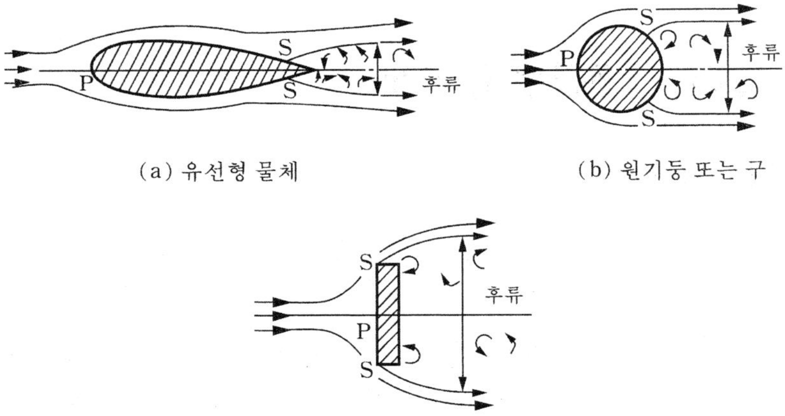

(a) 유선형 물체 (b) 원기둥 또는 구

(c) 수직 평판

[그림 9.12] 박리 및 후류

원판의 경우, 박리가 축단에서 발생할 가능성이 높으며, 그 점에서는 국소 속도가 크고 압력은 낮다. 이 낮은 압력이 후류에 접하여 원판의 하류측은 상류측에 비하여 낮은 압력이 되므로 원판이 전진하는데는 압력항력으로 작용하게 된다.

원주 또는 구의 경우, 후류는 원판의 경우보다는 작지만 역시 박리점의 하류쪽에 압력이 낮게 된다. 따라서 정체점을 포함하는 상류측과 후류를 포함하는 하류측의 압력차에 의하여 압력항력이 발생한다. 이때 원주 또는 구의 표면에 전단응력에 의한 마찰항력이 발생하지만 압력항력에 비하여 무시할 수 있을 정도이다.

유선형 물체의 경우, 그림에서 보듯이 후류는 아주 작으며 물체 후단에서의 경계층에 상당하는 폭 정도이다. 유선형 물체에서는 박리나 유동의 감속이 없으므로 원판이나 원주의 경우처럼 후류의 압력이 낮지 않다. 따라서 상류측과 하류측의 압력차가 아주 작으므로 압력항력이 작다. 그러나 유선형 물체는 일반적으로 유체와 접하는 표면적이 크므로 마찰항력은 원판이나 구의 경우보다 크다.

9.6.2 원주 주위의 흐름과 압력항력

그림 9.13은 속도 U, 압력 p_0인 흐름 속에 원주가 놓여있는 경우이다. 흐름은 전방 정체점(b점)에서 속도가 0이 되며, 그 점에서 상하로 흐름이 나뉘어 각

각 c, c'로 진행한 후 후방 정체점(d점)에서 합류하여 하류(e방향)로 흐른다. 이 때 후방 정체점에서는 속도가 0이 되며, 속도가 0인 점 b, d점을 **정체점**(stagnation point, 停滯點)이라 하고, 그 점의 압력을 **정체압**(stagnation pressure, 停滯壓)이라 한다.

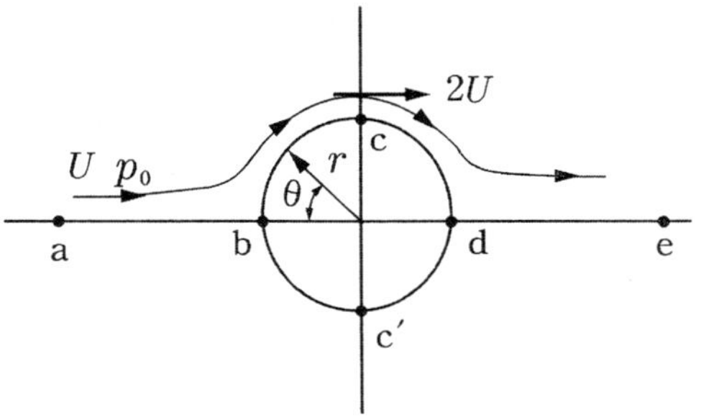

[그림 9.13] 원주 주위의 흐름

반경 r인 원주상의 임의 점에 있어서 반경방향의 속도 및 원주방향의 속도는 각각 다음과 같다.

$$u_r(r, \theta)=0, \qquad u_\theta(r, \theta)=2U\sin\theta$$

자유흐름 영역의 한 점과 원주표면의 임의 점 사이에 베르누이식을 적용하면

$$p_o+\frac{1}{2}\rho U^2=p+\frac{1}{2}\rho(2U\sin\theta)^2$$

이 되므로 동압에 대한 압력차의 비는 다음 식으로 표시된다.

$$\frac{p-p_o}{\frac{1}{2}\rho U^2}=1-4\sin^2\theta=c_p \qquad \cdots\cdots (9.54)$$

여기서 c_p를 **압력계수**(pressure coefficient, 壓力係數)라 한다.

식(9.54)의 계산결과를 그림 9.14에 실선으로 나타내었다. 이 실선은 이상유체(비압축성, 비점성유체)에 대한 결과로서,

전방 정체점(b점) : $c_p = 1$

$\theta = 30^\circ$ 위치 : $c_p = 0 \ (p = p_o)$

$\theta = 45^\circ$ 위치 : $c_p = -1$

$\theta = 90^\circ$ 위치 : $c_p = -3$

가 되며, 90° 위치를 중심으로 좌우대칭이므로 압력저항이 전혀 작용하지 않는다. 그러나 이 결과는 이상유체라는 가정 하에서의 결과로서 실험결과(층류 : 1점 쇄선, 난류 : 2점 쇄선)와는 전혀 다른 결과이다. 따라서 이 현상을 D'alembert의 **모순**(D'alembert's paradox)이라 한다.

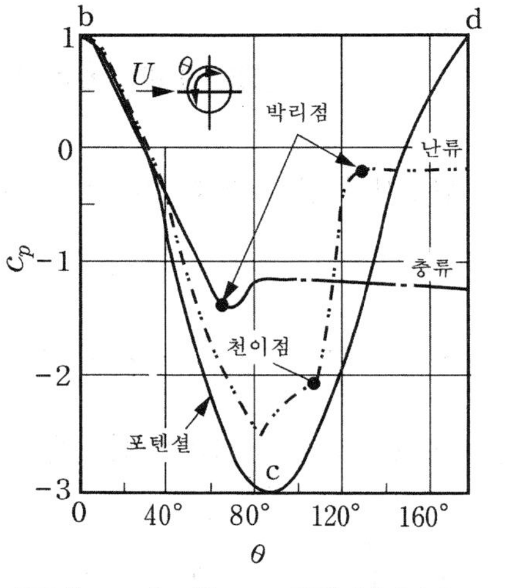

[그림 9.14] 원주 주위의 압력 분포

실제의 점성유체에서 흐름이 층류인 경우와 난류인 경우에 대한 실험결과를 그림 9.14에서 비교하면, 좌우 압력차가 난류보다 층류인 경우에 더 크므로 압력항력은 층류에서 더 크게 작용함을 알 수 있다. 이 현상은 그림 9.15를 고찰함으로서 알 수 있다.

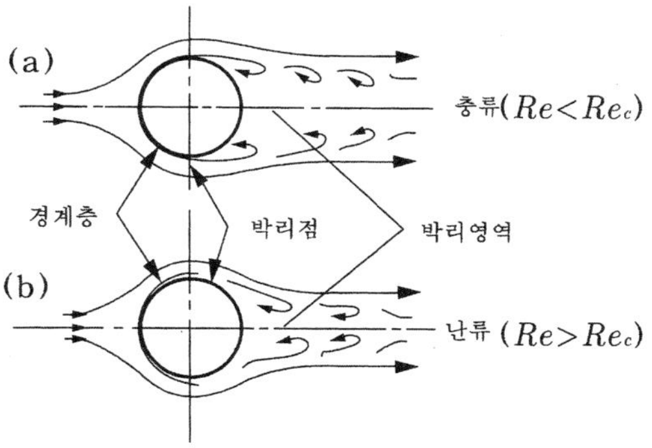

[그림 9.15] 원주 주위의 흐름과 박리

흐름이 난류경계층 흐름인 경우에는 벽면에서 난류의 혼합작용에 따라 벽 근처의 속도구배가 커지므로 박리가 억제되어 층류경계층의 경우보다 더 하류쪽에서 박리가 발생한다. 따라서 그림 9.15와 같이 후류의 영역은 난류경계층의 경우가 더 좁으므로 흐름방향에 대하여 전후의 압력차에 의한 압력항력이 더 작게 작용함을 알 수 있다.

9.6.3 곡률을 갖는 물체의 압력항력

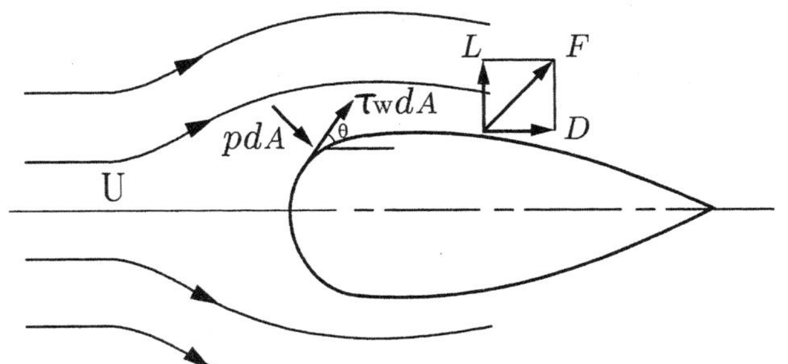

[그림 9.16] 물체에 작용하는 힘

그림 9.16과 같이 유속 U의 흐름 속에 임의의 곡률을 갖는 물체가 놓여있는 경우, 물체표면의 미소면적 dA에는 점성에 의한 마찰응력 τ_w와, 면적 dA에 수직방향으로 압력 p가 작용하고 있다. 물체의 표면이 흐름방향과 θ의 각도라고 하면 여기에 작용하는 항력 D는 위의 두 힘에 대한 흐름방향의 힘의 성분을 물체의 전 표면에 걸쳐 적분하여 구할 수 있다.

먼저 벽면 전단응력(마찰응력)에 의한 흐름방향의 힘은 9.3~9.4절에서 다루었던 마찰항력 D_f로서, 이 경우는 다음과 같이 표시할 수 있다.

$$D_f = \int_A \tau_w \cos\theta dA \qquad \cdots\cdots (9.55)$$

압력분포에 의한 흐름방향의 힘은 **압력항력** D_p로서, 이 경우는 다음 식으로 표시된다.

$$D_p = \int_A p \sin\theta \, dA \qquad \cdots\cdots (9.56)$$

따라서 물체 전체에 작용하는 **전항력**(total drag, 全抗力) D는 위의 마찰항력 D_f와 압력항력 D_p를 합하여 구할 수 있다.

$$D = D_f + D_p = (C_f + C_p)\frac{1}{2}\rho U^2 A = C_D \frac{1}{2}\rho U^2 A \qquad \cdots\cdots (9.57)$$

여기서 C_D는 **전항력계수**(overall drag coefficient, 全抗力係數)라 하며 마찰항력계수 C_f와 압력항력계수 C_p의 합이다.

그림 9.17은 두께 d, 길이 l인 유선형 물체의 압력항력계수 C_p, 마찰항력계수 C_f, 전항력계수 C_D의 관계를 나타낸다.

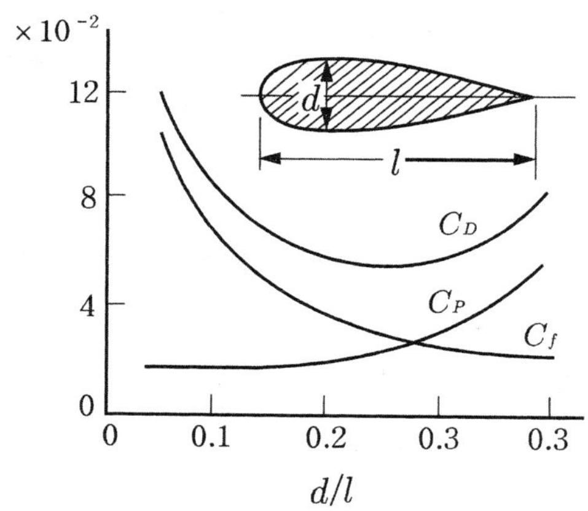

[그림 9.17] 압력 및 마찰항력계수와 전항력계수

한편, 그림 9.16에서 L은 양력(lift, 揚力)으로서 압력에 의한 흐름의 수직방향의 힘 및 마찰응력에 의한 흐름의 수직방향의 힘을 전 표면에 걸쳐 적분하여 다음과 같이 표시한다.

$$L = -\int_A p\cos\theta\, dA + \int_A \tau_w \sin\theta\, dA \qquad \cdots\cdots (9.58)$$

일반적으로 익형에 있어서는 식(9.58)의 우변 제2항은 무시할 정도로 작으며, 따라서 익형의 양력은 상하 압력차에 의해 발생하는데, 후술(9.10절 참조)하는 순환(circulation)에 의하여 상면에는 부압(負壓), 하면에는 정압(正壓)이 작용하여 상방향으로 양력이 발생한다.

9.7 원주의 항력

속도 U인 일정한 흐름 속에 놓여있는 직경 d의 원주에 대한 항력계수 C_D는 다음 식으로 표시된다.

$$C_D = \frac{D}{\frac{1}{2}\rho U^2 d\cdot l} \qquad \cdots\cdots (9.59)$$

여기서 $d\times l$은 길이 l의 원주를 흐름방향에서 투영한 면적이며, 그림 9.18은 직경 0.05~300[mm]의 광범위한 원주의 항력계수 C_D와 레이놀즈수 Re $(=Ud/\nu)$의 관계를 실험으로부터 얻은 선도이다.

$Re<10^3$에서는 Re의 증가에 따라 C_D는 감소한다. $Re=10^3\sim2\times10^5$에서는 층류 박리점이 전방 정체점으로부터 78° 인 위치에서 발생하여 $C_D=1.0\sim1.2$로 거의 일정하다. $Re=(4\sim5)\times10^5$ 부근에서 경계층 내의 흐름은 층류로부터 난류로 변하여 박리점은 약 130° 까지 이동한다. 따라서 $C_D\fallingdotseq0.3$으로 최저가 된다. $Re>3.5\times10^6$이 되면 박리점은 103° 위치로 이동하여 $C_D\fallingdotseq0.7$로 거의 일정해진다.

레이놀즈수가 0.5 이하의 영역에서는 다음과 같은 Lamb의 근사식이 사용된다.

$$C_D = \frac{8\pi}{Re(2.002 - \ln Re)} \qquad \cdots\cdots (9.60)$$

또 $Re = 5 \sim 40$의 영역에서는 今井의 식이 있다.

$$C_D = (0.707 + 3.42 Re^{-0.5})^2 \qquad \cdots\cdots (9.61)$$

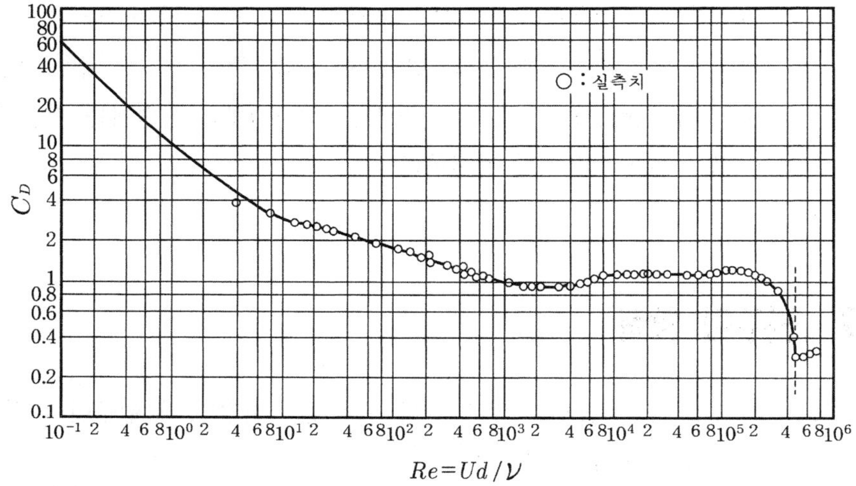

[그림 9.18] 원주의 항력계수

9.8 구의 항력

직경 d, 투영면적 $A(=\pi d^2/4)$인 구의 항력계수는 다음 식으로 표시된다.

$$C_D = \frac{D}{\frac{1}{2}\rho U^2 A} \qquad \cdots\cdots (9.62)$$

그림 9.19는 구의 항력계수를 실험적으로 구한 선도이다. $Re < 1$의 층류영역에서는 마찰저항이 지배적이며, 다음의 Stokes의 항력식이 실험치와 잘 일치하는 것으로 알려져 있다.

$$D = 3\pi\mu U d \qquad \cdots\cdots (9.63)$$

따라서 항력계수는 다음과 같다.

$$C_D = \frac{D}{\frac{1}{2}\rho U^2\left(\frac{\pi}{4}d^2\right)} = \frac{3\pi\mu Ud}{\frac{1}{2}\rho U^2\left(\frac{\pi}{4}d^2\right)} = \frac{24}{Re} \quad \cdots\cdots (9.64)$$

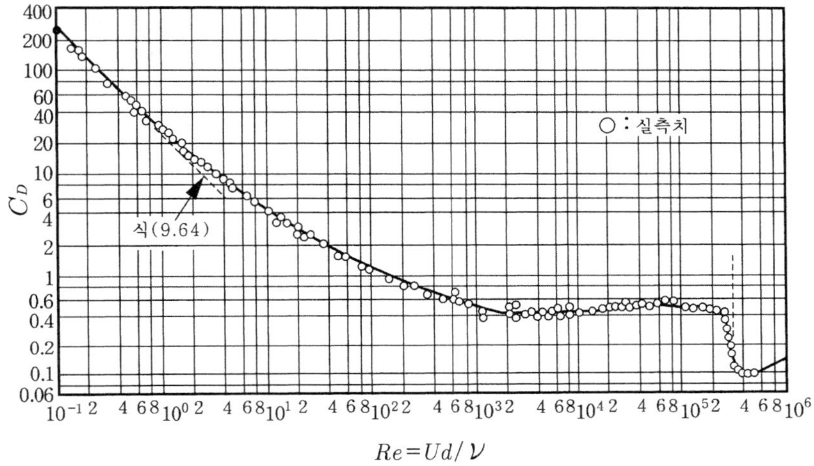

[그림 9.19] 구의 항력계수

$Re>1$이 되면 층류경계층은 역압력구배가 가장 큰 후방 정체점을 시작으로 구의 표면으로부터 이탈되어 형상저항이 지배적이다. $1<Re<10^3$ 범위에서는 박리점이 Re의 증가에 따라 점차 상류측으로 이동하여 후류영역이 생기므로 C_D는 감소한다. $10^3<Re<2\times10^5$ 범위에서는 층류 박리점이 전방 정체점으로부터 약 80° 위치로 이동하여 $C_D=0.4\sim0.5$로 거의 일정해진다. $Re=(2\sim3)\times10^5$에서 경계층 내의 흐름은 층류로부터 급격히 난류로 변하여 박리점은 115° 위치로 이동함과 아울러 항력계수의 값도 약 50[%] 저하한다. 이것은 박리점이 후방으로 이동하여 형상저항이 감소하기 때문이다. $Re=(3.2\sim3.8)\times10^5$ 근처에서 C_D는 0.08 정도까지 감소한다.

$Re=30\sim300$의 영역에서는 다음의 실험식이 사용되며

$$C_D = \frac{5\pi/4}{\sqrt{Re}} \quad \cdots\cdots (9.65)$$

$Re<800$의 범위에 대해서는 다음의 실험식이 이용되고 있다.

$$C_D = \frac{24}{Re}(1 + 0.15\ Re^{0.687}) \qquad \cdots\cdots (9.66)$$

예제 9.9

속도 U=6[m/s]의 일정한 흐름의 바람 속에 직경 40[cm], 길이 1[m]의 원기둥이 수직으로 놓여있는 경우, 그 원기둥이 받는 항력을 구하라. 단, 공기의 동점성계수는 1.512×10^{-5}[m^2/s], 밀도는 1.2[kg/m^3]이다.

[풀이] $$Re = \frac{Ud}{\nu} = \frac{6 \times 0.4}{1.512 \times 10^{-5}} = 1.587 \times 10^5$$

그림 9.18로부터 $C_D = 1.2$이다.

$$\therefore\ D = C_D \frac{1}{2}\rho U^2 d\, l = 1.2 \times \frac{1}{2} \times 1.2 \times 6^2 \times 0.4 \times 1 = 10.368N$$ ■

예제 9.10

정지상태의 물 속에서 직경 1[cm]의 구가 7[cm/s]의 속도로 움직일 때 항력을 구하라. 단, 물의 동점성계수는 1×10^{-6}[m^2/s], 밀도는 1000[kg/m^3]이다.

[풀이] $$Re = \frac{Ud}{\nu} = \frac{0.07 \times 0.01}{1 \times 10^{-6}} = 700$$

식(9.66)으로부터

$$C_D = \frac{24}{Re}(1 + 0.15 Re^{0.687}) = \frac{24}{700}(1 + 0.15 \times 700^{0.687}) = 0.498$$

$$\therefore\ D = C_D \frac{1}{2}\rho U^2 \left(\frac{\pi}{4} d^2\right) = 0.498 \times \frac{1}{2} \times 1000 \times 0.07^2 \times \left(\frac{\pi}{4} \times 0.01^2\right)$$

$$= 9.6 \times 10^{-5} N$$ ■

9.9 물체의 형상과 항력

항력을 최소화하기 위해서는 마찰저항을 줄여야 함은 물론이고 박리가 일어나지 않게 하거나 최소화시키는 방법이며, 그러한 구조물 형상의 대표적인 예는 유선형 물체이다. 또 박리점이 어느 위치에 존재하는가에 따라 물체의 후류영역의 대소가 달라지며, 후류영역이 작은 쪽이 항력이 작다고 할 수 있다.

일반적으로 레이놀즈수가 100이상이 되면 항력을 줄이기 위하여 물체의 형상을 비행기 날개의 익형이나 선박의 선수 및 선미의 경우와 같이 유선형으로 설계한다. 그 이유는 그림 9.20의 몇 가지 물체의 형상에 따른 항력계수를 비교해 봄으로서 확인할 수 있다.

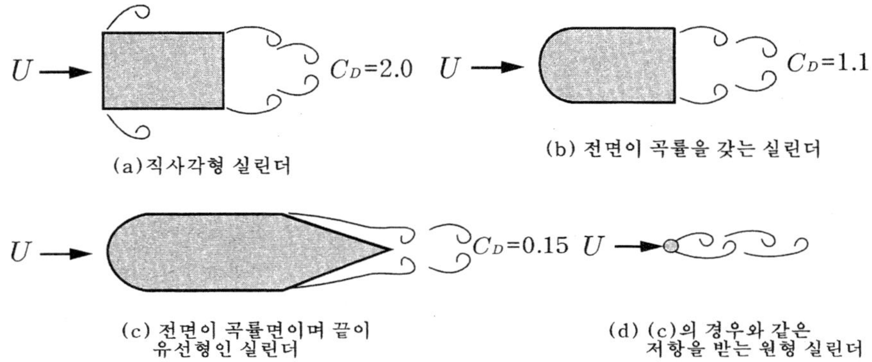

[그림 9.20] 물체의 형상에 따른 항력계수

즉 (a)도의 직사각형 실린더에서는 모든 모서리에서 박리가 발생하여 그에 따른 후류영역은 상당히 넓다. 그러나 (b)도와 같이 앞면을 둥글게 하게 되면 항력이 약 45[%] 감소하는데, 뒷면을 유선형으로(c도) 하게 되면 (b)도의 약 85[%]가 감소한다. 이것은 박리에 의한 후류영역이 점차 좁아지기 때문으로 생각된다. (c)도에 비하여 두께 1/8. 단면적 1/300이 되는 (d)도의 원형 실린더의 경우에 유선형 물체의 항력과 비슷한 값을 보이는 것은 주목해야 할 현상이다.

그림 9.21에는 전술한 원주를 비롯하여 형상비가 다른 타원주 및 유선형 물체, 그리고 흐름에 평행하게 놓인 평판의 마찰항력계수를 $Re=2\times10^3 \sim 10^7$ 범위에서 비교하였다. 주어진 길이 d에서 평판의 항력계수가 가장 작다. 그림에서 보듯이 얇은 두께로 잘 설계된 익형의 항력은 평판에 거의 가깝다.

양력이 발생하지 않는 모양의 물체에 대한 항력은 거의 마찰항력에 기인한다. 그 항력에 미치는 레이놀즈수의 영향은 평판의 표면마찰에 미치는 레이놀즈수의 영향과 같다. 즉 $Re<10^5$의 층류경계층 영역에서는 식(9.26)의 $c_f=0.664/\sqrt{Re_x}$와 같이 Re의 증가에 따라 국소 마찰계수는 감소하고, $5\times10^4<$

$Re < 5 \times 10^5$의 천이영역에 해당하는 경계층 영역에서는 난류로의 천이점이 Re의 증가에 따라 앞쪽으로 이동하여 항력계수가 증가한다. Re가 10^6을 넘으면 표면의 마찰항력은 완전히 난류경계층 영역에 해당하며, 항력계수는 Re가 증가함에 따라 서서히 감소한다.

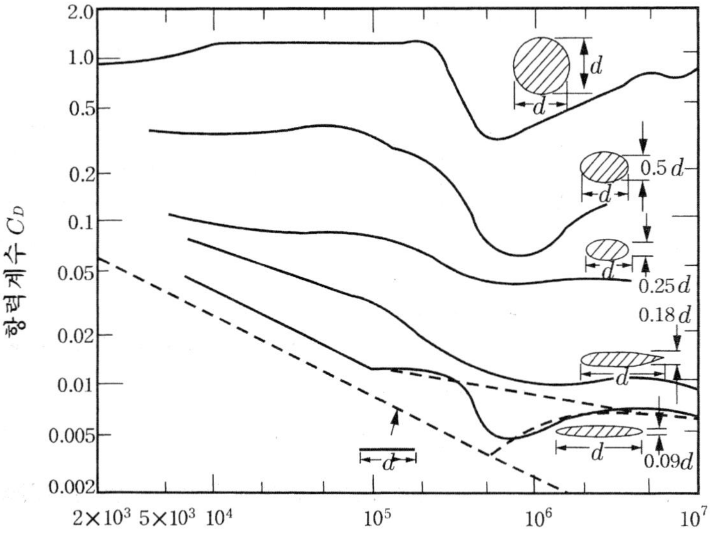

[그림 9.21] 물체 형상에 따른 항력계수

그림 9.21에 나타낸 축 대칭의 비행기 날개단면, 즉 익형은 NACA 0018(18[%] 두께)와 NACA 0009(9[%] 두께)이며, 그들은 동일한 길이의 평판보다 항력이 더 크다.

여러 형태를 갖는 물체에 대한 항력계수를, 2차원 물체의 경우는 표 9.2에, 3차원 물체에 대해서는 표 9.3에 각각 $Re = 10^5$에서의 값을 표시하였다. 표에서 화살표 방향은 흐름의 방향을 표시한다.

[표 9.2] Re=10^5에서 2차원 물체의 항력

형상	정면투시면적에 대한 C_D	
평판 : 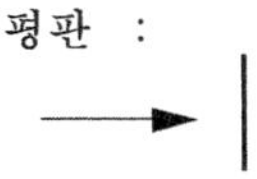	2.0	
정사각실린더 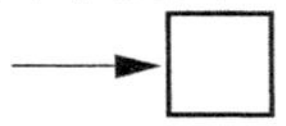	2.1	
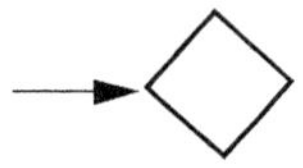	1.6	
반쪽튜브 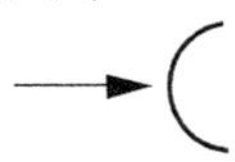	1.2	
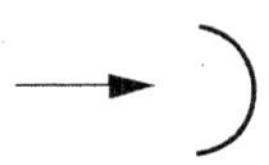	2.3	
타원실린더	층류	난류
1 : 1 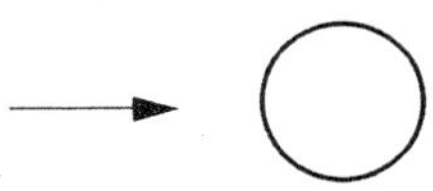	1.2	0.3
2 : 1 	0.6	0.2
4 : 1 	0.35	0.15
8 : 1 	0.25	0.1

형상	정면투시면적에 대한 C_D	
반쪽 원형 실린더 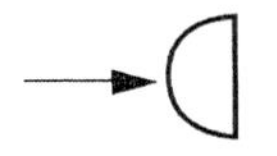	1.2	
	1.7	
정삼각형 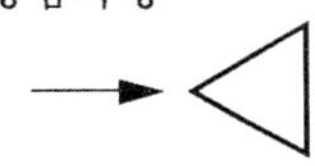	1.6	
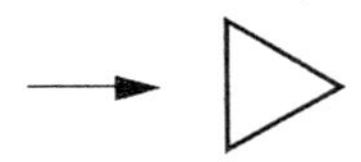	2.0	
직각실린더 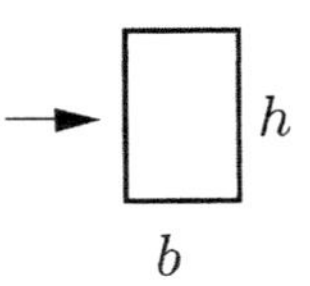	b/h : 0.2	2.
	0.5	2.5
	0.8	2.3
	1.0	2.2
	1.5	1.8
	2.0	1.6
	3.0	1.3
	6.0	0.89
정육각형 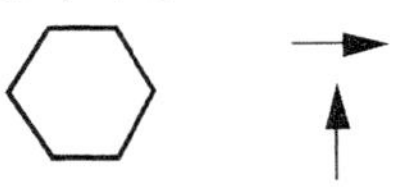	→	1.0
	↑	0.7

[표 9.3] Re=10^5에서 3차원 물체의 항력

형상	비		정면투시면적에 대한 C_D	
정육면체				
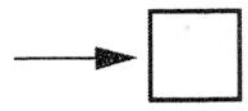			1.07	
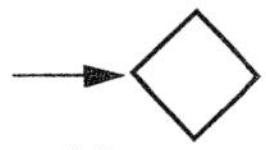			0.81	
60° 원추				
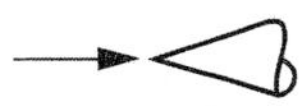			0.5	
디스크				
			1.17	
컵				
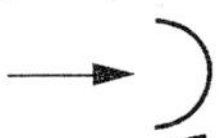			1.4	
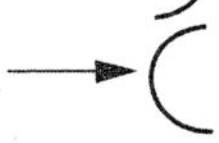			0.4	
다공성이 작은 낙하산				
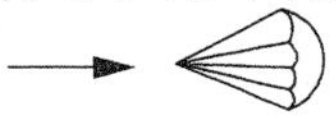			1.2	
직사각형판				
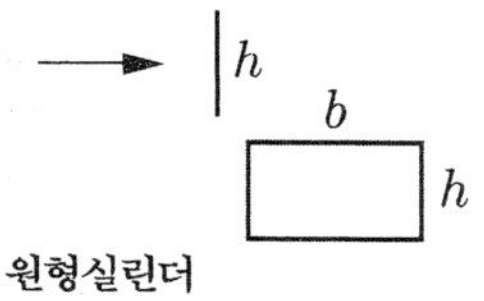	b/h	1	1.18	
		5	1.2	
		10	1.3	
		20	1.5	
		∞	2.0	
원형실린더				
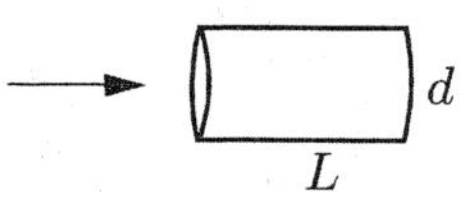	L/d	0.5	1.15	
		1	0.90	
		2	0.85	
		4	0.87	
		8	0.99	
타원회전체			층류	난류
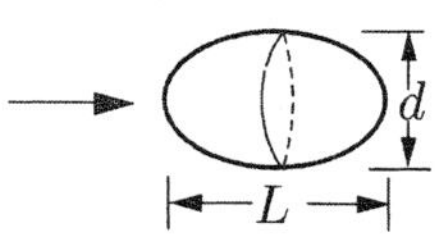	L/d	0.75	0.5	0.2
		1	0.47	0.2
		2	0.27	0.13
		4	0.25	0.1
		8	0.2	0.08
원주				
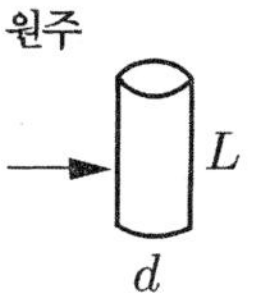	L/d	1	0.64	
		2	0.68	
		3	0.74	
		5	0.74	
		10	0.82	
		20	0.91	
		40	0.98	
구 			0.52	
반구 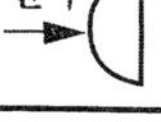			→ 0.42	
			← 1.17	

예제 9.11

110[km/h]로 주행하는 자동차의 공기저항에 해당하는 동력을 구하라. 단, 자동차의 주행 투영면적은 2[m²], 항력계수는 0.4, 공기의 밀도는 1.2[kg/m³]이다.

[풀이] 동력 $P = D \cdot U = C_D \frac{1}{2} \rho U^2 A \cdot U = C_D \frac{1}{2} \rho U^3 A$

$$= 0.4 \times \frac{1}{2} \times 1.2 \times \left(\frac{110 \times 10^3}{3600}\right)^3 \times 2 = 13693.4\,[\mathrm{W}] \fallingdotseq 13.7\,[\mathrm{kW}]$$ ■

9.10 익형과 양력

9.10.1 익형과 성능곡선

9.6절에서 언급한 바와 같이 흐름 속에 곡률을 갖는 물체가 놓여있을 때, 흐름방향으로 저항력이 작용하고 수직방향으로는 양력이 작용한다. 이 양력이 효과적으로 발생할 수 있게 고안된 형상이 익(wing, 翼)이며, 익의 단면형상을 익형(aerofoil, 翼型)이라 한다.

그림 9.22는 익형을 표시한 것으로서, 선단과 후단을 연결한 선을 익현(chord, 翼弦)이라 하고, 그 거리를 익현장(chord length, 翼弦長) l이라 한다. 익형의 폭(지면에 수직)을 익폭(span, 翼幅) b, 익폭과 익현을 변으로 하는 투영면적을 익면적(wing area, 翼面積) A 라 한다.

익의 종횡비(aspect ratio, 縱橫比)는 $\lambda(=b^2/A)$로 표시하며, 익면이 장방형인 경우는 $\lambda = b/l$이 된다. 속도 U의 일정한 흐름방향과 익현이 이루는 각을 영각(angle of attack, 迎角) α, 익형두께의 중심을 연결한 선을 골격선(camber line, 骨格線), 그 선과 익현과의 거리를 휨(camber)이라 한다.

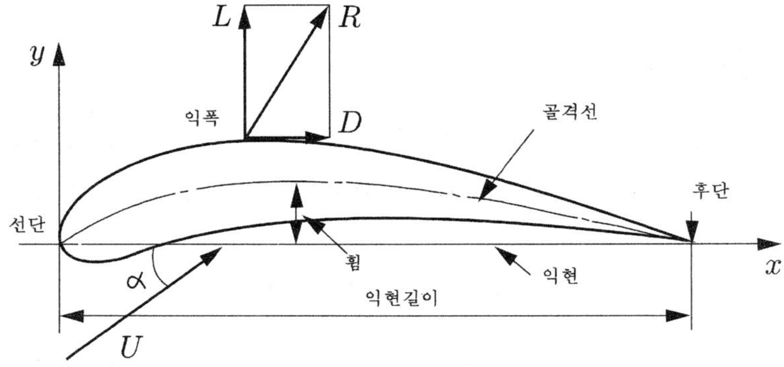

[그림 9.22] 익형

이 익형에 작용하는 **항력**(drag, 抗力) D, **양력**(lift, 揚力) L, **모멘트**(익 선단으로부터 $l/4$인 익현상의 점에 대한 익현 주위의 모멘트로서 반시계 방향을 정방향으로 한다.) M은 각각 다음과 같이 표시한다.

$$D = C_D \frac{1}{2} \rho U^2 A \quad \cdots\cdots (9.67)$$

$$L = C_L \frac{1}{2} \rho U^2 A \quad \cdots\cdots (9.68)$$

$$M = C_M \frac{1}{2} \rho U^2 A \quad \cdots\cdots (9.69)$$

여기서 U는 유입속도, A는 익면적, C_D, C_L, C_M은 각각 **항력계수**, **양력계수**, **모멘트계수**로서 익형, 영각, 마하수 및 레이놀즈수에 의해서 정해진다.

그림 9.23은 익의 성능을 표시하는 성능곡선으로서 횡축에 영각, 종축에는 항력계수 C_D, 양력계수 C_L, 모멘트계수 C_M의 값을 표시하였다. 일반적으로 C_L은 클수록, C_D는 작을수록 성능이 양호한 것으로 평가되고 있다.

이 곡선 중 C_L 곡선에 주목하면, 어느 영각의 구간에서는 영각의 증가에 따라 양력계수가 증가하지만 어느 영각에서 최대치에 달한 후 급격한 감소를 보이고 있다. 이 현상을 **실속**(stall, 失速)이라 한다.

항력계수 C_D는 $\alpha = 0°$ 부근에서 최소치를 보이며 영각의 증가에 따라 약간 증가하다가 실속각 부근으로부터 급격한 증가를 보이고 있다.

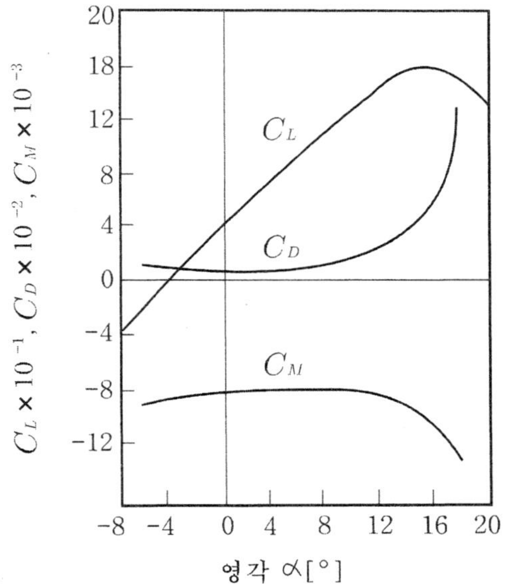

[그림 9.23] 익의 성능 곡선

9.10.2 2차원 익의 양력

(1) 순환이론

그림 9.24와 같이 2차원 흐름의 임의의 폐곡선 C를 생각하자. 곡선상의 한 점 A에서의 유속 v의 접선방향 성분은 $v\cos\theta$이며, 이것을 폐곡선 C를 따라 곡선상의 미소길이 ds를 반시계 방향으로 폐곡선 전체에 걸쳐 선적분한 값을 정방향의 **순환**(circulation, 循環) Γ라 하여, 다음 식으로 표시한다.

$$\Gamma = \oint_c v\cos\theta\, ds \qquad \cdots\cdots (9.70)$$

흐름 속에 임의의 폐곡선 C를 취하여, 그 미소선분 ds를 따라 유속벡터 $V(u,\ v,\ w)$를 폐곡선 C 주위의 순환 Γ로서 구하면 다음과 같다.

$$\Gamma = \oint_c V \cdot dS = \oint_c V\cos\theta\, ds = \oint_c (udx + vdy + wdz) \qquad \cdots\cdots (9.71)$$

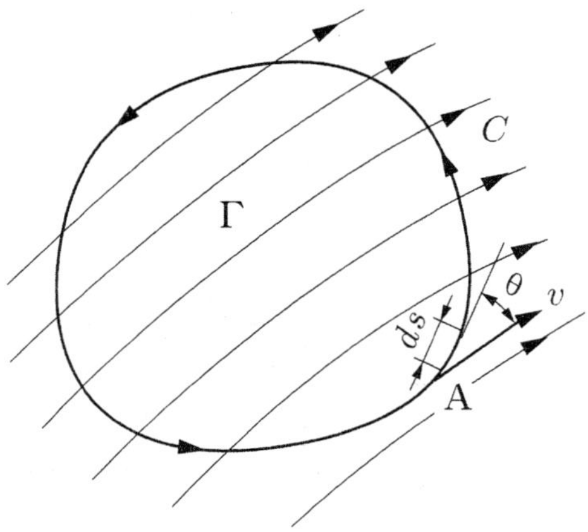

[그림 9.24] 순환

(2) 양력

이상유체의 일정한 흐름 속에 있는 2차원 익에서는 그림 9.25와 같이 순환작용에 의하여 익의 상면에서는 하면보다 유속이 크다. 익의 상면과 하면의 속도는 각각 일정속도 U와 순환에 의한 속도 u_1, u_2와의 합으로 $U+u_1$, $U-u_2$로 표시하면 압력도 후술하는 바와 같이 차이가 생긴다.

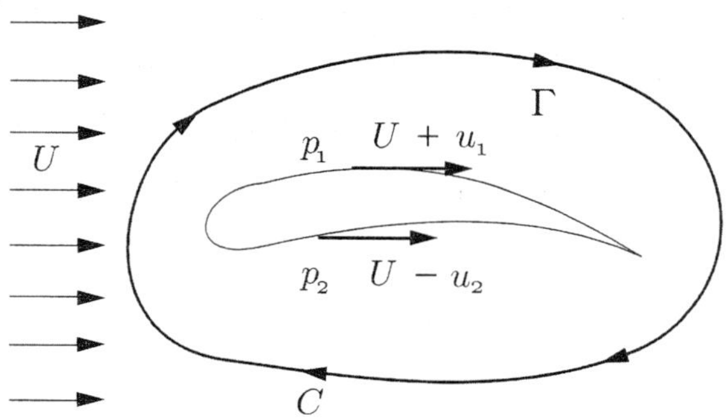

[그림 9.25] 익 주위의 순환

이 경우 상면과 하면에서의 베르누이식을 적용하면

$$p_1+\frac{1}{2}\rho(U+u_1)^2=p_2+\frac{1}{2}\rho(U-u_2)^2$$

$$\therefore\ p_2-p_1=\rho U(u_1+u_2)+\frac{1}{2}\rho(u_1{}^2-u_2{}^2) \quad \cdots\cdots (9.72)$$

이 되며, 이 압력차 (p_2-p_1)을 익면 전체에 걸쳐 적분하여 양력 L을 다음과 같이 계산할 수 있다.

$$L = \int_0^l (p_2 - p_1)dx = \rho U \int_0^l (u_1 + u_2)dx + \frac{1}{2}\rho \int_0^l (u_1{}^2 - u_2{}^2)dx \quad \cdots\cdots (9.73)$$

익면상의 속도 $u_1 \fallingdotseq u_2$이므로 위 식의 우변 제2항을 생략하면

$$u_1 + u_2 = (U + u_1) - (U - u_2)$$

$$\therefore \; L = \rho U \int_0^l [(U + u_1) - (U - u_2)]dx$$

$$= \rho U \left[\int_0^l (U + u_1)dx + \int_l^0 (U - u_2)dx \right] = \rho U \Gamma \quad \cdots\cdots (9.74)$$

여기서 $\Gamma = \int_0^l (U + u_1)dx + \int_l^0 (U - u_2)dx$이다.

이 값은 Helmholtz의 와(渦)의 정리로부터 구한 순환 Γ와 같으며, 식(9.74)를 Kutta · Joukowski의 정리라 한다. 따라서 익에 작용하는 양력 L은 그 주위의 회전운동의 크기를 나타내는 순환 Γ에 의존함을 알 수 있다.

다음에는 양력이 발생하는 작용으로서 익의 상면 및 하면의 압력분포에 대한 측정결과의 예를 그림 9.26에 나타내었다.

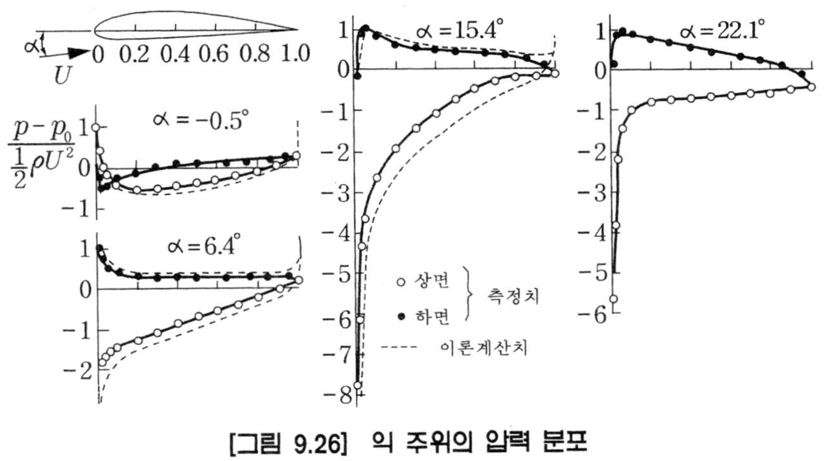

[그림 9.26] 익 주위의 압력 분포

일정한 유속 U, 압력 p_o의 흐름 속에 그림에 표시한 익형이 영각 α의 상태로 놓여있는 경우, 익의 임의 점의 압력을 p로 표시할 때 압력계수 c_p는 7장의 식(7.10)에서 정의한 바와 같이 다음 식으로 표시할 수 있다.

$$c_p = \frac{p - p_o}{\frac{1}{2}\rho U^2} \quad \cdots\cdots (9.75)$$

그림의 횡축에는 익현 방향의 좌표로, 종축에는 압력계수로 표시하였다. 그림에서 보는 바와 같이 익의 상면(○표시)에서는 $p < p_o$, 익의 하면(●표시)에서는 $p > p_o$이므로 하면의 압력이 상면보다 높아, 이 압력차에 의하여 양력이 발생한다. 영각 α가 실속영각 이하의 경우, 압력분포는 이상유체에 대한 계산결과와 거의 같은 상태임을 알 수 있다.

그림 9.27에는 NACA 23012의 익형에 대한 양력계수 및 항력계수 그리고 모멘트계수의 실험결과를 표시한 선도이며, 그림 9.28에는 플랩을 사용하는 고양력장치의 익형에 관한 양력계수를 표시하였다.

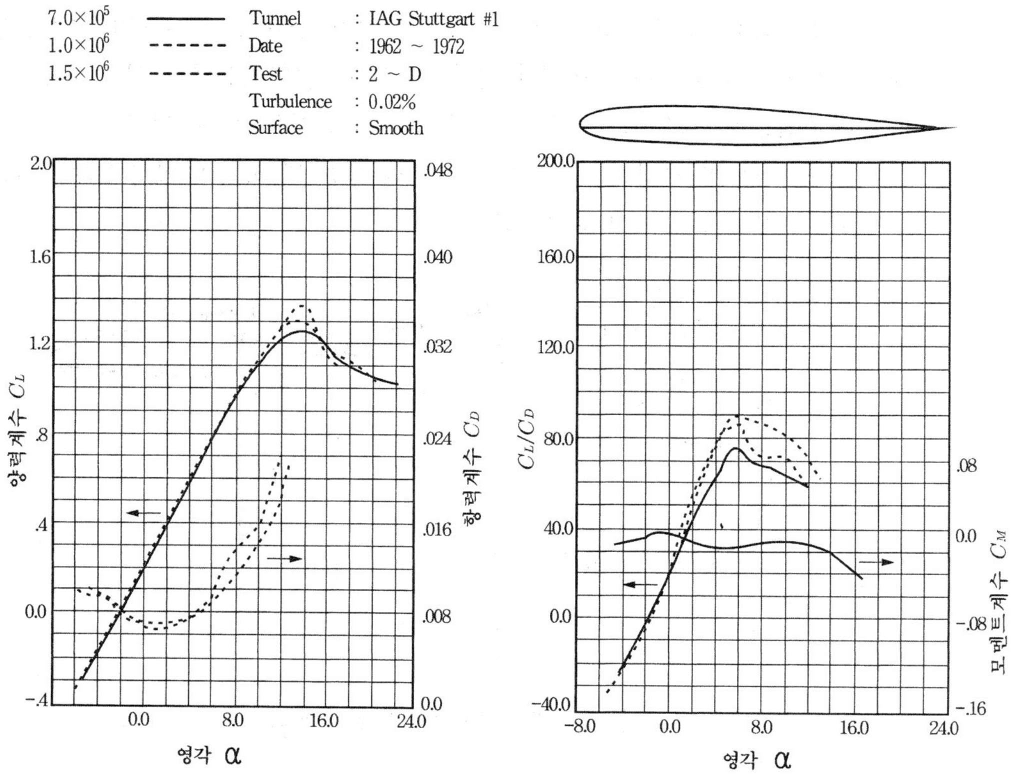

[그림 9.27] NACA23012 익형

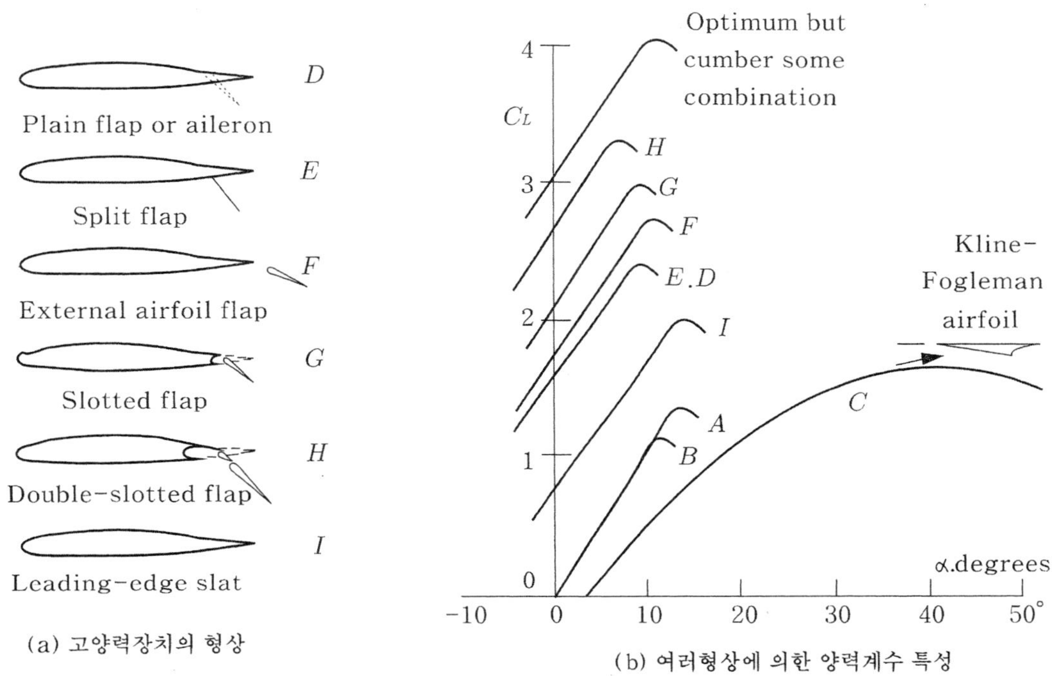

[그림 9.28] 고양력장치에 의한 익형 성능

A : NACA 0009, B=NACA 63-009, C=Klino-Fogleman 익형, D~I는 (a)에 표시

예제 9.12

익현장 l=2.5[m], 익폭(span) b=18[m]인 비행기가 400[km/h]의 속도로 비행할 때 동력 P를 구하라. 단, 공기의 밀도는 0.92[kg/m³], 익의 항력계수 C_D =0.05이다.

[풀이] 속도 $U=\dfrac{400\times10^3}{3600}=111.11m/s$

항력 $D=C_D\dfrac{1}{2}\rho U^2A=0.05\times\dfrac{1}{2}\times0.92\times111.11^2\times(2.5\times18)=12777.8N$

$\therefore\ P=D\cdot U=12777.8\times111.11=1419738.9W\fallingdotseq 1419.74\,[\mathrm{kW}]$ ■

예제 9.13

익현장 1.8[m], 익폭 10[m]인 NACA 23012형 날개를 갖는 항공기가 100[m/s]의 속도로 비행할 때 영각이 2° 이면 양력과 항력은 각각 얼마인가? 단, 공기의 밀도는 0.9[kg/m³]이다.

[풀이] 그림 9.26에서 영각 2° 인 경우의 $C_D = 0.007$, $C_L = 0.35$이다.

$\therefore$ 양력 $L = C_L \frac{1}{2} \rho U^2 A = 0.35 \times (1/2) \times 0.9 \times 100^2 \times (1.8 \times 10)$

$= 28350N = 28.35$ [kN]

항력 $D = C_D \frac{1}{2} \rho U^2 A = 0.007 \times (1/2) \times 0.9 \times 100^2 \times (1.8 \times 10)$

$= 567N = 0.567$ [kN] ■

연습문제

[9.1] 공기 중을 10[m/s]의 속도로 평판이 운동하고 있다. 이 평판선단으로부터 50[cm] 위치에서의 경계층 두께를 구하라. 단, 동점성계수는 1.5×10^{-5}[m^2/s]이다.

[답] 4.33×10^{-3}[m]

[9.2] 속도 U=10[m/s]의 일정한 공기흐름 속에 흐름에 평행하게 평판이 놓여있을 때 경계층 두께는 $\frac{\delta}{x}=\frac{5.0}{\sqrt{Re_x}}$ 로 주어진다. 경계층이 $Re_\delta=U\delta/\nu=2000$에서 천이한다고 할 때 (a) 천이점에서의 경계층 두께, (b) 평판선단으로부터 천이점까지의 거리를 구하라. 단, 공기의 $\nu=15.1\times10^{-6}$[m^2/s]이다.

[답] (a) 3.02[mm], (b) 24.16[cm]

[9.3] 유속 10[m/s], 온도 20[℃]의 공기흐름을 따라 평판이 놓여있다. 판의 선단으로부터 0.5[m], 1[m] 위치에서 경계층 두께, 배제두께, 운동량 두께를 각각 구하라. 또 층류로부터 난류로의 천이점의 위치를 구하라. 임계 Re는 5×10^5이다.

[답] 0.5[m]의 경우 : δ=4.347[mm], δ_1=1.496[mm], δ_2=0.577[mm]
1[m]의 경우 : δ=25.36[mm], δ_1=3.17[mm], δ_2=2.465[mm], l_c=0.756[m]

[9.4] 4[km/h]의 속도로 비행하는 비행기에, 길이 12[m]의 평판을 장착시켰을 때 최대 경계층 두께를 구하라.

[답] 0.287[m]

[9.5] 물 위를 50[km/h]로 주행중인 잠수함에 장착시킨 길이 15[cm]의 평판(물 속에 잠김)에 생기는 최대 경계층 두께를 구하라. 단, 물의 동점성 계수는 1×10^{-6}[m^2/s]이다.

[답] 3.024[mm]

[9.6] 2[m] 길이의 평판풍동에 10[m/s]의 공기가 흐르고 있다. 이 때 발생하는 경계층의 최대 배제두께를 구하라. 단, 물의 동점성계수는 1×10^{-6}[m^2/s]이다.

[답] 3.206×10^{-3}[m]

[9.7] 대기압, 20[℃]인 공기($\nu=1.5\times10^{-5}$[m^2/s])가 속도 20[m/s]로 흐르고 있을 때, 흐름에 평행으로 놓여진 평판의 선단으로부터 1[m] 후방에서의 경계층 두께를 층류의 경우 및 선단으로부터 난류인 경우에 대해서 각각 구하라.

[답] 층류 : δ=4.33[mm], 난류 : δ=22.04[mm]

[9.8] 문제 9.7에 있어서 층류경계층이 천이 레이놀즈수 $Re_c=3.2\times10^5$에서 난류경계층으로 천이한다고 하면, 선단으로부터 1.5[m]에서의 경계층 두께를 구하라.

[답] 27.4[mm]

[9.9] 경계층 내의 속도분포가 $u/U=(y/\delta)^{1/5}$로 표시될 때 배제두께 δ_1, 운동량 두께 δ_2를 경계층 두께 δ의 항으로 나타내어라.

[답] $\delta_1=\dfrac{1}{6}\delta$, $\delta_2=\dfrac{5}{42}\delta$

[9.10] 20[℃]의 공기가 매끈한 평판 위를 180[km/h]로 흐른다. 경계층 두께가 8[mm]가 되는 점의 길이 x는 얼마인가? 단, 경계층은 평판 선단으로부터 난류경계층이 생성되며 속도분포는 1/7승법칙을 따른다고 가정한다.

[답] 0.3536[m]

[9.11] 평판 층류경계층의 속도분포를 y의 3차식 $ay+by^3$으로 가정하면, Karman의 운동량적분 방정식으로부터 경계층 두께가

$$\frac{\delta}{x}=4.64\ {Re_x}^{-1/2}$$

로 표시됨을 나타내어라. 단, $Re_x=\dfrac{Ux}{\nu}$이다.

[답] 생략

[9.12] 문제 9.11과 같은 경우, 속도분포를 $u=U\sin(\pi y/2\delta)$로 가정하고, δ와 Re_x의 관계를 구하라.

[답] $\delta/x=4.8\ {Re_x}^{-1/2}$

[9.13] 얇은 평판(폭 5[cm], 길이 6[cm])가 물 속에서 평행으로 놓여있고, 물의 속도는 5[m/s], 수온이 10[℃]일 때 평판의 마찰항력을 구하라. 흐름방향은 평판의 길이방향이다.

[답] 0.208[N]

[9.14] 속도 U인 일정한 흐름 속에 흐름에 평행하게 길이 l의 평판이 놓여있다. 경계층 내의 속도분포가 $\frac{u}{U}=\frac{3}{2}\eta-\frac{1}{2}\eta^3$, ($\eta=\frac{y}{\delta}$)일 때 (a) 경계층 두께, (b) 평판에 작용하는 마찰항력(한쪽 면)의 식을 구하라.

[답] (a) $\delta = 4.64\sqrt{\frac{\nu x}{U}}$, (b) $D_f = 0.64655\mu U\left(\frac{Ul}{\nu}\right)^{1/2}$

[9.15] 평판이 공기류 속에 놓여있다. 평판 하류 끝에서 경계층 두께가 5[mm]이었다. 이 흐름을 층류라 하고 평판이 유체로부터 받는 마찰항력을 구하라. 단, 공기의 밀도는 1.2[kg/m^3], 동점성계수는 1.512×10^{-5}[m^2/s], 판의 폭은 2[m]이다.

[답] 0.203[N]

[9.16] 유속 15[m/s], 온도 20[℃]의 공기흐름 중에 폭 3[m], 길이 30[m]인 평판이 놓여있다. 이 평판의 마찰항력을 구하라.

[답] 61.906[N]

[9.17] 매끄러운 평판(폭 2[m], 길이 0.6[m])이 15[℃], 0.9[m/s] 속도인 물의 흐름 중에 평행하게 놓여있다.

(a) 판의 중앙점에서의 전단응력과 경계층 두께를 구하라.

(b) 판의 끝점에서의 전단응력과 경계층 두께를 구하라.

(c) 판의 한쪽 면에 작용하는 마찰항력을 구하라.

[답] (a) 0.552[N/m^2], 3.08[mm], (b) 0.3906[N/m^2], 4.361[mm], (c) 0.937[N]

[9.18] 폭 10[m], 길이 50[m]의 선박(저면이 평면인 선박)이 15[℃]의 물 위에서 16[km/h]의 속도로 항해중이다. (1) 이 선박의 밑면에 작용하는 마찰항력, (2) 선단으로부터 층류경계층이 생성되는 길이, (3) 이 층류층의 끝점에서 경계층 두께, (4) 선박 후단에서 경계층 두께를 각각 구하라.

[답] (1) 9569.7[N], (2) 0.1284[m], (3) 0.91[mm], (4) 405.6[mm]

[9.19] 길이 3[m]인 매끈한 평판이 층류경계층으로 덮여 그 후단에서의 전단응력이 0.0005[N/m^2]이라면, (1) 이 평판의 한 면에 작용하는 단위폭당 마찰항력, (2) 이 평판의 중간점(x=1.5[m])에서의 전단응력, (3) 이 평판의 한 면에 작용하는 반상류(x=0~1.5[m] 범위)와 반하류(x=1.5~3[m] 범위)에 작용하는 단위폭당 마찰항력을 각각 구하라.

[답] (1) 0.003[N], (2) 7.07×10^{-4}[N/m^2], (3) 반상류 : 0.00212[N], 반하류 : 0.00088[N]

[9.20] 20[℃]의 물이 6.5[m/s]의 속도로 흐르고 있다. 이 흐름 속에 평행하게 폭 1.5[m], 길이 1.5[m]의 매끈한 평판을 놓았을 때 (1) 전 마찰항력, (2) 임계깊이, (3) 층류 경계층만으로 작용하는 마찰항력을 각각 구하라.

[답] (1) 303.65[N], (2) 0.0775[m], (3) 9.315[N]

[9.21] 길이 100[m]의 유선형 기차가 150[km/h]의 속도로 달리고 있다. 기차는 매끈한 평면으로 취급할 수 있다. (1) 공기 속을 달릴 때 마찰항력, (2) 층류 경계층 길이와 그 점에서의 경계층 두께, (3) 기차의 후단에서의 경계층 두께, (4) 마찰항력에 대항하는 동력을 구하라. 단, 공기는 20[℃]이다.

[답] (1) 1143.95[kN], (2) l_c=0.0121[m], δ=0.086[mm], (3) 441.4[mm], (4) 476.7[kW]

[9.22] 배의 밑면에 폭 1.5[m], 길이 1[m]와 2[m]의 평판을 장착시킨 보트가 10[km/h]로 항해할 때 2매의 판에 걸리는 저항력의 차를 구하라. 단, 물의 동점성계수는 1[mm^2/s]이다.

[답] 32.68[N]

[9.23] 평판 경계층의 속도분포 및 두께가 근사적으로 $0 \le y \le \delta$ 영역에서는 $u = Uy/\delta$, $y > \delta$ 영역에서는 $u = U$ 및 $\delta = 0.1\sqrt{x}$로 표시될 때, 길이 l, 폭 b의 평판에 작용하는 항력을 근사적으로 구하라.

[답] $2D = \frac{\rho}{30} U^2 b \sqrt{l}$

[9.24] 변의 길이가 1[m]와 2[m]의 장방형 평판이 흐르는 물 속에 놓여있다. 2[m]의 변을 흐름과 평행하게 한 경우의 항력과 1[m]의 변을 흐름과 평행하게 놓은 경우의 항력과의 비를 층류경계층과 난류경계층으로 나누어 구하라.

[답] 층류 : $D_2/D_1 = 1.414$, 난류 : $D_2/D_1 = 1.741$

[9.25] 속도 8[m/s]의 물 속에 평행으로 놓여있는 얇은 평판(50×50[mm])이 받는 마찰 항력을 구하라. 단, 동점성계수는 1.004×10^{-6}[m^2/s], 밀도는 998[kg/m^3]이다.

[답] 0.336[N]

[9.26] 일정한 흐름 속에 평행하게 놓여진 평판상의 층류경계층의 속도분포가

$$\frac{u}{U} = 2\left(\frac{y}{\delta}\right) - 2\left(\frac{y}{\delta}\right)^3 + \left(\frac{y}{\delta}\right)^4$$

으로 주어질 때, 평판의 선단으로부터 x위치의 경계층 두께 δ, 운동량 두께 δ_2와 벽면 전단응력 τ_w를 구하라.

[답] $\delta = 5.84\sqrt{\frac{\nu x}{U}}$, $\delta_2 = 0.685\sqrt{\frac{\nu x}{U}}$, $\tau_w = 0.343\rho U^2 \sqrt{\frac{\nu}{Ux}}$

[9.27] 20[℃], 98[kPa_{abs}]의 공기가 매끈한 평판 위를 150[km/h]의 속도로 운동한다. 경계층 두께가 8[mm]가 되는 점의 평판선단으로부터의 길이 x는 얼마인가? 단, 경계층은 평판선단으로부터 난류경계층이 생성되고 속도 분포는 1/7승법칙을 따른다고 가정한다.

[답] 0.33[m]

[9.28] 길이 2.0[m]의 매끄러운 평판이 물 속에서 시속 25[km]의 속도로 움직일 때 평판후단의 각 경계층 두께 및 마찰응력을 구하라. 단, 물의 동점성계수는 1×10^{-6}[m^2/s]이다.

[답] δ=0.0276[m], δ_1=0.00345[m], δ_2=0.00268[m], τ_w=51.67[N/m^2]

[9.29] 면적이 25[m^2]인 평면이 공기 중을 100[m/s]로 운동할 때 300[kW]의 동력이 소비되었다. 이 때 항력계수를 구하라. 공기의 밀도는 1.2[kg/m^3]이다.

[답] 0.02

[9.30] 정지상태의 물 속에 2[m]×5[m]의 평판이 길이방향으로 6[m/s]의 속도로 움직일 때 평판 양면에 작용하는 마찰력을 구하라. 단, 물의 동점성계수는 1.01[mm^2/s]이다.

[답] 913.68[N]

[9.31] 길이 15[m], 폭 10[m]의 평판이 물위에서 10[m/s]의 속도로 운반선에 의해서 예인되고 있을 때의 저항력을 구하라. 단, 수온은 20[℃]이다.

[답] 33.97[kN]

[9.32] 전면투영면적 2[m^2], 항력계수 0.34, 질량 1[ton]의 자동차가 마찰계수 0.1의 미끄러지기 쉬운 노면을 달리고 있다. 공기의 밀도를 1.2[kg/m^3]로 할 때 자동차가 달릴 수 있는 최대속도를 구하라.

[답] 176.4[km/h]

[9.33] 시속 120[km]로 주행중인 자동차의 항력을 구하라. 단, 자동차의 크기는 높이 1[m], 횡폭 1.5[m]이고 C_D=0.43이다.

[답] 430[N]

[9.34] 정지상태의 공기 중을 직경 8[cm]의 구가 시속 150[km]로 날아갈 때 구의 항력을 구하라.

[답] 2.1[N]

[9.35] 탄환이 15[℃], 1[atm]의 대기 중을 1600[km/h]로 운동할 때 탄환의 직경이 75[mm]이면 항력은 얼마인가? 단, 항력계수는 0.5이다.

[답] 267.25[N]

[9.36] 직경 2[mm]의 강구(鋼球)를 1.3[g/cm^3]의 기름 속에 낙하시키면 일정속도 10[mm/s]로 천천히 가라앉는다. 기름의 점성계수(Pa·s)를 구하라. 단, 강구의 밀도를 7.8[g/cm^3], 중력가속도를 9.8[m/s^2]로 한다.

[답] 1.42[Pa·s]

[9.37] 정지상태의 물 속에 1.8[m/s]의 속도로 직경 40[mm]의 구(球)를 낙하시킬 때 저항력을 구하라. 단, 물의 동점성계수는 1.01[mm^2/s]이다.

[답] 1.22[N]

[9.38] 비행기에서 무게 1500[N]인 1.2[m] 직경의 구형물질을 낙하시켰을 때 속도를 구하라. 단, C_D=1, 공기의 밀도는 1.2[kg/m^3]이다.

[답] 47[m/s]

[9.39] 표준상태의 공기 중에 직경 50[mm]의 공이 130[km/h]의 속도로 날고 있을 때 동력을 구하라.

[답] 24.96[W]

[9.40] 익폭 10[m], 익현장 3[m]인 비행기가 영각 17°, 시속 450[km]로 비행하고 있다. 이 때 (1) 양력, (2) 항력, (3) 합성력, (4) 비행에 필요한 동력은 각각 얼마인가? 공기의 밀도는 1.25[kg/m^3], 양력계수는 1.5, 항력계수는 0.15이다.

[답] (1) 439.45[kN], (2) 43.945[kN], (3) 441.64[kN], (4) 5493.13[kW]

[9.41] 2[m]의 익현장을 갖는 날개가 정지상태의 공기(γ=11.8[N/m^3]) 중에서 30[m/s]의 속도로 운동할 때, 날개의 윗면에서 평균유속 34[m/s], 아랫면의 평균 유속이 28[m/s]이다. 날개 1[m] 폭당 양력을 구하라.

[답] 447.92[N]

[9.42] 익현의 길이 150[mm], 폭 1[m]인 모형을 20[℃]의 공기의 풍동 내에서 100[km/h]의 속도로 임의의 영각에서 실험했을 때 양력 30[N], 항력 2[N]으로 측정되었다. 이 모형의 양력계수 및 항력계수를 각각 구하라.

[답] C_L=0.43, C_D=0.0287

[9.43] 익면적 25[m^2], 중량 25[kN]의 비행기가 ρ=1.2[kg/m^3]의 공기 중을 150[km/h]의 속도로 수평으로 날고 있다. 익의 양력계수 $C_L=0.36(1+0.2\alpha)$, 항력계수 $C_D=0.007(1+\alpha)$로 표시될 때 비행기 익의 영각 α와 동력을 구하라.

[답] 8.33°, 70.87[kW]

[9.44] 높이 20[m], 횡폭 80[m]인 맨션이 30[m/s]의 태풍에 의해서 받는 힘을 구하라. 단, ρ=1.2[kg/m^3], C_D=1.19이다.

[답] 1.028[MN]

[9.45] 단면이 원통형(직경 : 5[mm])에서 길이 80[cm]의 car radio의 안테나가 자동차의 진행방향과 직각으로 서 있을 때, 시속 100[km]로 주행 중에 안테나에 작용하는 항력을 구하라.

[답] 2.307[N]

[9.46] 일정한 유속 U의 포텐셜흐름 중에 어떤 원주표면의 유속은, 원주의 전방 정체점으로부터의 각도를 θ라 하면 $2U\sin\theta$가 된다. 이 때 원주에는 양력이나 항력이 작용하지 않음을 증명하라.

[답] 생략

[9.47] 4개의 해안구조물이 각각 직경 2[m], 길이 30[m]인 원주로 볼 수 있다. 수온 10[℃]의 조류속도가 1[m/s]일 때, 이 4개의 각주에 걸리는 힘은 얼마인가? 해수의 동점성계수는 물과 같고 비중은 1.03으로 한다.

[답] 49.44[kN]

[9.48] 평판의 층류 경계층에서 속도분포를 $u=ay^2+by+c$라 할 때, 계수 a, b, c를 경계조건 $y=0$: $u=0$, $y=\delta$: $u=U$ 및 $du/dy=0$을 이용하여 속도분포를 구하라.

[답] $\frac{u}{U}=\frac{y}{\delta}\left(2-\frac{y}{\delta}\right)$

[9.49] 내경 d=2[cm]의 수평원관 중에 유량 Q=3[ℓ/min]의 물을 유동시킬 때 축방향으로 거리 l=15[m]만큼 떨어진 두 점에서 압력을 측정한다. 흐름이 층류일 때와 난류일 때 각각 압력차를 구하라. 단, 물의 밀도 1000[kg/m^3], 동점성 계수 1.0×10^{-6}[m^2/s], 난류의 관마찰계수는 Blasius의 식을 사용한다.

[답] 층류 : 189.14[Pa], 난류 : 397.88[Pa]

10 압축성 유체의 유동

이 장에서는 완전기체를 다룬다. 기체의 경우, 저속유동에서는 운동에너지가 모두 열로 변하여도 온도의 변화가 거의 없으므로 열역학적인 고찰은 필요가 없으며 비압축성 유동으로 취급할 수 있다. 그러나 고속유동에서는 운동에너지가 크고 온도와 밀도의 변화가 크므로 압축성 유동으로서 열역학적 고찰도 취급하지 않으면 안 된다.

압축성 유동의 상사성을 표시하는 무차원수는 마하수이며, 마하수가 0.3 이하에서는 비압축성 유동으로 간주하여도 된다.

10.1 압축성 유체의 열역학적 성질

(1) 완전기체의 상태식

완전기체는 Boyle의 법칙과 Charle의 법칙을 합성한 다음의 상태방정식이 성립한다.

$$pv = \frac{p}{\rho} = RT \qquad \cdots\cdots (10.1)$$

여기서 p는 압력[Pa], v는 비체적[m^3/kg], ρ는 밀도[kg/m^3], T는 열역학 절대온도[K], R은 기체상수[J/kgK]이다.

비열((2)항 참조)이 일정하고 비점성이며, 식(10.1)을 만족하는 기체를 **완전기체**(perfect gas, 完全氣體)라 하며, 그 식을 완전기체의 상태식이라 한다.

(2) 엔탈피

단위질량의 기체에 열량 dq가 가해졌다고 하자. 그 때 기체의 온도가 상승(내부에너지 e가 증가)함과 아울러 체적이 dv만큼 증가하였다고 하면 에너지 보존의 원리에 따라 다음의 관계가 성립한다.

$$dq = de + pdv \qquad \cdots\cdots (10.2)$$

이것은, 가해진 열량의 일부는 기체의 체적변화에 따르는 외부일(pdv)을 하는 데 사용되며, 나머지는 내부에너지(e)로서 저장됨을 나타내는데, 이것을 **열역**

학 제1법칙(the first law of thermodynamics, 熱力學 第1法則)이라 한다.

여기서 단위질량의 기체가 갖는 **엔탈피**(enthalpy) h[J/kg]를 내부에너지(e)와 유동일(pv)의 합으로 정의한다.

$$h = e + pv \qquad \cdots\cdots (10.3)$$

따라서 미분하면

$$dh = de + pdv + vdp \qquad \cdots\cdots (10.4)$$

이므로, 식(10.2)로부터 다음 식이 얻어진다.

$$dq = dh - vdp \qquad \cdots\cdots (10.5)$$

어떤 기체 1[kg]을 1[℃] 올리는데 필요한 열량을 비열이라 하며, 이 때 체적이 일정한 경우($dv=0$)는 **정적비열**(定積比熱) c_v라 하면 $dq=c_v dT$이므로, 식(10.2)로부터

$$de = c_v dT \qquad \cdots\cdots (10.6)$$

압력이 일정한 경우($dp=0$)의 **정압비열**(定壓比熱)을 c_p라 하면 $dq=c_p dT$이므로, 식(10.5)로부터

$$dh = c_p dT \qquad \cdots\cdots (10.7)$$

이 된다. 한편, 식(10.1)로부터 $pdv+vdp=RdT$이므로, 식(10.6), 식(10.7)과 함께 식(10.4)에 대입하면

$$c_p - c_v = R \qquad \cdots\cdots (10.8)$$

이 되며, 기체상수 R은 정압비열과 정적비열의 차가 됨을 알 수 있다.

정압비열 c_p와 정적비열 c_v의 비를 **비열비**(比熱比) k로 정의하면

$$k = \frac{c_p}{c_v} \qquad \cdots\cdots (10.9)$$

식(10.8)로부터 다음의 관계가 성립한다.

$$c_v = \frac{1}{k-1} R \quad \cdots\cdots (10.10a)$$

$$c_p = \frac{k}{k-1} R \quad \cdots\cdots (10.10b)$$

(3) 엔트로피(entropy)

단위질량의 기체에 가한 열량을 dq, 그 기체의 열역학 온도를 T라 할 때 그 기체의 엔트로피 변화 ds[J/kgK]는 다음과 같이 정의한다.

$$ds = \frac{dq}{T} \quad \cdots\cdots (10.11)$$

완전기체가 외부로부터 열이 차단된 상태로 변화할 때 **가역 단열변화**(adiabatic change, 可逆 斷熱變化)라 하며, $dq=0$이므로 엔트로피 변화 $ds=0$이다. 따라서 엔트로피는 변화하지 않으므로 단열변화를 하는 완전기체의 유동을 **등엔트로피 유동**(isentropic flow)이라 한다.

이 경우 $ds=0$이므로 식(10.2), 식(10.1), $p\,dv + v\,dp = R\,dT$를 식(10.11)에 적용하면

$$\frac{dp}{p} + k\frac{dv}{v} = 0$$

가 얻어진다. 이것을 적분하면 다음 식이 얻어진다.

$$\ln p + k \ln v = const$$

$$\therefore \ pv^k = const \ \text{ 또는 } \ \frac{p}{\rho^k} = const \quad \cdots\cdots (10.12)$$

$v = RT/p$를 위의 식에 대입하여 정리하면 다음의 관계가 성립한다.

$$pT^{\frac{k}{1-k}} = const \quad \text{또는} \quad Tv^{k-1} = const$$

$$\text{또는} \ \ \rho T^{\frac{1}{1-k}} = const \quad \cdots\cdots (10.13)$$

실제의 단열유동에서는 점성에 의한 일이 최종적으로 열에너지로 변환되기 때문에 반드시 엔트로피는 증대한다.

예제 10.1

3[kg]의 산소가 최초압력 p_1=130[kPa_{abs}], 온도 T_1=20[℃]로부터 최종압력 p_2=500[kPa_{abs}], 온도 T_2=100[℃]로 증가하였다. 이 때 내부에너지의 변화량과 엔탈피 변화량을 각각 구하라. 단, 산소의 정적비열 및 정압비열은 각각 0.655[kJ/kgK], 0.915[kJ/kgK]이다.

[풀이]

$$\Delta E = m(e_2 - e_1) = mc_v(T_2 - T_1)$$
$$= 3 \times 0.655 \times (100-20) = 157.2\ [\mathrm{kJ}]$$
$$\Delta H = m(h_2 - h_1) = mc_p(T_2 - T_1)$$
$$= 3 \times 0.915 \times (100-20) = 219.6\ [\mathrm{kJ}]$$

■

예제 10.2

15[kg]의 공기가 압력 100[kPa_{abs}], 온도 20[℃]인 상태로부터 등엔트로피 상태로 압축되어 체적이 40[%]로 감소하였다. 최종온도와 최종압력을 각각 구하라. 단, 공기의 비열비 k=1.4이다.

[풀이] 식(10.13)으로부터

$$Tv^{k-1} = const$$

$$\therefore T_2 = T_1\left(\frac{v_1}{v_2}\right)^{k-1} = (273.15+20) \times \left(\frac{v_1}{0.4v_1}\right)^{0.4} = 422.93K = 149.78[℃]$$

식(10.1)로부터

$$\frac{p_1 v_1}{T_1} = \frac{p_2 v_2}{T_2}, \quad v_2 = 0.4v_1 \text{이므로}$$

$$p_2 = p_1 \frac{T_2}{T_1}\frac{v_1}{v_2} = 100 \times \frac{422.93}{293.15} \times \frac{1}{0.4} = 360.68\ [\mathrm{kPa_{abs}}]$$

■

10.2 압축성 유체의 유동에 관한 기초방정식

비압축성 유체의 유동에 관한 기초방정식은 3장에서 연속방정식, Euler의 운동방정식, 에너지방정식, 4장에서 운동량 방정식에 대하여 공부하였다. 그러나 압축성 유체의 유동에서는 전술한 바와 같이 밀도와 온도의 변화로 인하여 에너지방정식에서 열에너지를 고려해야 하고, 그 외의 기초식에서는 밀도의 변화에 대한 고찰을 해야 한다. 그 영향을 고려한 기초방정식에 대하여 알아보자.

(1) 연속방정식

압축성 유체의 1차원 정상류에 대해서는 3장의 식(3.12)의 질량유량의 식을 적용할 수 있다.

$$\dot{m} = \rho A u = \rho Q = const \qquad \cdots\cdots (10.14)$$

여기서 $\dot{m}$은 질량유량[kg/s], A는 단면적[m^2], u는 유속[m/s], Q는 체적유량[m^3/s]이다.

(2) Euler의 운동방정식

단면적이 일정한 관로에서 비점성, 압축성 유체의 1차원 정상류에 관해서는 식(3.23)으로부터 기체에 대해서는 체적력을 무시하여 다음과 같이 표시할 수 있다.

$$\frac{dp}{\rho} + udu = 0 \qquad \cdots\cdots (10.15)$$

(3) 에너지 방정식

압축성 유체의 1차원 정상류에서 단면 1과 2 사이에 이루어지는 일이 없는 경우, 에너지 방정식은 엔탈피를 포함하는 다음의 식으로 표시된다.

$$h_1 + \frac{{u_1}^2}{2} + q = h_2 + \frac{{u_2}^2}{2} \qquad \cdots\cdots (10.16)$$

여기서 q는 단위질량의 유체에 가한 열에너지이며, h_1, h_2는 단위질량 당 엔탈피(비엔탈피)이다.

(4) 운동량 방정식

압축성 유체의 1차원 정상류의 운동량 방정식은 4장의 식(4.5)로부터 다음과 같이 쓸 수 있다.

$$\Sigma F = \dot{m}(u_2 - u_1) = \rho_2 Q_2 u_2 - \rho_1 Q_1 u_1 \qquad \cdots\cdots (10.17)$$

10.3 음속과 마하수

(1) 음속

그림 10.1(a)에서 보는 바와 같이 단면적 A인 관 속의 압력 p, 밀도 ρ인 탄성을 갖는 유체를 생각하자.

한끝에서 피스톤이 갑자기 우측으로 미소속도 du를 움직인다고 하면, 압축성 유체이므로 피스톤에 인접한 유체의 층이 압축되고 밀도가 약간 증가하며 유체 속을 속도 a로 미소 압력파가 우측으로 움직인다. 관의 하류에서는 유체가 처음에는 정지하고 있지만 시간이 경과함에 따라 피스톤에 의해서 압축된 유체층은 그 다음에 인접한 층을 압축하여 간다. 그림 10.1(b)에서는 이러한 과정을 그 압력파를 따라 움직이는 관찰자가 상대적으로 본 그림이다.

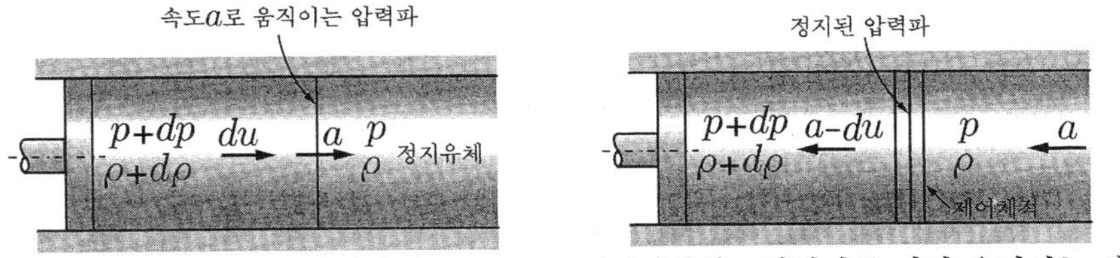

(a)관찰차 : 정지상태 (b)관찰차 : 압력파를 따라 움직이는 상태

[그림 10.1] 압력파의 전파

제어체적에서 연속의 식을 적용하면

$$\rho A a = (\rho + d\rho) A (a - du)$$

이 되며, 압력파의 진폭이 아주 작으므로 $d\rho \cdot du$는 무시할 수 있다. 따라서 위의 식은 다음과 같이 쓸 수 있다.

$$\rho\, du = a\, d\rho \qquad \cdots\cdots (10.18)$$

또, 제어체적에 운동량 방정식을 적용하면

$$pA - (p + dp)A = \rho Aa[(a - du) - a]$$

$$\therefore\ dp = \rho\, a\, du \qquad \cdots\cdots (10.19)$$

식(10.18)과 식(10.19)로부터 du를 소거하면

$$a^2 = \frac{dp}{d\rho} \quad \text{또는} \quad a = \sqrt{\frac{dp}{d\rho}} \qquad \cdots\cdots (10.20)$$

이 압력파는 압축에 의한 발생열로 인한 열전달을 적용할 시간이 없을 정도의 빠른 속도로 유체 속을 전파하며, 그 전파속도 a를 **음속**(speed of sound, 音速)이라 한다.

더욱이 유체의 마찰은 무시할 수 있으므로 그 과정은 등엔트로피 과정이다. 따라서 식(10.12)의 $p = c\rho^k$를 미분하면

$$\frac{dp}{d\rho} = ck\rho^{k-1} = kc\left(\frac{\rho^k}{\rho}\right) = k\left(\frac{p}{\rho}\right) = kRT \qquad \cdots\cdots (10.21)$$

이 되어, 위의 식을 식(10.20)에 대입하면 음속은 다음과 같다.

$$a = \sqrt{\frac{dp}{d\rho}} = \sqrt{kRT} = \sqrt{\frac{kp}{\rho}} \qquad \cdots\cdots (10.22)$$

1장에서 **압축률**(compressibility, 壓縮率) β를 압력 변화량에 대한 체적변화의 비율로서 정의하였다.(식(1.15) 참조)

$$\beta = -\frac{1}{v}\left(\frac{dv}{dp}\right) = \frac{1}{\rho}\left(\frac{d\rho}{dp}\right) \qquad \cdots\cdots (10.23)$$

그리고, 그 역수를 **체적탄성계수**(bulk modulus of elasticity, 體積彈性係數) K

로 표시하였다.(식(1.16) 참조)

$$K = \frac{1}{\beta} = -v\left(\frac{dp}{dv}\right) = \rho\left(\frac{dp}{d\rho}\right) \quad \cdots\cdots (10.24)$$

따라서 식(10.22)의 음속은 다음과 같이 표시할 수도 있다.

$$a = \sqrt{\frac{K}{\rho}} \quad \cdots\cdots (10.25)$$

식(10.22)로부터, 완전기체 속에서의 음속은 절대온도만의 함수임을 알 수 있다.

관로 내의 기체유동에서는 밀도변화와 마찰 때문에 온도가 변하므로 일반적으로 단면에 따라 음속이 달라진다. 그러나 등온흐름에 있어서는 음속이 일정하다.

(2) 마하수

압축성유동의 상사성을 나타내는 무차원수로서 **마하수**(mach number) M이 사용된다. 이 마하수는 매질에서의 국소음속(local velocity of sound)에 대한 유체속도의 비로 정의한다.

$$M = \frac{u}{a} \quad \cdots\cdots (10.26)$$

마하수를 제곱한 u^2/a^2은 유체가 갖는 운동에너지와 열에너지의 비라고 할 수 있다. 왜냐하면 운동에너지는 u^2에 비례하고 열에너지는 온도 T에 비례하기 때문이다.

그런데 마하수의 크기에 따라 압력파, 즉 음파가 전파되는 특성이 달라진다.

지금, 정지유체 속을 미소물체(音源)가 그림 10.2와 같이 일정한 속도 u로 직선적으로 이동한다고 하자.

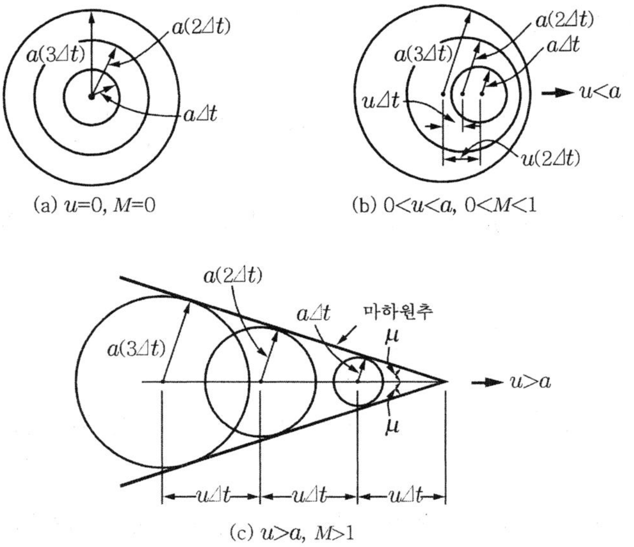

(a) $u=0,\ M=0$　(b) $0<u<a,\ 0<M<1$

(c) $u>a,\ M>1$

[그림 10.2] 음파의 전파(마하원추)

그림 10.2(a)와 같이 음원이 정지하고 있는 경우에는, 음파가 동심 구면(球面)으로 되며, 그 파는 모든 방향으로 무한위치까지 전파된다. 또 음원이 음속 a보다 작은 속도 u로 움직이는 경우(그림 10.2(b))에는 음파가 동심 구면이 아니라 소위 도플러효과가 나타나 파면의 간격이 상류 측에서 조밀하고 하류 측에서는 커지는데, 결국 음파는 주위 전체로 퍼져나간다. 이와 같이 $M<1$인 경우의 유동을 **아음속 유동**(subsonic flow, 亞音速 流動)이라 한다.

만일 음파의 속도가 음속과 같아지면($M=1$) 음파가 상류 쪽으로 전파되지 않고 하류 쪽으로만 전파된다. 이와 같은 $M=1$의 유동을 **음속유동**(sonic flow, 音速流動)이라 한다.

다음에 음파의 속도 u가 음속보다 빠른 경우에는 그림 10.2(c)와 같이 음파가 전파되는 범위가 하류 쪽으로 원추면 내로 한정되며, 그 외의 영역으로는 전파되지 않는다. 이 원추를 **마하원추**(mach cone)라 부르며, 마하각 μ는 다음과 같이 표시된다.

$$\sin\mu = \frac{a}{u} = \frac{1}{M} \qquad \cdots\cdots (10.27)$$

$M>1$의 유동을 **초음속 유동**(supersonic flow, 超音速 流動), 특히 $M>3$의 유동을 **극초음속 유동**(hypersonic flow, 極超音速 流動)이라 한다.

마하수의 범위에 따른 특성을 서술하면 다음과 같다.

① $M<0.3$: 비압축성(incompressible) 유동으로서 밀도의 변화에 대한 영향은 무시할 수 있다.
② $0.3<M<0.8$: 아음속(subsonic) 유동으로서 밀도의 영향은 중요하지만 충격파는 발생하지 않는다.
③ $0.8<M<1.2$: 천음속(transonic, 遷音速) 유동으로서 밀도의 효과가 작용하며 충격파가 최초로 나타난다.
④ $1.2<M<3.0$: 초음속(supersonic) 유동으로서 밀도의 효과 및 충격파가 존재한다.
⑤ $M>3.0$: 극초음속(hypersonic) 유동으로서 충격파 및 기타 유동변화가 특히 강하다.

예제 10.3

4염화탄소의 밀도는 1.593[kg/m^3], 체적탄성계수는 1.124[GPa]이다. 이 매질에서의 음속은 얼마인가?

[풀이] 식(10.25)로부터

$$a=\sqrt{\frac{K}{\rho}}=\left(\frac{1.124\times10^9}{1.593}\right)^{1/2}=840\,[\mathrm{m/s}]$$ ■

예제 10.4

해면상의 온도는 15[℃], 성층권의 온도는 −50[℃]일 때 건조공기에서의 음속을 구하라.

[풀이] 식(10.22)로부터

해면상 : $a=\sqrt{kRT}=[1.4\times287.2\times(273.15+15)]^{1/2}=340.38m/s$

성층권 : $a=\sqrt{kRT}=[1.4\times287.2\times(273.15-50)]^{1/2}=299.54m/s$ ■

10.4 등엔트로피 유동(무마찰 단열유동)

(1) 에너지 식

단열 벽을 흐르는 기체의 단열유동에서 1차원, 정상류의 에너지 식은 식(10.16)으로부터 $q=0$이므로

$$h_1+\frac{u_1{}^2}{2}=h_2+\frac{u_2{}^2}{2} \quad \cdots\cdots (10.28)$$

이며, 식(10.7)로부터 $dh=c_p dT$이므로

$$u_2{}^2-u_1{}^2=2(h_1-h_2)=2c_p(T_1-T_2) \quad \cdots\cdots (10.29)$$

식(10.10)의 $c_p=\frac{kR}{k-1}$, 식(10.1)의 $pv=RT$를 이용하면 위의 식은 다음과 같이 된다.

$$u_2{}^2-u_1{}^2=\frac{2k}{k-1}(p_1v_1-p_2v_2)=\frac{2k}{k-1}RT_1\left(1-\frac{T_2}{T_1}\right) \quad \cdots\cdots (10.30)$$

또한, 식(10.28)은 다음 식으로 표시할 수 있다.

$$c_pT_1+\frac{u_1{}^2}{2}=c_pT_2+\frac{u_2{}^2}{2}=c_pT_o \quad \cdots\cdots (10.31)$$

여기서 T_o는 정체점의 온도이며(그림 10.3 참조), **전온도**(total temperature, 全溫度)라 한다. 따라서 단열유동에서 정체점의 온도, 즉 전온도는 유동에서 마찰의 유무에 관계없이 유선을 따라 일정하다.

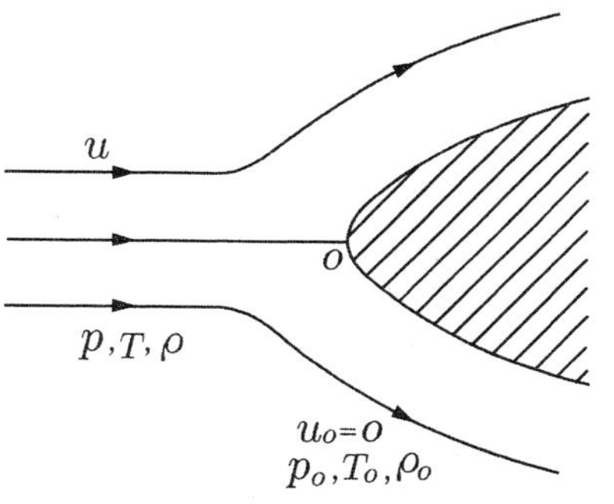

[그림 10.3] 정체 물성치

그림 10.3에서 보는 바와 같이 정체점에서의 물성치는 첨자 o를 붙여서 표시하며, 저장용기로부터 흘러나오는 단열유동의 경우에 저장용기내의 유체에 관한 물성치가 정체 물성치에 해당한다.

(2) 정체 및 임계 물성치

전술한 바와 같이 단열 저장용기로부터 압축성 유체가 관로로 흘러나가는 경우, 저장용기 내의 유체는 정체상태에 있으므로 관로 유동유체의 물성치와 다르며, 그 관계를 고찰한다.

식(10.31)로부터 정체온도 T_o는 다음과 같이 정리할 수 있다.

$$T_o = T + \frac{u^2}{2c_p} \quad \text{또는} \quad \frac{T_o}{T} = 1 + \frac{u^2}{2c_pT}$$

여기서 식(10.10)의 $c_p = \frac{kR}{k-1}$, 식(10.22)의 $a = \sqrt{kRT}$, 식(10.26)의 $M = \frac{u}{a}$를 위의 식에 적용하면 정체온도 T_o에 관한 다음의 식을 얻는다.

$$\frac{T_o}{T} = 1 + \frac{k-1}{2}M^2 \qquad \cdots\cdots (10.32)$$

식(10.13)으로부터

$$\frac{p_o}{p} = \left(\frac{T_o}{T}\right)^{\frac{k}{k-1}}, \quad \frac{\rho_o}{\rho} = \left(\frac{T_o}{T}\right)^{\frac{1}{k-1}}$$

의 관계를 식(10.32)에 적용하면 정체압력 p_o 및 정체밀도 ρ_o는 각각 다음과 같다.

$$\frac{p_o}{p} = \left(1 + \frac{k-1}{2}M^2\right)^{\frac{k}{k-1}} \quad \cdots\cdots (10.33)$$

$$\frac{\rho_o}{\rho} = \left(1 + \frac{k-1}{2}M^2\right)^{\frac{1}{k-1}} \quad \cdots\cdots (10.34)$$

유속이 음속과 같은 경우, 즉 $M=1$의 상태를 **임계상태**라 하며, 축소-확대 노즐의 목 단면에서의 유동상태가 대표적인 예가 된다. 이러한 임계상태인 음속조건의 경우에 물성치에 *를 붙여서 표기하기로 한다.

따라서 임계상태의 음속 a^*는

$$a^* = u^* = \sqrt{kRT^*}$$

가 되며, 임계상태의 온도, 압력, 밀도는 각각 식(10.32)~(10.34)에 $M=1$을 각각 대입하고, $k=1.4$의 경우에 각각 다음 식으로 표시된다.

$$\frac{T^*}{T_o} = \frac{2}{k+1} = 0.833 \quad \cdots\cdots (10.35)$$

$$\frac{p^*}{p_o} = \left(\frac{2}{k+1}\right)^{\frac{k}{k-1}} = 0.528 \quad \cdots\cdots (10.36)$$

$$\frac{\rho^*}{\rho_o} = \left(\frac{2}{k+1}\right)^{\frac{1}{k-1}} = 0.634 \quad \cdots\cdots (10.37)$$

임계상태인 단면의 질량유량은 $\rho Au = \rho^* A^* u^*$로 표시할 수 있으므로

$$\frac{A}{A^*} = \frac{\rho^*}{\rho}\frac{u^*}{u} \quad \cdots\cdots (10.38)$$

한편, $u^* = a^* = \sqrt{kRT^*}$와 $u = aM = M\sqrt{kRT}$이므로

$$\frac{u^*}{u} = \frac{1}{M}\sqrt{\frac{T^*}{T}} = \frac{1}{M}\sqrt{\frac{T^*}{T_o}\frac{T_o}{T}} = \frac{1}{M}\left[\frac{2+(k-1)M^2}{k+1}\right]^{1/2} \quad \cdots\cdots (10.39)$$

같은 방법으로 식(10.34)와 식(10.37)을 이용하면

$$\frac{\rho^*}{\rho} = \frac{\rho^*}{\rho_o}\frac{\rho_o}{\rho} = \left[\frac{2+(k-1)M^2}{k+1}\right]^{\frac{1}{k-1}} \quad \cdots\cdots (10.40)$$

따라서 식(10.39)와 식(10.40)을 식(10.38)에 대입하면 다음 식이 얻어진다.

$$\frac{A}{A^*} = \frac{1}{M}\left[\frac{2+(k-1)M^2}{k+1}\right]^{\frac{k+1}{2(k-1)}} \quad \cdots\cdots (10.41)$$

식(10.32)~(10.34) 및 식(10.41)의 관계를 k=1.4의 경우에 대하여 표시하면 그림 10.4와 같다. p/p_o, ρ/ρ_o, T/T_o, a/a_o는 모두 마하수 M이 증가함에 따라 감소하지만 A/A^*는 M=1일 때 1이며, M이 1보다 커져도 증대한다.

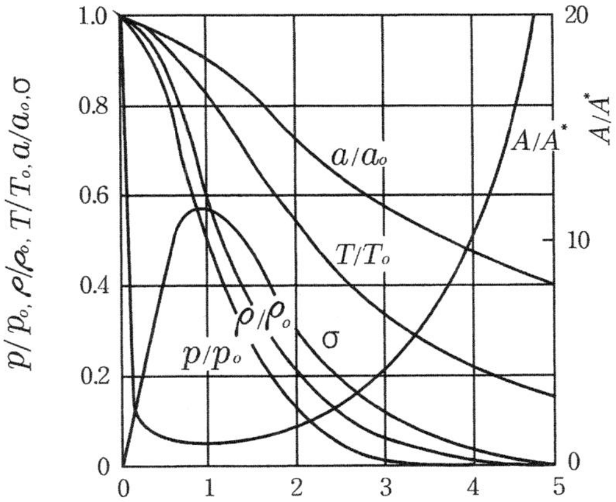

[그림 10.4] 등엔트로피 흐름의 제관계(k=1.4)

(3) 단면적의 변화에 대한 물성치의 변화

완전기체의 1차원 정상류에 대하여 고찰한다.

먼저 연속방정식(10.14)인 ρAu=const를 미분하여 ρAu로 나누면

$$\frac{d\rho}{\rho}+\frac{du}{u}+\frac{dA}{A}=0 \qquad \cdots\cdots (10.42)$$

완전기체의 상태식(10.1)인 $p=\rho RT$를 미분하여 ρRT로 나누면

$$\frac{dp}{p}=\frac{d\rho}{\rho}+\frac{dT}{T} \qquad \cdots\cdots (10.43)$$

등엔트로피의 식(10.12)로부터

$$\frac{dp}{p}-k\frac{d\rho}{\rho}=0 \qquad \cdots\cdots (10.44)$$

Euler의 식(10.15)에 식(10.20)의 $a^2=\dfrac{dp}{d\rho}$를 적용하면

$$udu=-\frac{dp}{\rho}=-\frac{dp}{d\rho}\frac{d\rho}{\rho}=-a^2\frac{d\rho}{\rho}$$

$$\therefore\ \frac{d\rho}{\rho}=-M^2\frac{du}{u} \qquad \cdots\cdots (10.45)$$

이 식을 연속의 식(10.42)에 대입하면

$$\frac{du}{u}=\frac{1}{M^2-1}\frac{dA}{A} \qquad \cdots\cdots (10.46)$$

$$\frac{d\rho}{\rho}=-\frac{M^2}{M^2-1}\frac{dA}{A} \qquad \cdots\cdots (10.47)$$

식(10.47)을 식(10.44)에 대입하면

$$\frac{dp}{p}=-\frac{kM^2}{M^2-1}\frac{dA}{A} \qquad \cdots\cdots (10.48)$$

식(10.47), (10.48)을 식(10.43)에 대입하면

$$\frac{dT}{T}=-\frac{(k-1)M^2}{M^2-1}\frac{dA}{A} \qquad \cdots\cdots (10.49)$$

다음에 $a^2=kRT$를 미분하면 $2\dfrac{da}{a}=\dfrac{dT}{T}$이므로, 식(10.49)를 적용하면

$$\frac{da}{a}=-\frac{(k-1)M^2}{2(M^2-1)}\frac{dA}{A} \qquad \cdots\cdots (10.50)$$

같은 방법으로 $M=u/a$를 미분하여 식(10.46)과 (10.50)을 대입하면 다음 식을 얻는다.

$$\frac{dM}{M}=\frac{du}{u}-\frac{da}{a}=\frac{2+(k-1)M^2}{2(M^2-1)}\frac{dA}{A} \qquad \cdots\cdots (10.51)$$

따라서 식(10.46)~(10.51)은 각 물성치의 변화를 단면적의 변화에 대하여 아음속 유동($M<1$)과 초음속 유동($M>1$)에 대하여 증가(+) 또는 감소(−)를 판단할 수 있으며, 표 10.1에는 그 관계를 요약하여 놓았다.

[표 10.1] 등엔트로피 흐름에서 단면적 변화의 영향

노즐	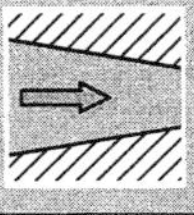 축소노즐 $dA<0$		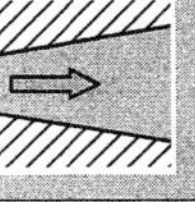 확대노즐 $dA>0$	
흐름의 범위 / 제량의변화	아음속 $0<M<1$	초음속 $M>1$	아음속 $0<M<1$	초음속 $M>1$
속도변화 du	+	−	−	+
밀도변화 $d\rho$	−	+	+	−
압력변화 dp	−	+	+	−
온도변화 dT	−	+	+	−
음속변화 da	−	+	+	−
마하수변화 dM	+	−	−	+

식(10.46)에 주목하면, 비압축성 흐름($M=0$)에서는 단면적이 감소($dA<0$)하면 속도는 증가($du>0$)함을 의미한다. $M<1$의 아음속 유동에서도 정성적으로 비압축성 흐름과 마찬가지지만 우변의 분모가 1보다 작아져 속도에의 영향은 비압축성 흐름의 경우보다 크다. 그러나 $M>1$의 초음속 유동에서는 단면적의 증가($dA>0$)는 속도를 증가($du>0$)시킨다. 따라서 아음속 유동과 초음속 유동에서 단면적의 변화에 따르는 물성치의 변화는 표 10.1에서 보는 바와 같이 완전히 반대의 현상임을 알 수 있다.

(4) 질량유량

단면적 A 인 관로의 등엔트로피 흐름에서의 질량유량은 연속의 식으로부터

$$\dot{m} = \rho Au = \frac{p}{RT} AM\sqrt{kRT} = A\sqrt{\frac{k}{R}}\frac{p}{\sqrt{T_o}}\sqrt{\frac{T_o}{T}}M$$

$$= A\sqrt{\frac{k}{R}}\frac{p}{\sqrt{T_o}}M\left(1+\frac{k-1}{2}M^2\right)^{1/2}$$

$$= A\frac{p}{a_o}kM\left(1+\frac{k-1}{2}M^2\right)^{1/2} \qquad \cdots\cdots (10.52)$$

위 식에 식(10.33)을 대입하면

$$\dot{m} = A\sqrt{\frac{k}{R}}\frac{p_o}{\sqrt{T_o}}M\left(1+\frac{k-1}{2}M^2\right)^{\frac{-(k+1)}{2(k-1)}} \qquad \cdots\cdots (10.53)$$

$p_o = \rho_o RT_o$ 및 $a_o{}^2 = kRT_o$를 적용하면 위 식은 다음과 같이 된다.

$$\dot{m} = A\rho_o a_o M\left(1+\frac{k-1}{2}M^2\right)^{\frac{-(k+1)}{2(k-1)}} \qquad \cdots\cdots (10.54)$$

여기서 무차원 질량유량비 σ를 다음과 같이 정의한다.

$$\sigma = \frac{\rho uA}{\rho_o a_o A} = \frac{\dot{m}}{\rho_o a_o A} = M\left(1+\frac{k-1}{2}M^2\right)^{\frac{-(k+1)}{2(k-1)}} \qquad \cdots\cdots (10.55)$$

따라서 σ는 마하수만의 함수이며, 그림 10.4에 나타낸 바와 같이 $M=1$일 때 최대 값을 가지며, $k=1.4$의 경우 $\sigma=0.579$의 값을 갖는다.

예제 10.5

온도 10[℃], 유속 300[m/s]인 공기의 등엔트로피 유동에서 정체온도를 구하라. 또 압력이 표준 대기압(101.3[kPa])일 때의 정체압력을 구하라.

[풀이] 음속 $a=\sqrt{kRT}=\sqrt{1.4\times287.2\times283.15}=337.42m/s$

$\therefore$ 마하수 $M=\dfrac{u}{a}=\dfrac{300}{337.42}=0.889$

$\therefore$ 식(10.32)로부터

$$T_o=T\left(1+\frac{k-1}{2}M^2\right)=283.15\times\left(1+\frac{0.4}{2}\times0.889^2\right)$$
$$=327.9K=54.76℃$$

식(10.33)으로부터

$$p_o=p\left(1+\frac{k-1}{2}M^2\right)^{\frac{k}{k-1}}=101.3\times\left(1+\frac{0.4}{2}\times0.889^2\right)^{\frac{1.4}{0.4}}=169.31\,[\text{kPa}]$$

■

예제 10.6

공기가 덕트를 단열적으로 흐른다. 어느 단면에서의 속도는 u=250[m/s], 온도는 T=300[K], 압력 p=150[kPa], 단면적 A=1[m^2]이다. (1) 마하수 M, (2) 정체온도 T_o, (3) 정체압력 p_o, (4) 정체밀도 ρ_o, (5) 임계유속 u^*, (6) 임계 단면적 A^*, (7) 질량유량 $\dot{m}$를 각각 구하라.

[풀이] (1) $a=\sqrt{kRT}=\sqrt{1.4\times287.2\times300}=347.3m/s$

$\therefore$ $M=\dfrac{u}{a}=\dfrac{250}{347.3}=0.72$

(2) 식(10.32)로부터

$$T_o=T\left(1+\frac{k-1}{2}M^2\right)=300\times\left(1+\frac{0.4}{2}\times0.72^2\right)=331.1K$$

(3) 식(10.33)으로부터

$$p_o=p\left(1+\frac{k-1}{2}M^2\right)^{\frac{k}{k-1}}=150\times\left(1+\frac{0.4}{2}\times0.72^2\right)^{\frac{1.4}{0.4}}=211.86\,[\text{kPa}]$$

(4) $\rho=\dfrac{p}{RT}=\dfrac{150\times10^3}{287.2\times300}=1.741\,[\text{kg/m}^3]$

식(10.34)로부터

$$\rho_o = \rho\left(1+\frac{k-1}{2}M^2\right)^{\frac{1}{k-1}} = 1.741\times\left(1+\frac{0.4}{2}\times0.72^2\right)^{\frac{1}{0.4}} = 2.228\,[\text{kg/m}^3]$$

(5) 식(10.35)로부터

$$T^* = T_o\left(\frac{2}{k+1}\right) = 331.1\times\left(\frac{2}{2.4}\right) = 275.92\,[\text{K}]$$

$$\therefore\ u^* = a^* = \sqrt{kRT^*} = \sqrt{1.4\times287.2\times275.92} = 333.1m/s$$

(6) 식(10.41)로부터

$$A^* = AM\left[\frac{2+(k-1)M^2}{k+1}\right]^{\frac{-(k+1)}{2(k-1)}} = 1\times0.72\times\left[\frac{2+0.4\times0.72^2}{2.4}\right]^{\frac{-2.4}{2\times0.4}}$$

$$= 0.9254m^2$$

(7) $a_o = \sqrt{kRT_o} = \sqrt{1.4\times287.2\times331.1} = 364.87m/s$

식(10.54)로부터

$$\dot{m} = A\rho_o a_o M\left(1+\frac{k-1}{2}M^2\right)^{\frac{-(k+1)}{2(k-1)}}$$

$$= 1\times2.228\times364.87\times0.72\times\left(1+\frac{0.4}{2}\times0.72^2\right)^{\frac{-2.4}{0.8}}$$

$$= 435.37m^3/s$$

■

10.5 축소노즐의 유동

그림 10.5와 같이 큰 탱크 내의 기체는 정지상태(u_o=0, p_o, ρ_o, T_o)이며, 축소노즐(convergent nozzle, 縮小노즐)로부터 압력 p_a의 대기 중으로 유출하는 경우, 비교적 빠른 속도이므로 단열유동으로 생각한다.

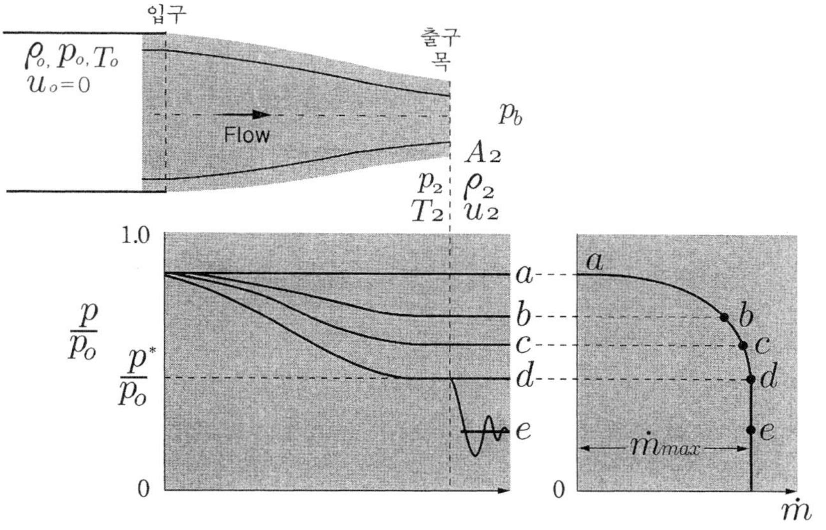

[그림 10.5] 축소 노즐의 흐름

노즐출구에서의 단면적 A_2, 유속 u_2, 압력 p_2, 밀도 ρ_2, 온도 T_2라 하면, 식(10.13)으로부터

$$p_o T_o^{\frac{k}{1-k}} = p_2 T_2^{\frac{k}{1-k}} \quad \text{또는} \quad \frac{T_2}{T_o} = \left(\frac{p_2}{p_o}\right)^{\frac{k-1}{k}} \qquad \cdots\cdots (10.56)$$

이며, $p_o/\rho_o = RT_o$이므로 식(10.30)으로부터 $u_1(u_o)=0$이므로

$$u_2 = \sqrt{\frac{2k}{k-1} RT_o\left(1-\frac{T_2}{T_o}\right)} = \sqrt{\frac{2k}{k-1}\frac{p_o}{\rho_o}\left[1-\left(\frac{p_2}{p_o}\right)^{\frac{k-1}{k}}\right]} \qquad \cdots\cdots (10.57)$$

식(10.12)로부터 $\rho_2 = \rho_o\left(\frac{p_2}{p_o}\right)^{\frac{1}{k}}$ 이므로, 질량유량 $\dot{m}$는

$$\dot{m} = \rho_2 u_2 A_2 = \rho_2 A_2 \sqrt{\frac{2k}{k-1}\frac{p_o}{\rho_o}\left[1-\left(\frac{p_2}{p_o}\right)^{\frac{k-1}{k}}\right]}$$

$$= A_2\sqrt{\frac{2k}{k-1}p_o\rho_o\left[\left(\frac{p_2}{p_o}\right)^{\frac{2}{k}} - \left(\frac{p_2}{p_o}\right)^{\frac{k+1}{k}}\right]} \quad \cdots\cdots (10.58)$$

그런데 $p_2=p_b$로 표시할 때, 노즐출구의 압력 p_b에 따라 질량유량의 값이 달라진다. 그림 10.5에서 직선 a와 같이 $p_o=p_b$인 경우는 노즐내의 압력이 일정하고 흐름이 없으므로 $\dot{m}=0$이다. p_b를 p_o보다 서서히 감소시키면 곡선 b, c와 같이 노즐내의 흐름은 아음속 상태에서 가속되어 p_b가 작을수록 유량이 증대한다.

노즐의 출구속도 u_2가 아음속인 경우, 출구압력 p_2는 출구로부터 분류(噴流)를 둘러싸는 압력 p_b와 같으며, 분류의 운동에너지 $u_2^2/2$은 대기 중으로 소산한다. 곡선 d와 같이 노즐출구에서 p_b를 임계상태가 되는, 즉 $M=1$의 상태가 되는 p^*(식(10.36))까지 낮추면 유량은 최대가 된다. p_b를 압력 p^* 이하로 낮추어도 그 변화는 상류 측에 전파되지 않고 노즐내의 흐름은 변화하지 않는다. 따라서 p_b가 p^* 이하일 때는 노즐출구에서는 $p_2=p^*$가 되지만 그 하류에서는 분류의 운동에너지가 외기에 있어서 혼합에 의한 난류로 인하여 열에너지로 소산되는 과정에서 곡선 e와 같이 압력이 흐름방향으로 변동한다. 이와 같이 외기의 압력 p_b가 변하여도 유량이 일정한 상태를 질식(choking, 窒息)이라 하고 흐름이 쵸크되었다고 하며, 축소노즐에서는 목(throat)에서 그 현상이 나타난다.

전술한 바와 같이 유속이 음속과 같을 때의 상태를 임계상태라 하며 그 때의 임계압력 p^*는 식(10.36)과 같이 표시하였다.

$$\frac{p^*}{p_o} = \left(\frac{2}{k+1}\right)^{\frac{k}{k-1}} \quad \cdots\cdots (10.36)$$

따라서 식(10.58)의 p_2/p_o 대신에 p^*/p_o(식(10.36))을 대입하면 다음과 같이 최대유량의 식이 얻어진다.

$$\dot{m}_{\max} = A_2\sqrt{kp_o\rho_o\left(\frac{2}{k+1}\right)^{\frac{k+1}{k-1}}}$$

$$= A_2\frac{p_o}{\sqrt{RT_o}}\sqrt{k\left(\frac{2}{k+1}\right)^{\frac{k+1}{k-1}}} \quad \cdots\cdots (10.59)$$

예제 10.7

축소노즐의 목 단면적 A_2=50[cm^2]이고 정체공기의 압력 p_o=200[kPa], 온도 T_o=288[K]이다. 만일 배압 p_b가 (1) 120[kPa]인 경우와, (2) 60[kPa]인 경우, 각각 출구압력 p_2와 질량유량 $\dot{m}$을 구하라.

[풀이] 식(10.36)으로부터

$$\frac{p^*}{p_o}=\left(\frac{2}{k+1}\right)^{\frac{k}{k-1}}=\left(\frac{2}{2.4}\right)^{\frac{1.4}{0.4}}=0.5283$$

$$\therefore\ p^*=0.5283\times 200=105.66\ [\text{kPa}]$$

배압이 p^*보다 낮으면 노즐유동은 쵸크(질식)된다.

(1) p_b=120[kPa]>p^*. 따라서 유동은 전체에 걸쳐 아음속 유동이며, 그림 10.5의 곡선 c와 유사하다.
목부의 마하수는 식(10.33)으로부터

$$p_o=p\left(1+\frac{k-1}{2}M^2\right)^{\frac{k}{k-1}}=p(1+0.2M^2)^{3.5}$$

$$\therefore\ 200=120(1+0.2M^2)^{3.5}\quad \therefore\ M=0.8864$$

∴ 식(10.53)으로부터

$$\dot{m}=A\sqrt{\frac{k}{R}}\frac{p_o}{\sqrt{T_o}}M\left(1+\frac{k-1}{2}M^2\right)^{\frac{-(k+1)}{2(k-1)}}$$

$$=50\times 10^{-4}\sqrt{\frac{1.4}{287.2}}\frac{200\times 10^3}{\sqrt{288}}\times 0.8864(1+0.2\times 0.8864^2)^{-3}$$

$$=2.354kg/s$$

출구압력 p_2=120[kPa]이다.

(2) p_b=60[kPa]<p^*, 따라서 목에서 질식이 생기며 그림 10.5의 곡선 d와 유사하다. 출구에서는 압력이 p^*와 같으므로 p_2=105.66[kPa]이다. 질량유량은 최대유량이므로 식(10.59)로부터

$$\dot{m} = A_2 \frac{p_o}{\sqrt{RT_o}} \sqrt{k\left(\frac{2}{k+1}\right)^{\frac{k+1}{k-1}}}$$

$$= 50 \times 10^{-4} \times \frac{200 \times 10^3}{\sqrt{287.2 \times 288}} \sqrt{1.4 \times \left(\frac{2}{2.4}\right)^6} = 2.381\,[\mathrm{kg/s}]$$ ■

10.6 수직충격파

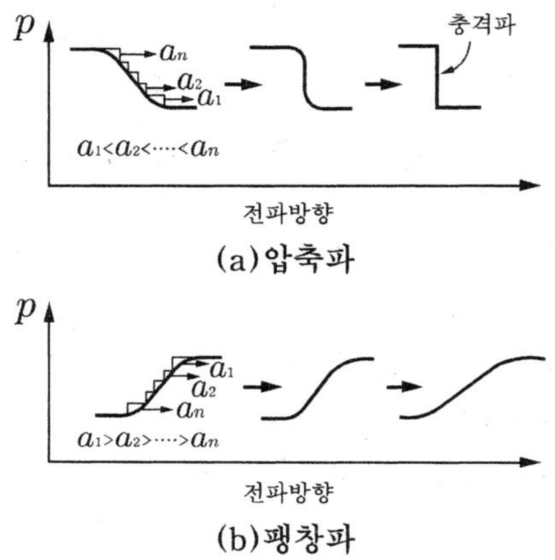

[그림 10.6] 압축파와 팽창파의 전파

큰 압력변동이 압력파가 되어 기체 속을 전파할 때, 파면이 통과함에 따라 급격히 압력이 증가하는 압력파를 **압축파**(compression wave, 壓縮波)라 하고, 반대로 파면이 통과함에 따라 압력이 저하하는 압력파를 **팽창파**(expansuion wave, 膨脹波)라 한다.

그림 10.6은 압축파와 팽창파의 전파모양을 표시한 것이다. 압력파면을 미소 압력변동의 집합으로 생각하면, 각 미소 압력변동은 국소음속(a_1, a_2, ⋯, a_n)으로 전파한다.

압력파 내의 기체의 상태는 단열적으로 변화하므로, 압력의 변동에 따라 온도가 변화하고, 국소 음속도 압력파면의 선단부근과 후단부근에서 달라진다. 그림 10.6(a)의 압축파의 경우, 파면의 선단부근보다 후단부근 쪽이 압축에 의해 온도가 높고, 국소음속은 파면 후방으로 갈수록 커진다($a_1 < a_2 < \cdots < a_n$). 따라서 후방의 파면이 점차 전방으로 따라잡게 되며, 결국에는 압력이 불연속

적으로 증대하는 파면을 형성한다. 이와 같은 압력의 불연속면을 **충격파**(shock wave, 衝擊波)라 하며, 기류의 흐름방향과 수직인 충격파를 **수직충격파**(normal shock wave, 垂直衝擊波)라 한다. 충격파의 두께는 수 μm정도이며, 그 진행 속도는 미소 압력변동이 전파하는 음속과는 다른 큰 값을 갖는다.

한편, 그림 10.6(b)의 팽창파의 경우에는 압력파와 반대로 파면의 진행과 함께 파형이 완만해진다.

그림 10.7과 같이 1차원적인 초음속의 관내 유동에 있어서는 충격파는 흐름에 수직으로 발생한다. 지금 수직충격파를 둘러싼 얇은 검사체적을 취하여 상류와 하류의 상태를 각각 첨자 1, 2로 표시한다.

전술한 바와 같이 충격파의 두께는 아주 얇아서 검사체적 전후의 단면적의 변화, 상하 벽에서의 마찰력 및 외부와의 열 전달은 무시할 수 있다.

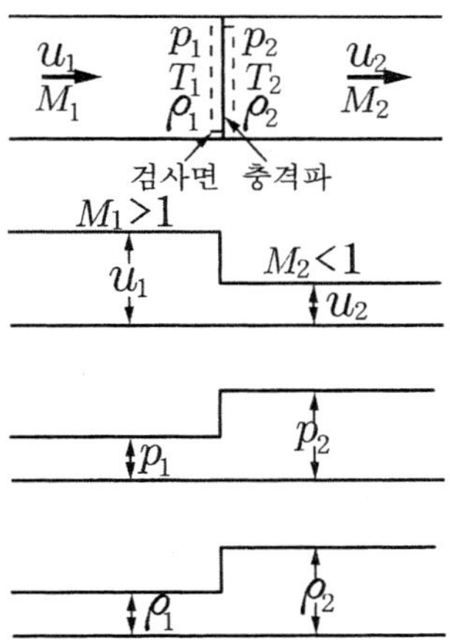

[그림 10.7] 수직충격파를 통한 흐름의 변화

연속의 식으로부터

$$\frac{\dot{m}}{A} = \rho_1 u_1 = \rho_2 u_2 \quad \text{또는} \quad \frac{\rho_2}{\rho_1} = \frac{u_1}{u_2} \qquad \cdots\cdots (10.60)$$

기체의 상태식으로부터 $a = \sqrt{kRT}$이므로

$$\frac{p_2}{p_1} = \frac{\rho_2 T_2}{\rho_1 T_1} = \frac{u_1}{u_2}\frac{T_2}{T_1} = \frac{M_1 a_1}{M_2 a_2}\frac{T_2}{T_1} = \frac{M_1}{M_2}\left(\frac{T_2}{T_1}\right)^{\frac{1}{2}} \qquad \cdots\cdots (10.61)$$

운동량의 식으로부터

$$(p_1 - p_2)A = \dot{m}(u_2 - u_1) = \rho_1 u_1 A(u_2 - u_1) = \rho_2 u_2 A(u_2 - u_1)$$

$$\therefore \; p_1 + \rho_1 u_1^2 = p_2 + \rho_2 u_2^2 \quad \cdots\cdots (10.62)$$

여기서 $\rho u^2 = \left(\frac{p}{RT}\right)u^2 = p\frac{k}{kRT}u^2 = kpM^2$이므로, 위 식은 다음과 같이 된다.

$$\frac{p_2}{p_1} = \frac{1 + kM_1^2}{1 + kM_2^2} \quad \cdots\cdots (10.63)$$

단열유동의 에너지식으로부터 충격파 전후의 전온도는 같으므로(식(10.32) 참조)

$$T_1\left(1 + \frac{k-1}{2}M_1^2\right) = T_2\left(1 + \frac{k-1}{2}M_2^2\right)$$

$$\therefore \; \frac{T_2}{T_1} = \frac{2 + (k-1)M_1^2}{2 + (k-1)M_2^2} \quad \cdots\cdots (10.64)$$

식(10.64)를 식(10.61)에 대입하면 다음의 식을 얻는다.

$$\frac{p_2}{p_1} = \frac{M_1}{M_2}\left[\frac{2 + (k-1)M_1^2}{2 + (k-1)M_2^2}\right]^{\frac{1}{2}} \quad \cdots\cdots (10.65)$$

식(10.63)과 식(10.65)로부터 M_2를 M_1의 함수로 표시할 수 있으며 다음의 두 개의 해가 얻어진다.

$$M_2 = M_1 \quad \cdots\cdots (10.66)$$

$$M_2^2 = \frac{(k-1)M_1^2 + 2}{2kM_1^2 - (k-1)} \quad \cdots\cdots (10.67)$$

여기서 $M_1 = M_2$인 해의 경우는 식(10.63)에서 $p_1 = p_2$, 식(10.64)에서 $T_1 = T_2$가 되므로 의미가 없는 해이다. 따라서 식(10.67)을 식(10.63), 식(10.64)에 각

각 대입하면 충격파 전후의 압력비 p_2/p_1, 온도비 T_2/T_1가 각각 다음과 같이 얻어진다.

$$\frac{p_2}{p_1}=\frac{2k\,M_1^{\ 2}-(k-1)}{k+1} \qquad \cdots\cdots (10.68)$$

$$\frac{T_2}{T_1}=\frac{[2k\,M_1^{\ 2}-(k-1)][(k-1)\,M_1^{\ 2}+2]}{(k+1)^2\,M_1^{\ 2}}=\left(\frac{a_2}{a_1}\right)^2 \qquad \cdots\cdots (10.69)$$

밀도비 $\dfrac{\rho_2}{\rho_1}=\dfrac{p_2/RT_2}{p_1/RT_1}=\left(\dfrac{p_2}{p_1}\right)\left(\dfrac{T_1}{T_2}\right)$이므로

$$\frac{\rho_2}{\rho_1}=\frac{(k+1)\,M_1^{\ 2}}{(k-1)\,M_1^{\ 2}+2}=\frac{u_1}{u_2} \qquad \cdots\cdots (10.70)$$

충격파에 있어서 압력상승 $\Delta p(=p_2-p_1)$의 p_1에 대한 비 $\Delta p/p_1$을 **충격파의 세기**(shock strength)라 하며, 충격파가 약해진 극한($\Delta p/p_1=0$)에서는 충격파에 의한 엔트로피의 증가가 일어나지 않고 충격파는 음파와 일치하게 된다.

식(10.68)에서 보면, 충격파에서는 $p_2/p_1>1$이므로 $M_1>1$이 되어 충격파는 초음속유동에만 일어난다. 또 $M_1>1$의 경우, 식(10.67)로부터 $M_2<1$이 되며, 수직충격파의 하류에서는 항상 아음속이고 흐름은 충격파에 의하여 초음속으로부터 아음속으로 감속된다.

충격파에 의한 엔트로피 변화는 다음과 같이 표시된다.

$$\Delta s=s_2-s_1=c_p\ln\left[\left(\frac{T_2}{T_1}\right)\left(\frac{p_1}{p_2}\right)^{\frac{k-1}{k}}\right]=c_p\ln\left[\left(\frac{\rho_1}{\rho_2}\right)\left(\frac{p_2}{p_1}\right)^{\frac{1}{k}}\right]$$

$$=c_p\ln\frac{\rho_1}{\rho_2}+c_v\ln\frac{p_2}{p_1}$$

$$=c_p\ln\left[\frac{(k-1)\,M_1^{\ 2}+2}{(k+1)\,M_1^{\ 2}}\right]+c_v\ln\left[\frac{2k\,M_1^{\ 2}-(k-1)}{k+1}\right] \qquad \cdots\cdots (10.71)$$

충격파 전의 마하수 M_1에 대한 p_2/p_1, T_2/T_1, ρ_2/ρ_1, M_2의 값을 선도로

표시하면 그림 10.8과 같다. 그림에서 보듯이 수직충격파의 후에는 압력, 밀도, 온도는 모두 증가하며, 유속(마하수)은 감소한다.

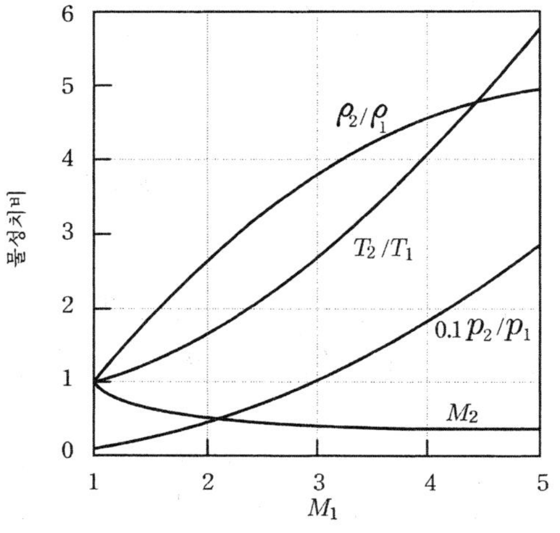

[그림 10.8] 수직 충격파 전후의 물성치 (k=1.4)

예제 10.8

$p_1=100[Pa_{abs}]$, $T_1=5[℃]$, $u_1=400[m/s]$의 조건으로 공기가 유동할 때 수직충격파가 발생하였다면 p_2, ρ_2, u_2, T_2의 값을 각각 구하라.

[풀이]

$$\rho_1=\frac{p_1}{RT_1}=\frac{100}{287.2\times278.15}=1.25\times10^{-3}\,[kg/m^3]$$

$$a_1=\sqrt{kRT_1}=\sqrt{1.4\times287.2\times278.15}=334.42m/s$$

$$\therefore\ M_1=\frac{u_1}{a_1}=\frac{400}{334.42}=1.196$$

식(10.68)로부터

$$p_2=p_1\frac{2k\,M_1^{\,2}-(k-1)}{k+1}=100\times\frac{2\times1.4\times1.196^2-0.4}{2.4}=150.22Pa_{abs}$$

식(10.70)으로부터

$$\rho_2=\rho_1\frac{(k+1)\ M_1^{\,2}}{(k-1)\ M_1^{\,2}+2}$$

$$=1.25\times10^{-3}\times\frac{2.4\times1.196^2}{0.4\times1.196^2+2}=1.668\times10^{-3}\,[\mathrm{kg/m^3}]$$

$$\therefore\ u_2=u_1\times\frac{\rho_1}{\rho_2}=400\times\frac{1.25}{1.668}=299.76\,m/s$$

기체의 상태식으로부터

$$T_2=\frac{p_2}{\rho_2 R}=\frac{150.22}{1.668\times10^{-3}\times287.2}=313.58\,[\mathrm{K}]=40.43[℃]$$ ■

10.7 마찰을 수반하는 압축성 단열유동(Fanno 흐름)

단면적이 일정한 관로는 공업적으로 널리 이용되고 있다. 길이가 비교적 짧은 경우는 단열유동으로 생각해도 되는 경우가 많지만, 실제 기체는 점성이 있으므로 등엔트로피 유동은 아니다. 마찰을 고려한 일정 단면적의 관내 흐름을 Fanno흐름(Fanno flow)이라 한다. 이러한 경우는 마찰이 있는 짧은 관로의 고속유동에 해당하는 유동이다.

10.7.1 Fanno선

Fanno흐름에서 연속방정식은

$$\rho\,u=\frac{\dot m}{A}=const \quad \text{또는} \quad \frac{d\rho}{\rho}+\frac{du}{u}=0 \qquad \cdots\cdots (10.72)$$

정체 엔탈피 h_o는 일정하므로

$$h_o=h+\frac{u^2}{2}=const \quad \text{또는} \quad h=h_0-\frac{u^2}{2}=h_o-\frac{1}{2\rho^2}\left(\frac{\dot m}{A}\right)^2 \qquad \cdots\cdots (10.73)$$

위의 식을 미분하면

$$dh+udu=0$$

가 되므로, 이 식과 식(10.72)에서 du를 소거하고, $p=\rho RT$를 미분하여 $d\rho/\rho=dp/p-dT/T$, $h=c_pT$를 이용하면

$$dh=u^2\left(\frac{d\rho}{\rho}\right)=u^2\left(\frac{dp}{p}-\frac{dT}{T}\right)=u^2\left(\frac{dp}{p}-\frac{dh}{h}\right)$$

$ds=\dfrac{dq}{T}=\dfrac{dh-dp/\rho}{T}$ 와 위의 식에서 dp를 소거하면 다음 식을 얻는다.

$$\frac{dh}{ds}=\left(\frac{kM^2}{M^2-1}\right)T \qquad \cdots\cdots (10.74)$$

그림 10.9는 어떤 일정한 h_o에 있어서 $\dot{m}/A$에 대한 Fanno선을 그린 그림이다. 식(10.74)로부터 엔트로피의 최대점 a에서는 $M=1$, $dh/ds=\infty$이고, $M<1$에서는 $dh/ds<0$, $M>1$에서는 $dh/ds>0$이다. 따라서 Fanno선의 위 부분은 아음속 유동, 아랫부분은 초음속 유동이다.

Fanno선을 따라 마찰 있는 단열흐름에서는 엔트로피가 증가하므로 아음속, 초음속 유동 모두 마하수가 1의 상태로 접근한다.

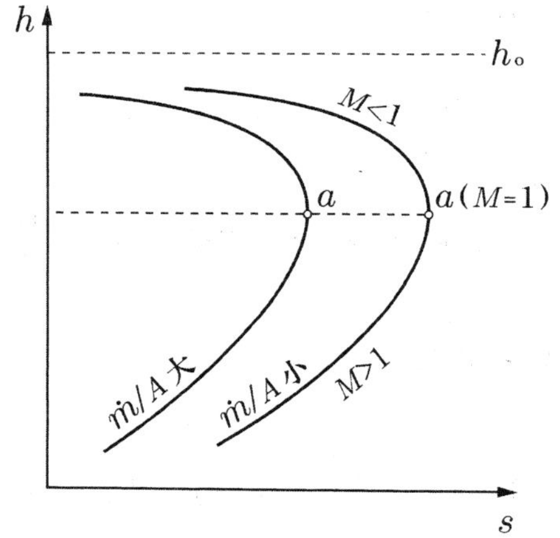

[그림 10.9] Fanno선

10.7.2 Fanno흐름의 관계식

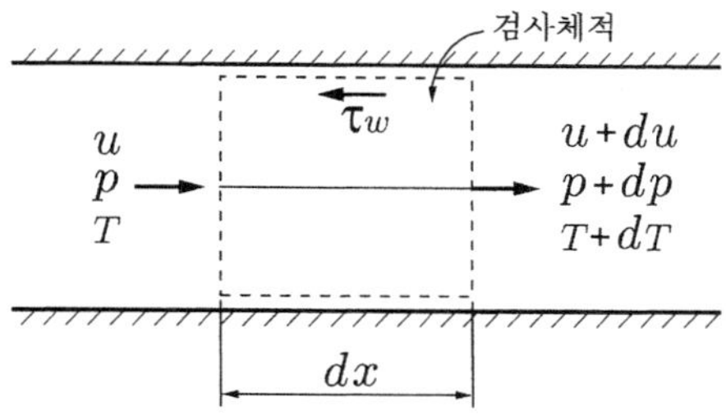

[그림 10.10] Fanno 흐름의 검사 체적

그림 10.10에 표시한 바와 같이 단면적 A인 관 축 방향으로 미소 폭 dx의 검사체적을 생각하자.

(1) 연속의 식

$$\frac{d\rho}{\rho}+\frac{du}{u}=0 \qquad \cdots\cdots (10.72)$$

(2) 운동량의 식

$$pA-(p+dp)A-\tau_w\pi Ddx=\rho uA[(u+du)-u]$$

으로부터 $\tau_w=\frac{f}{8}\rho u^2$, $A=\frac{\pi}{4}D^2$, $\rho u^2=\left(\frac{p}{RT}\right)M^2a^2=kpM^2$을 이용하여 정리하면 다음의 식을 얻는다.

$$\frac{du}{u}+\frac{1}{kM^2}\frac{dp}{p}+\frac{f}{2}\frac{dx}{D}=0 \qquad \cdots\cdots (10.75)$$

(3) 에너지식

식(10.16)으로부터 $q=0$을 적용하여 미분하면 $dh=c_p dT$이므로 다음과 같이 된다.

$$c_p dT+udu=0 \quad \text{또는} \quad \frac{dT}{T}+(k-1)M^2\frac{du}{u}=0 \qquad \cdots\cdots (10.76)$$

마하수 $M=\frac{u}{\sqrt{kRT}}$ 를 대수미분하면

$$\frac{dM}{M}=\frac{du}{u}-\frac{1}{2}\frac{dT}{T} \qquad \cdots\cdots (10.77)$$

위 식과 식(10.76)에서 dT/T를 소거하면

$$\frac{du}{u}=\left[\frac{2}{(k-1)M^2+2}\right]\frac{dM}{M}=\frac{1}{2}\left[\frac{1}{M^2}-\frac{k-1}{(k-1)M^2+2}\right]dM^2$$
$$=-\frac{d\rho}{\rho} \qquad \cdots\cdots (10.78)$$

위 식을 적분하면

$$\begin{cases} \dfrac{u}{u_1}=\dfrac{M}{M_1}\left[\dfrac{1+\dfrac{k-1}{2}M_1^{\,2}}{1+\dfrac{k-1}{2}M^2}\right]^{1/2} \\[2ex] \dfrac{\rho}{\rho_1}=\dfrac{M_1}{M}\left[\dfrac{1+\dfrac{k-1}{2}M^2}{1+\dfrac{k-1}{2}M_1^{\,2}}\right]^{1/2} \end{cases} \qquad \cdots\cdots (10.78)'$$

식(10.78)을 식(10.76)에 대입하면

$$\frac{dT}{T}=-\left[\frac{2(k-1)M^2}{(k-1)M^2+2}\right]\frac{dM}{M}=-\left[\frac{k-1}{(k-1)M^2+2}\right]dM^2$$
$$\cdots\cdots (10.79)$$

위 식을 적분하면

$$\frac{T}{T_1}=\frac{1+\dfrac{k-1}{2}M_1^{\,2}}{1+\dfrac{k-1}{2}M^2} \qquad \cdots\cdots (10.79)'$$

기체의 상태식 $p=\rho RT$를 미분하면 $dp/p=d\rho/\rho+dT/T$가 되며, 이 식에 식(10.78)과 식(10.79)를 대입하면 다음 식이 된다.

$$\frac{dp}{p} = -\left[\frac{2(k-1)M^2+2}{(k-1)M^2+2}\right]\frac{dM}{M} = -\left[\frac{1}{M}+\frac{(k-1)M}{(k-1)M^2+2}\right]dM$$
...... (10.80)

위 식을 적분하면

$$\frac{p}{p_1} = \frac{M_1}{M}\left[\frac{1+\frac{k-1}{2}M_1^{\,2}}{1+\frac{k-1}{2}M^2}\right]^{1/2}$$
...... (10.80)'

엔트로피 변화는

$$ds = \frac{dq}{T} = \frac{de+pdv}{T} = \frac{c_v dT+\frac{RT}{v}dv}{T}$$
$$= c_v\frac{dT}{T}+R\frac{dv}{v} = c_v\frac{dT}{T}-R\frac{d\rho}{\rho}$$
...... (10.81)

이므로, 이 식에 식(10.78), (10.79)를 대입하여 정리하면 다음의 식을 얻는다.

$$\frac{ds}{R} = \left[\frac{2(1-M^2)}{(k-1)M^2+2}\right]\frac{dM}{M} = \left[\frac{1}{M}-\frac{(k+1)M}{(k-1)M^2+2}\right]dM$$
...... (10.82)

위 식을 적분하면

$$s = s_1 + R\ln\frac{M}{M_1}\left[\frac{1+\frac{k-1}{2}M_1^{\,2}}{1+\frac{k-1}{2}M^2}\right]^{\frac{(k+1)}{2(k-1)}}$$
...... (10.82)'

마하수의 관 축 방향의 변화는 식(10.75)에 식(10.78), (10.80)을 대입하면 다음의 관계가 있다.

$$f\frac{dx}{D} = \frac{2}{kM^3}\left[\frac{2(1-M^2)}{(k-1)M^2+2}\right]dM$$
...... (10.83)

위 식을 적분하면

$$f\frac{x-x_1}{D}=\frac{1}{k}\left(\frac{1}{M_1^{\ 2}}-\frac{1}{M^2}\right)+\frac{k+1}{2k}\ln\frac{M_1^{\ 2}}{M^2}\left[\frac{1+\frac{k-1}{2}M^2}{1+\frac{k-1}{2}M_1^{\ 2}}\right] \quad \cdots\cdots (10.83)'$$

식(10.78)은 마하수의 변화에 의한 유속 또는 밀도변화, 식(10.79)는 온도변화, 식(10.80)은 압력변화, 식(10.82)는 엔트로피의 변화를 표시한 식이다. 표 10.2를 참조하기 바란다. 이 표에서 마하수는 그림 10.9의 Fanno선으로부터 $M<1$에서는 엔트로피가 증가하는 쪽으로 M이 증가, $M>1$에서는 엔트로피가 증가하는 쪽으로 M이 감소함을 알 수 있다.

[표 10.2] Fanno 흐름의 제량의 변화

흐름의 상태 / 흐름의 제량		아음속흐름 M<1	초음속흐름 M>1
속도	u	증가	감소
마하수	M	증가	감소
압력	p	감소	증가
밀도	ρ	감소	증가
온도	T	감소	증가

식(10.83)으로부터 $M<1$에서는 $dM/dx>0$이므로 마하수는 마찰에 의하여 흐름방향으로 증가하는데, 이것은 관 마찰에 의하여 벽면 경계층이 흐름방향으로 두꺼워져 흐름의 유효면적이 감소하기 때문이다. 이 경우 $M>1$의 초음속 흐름에서는 $dM/dx<0$이 되어 마하수가 감소한다.

다음에 Fanno흐름에서는 아음속 유동이나 초음속 유동 모두 마하수는 1에 접근하므로, 그림 10.11에 표시한 바와 같이 임의의 단면 x로부터 $M=1$의 임계상태인 단면 x^*까지 식(10.83)을 적분하면(또는 식(10.83)′에서 $M=1$을 적용하면)

$$\frac{f}{D}(x^*-x)=f\frac{L_{max}}{D}=\frac{1-M_1^{\ 2}}{k\,M_1^{\ 2}}+\frac{k+1}{2k}\ln\left[\frac{(k+1)\ M_1^{\ 2}}{(k-1)\ M_1^{\ 2}+2}\right] \quad \cdots\cdots (10.84)$$

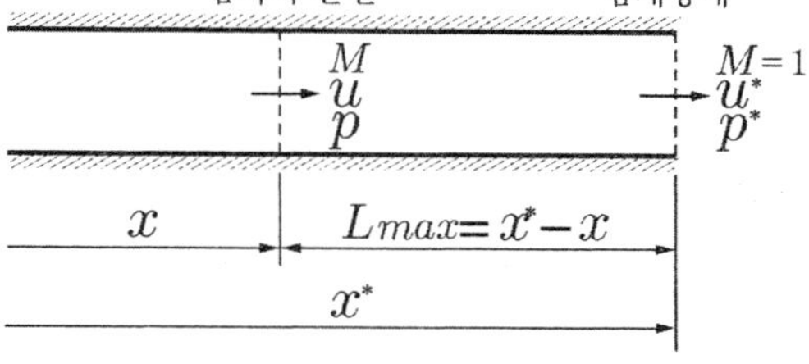

[그림 10.11] Fanno 흐름의 적분 범위

마찬가지로 식(10.78), (10.79), (10.80), (10.82)를 적분하면 각각 임계상태에 대한 임의의 단면상의 물성치 비를 구할 수 있다.

$$\frac{u}{u^*} = M\left[\frac{k+1}{(k-1)M^2+2}\right]^{\frac{1}{2}} = \frac{\rho^*}{\rho} \quad \cdots\cdots (10.85)$$

$$\frac{T}{T^*} = \frac{k+1}{(k-1)M^2+2} = \left(\frac{a}{a^*}\right)^2 \quad \cdots\cdots (10.86)$$

$$\frac{p}{p^*} = \frac{1}{M}\left[\frac{k+1}{(k-1)M^2+2}\right]^{\frac{1}{2}} \quad \cdots\cdots (10.87)$$

$$\frac{s^*-s}{R} = \ln\frac{1}{M}\left[\frac{(k-1)M^2+2}{k+1}\right]^{\frac{k+1}{2(k-1)}} \quad \cdots\cdots (10.88)$$

예제 10.9

직경 $D=2.5$[cm]인 원관에 공기가 흐르고 있다. 단면 1에서의 압력 $p_1=2\times10^5$ [Pa], 온도 $T_1=320$[K], 마하수 $M_1=0.26$이며, 제2단면까지의 관의 길이 $x_2-x_1=11.49$[m]이다. 유동은 단열유동이며 관 마찰계수 $f=0.0144$로 일정하다고 가정한다. (1) 질량유량 $\dot{m}$, (2) 단면 2의 압력 p_2, (3) 단면 2의 온도 T_2, (4) 단면 2의 유속 u_2, (5) 단면 1~2 사이의 압력손실 p_1-p_2를 각각 구하라.

[풀이] (1) $a_1=\sqrt{kRT_1}=\sqrt{1.4\times287.2\times320}=358.7m/s$

$\therefore \quad u_1=M_1a_1=0.26\times358.7=93.26m/s$

$$\rho_1=\frac{p_1}{RT_1}=\frac{2\times10^5}{287.2\times320}=2.176kg/m^3$$

$$\therefore \quad \dot{m}=\rho_1u_1\frac{\pi D^2}{4}=2.176\times93.26\times\frac{\pi\times(2.5\times10^{-2})^2}{4}=0.0996\,[\mathrm{kg/s}]$$

$M_1 = 0.26$을 식(10.84), (10.87), (10.86)에 대입하면

$$f\frac{L_{max}}{D} = 7.688, \quad \frac{p_1}{p^*} = 4.185, \quad \frac{T_1}{T^*} = 1.184, \quad \frac{a_1}{a^*} = 1.088$$

이 얻어진다. $x_2 - x_1 = 11.49m$이므로

$$f(x_2 - x_1)/D = 0.0144 \times 11.49/0.025 = 6.618$$

$$\therefore \quad \left(f\frac{L_{max}}{D}\right)_2 = \left(f\frac{L_{max}}{D}\right)_1 - f\frac{x_2 - x_1}{D} = 7.688 - 6.618 = 1.07$$

따라서 식(10.84)에 $\left(f\frac{L_{max}}{D}\right)_2 = 1.07$을 대입하면 $M_2 = 0.5$가 얻어진다.

$M_2 = 0.5$를 식(10.87), (10.86)에 대입하면

$$\frac{p_2}{p^*} = 2.138, \quad \frac{T_2}{T^*} = 1.143, \quad \frac{a_2}{a^*} = 1.069$$

가 된다.

(2) $p_2 = \frac{p_2}{p^*}\frac{p^*}{p_1}p_1 = 2.138 \times \frac{1}{4.185} \times (2 \times 10^5) = 1.022 \times 10^5 Pa$

(3) $T_2 = \frac{T_2}{T^*}\frac{T^*}{T_1}T_1 = 1.143 \times \frac{1}{1.184} \times 320 = 308.9K$

(4) $u_2 = M_2 a_2 = M_2 \frac{a_2}{a^*}\frac{a^*}{a_1}a_1 = 0.5 \times 1.069 \times \frac{1}{1.088} \times 358.7 = 176.2m/s$

(5) $p_1 - p_2 = (2 - 1.022) \times 10^5 Pa = 0.978 \times 10^5 Pa = 9.78 \times 10^4 Pa$ ■

10.8 마찰을 수반하는 등온유동

마찰이 있는 단열유동은 짧은 관로에서의 고속유동에 해당하는 경우이다. 그러나 단면적이 일정하고 마찰이 수반되는 관내유동에 있어서 관로의 길이가 비교적 긴 경우, 관의 표면적이 크고 외부와 열의 수수가 이루어지는 유동을 **등온유동**(isothermal flow, 等溫流動)으로 보아도 되는 경우가 많다. 예를 들면 천연가스 공급관 유동의 기체상태는 등온유동에 가깝다. 이와 같은 유동에서는 일반적으로 마하수가 크지 않지만 관로가 길므로 흐름의 방향으로 압력 등의

변화가 비교적 크며 압축류로서 취급할 필요가 있다.

등온유동에서는 온도변화 $dT=0$이므로 기체의 상태식(10.43), 연속의 식(10.72), 마하수의 식(10.77)로부터

$$\frac{dp}{p}=\frac{d\rho}{\rho}=-\frac{du}{u}=-\frac{dM}{M} \qquad \cdots\cdots (10.89)$$

전온도 T_o의 변화는 식(10.32)인 $\frac{T_o}{T}=1+\frac{k-1}{2}M^2$을 대수미분하면

$$\frac{dT_o}{T_o}=\frac{dT}{T}+\left[\frac{2(k-1)M}{(k-1)M^2+2}\right]dM \qquad \cdots\cdots (10.90a)$$

$dT=0$이므로

$$\frac{dT_o}{T_o}=\left[\frac{2(k-1)M}{(k-1)M^2+2}\right]dM \qquad \cdots\cdots (10.90b)$$

전압 p_o의 변화는 식(10.33)인 $\frac{p_o}{p}=\left(1+\frac{k-1}{2}M^2\right)^{\frac{k}{k-1}}$을 대수미분하면

$$\frac{dp_o}{p_o}=\frac{dp}{p}+\left[\frac{2kM}{(k-1)M^2+2}\right]dM$$

이 되며, 이 식에 식(10.89)를 대입하면 다음과 같이 정리된다.

$$\frac{dp_o}{p_o}=\left[\frac{(k+1)M^2-2}{(k-1)M^2+2}\right]\frac{dM}{M}=\left[\frac{2kM}{(k-1)M^2+2}-\frac{1}{M}\right]dM \qquad \cdots\cdots (10.91)$$

등온유동에 있어서 운동량의 식은 Fanno흐름에 있어서의 운동량의 식(10.75)와 동일하므로, 식(10.75)에 식(10.89)를 대입하면

$$f\frac{dx}{D}=\left[\frac{2(1-kM^2)}{kM^2}\right]\frac{dM}{M} \qquad \cdots\cdots (10.92)$$

이 된다. 이 식으로부터 $M < \frac{1}{\sqrt{k}} =(0.845,\ k=1.4$의 경우)에서는 $dM/dx > 0$이며 마하수는 흐름방향으로 증가한다. 식(10.90b)에서 dT_o와 dM은 부호가 같으므로 $dM/dx > 0$의 경우는 $dT_o/dx > 0$이며 열은 외부로부터 흘러 들어온다.

반대로 $M > \frac{1}{\sqrt{k}}$의 경우는 $dM/dx < 0$이므로 마하수는 흐름방향으로 감소하며, 이 경우는 $dT_o/dx < 0$이므로 열은 외부로 전달된다.

등온유동에서의 여러 물리량의 변화를 표 10.3에 표시하였다.

[표 10.3] 단면적이 일정한 관내의 등온흐름에서 제량의 변화

흐름의 제량 \ 마하수		$M < \frac{1}{\sqrt{k}}$	$M > \frac{1}{\sqrt{k}}$
속도	u	증가	감소
마하수	M	증가	감소
압력	p	감소	증가
밀도	ρ	감소	증가
전온도	T_o	증가	감소
전압	p_o	감소	$M<\sqrt{2/(k+1)}$에서 증가 $M>\sqrt{2/(k+1)}$에서 감소

등온유동에서는 마하수가 항상 $1/\sqrt{k}$에 접근하도록 변화한다. 따라서 등온유동에서 최대 가능한 관로의 길이는 $M=1/\sqrt{k}$이 되는 단면까지이다. 따라서 식(10.92)를 임의의 단면 x(마하수 M)로부터 단면 $x^*(M=1/\sqrt{k})$까지 적분하고, $x^* - x = L_{max}$으로 놓으면

$$f\frac{L_{max}}{D} = \frac{1-kM^2}{kM^2} + \ln kM^2 \qquad \cdots\cdots (10.93)$$

여기서 주어진 M에 대하여, 등온유동의 최대 가능한 관로의 길이는 식(10.93)으로 주어지므로, $M=1/\sqrt{k}$의 단면에서 흐름에 질식(choking)이 일어난다. 그러나 마하수가 서서히 증가하여 $1/\sqrt{k}$에 근접하는 경우, 식(10.92)보다 dM/dx는 극히 커지며, 따라서 식(10.90b)로부터 dT_o/dx도 커진다. 즉 M이 $1/\sqrt{k}$에 접근함에 따라 등온유동을 유지하는데는 관의 외부와의 사이에 아주

많은 량의 열의 수수가 필요하며 실제의 유동에서는 실현될 수 없다. 또 마하수가 큰 경우에는 관로를 흐르는 유체의 상태량의 변화도 비교적 크므로 흐름은 오히려 단열적이라고 생각하는 편이 타당할 것이다.

예제 10.10

공기가 축소-확대노즐로부터 $M=1.5$, $p=80[\text{kPa}_{abs}]$, $T=268[\text{K}]$의 상태로 내경 100[mm]의 관로로 유입하여 등온유동을 한다. (1) 질식현상이 없는 관로의 최대길이, (2) 출구로부터 $M=1.0$이 되는 단면까지의 거리를 각각 구하라. 단, 마찰계수 $f=0.016$이다.

[풀이] (1) 식(10.93)으로부터

$$L_{max} = \frac{D}{f}\left[\frac{1-kM^2}{kM^2} + \ln kM^2\right]$$

$$= \frac{100}{0.016}\left[\frac{1-1.4\times1.5^2}{1.4\times1.5^2} + \ln(1.4\times1.5^2)\right] = 2905.4\,[\text{mm}] = 2.905[\text{m}]$$

(2) 식(10.93)에 $M=1.0$을 대입하면

$$L_{max} = \frac{D}{f}\left[\frac{1-k}{k} + \ln k\right] = \frac{100}{0.016}\left[\frac{-0.4}{1.4} + \ln 1.4\right]$$

$$= 317.24\,[\text{mm}] = 0.317[\text{m}]$$

따라서 출구로부터 0.317[m] 의 상류지점에서 $M=1$이다. ■

10.9 축소-확대노즐의 유동

기체의 흐름을 아음속으로부터 초음속으로 가속하는 초음속노즐은, 관의 도중에 목부를 가지며, 일반적으로 축소-확대노즐(convergent-divergent nozzle, 縮小-擴大노즐) 또는 Laval노즐이라 부른다.

지금 그림 10.12(a)에 표시한 바와 같이 탱크 A와 B는 Laval노즐로 연결되며, 탱크 A의 체적은 충분히 커서 전압 p_0와 전온도 T_0는 일정하다고 하자. 노즐에서는 등엔트로피 흐름이라고 가정하고 또 탱크 B 내의 압력 p_b는 밸브에 의하여 조절이 가능하다고 하자.

p_b를 p_o보다 조금 낮추면, 노즐 내에 흐름이 생기고 국소정압 p와 p_o의 비 p/p_o와 마하수 M의 분포는 그림(b), (c)의 곡선 ab로 표시되고, 흐름은 모두 아음속이다.

p_b를 더 낮추면 유량은 증가하고, 그림(b)의 점 d로 표시한 압력 p_d에 달하면 목에 있어서의 흐름은 임계상태($M=1$)로 되며 압력과 마하수의 분포는 곡선 acd로 표시된다. 즉 흐름은 노즐입구로부터 팽창 가속되어 목에서 음속에 달하고, 그 하류에서 압축 감속된다. 또 이 때 유량은 최대가 되며 p_b를 더 낮추어도 이 이상 증가하지 않는 것은 축소노즐의 경우와 같다.

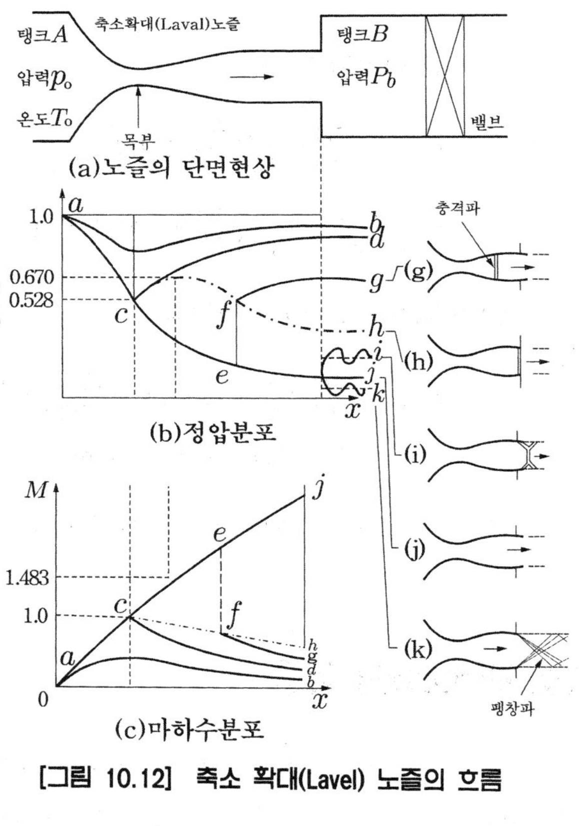

[그림 10.12] 축소 확대(Lavel) 노즐의 흐름

탱크 B의 압력 p_b를 p_d보다 더욱 낮추고 목의 하류에 있어서 흐름이 등엔트로피적으로 팽창 가속되면 압력분포는 그림(b)의 곡선 acj로 나타나게 된다. p_b가 그림(b)의 점 d와 j의 사이($p_j<p_b<p_d$)에 있는 경우, 등엔트로피 흐름의 가정에서는 노즐출구의 압력은 p_b가 되지 않고 흐름의 어느 곳에서 등엔트로피적이 아닌 과정이 생기지 않으면 안 된다. 이것에는 점성의 영향 등도 고려되

는데 가장 간단한 가정은 엔트로피의 증가가 하나의 수직충격파를 통해서 일어난다고 생각하는 것이다. 이 생각이 올바르다는 것은 실제의 흐름에 있어서도 충격파가 발생하는 것으로부터 이해할 수 있다.

지금 충격파 직전의 마하수를 M_1, 정압을 p_1이라 하면, 충격파 직후의 정압 p_2와 p_o와의 비는 식(10.33)과 식(10.68)로부터

$$\frac{p_2}{p_o} = \frac{p_2}{p_1}\frac{p_1}{p_o} = \frac{2k\,M_1^{\;2}-(k-1)}{k+1}\left[1+\frac{k-1}{2}\,M_1^{\;2}\right]^{-\frac{k}{k-1}} \qquad \cdots\cdots (10.94)$$

위 식 우변의 M_1은 거리 x의 함수이며, 위 식에 의한 p_2/p_o와 x의 관계는 그림(b)의 곡선 ch(일점쇄선)로 표시된다.

다음에 p_b가 p_d와 p_j의 중간 값, 예를 들면 점 g에서의 값 p_g의 경우, 노즐출구압력이 p_g로 되기 위해서는, 충격파의 위치는 점 g를 통하는 아음속 등엔트로피 흐름의 곡선 fg와, 충격파 직후의 상태를 표시하는 곡선 ch와의 교점 f에 대응하는 단면이어야 한다. 따라서 이 경우의 압력분포는 곡선 $acefg$가 된다.

충격파는 p_b가 p_d보다 감소함에 따라서 목의 위치로부터 하류 측으로 이동하고, p_b가 점 h의 압력 p_h가 되었을 때 그림(h)에 표시한 바와 같이 노즐출구에 달한다.

p_b를 p_h보다 더 낮추어도 노즐 내의 흐름은 영향을 받지 않고 출구압력은 p_f로 유지된다. 예를 들면 $p_f<p_b<p_h$의 경우, 노즐출구의 압력 p_f는 배압(背壓)보다 작으며 흐름은 노즐에 의해서 배압보다 작은 압력까지 팽창하게 된다. 이것을 **과팽창**(over-expansion, 過膨脹)이라 한다. 이 때 노즐출구의 압력으로부터 배압으로의 조정은 그림(i)에 표시한 바와 같이 노즐 밖에서 경사충격파에 의하여 행해진다.

$p_b=p_f$의 경우, 노즐출구압력과 배압은 같고, 라발노즐의 이상적인 작동상태인 **적정팽창**(correct expansion, 適正膨脹)이며 노즐로부터의 흐름은 초음속분류(超音速噴流)로 된다.

또 $p_b<p_f$의 경우, 흐름은 노즐 내에서 배압까지 팽창하지 못하여, 이것을 **부족팽창**(under-expansion, 不足膨脹)이라 한다. 이 경우의 흐름은 그림(k)에 나타낸 바와 같이 노즐출구로부터 발생하는 팽창파를 통하여 팽창한다. 과팽창

이나 부족팽창의 흐름은 경사충격파나 팽창파를 동반하기 때문에, 그림(b)에 표시한 것처럼 압력은 노즐출구로부터 흐름을 따라 변동한다. 이것은 1차원 흐름으로서는 설명할 수 없다.

이상의 상태를 종합하면 다음과 같다.

① $p_d<p_b<p_o$: 전 영역에서 아음속 흐름
② $p_b=p_d$: 목에서 음속상태, 다른 영역에서는 아음속 흐름
③ $p_h \leq p_b<p_d$: 확대부의 도중에 충격파가 발생, $p_b=p_h$에서 충격파는 출구에 도달한다.
④ $p_f<p_b<p_h$: 과팽창
⑤ $p_b=p_f$: 적정팽창, 이상적인 작동상태
⑥ $p_b<p_f$: 부족팽창

임의의 원하는 마하수가 되기 위한 단면적을 설계하기 위해서, 목부의 단면적 A^*에 대한 임의의 단면적 A의 비는 식(10.95)에서 구할 수 있다.

$$\frac{A}{A^*} = \frac{1}{M}\left[\frac{2+(k-1)M^2}{k+1}\right]^{\frac{k+1}{2(k-1)}} \quad \cdots\cdots (10.95)$$

그리고 이 면적비를 p/p_o의 함수로 나타내려면 식(10.58)의 A_2를 A로, 식(10.59)의 A_2를 A^*로 표시하여 그 비를 구하면 다음 식이 된다.

$$\frac{A}{A^*} = \left[\frac{k-1}{2}\frac{\{2/(k+1)\}^{\frac{k+1}{k-1}}}{(p/p_o)^{2/k}\left\{1-(p/p_o)^{\frac{k-1}{k}}\right\}}\right]^{1/2} \quad \cdots\cdots (10.96)$$

예제 10.11

다음 그림과 같이 축소-확대노즐을 이용한 초음속 풍동의 시험단면에서 마하수 $M=3.0$이 되도록 설계하려 한다. 만일 저장용기의 공기는 $p_o=300$[kPa], 온도 $T_o=30$[℃]이다. (1) 목부에서의 압력, 온도, 밀도, (2) 시험단면에서의 압력, 온도, 밀도, (3) 시험부의 단면적, (4) 질량유량을 각각 구하라. 단, 목부 단면적 $A^*=100$[cm²]로 가정한다.

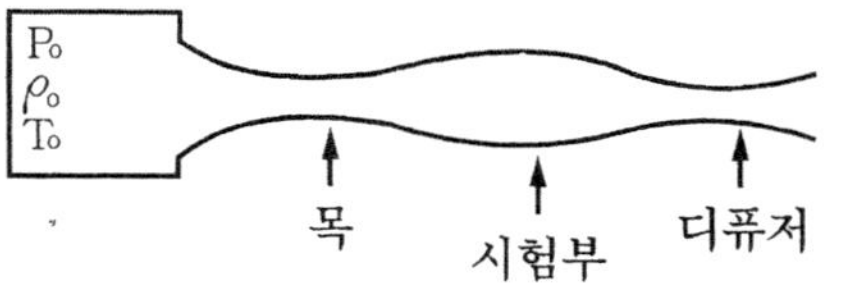

[그림(ex10.11)]

[풀이] $\rho_o = \dfrac{p_0}{RT_o} = \dfrac{300\times10^3}{287.2\times(273.15+30)} = 3.446 kg/m^3$

(1) 식(10.35)~(10.37)로부터

$$p^* = 0.528p_o = 0.528\times300 = 158.4\,[\text{kPa}]$$

$$T^* = 0.833\,T_o = 0.833\times303.15 = 252.52K = -20.63℃$$

$$\rho^* = 0.634\rho_o = 0.634\times3.446 = 2.185kg/m^3$$

(2) 식(10.32)~(10.34)로부터

$$p = p_o\left(1+\frac{k-1}{2}M^2\right)^{\frac{-k}{k-1}} = 300\times\left(1+\frac{0.4}{2}\times3^2\right)^{\frac{-1.4}{0.4}} = 8.167\,[\text{kPa}]$$

$$T = T_o\left(1+\frac{k-1}{2}M^2\right)^{-1} = 303.15\times\left(1+\frac{0.4}{2}\times3^2\right)^{-1}$$

$$= 108.27[\text{K}] = -164.88[℃]$$

$$\rho = \rho_o\left(1+\frac{k-1}{2}M^2\right)^{\frac{-1}{k-1}} = 3.446\times\left(1+\frac{0.4}{2}\times3^2\right)^{\frac{-1}{0.4}}$$

$$= 0.2627\,[\text{kg/m}^3]$$

(3) 식(10.95)로부터

$$A = \frac{A^*}{M}\left[\frac{2+(k-1)M^2}{k+1}\right]^{\frac{k+1}{2(k-1)}}$$

$$= \frac{100}{3}\left[\frac{2+0.4\times3^2}{2.4}\right]^{\frac{2.4}{0.8}} = 423.457\,[\text{cm}^2]$$

(4) 목부의 유속은 $M=1$이므로

$$u^* = Ma^* = M\sqrt{\frac{kp^*}{\rho^*}} = 1.0\sqrt{\frac{1.4\times158.4\times10^3}{2.185}} = 318.6m/s$$

$$\therefore\quad \dot{m} = \rho^* A^* u^* = 2.185\times(100\times10^{-4})\times318.6 = 6.96m^3/s$$ ■

연습문제

[10.1] 대기($p=10^5$[Pa], $\rho=1.2$[kg/m^3])중에서의 음속을 구하라. 단, 비열비 $k=1.4$이다.

[답] 341.57[m/s]

[10.2] 고도 10000[m](기온 −50[℃], 기압 26.5[kPa])를 대기류의 속도 200[m/s]로 비행하는 물체의 비행 마하수 및 정체점에서의 온도와 압력을 구하라.

[답] $M=0.668$, $T_o=242.9$[K], $p_o=35.74$[kPa]

[10.3] 고도 3000[m](대기온도 −10[℃], 대기압력 500[mmHg])에서 비행하는 항공기의 익면상의 어떤 점에서 계측한 흐름의 정압 및 국소 마하수가 각각 300[mmHg], 0.95일 때, 정지대기에 대한 비행기 속도를 구하라. 단, 흐름은 등엔트로피 변화라고 가정한다. 단, $k=1.4$, $R=287$[J/kgK], $c_p=10^3$[J/kgK]이다.

[답] 378[km/h]

[10.4] 공기의 등엔트로피 흐름에서 어느 점 1에서의 마하수가 1.0, 정압이 70[kPa]일 때, 마하수가 0.5가 되는 점 2에서의 정압을 구하라. 단, $k=1.4$이다.

[답] 111.73[kPa]

[10.5] 해면상의 온도 20[℃]의 건조공기 및 성층권 내 온도 −50[℃]의 건조공기 중의 음속을 각각 구하라.

[답] 해면 : 343.32[m/s], 성층권 : 295.54[m/s]

[10.6] 고도 2000[m]를 속도 1500[km/h]로 비행하는 초음속 비행기가 정상을 통과한 후 몇 초 후에 폭음이 들리는가? 단, 음속은 340[m/s]이다.

[답] 3.4[sec]

[10.7] 충격파가 없는 공기의 등엔트로피 흐름중의 두 점 A, B에서 마하원추의 반정각 μ를 측정했더니 $\mu_A=25°$, $\mu_B=35°$ 이었다. 두 점간의 압력비 p_A/p_B를 구하라.

[답] 0.38

[10.8] 1000[kPa$_{abs}$], 40[℃]의 공기가 노즐로부터 100[kPa$_{abs}$]까지 팽창하고 있다. (1) 무마찰, 단열유동이고 최초속도를 무시하면 최종속도는 얼마인가? (2) 팽창 후 최종온도를 구하라.

[답] (1) u_2=551.2[m/s], (2) T_2=−111.2[℃]

[10.9] M=1.5인 초음속 흐름(p=10^5[Pa], T=270[K])에 피토관을 삽입했을 때 피토관에서 측정되는 정체점 압력을 구하라. 또 정체점에서의 전온도는 얼마인가? 단, 비열비 k=1.4이다.

[답] 367.1[kPa], 118.35[℃]

[10.10] 900[kPa_{abs}]의 공기가 축소−확대노즐로 들어간다. 입구속도를 무시하고 무마찰 과정이라 할 때 압력이 300[kPa_{abs}]인 단면의 마하수를 구하라.

[답] 1.358

[10.11] 비행기가 대기압 95[kPa_{abs}], −15[℃]의 정지 대기 속을 700[km/h]의 속도로 비행한다. 만일 비행기의 앞부분에서 등엔트로피적으로 압축된다고 가정할 때 앞부분의 국소 정체압력, 온도, 밀도를 계산하여라.

[답] p_o=121.55[kPa_{abs}], T_o=271.8[K], ρ_o=1.53[kg/m^3]

[10.12] 등엔트로피 흐름에 있어서, 온도 및 마하수의 변화와 단면적 변화의 관계를 조사하여라.

[답] $\frac{dT}{T} = -\left[\frac{(k-1)M^2}{M^2-1}\right]\left(\frac{dA}{A}\right)$, $\frac{dM}{M} = \frac{2+(k-1)M^2}{2(M^2-1)}\left(\frac{dA}{A}\right)$

[10.13] 공기의 등엔트로피 흐름에 있어서 임계온도가 400[K]일 때의 정체점 상태에서의 온도와 음속 및 한계속도를 구하라.

[답] T_o=480[K], a_o=439.2[m/s], u_{max}=982.1[m/s]

[10.14] 1750[kPa_{abs}] 압력의 공기가 40[℃]의 풍동에서 150[m/s]로 흐른다. 마하수와 정체압력, 정체온도를 각각 구하라.

[답] 0.4225, 1978.6[kPa_{abs}], 51.18[℃]

[10.15] 탱크로부터 산소가 축소노즐을 통해 대기로 분사될 때 노즐출구의 온도는 −15[℃], 속도는 280[m/s]일 때 탱크 내 산소의 온도는 몇 ℃인가? 산소의 기체상수는 259.83[J/kgK], 비열비는 1.4이다.

[답] 28.13[℃]

[10.16] 수소가 축소노즐로부터 대기 중으로 분사될 때 노즐입구 및 출구압력이 200[kPa], 110[kPa]이면 노즐출구의 마하수는 얼마인가? k=1.4이다.

[답] 0.965

[10.17] 이상적인 로켓의 노즐이 30[km]의 고도에서 작동한다. 연소실의 압력이 40[kPa$_{abs}$], 온도가 2500[℃]일 때 노즐의 추력이 6000[N]이었다. 주위압력은 표준대기압이라 할 때 노즐의 목과 출구 단면적을 계산하라. 단, $k=1.4$, $R=287.1$[J/kgK]이고 30[km] 고도에서 대기압은 1.2[kPa$_{abs}$]이다.

[답] $A^*=0.1045$[m^2], $A_e=0.418$[m^2]

[10.18] 큰 저장탱크에 저장되어 있던 알콜가스($c_p=519$[J/kgK], $k=1.67$)가 분출할 때 목부에서의 속도가 250[m/s]이었다.

(1) 목부에서 엔탈피의 저하는 얼마인가.

(2) 탱크 내 온도를 300[K]로 했을 때 목부의 온도와 마하수를 구하라.

[답] (1) 31.25[kJ/kg], (2) $T=239.8$[K], $M=0.866$

[10.19] 큰 탱크에 압축되어 있는 800[kPa], 50[℃]의 공기가 축소노즐을 통하여 등엔트로피 상태로 팽창한다. 노즐의 출구는 30[mm]의 지름이다. 분류가 (1) 300[kPa], (2) 600[kPa]인 곳에 분사된다. 대기압이 101.3[kPa$_{abs}$]일 때 각각의 조건에 대하여 유량을 계산하여라. 또 이들 유량에 대하여 노즐 끝에서의 압력, 온도, 속도, 음속을 계산하여라.

[답] (1) $p_e=p^*=475.9$[kPa$_{abs}$], $T_e=T^*=269.06$[K], $u_e=a=328.85$[m/s], $\dot{m}^*=1.43$[kg/s]

(2) $p_e=701.2$[kPa$_{abs}$], $T_e=301$[K], $u_e=212.2$[m/s], $\dot{m}^*=1.217$[kg/s]

[10.20] 비행기의 모형이 고속풍동에서 $M=1.5$로 실험한다. 풍동노즐은 30[℃]의 압축탱크로부터 공기가 보내어진다. 실험단면에서의 압력이 102[kPa$_{abs}$]였을 때, (1) 등엔트로피 유동이라 가정할 때 용기의 압력은 얼마인가? (2) 실험단면에서의 풍속은 얼마인가? (3) 실험단면이 20×20[cm]라 할 때 질량유량은 얼마인가? 단, 실험단면을 균등하게 흐른다고 가정한다.

[답] (1) 374.45[kPa$_{abs}$], (2) 434.64[m/s], (3) 29.6[kg/s]

[10.21] 탱크 내 압력 500[kPa], 온도 30[℃]인 공기가 출구 단면적 400[mm^2]의 축소 노즐로부터 등엔트로피적으로 분출할 때, (1) 질식이 일어나는 배압은 얼마인가? (2) 배압이 300[kPa] 및 대기압(101[kPa])일 때의 질량유량을 각각 구하라.

[답] (1) $p^*=264.1$[kPa], (2) 300[kPa] : 459×10^{-3}[kg/s], 101[kPa] : 464×10^{-3}[kg/s]

[10.22] 축소노즐 유동에서 질식(choking)이 일어날 때 노즐출구에서의 속도(음속)는 $u=\sqrt{\dfrac{2k}{k+1}\dfrac{p_o}{\rho_o}}$가 됨을 증명하라. p_o, ρ_o는 각각 정체점의 압력, 밀도, k는 비열비이다.

[답] 생략

[10.23] 축소 노즐을 통해 대기($p_o=10^5$[Pa], $T_o=290$[K])가 진공 중에 유출할 때 (1) 목부의 온도 및 속도, (2) 목부면적 1[cm^2]일 때의 질량유량을 각각 구하라. 단, 흐름은 등엔트로피 흐름이며 기체상수 $R=287$[J/kgK], 비열비 $k=1.4$이다.

[답] (1) $T^*=241.67$[K], $a^*=311.6$[m/s], (2) 0.0237[kg/s]

[10.24] 다음의 각 경우에 노즐출구의 압력, 온도, 속도, 음속, 유량을 각각 구하라.

(1) 큰 탱크에 280[kPa_{abs}], 25[℃]의 공기로부터 축소노즐을 통하여 대기압 101.3[kPa_{abs}]의 대기 중으로 등엔트로피 유동을 하여 분출하는 경우.

(2) 탱크 내 공기압력 140[kPa_{abs}], 온도 40[℃]인 경우, 단, 노즐 출구 직경은 15[mm]이다.

[답] (1) 147.84[kPa_{abs}], −24.79[℃], 속도=음속=316[m/s], 1.168×10^{-4}[kg/s]
(2) 101.3[kPa_{abs}], 12.34[℃], 속도=235.81[m/s], 음속=338.81[m/s], 0.0515[kg/s]

[10.25] 한 탱크(대기압, 20[℃])로부터 공기가 축소−확대노즐을 통하여 저압탱크로 흐르고 있다. 확대관의 어느 단면의 압력이 9[kPa]이었다. 목부면적이 8[cm^2]일 때 확대관의 그 단면의 유로면적을 구하라. 단, 흐름은 등엔트로피 흐름이며 가스상수 $R=287.2$[J/kgK], 비열비 $k=1.4$이다.

[답] 16.524[cm^2]

[10.26] 목부의 단면적이 5[cm^2]인 축소−확대노즐을 공기가 초음속으로 흐르고 있다. 목부의 온도가 20[℃]일 때 목부에서의 체적유량을 구하라.

[답] 0.172[m^3/s]

[10.27] 대기압 100[kPa], 20[℃]의 공기가 축소−확대노즐을 통해 진공측(저압측)으로 흐르고 있을 때, 목부 하류의 확대부의 어느 부분에서 압력이 7[kPa]이었다. 목부의 단면적이 4[cm^2]일 때, 확대관의 이 부분의 단면적을 구하라. 단, 흐름은 단열변화로 하고, $k=1.4$, $R=287$[J/kgK], $c_p=10^3$[J/kgK]이다.

[답] 9.5[cm^2]

[10.28] 초음속노즐이 출구에서 $M=2.5$로 분사되게 설계되었다. 출구의 지름은 15[cm], 압력은 5[kPa_{abs}], 온도는 −85[℃]이다. 목지름과 정체조건을 계산하여라. 또 $M=1.5$, 2.0이 되는 단면의 지름을 계산하여라. 유체는 공기이다.

[답] $d^*=0.0924$[m], $T_o=423$[K], $p_o=85.43$[kPa_{abs}],
$\rho_o=0.7$[kg/m^3], $d_{1.5}=0.1$[m], $d_{2.0}=0.12$[m]

[10.29] 임계음속 a^*에서의 마하수 $M^*=u/a^*$와, 보통 마하수 $M=u/a$의 사이에는

$$M^{*2}=\frac{(k+1)M^2/2}{1+[(k-1)M^2/2]}$$

의 관계가 있음을 나타내어라.

[답] 생략

[10.30] 공기흐름에서 수직충격파가 발생한다. $p_1=90[Pa_{abs}]$, $T_1=10[℃]$. $u_1=400[m/s]$일 때 수직충격파 후의 압력 p_2, 속도 u_2, 온도 T_2를 각각 구하라.

[답] 132.57[Pa_{abs}], 303.845[m/s], 43.66[℃]

[10.31] 공기가 초음속 유동하는 유로에서 충격파가 발생하였다. 충격파 직전의 마하수는 2.0, 온도와 압력은 각각 16[℃], 20[kPa_{abs}]이다. 충격파 직후의 마하수, 압력, 온도 및 속도를 계산하여라. 또 엔트로피의 증가량을 계산하여라.

[답] $M_2=0.58$, $T_2=487[K]$, $p_2=89.74[kPa_{abs}]$, $u_2=257[m/s]$, $\Delta s=94[J/kgK]$

[10.32] 20[℃], 900[kPa_{abs}], 마하수 2의 기류가 수직충격파를 지난다. 완전기체로 가정하고 다음을 구하라.

(1) 충격파 상·하류의 유속을 구하라

(2) 충격파로 인한 압력상승을 구하라

(3) 만일 충격파 발생전 속도가 등엔트로피 과정으로 발생후의 속도까지 감속되었다면 압력 p_2는 어떻게 되겠는가.

[답] (1) $u_1=686[m/s]$, $u_2=257.2[m/s]$, (2) $\Delta p=3150[kPa]$, (3) $p_2=5619.6[kPa_{abs}]$

[10.33] 직경 50[mm]의 보온 파이프에 공기가 흐른다. $M_1=2.5$로 유입하여 $M_2=1.2$로 되는 단면까지의 길이를 구하라. 평균 마찰계수 $f=0.003$이다.

[답] 6.639[m]

[10.34] 직경 50[mm]의 보온 파이프에 101.3[kPa], 15[℃]의 공기가 $M_1=3$으로 흐른다. 평균 마찰계수 $f=0.001$이면 파이프의 최대가능길이를 구하고, $M_2=2$인 점의 압력, 온도, 길이를 구하라.

[답] $L_{max}=26.11[m]$, $p_2=236.37[kPa]$, $T_2=175.08[℃]$, $x_2-x_1=10.858[m]$

11 유체의 계측

11.1 밀도의 측정

11.1.1 액체의 밀도측정

(1) 비중계

액체의 밀도를 측정하는 가장 보편적인 계기로 비중계(hydrometer, 比重計)가 사용된다. 그림 11.1과 같이 비중계를 액체 중에 넣으면 액체의 종류에 따라서 부력이 다르므로, 비중계의 중량과 부력의 평형을 이루는 위치가 달라진다. 이 원리를 이용하여 액면과 비중계의 눈금을 읽어서 비중을 구하여 밀도를 측정할 수 있다.

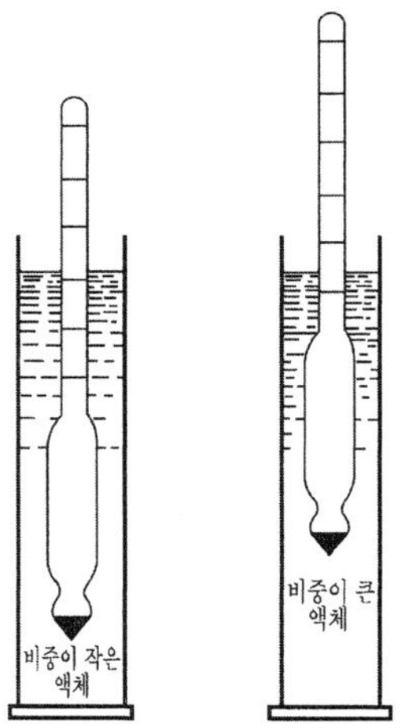

[그림 11.1] 비중계

(2) Pycnometer 칭량계

이 기구는 체적을 알고 있는 액체의 중량을 측정하는 기구로서, 비어있는 Pycnometer의 무게 W_1, 온도 t의 체적 V인 액체가 들어있는 Pycnometer의 무게 W_2일 때, 이 액체의 밀도 ρ는 다음 식으로 계산된다.

$$\rho gV = W_2 - W_1 \qquad \cdots\cdots (11.1)$$

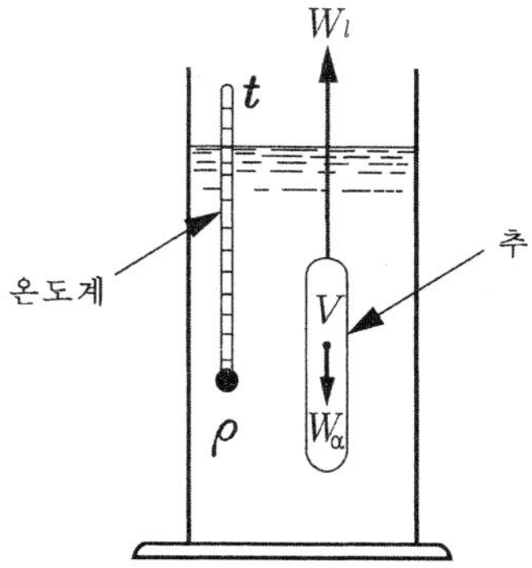

[그림 11.2] Pycnometer 칭량계

또한 그림 11.2와 같이 공기 중에서의 추의 무게 W_a, 체적 V, 액체 중에서의 추의 무게 W_l이면 액체의 밀도 ρ는 다음 식으로 구할 수 있다.

$$\rho gV = W_a - W_l \quad \cdots\cdots (11.1a)$$

(3) Westphal 칭량계

이것은 그림 11.3과 같이 측정하고자 하는 액체 속에 온도계가 달린 추를 완전히 잠그어, 이 추에 작용하는 액체의 부력과 눈금대 위에 얹혀있는 라이더(rider)가 평형이 되게 하여 그 눈금에서 비중을 읽을 수 있다.

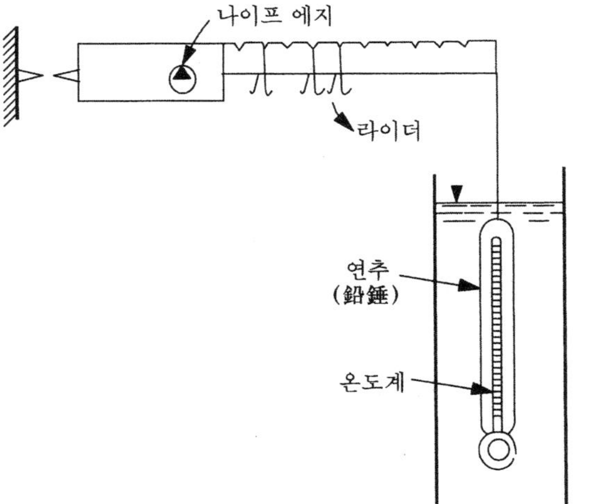

[그림 11.3] Westphal 칭량계

예제 11.1

Pycnometer 칭량계가 비어 있을 때는 2[N], 액체로 충만해 있을 때는 8[N]이다. 액체의 체적이 0.5[l]이면 이 액체의 밀도는 얼마인가.

[풀이] 식(11.1)로부터

$$\rho = \frac{W_2 - W_1}{gV} = \frac{8-2}{9.8\times 0.5\times 10^{-3}} = 1224.5\,[\mathrm{kg/m^3}]$$ ■

11.1.2 가스밀도의 측정

혼합가스의 밀도는 각 성분의 분밀도(分密度)의 합으로서 계산된다. 또 완전가스로 취급할 수 있는 가스는 상태식 $p/\rho=RT$로부터 계산할 수 있다.

체적과 질량의 측정에 의한 방법 외에 가스밀도와 빛의 굴절율 등과의 관계를 이용하여 가스밀도의 측정이 가능하다.

질량측정에 의한 방법은, 이미 알고있는 체적 속의 질량을 측정하여 구하는 것이고, 기체류(氣體流)에 의한 방법은 작은 구멍으로부터 분출하는 기체의 유출시간이 $\sqrt{\rho}$에 비례함을 이용하는 것이며, 방사선에 의한 방법은 가스층을 통과하는 방사선의 감쇠가 물질의 밀도만에 관계됨을 이용하는 방법이다. 그리고 광학적 방법은 가스중의 빛의 굴절율 n이 $n=1+k\rho$로 표시되고, 밀도가 높은 쪽으로 굴절하는 것을 이용하는 것이다.

이중에서 광학적 측정법은 빛의 굴절율로부터 유체의 밀도장(密度場)을 측정할 수 있기 때문에, 흐름의 가시화등 유동장의 측정에 중요하다.

(1) Shadow-graph법

그림 11.4의 광학계 등을 이용하여 빛의 굴절율의 변화를 스크린상의 밝기의 변화로서 관측하는데, 그림 11.5에 나타낸 바와 같이 명암이 $d^2\rho/dy^2$에 비례하고 있고, 충격파 등의 급격한 밀도구배가 있는 유동장의 관찰에 적합하다.

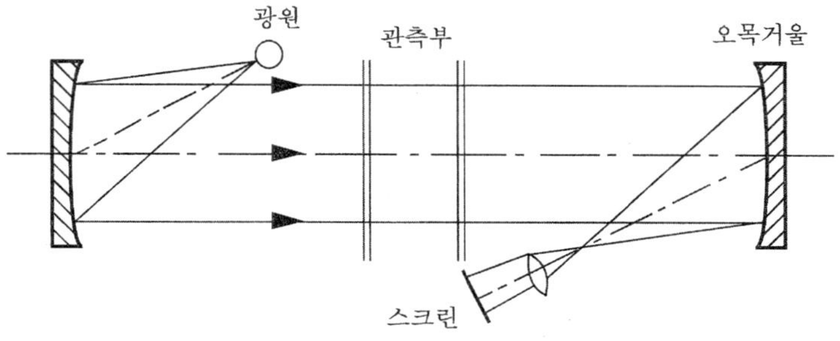

[그림 11.4] Shadow-graph법 광학계의 예

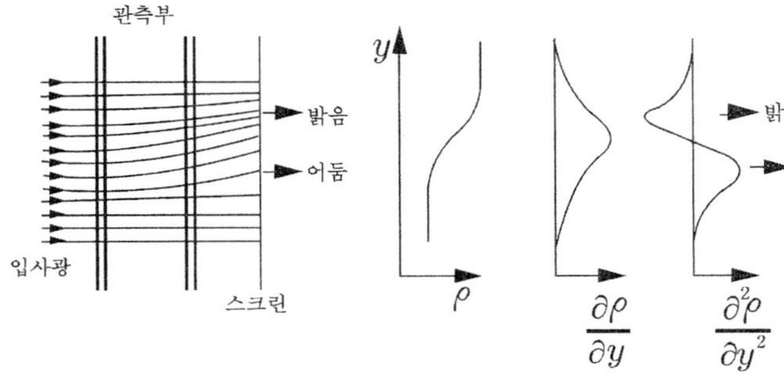

[그림 11.5] 밀도 변화와 명암의 관계

(2) Schlieren법

그림 11.6과 같이 광원(光源)의 상을 연결하는 초점에 knife-edge를 삽입하여 광원을 반분 차단하면 시야가 어두워진다. 관측부의 흐름에 밀도구배가 있으면 빛이 그 방향으로 굴절하므로 광원의 차단에 불균일성이 생겨 스크린상에 명암상이 만들어진다. 이 명암은 $d\rho/dy$에 비례하고 knife-edge에 직각방향의 밀도구배에 감응하므로 흐름의 상황에 따라서 knife-edge의 설치방향을 바꿀 필요가 있다.

광원으로서는 백색광원을 사용하고 knife-edge 대신 다색격자(多色格子) 필터를 사용하기도 하고, slit를 컬러필터로 바꾸면 컬러 슐리렌 사진을 얻을 수 있다.

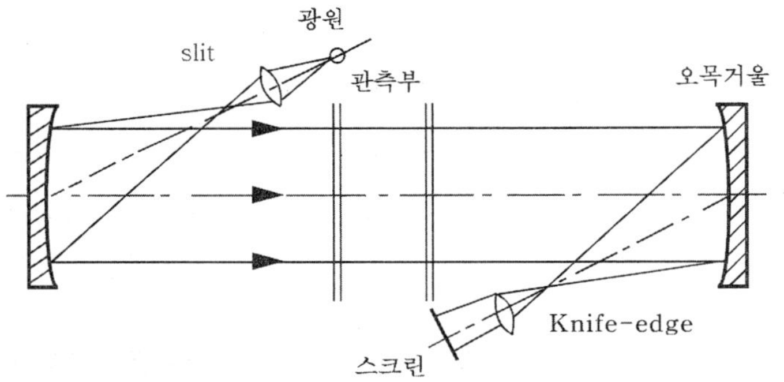

[그림 11.6] Schlieren법 광학계의 예

(3) 간섭계

그림 11.7과 같이 동일한 광원으로부터 이루는 참조광(參照光)과 시험광(試驗光)의 간섭을 이용하여 명암의 줄무늬모양(干涉縞)을 얻는 방법이며, 줄무늬의 차수로부터 밀도를 계측할 수 있다.

흐름이 없는 초기조정으로 줄무늬모양이 없는 무한폭 간섭호(干涉縞)로 하여 놓으면 유동장의 등밀도(等密度) 간섭호(干涉縞)가 얻어지고(等密度 干涉縞法), 초기조정으로 스플리터 또는 거울의 일부를 회전시켜 등 간격의 평행 간섭호를 만들어 놓으면 간섭호의 이동으로부터 밀도의 변화를 구할 수 있다(移動 干涉縞法).

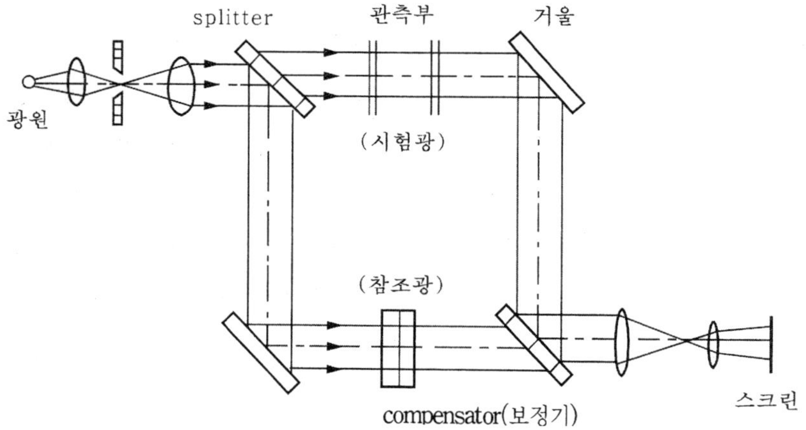

[그림 11.7] 간섭계 광학계의 예

11.2 점성계수의 측정

액체의 점성계수를 측정하는 장치는 **점도계**(viscometer, 粘度計)라 하며, 그 측정방법으로는 층류유동이 이루어지는 조건에서 Hagen−Poiseuille의 법칙을 기초로 하는 모세관식과, 뉴턴의 점성법칙을 이용하는 회전식, 그리고 Stokes의 법칙을 이용하는 낙구식(落球式)이 있다.

(1) 모세관식 점도계

그림 11.8과 같이 점도계를 구성하는 요소는 가는 관과 눈금이 새겨진 유출체적(표시된 선 사이의 체적)이며, 점성계수를 측정하기 위해 액체가 위쪽에 새겨진 선을 통해 흡수되었다가 유출되어 액체가 새겨진 유출체적을 통과하는데 걸리는 시간을 측정한다.

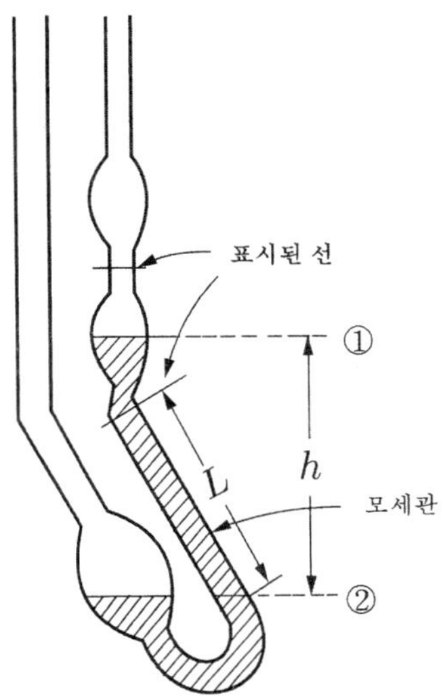

[그림 11.8] 모세관 점도계

평균 체적유량 Q는 유출체적 V와 유출시간 t일 때 $Q=V/t$이다. 관을 통과하는 층류 유동의 체적유량은 Hagen−Poiseuille의 식은 다음과 같다.

$$Q=\frac{\pi r^4}{8\mu}\frac{\Delta p}{L} \qquad \cdots\cdots (11.2)$$

여기서 r은 관의 반경, $\Delta p/L=(p_1-p_2)/L=\rho gh/L$이며, 유체 정역학적 수두 h는 측정시간 중에 미세한 감소가 발생하지만 평균치를 적용하면 위 식은 다음과 같이 된다.

$$Q=\frac{\pi r^4}{8\mu}\frac{\rho gh}{L}=\frac{1}{\nu}g\frac{h}{L}\frac{\pi r^4}{8}$$

따라서 동점성계수는

$$\nu=\frac{h}{L}\frac{\pi r^4}{8V}gt \qquad \cdots\cdots (11.3)$$

여기서 유출체적 V는 주어진 점도계에 대하여 일정한 값이므로 액체의 점성계수는 유출시간에 비례한다.

(2) 회전식 점도계

이 점도계는 그림 11.9와 같이 두 개의 동심 실린더와 그 사이에 채운 측정 유체로 구성되며, 외측 실린더가 주어진 회전속도 ω로 회전하고 내측 실린더는 회전시키지 않고 외측실린더의 회전으로 인하여 전달된 토크가 발생하는데, 그것은 스프링이나 내측 실린더에 부착된 비틀림 와이어(wire)의 처짐에 의해 측정된다. 이 때 점성계수 μ는 내측 실린더에 영향을 주는 토크에 비례하게 된다.

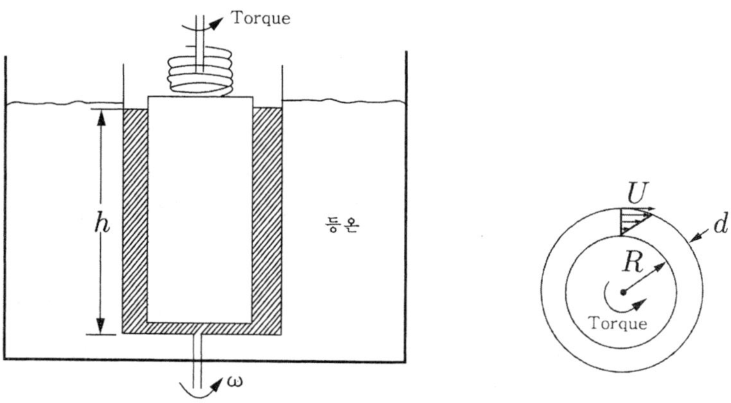

[그림 11.9] 회전식 점도계

두 실린더 사이의 작은 틈새에 있는 유체에 뉴턴의 점성법칙을 적용하면 다음과 같다.

$$\tau = \mu \frac{du}{dy} = \mu \frac{U}{d} = \mu \frac{\omega(R+d)}{d} \qquad \cdots\cdots (11.4)$$

내측 실린더에 영향을 주는 토크 T는 다음과 같다.

$$T = \text{전단력} \times R = \tau 2\pi RhR = 2\pi\tau hR^2$$

$$\therefore \quad \tau = \frac{T}{2\pi hR^2} \qquad \cdots\cdots (11.5)$$

따라서 식(11.4)와 식(11.5)로부터

$$\mu \frac{\omega(R+d)}{d} = \frac{T}{2\pi hR^2}$$

$d \ll R$이므로 점성계수는 다음과 같이 된다.

$$\mu = \frac{Td}{2\pi R^3 h\omega} \qquad \cdots\cdots (11.6)$$

(3) 낙구식(落球式) 점도계

그림 11.10과 같이 어떤 용기 중에 액체가 들어있고, 반경 R의 구(球)(중량을 알고 있음)를 낙하시켜 측정된 깊이 h를 통과하는데 걸리는 시간 t가 기록된다. 이 때 구가 아주 작거나 구와 유체의 밀도차가 작게 하면 느린 속도 U로 낙하할 것이며, 레이놀즈수가 1보다 작을 때 항력은 Stokes의 항력식을 만족한다.

$$D = 6\pi\mu UR \qquad \cdots\cdots (11.7)$$

따라서 힘의 평형조건 $\Sigma F = 0$ 에서 중량−부력−항력=0이 성립하므로

$$\rho_s g \frac{4}{3}\pi R^3 - \rho g \frac{4}{3}\pi R^3 - 6\pi\mu UR = 0 \qquad \cdots\cdots (11.8)$$

여기서 ρ_s 및 ρ는 각각 구와 유체의 밀도이다. 따라서 위 식에서 μ에 대하여 정리하면 다음 식으로 된다.

$$\mu = \frac{2}{9} g(\rho_s - \rho)\frac{R^2}{U} \quad \cdots\cdots (11.9)$$

구의 속도는 $U = h/t$이므로 위 식은 다음과 같이 쓸 수 있다.

$$\mu = \frac{2}{9} gR^2(\rho_s - \rho)\frac{t}{h} \quad \cdots\cdots (11.10)$$

여기서 Stokes의 항력식(11.7)은 관의 반경이 구의 반경보다 훨씬 클 때 성립하지만, 그렇지 못한 경우는 수정계수 K를 적용하여 $D = 6\pi K\mu UR$이 되며, 따라서 식(11.10)은 다음 식으로 실용화된다.

$$\mu = \frac{2}{9} g\frac{R^2}{K}(\rho_s - \rho)\frac{t}{h} \quad \cdots\cdots (11.11)$$

그 계수 K는 표 11.1에 나타내었다.

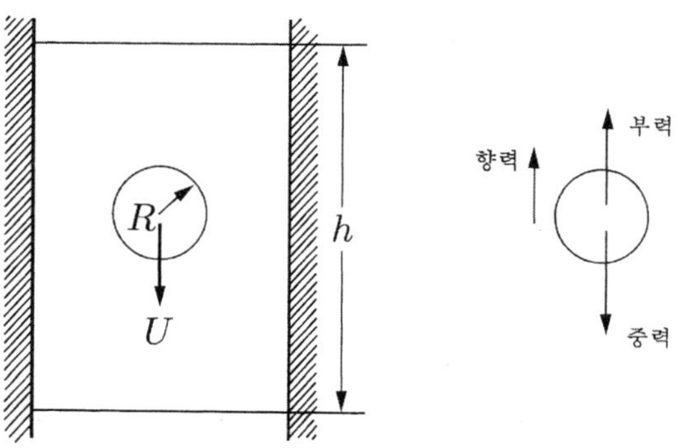

[그림 11.10] 낙구식 점도계

[표 11.1]

구의 반경 / 관의 반경	K
0	1.000
0.1	1.263
0.2	1.680
0.3	2.371
0.4	3.596
0.5	5.970
0.6	11.135
0.7	24.955

예제 11.2

그림 11.9의 회전식 점도계의 치수가 다음과 같다.

$$d = 0.1cm, \; h = 15cm, \; R = 10cm$$

외측 실린더의 회전속도는 150[rpm]일 때 토크가 2[N · m]이었다. 점성계수를 구하라,

[풀이] 각속도는

$$\omega = 2\pi n/60 = 2\pi \times 150/60 = 15.71 rad/s$$

식(11.6)으로부터

$$\mu = \frac{Td}{2\pi R^3 h\omega} = \frac{2\times 0.001}{2\pi(0.1^3 \times 0.15 \times 15.71)} = 0.135 N \cdot s/m^2$$ ■

예제 11.3

반경이 8[mm]인 강구(剛球)가 어떤 유체로 가득 차있는 관(반경 80[mm])의 중심을 따라 낙하하고 있다. 강구의 밀도는 7600[kg/m^3], 유체의 밀도는 900[kg/m^3]이다. 강구가 1[m] 낙하하는데 0.1초 걸린다. 액체의 점성계수는 얼마인가?

[풀이] 구와 관의 직경비가 0.1이므로 표 11.1로부터 K=1.263이다. 식(11.11)로부터

$$\mu = \frac{2}{9}\frac{gR^2}{K}(\rho_s - \rho)\frac{t}{h} = \left(\frac{\frac{2}{9}\times 9.8\times 0.008^2}{1.263}\right)\times(7600-900)\times\frac{0.1}{1}$$
$$= 0.074 Pa\cdot s$$ ■

11.3 압력의 측정

압력 측정법의 원리를 대별하면 세 가지로 분류된다.

(1) 측정하는 압력에 의해서 생기는 힘과, 액주 또는 추의 중량과 평형 시키는 방법을 이용한다.
(2) 탄성체의 탄성변형에 의한 변형력과 평형 시키는 방법.
(3) 압력에 의해서 생기는 변위, 체적변화, 압전(壓電)변화, 전기저항 변화, 자기(磁氣)변형, 고유진동수의 변화, 빛의 굴절율의 변화 등이 물리적 변화로 1차 변환한다.

여기서는 이러한 분류에 속하는 대표적인 압력계를 알아보기로 하자.

11.3.1 액주형(液柱形) 압력계

그림 11.11과 같이 액조에 직관을 연결하고, 압력 p_1과 p_2를 각각 액조와 직관 속의 액면에 가할 때, 직관의 액면상승 h_1, 액조 내의 액면강하 h_2 및 압력차 p_1-p_2 사이에는 다음 관계가 있다.

$$p_1 - p_2 = \rho g(h_1 + h_2) \qquad \cdots\cdots (11.12)$$

여기서 ρ는 액체의 밀도이다.

직관과 액조의 단면적을 각각 A_1, A_2라 하면, 위 식은 다음과 같이 된다.

$$p_1 - p_2 = \rho g h_1\left(1 + \frac{A_1}{A_2}\right) \qquad \cdots\cdots (11.13)$$

$A_1/A_2 \ll 1$이라면 h_1을 측정하기만 하면 되지만, 일반적으로는 이 비가 무시

될 수 없다. 그래서 h_1 대신에 압력차에 비례하는 량으로서 $h_1(1+A_1/A_2)$를 눈금으로 만든 마노미터도 있다.

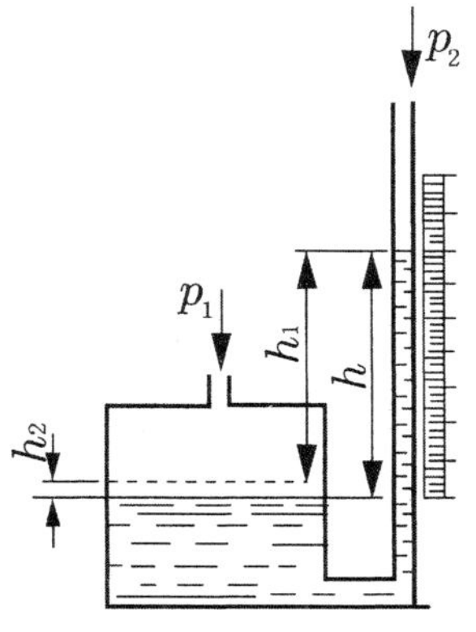

[그림 11.11] 마노미터의 원리

11.3.2 탄성형(彈性形) 압력계

탄성형 압력계는 탄성체의 압력검출 소자(素子), 즉 Bourdon관, Bellows, Chamber, Diaphragm 등의 압력에 의한 변위나 힘을 이용하여 직접 압력의 량을 지시하기도 하고, 또는 전기량으로 변환하여 압력을 측정하는 것이 있다.

이 탄성형 압력계의 특징은 전원 등의 구동원이 필요없고, 압력용기 또는 배관에 직접 설치하여 간단히 계측할 수 있으며, 따라서 현장 계측뿐 아니라 기기의 교정용 등의 관리용, 연구용으로서 널리 사용되고 있다. 여기서는 가장 많이 사용되고 있는 Bourdon관 압력계를 소개한다.

그림 11.12는 Bourdon관 압력계의 구조이다. 소켓은 측정체 용기에 접속하는 나사부가 있고 Bourdon관이 접속되어 있다. 소켓에는 압력도입구가 있으며, 측정체는 그곳을 통하여 Bourdon관에 유도된다. Bourdon관은 그 단면이 평원형(平圓形) 또는 타원형의 금속관이 원형 고리모양으로 만들어져 있다.

Bourdon관에 압력이 가해지면 그것은 관 내외의 압력차에 따라 단면이 진원으로 되돌아가며, 그러므로 휨은 Bourdon관의 자유단에 설치된 관 끝이 압력에 비례하는 탄성 변위를 한다. 이 변위는 지침의 회전각을 변화시켜 눈금으로 압력을 읽을 수 있다.

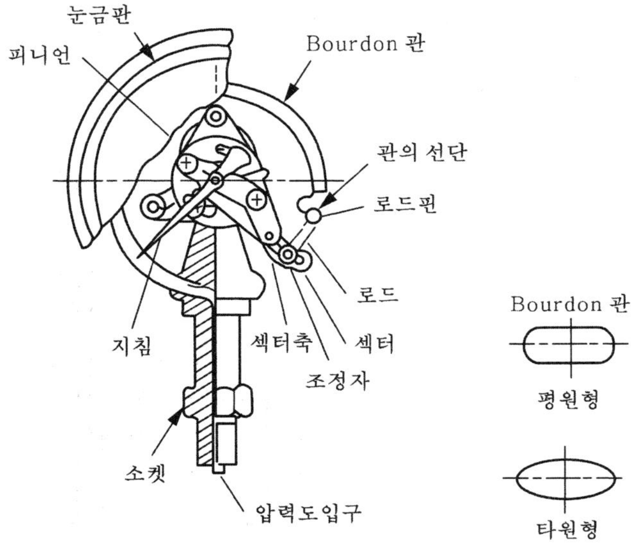

[그림 11.12] Bourdon관 압력계의 구조

11.3.3 전압관(全壓管)

흐름 속에 고체가 있는 경우, 그 물체의 전면의 한 점에서 흐름이 완전히 정지하는데, 이 점을 정체점이라 하고 그 점의 압력이 전압이다. 물체가 축 대칭인 경우에는 정체점이 확실하지만 축 대칭이 아닌 경우에는 정체점을 안다는 것이 쉽지 않다. 축 대칭 물체에서는 이 축 상에 측압구멍(測壓孔)을 설치하여 축을 흐름방향으로 향하게 하면, 이 구멍에 정체점이 포개지므로 전압이 측정된다. 따라서 보통, 전압측정용 관은 흐름방향으로 축 대칭이 되도록 설계 및 제작되고 있다.

전압측정에 널리 사용되는 것은 그림 11.13과 같은 형상의 전압관(pitot관이라고 함)이며, 흐름방향으로 축을 갖는 가는 관과 이것에 직각으로 설치한 지주로 이루어져 L자형이다. 왼쪽 끝 부분의 구멍에서 얻은 전압은 지주 내를 통하여 외부로 나와 마노미터에서 읽게 된다.

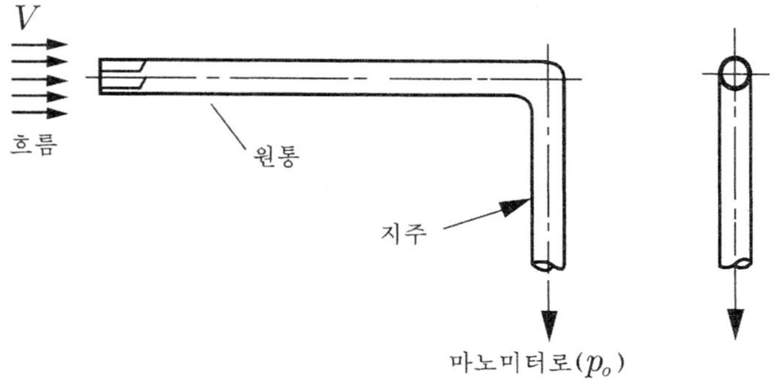

[그림 11.13] L형 전압관(피토관)

11.3.4 정압관(靜壓管)

일반적으로 유동장의 정압은 유로의 벽면에 뚫은 압력구멍(壓力孔)에 의하든지, 유동장에 설치한 정압관에 의해 측정한다. 유로 내에서 유선이 직선적이며, 동시에 벽면에 평행하다면 벽면의 축압구멍(測壓孔)에 의해 유로 내의 정압을 측정할 수 있다. 관로나 풍동에 있어서는 이 방법이 많이 사용된다. 그러나 적당한 정압 측정용 벽면이 없는 경우나 흐름의 내부에서 정압을 측정할 필요가 있는 경우에는 **정압관**을 이용한다.

정압관은 보통, 계측부와 이것에 직각으로 설치한 지주로 이루어져 그림 11.13과 외형은 같으며 L자형이다. 그런데 계측부는 흐름방향으로 향한 가는 관으로 이루어지고, 그 측벽의 선단으로부터 어느 정도 떨어진 하류에 정압용 구멍(靜壓孔)을 뚫어, 그로부터 얻어진 압력을 지주 내를 통하여 압력계로 유도하여 읽는다. 그 선단은 반구형(半球形), 원추형 등이 있다.

정압관의 일례를 그림 11.14에 표시하고, 동시에 그 본체에 따른 압력분포를 나타내었다. 흐름이 선단을 돌 때 가속되어 압력이 현저히 저하하는데, 그 후는 하류 쪽으로 서서히 상승하여 유동장의 정압에 가까워진다. 한편 지주로 인하여 그 앞쪽에서 흐름이 막히므로 압력이 상승하는데, 이 선단부와 지주부의 상반작용이 상쇄되는 위치에 측압구멍을 설치하면 정압을 얻을 수 있다. 그러나 정압관 선단의 영향은 관 본체의 외주에 균일하게 미치지만, 지주의 영향은 균일치 않아 지주의 어떤 한 쪽에서만 압력상승이 일어난다.

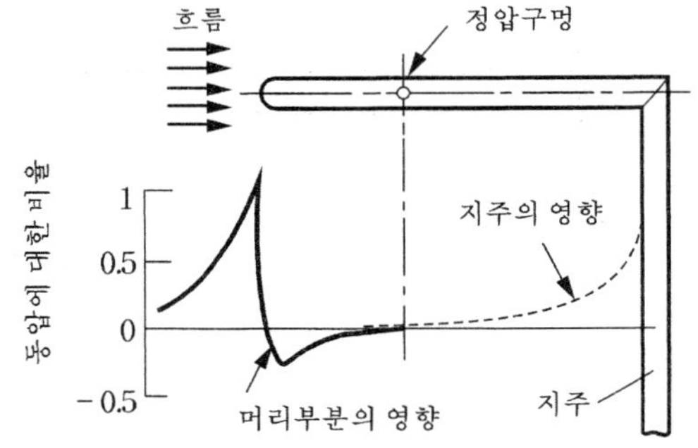

[그림 11.14] L자형 정압관에서의 압력 분포

따라서 실제의 정압관에서는 측정단면에 외주를 따라 등간격으로 여러 개의 구멍을 내고 있다. 이것을 고려하여 제작한 정압관의 한 예가 그림 11.15이며, (c)도에는 지주로부터 상류 측으로 $10 \cdot D$ 이상의 위치에 구멍이 있어서 지주의 영향이 없는 경우이다. 일반적으로 벽면에 뚫는 정압공의 직경은 경계층 두께의 1/10 이하로 되어야 하는데, 정압관의 경우는 그 직경이 원통부 직경의 1/10을 목표로 한다.

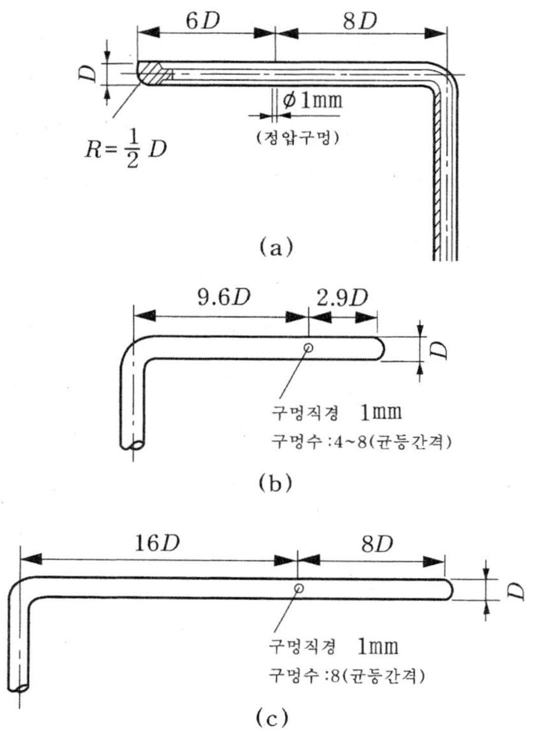

[그림 11.15] L자형 정압관에서 측압구멍의 위치

11.4 유속의 측정

11.4.1 피토-정압관

11.3절에서 전압관과 정압관을 이용하여 정체점의 압력과 흐름의 압력(정압)에 대한 측정방법을 설명하였다. 그런데 피토-정압관은 흐름의 전압과 정압을 동시에 측정하여 흐름의 유속을 측정할 수 있으며, 이것을 피토관으로 부르는 경우가 많다.

그림 11.16, 그림 11.17에 대표적인 피토관으로서, 각각 Prandtl형 피토관과 NPL형 피토관을 나타내었다. 또 NPL형에서는 피토관 선단의 모양이 반구형(半球型)인 것도 있다.

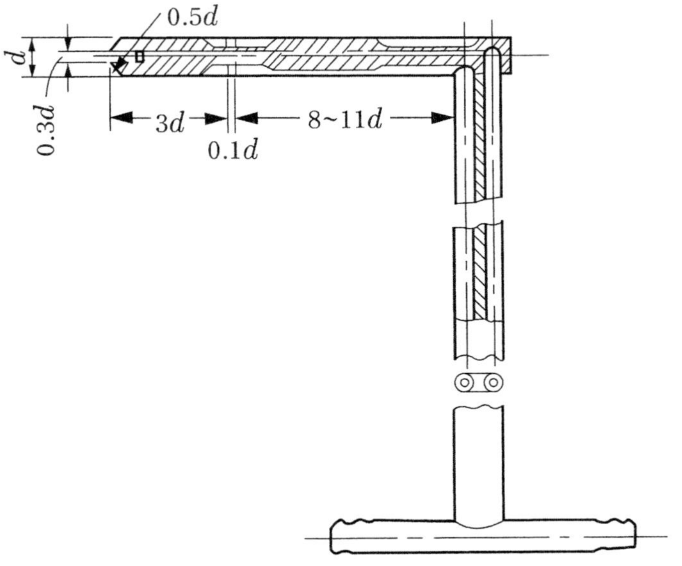

[그림 11.16] 프란틀형 피토관

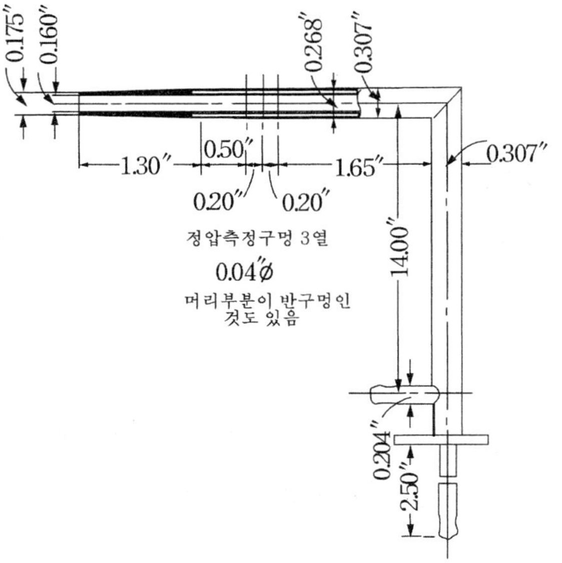

[그림 11.17] NPL형 피토관

피토관의 축을 흐름방향에 일치시키고, 그 선단의 구멍에 의해서 전압 p_o, 피토관 측면에 뚫은 정압 구멍으로부터 정압 p_s를 구하고, 그 차압으로부터 유속을 구한다(그림 11.18).

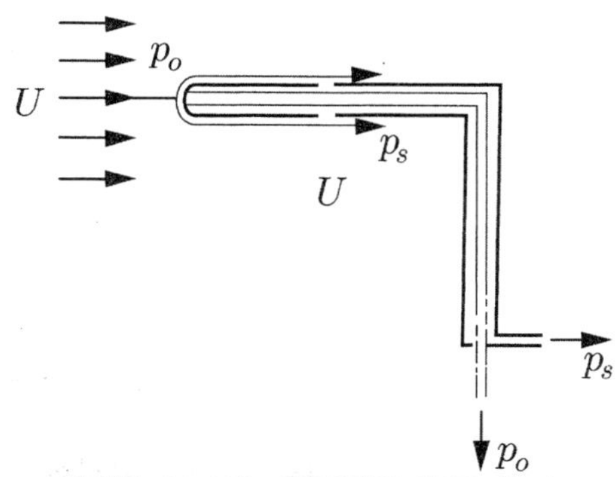

[그림 11.18] 피토관의 측정 원리

우선, 비압축성 유체를 대상으로 하여, 피토관의 선단과 관을 따라 흐르는 유선에 베르누이 식을 적용하면

$$\frac{p_o}{\gamma} = \frac{p_s}{\gamma} + \frac{U^2}{2g}$$

그런데 실제로는 흐름 중에 유한한 크기의 원통과 지주를 놓은 것이 되므로, 측정된 정압은 이 영향을 받으며, 피토관 계수로 불리는 압력계수 ζ에 의한 보정이 필요하여 위 식은 다음과 같이 된다.

$$\frac{p_o}{\gamma}-\frac{p_s}{\gamma}=\zeta\frac{U^2}{2g}$$

위 식으로부터 유속은 다음 식으로 구할 수 있다.

$$U=\frac{1}{\sqrt{\zeta}}\sqrt{\frac{2g(p_o-p_s)}{\gamma}}=k\sqrt{\frac{2g(p_o-p_s)}{\gamma}} \qquad \cdots\cdots (11.14)$$

가 되며, $k=1/\sqrt{\zeta}$를 속도계수라 한다.

압축성유체의 경우에는, 등엔트로피 유동에서 $a=\sqrt{dp/d\rho}=\sqrt{kp/\rho}$, $k=c_p/c_v$, $p_s/\rho_s{}^k=p_o/\rho_o{}^k$을 이용하여 다시 쓰면, $M=U/a$이므로

$$p_o=p_s\left[1+\frac{k-1}{2}\left(\frac{U}{a}\right)^2\right]^{\frac{k}{k-1}}=p_s\left[1+\frac{k-1}{2}M^2\right]^{\frac{k}{k-1}}$$

$$\cdots\cdots (11.15)$$

이 식에서 전압 p_o와 정압 p_s를 측정하면 마하수 M이 구해지고, 음속 $a=\sqrt{kp/\rho}$를 알면 유속 U가 구해진다.

초음속유동에서의 전압 p_o는 그림 11.19와 같은 전압 프로브를 이용한다. 그러나 정압 p_s를 정확히 측정하기 위해서는 그림 11.20(a)와 같은 평판형 프로우브나 (b)와 같은 원추형 프로우브를 사용하는 것이 좋다.

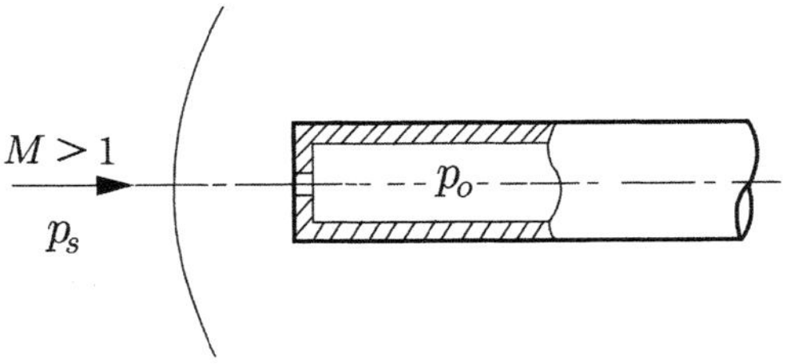

[그림 11.19] 전압 프로우브

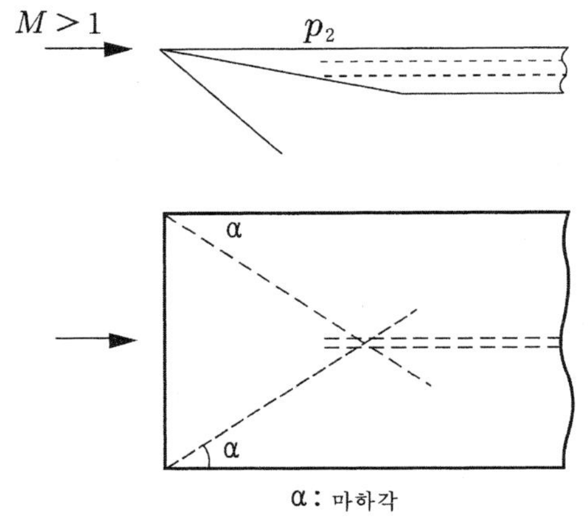

(a) 평판형 프로우브

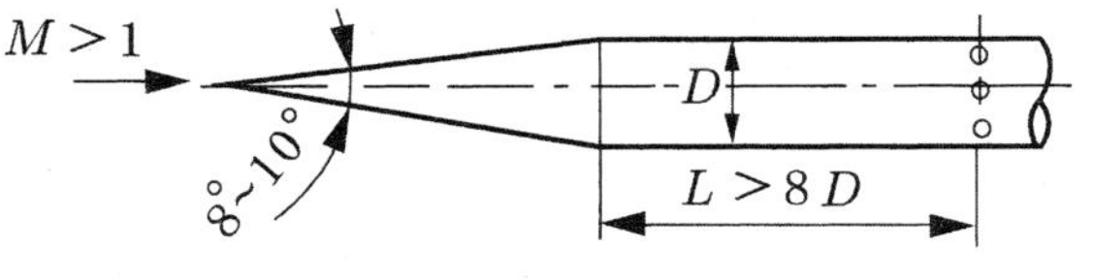

(b) 원추형 프로우브

[그림 11.20] 정압 프로우브

예제 11.4

다음 그림과 같이 설치한 피토-정압관에서 R'는 1[cm]일 때 관내유속을 구하라. 단, 계기상수는 1.1이다.

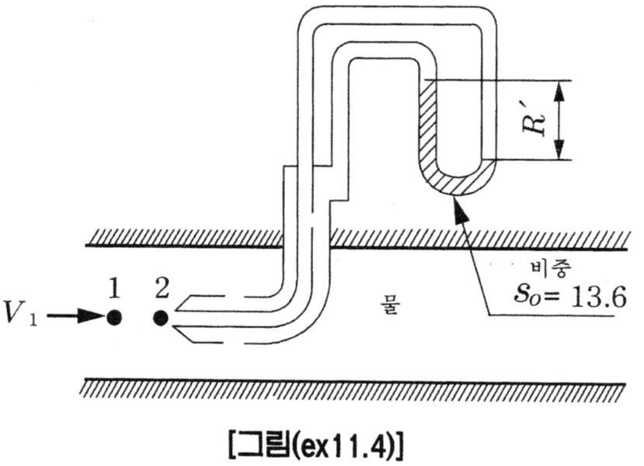

[그림(ex11.4)]

[풀이] $V_1 = \sqrt{2gR'\left(\frac{s_o}{s} - 1\right)}$

$$= 1.1\times\left[2\times9.8\times0.01\times\left(\frac{13.6}{1}-1\right)\right]^{1/2} = 1.73\,[\mathrm{m/s}]$$ ■

11.4.2 열선(熱線) 유속계

열선 유속계는 전류에 의하여 가열되어, 주위의 온도보다 높게 유지된 가는 금속선이 기류에 의해 냉각되며, 그 결과 가는 선의 온도변화에 따르는 전기저항의 변화를 이용하여 유속을 측정하는 장치이다.

열선 프로우브는 그림 11.21과 같이 2개의 지지침 선단에 열선이 연결되어 있으며, 이것이 수감부(受感部)이다. 열선 지지침에는 직경 0.2~1[mm] 정도의 피아노선, 은선, 스텐레스선등의 강성(剛性)이 높고 전기저항이 작은 재료가 사용되며, 열선으로서는 직경 2.5~10[μm], 길이 0.8~2[mm] 정도의 백금선, 백금－로디움선, 텅스텐선 등이 사용되고 있다.

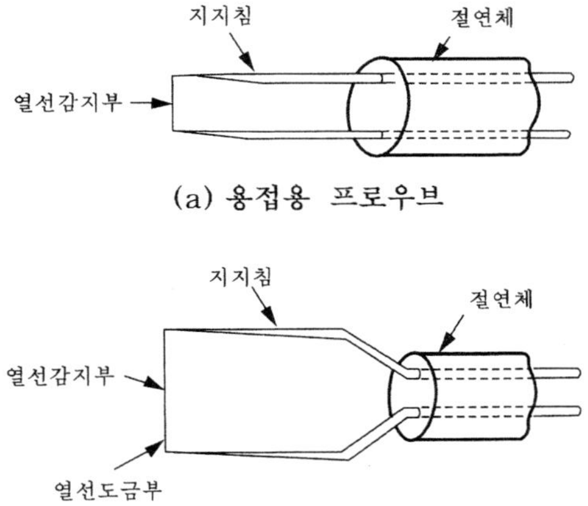

(a) 용접용 프로우브

(b) 납땜용 프로우브

[그림 11.21] 열선 프로우브 기본형

열선 프로우브의 종류는 그림 11.22에 도시하였다. 그림 11.22(a)는 X형, (b)도는 V형으로 이들은 열선을 포함하는 평면내의 2개의 유속성분을 측정하는데 사용된다. 또 (c)도의 평행형 프로우브는 경계층 내의 속도분포나 온도가 변화하는 흐름에 사용되며, (d)의 3열선 프로우브는 속도의 3성분과 온도를 동시에 측정하는데 사용된다.

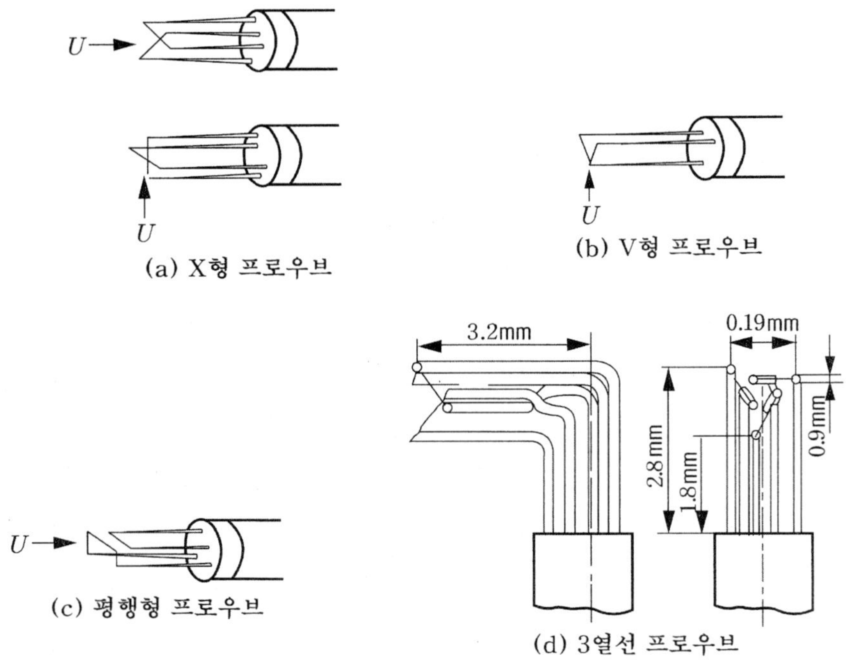

[그림 11.22] 열선 프로우브의 종류

열선 유속계에 전류 I를 흐르게 하고, 가열된 가는 금속선(전기저항 R_m)을 유체의 흐름 속에 놓았을 때, 흐름에 의해 뺏기는 열량 H는 가는 선 자신과 유체성질에도 의존하는데, 이들의 영향을 상수 속에 포함시키면 king의 법칙에 의하여 다음 식으로 쓸 수 있다.

$$H = (A + B\sqrt{U})(T_w - T_e) \qquad \cdots\cdots (11.16)$$

위 식에서 A, B는 상수이고, T_w, T_e는 각각 가는 선과 유체의 온도이다.

정상상태에서는 방열량 H와 가는 선에 발생하는 Joule열 $W=I^2R_w$가 같으며

$$I^2R_w = (A + B\sqrt{U})(T_w - T_e) \qquad \cdots\cdots (11.17)$$

가 된다.

전기저항 R_w는 온도만의 함수이므로 전류 I 또는 온도 T_w(저항 R_w)의 어느 것을 일정하게 유지하면, 유속을 전류 또는 온도(저항)의 함수로 구할 수 있다. 전자를 정전류법(定電流法), 후자를 정온도법(定溫度法) 또는 정저항법(定抵抗

法)이라 부른다.

이외의 유속측정방법으로는 Laser 유속계, 초음파 유속계 등이 있다.

11.5 유량의 측정

관로 내를 흐르는 유체의 유량을 측정하는 방법으로서, 베르누이 정리를 응용한 몇 가지의 경우는 이미 3장에서 설명하였다. 즉 벤츄리관에 의한 유량측정은 3.5.3절에서, 오리피스 및 관내노즐을 이용한 유량측정은 3.5.4절에서 설명하였으므로 여기서는 생략한다.

그리고 개수로에서의 유량측정은 여러 가지 위어에 의해서 측정하는 방법을 3.5.5절에서 설명하였다. 따라서 그 외의 유량계에 대해서, 즉 면적유량계, 용적유량계, 터빈 유량계 등에 대하여 알아보기로 한다.

11.5.1 면적유량계

면적유량계는 연직 방향으로 테이퍼관 속에 여러 형상을 갖는 부자(浮子)를 넣고, 테이퍼관의 아래쪽으로부터 유체를 상방향으로 흐르게 하면 부자에 가해지는 유체의 힘과 부자의 중량이 평형 되는 위치에 부자가 정지하게 된다. 그 정지위치로부터 유량을 계측하는 측정기로서 유량측정기로 널리 이용되고 있다. 부자의 정지위치에 따라서 부자의 최대 직경부와 테이퍼관에 의하여 이루어지는 환상유로(環狀流路)의 단면적이 변화하므로 **면적유량계** 또는 Rotameter라 한다.

그림 11.23은 면적유량계에서 대표적인 형상의 부자가 원형단면을 갖는 테이퍼관 속에서 정지하고 있는 상태를 표시하였다.

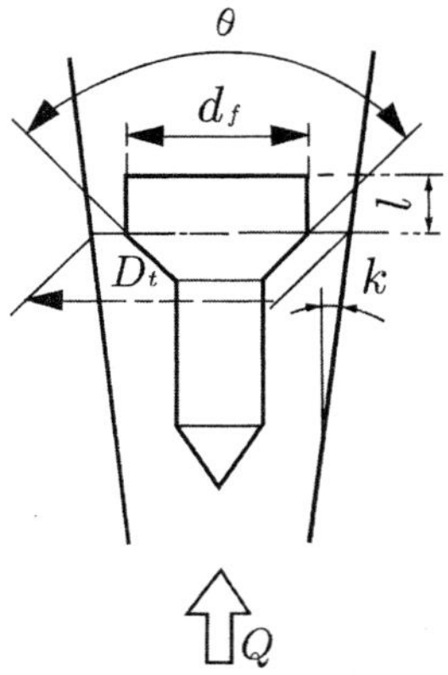

[그림 11.23] 표준적인 부자와 기호 설명

면적유량계에서는 부자의 상류와 하류의 압력차는 일반적으로 아주 작고, 또 고압기체의 유량을 측정하는 경우에도 비압축성으로 간주할 수 있으므로, 보통 교축을 이용한 차압식(差壓式) 유량계의 경우와 마찬가지로 베르누이식을 이용하면, 유량 Q는 다음과 같이 쓸 수 있다.

$$Q = C_1 \frac{\pi}{4}(D_t^2 - d_f^2)\sqrt{\frac{2}{\rho}(p_1 - p_2)} \qquad \cdots\cdots (11.18)$$

여기서 p_1, p_2는 각각 부자의 상류 측, 하류 측의 압력, ρ는 작동유체의 밀도, C_1은 축류(縮流)계수이다.

한편 부자에 가해지는 힘의 평형으로부터 부자의 밀도를 ρ_f, 체적을 V라 하면

$$gV(\rho_f - \rho) = C_2 \frac{\pi}{4} d_f^2 (p_1 - p_2) \qquad \cdots\cdots (11.19)$$

단, g는 중력가속도, C_2는 마찰을 무시함으로서 야기되는 압력차 $p_1 - p_2$에 관한 보정계수이다. 식(11.18), (11.19)로부터

$$Q = \frac{C_1}{\sqrt{C_2}} \frac{\pi}{4}(D_t^2 - d_f^2)\sqrt{\frac{2gV(\rho_f - \rho)}{\rho(\pi/4)\, d_f^2}} \qquad \cdots\cdots (11.20)$$

가 된다. 위 식에서 $C_1/\sqrt{C_2}$는 유량계수 C를 나타내며 다음 식에서 구한다.

$$C = 0.6266 \frac{U_{mo}}{U_c} \quad \cdots\cdots (11.21)$$

위 식에서 U_{mo}는 부자의 최대 직경부와 테이퍼관에 의해서 이루어지는 최소 환상유로 단면적에서의 유속이고, U_c는 식(11.20)의 $\sqrt{\dfrac{2gV(\rho_f - \rho)}{\rho(\pi/4)\ d_f^2}}$ 의 값이 속도의 차원을 가지며, 이것을 면적유량계의 대표속도 U_c로 정의한 것이다. 따라서 C는 U_{max}의 함수이며 정수가 되지는 않는다.

11.5.2 용적유량계

Oval식, 루츠식 유량계를 비롯하여 연속측정이 가능한 용적식 유량계는 그 원리가 적산(積算)형식이며, 유량의 순간적인 값을 측정하는 것은 아니다. 그림 11.24에는 여러 가지 공간 용적 토출모델을 나타내었다.

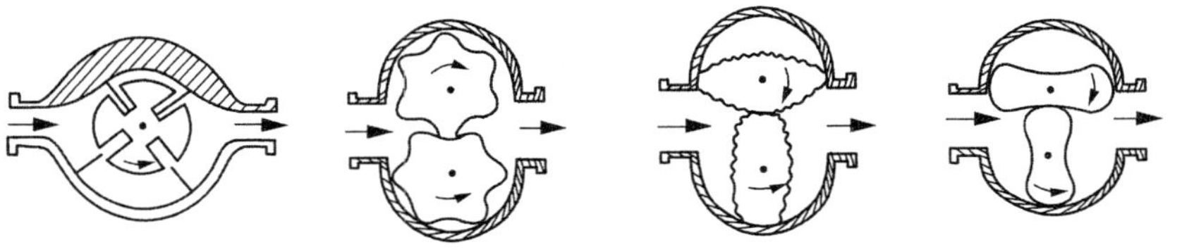

[그림 11.24] 각종 적산형 용적유량계

계량(計量) 지시부는, 많은 경우 회전자의 회전수를 외부로부터 직접 계산하여 구하던가, 또는 다이어프램 등의 왕복운동을 링크로 하여금 회전운동으로 변환하여 그 회전수로 계산하는 구조로 된 것이 많다. 1회전 당 기하학적 토출체적은 일정하며, 따라서 유량은 회전수에 비례한다.

여기서는 가장 널리 사용되는 Oval식과 루츠식 유량계에 대하여 알아본다.

Oval 회전자와 루츠회전자는 그림 11.25에 나타내었으며, 이들 토출 체적의 계량(計量)의 기본은 각각 다음 식으로 표시된다.

Oval식 유량계:

$$V(\theta) = \frac{l_o \bar{a}^2}{2}\left[\theta + \tan^{-1}\left(\frac{a_o}{b_o}\tan\theta\right)\right]$$

$$- \frac{l_o}{2}(a_o + b_o)\sqrt{a_o b_o}\tan^{-1}\sqrt{\frac{a_o}{b_o}\tan\theta} \quad \cdots\cdots (11.22)$$

루츠식 유량계:

$$V(\theta) = l_o\left(a_o^2 - b_o^2 - \frac{1}{2}c^2 - r_o^2\right)\theta + l_o bc\sin\theta$$
$$+ l_o r_o \int_0^\theta \sqrt{c^2 + 4b^2 - 4bc\cos\xi}\, d\xi \quad \cdots\cdots (11.23)$$

단, V : 토출체적, θ : 회전각, l_o : 회전자 길이, $b = a_o - r_o$이다.

이들 관계를 이용하면 누설이 없는 이상적인 경우의 유량은 다음 식으로부터 구할 수 있다.

$$q = \frac{dV}{dt} = \frac{dV}{d\theta}\omega \quad \cdots\cdots (11.24)$$

여기서 q : 유량, $\omega = d\theta/dt$: 각속도, t : 시간이다.
유량은 기하학적 함수 $dV/d\theta$와 각속도와의 곱이며, 회전자운동의 비등속성(非等速性)은 직접 통과유량에 영향을 미친다.

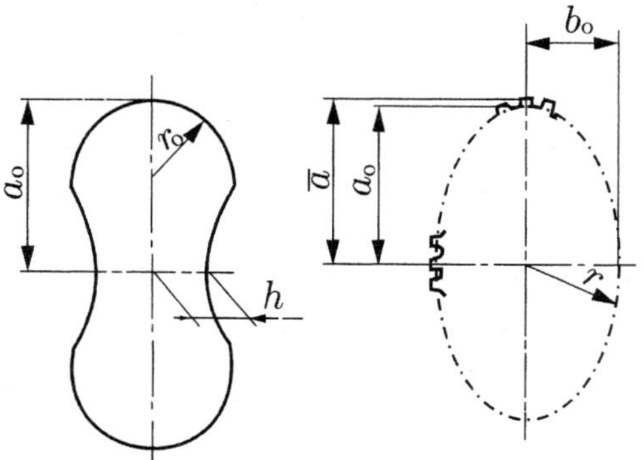

[그림 11.25] 회전자의 형상

그림 11.26에는 기하학적 함수 $d\hat{V}/d\theta = d(V/V_o)/d\theta$의 계산치를 양 유량계에 대하여 비교하였다. 여기서 V_o는 각도평균 토출 체적이다.

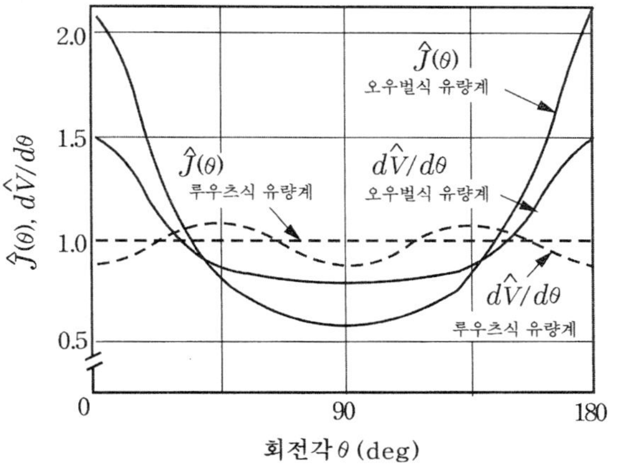

[그림 11.26] 함수 $d\hat{V}/d\theta$와 $\hat{J}(\theta)$

한편, 회전자의 운동을 지배하는 관성모멘트도 그림 11.26에 표시하였다. 관성모멘트 J는 평균치 J_o에 의하여 무차원화($\hat{J}=J/J_o$)하였다. 이상 두 종류의 함수치의 주기성이 유체맥동, 회전자의 비등속(非等速) 운동의 원인이 된다.

11.5.3 터빈 유량계

터빈 유량계는 최초에 Potter에 의해 항공기용 연료계로 개발되었는데, 그림 11.27은 그 개략도이다. 회전차는 그 내부에 원통형 자석을 내장하고 연철제 링형상의 하우징으로 둘러싸여 있다. 흐름에 의해서 회전차가 회전하고, 그 회전속도의 함수로서 코일에 최대 1[mA]의 전류가 흐른다. 그 출력은 산화동(酸化銅)을 사용한 정류기(整流器)에서 정류되어 전류계를 작동시킨다.

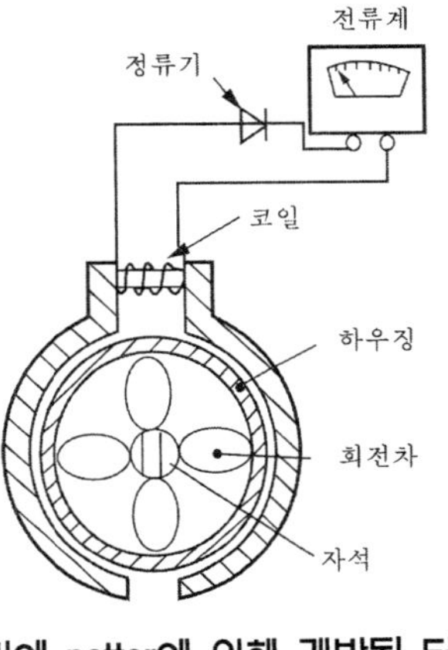

[그림 11.27] 초기에 potter에 의해 개발된 터빈 유량계의 원리

회전차는 유량에 비례하는 회전수로 회전한다. 회전날개가 통과할 때마다 코일에 펄스가 발생하는데, 이 펄스의 수는 단위시간당 유량에 비례한다.

터빈 유량계의 특성은 유체의 물성치와 유량에 의해서 그림 11.28과 같이 결정된다. 이 특성곡선은 선형부분과 비선형 부분으로 이루어지며, 선형부분은 일반적으로 유량의 2/3범위정도를 차지한다. 특성의 표시에는 미터계수(유량계는 흐르는 실제유량과 유량계 적산기의 지시량의 비) 또는 기차(器差)와 유량의 관계로 표시한다.

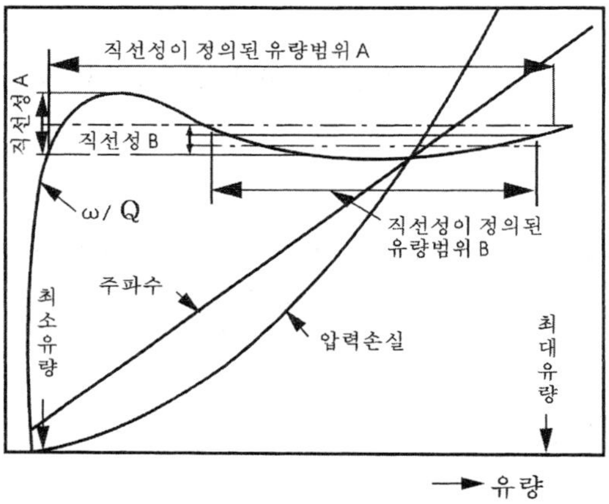

[그림 11.28] 터빈유량계의 특성 곡선

낮은 유량 범위에서는 미터계수의 값이 유량에 의해서 달라지며, 유체에 의한 회전력보다 저항력이 상회한다. 한편, 大유량 범위에서는 캐비테이션이 발생하는 수가 있는데, 이것을 상회하는 충분한 회전력이 있을 때 회전속도가 증가한다. 압력손실은 거의 유량의 2승에 비례하며, 대략 $(0.2\sim1)\times10^5$[Pa]의 범위이다. 캐비테이션 때문에 일정한 입구압력에 대하여 운전 가능한 최대유량이 존재한다.

연습문제

[11.1] 일정한 단면적 A_1을 갖는 탱크의 면적 A의 오리피스가 장착되어 있다. 수위가 원래의 1/2이 될 때까지의 시간을 구하라. 단, 유량계수는 변화하지 않는 것으로 하고, 최초의 수위는 H이었다.

[답] $t = A_1(\sqrt{2}-1)H^{1/2}/CA\sqrt{g}$

[11.2] 추의 무게가 공기 중에서는 5[N], 액체 중에서는 3[N]이다. 만일 추에 의하여 배제된 체적이 1.3×10^{-4}[m^3]이면, 액체의 비중은 얼마인가?

[답] 1.57

[11.3] 반구형(半球形)의 코 부분을 갖는 피토관의 압력계수 ζ는 다음 식으로 주어진다.

$$\zeta = 1 + \frac{8.0}{Re + 0.398\sqrt{Re}} \quad (Re = Ur/\nu, \quad r: \text{외반경})$$

Re=100, 1000의 경우 속도계수를 각각 구하라.

[답] Re=100 : k=0.964, Re=1000 : k=0.996

[11.4] 그림(문제 11.4)과 같이 큰 수조의 개구(開口)로부터 액체가 2차원 유동상태로 유출한다. 그 개구의 중앙부에 피토관을 설치하였다. 점 A, B, C, D에서의 유속을 계산하고 유량을 구하라.

[답] U_A=4.66[m/s], U_B=5.12[m/s], U_C=4.75[m/s],
U_D=5.03[m/s], q=0.685[m^3/s · m]

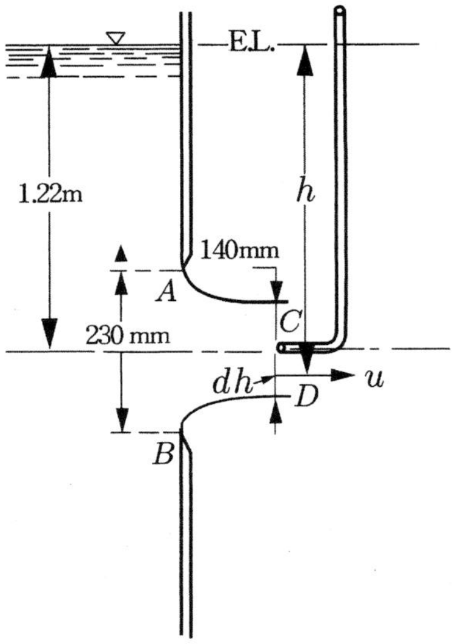

[그림(문제 11.4)]

[11.5] 물을 사용하는 시차 액주계가 표준 대기 중에서 지면에 접근하여 50[m/s]로 비행하는 항공기의 피토-정압관에 부착되어 있다. 액주계의 읽음은 얼마가 되는가? 만일 이 액주계가 고도 5[km]에서라면 속도는 얼마를 지시하겠는가? 단, 표준대기의 비중량은 12.01 [N/m^3], 5[km]에서의 공기 비중량은 7.0[N/m^3]이다.

[답] 156[mm], 65.43[m/s]

[11.6] 공기가 120[mm]×60[mm]의 벤츄리계를 지나 유동하고 있다. 원래 관에서의 게이지압은 120[kPa]이고 유체온도는 15[℃]이며, 시차 액주계는 130[mm](수은주)의 액주차를 나타낸다. 대기압이 101.3[kPa], 공기의 팽창계수는 0.949, 유량계수는 0.98일 때 유량을 구하라.

[답] 0.83[kg/s]

[11.7] 직경이 60[mm]인 ASME 관내노즐이 직경 120[mm]의 관로에 설치되어 물이 흐른다. 장착한 시차 액주계는 130[mm]의 수은 액주차가 나타날 때 노즐을 통과하는 유량과, 이 노즐에서의 손실수두를 구하라. 물의 온도는 15.6[℃], 유량계수는 0.99이다.

[답] Q=0.0164[m^3/s], h_l=0.0327[m]

[11.8] 직경의 12[cm]의 관에 직경 3[cm]의 오리피스판이 그림(문제 11.8)과 같이 설치되어 있다. 오리피스 전후의 압력차가 3.5[kPa]이면 관을 흐르는 물의 유량은 얼마인가? 단, 유량계수는 0.63, 물의 밀도는 1000[kg/m^3]이다.

[답] 1.18×10^{-3}[m^3/s]

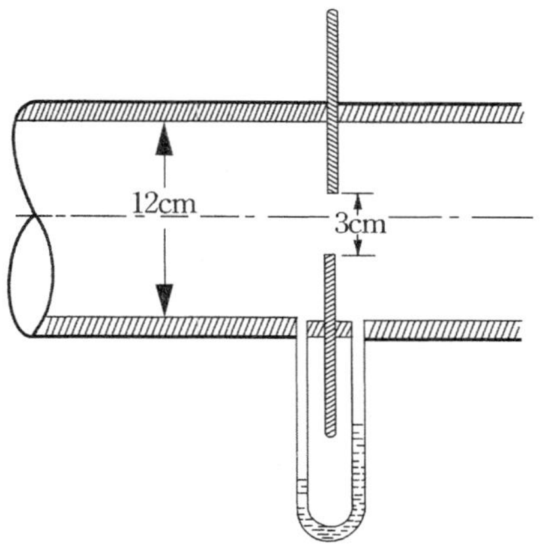

[그림(문제 11.8)]

[11.9] 다이어프램 압력변환기의 감도가 40[V/kPa]이고, 출력전압계가 ±0.001[volt]까지 읽을 수 있다면 얼마만큼 정밀하게 압력이 측정될 수 있는가?

[답] ±0.001/40=±0.000025[kPa]

[11.10] 직경이 10[mm]인 강구(鋼球, 비중 : 7.8)가 기름(비중 : 0.9) 속에서 0.1[m/s]의 일정한 속도로 낙하하고 있다. 이것이 (1) 큰 유조탱크 내, (2) 75[mm] 직경의 관을 통하여 낙하한다면 기름의 점성계수는 각각 얼마인가?

[답] (1) 3.757[N · s/m^2], (2) 2.684[N · s/m^2]

[11.11] 선단을 수직으로 자른 피토관의 압력계수는 $Re \geq 100$의 범위에서 1.0으로 볼 수 있다. 여기서 $Re = Ud/\nu$ 이고 d는 피토관의 외경이다. d=1[mm]의 피토관에 대해서, 속도계수 k를 1로 볼 수 있는 유속의 하한을 20[℃]의 공기에 대 하여 구하라.

[답] $Re \geq 100$부터, $U \geq 1.33$[m/s]

[11.12] 다음의 그림(문제 11.12)에서 풍동의 측정부의 흐름을, 유효경 200[mm], 초점거리 2[m]인 오목면 거울을 사용하여 슐리렌법으로 관찰한다. 측정부의 중심으로부터 수광(受光)측의 오목면 거울까지의 거리는 3[m]이고, 카메라의 렌즈를 knife-edge의 후방 5[cm]의 위치에 놓는 경우, 렌즈의 초점거리 및 렌즈로부터 카메라의 film면까지의 거리를 얼마로 하면 되는가? 단, 35[mm] film을 사용하는 것으로 한다.

[답] 0.237[m]

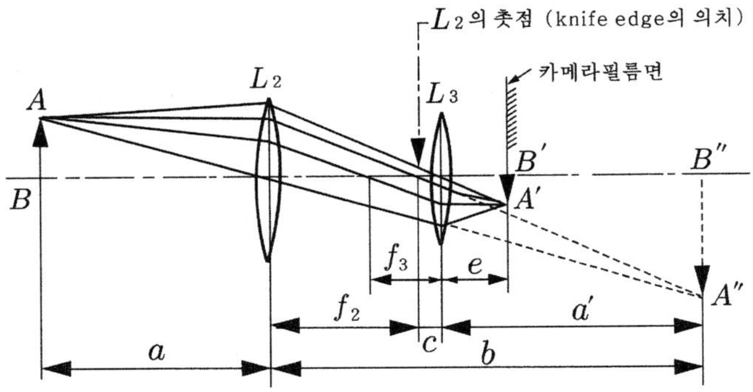

[그림(문제 11.12)]

부록

부록 A : 점성유체의 변형에 의한 점성력

비점성 유체에서는 유체요소에 작용하는 외력은 압력과 포텐셜력 뿐이지만 점성유체에서는 유체요소가 변형할 때 응력이 발생한다. 변형에는 신장(압축)과 비틀림 변형이 응력을 발생시키므로 각각에 대하여 구한다. 변형에 의하여 생기는 x 방향의 응력을 구하여 동일한 방법으로 y, z 방향의 점성력을 구한다.

(1) 비틀림 변형에 의한 응력

입방체의 미소 유체요소가 비틀림 변형을 하는 경우를 생각한다(그림 A−1).
이 때 입방체의 1개의 면에 전단응력이 발생하게 되면 그와 마주보는 면에는 크기가 같고 방향이 반대인 전단응력이 발생하여 힘의 평형이 이루어진다(실선의 화살표). 그러나 이 두 개 면의 전단응력은 우력이 되므로 입방체가 회전하게 된다. 따라서 다른 두 면에도 우력을 제거하는 방향의 전단응력이 생기게 된다(파선의 화살표).

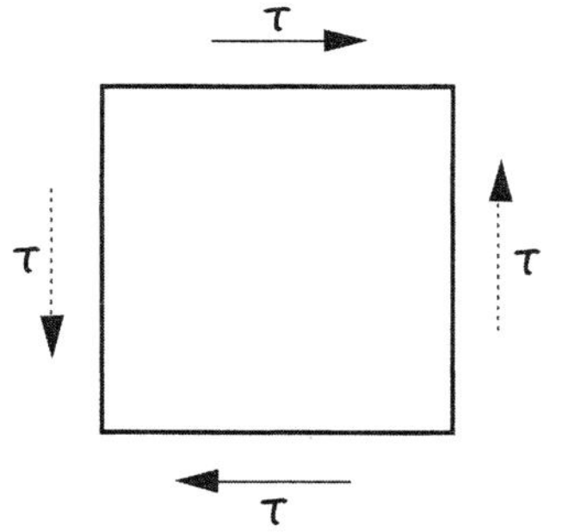

[그림 A−1]

따라서 그림 A−2에 표시하는 바와 같이, 흐름의 x 방향의 속도성분 u가 y 방향으로 변화하는 경우, 뉴턴의 점성법칙에 의하여 유체요소의 4개 면에 $\mu(\partial u/\partial y)$ 크기의 전단응력이 발생한다. 마찬가지로 y 방향의 속도성분 v가 x 방향으로 변화하는 경우는 유체요소의 4개 면에 $\mu(\partial v/\partial x)$ 크기의 전단응력이 생긴다. 따라서 xz면(y축에 수직)에는 다음과 같은 x 방향의 전단응력 성분이 존재한다.

$$\tau_{yz} = \mu\left(\frac{\partial v}{\partial x} + \frac{\partial u}{\partial y}\right) \qquad \cdots\cdots \text{(A−1)}$$

마찬가지로 xy면(z축에 수직)에 생기는 x 방향의 전단응력 성분은

$$\tau_{zx} = \mu\left(\frac{\partial w}{\partial x} + \frac{\partial u}{\partial z}\right) \qquad \cdots\cdots \text{(A-2)}$$

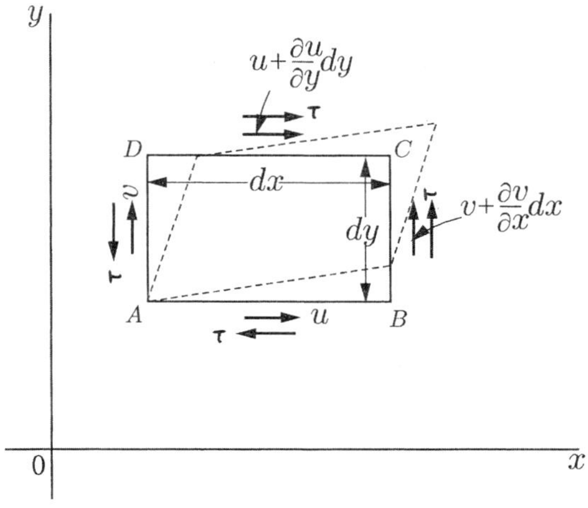

[그림 A-2] 전단변형과 전단응력

(2) 신장변형에 의한 응력

신장이나 압축의 경우, 그림 A-3과와 같이 입방체에 내접하는 4각주 ABCD를 고려하면, x 방향의 신장(속도 $\partial u/\partial x$)에 의하여 비틀림 변형이 일어난다. 이 비틀림 변형속도는 $\partial u/\partial x$와 같으므로 4각주의 네 개의 면에는 $\mu(\partial u/\partial x)$인 전단응력이 작용하고, 그에 따라 입방체의 AC단면에는 x 방향으로 $\mu(\partial u/\partial x)$인 인장응력이 생긴다.

y 방향이나 z 방향의 신장에도 마찬가지로, x 방향으로 각각 $\mu(\partial v/\partial y)$, $\mu(\partial w/\partial z)$의 압축응력이 발생하므로, yz면에 대하여 x 방향의 합계는

$$\sigma_x = \mu\left(\frac{\partial u}{\partial x} - \frac{\partial v}{\partial y} - \frac{\partial w}{\partial z}\right) \qquad \cdots\cdots \text{(A-3)}$$

만큼의 인장응력이 작용하게 된다. 연속방정식 $\frac{\partial u}{\partial x} + \frac{\partial v}{\partial y} + \frac{\partial w}{\partial z} = 0$을 이용하면 위 식은

$$\sigma_x = 2\mu\frac{\partial u}{\partial x} \qquad \cdots\cdots \text{(A-4)}$$

이 되며 (A-3), (A-4)식은 비압축성 유체에 적용할 수 있다.

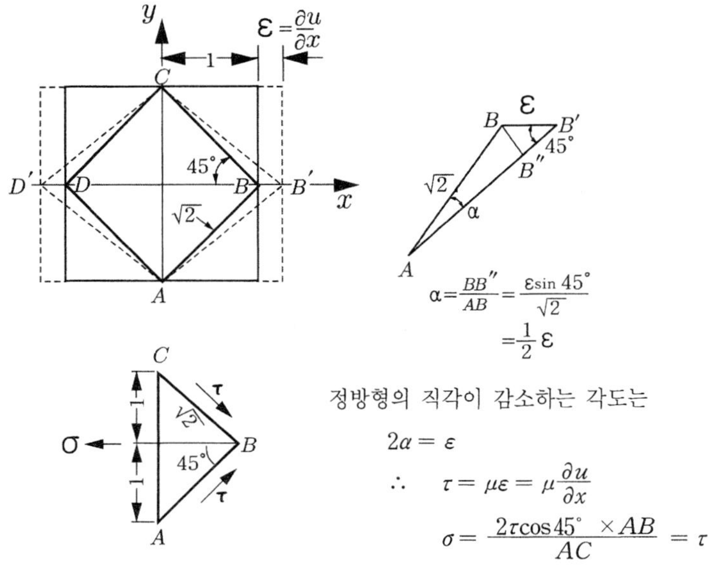

[그림 A-3] 신장변형에 의한 점성인장응력

(3) 유체요소에 작용하는 점성력

점성유체에서는 변형에 의하여 전술한 바와 같이 전단응력과 인장응력이 발생한다. 이들 응력에 의한 유체요소에 작용하는 x 방향의 힘을 구한다(그림 A-4).

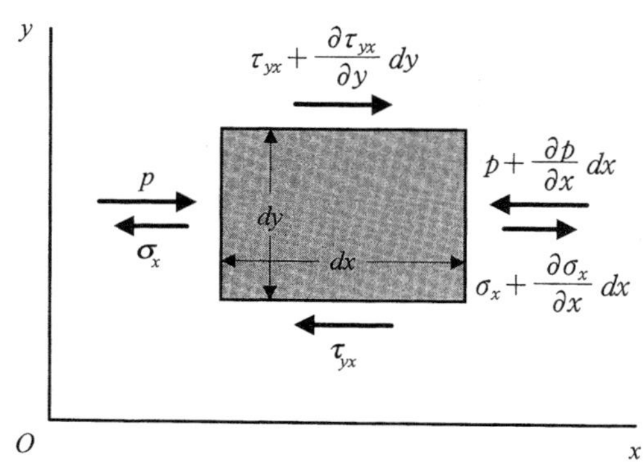

[그림 A-4] 유체요소에 작용하는 x방향의 응력

식(A-1)로부터, 면 $dxdz(y)$에는 $\tau_{yx}(y)$, 면 $dxdz(y+dy)$에는 $\tau_{yx}(y+dy)$의 비틀림에 의한 전단응력이 각각 작용하므로 x 방향으로 작용하는 힘 F_{x1}은 다음과 같다.

$$F_{x1} = [\tau_{yx}(y+dy) - \tau_{yx}(y)]dxdz = \frac{\partial \tau_{yx}}{\partial y} dxdydz$$

마찬가지로 식(A−2)로부터, 면 $dxdy(z)$에는 $\tau_{zx}(z)$, 면 $dxdy(z+dz)$에는 $\tau_{zx}(z+dz)$의 비틀림에 의한 전단응력이 작용하므로 x 방향으로 작용하는 힘 F_{x2}는 다음과 같다.

$$F_{x2} = [\tau_{zx}(z+dz) - \tau_{zx}(z)]dxdy = \frac{\partial \tau_{zx}}{\partial z} dxdydz$$

또, 식(A−3)으로부터, 면 $dydz(x)$에는 $\sigma_x(x)$, 면 $dydz(x+dx)$에는 $\sigma_x(x+dx)$의 신장에 의한 인장응력이 작용하므로 x 방향으로 작용하는 힘 F_{x3}는 다음과 같다.

$$F_{x3} = [\sigma_x(x+dx) - \sigma_x(x)]dydz = \frac{\partial \sigma_x}{\partial x} dxdydz$$

위의 세 식으로부터 유체요소에 대하여 x 방향으로 작용하는 점성력은

$$F_x = \Sigma_{n=1}^{3} F_{xn} = \mu\left(\frac{\partial^2 u}{\partial x^2} + \frac{\partial^2 u}{\partial y^2} + \frac{\partial^2 u}{\partial z^2}\right)dxdydz \quad \cdots\cdots \text{(A−5a)}$$

마찬가지로 y 방향, z 방향에 작용하는 점성력은 각각 다음과 같다.

$$F_y = \mu\left(\frac{\partial^2 v}{\partial x^2} + \frac{\partial^2 v}{\partial y^2} + \frac{\partial^2 v}{\partial z^2}\right)dxdydz \quad \cdots\cdots \text{(A−5b)}$$

$$F_z = \mu\left(\frac{\partial^2 w}{\partial x^2} + \frac{\partial^2 w}{\partial y^2} + \frac{\partial^2 w}{\partial z^2}\right)dxdydz \quad \cdots\cdots \text{(A−5c)}$$

부록 B : 원통 좌표계의 Navier-Stokes 방정식

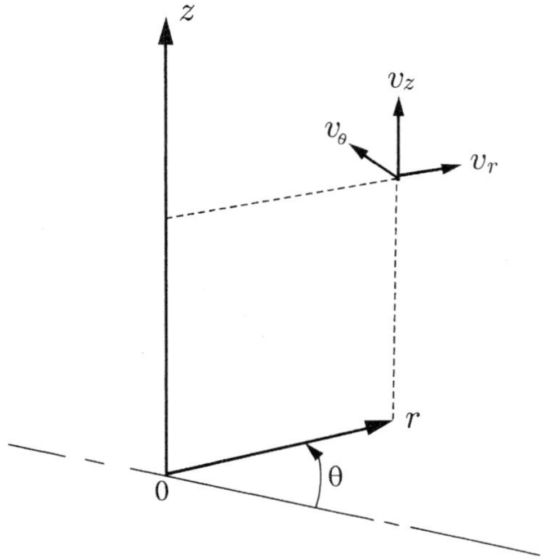

[그림 B-1] 원통좌표계

r 방향

$$\frac{\partial v_r}{\partial t}+v_r\frac{\partial v_r}{\partial r}+\frac{v_\theta}{r}\frac{\partial v_r}{\partial \theta}+v_z\frac{\partial v_r}{\partial z}-\frac{{v_\theta}^2}{r}$$

$$=F_r-\frac{1}{\rho}\frac{\partial p}{\partial r}+\nu\left(\frac{\partial^2 v_r}{\partial r^2}+\frac{1}{r}\frac{\partial v_r}{\partial r}-\frac{v_r}{r^2}+\frac{1}{r^2}\frac{\partial v_r}{\partial \theta^2}-\frac{2}{r^2}\frac{\partial v_\theta}{\partial \theta}+\frac{\partial^2 v_r}{\partial z^2}\right)$$

θ 방향

$$\frac{\partial v_\theta}{\partial t}+v_r\frac{\partial v_\theta}{\partial r}+\frac{v_\theta}{r}\frac{\partial v_\theta}{\partial \theta}+v_z\frac{\partial v_\theta}{\partial z}+\frac{v_r v_\theta}{r}$$

$$=F_\theta-\frac{1}{\rho r}\frac{\partial p}{\partial \theta}+\nu\left(\frac{\partial^2 v_\theta}{\partial r^2}+\frac{1}{r}\frac{\partial v_\theta}{\partial r}-\frac{v_\theta}{r^2}+\frac{1}{r^2}\frac{\partial^2 v_\theta}{\partial \theta^2}+\frac{2}{r^2}\frac{\partial v_r}{\partial \theta}+\frac{\partial^2 v_\theta}{\partial z^2}\right)$$

z 방향

$$\frac{\partial v_z}{\partial t}+v_r\frac{\partial v_z}{\partial r}+\frac{v_\theta}{r}\frac{\partial v_z}{\partial \theta}+v_z\frac{\partial v_z}{\partial z}$$

$$=F_z-\frac{1}{\rho}\frac{\partial p}{\partial z}+\nu\left(\frac{\partial^2 v_z}{\partial r^2}+\frac{1}{r}\frac{\partial v_z}{\partial r}+\frac{\partial^2 v_z}{r^2\partial \theta^2}+\frac{\partial^2 v_z}{\partial z^2}\right)$$

연속방정식

$$\frac{1}{r}\frac{\partial}{\partial r}(rv_r)+\frac{1}{r}\frac{\partial v_\theta}{\partial \theta}+\frac{\partial v_z}{\partial z}=0$$

부록 C : 평판 층류경계층에 대한 미분방정식의 유도

유동이 2차원, 비압축성, 정상류라고 하면 경계층 외측의 주류의 속도는 일정(U)하므로 압력구배 dp/dx는 0이 된다. 따라서 경계층 방정식(9.14a, 9.14b)을 평판 층류경계층에 적용하면 다음 식이 된다.

$$u\frac{\partial u}{\partial x}+v\frac{\partial u}{\partial y}=\nu\frac{\partial^2 u}{\partial y^2} \quad \cdots\cdots \text{(c-1)}$$

$$\frac{\partial u}{\partial x}+\frac{\partial v}{\partial y}=0 \quad \cdots\cdots \text{(c-2)}$$

경계조건은 다음과 같다.

$$y=0 \ : \ u=v=0$$
$$y=\infty \ : \ u=U$$

경계층 내의 속도분포 u는 x와 y의 함수인데, y 좌표를 경계층 두께 δ로 무차원화하고, u를 주류속도 U로 무차원화 하면 속도분포는 보통 일정한 형태로 표시할 수 있다고 가정한다. 이것을 속도분포 상사성(相似性)의 가정이라 하며, 다음과 같이 표시할 수 있다.

$$\frac{u}{U}=f(\eta), \quad \eta=\frac{y}{\delta} \quad \cdots\cdots \text{(c-3)}$$

경계층 두께 δ는 흐름방향으로 변화하므로 x의 함수이다.

연속의 식(c-2)을 만족하는 유동함수 ϕ를 정의하면

$$u=\frac{\partial \phi}{\partial y}, \quad v=-\frac{\partial \phi}{\partial x}$$

의 관계가 있으므로

$$\phi = \int_0^\eta u dy = \delta U \int_0^\eta f(\eta)\, d\eta$$

가 된다. 지금, $\int_0^\eta f(\eta) d\eta = F(\eta)$라고 놓으면 ϕ를 다음 식과 같이 놓을 수 있다.

$$\phi = \delta U F(\eta) \qquad \cdots\cdots \text{(c−4)}$$

경계조건은 $y=0$에서 $u=v=0$와, $y=\infty$에서 $u=U$에 대응시키면

$$\eta = 0 \quad : \quad F = F' = 0$$
$$\eta = \infty \quad : \quad F' = 1$$

로 표시할 수 있으므로 $F(\eta)$를 이용하여 속도 u와 v를 표시하면

$$u = \frac{\partial \phi}{\partial y} = \delta U F'(\eta) \frac{\partial \eta}{\partial y} = UF' \qquad \cdots\cdots \text{(c−5)}$$

$$v = -\frac{\partial \phi}{\partial x} = -\left[\frac{d\delta}{dx} UF(\eta) + \delta U F'(\eta) \frac{\partial \eta}{\partial x} \right]$$
$$= U(F'\eta - F) \frac{d\delta}{dx} \qquad \cdots\cdots \text{(c−6)}$$

$$\frac{\partial u}{\partial x} = \frac{\partial^2 \phi}{\partial x \partial y} = -\frac{U}{2} \frac{\eta}{x} F'' \qquad \cdots\cdots \text{(c−7)}$$

$$\frac{\partial u}{\partial y} = U \sqrt{\frac{U}{\nu x}} F'' \qquad \cdots\cdots \text{(c−8)}$$

$$\frac{\partial^2 u}{\partial y^2} = \frac{U^2}{\nu x} F''' \qquad \cdots\cdots \text{(c−9)}$$

여기서

$$\frac{\partial \eta}{\partial y} = \sqrt{\frac{U}{\nu x}}, \quad \frac{\partial \eta}{\partial x} = -\frac{1}{2} \frac{y}{x} \sqrt{\frac{U}{\nu x}} = -\frac{1}{2} \frac{\eta}{x}$$

식(c−5)~(c−9)를 식(c−1)에 대입하면

$$-\frac{U^2}{2} \frac{\eta}{x} F' F'' + \frac{U^2}{2x} [\eta F' - F] F'' = \frac{U^2}{x} F'''$$
$$\cdots\cdots \text{(c−10)}$$

간단히 하면

$$\delta \frac{d\delta}{dx} \frac{U}{\nu} FF'' + F''' = 0 \qquad \cdots\cdots \text{(c−11)}$$

그런데, F는 η만의 함수이므로 위 식에서 $\delta\, d\delta / dx$=const.로서 x=0에서 δ=0을 고려하면

$$\delta \propto \sqrt{x}$$

의 결과를 얻는다. 이것은 경계층의 두께가 경계층을 생성하기 시작한 위치로부터의 거리의 평방근에 비례하여 증대함을 표시하고 있다. 이것은 속도분포가 상사성이 있다고 한 가정이 옳다는 것을 의미한다. 따라서 δ를

$$\delta = \sqrt{\frac{\nu x}{U}} \qquad \cdots\cdots \text{(c−12)}$$

로 놓으면 식(c−11)은 다음과 같이 된다.

$$FF'' + 2F''' = 0, \quad \eta = y\sqrt{\frac{U}{\nu x}} \qquad \cdots\cdots \text{(c−13)}$$

경계조건은 앞에서 언급한 바와 같이 η=0에서 $F=F'$=0, $\eta=\infty$에서 F'=1이다.

부록 D : Karman의 운동량 적분방정식의 유도

흐름이 2차원, 비압축성, 정상류일 때 식(F−7)를 이용하면 경계층의 운동량 방정식 및 연속의 식은 각각 식(F−5) 및 식(F−6)으로부터 다음 식이 된다.

$$u\frac{\partial u}{\partial x} + v\frac{\partial u}{\partial y} = U\frac{dU}{dx} + \nu\frac{\partial^2 u}{\partial y^2} \qquad \cdots\cdots \text{(D−1)}$$

$$\frac{\partial u}{\partial x} + \frac{\partial v}{\partial y} = 0 \qquad \cdots\cdots \text{(D−2)}$$

지금 식(D−1)을 y에 관해 벽면(y=0)으로부터 경계층 외단(外端)($y=\delta$)까지 적분하면

$$\int_0^\delta \left(u\frac{\partial u}{\partial x} + v\frac{\partial u}{\partial y} - U\frac{dU}{dx} \right) dy = \nu\left(\frac{\partial u}{\partial y}\right)_{y=\delta} - \nu\left(\frac{\partial u}{\partial y}\right)_{y=0} \qquad \cdots\cdots \text{(D−3)}$$

$y=\delta$에서 속도 u가 주류속도 U에 충분히 가까워진다면 $(\partial u/\partial y)_{y=\delta}=0$으로 볼 수 있다. 또 벽면에 작용하는 전단응력을 τ_w라 하면

$$\tau_w = \mu\left(\frac{\partial u}{\partial y}\right)_{y=0} = \rho\nu\left(\frac{\partial u}{\partial y}\right)_{y=0}$$

으로 표시된다. 또 식(D−2)로부터 $v = -\int_0^y\left(\frac{\partial u}{\partial x}\right)dy$로 표시할 수 있으므로 식(D−3)는 다음과 같이 쓸 수 있다.

$$\int_0^\delta\left(u\frac{\partial u}{\partial x} - \frac{\partial u}{\partial y}\int_0^y\frac{\partial u}{\partial x}\,dy - U\frac{dU}{dx}\right)dy = -\frac{\tau_w}{\rho} \qquad \cdots\cdots \text{(D−4)}$$

위 식의 좌변 제2항은 부분 적분하여 다음과 같이 변형된다.

$$\int_0^\delta\frac{\partial u}{\partial y}\int_0^y\frac{\partial u}{\partial x}\,dy\cdot dy = \left[u\int_0^y\frac{\partial u}{\partial x}\,dy\right]_0^\delta - \int_0^\delta u\frac{\partial u}{\partial x}\,dy$$

$$= U\int_0^\delta\frac{\partial u}{\partial x}\,dy - \int_0^\delta u\frac{\partial u}{\partial x}\,dy \qquad \cdots\cdots \text{(D−5)}$$

단, 위 식에서 적분의 경계조건은 $y=0$에서 $u=0$, $y=\delta$에서 $u=U$를 취한 것이며, 식(D−5)을 식(D−4)에 대입하면

$$\int_0^\delta\left(2u\frac{\partial u}{\partial x} - U\frac{\partial u}{\partial x} - U\frac{dU}{dx}\right)dy = -\frac{\tau_w}{\rho} \qquad \cdots\cdots \text{(D−6)}$$

가 되며 더욱 변형시키면 다음 식으로 된다.

$$\int_0^\delta\frac{\partial}{\partial x}[u(U-u)]dy + \frac{dU}{dx}\int_0^\delta(U-u)dy = \frac{\tau_w}{\rho} \qquad \cdots\cdots \text{(D−7)}$$

여기서 Leibnitz의 공식을 이용하면, 즉

$$\int_{a(x)}^{b(x)}\frac{\partial}{\partial x}f(x,\,y)dy = \frac{d}{dx}\int_{a(x)}^{b(x)}f(x,\,y)dy + f(x,\,a)\frac{da}{dx} - f(x,\,b)\frac{db}{dx}$$

의 관계에서 $a(x)=0$, $b(x)=\delta(x)$, $f(x,\ y)=u(U-u)$, $da/dx=0$, $f(x,\ b)=U(U-U)=0$을 고려하면 식(D−7)의 좌변 제1항의 편미분은 적분기호 밖으로 나와 상미분으로 되어 다음 식이 되며

$$\frac{d}{dx}\left[\int_0^{\delta} u(U-u)dy\right] + \frac{dU}{dx}\int_0^{\delta}(U-u)dy = \frac{\tau_w}{\rho} \qquad \cdots\cdots \text{(D-8)}$$

이 식은 경계층의 발달에 동반되는 흐름방향의 미소 폭 dx에 있어서 운동량의 평형을 표시하고 있고, Karman의 운동량 방정식이라 부른다.

부록 E : 원관내 난류의 1/7승 속도분포

Prandtl은 다음과 같은 가정 하에 원관 내의 속도분포를 반이론적으로 구하였다. 그 가정은 $\varepsilon < (\delta'/1.7)$($\varepsilon$: 거칠기, δ' : 층류저층 두께)의 영역에 있어서는 매끄러운 관으로 가정하여 관 벽에 가까운 부분의 속도분포는 반경 r_o에는 관계가 없으며, 동점성계수 ν, 밀도 ρ, 관 벽의 전단응력 τ_o만에 의존한다. $\varepsilon > (\delta'/0.08)$ 영역에서 속도분포 곡선의 형태는 유량에 관계없이 일정하다. 즉

$$\frac{u}{u_{\max}} = f\left(\frac{y}{r_o}\right) \qquad \cdots\cdots \text{(E-1)}$$

여기서 y는 벽으로부터의 거리, u는 관 축 방향의 속도, $u_{\max}$은 관의 중심선의 속도이다.

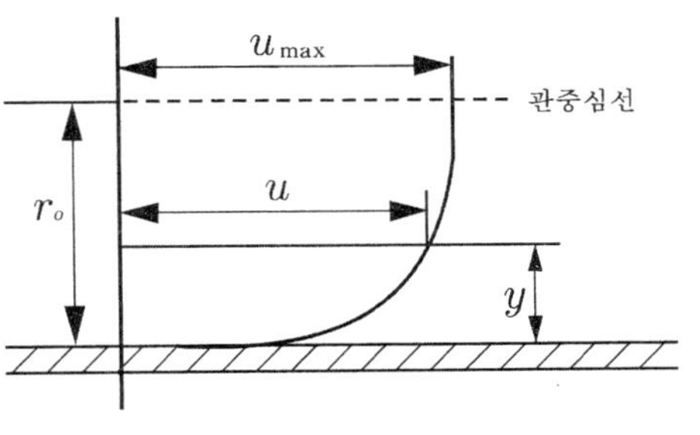

[그림 E-1] $\frac{1}{7}$승 법칙

Blasius의 식(6.19) $f=0.3164Re^{-1/4}$을 식(6.7)인 $\tau_o=f\rho v^2/8$에 대입하면

$$\tau_o = 0.03326\,\rho\nu^{1/4} r_o^{-1/4} v^{7/4} \qquad \cdots\cdots \text{(E-2)}$$

평균속도 v는 식(E-1)로부터

$$\pi r_o^2 v = \int_0^{r_o} u_{\max} f\left(\frac{y}{r_o}\right) 2\pi(r_o - y)dy = 2\pi\alpha r_o^2 u_{\max}$$

$$\therefore \ v = 2\alpha u_{\max} \qquad \cdots\cdots \text{(E-3)}$$

여기서

$$\alpha = \int_0^1 f(\eta)(1-\eta)d\eta \qquad \cdots\cdots \text{(E-4)}$$

는 함수 f의 형태에 의해서 결정되는 정수이다. 정수를

$$f\left(\frac{y}{r_o}\right) = \left(\frac{y}{r_o}\right)^n \qquad \cdots\cdots \text{(E-5)}$$

의 형태로 가정하면 식(E−1), 식(E−3)으로부터

$$v = 2\alpha u\left(\frac{y}{r_o}\right)^{-n}$$

이것을 식(E−2)에 대입하면

$$u = \frac{3.496\ \tau_o^{4/7} y^n r_o^{(1-7n)/7}}{\rho^{4/7}\alpha\nu^{1/7}} \qquad \cdots\cdots \text{(E-6)}$$

여기서 전술한 가정에 의하면 u는 ν, ρ, τ_o에는 의존하지만 r_o에는 무관하므로 n=1/7이 된다. n=1/7은 식(E−5)에 대입한 후 식(E−1)에 대입하면 다음과 같은 1/7승 법칙이 얻어진다.

$$\frac{u}{u_{\max}} = \left(\frac{y}{r_o}\right)^{\frac{1}{7}} \qquad \cdots\cdots \text{(E-7)}$$

부록 F : Navier-Stokes 방정식 경계층내 유동에 대한 order해석

물체벽면 근처에 생성되는 경계층 두께는, 그 발달하는 단계에서는 물체의 크기에 비하여 아주 얇고, 또 경계층 내의 유체의 운동에는 관성력과 점성력이 같은 정도로 작용한다고 볼 수 있다. 이들 경계층의 성질을 고려하면 Navier−Stokes 방정식이 경

계층 내에서는 간단해져 소위 경계층 방정식을 얻을 수 있다.

지금 정상류, 비압축성, 2차원 경계층 유동에서 Navier-Stokes 방정식의 운동방정식과 연속의 식을 표시하여 보자. 경계층 두께가 극히 얇고 경계층 두께에 비하여 물체 표면의 곡률반경이 크다고 가정하고, 물체표면을 따르는 좌표를 x, 표면에 수직한 방향의 좌표를 y로 하여, 경계층 두께가 극히 얇아서 체적력(중력)은 무시할 때 Navier-Stokes방정식의 운동방정식과 연속의 식은 다음과 같이 표시된다.

$$u\frac{\partial u}{\partial x}+v\frac{\partial u}{\partial y} = -\frac{1}{\rho}\frac{\partial p}{\partial x}+\nu\left(\frac{\partial^2 u}{\partial x^2}+\frac{\partial^2 u}{\partial y^2}\right) \quad \cdots\cdots \text{(F-1a)}$$

$$u\frac{\partial v}{\partial x}+v\frac{\partial v}{\partial y} = -\frac{1}{\rho}\frac{\partial p}{\partial y}+\nu\left(\frac{\partial^2 v}{\partial x^2}+\frac{\partial^2 v}{\partial y^2}\right) \quad \cdots\cdots \text{(F-1b)}$$

$$\frac{\partial u}{\partial x}+\frac{\partial v}{\partial y} = 0 \quad \cdots\cdots \text{(F-1c)}$$

경계층 내에서 x를 1의 오더(order)를 갖는다고 하면, y는 δ의 오더를 가지므로 일반적으로 δ/x는 아주 작은 값이다. 이러한 사실로부터 경계층 내에서의 Navier-Stokes방정식에서 각 항의 크기를 비교하여 무시할 수 있는 항들은 생략하여 경계층 방정식을 얻을 수 있다.

먼저 평판상의 흐름에서, 오더의 비교를 하고자 하는 위치 x점(평판선단으로부터 흐름방향으로 거리 x인 점)에서의 주류속도 U가 x와 같은 크기의 오더를 갖도록 시간척도를 결정한다. 다음에 선단으로부터 거리 x의 크기가 오더 1이 되도록 길이의 척도를 결정한다. 이와 같이 시간과 길이의 척도를 결정하면 주류의 평균속도 U와 선단으로부터의 거리 x는 모두 크기가 1의 오더를 갖게 되며 $o(1)$로 표시하기로 한다. 또 경계층 두께가 극히 얇기 때문에 그 경계층 내에서 면에 수직인 y 방향의 성분, 즉 y 방향의 속도성분 v의 크기는 δ의 오더를 가지며 $o(\delta)$로 표시한다. 그런 경우

$$o(\delta) \ll o(1) \quad \cdots\cdots \text{(F-2)}$$

이러한 오더를 식(F-1a)에 적용하면 다음과 같다.

$$u\frac{\partial u}{\partial x}+v\frac{\partial u}{\partial y} = -\frac{1}{\rho}\frac{\partial p}{\partial x}+\nu\left(\frac{\partial^2 u}{\partial x^2}+\frac{\partial^2 u}{\partial y^2}\right) \quad \cdots\cdots \text{(F-1a)}$$

$$(1)+(\delta)\left(\frac{1}{\delta}\right) = -\frac{1}{\rho}\frac{\partial p}{\partial x}+\nu\left[(1)+\left(\frac{1}{\delta^2}\right)\right] \quad \cdots\cdots \text{(F-1a1)}$$

식(F-1a1)의 우변 제2항의 [ ]내의 항을 비교하여 보면

$$o(1) \ll o\left(\frac{1}{\delta^2}\right)$$

이므로 [ ]내의 제1항인 $o(1)$은 제2항인 $o(1/\delta^2)$에 비하면 무시할 수 있다.
즉 $\partial^2 u/\partial x^2$은 $\partial^2 u/\partial y^2$에 비해 무시할 수 있을 정도로 작으므로 생략할 수 있다. 따라서 식(F−1a1)의 오더방정식을 다시 정리하면

$$(1)+(1) = -\frac{1}{\rho}\frac{\partial p}{\partial x} + \nu\left(\frac{1}{\delta^2}\right) \qquad \cdots\cdots \text{(F−1a2)}$$

위 식의 우변 제2항은 점성마찰의 항인데 경계층 내에서는 점성마찰의 영향을 무시할 수 없다. 그런데 가속도항인 위 식의 좌변은 오더 1이므로 점성항도 1의 오더를 가져야 한다. 즉 $\nu[o(1/\delta^2)]=o(1)$ 이다. 따라서 동점성계수 ν는 δ^2의 오더임을 알 수 있다.

$$\nu = o(\delta^2) \qquad \cdots\cdots \text{(F−3)}$$

그러므로 Navier−Stokes방정식의 x성분에 관한 운동방정식의 오더는

$$(1)+(1) = -\frac{1}{\rho}\frac{\partial p}{\partial x} + (1) \qquad \cdots\cdots \text{(F−1a3)}$$

윗 식의 $-\frac{1}{\rho}\frac{\partial p}{\partial x}$에 관한 오더는 운동방정식의 y 성분을 검토한 후 결정할 수 있다.

y 성분의 운동방정식과 그 오더식은 다음과 같다.

$$u\frac{\partial v}{\partial x} + v\frac{\partial v}{\partial y} = -\frac{1}{\rho}\frac{\partial p}{\partial y} + \nu\left(\frac{\partial^2 v}{\partial x^2} + \frac{\partial^2 v}{\partial y^2}\right) \qquad \cdots\cdots \text{(F−1b)}$$

$$(1)(\delta)+(\delta)(1) = -\frac{1}{\rho}\frac{\partial p}{\partial y} + (\delta^2)\left[(\delta)+(\delta)\left(\frac{1}{\delta^2}\right)\right] \cdots\cdots \text{(F−1b1)}$$

식(F−1b1)의 우변 제2항의 [ ]내의 오더를 비교하면 $\frac{\partial^2 v}{\partial x^2}$은 $\frac{\partial^2 v}{\partial y^2}$에 비하여 아주 작으므로 무시할 수 있다. 따라서 식(F−1b1)은 다음과 같이 된다.

$$(\delta)+(\delta) = -\frac{1}{\rho}\frac{\partial p}{\partial y} + (\delta) \qquad \cdots\cdots \text{(F−1b2)}$$

위 식으로부터 운동방정식의 y 성분은 x 성분(오더 1)과는 달리 δ의 오더를 갖는다.

압력분포는 유동에 있어서 중요하므로 압력항을 무시할 수 없다는 점에서 위 식의 $-(1/\rho)(\partial p/\partial y)$는 δ의 오더를 가져야 됨을 알 수 있다. 그런데 밀도 ρ는 유체의 운동량에 있어서 중요한 물리량이므로 오더가 최대 1이다. 따라서 $\partial p/\partial y$는 최대 δ의 오더를 갖게 된다. 여기서 y의 변화는 δ의 오더이므로 y 방향의 압력변화는 δ^2의 오더를 갖는다. 같은 방법을 적용하면 식(F－1a3)에 적용하면 x방향의 압력변화는 오더 1을 나타냄을 알 수 있다. 즉

$$-\frac{1}{\rho}\frac{\partial p}{\partial y} = o(\delta), \quad -\frac{1}{\rho}\frac{\partial p}{\partial x} = o(1) \qquad \cdots\cdots \text{(F-4)}$$

식(F－4)의 결과를 비교해보면 압력 p의 y 방향변화는 x 방향의 변화에 비해 무시할 수 있을 정도로 적다. 그러므로 임의 단면 x에서 경계층 내의 압력분포는 균일하게 분포되고 경계층을 바로 벗어난 자유유동에서의 압력과 같다고 생각해도 된다. 따라서 경계층 내에서 유체입자의 운동을 지배하는 운동방정식은 x 성분만을 고려하면 된다. 경계층 내의 유체유동을 지배하는 경계층 방정식은 다음과 같다.

$$u\frac{\partial u}{\partial x} + v\frac{\partial u}{\partial y} = -\frac{1}{\rho}\frac{\partial p}{\partial x} + \nu\frac{\partial^2 u}{\partial y^2} \qquad \cdots\cdots \text{(F-5)}$$

$$\frac{\partial u}{\partial x} + \frac{\partial v}{\partial y} = 0 \qquad \cdots\cdots \text{(F-6)}$$

식(F－5)에서 경계조건

$$y = 0 \ : \ u = 0, \ v = 0$$

$$y = \delta \ : \ u = U$$

을 식(F－5)에 적용하면 경계층 밖에 있어서는 $u=U$, $\partial u/\partial y=0$, 점성항을 무시할 수 있으므로 다음과 같이 된다.

$$U\frac{\partial U}{\partial x} = -\frac{1}{\rho}\frac{\partial p}{\partial x} \qquad \cdots\cdots \text{(F-7)}$$

오더의 관계를 이용하여 경계층 두께 δ와 레이놀즈수와의 관계를 알아보자. 물체의 선단으로부터의 거리를 x라 할 때 경계층 두께를 지배하는 레이놀즈수는 Ux/ν이다. 그런데 U 및 x는 모두 오더가 $o(1)$이며, 식(F－3)에서 동점성계수 ν는 $o(\delta^2)$의 오더이므로 레이놀즈수의 오더는

$$Re \sim o\left(\frac{1}{\delta^2}\right)$$

따라서 $\delta \sim o(Re^{-1/2})$이며, 또 x의 오더는 $o(1)$이므로 경계층 두께 δ도 레이놀즈수와 같이 무차원수로 한 δ/x도 역시 오더가 $o(1)$이다. 그러므로

$$\frac{\delta}{x} \sim Re^{-1/2} = \sqrt{\frac{\nu}{Ux}} \qquad \cdots\cdots \text{(F-8)}$$

이 식으로부터 평판상에 형성되는 층류경계층의 두께는 경계층이 형성되기 시작한 위치로부터 하류 쪽으로 취한 거리의 평방근에 비례하여 증대함을 알 수 있다. 그런데 레이놀즈수 Ux/ν가 어느 임계치에 달하면 층류에서 난류로 천이 한다. 평면유동에서는 그 임계 레이놀즈수가 약 5×10^5이다.

찾아보기

[ㅂ]

[ㅅ]

[ㅇ]

[ㅈ]

[ㅊ]

[ㅋ]

[ㅌ]

[ㅍ]

[ㅎ]

저자와의
협의에 의해
인지 생략

유체역학

4판 1쇄 2023년 2월 15일

저 자 엄기찬 / 이용화

발행인 송광헌

발행처 복두출판사

주 소 서울특별시 영등포구 경인로82길 3-4
센터플러스 807호
(우) 07371

전 화 02-2164-2580

FAX 02-2164-2584

등 록 1993. 11. 22. 제 10-902 호

정가 : 32,000 원

ISBN : 979-11-6675-250-6 93550

한국과학기술출판협회 회원사